力学丛书·典藏版 30

理论流体动力学

上册

〔英〕H. 兰 姆 著

游镇雄 牛家玉 译

游镇雄 校

科学出版社

1990

内 容 简 介

原著为经典名箸，1879年首次出版后多次再版。书中系统地讲解了有关经典流体动力学方面的基本理论，侧重于流体力学的数学理论，推理严密，编写精练，应用广泛。中译本分上、下两册出版。上册包括运动方程、特殊情况下方程的积分、无旋运动、动力学理论、旋涡运动和潮汐波等内容。

本书对于理工科大专院校流体力学和空气动力学专业的学生、研究生是一本不可多得的基础理论参考书，对于从事流体力学和空气动力学等方面的科技工作者也是一本必备的参考书。

第II, III, IV章由牛家玉同志翻译，游镇雄同志校订，其余诸章均由游镇雄同志翻译。

图书在版编目(CIP)数据

理论流体动力学．上册/（英）兰姆（Lamb，S. H.）著；游镇雄，牛家玉译. —北京：科学出版社，1990.9（2022.3重印）
（力学名著译丛）
书名原文：HYDRODYNAMICS
ISBN 978-7-03-001751-2

I. ①理… II. ①兰… ②游… ③牛… III. ①流体动力学 IV. ① O351.2

中国版本图书馆CIP数据核字（2016）第018680号

责任编辑：朴玉芬　李成香 / 责任校对：邹慧卿
责任印制：吴兆东 / 封面设计：陈　敬

科学出版社出版
北京东黄城根北街16号
邮政编码：100717
http://www.sciencep.com
北京凌奇印刷有限责任公司 印刷
科学出版社发行　各地新华书店经销
*
1990年9月第 一 版　开本：850×1168 1/32
2022年3月第六次印刷　印张：14 3/4
字数：385,000
定价：128.00元

序

本书可视为1879年所出版的《流体运动的数学理论》一书的第六版．在那本书之后的各版本经过重大改编和扩充，均已改为现用的书名．

本版未变更总体布局，但却再次对全书作了修改，适当地作了某些重要的删减，并增加了许多新的内容．

本门学科在近几年中有了重大的发展，例如在潮汐理论方面以及在与航空技术有关的许多方向上．因此，可以饶有兴味地看到，经常笼罩着贬值乌云的"经典"理论流体动力学已具有了一个正在扩展着的实用方面的领域．由于某些研究过于复杂，不可能都在本书的篇幅内作出充分的描述，但本书仍试图在适当场合对较重要的结论及其所用方法给予叙述．

和前几版一样，书中所涉及的专家们的有关工作，在脚注中都详细地列出，但似乎应该说明，本书已把原始的推证几乎都作了重大的修改．

再次向剑桥大学出版社的工作人员致谢，他们为印刷本书提供了很有价值的帮助．

H. 兰姆

1932年4月

目　　录

第I章　运动方程组

第II章　运动方程在特殊情况下的积分形式

第III章　无旋运动

第 IV 章　液体的二维运动

第V章 液体的三维无旋运动

第 VI 章 固体在液体中运动的动力理论

第VII章 涡旋运动

第VIII章 潮 汐 波

第 I 章
运动方程组

1. 在今后的探讨中,我们假定所涉及的物质可以在实用上把它的结构看作是连续的和均匀的,也就是,当我们假设把它分割为一个个最小的部分时,这些最小部分和物质整体具有相同的性质.

流体的基本性质是:如果流体中的应力状态使两个相邻部分之间的相互作用力和公共面斜交,那么,流体就不能处于平衡状态.这一性质是流体静力学的基础,并由该学科所得出的结论与实验完全相符而证实.然而,在运动着的流体中,斜向应力是可能存在的.一个很简单的观察就足以使我们确信这一点了.例如,设想一个盛着水或其它液体的圆柱形容器绕其轴线(它是沿着铅垂方向的)而转动,如果容器的角速度保持不变,那么其中的流体很快就会全部跟着容器一起转动,就好像是一块固体那样.现在,如果使容器停止转动,则其中的流体仍可继续运动一段时间,但将逐渐平息下来,最终会全部停止运动.而在这一过程中可以看到,距轴线较远的流体比较近的流体会运动得慢些,其运动受到更快的制止.这些现象指出,在相接触的流体微元之间存在着与公共面部分地相切的相互作用力.因为如果相互作用力处处都与公共面正交,那么很明显,由绕容器轴线的任一回转面所包围圈的流体绕轴线的动量矩是不会改变的.此外,我们还可断定,只要流体像一块固体那样运动,就不会出现这种切向应力;只有当流体中某些部分正在发生变形时,切向应力才会出现,并具有反抗变形的趋势.

2. 然而,通常都先把切向应力完全忽略掉.切向应力在许多场合中的作用是很小的,而且,不管这种作用的大小如何,首先探讨单纯正应力的效应以分散我们课题中并非微不足道的困难也是适宜的做法.因此,切向应力的规律将推迟到第 XI 章再作进一步考虑。

如果在位于流体中一点P处的任一微小平面上所作用的应力都是法向的，则应力的强度(单位面积上的作用力)对于任何方向的小平面都是相同的。这一定理可证明如下，以作为依据。过P点作三根互相垂直的直线PA，PB和PC，设一相对于此三直线的方向余弦分别为l，m，n，且无限靠近P点的平面与此三直线分别相交于A，B，C。令p，p_1，p_2和p_3分别是作用于四面体$PABC$中ABC，PBC，PCA和PAB诸面上的应力强度[1)]。若Δ为上述第一个面的面积，则其它诸面的面积就依次为$l\Delta$，$m\Delta$和$n\Delta$。因此，如果在平行于PA的方向上列出四面体的运动方程，可以得到$p_1 \cdot l\Delta = pl \cdot \Delta$。在该式中，我们略去了表示动量变化率和外力分量的两项，因为它们正比于四面体的质量，因而是线性小量的三阶项，而所保留下来的量则为二阶项。于是我们最后得到$p = p_1$，并依同理可得$p = p_2 = p_3$，这就证明了上述定理。

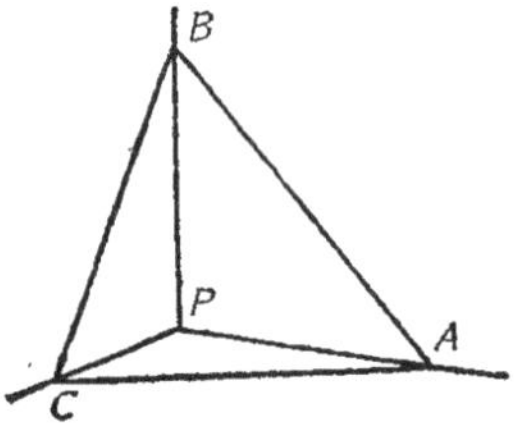

3. 我们可以看到，相应于如何在给定的作用力和给定的条件下来确定流体的运动有两种方法，流体运动方程组也就有两种形式。我们可以或者把流体所占据的所有空间点处在任一时刻的速度、压力和密度的分布情况定为研究目标，或者设法确定每一个质点的经历。由这两种意图所得到的两种方程组，可以像德国数学家所做的那样，方便地称之为流体运动方程组的 Euler 形式和 Lagrange 形式，虽然这两种形式实际上都应归功于 Euler[2)]。

---

1) 如为压力则取为正值，拉力则取为负值。但由于绝大多数流体在通常条件下并不能承受极其微小的拉力，因而p几乎总是正值。

2) "Principes généraux du mouvement des fluides", *Hist. de l'Acad. de Berlin*, 1755.

"De principiis motus fluidorum", *Novi Comm. Acad. Petrop. xiv.* 1(1759).

Lagrange 对运动方程组发表过三次。第一次是在与最小作用量原理相联

Euler 方程组

4. 设 u, v, w 为时刻 t 时、在 (x, y, z) 点处的速度平行于坐标轴的分量. 于是,这些量就是自变量 x, y, z, t 的函数. 对于任一特定的 t, 它们表明了该时刻在流体所占据的空间所有各点处的运动; 而对于特定的 x, y, z, 则它们给出在该特定地点所发生的历史.

在绝大多数情况下,我们将假定不仅 u, v, w 为 x, y, z 的有限和连续的函数,而且它们的一阶空间导数 ($\partial u/\partial x$, $\partial v/\partial x$, $\partial w/\partial x$ 等)也处处都是有限的[1]. 我们将把术语"连续运动"理解为符合上述限制的运动. 如果出现了例外的情况, 就需要另外作出考察了. 在连续运动中,如所定义的那样,任意两个相邻质点 P 和 P' 之间的相对速度始终是无穷小量, 因此, 线段 PP' 始终保持同样的量级. 随之可知,如果我们设想包围 P 点作一个微小的闭曲面, 并假定它随着流体一起运动, 它将永远包围原来那部分流体. 而随着流体一起运动的一个不论什么样的曲面, 就完全而且永远把它两边的流体分开.

5. u, v, w 在相继的 t 值下的值就像是各时刻流动情况的一串图片,然而,却不能从它们直接看出任一质点的行踪.

为了对一个运动着的质点计算任一函数 $F(x, y, z, t)$ 的变化率,我们可注意到,时刻 t 位于 (x, y, z) 处的质点在时刻 $t+\delta t$ 时将到达 $(x+u\delta t,\ y+v\delta t,\ z+w\delta t)$, 故相应的 F 值变为

$$F(x+u\delta t,\ y+v\delta t,\ z+w\delta t,\ t+\delta t)$$

---

1) 应记住,为今后讨论涡旋运动的需要,并不要求假定这些导数也是连续的.

系时附带地提到的,发表于 *Miscellanea Taurinensia*, *ii* (1760) [*Oeuvres*, Paris, 1867—92, **i.**]; 第二次发表于 "Mémoire sur la Théorie du Mouvement des Fluides", *Nouv. mem. de l'Acad. de Berlin*, 1781 [*Oeuvres*, iv.]; 第三次发表于 *Mécanique Analytique*. 在最后一次阐述中, 他由运动方程组的第二种形式(见后面第 14 节)出发,但立即把它们改写为 Euler 符号.

$$= F + u\delta t\,\frac{\partial F}{\partial x} + v\delta t\,\frac{\partial F}{\partial y} + w\delta t\,\frac{\partial F}{\partial z} + \delta t\,\frac{\partial F}{\partial t}.$$

如果像 Stokes 那样，用符号 D/Dt 来表示随运动着的流体而取的导数，并以 $F + (DF/Dt)\delta t$ 表示 F 的新值，则有

$$\frac{DF}{Dt} = \frac{\partial F}{\partial t} + u\,\frac{\partial F}{\partial x} + v\,\frac{\partial F}{\partial y} + w\,\frac{\partial F}{\partial z}. \tag{1}$$

6. 为得出动力学方程组，设时刻为 t 时，在 (x, y, z) 点处的压力为 p，密度为 ρ，单位质量上所受到的外力分量为 X, Y, Z. 我们以 (x, y, z) 点为中心取一微元，其棱边为 δx, δy, δz, 分别平行于直角坐标系的三个轴．这一微元的动量在 x 方向上的分量的增长率为 $\rho\delta x\delta y\delta z Du/Dt$，它必须等于微元所受作用力的 x 分量. 在作用力的 x 分量中，外力给出 $\rho\delta x\delta y\delta z X$，压力在靠近坐标原点的 yz 侧面上给出

$$\left(p - \frac{1}{2}\,\frac{\partial p}{\partial x}\,\delta x\right)\delta y\delta z^{1)},$$

而在其对面则给出

$$\left(p + \frac{1}{2}\,\frac{\partial p}{\partial x}\,\delta x\right)\delta y\delta z.$$

以上两式之差给出沿 x 轴正方向的合力为 $-\partial p/\partial x \cdot \delta x\delta y\delta z$. 其它侧面上的压力所产生的作用力则垂直于 x 轴．于是有

$$\rho\delta x\delta y\delta z\,\frac{Du}{Dt} = \rho\delta x\delta y\delta z X - \frac{\partial p}{\partial x}\,\delta x\delta y\delta z.$$

从 (1) 式把 Du/Dt 代入上式，并写出另外两个对称的方程，就得到

$$\left.\begin{aligned}
\frac{\partial u}{\partial t} + u\,\frac{\partial u}{\partial x} + v\,\frac{\partial u}{\partial y} + w\,\frac{\partial u}{\partial z} &= X - \frac{1}{\rho}\,\frac{\partial p}{\partial x},\\
\frac{\partial v}{\partial t} + u\,\frac{\partial v}{\partial x} + v\,\frac{\partial v}{\partial y} + w\,\frac{\partial v}{\partial z} &= Y - \frac{1}{\rho}\,\frac{\partial p}{\partial y},
\end{aligned}\right\} \tag{2}$$

---

1) 根据 Taylor 定理，不难理解，微元 $\delta x\delta y\delta z$ 的任一侧面上的平均压力可以取为与该侧面中心处的压力相等.

$$\left.\frac{\partial w}{\partial t}+u\frac{\partial w}{\partial x}+v\frac{\partial w}{\partial y}+w\frac{\partial w}{\partial z}=Z-\frac{1}{\rho}\frac{\partial p}{\partial z}.\right\}$$

7. 对以上动力学方程组，我们首先必须再并列上一个 u, v, w, p 之间的运动学关系式，它可求之如下.

若 Q 为一运动着的微元的体积，则由于微元的质量不变，有

$$\frac{D\cdot\rho Q}{Dt}=0,$$

即

$$\frac{1}{\rho}\frac{D\rho}{Dt}+\frac{1}{Q}\frac{DQ}{Dt}=0. \tag{1}$$

为计算 $(1/Q)DQ/Dt$ 之值，把该微元取为在时刻 t 充满于一个直角平行六面体 $\delta x\delta y\delta z$ 中，其一顶点 P 在 (x, y, z) 处，棱边 PL, PM 和 PN 平行于诸坐标轴. 到时刻 $t+\delta t$，这一微元变为一个斜平行六面体，并由于质点 L 相对于质点 P 的速度为 $(\partial u/\partial x)\delta x$，$(\partial v/\partial x)\delta x$ 和 $(\partial w/\partial x)\delta x$，因而经过 δt 后，棱边 PL 在三个坐标轴上的投影分别变为

$$\left(1+\frac{\partial u}{\partial x}\delta t\right)\delta x,\quad \frac{\partial v}{\partial x}\delta t\delta x,\quad \frac{\partial w}{\partial x}\delta t\delta x.$$

准确到一阶 δt，这一棱边之长就是

$$\left(1+\frac{\partial u}{\partial x}\delta t\right)\delta x;$$

对于其它棱边，也可得到类似结果. 由于斜平行六面体的隅角与直角相差为无穷小，其体积仍可按三棱边的乘积来计算(准确到一阶 δt)，即有

$$Q+\frac{DQ}{Dt}\delta t=\left\{1+\left(\frac{\partial u}{\partial x}+\frac{\partial v}{\partial y}+\frac{\partial w}{\partial z}\right)\delta t\right\}\delta x\delta y\delta z,$$

亦即

$$\frac{1}{Q}\frac{DQ}{Dt}=\frac{\partial u}{\partial x}+\frac{\partial v}{\partial y}+\frac{\partial w}{\partial z}. \tag{2}$$

因而，(1) 式可变为

$$\frac{D\rho}{\partial t}+\rho\left(\frac{\partial u}{\partial x}+\frac{\partial v}{\partial y}+\frac{\partial w}{\partial z}\right)=0. \tag{3}$$

上式称为“连续性方程”。

如我们已经看到的，表达式

$$\frac{\partial u}{\partial x}+\frac{\partial v}{\partial y}+\frac{\partial w}{\partial z} \tag{4}$$

表示流体在 (x, y, z) 点处的扩展率的大小，可以方便地称之为在该点处的“膨胀率”。从一个更普遍的观点来看，表达式(4)称为速度矢量 (u, v, w) 的“散度”，并常被简明地表示为

$$\operatorname{div}(u, v, w).$$

上述探讨实质上是由 Euler 所作出的[1]。另一个现在常用的获得连续性方程的方法是并不追随流体微元的运动，而是把注意力集中在一个空间微元 $\delta x\delta y\delta z$ 上，并计算由于穿过其边界面的通量而使该空间内部所产生的质量变化。设这一空间微元的中心位于 (x, y, z) 处，则在单位时间中由靠近坐标原点的 yz 侧面流入的物质数量为

$$\left(\rho u-\frac{1}{2}\frac{\partial\cdot\rho u}{\partial x}\delta x\right)\delta y\delta z,$$

而由其对面流出的数量为

$$\left(\rho u+\frac{1}{2}\frac{\partial\cdot\rho u}{\partial x}\delta x\right)\delta y\delta z.$$

通过这两个侧面，一共使该空间微元在单位时间内净得

$$-\frac{\partial\cdot\rho u}{\partial x}\delta x\delta y\delta z.$$

用同样方法计算穿过其余诸侧面的通量的效果，我们得到单位时间内、在空间 $\delta x\delta y\delta z$ 中所增加的总质量为

$$-\left(\frac{\partial\cdot\rho u}{\partial x}+\frac{\partial\cdot\rho v}{\partial y}+\frac{\partial\cdot\rho w}{\partial z}\right)\delta x\delta y\delta z.$$

因任一区域中的物质数量的变化只能由穿过边界面的通量所引

1) 见第3节最后一个脚注。

起，故上式必等于

$$\frac{\partial}{\partial t}(\rho\delta x\delta y\delta z),$$

于是得到以下形式的连续性方程

$$\frac{\partial\rho}{\partial t}+\frac{\partial\cdot\rho u}{\partial x}+\frac{\partial\cdot\rho v}{\partial y}+\frac{\partial\cdot\rho w}{\partial z}=0. \tag{5}$$

8. 从我们要研究的问题中所出现的诸物理量的影响来看，还需要弄清楚流体的物理性质。

在“不可压缩”的流体或液体中，有 $D\rho/Dt=0$，在这种场合下，连续性方程具有以下简单形式：

$$\frac{\partial u}{\partial x}+\frac{\partial v}{\partial y}+\frac{\partial w}{\partial z}=0. \tag{1}$$

在这里，并未假定流体的密度是均匀的，虽然这当然是最为重要的情况。

如果我们想考虑进实际液体的微小压缩性，可有以下形式的关系式：

$$p=\kappa(\rho-\rho_0)/\rho_0, \tag{2}$$

或

$$\rho/\rho_0=1+p/\kappa, \tag{3}$$

式中 κ 表示所谓的“容积弹性系数”。

在温度是均匀而且不变的气体中，有“等温”关系式

$$p/p_0=\rho/\rho_0, \tag{4}$$

式中 p_0 和 ρ_0 为对该温度而言的任一组对应之值。

然而，在气体运动的多数场合中，温度并不是常数，当气体受压或膨胀时，每一微元的温度也在升降。如果变化过程非常迅速，我们就可以忽略微元由于热传导和辐射所得到的或失去的热量，而有“绝热”关系式

$$p/p_0=(\rho/\rho_0)^\gamma, \tag{5}$$

式中 p_0 和 ρ_0 是对所考虑的微元而言的任一组对应值。常数 γ 是气体的两种比热之比；对于大气中的空气和一些其它气体，其值约

为 1.408。

9. 在流体的边界上(如果有边界),连续性方程要由一个特殊的表面条件所代替. 例如,在一个固定的边界上,垂直于边界表面的速度分量必须为零,即若 l, m, n 为表面法线的方向余弦,则

$$lu + mv + nw = 0. \tag{1}$$

又如,在一个间断面上(即当我们从该面的一侧到另一侧时, u, v, w 的数值发生突然的变化),必有

$$l(u_1 - u_2) + m(v_1 - v_2) + n(w_1 - w_2) = 0, \tag{2}$$

上式中的下标分别表示间断面两侧之值. 在流体和一个运动着的固体的公共面上,必应有与上式相同的关系式.

能包括以上特殊情况的普遍表面条件是:如 $F(x, y, z, t) = 0$ 为边界表面的方程式,则对该表面上的每一点都应有

$$DF/Dt = 0. \tag{3}$$

这是因为位于边界表面上的质点相对于该表面的速度必须完全是切向的(或为零),否则就会有流体穿过这一边界表面了,因而可知表面质点的 F 值的瞬时变化率必须为零.

Kelvin 勋爵给出了一个较为完整的证明如下[1]. 为求出表面 $F(x, y, z, t) = 0$ 沿其法向运动的速率 $\dot{\nu}$, 我们写出

$$F(x + l\dot{\nu}\delta t,\ y + m\dot{\nu}\delta t,\ z + n\dot{\nu}\delta t,\ t + \delta t) = 0,$$

式中 l, m, n 为在 (x, y, z) 点处的法线的方向余弦. 因而有

$$\dot{\nu}\left(l\frac{\partial F}{\partial x} + m\frac{\partial F}{\partial y} + n\frac{\partial F}{\partial z}\right) + \frac{\partial F}{\partial t} = 0.$$

因

$$(l, m, n) = \left(\frac{\partial F}{\partial x}, \frac{\partial F}{\partial y}, \frac{\partial F}{\partial z}\right) \div R,$$

其中

$$R = \left\{\left(\frac{\partial F}{\partial x}\right)^2 + \left(\frac{\partial F}{\partial y}\right)^2 + \left(\frac{\partial F}{\partial z}\right)^2\right\}^{\frac{1}{2}},$$

故得

$$\dot{\nu} = -\frac{1}{R}\frac{\partial F}{\partial t}. \tag{4}$$

而在表面上每一点又都有

---

1) (W Thomson) "Notes on Hydrodynamics," *Camb. and Dub. Math. Journ.* Feb. 1848 [*Mathematical and Physical Papers*, Cambridge, 1882…, i. 83.]

$$\dot{v} = lu + mv + nw,$$

于是，把前面的 l, m, n 之值代入上式，再由(4)式即可得出(3)式.

偏微分方程(3)式也同样适用于跟随着流体一起运动的任何曲面，这可由算符 D/Dt 的意义而立即得知．但却出现一个问题是其逆是否必然亦真，也就是，其方程 $F=0$ 能满足(3)式的一个运动着的曲面是否永远由同样的质点所组成？现在，设想有任意一个这样的曲面，并把注意力放到时刻 t 时位于这一曲面上的一个质点 P 上．方程(3)表明，在这一时刻，P 脱离曲面的速率为零．另外也很容易看出，如果运动是连续的(按照第4节中的定义)，距曲面为无穷小量 ζ 的某一个质点相对于运动着的曲面的法向速度就具有量级 ζ，亦即等于 $G\zeta$ (G 为有限值)．因此，质点相对于曲面的运动方程可写为

$$D\zeta/Dt = G\zeta.$$

上式表明，$\log\zeta$ 以有限的速率而增大．而由于质点 P 在一开始时 ($\zeta=0$) 的 $\log\zeta$ 为负无穷大，它就将始终为负无穷大，也就是说，对质点 P 而言，ζ 始终为零.

同样的结论可由把

$$\frac{\partial F}{\partial t} + u\frac{\partial F}{\partial x} + v\frac{\partial F}{\partial y} + w\frac{\partial F}{\partial z} = 0 \tag{5}$$

看作是 F 的一个偏微分方程、并由其解的性质而得出[1]．引入辅助的常微分方程组

$$dt = \frac{dx}{u} = \frac{dy}{v} = \frac{dz}{w}, \tag{6}$$

其中 x, y, z 被看作自变量 t 的函数．(6)式很明显是用来寻求质点路线的方程组，而其积分则可假定具有以下形式：

$$x = f_1(a, b, c, t), \quad y = f_2(a, b, c, t), \quad z = f_3(a, b, c, t), \tag{7}$$

式中任意常数 a, b, c 是任意三个用来区别质点的变量，例如，它们可取为质点的初始坐标．(5)式的通解于是可从(7)式和

$$F = \psi(a, b, c) \tag{8}$$

(ψ 为一任意函数)消去 a, b, c 而得到．这就表明，一旦一个质点位于曲面 $F=0$ 上，它在运动中就始终位于该曲面上.

能量方程

10. 在我们所要讨论的多数情况下，外力是具有势函数的，即

$$X, Y, Z = -\frac{\partial\Omega}{\partial x}, -\frac{\partial\Omega}{\partial y}, -\frac{\partial\Omega}{\partial z}. \tag{1}$$

Ω 的物理意义为：在 (x, y, z) 点处、单位质量所具有的与超距

1) Lagrange, *Oeuvres*, iv. 706.

力相关的势能．目前，只要考虑外力场对时间而言是常数（即 $\partial\Omega/\partial t=0$）就足够了．如果现在把第 6 节中方程组（2）依次乘以 u，v，w，然后相加，可得写成以下形式的结果：

$$\frac{1}{2}\rho\frac{D}{Dt}(u^2+v^2+w^2)+\rho\frac{D\Omega}{Dt}$$
$$=-\left(u\frac{\partial p}{\partial x}+v\frac{\partial p}{\partial y}+w\frac{\partial p}{\partial z}\right).$$

将上式乘以 $\delta x\delta y\delta z$，并在任一区域上进行积分，得

$$\frac{D}{Dt}(T+V)=-\iiint\left(u\frac{\partial p}{\partial x}+v\frac{\partial p}{\partial y}+w\frac{\partial p}{\partial z}\right)dxdydz, \quad (2)$$

其中

$$\left.\begin{aligned}T&=\frac{1}{2}\iiint\rho(u^2+v^2+w^2)dxdydz,\\ V&=\frac{1}{2}\iiint\Omega\rho dxdydz.\end{aligned}\right\} \quad (3)$$

即 T 和 V 为在所取时刻占据着该区域的流体的动能和与外力场相联系的势能．（2）式右边的三重积分可以用一个我们在今后常要用到的手法来加以变换．为此，由分部积分，得

$$\iiint u\frac{\partial p}{\partial x}dxdydz=\iint[pu]dydz-\iiint p\frac{\partial u}{\partial x}dxdydz,$$

上式中 $[pu]$ 表示一条条平行于 x 轴的直线与区域边界相交点处之 pu 值，并取适当的正负号．如 l，m，n 表示这一边界面上任一面元 δS 的内向法线的方向余弦，我们有 $\delta y\delta z=\pm l\delta S$，其中正负号在每一条平行于 x 轴的直线与区域边界的相继交点上交替地改变，于是得到

$$\iint[pu]dydz=-\iint puldS,$$

上式是在整个边界面上求积．把另外两项也作类似的变换后可得

$$\frac{D}{Dt}(T+V)=\iint p(lu+mv+nw)dS$$

$$+\iiint p\left(\frac{\partial u}{\partial x}+\frac{\partial v}{\partial y}+\frac{\partial w}{\partial z}\right)dxdydz. \quad (4)$$

对于不可压缩流体，上式简化为

$$\frac{D}{Dt}(T+V)=\iint(lu+mv+nw)pdS. \quad (5)$$

因 $lu+mv+nw$ 表示流体质点沿法线方向的速度，故上式右边的积分表示压力 $p\delta S$ 从边界外部作用于各面元 δS 上的功率之和. 由此可知，任一部分液体的能量(动能和势能)的总增量等于压力在其表面上所作之功.

在液体整个被固定的壁面所包围的特殊情况下，在边界上有

$$lu+mv+nw=0,$$

因此

$$T+V=\text{const.}. \quad (6)$$

若设 p 仅为 ρ 的函数，则对普遍方程 (4) 可给出一个类似的说明. 如令

$$E=-\int pd\left(\frac{1}{\rho}\right), \quad (7)$$

则 E 表示在所假定的 p 与 ρ 之间的关系下，每单位质量流体从其实际体积变为某一标准体积时反抗外部压力所作之功. 例如，若单位质量流体被封闭在一个具有面积为 A 的滑动活塞的气缸中，则当活塞被推出的距离为 δx 时，所作之功为 $pA\cdot\delta x$，其中因子 $A\delta x$ 就表示体积的增量，亦即 ρ^{-1} 的增量. 在绝热关系下，可得

$$E=\frac{1}{\gamma-1}\left(\frac{p}{\rho}-\frac{p_0}{\rho_0}\right). \quad (8)$$

我们可称 E 为每单位质量流体的内能. 现在回忆一下在第 7 节中对表达式

$$\partial u/\partial x+\partial v/\partial y+\partial w/\partial z$$

所作过的解释，我们可以看出，(4) 式中的体积分表示由于流体各微元的膨胀而引起的内能损失速率，因而等于 $-DW/Dt$，其中

$$W=\iiint E\rho dxdydz. \quad (9)$$

故

$$\frac{D}{Dt}(T+V+W)=\iint p(lu+mv+nw)dS. \tag{10}$$

即，一部分由动能、一部分由与不随时间改变的力场相联系的势能、一部分由内能所组成的总能量的增长速率应等于从外部作用于边界的压力所作的功率.

在等温假定下,应有(下式中 $c^2=p_0/\rho_0$)

$$E=c^2\log(\rho/\rho_0), \tag{11}$$

它表示单位质量的"自由能". 用 E 的这一定义，可以得到一个与(10)式形式上相同的方程,虽其意义已不同了.

动 量 的 变 化

10a. 现在把注意力放到时刻 t 时占据着某一区域的流体上. 经过时间 δt, 它所占据的空间就是在原来的区域上加上一个(正的或是负的)厚度为

$$(lu+mv+nw)\delta t$$

(l, m, n 为区域表面的外向法线的方向余弦)的表面薄层. 因此，不难看出，这一特定部分的流体在时刻 t 的动量增长率等于在一个具有同样边界的固定区域中的动量增长率再加上由边界流出的动量通量.

我们考虑平行于 Ox 轴的动量,则用符号来表示时,就有

$$\iiint \frac{Du}{Dt}\rho dxdydz=\iiint \rho\left(\frac{\partial u}{\partial t}+u\frac{\partial u}{\partial x}+v\frac{\partial u}{\partial y}\right.$$

$$\left.+w\frac{\partial u}{\partial z}\right)dxdydz$$

$$=\iiint \rho\frac{\partial u}{\partial t}dxdydz+\iint \rho u(lu+mv+nw)dS$$

$$-\iiint u\left(\frac{\partial(\rho u)}{\partial x}+\frac{\partial(\rho v)}{\partial y}\right.$$

$$+\frac{\partial(\rho w)}{\partial z}\Big)dxdydz$$

$$=\frac{d}{dt}\iiint\rho u dxdydz^{*}$$

$$+\iint\rho u(lu+mv+nw)dS, \qquad (1)$$

其中最后一步变化用到了第7节(5)式.

在定常流动(见第21节)中,右侧第一项不出现,于是任一部分流体的动量增长率就等于穿过其边界流出的动量通量.

反之,如把上述结果应用于在任一时刻位于一个直角平行六面体空间 $\delta x\delta y\delta z$ 中的流体,可再次得到第6节中的运动方程组.

由脉冲力所引起的流动

11. 如果在任意时刻有脉冲力整个地作用于流体,或者,如果边界条件突然改变,就会使流动产生突然的变化.例如,当一个淹没于流体中的固体突然由静止而运动时,就会出现上述后一种情况.

令 (x, y, z) 点处的密度为 ρ, 恰在脉冲力作用之前和作用之后的速度分量为 u, v, w 和 u', v', w', 单位质量的脉冲外力冲量为 X', Y', Z', 脉冲压力冲量为 $\tilde{\varpi}$. 那么,第6节中所取的那样一个微元在平行于 x 轴方向上的动量变化就是 $\rho\delta x\delta y\delta z(u'-u)$; 脉冲外力冲量的 x 分量为 $\rho\delta x\delta y\delta z X'$, 而在该方向上脉冲压力的总冲量为 $(-\partial\tilde{\varpi}/\partial x)\delta x\delta y\delta z$. 由于把脉冲力看作是一个在无穷小时间(设为 τ)中所作用的无穷大的力,所以在这一段时间内,一切有限大小的力的影响都予以忽略.

于是有

---

* 由于 $\iiint\rho u dxdydz$ 是在固定的区域上求积,它仅为时间 t 的函数,所以原著把 $\partial/\partial t$ 写为 d/dt 了,其意义仍为 $\partial/\partial t$. 类似情况在本书后面还会遇到.——译者注

$$\rho\delta x\delta y\delta z(u'-u)=\rho\delta x\delta y\delta z X'-\frac{\partial\tilde{\boldsymbol{\omega}}}{\partial x}\delta x\delta y\delta z,$$

即

$$\left.\begin{aligned} u'-u&=X'-\frac{1}{\rho}\frac{\partial\tilde{\boldsymbol{\omega}}}{\partial x}.\\ v'-v&=Y'-\frac{1}{\rho}\frac{\partial\tilde{\boldsymbol{\omega}}}{\partial y},\\ w'-w&=Z'-\frac{1}{\rho}\frac{\partial\tilde{\boldsymbol{\omega}}}{\partial z}.\end{aligned}\right\}\tag{1}$$

同理，

把第6节中的(2)式乘以 δt，再由0积分到 τ，并令 τ 趋于零，令

$$X'=\int_0^\tau X dt,\quad Y'=\int_0^\tau Y dt,\quad Z'=\int_0^\tau Z dt,$$

$$\tilde{\boldsymbol{\omega}}=\int_0^\tau p dt,$$

也同样可以得到(1)式.

在液体中，即使没有彻底地作用于整个质量上的脉冲外力，也可单纯由脉冲压力的作用而使流动在瞬间改变. 在此情况下，X', Y', $Z'=0$，故

$$\left.\begin{aligned} u'-u&=-\frac{1}{\rho}\frac{\partial\tilde{\boldsymbol{\omega}}}{\partial x},\\ v'-v&=-\frac{1}{\rho}\frac{\partial\tilde{\boldsymbol{\omega}}}{\partial y},\\ w'-w&=-\frac{1}{\rho}\frac{\partial\tilde{\boldsymbol{\omega}}}{\partial z}.\end{aligned}\right\}\tag{2}$$

如果把上式中的三个式子分别对 x, y, z 求导，然后相加，并进一步假定密度是均匀的，那么根据第8节(1)式可得

$$\frac{\partial^2\tilde{\boldsymbol{\omega}}}{\partial x^2}+\frac{\partial^2\tilde{\boldsymbol{\omega}}}{\partial y^2}+\frac{\partial^2\tilde{\boldsymbol{\omega}}}{\partial z^2}=0.$$

于是，问题就成为在任一给定的场合下求出满足上式和适当的边界条件的 $\tilde{\boldsymbol{\omega}}$ 了[1]；然后，运动的瞬间变化就可由(2)式得出.

1) 在第 III 章中将表明，这样的 $\tilde{\omega}$ 是确定的(除一附加常数外)。

以动坐标系为参考系的 Euler 方程组

12. 在特殊问题中，有时使用一个本身也在运动的直角坐标系是较为方便的. 坐标系的运动可用其原点的速度分量 $\mathbf{u}, \mathbf{v}, \mathbf{w}$ 和转动角速度分量 $\mathbf{p}, \mathbf{q}, \mathbf{r}$ (均相对于坐标轴的瞬时位置而言) 来表示. 如 u, v, w 是在 (x, y, z) 点处的流体质点的速度分量，则其相对于动坐标系的坐标变化率为

$$\left.\begin{aligned}\frac{Dx}{Dt} &= u - \mathbf{u} + \mathbf{r}y - \mathbf{q}z,\\ \frac{Dy}{Dt} &= v - \mathbf{v} + \mathbf{p}z - \mathbf{r}x,\\ \frac{Dz}{Dt} &= w - \mathbf{w} + \mathbf{q}x - \mathbf{p}y.\end{aligned}\right\} \tag{1}$$

经过时间 δt，质点在平行于新的坐标轴方向上的速度分量为

$$\left.\begin{aligned}&u + \left(\frac{\partial u}{\partial t} + \frac{\partial u}{\partial x}\frac{Dx}{Dt} + \frac{\partial u}{\partial y}\frac{Dy}{Dt} + \frac{\partial u}{\partial z}\frac{Dz}{Dt}\right)\delta t,\\ &\cdots\cdots\cdots\cdots\cdots\cdots\cdots\cdots,\\ &\cdots\cdots\cdots\cdots\cdots\cdots\cdots\cdots.\end{aligned}\right\} \tag{2}$$

为求出加速度分量，必须像一般的动力学书籍中所阐述的那样，把上述速度分解到与坐标轴原来位置相平行的方向上去. 用这种方法，可得加速度分量的表达式如下:

$$\left.\begin{aligned}&\frac{\partial u}{\partial t} - \mathbf{r}v + \mathbf{q}w + \frac{\partial u}{\partial x}\frac{Dx}{Dt} + \frac{\partial u}{\partial y}\frac{Dy}{Dt} + \frac{\partial u}{\partial z}\frac{Dz}{Dt},\\ &\frac{\partial v}{\partial t} - \mathbf{p}w + \mathbf{r}u + \frac{\partial v}{\partial x}\frac{Dx}{Dt} + \frac{\partial v}{\partial y}\frac{Dy}{Dt} + \frac{\partial v}{\partial z}\frac{Dz}{Dt},\\ &\frac{\partial w}{\partial t} - \mathbf{q}u + \mathbf{p}v + \frac{\partial w}{\partial x}\frac{Dx}{Dt} + \frac{\partial w}{\partial y}\frac{Dy}{Dt} + \frac{\partial w}{\partial z}\frac{Dz}{Dt}.\end{aligned}\right\} \tag{3}$$

第 6 节中 (2) 式的左边就将被上面的表达式所代替[1].

---

1) Grinhill. "On the General Motion of a Liquid Ellipsoid…," *Proc. Camb. Phil. Soc.* iv. 4(1880).

连续性方程的普遍形式为

$$\frac{\partial\rho}{\partial t}+\frac{\partial}{\partial x}\left(\rho\frac{Dx}{Dt}\right)+\frac{\partial}{\partial y}\left(\rho\frac{Dy}{Dt}\right)+\frac{\partial}{\partial z}\left(\rho\frac{Dz}{Dt}\right)=0. \quad (4)$$

对于不可压缩流体，上式就简化为

$$\frac{\partial u}{\partial x}+\frac{\partial v}{\partial y}+\frac{\partial w}{\partial z}=0, \quad (5)$$

和以前一样.

Lagrange 方程组

13. 设 a, b, c 为任一流体质点的初始坐标，x, y, z 为该质点在时刻 t 的坐标. 在这里，我们把 x, y, z 看作是自变量 a, b, c, t 的函数，这些函数给出了每一个流体质点的全部经历. 在时刻 t，质点 (a, b, c) 平行于坐标轴的速度分量为 $\partial x/\partial t$, $\partial y/\partial t$, $\partial z/\partial t$，在这些方向上的加速度分量则为 $\partial^2 x/\partial t^2$, $\partial^2 y/\partial t^2$, $\partial^2 z/\partial t^2$. 设 p 与 ρ 为时刻 t 在该质点附近的压力和密度，X, Y, Z 为作用于该处的每单位质量上的外力分量. 如果考虑在时刻 t 占据着微分体元 $\delta x\delta y\delta z$ 的流体的运动，则由与第 6 节中所述同样的道理，可得

$$\frac{\partial^2 x}{\partial t^2}=X-\frac{1}{\rho}\frac{\partial p}{\partial x},$$

$$\frac{\partial^2 y}{\partial t^2}=Y-\frac{1}{\rho}\frac{\partial p}{\partial y},$$

$$\frac{\partial^2 z}{\partial t^2}=Z-\frac{1}{\rho}\frac{\partial p}{\partial z}.$$

我们的自变量是 a, b, c, t，而上面的方程组中却含有对 x, y, z 求导的项. 为消除掉对 x, y, z 的导数，把以上三式先分别乘以 $\partial x/\partial a$, $\partial y/\partial a$, $\partial z/\partial a$，并相加；第二次再分别乘以 $\partial x/\partial b$, $\partial y/\partial b$, $\partial z/\partial b$ 并相加；再一次则乘以 $\partial x/\partial c$, $\partial y/\partial c$, $\partial z/\partial c$ 而相加. 于是可得

$$\left(\frac{\partial^2 x}{\partial t^2}-X\right)\frac{\partial x}{\partial a}+\left(\frac{\partial^2 y}{\partial t^2}-Y\right)\frac{\partial y}{\partial a}+\left(\frac{\partial^2 z}{\partial t^2}-Z\right)\frac{\partial z}{\partial a}$$

$$+\frac{1}{\rho}\frac{\partial p}{\partial a}=0,$$

$$\left(\frac{\partial^2 x}{\partial t^2}-X\right)\frac{\partial x}{\partial b}+\left(\frac{\partial^2 y}{\partial t^2}-Y\right)\frac{\partial y}{\partial b}+\left(\frac{\partial^2 z}{\partial t^2}-Z\right)\frac{\partial z}{\partial b}$$

$$+\frac{1}{\rho}\frac{\partial p}{\partial b}=0,$$

$$\left(\frac{\partial^2 x}{\partial t^2}-X\right)\frac{\partial x}{\partial c}+\left(\frac{\partial^2 y}{\partial t^2}-Y\right)\frac{\partial y}{\partial c}+\left(\frac{\partial^2 z}{\partial t^2}-Z\right)\frac{\partial z}{\partial c}$$

$$+\frac{1}{\rho}\frac{\partial p}{\partial c}=0.$$

以上诸式为动力学方程组的 Lagrange 形式.

14. 为求得用现在所取的自变量来表示的连续性方程的形式，我们考虑一个流体微元，其初始位置为以点 (a, b, c) 为中心的直角平行六面体，棱边 δa, δb, δc 平行于坐标轴. 在时刻 t，该微元变为一斜平行六面体，中心坐标则为 x, y, z; 三个棱边在坐标轴上的投影则分别为

$$\frac{\partial x}{\partial a}\delta a,\quad \frac{\partial y}{\partial a}\delta a,\quad \frac{\partial z}{\partial a}\delta a;$$

$$\frac{\partial x}{\partial b}\delta b,\quad \frac{\partial y}{\partial b}\delta b,\quad \frac{\partial z}{\partial b}\delta b;$$

$$\frac{\partial x}{\partial c}\delta c,\quad \frac{\partial y}{\partial c}\delta c,\quad \frac{\partial z}{\partial c}\delta c.$$

故此斜平行六面体之体积为

$$\begin{vmatrix} \dfrac{\partial x}{\partial a}, & \dfrac{\partial y}{\partial a}, & \dfrac{\partial z}{\partial a} \\ \dfrac{\partial x}{\partial b}, & \dfrac{\partial y}{\partial b}, & \dfrac{\partial z}{\partial b} \\ \dfrac{\partial x}{\partial c}, & \dfrac{\partial y}{\partial c}, & \dfrac{\partial z}{\partial c} \end{vmatrix}\delta a\delta b\delta c,$$

或像通常那样，写为

$$\frac{\partial(x, y, z)}{\partial(a, b, c)}\delta a\delta b\delta c.$$

因微元的质量并不改变，故有

$$\rho\frac{\partial(x, y, z)}{\partial(a, b, c)}=\rho_0, \tag{1}$$

上式中的 ρ_0 为在 (a, b, c) 处的初始密度.

在流体为不可压缩的情况下，$\rho=\rho_0$，于是(1)式成为

$$\frac{\partial(x, y, z)}{\partial(a, b, c)}=1. \tag{2}$$

Weber 变 换

15. 如果像第10节中所考虑的那样，外力 X，Y，Z 具有势函数 Ω，则第13节中的动力学方程组可写为

$$\frac{\partial^2 x}{\partial t^2}\frac{\partial x}{\partial a}+\frac{\partial^2 y}{\partial t^2}\frac{\partial y}{\partial a}+\frac{\partial^2 z}{\partial t^2}\frac{\partial z}{\partial a}=-\frac{\partial\Omega}{\partial a}-\frac{1}{\rho}\frac{\partial p}{\partial a},$$

$$\cdots\cdots\cdots\cdots\cdots\cdots\cdots\cdots\cdots\cdots,$$

$$\cdots\cdots\cdots\cdots\cdots\cdots\cdots\cdots\cdots\cdots.$$

我们来把这些方程在下限0和上限 t 之间对 t 求积．注意到

$$\int_0^t\frac{\partial^2 x}{\partial t^2}\frac{\partial x}{\partial a}dt=\left[\frac{\partial x}{\partial t}\frac{\partial x}{\partial a}\right]_0^t-\int_0^t\frac{\partial x}{\partial t}\frac{\partial^2 x}{\partial a\partial t}dt$$

$$=\frac{\partial x}{\partial t}\frac{\partial x}{\partial a}-u_0-\frac{1}{2}\frac{\partial}{\partial a}\int_0^t\left(\frac{\partial x}{\partial t}\right)^2dt,$$

式中 u_0 为质点 (a, b, c) 在 x 轴方向的速度分量的初始值．则若令

$$\chi=\int_0^t\left[\int\frac{dp}{\rho}+\Omega-\frac{1}{2}\left\{\left(\frac{\partial x}{\partial t}\right)^2+\left(\frac{\partial y}{\partial t}\right)^2+\left(\frac{\partial z}{\partial t}\right)^2\right\}\right]dt, \tag{1}$$

可得[1)]

1) H. Weber, "Ueber eine Transformation der hydrodynamischen Gleichungen." *Crelle*, lxviii. (1868). 假定(1)式中的密度 ρ 如果不是均匀的，那就只是 p 的函数.

$$
\left.\begin{aligned}
\frac{\partial x}{\partial t}\frac{\partial x}{\partial a}+\frac{\partial y}{\partial t}\frac{\partial y}{\partial a}+\frac{\partial z}{\partial t}\frac{\partial z}{\partial a}-u_0=-\frac{\partial \chi}{\partial a},\\
\frac{\partial x}{\partial t}\frac{\partial x}{\partial b}+\frac{\partial y}{\partial t}\frac{\partial y}{\partial b}+\frac{\partial z}{\partial t}\frac{\partial z}{\partial b}-v_0=-\frac{\partial \chi}{\partial b},\\
\frac{\partial x}{\partial t}\frac{\partial x}{\partial c}+\frac{\partial y}{\partial t}\frac{\partial y}{\partial c}+\frac{\partial z}{\partial t}\frac{\partial z}{\partial c}-w_0=-\frac{\partial \chi}{\partial c}.
\end{aligned}\right\} \tag{2}
$$

以上三式再加上

$$
\frac{\partial \chi}{\partial t}=\int \frac{dp}{\rho}+\Omega-\frac{1}{2}\left\{\left(\frac{\partial x}{\partial t}\right)^2+\left(\frac{\partial y}{\partial t}\right)^2+\left(\frac{\partial z}{\partial t}\right)^2\right\} \tag{3}
$$

和连续性方程，就是五个未知函数 x, y, z, p, χ 所应满足的微分方程组；至于 ρ，则假定已由第 8 节中所述诸关系式之一予以消去了.

所需满足之初始条件为

$$
x=a,\quad y=b,\quad z=c,\quad \chi=0.
$$

16. 应注意到，a, b, c 并不必限于表示质点的初始坐标，它们可以是任意三个用以区别出一个质点的参数，而且，当从一个质点到另一个质点时，它们是连续变化的. 当我们把 a, b, c 的意义这样推广时，第 13 节中的动力学方程组的形式并不改变. 为求得连续性方程所取形式，现令 x_0, y_0, z_0 是由 a, b, c 所表示的质点的初始坐标，则中心位于 (x_0, y_0, z_0) 处、棱边之长相应于参数 a, b, c 的变化为 δa, δb, δc 的平行六面体的初始体积为

$$
\frac{\partial(x_0, y_0, z_0)}{\partial(a, b, c)}\delta a\delta b\delta c.
$$

于是有

$$
\rho\frac{\partial(x, y, z)}{\partial(a, b, c)}=\rho_0\frac{\partial(x_0, y_0, z_0)}{\partial(a, b, c)}. \tag{1}
$$

对于不可压缩流体，则有

$$
\frac{\partial(x, y, z)}{\partial(a, b, c)}=\frac{\partial(x_0, y_0, z_0)}{\partial(a, b, c)}. \tag{2}
$$

平面极坐标系和球极坐标系中的 Euler 方程组

16a. 在以上所作的讨论中，是像通常的作法那样，在推证普遍定理时使用了最为方便的直角坐标系．对于特殊的问题，有时会用到平面极坐标系和球极坐标系．因此，作为参考，下面给出在这两种坐标系中用 Euler 变量的方程组的相应形式．

在平面极坐标系中，我们可以用 u, v 分别表示时刻 t 在点 (r, θ) 处的径向速度和横向速度．因一质点的矢径以角速度 v/r 而转动，由普通的转动坐标系的理论可给出加速度分量为

$$\frac{Du}{Dt} - \frac{v}{r} \cdot v, \quad \frac{Dv}{Dt} + \frac{v}{r} \cdot u, \tag{1}$$

应用第 5 节所述方法，可知上式中的

$$\frac{D}{Dt} = \frac{\partial}{\partial t} + u \frac{\partial}{\partial r} + v \frac{\partial}{r\partial\theta}. \tag{2}$$

"膨胀率"(Δ) 可由计算穿过一个边长为 δr 和 $r\delta\theta$ 的拟矩形的四边的通量而求得为

$$\Delta = \frac{\partial u}{\partial r} + \frac{u}{r} + \frac{\partial v}{r\partial\theta}. \tag{3}$$

在球极坐标系中，令 (r, θ, ϕ) 处的径向速度分量为 u，垂直于 r 并位于 θ 平面中的速度分量为 v，与 θ 平面垂直的速度分量为 w．如果从坐标原点作平行于上述指向的三根直线，并按照上述排列次序，就形成一个通常所惯用的右手坐标系．在时间 δt 中，一质点的位置在角坐标的方向上应改变

$$r\delta\theta = v\delta t, \quad r\sin\theta\delta\phi = w\delta t.$$

它意味着上述坐标系相对于它的瞬时位置作了一个转动，绕三个坐标轴的转角分别为

$$\cos\theta\delta\phi, \quad -\sin\theta\delta\phi, \quad \delta\theta.$$

故若 $\mathbf{p}$, $\mathbf{q}$, $\mathbf{r}$ 为该坐标系的瞬时角速度分量，就有

$$\mathbf{p} = \frac{w}{r}\cot\theta, \quad \mathbf{q} = -\frac{w}{r}, \quad \mathbf{r} = \frac{v}{r}. \tag{4}$$

因此，所求 (r, θ, ϕ) 处的质点的加速度即为

$$\left.\begin{aligned}
&\frac{Du}{Dt} - \mathbf{r}v + \mathbf{q}w = \frac{Du}{Dt} - \frac{v^2 + w^2}{r},\\
&\frac{Dv}{Dt} - \mathbf{p}w + \mathbf{r}u = \frac{Dv}{Dt} + \frac{uv}{r} - \frac{w^2}{r}\cot\theta,\\
&\frac{Dw}{Dt} - \mathbf{q}u + \mathbf{p}v = \frac{Dw}{Dt} + \frac{wu}{r} + \frac{vw}{r}\cot\theta,
\end{aligned}\right\} \tag{5}$$

其中

$$\frac{D}{Dt}=\frac{\partial}{\partial t}+u\frac{\partial}{\partial r}+v\frac{\partial}{r\partial\theta}+w\frac{\partial}{r\sin\theta\partial\phi}. \tag{6}$$

膨胀率可由计算穿过一个棱边为 δr, $r\delta\theta$, $r\sin\theta\delta\phi$ 的拟直角平行六面体空间诸边界面的通量而求得，并为

$$\Delta=\frac{\partial u}{\partial r}+2\frac{u}{r}+\frac{\partial v}{r\partial\theta}+\frac{v}{r}\cot\theta+\frac{\partial w}{r\sin\theta\partial\phi}. \tag{7}$$

第 II 章

运动方程在特殊情况下的积分形式

17. 有一类广泛而又重要的情况，其中速度分量 u, v, w 可用单值函数 ϕ 表示如下：

$$u, v, w = -\frac{\partial\phi}{\partial x}, -\frac{\partial\phi}{\partial y}, -\frac{\partial\phi}{\partial z}. \qquad (1)^{1)}$$

由于 ϕ 类似于引力和静电等理论中出现的势函数，所以称为"速度势"．速度势的一般理论留待下一章介绍，而现在我们来证明下述重要定理：

对于在有势力作用下的任何一个有限部分的理想流体，若在任一时刻存在一速度势，则在流体密度或为常数或只是压力之函数的条件下，该部分流体在前后所有时刻都存在速度势[2)]．

在第 15 节的方程里，令速度势 ϕ_0 存在的时刻为初始时间，那么对所考虑的这部分流体就处处都有

$$u_0 da + v_0 db + w_0 dc = -d\phi_0.$$

用 da、db、dc 依次乘第 15 节 (2) 式中诸式后相加，可得

$$\frac{\partial x}{\partial t}dx + \frac{\partial y}{\partial t}dy + \frac{\partial z}{\partial t}dz - (u_0 da + v_0 db + w_0 dc) = -d\chi,$$

---

1) "循环"速度势的理论在后面要讨论．

2) Lagrange, "Mémoire sur la Théorie du Mouvement des Fluides," *Nouv. mêm. de l'Acad. de Berlin*, 1781 [*Oeuvres*, iv. 714]. 在 *Mécanique Analytigue* 中重载了这一论证．

Lagrange 的叙述和证明都是不完善的．第一次严格的论证应归于 Cauchy, "Mémoire sur la Theorie des Ondes," *Mém. de l'Acad. roy. des Sciences*, i (1827) [*Oeuvres Completes*, Paris, 1882…, 1re Série, i. 38], 报告日期是 1815 年． 另一个证明由 Stokes 给出，见 *Camb. Trans.* viii (1845)，(也见 *Math. and Phys. Papers*, Cambridge. 1880……, i. 106, 158, 和 ii. 36)，同时作者出色地对整个问题作了历史性和评论性的说明．

或用“Euler”记号表示为

$$udx + vdy + wdz = -d(\phi_0 + \chi) = -d\phi.$$

因第 15 节 (1) 式中 t 的积分上限可正可负，于是证明了这个定理。

要格外注意，上述速度势的连续存在并不是对一个空间区域而言的，而是对一部分流体而言的．这部分存在速度势的流体带着这一性质流向别处，起初它所占据的空间位置后来可能被原来不具有这一性质的流体所占据，而该部分流体却不能获得这一性质．

这类有单值速度势存在的情形包括了所有那些在所假定的那种力的作用下从静止开始的运动，因为对于这种运动，一开始就有

$$u_0da + v_0db + w_0dc = 0,$$

或

$$\phi_0 = \text{const}.$$

切记证明上述理论时的限制条件，即不仅要假定单位质量上所作用的外力 X, Y, Z 有势，而且假定密度 ρ 或是均匀的或只是 p 的函数．例如，下述情况就是违背了后一条件的：对流体不均匀加热而引起的对流，以及最初以等密度水平分层排列的非均质的不可压缩流体的波运动．另一个例外情况是“电磁旋转”，见第 29 节．

18. 把 (1) 式与第 11 节方程组 (2) 相比较，可对 ϕ 得到一个简单的物理解释．

对于存在(单值)速度势的液体，它的任意一个真实的运动状态可在适当选择的脉冲压力系作用下，由静止状态而在一瞬间产生．这可由已引用过的方程而显见，且该方程指出 $\phi = \tilde{\omega}/\rho +$ const.，因而 $\tilde{\omega} = \rho\phi + C$ 给出所需的脉冲压力冲量系．同样，$\tilde{\omega} = -\rho\phi + C$ 给出了会使运动完全停止的脉冲压力冲量系[1]．这些式子中出现的任意常数只是说明整个流体中的均匀压力对运

1) 这个解释由 Cauchy 和 Poisson 给出，Cauchy 的文章见前述引文，Poisson 文章见 *Mem. de. l'Acad. roy. des Sciences*, i (1816).

动不产生影响.

对于气体，ϕ 可以解释为脉冲外力的势函数，在该脉冲外力作用下，流体可于任一时刻自静止即刻产生真实的运动.

不存在速度势的运动状态不会因脉冲压力或有势之脉冲外力的作用而产生或消失.

19. 速度势的存在还表明流动的某些运动学性质.

"运动线"[1]定义为逐点的连线，它的方向是各点流体运动的方向. 该曲线族的微分方程是

$$\frac{dx}{u}=\frac{dy}{v}=\frac{dz}{w}. \tag{2}$$

(1) 式表明，当存在速度势时，运动线族处处与一组曲面——ϕ 为常数的"等势"面相垂直.

再者，如果自一点 (x, y, z) 在方向 (l, m, n) 上引一线元 δs，则分解到这个方向上的速度为 $lu+mv+nw$，或即

$$-\frac{\partial\phi}{\partial x}\frac{dx}{ds}-\frac{\partial\phi}{\partial y}\frac{dy}{ds}-\frac{\partial\phi}{\partial z}\frac{dz}{ds}=-\frac{\partial\phi}{\partial s}.$$

故任一方向的速度等于该方向上 ϕ 的减小率.

在 ϕ 为常数的曲面的法线方向上取 δs，如果对应于 ϕ 的各等间隔值画出一系列等势面，其公差为无穷小，则可看出任一点处的速度反比于该点附近相邻两面之间的距离.

由此，若任一等势面自身相交的话，在交线上速度为零；两个不同等势面相交则意味着交线上速度为无穷大.

20. 在第 17 节所述情况下，即，如一部分流体具有速度势，且 ρ 为常数或为 p 的确定函数，则运动方程组在整个这部分流体上即刻可积. 因借助由 (1) 式得出的关系式

$$\partial v/\partial z=\partial w/\partial y,\quad \partial w/\partial x=\partial u/\partial z,\quad \partial u/\partial y=\partial v/\partial x,$$

第 6 节中的方程组可写成

1) 原著中的三种叫法——*line of motion*, *stream-line* 和 *line of flow* 是指同一事物，用得最多的是 *stream-line*. 中译本在处理时，除第 II, III 两章中的 *line of motion* 译为运动线外，其它地方一律都译为流线了. ——译者注

$$-\frac{\partial^2 \phi}{\partial x \partial t} + u\frac{\partial u}{\partial x} + v\frac{\partial v}{\partial x} + w\frac{\partial w}{\partial x} = -\frac{\partial \Omega}{\partial x} - \frac{1}{\rho}\frac{\partial p}{\partial x}. \tag{3}$$

等等，这些式子积分后得出

$$\frac{p}{\rho} + \frac{1}{2}q^2 + E = \frac{\partial \phi}{\partial t} + F(t). \tag{4}$$

其中 q 表示合速度 $(u^2 + v^2 + w^2)^{\frac{1}{2}}$，$F(t)$ 为 t 的任意函数，E 由第 10 节 (7) 式定义并(在气体中)已给出过解释.

在不可压缩流体中，诸方程具有特别简单的形式，即有

$$\frac{p}{\rho} = \frac{\partial \phi}{\partial t} - \Omega - \frac{1}{2}q^2 + F(t), \tag{5}$$

以及连续性方程

$$\frac{\partial^2 \phi}{\partial x^2} + \frac{\partial^2 \phi}{\partial y^2} + \frac{\partial^2 \phi}{\partial z^2} = 0, \tag{6}$$

它相当于第 8 节的 (1) 式. 在我们将要考虑的许多情况中，边界条件是纯运动学的，这时，求解过程就在于求出一个满足 (6) 式和给定的表面条件的函数，然后由 (5) 式给出压力 p，其中尚未确定的只是附加的 t 的函数. 当流体中某点处的 p 值在所有 t 值下都为已知时，则 t 的函数也就变为确定的了. 但因 $F(t)$ 这项对压力的总效果没有影响，故常被略去.

例如，假定有一个或几个固体在一个被固定边界完全封闭的流体中运动，并假定在固定边界的某点上可以施加任意压力(例如，利用一个活塞)，加在活塞上的力的大小无论怎样变，流体和固体的运动都全然不受影响，所有点处的压力都立即作出等量的涨落. 从物理上来看，造成这种佯谬的原因是把流体作为绝对不可压缩的来处理了. 实际液体中，压力的变化是以很大的、但并非无穷大的速度传播的.

如果坐标轴是运动的，则压力公式为

$$\frac{p}{\rho} = \frac{\partial \phi}{\partial t} - \Omega - \frac{1}{2}q^2 - \mathbf{p}\left(y\frac{\partial \phi}{\partial z} - z\frac{\partial \phi}{\partial y}\right)$$
$$- \mathbf{q}\left(z\frac{\partial \phi}{\partial x} - x\frac{\partial \phi}{\partial z}\right) - \mathbf{r}\left(x\frac{\partial \phi}{\partial y} - y\frac{\partial \phi}{\partial x}\right), \tag{7}$$

其中

$$q^2 = (u - \mathbf{u})^2 + (v - \mathbf{v})^2 + (w - \mathbf{w})^2. \tag{8}$$

(7) 式不难用第 12 节 (3) 式的加速度公式导出.

定 常 运 动

21. 当每一点处速度的大小和方向都不变时,即当处处都有

$$\frac{\partial u}{\partial t}=0,\quad \frac{\partial v}{\partial t}=0,\quad \frac{\partial w}{\partial t}=0 \tag{1}$$

时,称运动为"定常"的.

在定常运动中,运动线与质点路线一致. 因为若 P, Q 为一条运动线上的相邻两点,则任一时刻在 P 点的质点就沿 P 点处的切线方向运动,并经一无限短的时间,而抵达 Q 点. 因运动是定常的,运动线保持不变,因此,Q 点处的运动方向沿同一条运动线的切向,即质点将连续描绘出一条现在被适当地称作"流线"的线.

通过一个无穷小周界所画出的流线确定了一个管子,可称其为"流管".

在定常运动中,第 20 节方程 (3) 给出

$$\int\frac{dp}{\rho}=-\Omega-\frac{1}{2}q^2+\text{const.}. \tag{2}$$

然而在定常情况下,无需假定速度势的存在仍可求出压力沿一条流线的变化规律. 因为若 δs 表示一流线元,则沿运动方向的加速度为 $q\partial q/\partial S$, 故有

$$q\frac{\partial q}{\partial s}=-\frac{\partial \Omega}{\partial s}-\frac{1}{\rho}\frac{\partial p}{\partial s}, \tag{3}$$

沿流线积分就得到

$$\int\frac{dp}{\rho}=-\Omega-\frac{1}{2}q^2+C. \tag{4}$$

它与 (2) 式形式相同,但由于无需假定速度势的存在而更具有普遍性. 然而必须仔细地注意,方程 (2) 中的 "const." 和方程 (4) 中的 "C" 意义不同,前者是绝对常数,而后者只是沿任一条特定的流线为常数,当从一条流线变到另一条流线时,它是可以改变

的.

22. 定理(4)与能量原理有密切关系. 假如独立地从能量原理出发，则可推导出(4)式如下[1]. 首先选液体作为特殊情况，考虑在一给定时刻占据一流管中长为 AB，运动方向自 A 向 B 的流体束，在 A 处令 p 为压力，q 为速度，Ω 为外力势，σ 为流体束的横截面积，同一组量在 B 处的值用加撇以示区别. 经过一小段时间间隔后，流体束占据了位置 A_1B_1. 令 m 为截面 A 和 A_1 或 B 和 B_1 间包含的流体质量，因运动是定常的，故流体束的能量增量为

$$m\left(\frac{1}{2}q'^2+\Omega'\right)-m\left(\frac{1}{2}q^2+\Omega\right).$$

另外，作用于其上之净功为 $pm/\rho-p'm/\rho$. 令能量的增量等于所做的功，则有

$$\frac{p}{\rho}+\frac{1}{2}q^2+\Omega=\frac{p'}{\rho}+\frac{1}{2}q'^2+\Omega',$$

或使用与前面同样意义的 C 而有

$$\frac{p}{\rho}=-\Omega-\frac{1}{2}q^2+C, \tag{5}$$

这正是当 ρ 为常数时(4)式所应有的形式.

为证明可压缩流体的相应公式，我们注意到通过任一截面的流体除具有它的动能及位能外还有单位质量的能量(是"内能"还是"自由能"要看具体情况)

$$-\int pd\left(\frac{1}{\rho}\right),$$

即

$$-\frac{p}{\rho}+\int\frac{dp}{\rho},$$

将其加于方程(5)，就得出方程(4).

---

1) 这在实际上又退回到 Daniel Bernoulli 的方法，见 *Hydrodynamica*. Argentorati, 1738.

在气体服从绝热定律的情况下，

$$\frac{p}{p_0}=\left(\frac{\rho}{\rho_0}\right)^{\gamma},\tag{6}$$

方程 (4) 的形式为

$$\frac{\gamma}{\gamma-1}\frac{p}{\rho}=-\Omega-\frac{1}{2}q^2+C.\tag{7}$$

23. 以上几个方程表明，在定常运动中，对于同一条流线上的各点[1]，其它条件相同时，速度最小处压力最大，反之亦然．当我们想到一个质点自较高压力处向低压处运动必然加速，反之必然减速时，上列陈述就是显而易见的了[2]．

由此可推断出，在能适用上节方程的任何情况下，速度必有一个不能超过的极限[3]．例如，我们假定有一股从压力为 p_0，速度可忽略的蓄水池中流出的液体，并可略去外力，那么 (5) 式中 $C=p_0/\rho$，因此

$$p=p_0-\frac{1}{2}\rho q^2.\tag{8}$$

虽然现在已知，排除了全部微量空气或其它可溶气体的液体可以承受相当大的负压力(或张力)[4]，但这不是我们在通常条件下所见到的那种流体．因此，实际上方程 (8) 表示出 q 不能大于 $(2p_0/\rho)^{\frac{1}{2}}$，这个极限速度是从蓄水池向真空处逸出的流体具有的速度．对大气压力作用下的水而言，它就是"由于"气压计中的水柱高而产生的速度，约为每秒 45 英尺*.

若在符合前述解析表达式的任一种流体运动中，假定运动逐渐加速直至某点处速度接近上述极限，就会在这点形成一个空穴，

1) 后面将看到，速度势存在时这一限制是不必要的．

2) Froude 给出过这一定理的一些有趣的实例，见 *Nature*, xiii, 1875.

3) 见 Helmholtz, "Ueber discontinuirliche Flüssigkeits-bewegungen", *Berl. Monatsber.* April 1868; *Phil. Mag.* Nov. 1868 [*Wissenschaftliche Abhandlungen*, Leipzig, 1882—3, i. 146].

4) O. Reynolds, *Manch. Mem.* vi. (1877) [*Scientific Papers*, Cambrige, 1900…, i. 231].

* 1 英尺=0.3048 米．——译者注

这时问题中的条件就或多或少地有所变化了。

在下一章(第 44 节)中将看到,在液体的无旋运动中,无论"定常"与否,只要外力满足方程

$$\frac{\partial^2 \Omega}{\partial x^2}+\frac{\partial^2 \Omega}{\partial y^2}+\frac{\partial^2 \Omega}{\partial z^2}=0$$

的势函数(自然,包括重力),则最小压力点必出现在边界上。

在流体的 p 是 ρ 的给定函数的一般情况下,取(4)式中的 $\Omega=0$, $q_0=0$, 我们有

$$q^2=2\int_p^{p_0}\frac{dp}{\rho}. \tag{9}$$

对于服从绝热律的气体,上式给出

$$q^2=\frac{2\gamma}{\gamma-1}\frac{p_0}{\rho_0}\left\{1-\left(\frac{p}{p_0}\right)^{\frac{\gamma-1}{\gamma}}\right\} \tag{10}$$

$$=\frac{2}{\gamma-1}(c_0^2-c^2). \tag{11}$$

上式中 $c=(\gamma p/\rho)^{\frac{1}{2}}=(dp/d\rho)^{\frac{1}{2}}$, 表示在压力是 p、密度是 ρ 的气体中的音速, c_0 表示贮气罐内的气体中的音速(见第X章)。于是极限速度为

$$\left(\frac{2}{\gamma-1}\right)^{\frac{1}{2}}c_0,$$

或当 $\gamma=1.408$ 时为 $2.214c_0$。

液 体 的 流 动

24. 我们以这些方程的几例简单应用来结束本章。作为首例,取液体自容器壁上一个小孔流出的问题。这一容器内的液体保持不变的水位,故运动可视为定常。

原点取在上表面,令 z 轴铅直,其正方向向下,故 $\Omega=-gz$。若设上表面面积远大于小孔的面积,上表面处速度可忽略,故可由 $z=0$ 时 $p=P$(大气压力)而定出第 21 节(4)式中的 C 值,并

有[1]

$$\frac{p}{\rho}=\frac{P}{\rho}+gz-\frac{1}{2}q^2, \tag{1}$$

在射流表面上 $p=P$，故

$$q^2=2gz, \tag{2}$$

即速度决定于自上表面向下的深度．上式通称 Torricelli **定理**[2]．

然而我们不能马上把这一结果用于计算流体的射流流量，原因有二：首先必须认为流出去的流体是由容器内从四面八方向孔口聚集的基元流动组成的，因而流体的运动在整个小孔面上并非处处与孔面垂直，而是自中心至边缘时，运动变得越来越倾斜．另外，基元流的收缩运动必然使小孔处射流内部的压力稍大于射流表面的压力，而后者等于大气压力，因此射流内部的速度要小于 (2) 式给出的值．

但是实验显示出上述收缩运动在小孔外侧的一个短距离内便告结束，然后（在圆孔情况下）射流近似地变成柱状．该处（谓之"射流颈"）射流截面积 S' 与孔口面积 S 之比称为"收缩系数"．若孔口只是薄壁上的一个圆洞，则实验得出该系数约为 0.62．

在射流颈处，质点的路线接近于直线，故自轴线在射流外表面间的压力变化很小或不变．从而可假定速度在该截面上是均匀的，且具有 (2) 式给出之值，该式中的 z 则表示容器中从液面向下到射流颈的深度．因此射流流量为

$$(2gz)^{\frac{1}{2}}\cdot\rho S'. \tag{3}$$

计算射流形状是困难的，这种困难只在几种理想的二维运动中曾被克服过（见第 IV 章）．然而可以证明，收缩系数一般应在 1/2 与 1 之间．为作出一个简单的论证，我们首先把重力略去，并设液体从容器中流出时，容器内部距孔口远处的压力较容器外部的压力大 P．当用板子堵住孔口时，液体作用在容器上的压力的总效果自然是**零**．当移开板子后，我们暂时假定壁面上的压力仍

1) 此结果由 D. Bernoulli 得出，见第 22 节脚注．

2) "De motu gravium naturaliter accelerato", Firenze, 1643.

然保持为 P，故容器受到一个不平衡的作用力 PS，其方向与射流方向相反且使容器受到一个反冲的作用．作用于流体的相等而相反的力在单位时间内使流过"射流颈"之质量 $\rho qS'$ 得到流速 q，从而有

$$PS = \rho q^2 S'. \tag{4}$$

又，第 22 节能量定理给出

$$P = \frac{1}{2}\rho q^2. \tag{5}$$

因此，比较以上二式后可得 $S = \frac{1}{2}S$．但 (1) 式表示的各壁面上（尤其在孔口附近）的压力实际上或多或少要低于静压 P，所以 (4) 式左端被计算得太小了．因此，一般来讲应有 $S'/S > 1/2$．

在一种特殊情况中，即在孔口处接上一个伸向容器内部的柱形短管，上面所作的假定就足够准确，这时，收缩系数为 $\frac{1}{2}$ 就与实验相符．

当考虑进重力（或其它保守力）时，这一推理不难修正，只需用孔口水平处的静压力超出外界压力之余量代替 P 即可．这里忽略了孔口与射流颈之间的高度差[1]．

Bernoulli 定理的另一重要应用是用"Pitot 管"作流动速度测量．它由一个一端开口的细管构成，开口端指向上游，另一端连接压力计．沿与细管轴线相重合的流线，速度由 q 迅速降至零，因此压力计标出该流线附近的"总压"值 $p + \frac{1}{2}\rho q^2$．第二个压力计与一端封闭但侧壁上钻有微细小孔的细管连接，流动滑过小孔，藉以测定出"静压"值 p．由于密度 ρ 已知，所以比较两个读数就可

1) 以上理论由 Borda (*Mém. de l'Acad. des Sciences*. 1766) 给出．他还用了上面所提到的特殊管咀作了实验，发现 $S/S' = 1.942$．这也被 Hanlon 重复发现，见 *Proc. Lond. Math. Soc.* iii. 4 (1869)；在此文的附注中有 Maxwell 对这一问题的进一步阐述．也可见 Froude and J. Thomson, *Proc. Glasgow Phil. Soc.* X (1876)．有几位作者已经陈述过，对于伸向容器内部且向内扩张的锥形管咀，射流颈处截面积可小于管咀内端处截面积的一半．

得出 q 值．两个装置常常合并成一个仪器．这种方法广泛应用于空气动力学中，在速度直到 200 英尺/秒量级时，空气的压缩性几乎是没有影响的．

气 体 的 流 动

24a． 服从绝热律的气体定常流动呈现某些有趣的特性．

令 σ 为流管上任一点处的横截面积，δs 是流动方向上的一个长度微元．忽略外力，代替第 23 节 (10) 式有

$$q^2 - q_0^2 = \frac{2\gamma}{\gamma-1}\frac{p_0}{\rho_0}\left\{1-\left(\frac{p_0}{\rho_0}\right)^{\frac{\gamma-1}{\gamma}}\right\}, \tag{1}$$

下标零表示流管某固定截面处的诸量．若 c 是对应于当地 p 和 ρ 值的音速，则可写成

$$q^2 + \frac{2}{\gamma-1}c^2 = q_0^2 + \frac{2}{\gamma-1}c_0^2. \tag{2}$$

另外，因单位时间内通过任意截面的质量相等，即

$$\rho q\sigma = \rho_0 q_0\sigma_0, \tag{3}$$

所以

$$\frac{1}{\sigma}\frac{d\sigma}{ds} = -\frac{1}{q}\frac{dq}{ds} - \frac{1}{\rho}\frac{d\rho}{dp}\frac{dp}{ds}$$

$$= -\frac{1}{q}\frac{dq}{ds}\left(1-\frac{q^2}{c^2}\right). \tag{4}$$

由 (2) 式和 (4) 式可见，在收缩管内，或者 q 增加且 c 减小，或者相反，视 q 小于或大于 c 而定．对于扩张管则陈述必须相反．简略地，我们可以说，在收缩管内流速及当地音速连续地彼此趋近，而在扩张管内它们越易分开．

这些结果也可由 (2) 式及 (3) 式的图示得到．因 c^2 正比于 $\rho^{\gamma-1}$，(3) 式可写作

$$c^{\frac{2}{\gamma-1}} q\sigma = c_0^{\frac{2}{\gamma-1}} q_0\sigma_0 \tag{5}$$

若取横坐标正比于 c，纵坐标正比于 q，(2) 式表示通过点 (c_0, q_0) 所画的一个形状不变的椭圆．对任一给定的 σ/σ_0 值，方程 (5) 表示某种双曲线，对于某一确定的 σ 值 (σ')，它将与椭圆相切，于是在切点处 $q=c$．

附图内曲线 AA'，BB'，CC' 分别对应于比值

$$\sigma/\sigma'=8,4,2,$$

而点D对应于最小截面积σ'．对于更小的σ值，双曲线与椭圆的交点是虚的，定常绝热流动变为不可能．图线表示，对于任何大于σ'的截面积，都有两对可能的q及c值，正如 Osborne Reynolds 及其他人已经陈述过的那样．

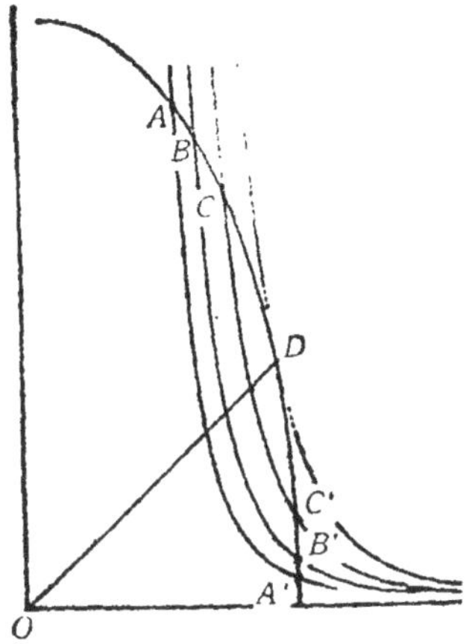

当q小于c时，椭圆上的代表点位于OD以下．在收缩管内，随着向临界截面σ'趋近，代表点的位置按A'，B'，C'的顺序而变，流速增加，音速减小．另一方面，当q大于c时，代表点位于OD以上．在一收缩管内，则按A，B，C的顺序而变，流速减低，音速增加．

25. 我们较详细地来考虑气体射流，它通过一个小孔从容器中流出，容器内的压力为p_0，密度为ρ_0，外部空间的压力为p_1．

若容器内外压力比p_0/p_1不超过某一个即将讲到的极限值，流动将以同液体几乎一样的方式发生．在第 23 节 (10) 式中取$p=p_1$，并用射流颈处的截面积σ_1乘所得q值，可求出流量．它给出质量流量[1)]

$$q_1\rho_1\sigma_1=\left(\frac{2}{\gamma-1}\right)^{\frac{1}{2}}c_0\rho_0\left\{\left(\frac{p_1}{p_0}\right)^{\frac{2}{\gamma}}-\left(\frac{p_1}{p_0}\right)^{\frac{\gamma+1}{\gamma}}\right\}^{\frac{1}{2}}\sigma_1. \tag{6}$$

然而很清楚，应用这一结果一定要有个限制，否则必然导致荒谬的结论：即当$p_1=0$，也就是排向真空时，质量流量是零．Osborne Reynolds[2)] 教授解释清楚了这一点．显然由 (4) 式可见，当某处流速与该处压力、密度下气体中的音速相等时，则基元流在该处的$q\rho$为最大，也即基元流截面最小．在绝热前提下，根据第 23 节 (11) 式，这时应有

$$\frac{c}{c_0}=\left(\frac{2}{\gamma+1}\right)^{\frac{1}{2}}, \tag{7}$$

从而

1) 等价于它的一个结果由 Saint Venant 和 Wantzel 给出，见 *Journ. de l'Ecole Polyt.* xvi. 92(1839)，并为 Stokes 讨论过，见 *Brit, Ass. Reports for* 1846 [*Papers*, i. 176].

2) "On the Flow of Gases", *Proc. Manch. lit.* 和 *Phil. Soc.* Nov. 17, 1885; *Phil. Mag.* March 1886 [*Papers*, ii. 311]. Hugoniot 给出类似的说明，见 *Comptes Rendus*, June 28, July 26, 和 Dec. 13. 1886.

$$\frac{\rho}{\rho_0}=\left(\frac{2}{\gamma+1}\right)^{\frac{1}{\gamma-1}},\quad \frac{p}{p_0}=\left(\frac{2}{\gamma+1}\right)^{\frac{\gamma}{\gamma-1}}. \tag{8}$$

如 $\gamma=1.408$，则

$$\rho=0.634\rho_0,\quad p=0.527p_0. \tag{9}$$

如果 p_1 小于这个值，过该点后的流动再次向外扩散，直到一定的距离后因粘性作用而消失在涡流中．基元流动的最小截面位于小孔附近，它们的总和 S 可称作孔口的有效面积．按(2)式求得射流速度是

$$q=0.911c_0.$$

于是质量流量等于 $q\rho S$，此处 q 和 ρ 为上面求出的值，因此只要 p_1 低于 $0.527p_0$，质量流量就近似地与外界压力 p_1 无关．它的物理解释(如 Reynolds 所指出的)是这样的：只要任意一点处的速度超过了该点处的音速，则压力的改变不能够从这点向后传播并影响上游的运动[1]．

近来 Stanton 的一些实验[2]在全部实质性问题上证实了 Reynolds 的见解，并且澄清了某些表面上的矛盾．

在压力相同的情况下，各种不同气体的射流速度（就各种气体的 γ 可假设有同样值而论）正比于各自对应的音速，因此(如在第X章将看到的)射流速度将随密度的平方根成反比而变化，质量流量将与密度的平方根成正比[3]．

旋 转 液 体

26. 下面让我们考查一团液体的旋转运动，它只在重力作用下绕铅直向上之 z 轴以均匀且不变的角速度 ω 而转动．

根据假设，$u, v, w=-\omega y, \omega x, 0,$

$$X, Y, Z=0, 0, -g.$$

连续性方程恒等地满足，动力学方程组显然是

$$-\omega^2x=-\frac{1}{\rho}\frac{dp}{dx},\quad -\omega^2y=-\frac{1}{\rho}\frac{dp}{dy},$$

$$0=-\frac{1}{\rho}\frac{dp}{dz}-g. \tag{1}$$

以上诸方程的共同积分是

1) 对于进一步的讨论参见 Reyleigh, "On the Discharge of Gases under High Pressures", *Phil. Mag.* (6) xxxii, 177(1916) [*Scientific Papers*, Cambridge 1899—1920, vi. 4077].

2) *Proc. Roy. Soc. A*, cxi. 306 (1926).

3) 参见 Graham, *Phil. Trans.* 1846.

$$\frac{p}{\rho}=\frac{1}{2}\omega^2(x^2+y^2)-gz+\text{const.}\qquad(2)$$

因此 $p=\text{const.}$ 的自由表面是绕 z 轴且凹面向上的回转抛物面，它的正焦弦是 $2g/\omega^2$.

因
$$\frac{\partial v}{\partial x}-\frac{\partial u}{\partial y}=2\omega,$$
故速度势不存在. 因此，这一类运动不能在"理想"流体——无剪切应力的流体中产生.

27. 代替角速度 ω 为均匀的假设，而设它是自轴线算起之距离 r 的函数，让我们考查一下，要使运动能够存在速度势，应赋予该函数以何种形式. 因
$$\frac{\partial v}{\partial x}-\frac{\partial u}{\partial y}=2\omega+r\frac{d\omega}{dr},$$
为了使之能成为零，必须有 $\omega^2 r=\mu$ (μ 是常数). 于是任一点处的速度就是 μ/r. 故若无外力作用，第 21 节中方程 (2) 变为
$$\frac{p}{\rho}=\text{const.}-\frac{1}{2}\frac{\mu^2}{r^2}.\qquad(1)$$
为求 ϕ 值，使用极坐标有
$$\frac{\partial\phi}{\partial r}=0,\quad\frac{\partial\phi}{r\partial\theta}=-\frac{\mu}{r},$$
因而
$$\phi=-\mu\theta+\text{const.}=-\mu\tan^{-1}\frac{y}{x}+\text{const.}.\qquad(2)$$

这是一个"循环"函数. 当我们在一个空间区域的每一点上都能对某一函数规定出一个确定的函数值，而且这些函数值能形成一个连续系统时，则称此函数在该空间区域上是"单值"的. 但函数 (2) 却不是单值的. 因为若一个点绕原点而描出一个完整的回路时，ϕ 值虽连续变化，但却改变 $-2\pi\mu$. 关于循环速度场的一般理论将于下一章给出.

若有重力作用，并若取 z 轴铅直向上，我们必须在 (1) 式加一项 $-gz$. 从而可知自由表面的形状是由双曲线 $x^2z=\text{const.}$ 绕 z 轴旋转而形成的.

适当地将上述两个结果拟合在一起，可得到 Rankine 的"组合涡". 设液体作着共轴圆周运动，并假定自 $r=0$ 到 $r=a$ 速度等于 ωr，而对于 $r>a$，速度等于 $\omega a^2/r$. 于是得出自由表面的形状为

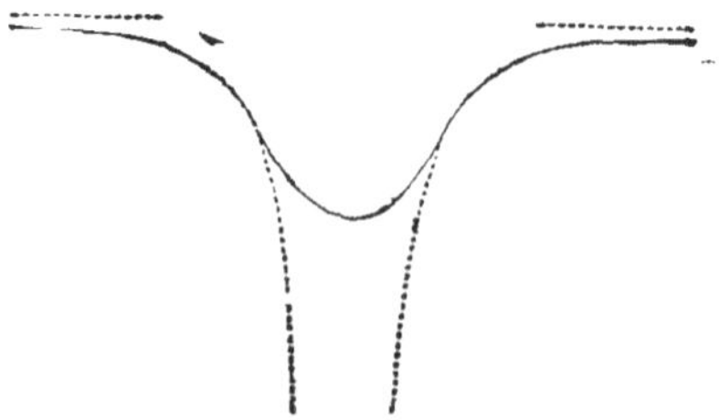

$$z=\frac{\omega^2}{2g}(r^2-a^2)+C,$$

和

$$z=\frac{\omega^2}{2g}\left(a^2-\frac{a^4}{r^2}\right)+C,$$

它们在 $r=a$ 处是连续的. 中心处的凹陷深度为 ω^2a^2/g.

28. 为了对比，现举例说明外力无势时的情况. 假定充满一直圆柱的液体在力

$$X=A+By,\quad Y=B'+Cy,\quad Z=0$$

作用下自静止开始运动. 取 z 轴为柱轴.

如设 $u=-\omega y$, $v=\omega x$, $w=0$，而 ω 只是 t 的函数，则它们能满足连续性方程和边界条件. 显然动力学方程是

$$\left.\begin{aligned}-y\frac{d\omega}{dt}-\omega^2x&=Ax+By-\frac{1}{\rho}\frac{\partial p}{\partial x},\\ x\frac{d\omega}{dt}-\omega^2y&=B'x+Cy-\frac{1}{\rho}\frac{\partial p}{\partial y}.\end{aligned}\right\}\tag{1}$$

按第一式对 y 求导，第二式对 x 求导，然后相减而消去 p，得

$$\frac{d\omega}{dt}=\frac{1}{2}(B'-B).\tag{2}$$

因此流体作为一个整体以不变的角加速度 ($B=B'$ 之特殊情况除外)绕 z 轴旋转. 为求 p，以 $\frac{d\omega}{dt}$ 值代入(1)式并积分，于是得到

$$\frac{p}{\rho}=\frac{1}{2}\omega^2(x^2+y^2)+\frac{1}{2}(Ax^2+2\beta xy+Cy^2)+\text{const.},$$

式中 $2\beta=B+B'$.

29. 我们以"电磁旋转"理论提出的一个情况作为最后一个例子：

如果电流自一轴向导线辐射式地通过导电液体，并流向一个柱形的金属容器壁面，在均匀磁场中，外力将有以下形式[1)]

1) 若 C 表示单位轴长的总外向电流，γ 是平行于轴线的磁力分量，就有 $\mu=\gamma C/2\pi\rho$. 上述情况特别简单，其中 X,Y,Z 有势 $\left(\Omega=-\mu\tan^{-1}\frac{y}{x}\right)$，尽管势是一个"循环"函数. 但通常电磁旋转中的情况并非如此.

$$X, Y, Z = -\frac{\mu y}{r^2}, \frac{\mu x}{r^2}, 0.$$

设 $u = -\omega y$, $v = \omega x$, $w = 0$, 其中 ω 只是 r 和 t 的函数,我们有

$$\left.\begin{aligned} -y\frac{\partial\omega}{\partial t} - \omega^2 x &= -\frac{\mu y}{r^2} - \frac{1}{\rho}\frac{\partial p}{\partial x}, \\ x\frac{\partial\omega}{\partial t} - \omega^2 y &= \frac{\mu x}{r^2} - \frac{1}{\rho}\frac{\partial p}{\partial y}. \end{aligned}\right\} \tag{1}$$

消去 p 后得到

$$2\frac{\partial\omega}{\partial t} + r\frac{\partial^2\omega}{\partial r\partial t} = 0.$$

其解为

$$\omega = F(t)/r^2 + f(r),$$

此处 F 和 f 表示任意函数. 若当 $t = 0$ 时 $\omega = 0$, 就有

$$F(0)/r^2 + f(r) = 0,$$

因此

$$\omega = \frac{F(t) - F(0)}{r^2} = \frac{\lambda}{r^2}, \tag{2}$$

其中 λ 是 t 的函数,并在 $t = 0$ 时为零. 将 (2) 式代入 (1) 式并积分,可得

$$\frac{p}{\rho} = \left(\mu - \frac{d\lambda}{dt}\right)\tan^{-1}\frac{y}{x} - \frac{1}{2}\omega^2 r^2 + \chi(t).$$

因 p 实际上是一单值函数,故必须有 $\frac{d\lambda}{dt} = \mu$, 亦即 $\lambda = \mu t$. 因此流体旋转的角速度与自轴线算起的距离之平方成反比,且随时间而不断地增大.

第 III 章

无 旋 运 动

30. 本章将针对第 17--20 节所考虑的运动类型，重点阐述某些一般性的理论．这类运动的特点是，在整个有限质量的流体中，$udx + vdy + wdz$ 处处都是一个全微分．为方便起见，我们依照 stokes[1] 的下述分析，从讨论最一般情况下某个流体微元的运动入手．

设点 (x, y, z) 处的速度分量是 u, v, w，于是，某个与其无限接近的点 $(x+\delta x, y+\delta y, z+\delta z)$ 处的相对速度为

$$\left.\begin{aligned}\delta u &= \frac{\partial u}{\partial x}\delta x + \frac{\partial u}{\partial y}\delta y + \frac{\partial u}{\partial z}\delta z,\\ \delta v &= \frac{\partial v}{\partial x}\delta x + \frac{\partial v}{\partial y}\delta y + \frac{\partial v}{\partial z}\delta z,\\ \delta w &= \frac{\partial w}{\partial x}\delta x + \frac{\partial w}{\partial y}\delta y + \frac{\partial w}{\partial z}\delta z.\end{aligned}\right\} \qquad (1)$$

如果我们令

$$\left.\begin{aligned}&a = \frac{\partial u}{\partial x},\ b = \frac{\partial v}{\partial y},\ c = \frac{\partial w}{\partial z},\\ &f = \frac{\partial w}{\partial y} + \frac{\partial v}{\partial z},\ g = \frac{\partial u}{\partial z} + \frac{\partial w}{\partial x},\ h = \frac{\partial v}{\partial x} + \frac{\partial u}{\partial y},\\ &\xi = \frac{\partial w}{\partial y} - \frac{\partial v}{\partial z},\ \eta = \frac{\partial u}{\partial z} - \frac{\partial w}{\partial x},\ \zeta = \frac{\partial v}{\partial x} - \frac{\partial u}{\partial y}\text{[2]},\end{aligned}\right\} \qquad (2)$$

---

1) "On the Theories of the Internal Friction of Fluids in Motion, &c." *Camb. Phil. Trans.* viii. (1845) [*Papers*, i. 80].

2) 这里与传统习惯有所不同．习惯上是用 ξ, η, ζ (Helmholtz) 或 ω', ω'', ω''' (Stokes) 这类符号来表示流体微元的旋转角速度分量

$$\frac{1}{2}\left(\frac{\partial w}{\partial y} - \frac{\partial v}{\partial z}\right),\quad \frac{1}{2}\left(\frac{\partial u}{\partial z} - \frac{\partial w}{\partial x}\right),\quad \frac{1}{2}\left(\frac{\partial v}{\partial x} - \frac{\partial u}{\partial y}\right).$$

则方程（1）可以写作

$$
\left.\begin{aligned}
\delta u &= a\delta x + \frac{1}{2}h\delta y + \frac{1}{2}g\delta z + \frac{1}{2}(\eta\delta z - \zeta\delta y),\\
\delta v &= \frac{1}{2}h\delta x + b\delta y + \frac{1}{2}f\delta z + \frac{1}{2}(\zeta\delta x - \xi\delta z),\\
\delta w &= \frac{1}{2}g\delta x + \frac{1}{2}f\delta y + c\delta z + \frac{1}{2}(\xi\delta y - \eta\delta x).
\end{aligned}\right\} \quad (3)
$$

因此我们可以将中心位于点 (x, y, z) 的流体微元的运动看成由以下三部分组成：

第一部分是微元作为一个整体的**平移**运动，其速度分量为 u, v, w。

第二部分（由方程组（3）右边的前三项所表示）则代表这样的运动：如果将 δx, δy, δz 看作是流动坐标，那么每一点都沿着该点所在的那个二次曲面

$$
a(\delta x)^2 + b(\delta y)^2 + c(\delta z)^2 + f\delta y\delta z + g\delta z\delta x + h\delta x\delta y = \text{const.} \quad (4)
$$

的法线方向而运动．如果我们以其主轴为参考系来描写这些二次曲面，并由坐标变换使（4）式变为

$$
a'(\delta x')^2 + b'(\delta y')^2 + c'(\delta z')^2 = \text{const.},
$$

则沿三个主轴方向上的速度分量分别为

$$
\delta u' = a'\delta x', \quad \delta v' = b'\delta y', \quad \delta w' = c'\delta z'. \quad (5)
$$

（5）式表示微元中平行于 x' 轴的每个线段以变化率 a'（或为正值或为负值）而伸长，而平行于 y' 轴和 z' 轴的各线段也以类似的方式分别以变化率 b' 和 c' 而伸长．这种运动称作**纯变形**运动．二次曲面（4）之各主轴则称作变形轴．

第三部分是方程（3）右边最后两项，它表示微元作为一个整

然而因为基础的运动学理论是第 32 节（3）式，所以，按本书中所采用的 ξ, η, ζ 的定义，可以避免在该式和由之而得出的关于涡旋运动的整个一系列公式中加进一个不必要的因子 2 $\left(\text{或}\ \frac{1}{2}\right)$．它也改进了 148 节中所述的电磁模拟．

体绕某个瞬时轴的旋转，旋转角速度的分量是 $\frac{1}{2}\xi$，$\frac{1}{2}\eta$，$\frac{1}{2}\zeta$[1]。

将分量为 ξ，η，ζ 的矢量称为介质在 (x, y, z) 点处的"涡量"是很方便的。

上述分析可以用液体的所谓"层流"运动来说明. 若我们假定

$$u = \mu y, \quad v = 0, \quad w = 0,$$

则有

$$a, b, c, f, g, \xi, \eta = 0, \quad h = \mu, \quad \zeta = -\mu.$$

如果 A 代表一个矩形流体微元，其边界面和坐标平面平行，那么 B 就表示经过一个短暂时间后，仅仅由变形引起的 A 的变化，而 C 则表示由变形加上旋转而产生的变化.

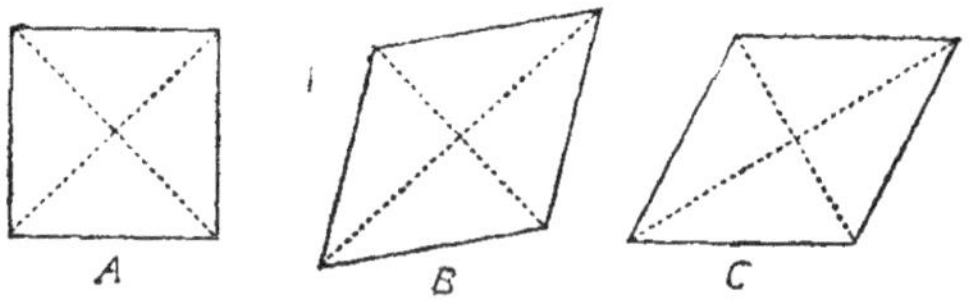

不难看到，运动的上述分解是唯一的. 因为如假设相对于点 (x, y, z) 的运动可以由下述变形和旋转组成，其中各变形轴和变形系数以及旋转轴与旋转角速度都是任意的，然后计算相对速度 δu，δv，δw，便可以得到类似于方程 (3) 右边的表达式，其中 $a, b, c, f, g, h, \xi, \eta, \zeta$ 之值则是任意的；而如令 δx，δy，δz 的各系数与 (3) 式中的相等，我们即可发现 a, b, c 等各值必须分别与前面的相应值相同. 因此，在流体中任一点处的变形轴的方向、沿变形轴的伸长率或缩短率以及旋转轴和涡量的大小都只依赖于该点处相对运动的状态，而与参考轴的位置无关.

在一流体的有限部分中，如果各处的 ξ，η，ζ 均为零，那么该部分中任一微元的相对运动都只包含纯变形，因此这种运动称为"无旋运动".

31. 沿任一曲线 $ABCD$ 所取的积分

---

1) Cauchy 曾经在连续介质的无限小位移理论中把对应于 $\frac{1}{2}\xi$、$\frac{1}{2}\eta$，$\frac{1}{2}\zeta$ 的各量解释成代表微元的"平均旋转"的旋转角速度分量. 参见 *Exercices d'Analyse et de Physique*, ii. 302 (Paris, 1841).

$$\int (udx + vdy + wdz),$$

或
$$\int \left(u\frac{dx}{ds} + v\frac{dy}{ds} + w\frac{dz}{ds}\right)ds,$$

称为流体沿该曲线自 A 至 D 的"流动"[1]. 为简单起见，将用 $I(ABCD)$ 表示它.

如果 A 与 D 重合，这样就构成一闭曲线或回路，则积分之值称作在该回路中的"环量"，我们用 $I(ABCA)$ 表示之. 不论曲线是否闭合，若沿反方向取积分，则 dx/ds, dy/ds, dz/ds 的正负符号就会颠倒过来，于是有

$$I(AD) = -I(DA), \text{ 和 } I(ABCA) = -I(ACBA).$$

显然也有

$$I(ABCD) = I(AB) + I(BC) + I(CD).$$

此外，任何一个曲面都可以被曲面上的两组交叉线划分为许多无穷小的面元. 现假定该曲面的边界由简单闭曲线构成，这样，当我们以同样的绕向沿那些小面元的边界取环量时，它们的总和将等于沿原表面边界的环量. 这是因为在上述的求和中，对每一个小面元的边界都计算一次环量时，沿每两个相邻小面元的公共边线就计算了两次流动，但它们的符号却相反，因而在求和后的结果中消失了. 所以留下来的仅是沿着构成原始边界的那些边线上的流动. 这样就证明了上面论述的正确性.

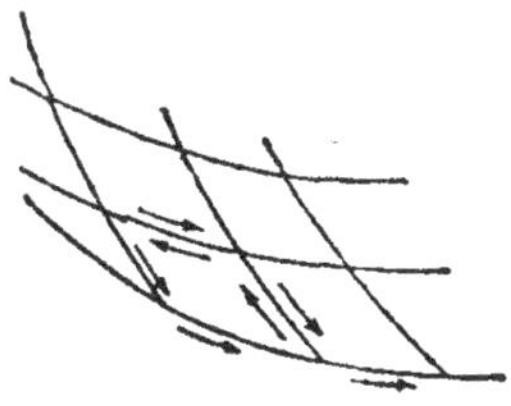

考虑到连续性后，可由上述结果而知，对于位置和取向给定的任一曲面元 δS，绕其边界的环量最终将正比于其面积.

如果面元是一个中心位于点 (x, y, z) 的矩形 $\delta y \delta z$，我们沿附图中箭头所示方向计算绕它的环量，有

1) W. Thomson 爵士, "On Vortex Motion", *Edin. Trans.* XXV. (1869) [*Papers*, iv. 13].

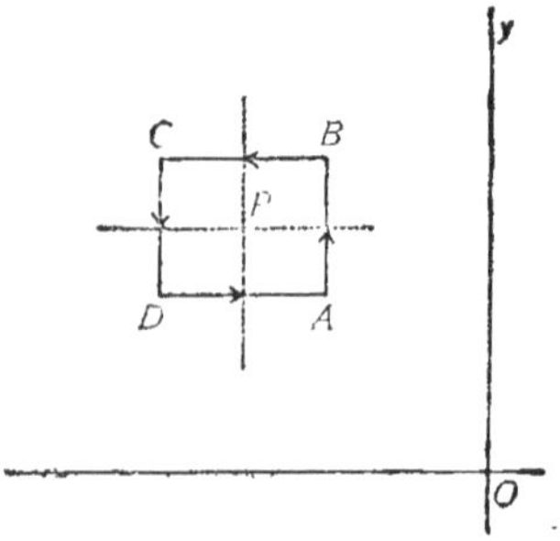

$$I(AB)=\left\{v-\frac{1}{2}\left(\frac{\partial v}{\partial z}\right)\delta z\right\}\delta y,$$

$$I(BC)=\left\{w+\frac{1}{2}\left(\frac{\partial w}{\partial y}\right)\delta y\right\}\delta z,$$

$$I(CD)=-\left\{v+\frac{1}{2}\left(\frac{\partial v}{\partial z}\right)\delta z\right\}\delta y,$$

$$I(DA)=-\left\{w-\frac{1}{2}\left(\frac{\partial w}{\partial y}\right)\delta y\right\}\delta z,$$

因此有
$$I(ABCDA)=\left(\frac{\partial w}{\partial y}-\frac{\partial v}{\partial z}\right)\delta y\delta z.$$

用这种方法，我们可推断出环绕着分别与三个坐标平面平行的无穷小面积 δS_1，δS_2，δS_3 的边界之环量各为

$$\xi\delta S_1,\quad \eta\delta S_2,\quad \zeta\delta S_3. \tag{1}$$

另外，参看第 2 节的附图和符号，我们有

$$\begin{aligned}I(ABCA)&=I(PBCP)+I(PCAP)+I(PABP)\\&=\xi\cdot l\Delta+\eta\cdot m\Delta+\zeta\cdot n\Delta,\end{aligned}$$

由此可以推断出环绕任一无穷小面积 δS 的边界的环量是

$$(l\xi+m\eta+n\zeta)\delta S. \tag{2}$$

我们在这里就独立地证明了：可以把第 30 节 (2) 式所定义的诸量 ξ，η，ζ 看作是一个矢量的三个分量.

可以看到，在计算绕 δS 边界的环量所取的方向和法线 (l, m, n) 方向之间的关系中包含着某种约定. 为了在这一问题上有一个明确的共同理解，在本书中我们设坐标轴构成一个右手系，也就是，如果 x 轴和 y 轴分别指向东方和北方的话，那么 z 轴将铅直地指向上方[1]. 因此，依 (2) 式计算环量时的绕行方向与法线方向 (l, m, n) 之间的关系就由右手螺旋的方式来确定[2].

32. 把任一有限曲面的边缘上之环量表示为等于把该面分割后所得的各无穷小面元边界上的环量之和，并根据 (2) 式可得

$$\int (udx + vdy + wdz) = \iint (l\xi + m\eta + n\zeta) dS; \tag{3}$$

或将第 30 节定义的 ξ, η, ζ 值代入上式而得

$$\int (udx + vdy + wdz) = \iint \left\{ l\left(\frac{\partial w}{\partial y} - \frac{\partial v}{\partial z}\right) + m\left(\frac{\partial u}{\partial z} - \frac{\partial w}{\partial x}\right) + n\left(\frac{\partial v}{\partial x} - \frac{\partial u}{\partial y}\right)\right\} dS, \tag{4}$$

上式中单重积分是沿边界曲线取的，二重积分是在曲面上取的[3]. 在这些公式中，l, m, n 各量是曲面法线的方向余弦，所有法线都是从该曲面的一个侧面引出的，我们可以将该侧面称作正侧面. 因此 (4) 式左端的积分方向应当是这样的：当一个人在此曲面的正侧面上沿着边缘走时，必须使曲面总是在他的左边.

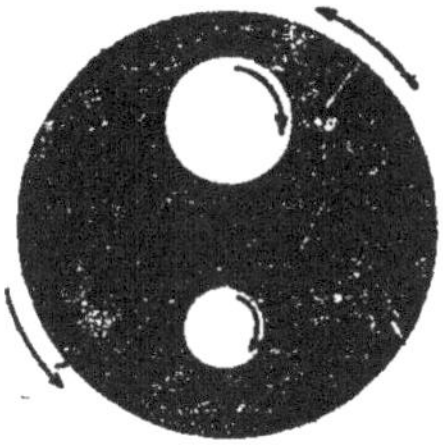

显然定理 (3) 和 (4) 可以推广到边界是由两个或多个闭曲线组成的曲面，只要在计算左端的积分时，依照刚才所述的规则，把环绕每条曲线

1) Maxwell, *Proc. Lond. Math. Soc.* (1) iii. 279, 280. 因此，在上面的图中，x 轴取为指向读者.

2) 见 Maxwell, *Electricity and Magnetism*, Oxford, 1873, Art. 23.

3) Stokes 给出了这一定理(参见 1854 年 *Smith's Prize Examination Papers*). 第一次发表的证明似乎是由 Hankel 给出的(参见 *Zur allgem. Theorie der Bewegung der Flüssigkeiten*, Göttingen, 1861). 本书中的证明是 Kelvin 勋爵的结果，见第 31 节脚注. 还可参看 Thomson and Tait, *Natural Philosophy*, Art. 190 (*j*), 和 *Maxwell, Electricity and Magnetism*, Art. 24.

的方向取得适当即可．于是，如果(4)式中的面积分取在附图中整个阴影部分上，则在边界各部分上取环量时，其绕向就是图中箭头所示的方向，而该曲面的正侧面则为面对着读者的那一面．

在闭面上所取的上述面积分之值为零．

应注意到，(4)式是个纯数学定理．因此，无论 u，v，w 是 x，y，z 的何种函数，只要它们在曲面上处处连续、可微，(4)式总是正确的[1]．

33. 本章的其余篇幅将要研究有关无旋运动的一般运动学性质．无旋运动可由下列方程来定义：

$$\xi, \eta, \zeta = 0, \tag{1}$$

即假设在每一个无穷小回路中的环量都等于零．根据这一定义，可以在各种可能出现的情况下得出速度势的存在及其性质的结论．

本课题在物理上的重要性在于这样一个事实：如果在任一时刻，流体中任何一部分的运动是无旋的，那么在某些很一般的条件下，它将继续保持为无旋．虽然实际上我们将会看到第 17 节所证明的 Lagrange 定理已经给出过这一结论，但由于这一问题的重要性，所以有必要再用 Kelvin 勋爵[2]所给出的形式，用 Euler 记号而作出重复的探讨．

首先考虑在流体中所画出的任一曲线 AB，并假定曲线上每个点始终以流体在该点处的速度运动．我们来计算沿这条曲线(自 A 向 B)的流动的增加速率．若 δx，δy，δz 是曲线上一个微元在坐标轴上的投影，我们有

$$\frac{D}{Dt}(u\delta x) = \frac{Du}{Dt}\delta x + u\frac{D\delta x}{Dt}.$$

因由流体运动而造成的 δx 的增加速率 $D\delta x/Dt$ 等于线元两端处平行于 x 轴的速度之差 (δu)，而 Du/Dt 则可用第 5 节所述来表

1) 并不要求它们的导数也是连续的．

2) 见第 31 节脚注．

示，因此，对 $D(v\delta y)\partial/Dt$ 及 $D(w\delta z)/Dt$ 作出同样展开后，可以得知，如 ρ 仅为 p 的函数，且外力 X，Y，Z 具有势 Ω，就有

$$\frac{D}{Dt}(u\delta x+v\delta y+w\delta z)=-\frac{\delta p}{\rho}-\delta\Omega+u\delta u+v\delta v+w\delta w.$$

沿线从 A 到 B 积分可得

$$\frac{D}{Dt}\int_A^B(udx+vdy+wdz)=\left[-\int\frac{dp}{\rho}-\Omega+\frac{1}{2}q^2\right]_A^B, \quad (2)$$

也就是说，从 A 到 B 的流动增加速率等于 $-\int\frac{dp}{\rho}-\Omega+\frac{1}{2}q^2$ 在 B 点处之值超过在 A 点处之值的余量．这一定理概括了整个理想流体的动力学．例如，第 15 节方程 (2) 就可以用下述方法推导出来：把一条初始投影为 δa，δb，δc 的无限短的曲线看作线段 AB，并使这些无穷小量的系数分别等于零即可．

如果 Ω 是单值函数，则(2)式右边括弧内的式子也是 x，y，z 的单值函数．因此，若 (2) 式左边沿闭曲线(即 B 与 A 重合)取积分，则有

$$\frac{D}{Dt}\int(udx+vdy+wdz)=0, \quad (3)$$

或者说，随流体运动的任一回路中的环量不随时间而变．

由此可以得知，如果流体中任一部分的运动在起初是无旋的，那么它将始终保持为无旋．因为，不然的话，根据第 32 节 (3) 式，每一无穷小回路上的环量就不能保持其初始时的零值了．

34. 现在考虑任一由无旋运动流体所占据的区域，我们可以由第 32 节 (3) 式看出，如果一个回路能够由一个全部位于域内的连续曲面所充满，或换言之，如果一个回路能够不超出区域而收缩为一个点，则这一回路上的环量为零．这样的回路称为“可缩的”．

另外，让我们考虑连接域中两点 A，B 的两条路径 ACB 和 ADB，它们之中的任何一条都可以不超出区域而连续地变化到与另一条重合，这样的两条路径称作“可互相重合的”．在此情况下，由于回路 $ACBDA$ 是可缩回路，故 $I(ACBDA)=0$；又因 $I(BDA)=-I(ADB)$，故

$$I(ACB)=I(ADB).$$

亦即沿任何两条可重合路径的流动是相同的.

如果在一个区域中连接任何两点的所有路径都是互相可重合的，则此区域称为"单连通域". 被封闭在一个球内的区域或包含在两个同心球之间的区域就是这种单连通域. 从下一节直到第 46 节我们只考虑单连通域.

35. 在单连通域内，流体无旋运动的特征是存在着一个单值的速度势. 令 $-\phi$ 表示从某定点 A 到一变点 P 的流动，即

$$\phi=-\int_A^P(udx+vdy+wdz). \tag{1}$$

已经证明过，ϕ 值与计算积分时所取的积分路径无关，只要该路径完全处在域中. 因此 ϕ 是 P 的位置的单值函数. 假定用坐标 (x, y, z) 来表示 P 点的位置，那么如依次令 P 点平行于每一坐标轴而移动一个无限短的空间距离，就可得到

$$u=-\frac{\partial\phi}{\partial x},\quad v=-\frac{\partial\phi}{\partial y},\quad w=-\frac{\partial\phi}{\partial z}, \tag{2}$$

这就是说，按照第 17 节的定义，ϕ 是一个速度势.

如用任一其它点 B 代替 A 点以作为 (1) 式的积分下限，则仅仅使 ϕ 值增加一个任意常数，该常数表示从 A 到 B 的流动. 第 17 节中关于 ϕ 的原始定义以及第 18 节中的物理解释也都同样给 ϕ 留下了一个不确定的附加常数.

当我们顺着任一运动线而走动时，ϕ 值总是连续地减小，因此在一单连通域内，运动线不能构成闭曲线.

36. 我们在这里研究的函数 ϕ 及其一阶导数当然在所考虑的域内所有点上是有限、连续和单值的. 在不可压缩流体中(我们将要着重考虑的情况)，ϕ 还必须在域上各点都满足第 20 节的连续性方程 (6)，为了简练起见，今后我们将该式写作

$$\nabla^2\phi=0. \tag{1}$$

这样，既然 ϕ 所服从的数学条件和物质对其外部所有各点的引力或斥力(反比于到该物质的距离的平方)的势函数所满足的数学条

件相同，那么许多在引力理论、静电学理论、磁学理论以及定常热流理论中已证明过的结果也可以在流体动力学中得到应用．我们现在进而阐述从这一观点来看最为重要的那些结论．

在任何一种不可压缩流体运动的情况下，可方便地把法向速度在任一开曲面或闭曲面上的面积分称为穿过该曲面的“通量”，它当然等于单位时间穿过该曲面的流体的体积．

当运动为无旋时，通量为

$$-\iint \frac{\partial\phi}{\partial n}\, dS,$$

上式中 δS 是曲面上的一个面元，δn 是在该面元上沿适当方向而取的法线元．对于任一完全由液体所充满的区域而言，穿过该区域边界之总通量为零，即

$$\iint \frac{\partial\phi}{\partial n}\, dS = 0, \tag{2}$$

在上式中，法线元 δn 始终在曲面的同一侧(比如说内向的一侧)引出，积分是在整个边界上取的．可将(2)式看作连续性方程(1)的推广形式．

通过一个无穷小回路上的各点画出的运动线确定了一个管子，可称为流管．在该流管的所有点处，速度(q)与横截面积(σ)的乘积均相等．

如果愿意的话，我们可将流体所占据的整个空间看作是由流管构成的，并且假定流管的尺寸被取得使所有流管的 $q\sigma$ 都相同．于是，穿过任一曲面的通量就正比于穿过该曲面的流管数目．若曲面是闭合的，则方程(2)表示穿入该曲面的流管与穿出该曲面的流管的数目一样．因此，运动线不能在流体内部的某点处开始或终止．

37. 在流体内部的点上，函数 ϕ 不能是极大值或极小值．原因是，如 ϕ 在流体内部某点取极值的话，则在包围该点的一个微小闭曲面上，$\partial\phi/\partial n$ 就会处处为正或处处为负，而这都是与(2)式

相违背的。

而且，在流体内部的点上，速度的平方也不能取极大值，因如把 x 轴取为平行于任一点 P 处的速度方向，则当我们用 $\partial\phi/\partial x$ 代替 ϕ 时，方程(1)必可满足，因而方程(2)也必可得到满足。这样，由前面的论述可知 $\partial\phi/\partial x$ 在 P 处不能取极大值或极小值，因此在 P 的毗邻处必然有一些点的 $(\partial\phi/\partial x)^2$ 大于 P 处速度的平方，而

$$\left(\frac{\partial\phi}{\partial x}\right)^2+\left(\frac{\partial\phi}{\partial y}\right)^2+\left(\frac{\partial\phi}{\partial z}\right)^2$$

就更会大于 P 点处速度的平方了[1]。

相反地，速度的平方都可以在流体内的某些点上取极小值。最简单的情况就是速度为零，例如可见后面第 69 节中的附图。

38. 我们来把(2)式应用于液体中一个有限球形部分的边界。若 r 表示自球心到某点的距离，$\delta\varpi$ 是面元 δS 在球心处所对的微元立体角，则我们有

$$\partial\phi/\partial n=-\partial\phi/\partial r$$

如 $\delta S=r^2\delta\varpi$。消去因子 r^2，(2)式变为

$$\iint\frac{\partial\phi}{\partial r}d\varpi=0,$$

或

$$\frac{\partial}{\partial r}\iint\phi d\varpi=0. \tag{3}$$

因为 $1/4\pi\cdot\iint\phi d\varpi$ 或 $1/4\pi r^2\cdot\iint\phi dS$ 是 ϕ 在球面上的平均值，(3)式则表明了这个平均值与半径无关。因此，对于下述球面来讲，ϕ 在其上的平均值都是一样的，这些球面与原先的球面同心，并且可以不超出无旋运动液体所占据的区域就能借助于逐渐改变半径而与原先的球面相重合。于是，我们可进一步设想把球

1) Kelvin 勋爵从另一方面阐述了这一定理，见 *Phil. Mag.* Oct. 1850 [*Reprint of Papers on Electrostatics*, &c. London, 1872, Art. 665]. 本文中的证明是由 Kirchhoff 所作，见 *Vorlesungen über mathematische Physik, Mechanik*, Leipzig, 1876. 另外一个证明见后面第 44 节.

面收缩成一个点，并从而简单地证明出一个定理 在任意一个其内部各处均能满足(1)式的球面上，ϕ的平均值等于球心处的ϕ值. 这一定理是 Gauss 在他的引力理论研究报告[1)]中首先给出的.

第37节中所证明的ϕ不可能在流体内部的一点处取极大值或极小值的定理是上述定理的一个明显的推论.

上述论证从原则上讲，似乎是 Frost[2)] 作出的. Rayleigh 勋爵[3)]给出了另一个在形式上与前述稍有差异的论证如下：由于方程(1)是线性的，所以它的任意多个独立解ϕ_1，ϕ_2，$\phi_3\cdots$的算术平均值也能使它得到满足. 现设以任一点P为原点而均匀排列出无限多个直角坐标系，并令ϕ_1，ϕ_2，$\phi_3\cdots$是那样一些运动的速度势，这些运动相对于各自所对应的坐标系的运动情况和原来的速度势所表示的运动相对于坐标系x，y，z的运动情况相同. 在此情况下，函数ϕ_1，ϕ_2，$\phi_3\cdots$的算术平均值(设为$\bar{\phi}$)将仅是自P点算起的距离r的函数. 再令在$\bar{\phi}$所表示的运动(如果有的话)中，穿过可以不超出液体所占据的区域就能缩成一点的任一球面的通量为零，可以写出

$$4\pi r^2\cdot\frac{\partial\bar{\phi}}{\partial r}=0,$$

即 $\bar{\phi}=\text{const.}$.

39. 接着，我们假设作无旋运动的流体所占据的区域是“迂回”的[4)](即其内部有一个或多个闭曲面作为边界)，并将(2)式应用于一个(或多个)内部边界与某一球面之间所包围的空间，该球面则完全包围这一(或这些)边界且全部位于流体中. 若M表示穿过内边界流向域内的总通量，则用同前面一样的符号后，我们可

1) "Allgemeine Lehrsatze, u. s. w.", *Rasultate aus den Beobachtungen des magnetischen Vereins*, 1839 [*Werke*, Göttingen, 1870—80, V.199].

2) *Quarterly Journal of Mathematics*, xii. (1873).

3) *Messenger of Mathematics*, vii. 69 (1878) [*Papers*, i. 347].

4) 见 Maxwell, *Electricity and Magnetism*, Arts. 18, 22. 当某个域内划出的每个闭曲面均能不超出区域而收缩成一点时，则称该区域为“非迂回”的.

得

$$\iint \frac{\partial \phi}{\partial r} dS = -M,$$

式中面积分只沿整个球面来取．上式也可以写为

$$\frac{1}{4\pi} \frac{\partial}{\partial r} \iint \phi d\tilde{\omega} = -\frac{M}{4\pi r^2},$$

因此

$$\frac{1}{4\pi r^2} \iint \phi dS = \frac{1}{4\pi} \iint \phi d\tilde{\omega} = \frac{M}{4\pi r} + C. \qquad (4)$$

这就是说，在上述条件下画出的任一球面上，ϕ 的平均值等于 $M/4\pi r + C$，这里的 r 是半径，M 是一绝对常数，C 是一与半径无关但可以随球心位置而变的量[1]．

然而，如果全部由无旋运动所占据的区域在外部是无界的，而且在 ϕ 无穷远处的一阶导数(因而所有的高阶导数)是零，那么对于能把全部内边界都围圈在内的所有球面来说，C 值都是相同的．因为如果这样的一个球面平行于 x 轴移动[2]，但球面尺寸不变，那么按照(4)式可知，由于球面位移而引起的 C 的变化率等于 $\partial\phi/\partial x$ 在球面上的平均值．现因无穷远处的 $\partial\phi/\partial x$ 为零，我们就可以将球面取得足够大，以使 $\partial\phi/\partial x$ 的平均值小到我们想要的那么小．因此 C 不会由于球心平行于 x 轴位移而变化．同理，我们可以得知，C 也不会因球心平行于 y 轴或 z 轴位移而变化；也就是说，它就是个绝对常数了．

如果穿过区域内边界的总通量为零，例如，如果内边界是固体表面或是不可压缩流体中作旋转运动的那一部分流体的表面，那么就有 $M=0$，这时，在能把它们全部包围在内的任何球面上，ϕ 的平均值都相同．

40. (α) 如果 ϕ 在无旋运动液体所占据的任一单连通域的

1) 不言而喻，这一陈述只适用于类似第 34 节所述意义下的彼此可互相重合的球面．

2) Kirchhoff, *Mechanik*, p. 191.

边界上是常数，那么它就在整个这个区域的内部都取同样的常数值。因为假如它不是常数，就必然会在域内的某点处取极大值或极小值。

另外，我们已从 35，36 节得知，运动线不能在域内任一点处起始和终止，并且它们也不能构成一个完全位于域内的闭曲线，因而它们必须横越区域并起始和终止于区域的边界。但是在我们现在所讨论的情况下，这样的运动线却是不可能出现的，因为运动线的方向总是由 ϕ 值较大处通向 ϕ 值较小处的。所以根本不可能有运动，即

$$\frac{\partial\phi}{\partial x},\quad \frac{\partial\phi}{\partial y},\quad \frac{\partial\phi}{\partial z}=0,$$

故 ϕ 必为常数，并等于它在边界上的值。

(β) 再者，如 $\partial\phi/\partial n$ 在上述区域的边界上每一点处都是零，则 ϕ 在整个区域内是不变的。因为条件 $\partial\phi/\partial n=0$ 表示没有运动线进入区域或离开区域，它们只能完全被包含在该区域里面。然而正如我们已经知道的那样，这与运动线必须遵从的其它条件相矛盾，所以在这种情况下依旧不能有运动，且 ϕ 为常数。

这个定理可用另一种方式叙述如下：在完全由固定的刚性壁面所围成的单连通域内，液体不可能产生连续的无旋运动。

(γ) 最后，设所考虑区域的边界一部分由曲面 S 组成，另一部分由曲面 Σ 组成，在 S 面上 ϕ 取给定的常数值，而在 Σ 面上 $\partial\phi/\partial n=0$。根据上述讨论，运动线不能从 S 面上的一点而到达另一点，也不能够穿过 Σ 面，因此不可能有运动线，所以 ϕ 仍旧是一个常数，并等于它在 S 面上的值。

由这些定理可以得知：在一个单连通域的边界上所有点处指定了 ϕ 值或内法向速度 $-\partial\phi/\partial n$ 值两者之一后，或在一部分边界上给定 ϕ 值而在其余边界上给定 $-\partial\phi/\partial n$ 值后，液体在该区域内的无旋运动就是确定的了。这是因为：如果 ϕ_1，ϕ_2 是两种运动的速度势，而它们都满足上述两种情况中所规定的任何一种边界条件，那么函数 $\phi_1-\phi_2$ 就满足本节中 (α)，(β)，(γ) 三种情况

之一,因而在整个区域内必为常数.

41. 当无旋运动液体所占据的区域外延到无限远而其内部有一个或多个闭曲面作为边界时，就出现了一类很重要而严格来讲又不属于上述诸定理的范围内的情况. 在目前，我们假定这个区域是单连通的,且ϕ是单值的.

若ϕ在区域的内边界上是常数，而且在距内边界无限远处到处都趋于同一常数,则在整个域内它是常数. 因为不然的话,ϕ就必须在域内某点处有极大值或极小值.

恰如第40节那样,我们可以推断出：如果ϕ在内边界上是任意给定的,而在无限远处具有给定的常数值,则它的值处处都是确定的.

在我们现在的课题中，有一个更重要的定理是：若在内边界每点处法向速度是零,在无限远处流体是静止的话,则ϕ到处都是常数. 然而我们却不能立即由40节中相应定理的证明来推断出这一点. 因为当我们设想那么一个区域，其外围是一个无穷大的曲面,在该曲面上每一点处$\partial\phi/\partial n$为无穷小时,可以想像到,在这个曲面的一部分上所取的积分$\iint \partial\phi/\partial n\cdot dS$仍然可能是有限的,而使我们得不出所需要的结论. 因此，我们采取下述方法来进行讨论.

由于在距离内边界(S)无限远处的速度趋于极限零，这就必然可以画出一个完全把S围圈在内的闭曲面Σ，在此Σ面以外,速度处处小于某个确定值ε，而且，只要把Σ取得足够大，ε值就能取为我们所要的那么小. 现在,在S的任一方向上取一点P，使P点与Σ的距离能令Σ对于P点所张的立体角为无穷小量. 以P为中心画出两个球面,一个球面刚好把S排除在外,另一个球面刚好把S包括在内. 我们将证明,ϕ在每一个球面上的平均值是相等的(仅仅相差一个无穷小量). 因若Q，Q'是这两个球面上沿公共半径PQQ'的两点,则如Q，Q'落在Σ面以内，它们的ϕ值虽可能相差一个有限数值，但由于每一个球面落在Σ以内的部分都只是整个球面的一个无穷小部分，因此，不可能因而对 ϕ 在两个球面上的平均值引起有限大小的差值．反之，如 Q，Q' 落在 Σ 面以外，它们的 ϕ 值差就不可能有 $\varepsilon \cdot QQ'$ 那么大，因为根据定义，ε 是 ϕ 的变化率的上限，因此，ϕ 在两个球面上的平均值之差必小于 $\varepsilon \cdot QQ'$．由于 QQ' 为有限值，而 ε 又可以取成我们所要的那么小（只要把 Σ 取得足够大），所以，只要把 P 点取得足够远，我们就可以使平均值之差为无穷小．

此外，我们已在第 38，39 节中看到，ϕ 在内球面上的平均值等于它在 P 点处之值，而在外球面上的平均值则等于常量 C（因 $M=0$）．因此，无限远处的 ϕ 值最终将处处趋于常数值 C．

即使内边界上的法向速度不是零，上述结论也同样正确．因为在第 39 节的定理中，M 要除以 r，而在我们所讨论的情况下，r 是无穷大．

由此可见，如果在内边界所有点上 $\partial\phi/\partial n=0$，且流体在无限远处是静止的，则它必然处处都是静止的．因为运动线不能起始或终止于内边界上，因此，如果存在运动线的话，它们必然来自无限远处，穿越流体所占据的区域，然后再跑到无限远处去．也就是说它们必须在那样的两处之间形成一条条无限长的道路，而这两处的 ϕ 具有相同的 C 值（准确到无穷小量），然而这是不可能的．

如果流体在无限远处是静止的，那么当内边界上的 $-\partial\phi/\partial n$ 值给定时，运动就是确定的．这一定理可以用和第 40 节相同的方法而得出．

Green 定理

42. 在静电学等的论文中，有关势函数的许多重要性质通常都是依据 Green 给出的某个定理来证明的． 虽然从我们目前的观点来看，势函数最重要的性质已经得出了，但是，由于这一定理除了其它用途之外，还可对任何一种无旋运动的动能导出十分有用的表达式，因此，在这里还要对它作些适当的叙述．

设 U, V, W 是任何三个函数，它们在由一个或多个闭曲面 S 围成的一个连通域中所有点上是有限、单值和可微的. 令 δS 是其中任一闭曲面的一个面元，l, m, n 是向域内所画的法线的方向余弦. 我们首先来证明

$$\iint (lU + mV + nW)dS = -\iiint \left(\frac{\partial U}{\partial x} + \frac{\partial V}{\partial y} + \frac{\partial W}{\partial z}\right) dxdydz, \qquad (1)$$

式中的三重积分是在整个区域上取的，而二重积分是在区域的边界上取的.

假如我们想像地画出一系列曲面把区域分成任意数目的几个部分，那么在原有边界上所取的积分

$$\iint (lU + mV + nW)dS \qquad (2)$$

应等于在所有被分割开的各部分的边界上所取的积分之和. 因为对于每个分界面上的每一面元 $\delta\sigma$ 来说，在该分界面两侧的积分中分别有微元 $(lU + mV + nW)\delta\sigma$ 和 $(l'U + m'V + n'W)\delta\sigma$，但是分界面上法线的方向余弦 l, m, n 和 l', m', n' 是按照每一边的内侧来画的，因此有 $l' = -l$, $m' = -m$, $n' = -n$，所以在积分求和中，在各分界面两侧上所取的积分微元互相消掉，(1) 式左边就只剩下在区域的原有边界上所取的积分了.

现在让我们假定分界面是由三组平面系构成的，三组平面分别平行于 yz 面、zx 面、xy 面，并且相邻的两平行平面之间的间隔为无穷小. 这样就构成了无数直角平行六面体空间. 如果 x, y, z 是其中一个直角平行六面体空间中心点的坐标，且 $\delta x, \delta y, \delta z$ 是其边长，那么由接近原点的 $\delta y\delta z$ 面对于 (2) 式中的积分所提供的部分是

$$\left(U - \frac{1}{2}\frac{\partial U}{\partial x}\delta x\right)\delta y\delta z,$$

由其相对的一面所提供的部分是

$$-\left(U + \frac{1}{2}\frac{\partial U}{\partial x}\delta x\right)\delta y\delta z.$$

二者相加后得 $-\partial U/\partial x\cdot\delta x\delta y\delta z$. 用同样方法计算由其余两对面元在积分中所提供的部分后，可得沿该体元表面上的积分为

$$-\left(\frac{\partial U}{\partial x}+\frac{\partial V}{\partial y}+\frac{\partial W}{\partial z}\right)\delta x\delta y\delta z.$$

因此 (1) 式只不过表示了这样一个事实：在区域的原有边界上所取的面积分 (2) 等于在由我们的设想所建立起来的无限多个微元空间的各边界上所取的同样的积分之和.

由 (1) 式显见(或者也可直接利用坐标变换来证明)，如把 U, V, W 看作是一个矢量的分量，表达式

$$\frac{\partial U}{\partial x}+\frac{\partial V}{\partial y}+\frac{\partial W}{\partial z}$$

就是一个“标量”，即它的值不受任何坐标变换的影响. 现在通常把它称为矢量场在点 (x, y, z) 处的“散度”.

当 (U, V, W) 是连续介质的速度时，(1) 式的含义是很明显的. 在无旋运动这一特殊情况下可得到

$$\iint\frac{\partial\phi}{\partial n}dS=-\iiint\nabla^2\phi dxdydz, \tag{3}$$

上式中的 δn 表示面 S 的内向法线元.

另外，如果分别取 $U, V, W=\rho u, \rho v, \rho w$，我们就在实质上重复了第 7 节中的第二部分研究.

另一个有用的结果可由分别取 $U, V, W=u\phi, v\phi, w\phi$ 而得到，其中，u, v, w 在整个区域上满足关系式

$$\frac{\partial u}{\partial x}+\frac{\partial v}{\partial y}+\frac{\partial w}{\partial z}=0,$$

并在边界上使

$$lu+mv+nw=0.$$

我们可求得

$$\iiint\left(u\frac{\partial\phi}{\partial x}+v\frac{\partial\phi}{\partial y}+w\frac{\partial\phi}{\partial z}\right)dxdydz=0. \tag{4}$$

在这里仅仅限定函数 ϕ 在整个区域上是有限、单值和连续的，且其

一阶导数是有限的。

43. 现在令 ϕ，ϕ' 是两个任意函数，它们及其一阶和二阶导数在所考虑的域上都是有限和单值的，另外让我们分别令

$$U, V, W = \phi\frac{\partial \phi'}{\partial x},\quad \phi\frac{\partial \phi'}{\partial y},\quad \phi\frac{\partial \phi'}{\partial z}.$$

于是
$$lU + mV + nW = \phi\frac{\partial \phi'}{\partial n}.$$

代入 (1) 式可得

$$\iint \phi\frac{\partial \phi'}{\partial n}dS = -\iiint\left(\frac{\partial \phi}{\partial x}\frac{\partial \phi'}{\partial x} + \frac{\partial \phi}{\partial y}\frac{\partial \phi'}{\partial y} + \frac{\partial \phi}{\partial z}\frac{\partial \phi'}{\partial z}\right)dxdydz - \iiint \phi\nabla^2\phi' dxdydz. \tag{5}$$

互换 ϕ 和 ϕ' 得到

$$\iint \phi'\frac{\partial \phi}{\partial n}dS = -\iiint\left(\frac{\partial \phi}{\partial x}\frac{\partial \phi'}{\partial x} + \frac{\partial \phi}{\partial y}\frac{\partial \phi'}{\partial y} + \frac{\partial \phi}{\partial z}\frac{\partial \phi'}{\partial z}\right)dxdydz - \iiint \phi'\nabla^2\phi dxdydz. \tag{6}$$

方程 (5) 和 (6) 合在一起就组成了 Green 定理[1]。

44. 若 ϕ，ϕ' 是某液体的两种不同模式的无旋运动的速度势，则因

$$\nabla^2\phi = 0,\quad \nabla^2\phi' = 0, \tag{1}$$

于是得到

$$\iint \phi\frac{\partial \phi'}{\partial n}dS = \iint \phi'\frac{\partial \phi}{\partial n}dS. \tag{2}$$

如果我们回顾一下第 18 节所述的速度势的物理解释，并把每一个运动看成是以脉冲方式从静止开始发生的，那么我们就可以认出上面的方程是一个动力学定理的特殊情况，该定理为

$$\Sigma p_r\dot{q}_r' = \Sigma p_r'\dot{q}_r,$$

其中 p_r，$\dot{q}_r$ 和 p_r'，$\dot{q}_r'$ 是一个系统的任何两种可能运动的冲量和速

1) G. Green, *Essay on Electricity and Magnetism*, Nottingham, 1828, Art. 3 [*Mathematical Papers* (ed. Ferrers), Cambridge, 1871, p. 3].

度的广义分量[1].

另外，在 43 节 (6) 式中令 $\phi' = \phi$，并设 ϕ 是液体的速度势，于是我们得到

$$\iiint \left\{\left(\frac{\partial\phi}{\partial x}\right)^2 + \left(\frac{\partial\phi}{\partial y}\right)^2 + \left(\frac{\partial\phi}{\partial z}\right)^2\right\} dxdydz = -\iint \phi \frac{\partial\phi}{\partial n} dS. \quad (3)$$

为了解释上式，我们用 $\frac{1}{2}\rho$ 乘上式两边．这样，右边的 $-\partial\phi/\partial n$ 就表示流体的内法向速度，而 $\rho\phi$ 则是产生运动所必须的脉冲压力冲量(根据第 18 节)．这是动力学中的一个命题[2]，即脉冲力所作的功等于其冲量乘以加力点处分解到冲量方向上的初始和终了速度之和的一半．因此，若将 (3) 式两边乘以 $\frac{1}{2}\rho$ 后，则其右边就表示作用于曲面 S 上、能够引起真实运动的脉冲压力系所作之功，而其左边则为这一运动的动能．(3) 式表明这两种量相等．所以，如以 T 表示液体的总动能，我们就有下面的重要公式

$$2T = -\rho \iint \phi \frac{\partial\phi}{\partial n} dS. \quad (4)$$

如果在 (3) 式中，我们用 $\partial\phi/\partial x$ 代替 ϕ(当然它满足 $\nabla^2\partial\phi/\partial x = 0$)，并把由此所得到的结果应用于一个半径是 r、中心在点 (x, y, z) 的球面所包围的区域上，那么用与第 39 节中一样的符号，我们有

$$\begin{aligned}\frac{1}{2} r^2 \frac{\partial}{\partial r} \iint u^2 d\tilde{\omega} &= \iint u \frac{\partial u}{\partial r} dS = -\iint \frac{\partial\phi}{\partial x} \frac{\partial}{\partial n}\left(\frac{\partial\phi}{\partial x}\right) dS \\ &= \iiint \left\{\left(\frac{\partial^2\phi}{\partial x^2}\right)^2 + \left(\frac{\partial^2\phi}{\partial x\partial y}\right)^2 + \left(\frac{\partial^2\phi}{\partial x\partial z}\right)^2\right\} dxdydz.\end{aligned}$$

如令 $q^2 = u^2 + v^2 + w^2$，则有

$$\begin{aligned}\frac{1}{2} r^2 \frac{\partial}{\partial r} \iint q^2 d\tilde{\omega} = \iiint \Big\{&\left(\frac{\partial^2\phi}{\partial x^2}\right)^2 + \left(\frac{\partial^2\phi}{\partial y^2}\right)^2 + \left(\frac{\partial^2\phi}{\partial z^2}\right)^2 + 2\left(\frac{\partial^2\phi}{\partial y\partial z}\right)^2 \\ &+ 2\left(\frac{\partial^2\phi}{\partial z\partial x}\right)^2 + 2\left(\frac{\partial^2\phi}{\partial x\partial y}\right)^2\Big\} dxdydz. \quad (5)\end{aligned}$$

因为等号右边的表达式总是正值，所以在一个以任一给定点为中心的球面上所取的 q^2 的平均值将随着球半径而增加．因此在流体中任何点处，q^2 都不可能是极大值，正如第 37 节中用另一方法所证明而得到的结论一样．

---

1) Thomson and Tait, *Natural Philosophy*, Art. 313, equation (11).

2) 见脚注 1 所列书的 Art. 308.

此外，回顾在液体作任何无旋运动时的压力公式

$$\frac{p}{\rho}=\frac{\partial\phi}{\partial t}-\Omega-\frac{1}{2}q^2+F(t), \tag{6}$$

则若外力势 Ω 满足条件

$$\nabla^2\Omega=0, \tag{7}$$

我们就可以推断出：在以流体内部任一点为中心画出的球面上，p 的平均值将随球半径的增加而减小。因而最低压力点的位置将在流体边界上的某处。这就是第 23 节中所提到过的一个结论。

45. 与上述讨论相关，我们来叙述一个重要的定理，它是由 Kelvin 勋爵[1]发现的，随后又被他推广为某些动力学系统的一种普遍性质，这类系统是在规定的速度条件下由静止状态脉冲式地起动的[2]。

占据单连通域的液体的无旋运动和在边界上具有同样法向速度的其它运动相比，其动能较小。

令 T 是速度势为 ϕ 的无旋运动的动能，T_1 是速度为

$$u=-\frac{\partial\phi}{\partial x}+u_0,\quad v=-\frac{\partial\phi}{\partial y}+v_0,\quad w=-\frac{\partial\phi}{\partial z}+w_0 \tag{8}$$

的另一种运动的动能，利用连续性方程和规定的边界条件，我们在整个区域内必有

$$\frac{\partial u_0}{\partial x}+\frac{\partial v_0}{\partial y}+\frac{\partial w_0}{\partial z}=0,$$

并在边界上有

$$lu_0+mv_0+nw_0=0.$$

再设

$$T_0=\frac{1}{2}\rho\iiint(u_0^2+v_0^2+w_0^2)dxdydz, \tag{9}$$

则

$$T_1=T+T_0-\rho\iiint\left(u_0\frac{\partial\phi}{\partial x}+v_0\frac{\partial\phi}{\partial y}+w_0\frac{\partial\phi}{\partial z}\right)dxdydz.$$

---

1) (W. Thomson) "On the Vis-Viva of a Liquid in Motion", *Camb. and Dub. Math. Journ.* 1849 [*Papers*, i. 107].

2) Thomson and Tait, Art. 312.

根据 42 节 (4) 式，可知后面这个积分为零，故有

$$T_1 = T + T_0, \tag{10}$$

于是证明了上述定理[1].

46. 我们还需要知道，当流体外延到无限远并在该处处于静止状态、而其内部有一个或多个闭曲面的边界时，动能的表达式 (4) 应具有何种形式. 我们设想画出一个很大的闭曲面 Σ，它能把 S 全部包围在内，则包含在 S 和 Σ 之间的流体的动能是

$$-\frac{1}{2}\rho\iint\phi\frac{\partial\phi}{\partial n}dS-\frac{1}{2}\rho\iint\phi\frac{\partial\phi}{\partial n}d\Sigma, \tag{11}$$

上式中第一项积分是在 S 上取的，第二项积分是在 Σ 上取的. 因根据连续性方程有

$$\iint\frac{\partial\phi}{\partial n}dS+\iint\frac{\partial\phi}{\partial n}d\Sigma=0,$$

因此，表达式 (11) 可以写成

$$-\frac{1}{2}\rho\iint(\phi-C)\frac{\partial\phi}{\partial n}dS-\frac{1}{2}\rho\iint(\phi-C)\frac{\partial\phi}{\partial n}d\Sigma, \tag{12}$$

其中 C 可以是任何常数. 但是，我们在此假定它就是第 39 节中所述的 ϕ 在距 S 为无限远时所趋近的那个常数值. 既然我们可以设想流体所占据的整个区域是由许多流管组成的，每根流管必定或者是从内边界上的一个点通向另一个点，或者是从内边界通向无限远处，因此在该区域内画出的任一曲面，无论它是开式的还是闭式的，是有限大小的还是无限大的，其上的积分值

$$\iint\frac{\partial\phi}{\partial n}d\Sigma$$

一定都是有限的. 于是当取 Σ 为无限大，且在各个方向上距 S 面都是无限远时，(12) 式的第二项变为零，因而就有

$$2T=-\rho\iint(\phi-C)\frac{\partial\phi}{\partial n}dS, \tag{13}$$

---

1) Leathem 讨论了这个结果的某些推广，见 *Cambridge. Tracts, No.* 1, *2nd ed.* (1913)，并进一步对 Kelvin 的普遍动力学原理提供了有趣的说明.

上式中的积分是仅在内边界上取的.

如果通过内边界的总通量是零,我们就有

$$\iint \frac{\partial \phi}{\partial n} dS = 0,$$

而(13)式就简化为

$$2T = -\rho \iint \phi \frac{\partial \phi}{\partial n} dS. \tag{14}$$

关于多连通域

47. 在讨论多连通域内无旋运动的性质之前,我们必须较详尽地考查一下这类区域的特点和分类. 在下面概述位置几何学时,为完整起见,我们将扼要地重复一下前面业已给出过的几个定义.

现在来考虑任一由几个边界封闭起来的空间连通域. 当能够从区域中的任一点沿着无限多个路径(其中每一条路径都完全位于该域内)到达另一点时,该区域就是"连通的".

任何两条这样的路径(或任何两个回路),如不超出该区域就能靠连续变化而重合,就称作"可互相重合的". 如能不超出该区域而收缩成一点的任一回路则称"可缩的". 两条可重合路线连接起来就构成一个可缩回路. 如果两条路径或两个回路是可重合的,则一定能够用一个完全位于域内的连续曲面把它们连接起来,而且它们构成该连续曲面的完整边界. 反之亦然.

区分一下"简单"不可缩回路与"多重"不可缩回路是更为方便的. "多重"不可缩回路是这样一种回路: 它可由连续变化而使其全部或某部分不止一次地重复另一不可缩回路. 否则就是"简单"不可缩回路.

一个"屏障"或"隔膜"是这样的一个曲面: 它横跨区域,并由与区域边界相交的交线为边界. 因此屏障必须是一个连通面. 它不能由两个或多个分开的曲面组成.

“单连通”域是这样一种区域：连接任何两点的所有路径都是可重合的，或者说，在其内部画出的所有回路都是可缩的.

“双连通”域则是这样一种区域：在其上任何两点 A, B 间能够而且仅能画出两条不可重合的路径，也就是说，连接 A, B 的任何其它路径均与该二路径之一可重合，或者与该两条路径的组合（这两条路径每一条都可经过一定次数的重复）可重合. 换句话说，双连通域是这样的区域：在其中能够作出一条（简单）不可缩回路，而所有其它回路或者与这条回路是可重合的（如果必要，可以重复），或者它们都是可缩的. 我们可以取锚环的环面所包围的区域、或者取该环以外延续到无限远处的区域作为双连通域的一个例子.

一般来讲是，当在某个区域中任何两点间能且仅能作出 n 条不可重合路径，或者说，在该区域中能且仅能作出 $(n-1)$ 个（简单）不可缩和不可重合的回路时，该区域就称作“n 连通域”.

第 32 节附图中的阴影部分就是一个二维的三连通空间.

可以看到，n 连通空间的上述定义是自相一致的；在 $n=2$, $n=3$ 这些简单的情况中，这是不证自明的.

48. 现在让我们假定，在一个 n 连通域中，已画出了 $(n-1)$ 条独立的简单不可缩回路. 我们可以画出一个屏障，它与这些回路中的一条只相交于一点，而且与其余的 $(n-2)$ 条回路都不相交. 这样画出的屏障并不破坏该域的连续性，因为被截断的回路仍然是从屏障的一侧通到另一侧的一条路径. 不过区域的连通阶数却减少了 1，因为在改变后的区域中所画出的任一条不可缩回路一定和其余未与屏障相交的 $(n-2)$ 条回路中的一条或几条是可重合的.

再同样地画出第二个屏障，就使区域的连通阶数又减少 1；依次类推，如画出 $(n-1)$ 个屏障，我们就能把该区域化为一个单连通域.

一个单连通域可用一个屏障分隔成两个分开的部分. 因为，不然的话，从屏障一侧的一点出发就可以经过一条全部位于区域中的路径而到达屏障另一侧的邻接点，而这条路径在原来的区域中却构成一条不可缩回路了.

因此，在 n 连通域中能且仅能画出 $(n-1)$ 个屏障而不破坏区域的连续性. 这一性质有时被采用为 n 连通空间的定义.

多连通空间内的无旋运动

49. 在无旋运动流体所占据的区域中，画出任何两条可重合回路 $ABCA$ 和 $A'B'C'A'$，则它们中的环量是相同的. 因为这两条回路可以用一个完全位于区域内的连续曲面连接起来，而且如果把第 32 节的定理用于这个曲面上，并按照关于绕边界积分方向的规则的话，可有

$$I(ABCA)+I(A'C'B'A')=0,$$

亦即

$$I(ABCA)=I(A'B'C'A').$$

如果一条回路 $ABCA$ 与两条或更多条回路 $A'B'C'A'$, $A''B''C''A''$ 等的组合是可重合的话，我们能够用一个完全位于区域内的连续曲面把所有这些回路连接起来，而且它们构成该连续曲面的完整边界，因此

$$I(ABCA)+I(A'C'B'A')+I(A''C''B''A'')+\cdots=0,$$

或即

$$I(ABCA)=I(A'B'C'A')+I(A''B''C''A'')+\cdots;$$

这就是说，任意一条回路上的环量等于与之可重合的任何一组回路中各条回路上的环量之和.

设区域的连通阶数是 $n+1$，则在其中能画出 n 条独立的简单不可缩回路 $a_1, a_2, \cdots a_n$；令各回路中的环量分别为 $\kappa_1, \kappa_2, \cdots \kappa_n$. 当然，任一 κ 的正负符号都和绕相应回路积分的方向有关，现令计算 κ 时所取的回路方向算作该回路的正向. 于是任何其它回路中的环量值就即刻可求得. 因为给定的回路必与回路 $a_1, a_2\cdots a_n$ 的某些组合(譬如说 a_1 取 p_1 次，a_2 取 p_2 次等等. 当然，当相应的回路取负方向时，p 就是负值)是可重合的，因此，所需求的环量

是

$$p_1\kappa_1 + p_2\kappa_2 + \cdots + p_n\kappa_n. \tag{1}$$

由于连接区域上两点的任何两条路径合起来构成一条回路，因此，沿这两条路径的流动的差值就是形如(1)式的一个量．当然，在特殊情况下，(1)式中的某些 p、甚至全部 p 可能为零．

50. 我们用 $-\phi$ 来表示从一定点 A 到一变点 P 的流动，即

$$\phi = -\int_A^P (udx + vdy + wdz). \tag{2}$$

只要从 A 到 P 的积分路径未指定，ϕ 就是不确定的，其不确定的程度就是形如(1)式的一个量．

然而，如果按第48节的方法作出 n 个屏障而把区域化成一个单连通域，则若(2)式的积分路径限制在位于这样地修改过的区域内(即不穿过任何屏障)，那么，ϕ 就变成一个单值函数(如第35节所述)．ϕ 在整个修改过的区域中处处都是连续的，但是，它在一个屏障两侧面的邻接点处之值则相差 $\pm\kappa$．为求出在未修改的区域内沿任一路径取积分而得到的 ϕ 值，应当减去(1)式这个量．其中任意一个 p 值都表示这条路径穿过相应屏障的次数．在这里，当我们沿着被截断的回路的正方向穿过屏障时，被减数之前冠以正号，而若沿着回路的反方向穿过屏障时，被减数前就冠以负号．

如果依次将 P 点平行于每一坐标轴各移动一个无限短的距离，可得到

$$u,\ v,\ w = -\frac{\partial\phi}{\partial x},\ -\frac{\partial\phi}{\partial y},\ -\frac{\partial\phi}{\partial z};$$

因此 ϕ 满足速度势的定义(第17节)．然而现在它是一个多值函数(循环函数)，即不能对原区域中每一点赋予一个能成为连续系统的唯一的和确定的 ϕ 值．相反地，当 P 描绘出一个不可缩回路时，ϕ 一般都不恢复其初始值，而是与其相差一个形如(1)式的量．当 P 在区域中描绘出若干个独立回路时，表示 ϕ 减小之值的诸量 $\kappa_1, \kappa_2, \cdots \kappa_n$ 等可称作 ϕ 的“循环常数”．

第 33 节中的"环量定理"的一个直接结果是，在该节所假定的条件下，循环常数不随时间而改变。至于这些条件的必要性则已在第 29 节所讨论的问题中用实例作了说明，在该节中，外力势本身是一个循环函数。

上述理论可以用第 27 节 (2) 式的情况加以说明。所遇到的区域(应把原点排除，因公式所给出的该处速度为无穷大)是双连通的，这是因为我们能够用位于 z 轴两侧的两条不可重合路径(例如附图中的 ACB 和 ADB)把区域中任意两点 A, B 连接起来。可以把正 x 部分的 zx 平面取为一个屏障，而把该域化为单连通的。在与屏障只相交一次的任何回路(如 $ACBDA$)中的环量是

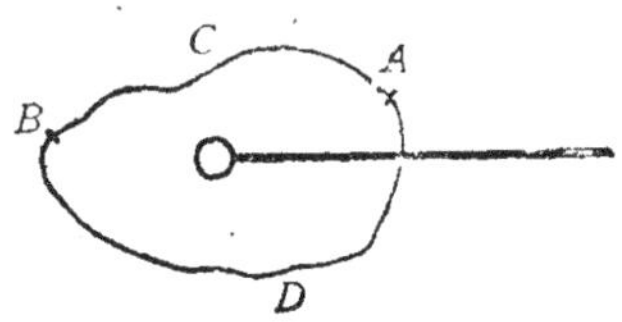

$$\int_0^{2\pi} \frac{\mu}{r} r d\theta, \text{ 或 } 2\pi\mu.$$

而不与屏障相交的任何回路中的环量是零。在改变后的区域中，ϕ 为一单值函数(即 $-\mu\theta$)，但在屏障正侧面上，它的值是零，而在屏障负侧面的邻接点上，它的值是 $-2\pi\mu$。

关于更复杂的二维多连通空间中无旋运动的实例将在下一章内遇到。

51. 在进行下一步讨论之前，我们简要地介绍另外一种表达上述理论的方法。

从把存在着一个速度势作为我们所要讨论的这一类运动的特点出发，并采用第 48 节讲过的 $n+1$ 重连通空间的第二种定义，我们可注意到，在单连通域内，每个等势面不是形成一个闭曲面就是形成一个将区域分为两个分开部分的屏障。因此，假设画出了整个等势面族，我们可以看到，当一个闭曲线穿过任一给定的等势面一次时，它就一定会再次穿过它，但穿行的方向与前次相反。因此，对应于闭曲线上两个相邻等势面之间的任何线元总是存在另一个线元，沿着第二个线元的流动与沿前一线元的流动大小相等，符号相反，而且等于相应等势面的 ϕ 值之差，所以在整个回路中的环量是零。

然而，如区域是多连通的话，一个等势面就可以形成一个屏障而并不把区域分成两个分开的部分。让我们尽可能多地画出这样的等势面而不破坏区域的连续性。按照定义，这些面的数目不能多于 n 个。每一个其它的不闭合等势面与这些屏障中的一个或几

个是可重合的(这里所说的可重合的意义是不言自明的). 由一个屏障的一侧绕到另一侧画一条不与任何其余屏障相交的曲线，这一曲线穿过每一个与第一屏障可重合的等势面的次数为奇数，穿过每一个其它等势面的次数是偶数. 因此，这样所形成的回路中的环量将不为零，而 ϕ 将是一个循环函数.

我们在上述方法中已把全部理论建立在基于方程组

$$\frac{\partial w}{\partial y}-\frac{\partial v}{\partial z}=0,\quad \frac{\partial u}{\partial z}-\frac{\partial w}{\partial x}=0,\quad \frac{\partial v}{\partial x}-\frac{\partial u}{\partial y}=0, \tag{3}$$

并作为这些方程的必然结果而导出各种情况下速度势的存在性及其性质. 实际上，可以将第 34, 35 节和第 49, 50 节看作是根据该组方程所适用的域之特性来探讨这组微分方程之解的性质.

当 (3) 式的右端不为零而是 x, y, z 的已知函数时，(3) 式的积分问题将在第 VII 章中处理.

52. 现在，像第 36 节中所作的那样，进而讨论不可压缩流体这一特殊情况. 我们注意到，不论 ϕ 是否为循环函数，它的一阶导数 $\partial\phi/\partial x$, $\partial\phi/\partial y$, $\partial\phi/\partial z$ 及其所有高阶导数实质上都是单值函数，故 ϕ 仍满足连续性方程

$$\nabla^2\phi=0 \tag{1}$$

或其等价形式

$$\iint \frac{\partial\phi}{\partial n}\,dS=0, \tag{2}$$

上式中的积分是在任一部分流体的整个边界面上取的.

当区域为多连通时，第 40 节中定理 (α) 也同样成立，即，如 ϕ 在任一区域内满足 (1) 式，且在区域的边界上为常数，则 ϕ 在区域内部也必为常数. 这是因为在边界上是常数的 ϕ 一定是单值的.

40 节的其它定理 (它们都基于流线不能构成闭曲线这一前提) 需加以修正才能适用. 我们必须引入一个附加条件，即在域中每条回路上环量都是零.

如去掉这一限制，我们可有下述定理：在无旋运动的液体所占据的 n 连通域中，当边界上各点法向速度以及能在区域内画出

的 n 条独立的不可缩回路中的每条回路的环量都规定后，则液体所作的无旋运动就是确定的．因为如两个运动的(循环)速度势 ϕ_1，ϕ_2 都满足上述条件，那么 $\phi = \phi_1 - \phi_2$ 就是在域内每点上都能满足 (1) 式的一个单值函数，且在边界各点上能使 $\partial\phi/\partial n = 0$．因此，根据第 40 节的定理可知 ϕ 是常数，因而由 ϕ_1 和 ϕ_2 所确定的运动是相同的．

多连通性理论似乎是由 Riemann[1] 在研究复变函数理论时首先对二维空间发展起来的，在其复变函数理论研究中也出现了多连通域中满足方程

$$\frac{\partial^2\phi}{\partial x^2} + \frac{\partial^2\phi}{\partial y^2} = 0$$

的循环函数．

Helmholtz[2] 首先指出该理论与流体动力学的关系以及在某些情况下多值速度势的存在．有关多连通域内循环无旋运动的课题，Kelvin 勋爵后来在曾提到过的关于涡旋运动的论文中作了充分研究[3]．

Green 定理的 Kelvin 推广

53. 在证明 Green 定理对曾假设 ϕ 及 ϕ' 都是单值函数．如果其中有一个是循环函数(当第 43 节的积分区域是多连通域时，可能出现这种情况)，该定理的陈述就必须加以修正．例如，我们假定 ϕ 是循环函数，则由于 ϕ 值本身是不确定的，所以第 43 节 (5) 式左端的面积分和右端第二项的体积分就是不确定的．为了消除这种不确定性，我们画出为将区域化为单连通域所必要的屏障(如第 48 节所述)．在这样改变过的区域上，我们可以认为 ϕ 是连续、单值的，并且只要把每个屏障的两侧面都看作该域边界的一

---

1) *Grundlagen für eine allgemeine Theorie der Functionen einer veranderlichen complexen Grösse,* Göttingen, 1851 [*Mathematische Werke*, Leipzig, 1876, *p.* 3]. 也见 "Lehrsatze aus der Analysis situs," *Crelle*, *liv.* (1857) [*Werke*, p. 84].

2) *Crelle iv.* (1858).

3) 也见 Kirchhoff, "Ueber die Kräfte welche zwei unendlich dünne starre Ringe in einer Flussigkeit scheinbar auf einander ausüben Können", *Crelle*, lxxi. (1869) [*Gesammelte Abhandlungen*, Leipzig, 1882, p. 404].

部分而包括在左端的面积分以内，那么所援引的方程就可适用．令 $\delta\sigma_1$ 是某一屏障的微元，κ_1 是对应于该屏障的循环常数，$\partial p'/\partial n$ 是 ϕ' 在 $\delta\sigma_1$ 法线正方向上的变化率．因在 $\delta\sigma_1$ 两个侧面对面积分的贡献中，$\partial\phi'/\partial n$ 取相反的符号，而且 ϕ 值在正侧面上要比在负侧面的大 κ_1，这样，我们最终便可求得相应于 $\delta\sigma_1$ 的积分微元为 $\kappa_1\partial\phi'/\partial n\cdot\delta\sigma_1$．所以，在这样改变后的情况下，43 节 (5) 式成为

$$\iint\phi\frac{\partial\phi'}{\partial n}dS+\kappa_1\iint\frac{\partial\phi'}{\partial n}d\sigma_1+\kappa_2\iint\frac{\partial\phi'}{\partial n}d\sigma_2+\cdots$$
$$=-\iiint\left(\frac{\partial\phi}{\partial x}\frac{\partial\phi'}{\partial x}+\frac{\partial\phi}{\partial y}\frac{\partial\phi'}{\partial y}+\frac{\partial\phi}{\partial z}\frac{\partial\phi'}{\partial z}\right)dxdydz$$
$$-\iiint\phi\nabla^2\phi'dxdydz, \tag{1}$$

在上式左边的面积分中，第一项是仅在区域的原有边界上取的，其余各项则是在各屏障上取的．任何一个 κ 的系数显然是由速度势 ϕ' 所表示的运动中穿过相应屏障的总通量的负值． 上列方程的第一项和最末项中的 ϕ 值按 50 节中所述来确定．

若 ϕ' 也是一个循环函数，其循环常数为 κ_1'，$\kappa_2'\cdots$等，那么 43 节 (6) 式同样变成

$$\iint\phi'\frac{\partial\phi}{\partial n}dS+\kappa_1'\iint\frac{\partial\phi}{\partial n}d\sigma_1+\kappa_2'\iint\frac{\partial\phi}{\partial n}d\sigma_2+\cdots$$
$$=-\iiint\left(\frac{\partial\phi}{\partial x}\frac{\partial\phi'}{\partial x}+\frac{\partial\phi}{\partial y}\frac{\partial\phi'}{\partial y}+\frac{\partial\phi}{\partial z}\frac{\partial\phi'}{\partial z}\right)dxdydz$$
$$-\iiint\phi'\nabla^2\phi dxdydz. \tag{2}$$

方程 (1) 和 (2) 共同构成 Kelvin 勋爵对 Green 定理的推广．

54. 若 ϕ,ϕ' 都是液体运动的速度势，我们有

$$\nabla^2\phi=0,\quad\nabla^2\phi'=0, \tag{3}$$

因而得

$$\iint\phi\frac{\partial\phi'}{\partial n}dS+\kappa_1\iint\frac{\partial\phi'}{\partial n}d\sigma_1+\kappa_2\iint\frac{\partial\phi'}{\partial n}d\sigma_2+\cdots$$

$$
= \iint \phi' \frac{\partial \phi}{\partial n} dS + \kappa_1 \iint \frac{\partial \phi}{\partial n} d\sigma_1 + \kappa_2' \iint \frac{\partial \phi}{\partial n} d\sigma_2 + \cdots. \quad (7)
$$

为了得出这一定理的物理解释，首先必须说明一下 Kelvin 所设想出来的一种方法，用这种方法可以使多连通空间中的液体产生任一给定的循环无旋运动.

假设流体是由占据了边界位置的理想光滑的柔性薄膜所包围起来的. 接着，如第 48 节所述，画出 n 个屏障，把区域转换为单连通域，并令这些屏障的位置也都由类似的薄膜所占据，而且这些薄膜是无限薄和无惯性的. 流体在初始时是静止的，现令占据原有边界位置的薄膜的每一微元都以给定的(正或负)法向速度 $-\partial\phi/\partial n$ 突然向内运动；与此同时，在占据诸屏障位置的薄膜的负侧加上均匀的脉冲压力冲量 $\kappa_1\rho, \kappa_2\rho\cdots\kappa_n\rho$. 这样所产生的运动具有以下特征：由于它是由静止而产生的运动，所以是无旋的；在原有边界的每一点上，法向速度具有规定的值；在薄膜两侧相对两点处的压力冲量相差一个对应的 $\kappa\rho$，因而速度势的差值等于对应的 κ；最后，屏障一侧的运动与另一侧的运动是连续的. 为了证明最后这一点，我们首先注意到，在一个屏障两侧的相对两点处，垂直于该屏障的速度相同，都等于薄膜在该处的法向速度. 其次，如果 P, Q 是一个屏障上相邻的两个点，而且对应于该屏障正侧面上的 ϕ 值是 ϕ_P, ϕ_Q，对应其负侧面上的 ϕ 值是 ϕ_P', ϕ_Q'，则有

$$
\phi_P - \phi_P' = \kappa = \phi_Q - \phi_Q',
$$

故

$$
\phi_Q - \phi_P = \phi_Q' - \phi_P',
$$

即若 $PQ = \delta s$，则有

$$
\partial\phi/\partial s = \partial\phi'/\partial s;
$$

因此屏障两侧上相对两点处的切向速度也相同. 这样，如果我们假定屏障薄膜在脉冲压力冲量作用后立即液化的话，那么就得到了所需的无旋运动.

若用 $-\rho$ 乘 (4) 式，其物理解释就可立即得出，如第 44 节那样. $\rho\kappa$ 值是附加动量分量，而穿过域内各孔道的通量 $-\iint \partial\phi/$

$\partial n \cdot d\sigma$ 则是相应的广义速度.

55. 如在(2)式中取 $\phi' = \phi$，并设 ϕ 是不可压缩流体的速度势，我们可得

$$2T = \rho\iiint\left\{\left(\frac{\partial\phi}{\partial x}\right)^2+\left(\frac{\partial\phi}{\partial y}\right)^2+\left(\frac{\partial\phi}{\partial z}\right)^2\right\}dxdydz$$

$$= -\rho\iiint\phi\frac{\partial\phi}{\partial n}dS - \rho\kappa_1\iint\frac{\partial\phi}{\partial n}d\sigma_1$$

$$-\rho\kappa_2\iint\frac{\partial\phi}{\partial n}d\sigma_2\cdots. \tag{5}$$

根据刚讲过的人为产生循环无旋运动的方法，对上式的最后部分可作出简单的解释. 可以认出第一项等于作用在流体原有边界上各部分的脉冲压力冲量 $\rho\phi$ 所作功的两倍，另外，$\rho\kappa_1$ 是在正方向上加在第一个无限薄、无质量的薄膜(假定该薄膜占据了第一个屏障的位置)上的脉冲压力冲量，所以表达式

$$-\frac{1}{2}\iint\rho\kappa_1\frac{\partial\phi}{\partial n}d\sigma_1$$

表示作用在该薄膜上的脉冲力所作的功，其余各项的意义与之类似. 于是，(5)式表示了以下事实：运动的动能等于产生该运动的全部脉冲力系所作之功.

在把(5)式用于流体延续到无限远且在那里是静止的情况时，我们可以用

$$-\rho\iint(\phi - C)\frac{\partial\phi}{\partial n}dS \tag{6}$$

来替换(5)式第三部分的第一项. (6)式中积分只在内边界上取. 其证明方法同第46节一样. 当穿过这个边界的总通量为零时，(6)式简化为

$$-\rho\iint\phi\frac{\partial\phi}{\partial n}dS. \tag{7}$$

现可将第45节给出的 Kelvin 最小动能定理推广如下：

在多连通域内，当边界法向运动和穿过区域中各独立通道的

总通量相同时，液体的无旋运动与任何其它运动相比具有较小的动能.

证明留给读者.

源　和　汇

56. 如果采用源和汇的概念，我们可以进一步将流体动力学与静电学、定常热流等理论进行类比.

"简单源"是一个点，流体由该点出发均匀地流向各个方向.如果穿过包围该点的一个小闭曲面向外流出的总通量是 m，则称 m 为该源的"强度". 一个负的源称为"汇". 当然，源(或汇)的连续存在就要求流体在该处不断地产生(或消失).

在无限远处为静止的液体中，由一个简单源而在任一点 P 处所引起的速度势为

$$\phi = m/4\pi r, \tag{1}$$

其中 r 表示 P 点与源之间的距离. 这是因为上式给出从源点出发的一个径向流动，且若 $\delta S = r\delta\tilde{\omega}$ 是一个以此源为中心的球面面元，则有

$$-\iint \frac{\partial \phi}{\partial r}\, dS = m$$

为一常数，所以能满足连续性方程，而且外向通量相应于源的强度.

设有两个相等但符号相反的源 $\pm m'$，它们相距 δs，现取极限，令 δs 为无穷小，m' 为无穷大，但其乘积 $m'\delta s$ 为有限值且等于 μ. 该两源的组合称为强度为 μ 的"双源". 由 $-m'$ 到 $+m'$ 方向引出的线段 δs 称为双源的轴线.

为了求出位于 (x', y', z') 点处的强度为 μ、轴向为 (l, m, n) 的双源在任一点 (x, y, z) 处所产生的速度势，我们可注意到，如 f 为任一连续函数，则最终有

$$f(x' + l\delta s,\ y' + m\delta s,\ z' + n\delta s) - f(x', y', z')$$

$$= \left(l\frac{\partial}{\partial x'} + m\frac{\partial}{\partial y'} + n\frac{\partial}{\partial z'} \right) f(x', y', z')\delta s.$$

故若令 $f(x', y', z') = m'/4\pi r$，其中

$$r = \{(x - x')^2 + (y - y')^2 + (z - z')^2\}^{\frac{1}{2}},$$

则可得

$$\phi = \frac{\mu}{4\pi}\left(l\frac{\partial}{\partial x'} + m\frac{\partial}{\partial y'} + n\frac{\partial}{\partial z'} \right)\frac{1}{r}, \tag{2}$$

$$= -\frac{\mu}{4\pi}\left(l\frac{\partial}{\partial x} + m\frac{\partial}{\partial y} + n\frac{\partial}{\partial z} \right)\frac{1}{r}, \tag{3}$$

$$= \frac{\mu}{4\pi}\cdot\frac{\cos\vartheta}{r^2}, \tag{4}$$

最后一个式子中的 ϑ 表示从 (x', y', z') 到 (x, y, z) 的连线 r 与双源轴线 (l, m, n) 之间的夹角.

采用同样的方法（见第 82 节），我们还可以建立更加复杂的源，但对我们目前所需而言，上面的内容已经够用了.

最后提一下，我们可以设想简单源或双源连续分布于一些线上、面上或体积上，而不是存在于孤立的点上.

57. 现在我们能够证明：液体的任何连续非缩环无旋运动都可看作是由简单源和双源沿边界的分布而引起的.

为证明这一点，需要用到第 44 节中的定理，即如在整个给定的区域上，ϕ，ϕ' 是两个满足 $\nabla^2\phi = 0$，$\nabla^2\phi' = 0$ 的任意单值函数，则

$$\iint \phi\frac{\partial\phi'}{\partial n}dS = \iint \phi'\frac{\partial\phi}{\partial n}dS, \tag{5}$$

上式中的积分是在整个边界上取的. 在现在的情况下，我们取 ϕ 为所讨论的运动的速度势，并取 $\phi' = 1/r$，即 ϕ' 为流体中任一点到定点 P 的距离的倒数.

首先假定 P 位于流体所占据的空间内. 由于 ϕ' 在 P 点变为无穷大，所以必须从区域中去掉这一点以使 (5) 式可以应用，为此，以 P 点为中心而画出一个小球面. 如设 $\delta\Sigma$ 是这小球面上的微

元，δS 是原有边界上的微元，则 (5) 式给出

$$\iint \phi \frac{\partial}{\partial n}\left(\frac{1}{r}\right) d\Sigma + \iint \phi \frac{\partial}{\partial n}\left(\frac{1}{r}\right) dS$$

$$= \iint \frac{1}{r} \frac{\partial \phi}{\partial n} d\Sigma + \iint \frac{1}{r} \frac{\partial \phi}{\partial n} dS. \tag{6}$$

在 Σ 面上有 $\partial/\partial n(1/r) = -1/r^2$，因此若令 $\delta\Sigma = r^2 d\tilde{\omega}$ 且在最后使 $r \to 0$，则 (6) 式左边第一项的积分就等于 $-4\pi\phi_P$，其中 ϕ_P 表示 P 点处的 ϕ 值，而 (6) 式右边第一项的积分为零．于是有

$$\phi_P = -\frac{1}{4\pi}\iint \frac{1}{r} \frac{\partial \phi}{\partial n} dS + \frac{1}{4\pi}\iint \phi \frac{\partial}{\partial n}\left(\frac{1}{r}\right) dS. \tag{7}$$

上式是用边界上的 ϕ 和 $\partial\phi/\partial n$ 值给出流体中任一点 P 处的 ϕ 值．与 (1) 式和 (2) 式对比一下，我们便可看到，第一项是由简单源的面分布（其单位面积上的密度是 $-\partial\phi/\partial n$）而产生的速度势，第二项是由双源的面分布（其轴垂直于该面，密度是 ϕ）而产生的速度势．从下面的方程 (10) 将可看到，这只是在全部域内给出相同 ϕ 值的无限多种（源和双源的）面分布中的一种．

当流体在所有方向上都延伸到无限远处并在那里处于静止状态时，则在某种共同理解之下，可以仅至内边界上取 (7) 式的面积分．为了看清这一点，我们可以取一个中心在 P 点的无穷大的球面作为外边界，则 (7) 式第一个积分中对应于该外边界的部分为零，而第二个积分中对应于该外边界的部分为 C——在第 41 节中所见到过的 ϕ 在无限远处所趋近的那个常数．为便于叙述起见而假定 $C = 0$，这是可以允许的，因为我们总可以在 ϕ 上加一个任意常数．

当 P 点取在边界面之外时，则 ϕ' 在整个原区域内都是有限的，于是 (5) 式立即给出

$$0 = -\frac{1}{4\pi}\iint \frac{1}{r} \frac{\partial \phi}{\partial n} dS + \frac{1}{4\pi}\iint \phi \frac{\partial}{\partial n}\left(\frac{1}{r}\right) dS; \tag{8}$$

如果所考虑的是液体延伸到无限远处并在那里处于静止的情况，那么上式中相应于无限远处的那部分边界上的面积分也同样是可

以略去的.

58. 由(7)式所表示的面分布可以进一步只用简单源或只用双源沿边界的面分布来代替.

令 ϕ 是占据着某个区域的流体的速度势，而令 ϕ' 现表示在无限空间中其余部分内的任何一种可能的非循环无旋运动的速度势，并根据情况，取 ϕ 或 ϕ' 在无限远处为零. 于是，若 P 在第一个区域内部，则因而就在第二个区域外部，故有

$$\left.\begin{aligned}\phi_P &= -\frac{1}{4\pi}\iint \frac{1}{r}\frac{\partial\phi}{\partial n}dS + \frac{1}{4\pi}\iint \phi\frac{\partial}{\partial n}\left(\frac{1}{r}\right)dS,\\ 0 &= -\frac{1}{4\pi}\iint \frac{1}{r}\frac{\partial\phi'}{\partial n'}dS + \frac{1}{4\pi}\iint \phi'\frac{\partial}{\partial n'}\left(\frac{1}{r}\right)dS,\end{aligned}\right\} \tag{9}$$

上式中的 δn, $\delta n'$ 表示 dS 的法线元，分别指向第一个和第二个区域，故 $\partial/\partial n' = -\partial/\partial n$. 将两式相加有

$$\phi_P = -\frac{1}{4\pi}\iint \frac{1}{r}\left(\frac{\partial\phi}{\partial n} + \frac{\partial\phi'}{\partial n'}\right)dS + \frac{1}{4\pi}\iint (\phi - \phi')\frac{\partial}{\partial n}\left(\frac{1}{r}\right)dS. \tag{10}$$

函数 ϕ' 将由边界面上的 ϕ' 值或 $\partial\phi'/\partial n'$ 值来确定，而这些值到目前为止仍可由我们随意处置.

首先，我们令边界面上的 $\phi' = \phi$，于是边界面两边的切向速度是连续的，而法向速度则不连续. 为了有助于理解这一概念，我们可以假想液体充满于无限空间，并由一个无限薄的真空层把它分成两个部分，从真空层内施加一个脉冲压力冲量 $\rho\phi$，从而使液体由静止产生了给定的运动. 此时，(10)式的最后一项为零，所以

$$\phi_P = -\frac{1}{4\pi}\iint \frac{1}{r}\left(\frac{\partial\phi}{\partial n} + \frac{\partial\phi'}{\partial n'}\right)dS, \tag{11}$$

这就是说，液体的运动(不论在边界的哪一侧)是由简单源以密度

$$-\left(\frac{\partial\phi}{\partial n} + \frac{\partial\phi'}{\partial n'}\right)^{1)}$$

---

1) 这一研究是首先由 Green 从静电学的观点来进行的，见第 43 节中的脚注.

沿边界的面分布而产生的.

其次，我们可以假定在边界上 $\partial\phi'/\partial n = \partial\phi/\partial n$. 这样，在原有边界上，法向速度是连续的，而切向速度则是不连续的. 在这种情况下，流体的运动可以假想为，是由一个与边界相重合的无限薄的薄膜上各点被赋予了规定的法向速度 $-\partial\phi/\partial n$ 而产生的. 现在，(10)式的第一项为零，因而有

$$\phi_P = \frac{1}{4\pi}\iint(\phi - \phi')\frac{\partial}{\partial n}\left(\frac{1}{r}\right)dS, \tag{12}$$

它表明，在边界面任何一侧的液体运动可以看作是由双源以密度

$$\phi - \phi'$$

沿边界的面分布而引起的.

可以证明，上述仅用简单源或仅用双源沿边界的面分布来表示 ϕ 的方法是唯一的，而第 57 节的表示法却是不确定的[1].

显然，液体的循环无旋运动不能由简单源的任何排列而再现. 但是不难证明，它可以由双源在边界上的某种分布再加上双源在每个屏障（这些屏障是为把流体占据的区域变为单连通域所必须的）上的均匀分布来表示. 事实上，采用第 53 节的记号，我们可得

$$\phi_P = \frac{1}{4\pi}\iint(\phi - \phi')\frac{\partial}{\partial n}\left(\frac{1}{r}\right)dS + \frac{\kappa_1}{4\pi}\iint\frac{\partial}{\partial n}\left(\frac{1}{r}\right)d\sigma_1$$
$$+ \frac{\kappa_2}{4\pi}\iint\frac{\partial}{\partial n}\left(\frac{1}{r}\right)d\sigma_2 + \cdots, \tag{13}$$

在上式中，ϕ 是在改变后的区域中所得到的单值速度势，ϕ' 是非循环运动的速度势，这一非循环运动是由与原来边界重合的一个薄膜上每一微元 δS 得到适当的法向速度 $-\partial\phi/\partial n$ 而在外部空间所产生的.

另一种表示液体无旋运动（无论循环与否）的模式将在第 VII 章“涡旋运动”中予以介绍.

我们对于无旋运动的叙述到此结束. 数学专业的读者无疑地会注意到我们的叙述中还缺少某些重要的环节. 例如，对于在任一给定的单连通域内处处满足第 36 节中的条件、而在边界上具有

---

1) 参看 Larmor, “On the Mathematical Expression of the Principle of Huyghens”, *Proc. Lond. Math. Soc.* (2) i. 1 (1903) [*Math. and Phys. Papers*. Cambridge, 1929, ii, 240].

任意指定值的函数 ϕ 的存在问题，除只作物理考虑外，并未给出证明．在本书中不作这类"存在定理"的形式证明．关于这部分内容的文献述评，读者可查阅下面的引文[1]．

1) H. Burkhardt and W. F. Meyer, "Potentiatheorie" 和 A. Sommerfeld, "Randwerthaufgaben in der Theorie d. part. Diff. -Gleichungen", *Fncyc. d. math. Wiss.* ii (1900).

第 IV 章

液体的二维运动

59. 若速度 u, v 仅为 x, y 的函数，且 w 为零，则运动发生在一系列平行于 xy 的平面上，且在每一个这样的平面上，运动情况都是相同的．在这种情况下，对液体运动的研究具有某些解析特点，而且不难得出若干很有意义的问题的解．

因为当我们知道平面 $z=0$ 上的运动时，也就知道了全部的运动，所以我们可以只注意这个平面．当讲到在该平面上所画出的点和线的时候，我们将分别把它们理解为表示平行于 z 轴的直线和母线平行于 z 轴的柱面，而它们则是这些直线和柱面与平面 $z=0$ 的交点和交线．

我们将把穿过任一曲线的通量理解为流体在单位时间内穿过某一部分柱面的体积，这部分柱面以该曲线为基线，并夹于平面 $z=0$ 和 $z=1$ 之间．

令 A, P 为 xy 平面上的任意两点．只要连接它们的任意两条曲线不超出运动着的液体所占区域，就可重合，那么穿过这两条曲线的通量就相等，否则就会在该二曲线之间的空间中出现物质的赢亏．由此可知，若 A 点固定，P 点可变，则穿过任一 AP 曲线的通量就是 P 点位置的函数．令 ψ 是这个函数，更确切些说，令 ψ 表示位于曲线上的一个观察者沿着曲线从 A 向 P 的方向看时，从右向左穿过 AP 的通量．用解析方法来表示时，可令 l, m 为曲线上任一微元的法线(指向左侧)的方向余弦，而有

$$\psi=\int_A^P(lu+mv)ds. \tag{1}$$

如液体所占据的区域是非迂回的(见第 39 节)，ψ 必然是一个单值函数，但在迂回的区域内，ψ 可以与路径 AP 的本性有关．然而对

于二维空间来说，迂回性与多连通性变为同样的东西，因此，当ψ由于运动着的液体所占区域的本性而为多值函数时，它的性质可以从第50节（在那里曾讨论过关于ϕ的类似问题）推断出来。当区域为迂回区域时，ψ的诸循环常数为穿过构成诸内边界的闭曲线之通量。

把计算ψ的起点从A改为B，其影响仅是使ψ值增加一个常数（即穿过曲线BA的通量）。所以，如果我们愿意的话，可以认为ψ中含有一个不确定的附加常数。

如果P点移动的方式使ψ之值不变，则它将描绘出一条在任何地方都没有流体穿过的曲线——即流线。因此$\psi=$ const. 的曲线就是流线，而ψ被称作"流函数"。

当P沿平行于y轴的方向作一无限小位移$PQ(=\delta y)$时，ψ的增量就是从右向左穿过PQ的通量，即$\delta\psi=-u\cdot PQ$，故

$$u=-\frac{\partial\psi}{\partial y}. \tag{2}$$

而若令P平行于x轴移动，我们用同样方法可得

$$v=\frac{\partial\psi}{\partial x}. \tag{3}$$

与u, v具有以上关系的函数ψ的存在也可从连续性方程推断出来，因在本章所讨论的场合下，连续性方程所取的形式为

$$\frac{\partial u}{\partial x}+\frac{\partial v}{\partial y}=0, \tag{4}$$

而上式正是$udy-vdx$为一全微分的解析条件[1]。

不论运动是有旋的还是无旋的，上述讨论都是适用的。现在，由30节所给出的涡量分量的公式变为

$$\xi=0,\quad \eta=0,\quad \zeta=\frac{\partial^2\psi}{\partial x^2}+\frac{\partial^2\psi}{\partial y^2}; \tag{5}$$

1) Lagrange 用这一方法引出了函数ψ，见 *Nouv. mém. de l'Acad. de Berlin*. 1781 [*Oeuvres*, iv. 720]. 运动学的解释是由Rankine 给出的，见"On Plane Waterlines in Two Dimensions". *Phil. Trans.* 1864 [*Miscellaneous Scientific Papers*, London, 1881, p. 495].

故在无旋运动中，我们有

$$\frac{\partial^2\phi}{\partial x^2}+\frac{\partial^2\phi}{\partial y^2}=0. \tag{6}$$

60. 在下面，我们把讨论局限于无旋运动. 如所已知，无旋运动的特征是另外还存在一个速度势 ϕ，它按下列关系式而与 u, v 相联系：

$$u=-\frac{\partial\phi}{\partial x},\quad v=-\frac{\partial\phi}{\partial y}, \tag{1}$$

且由于我们仅考虑不可压缩流体的运动，故 ϕ 还满足连续性方程

$$\frac{\partial^2\phi}{\partial x^2}+\frac{\partial^2\phi}{\partial y^2}=0. \tag{2}$$

关于势函数 ϕ 的理论以及它的性质与无旋运动液体所占二维空间的本性之间的关系，很容易由上一章中对三维空间所求得的相应定理而推断出来. 使三维定理适用于二维情况的必要改变(不论是阐述方面的还是证明方面的)，大部分不过是字句上的变更而已.

例如，我们可有这样的定理：只要一个圆能始终不超出流体所占据的区域而缩成一个点，则 ϕ 在圆周上的平均值就等于圆心处的值.

再如，如果这个区域延伸到无限远，在其内部有一个或几个闭曲线为边界，并且速度在无限远处趋于极限零，那么，只要穿过内边界的总通量是零(最后的这个限制条件在现在是必要的)，则在无限远处的 ϕ 值就趋于一个常数.

方程(2)的基本解的形式为 $\phi=C\log r$，其中 r 表示自一固定点算起的距离. 这是二维源的情况，因为若写出

$$\phi=-\frac{m}{2\pi}\log r, \tag{3}$$

则穿过围绕该固定点的一个圆周而向外流出的通量是

$$-\frac{\partial\phi}{\partial n}\cdot 2\pi r=m. \tag{4}$$

常数 m 则度量了源的输出能力或“强度”. 如果我们设想第 56 节所述的那种类型的点源沿 z 轴以均匀线密度 m 而分布的话，就得到完全相同的结果. 在这种情况下，速度将沿着 r 方向并等于 $m/2\pi r$，与(3)式一致. 这样，我们就得到了二维源就是一个三维“线源”的概念.

对于双源(有时也被称为“偶极子”)，我们有公式

$$\phi = -\frac{\mu}{2\pi}\frac{\partial}{\partial s}(\log r), \tag{5}$$

其中符号 $\partial/\partial s$ 表示在双源轴线方向上的空间导数. 如果 ϑ 是 r 增加的方向与双源轴线构成的夹角，则有 $\delta r = -\delta s \cdot \cos\vartheta$，因此

$$\phi = \frac{\mu}{2\pi}\frac{\cos\vartheta}{r}. \tag{6}$$

我们还可以建立起一组类似于第 58 节中的公式. 特别是对应于第 58 节(12)式，可有

$$\phi_P = -\frac{1}{2\pi}\int(\phi - \phi')\frac{\partial}{\partial n}(\log r)ds; \tag{7}$$

它是通过双源沿边界的分布来表示任一区域内的 ϕ 值. 只要速度在无限远处趋于零，而且向外的总通量为零，那么这个公式就可适用于流体在外部无界的情况. 和第 58 节一样，函数 ϕ' 是在内边界的内部空间取的，且在此边界上满足 $\partial\phi'/\partial n = \partial\phi/\partial n$ 的条件. 在第 72a 节中将由此公式而得到一个推论.

60a. 前述各运动学关系式与电传导理论有着严格的类比. 对于一个均匀厚度的平面层，我们有

$$\sigma f = -\frac{\partial V}{\partial x}, \quad \sigma g = -\frac{\partial V}{\partial y}, \tag{1}$$

和

$$\frac{\partial f}{\partial x} + \frac{\partial g}{\partial y} = 0, \tag{2}$$

上式中的 (f, g) 是电流密度，V 是电势，σ 是材料的电阻率. 如写

成

$$u=\sigma f,\quad v=\sigma g,\quad \phi=V,\tag{3}$$

上面的关系式就变得与流体动力学中的关系式完全相同。这就提出了一个求解二维流体动力学问题的实用方法。电流层可以由一个包含在矩形槽内的弱导电流体（H_2SO_4）的薄层组成，矩形槽的两个相对壁面是金属的，相互间保持不变的电势差，而其余的壁面（和底面）是绝缘体。很容易用电学方法描绘出与电流线正交的等势线。用这种办法能够得到解析方法不易处理的绕障碍物（在电学实验中用不导电的盘状物体来表示）流动问题的实用解[1]。

其次，代替 (3) 式，我们还可以令

$$u=-\sigma g,\quad v=\sigma f,\quad \phi=-V\tag{4}$$

而得出流体动力学中的关系式。但现在，流线由等电势线来表示，因而能够直接测出；障碍物则由导电的盘状物来表示，其电导率比周围导电层的要大得多，因而可视为实用上的完全导电体。这一种模拟还有另一个优越之处是环量也可以表示出来，因为若设 (l, m) 是障碍物轮廓线的外法线方向，则环量为

$$\int(lv-mu)ds=\sigma\int(lf+mg)ds,\tag{5}$$

因而正比于电模拟中的总外向电流。为了使用这种电模拟，应把一个合适的电池的一端与盘状物相接，另一端与槽的导电壁面之一相接。

61. 以母线平行于 z 轴的柱形表面和垂直于 z 轴，相隔单位距离的两个平面为界的这部分流体的动能 T 由下式给出：

$$2T=\rho\iint\left\{\left(\frac{\partial\phi}{\partial x}\right)^2+\left(\frac{\partial\phi}{\partial y}\right)^2\right\}dxdy=-\rho\int\phi\frac{\partial\phi}{\partial n}ds,\tag{1}$$

其中面积分是在 xy 平面上由柱面所截出的那个部分上取的，而线积分是沿这一部分的边界取的。因 $\partial\phi/\partial n=-\partial\psi/\partial s$，所以公

---

1) 关于实验细节应参看 E. F. Relf, *Phil. Mag.* (6) xlviii. (1924)。作为这一方法的一个检验，后面第 71 节最后一个附图的图像已被非常准确地复制出来，还定出了绕薄板的环量，并与理解作了比较。

式(1)可以写作

$$2T = \rho\int \phi d\psi, \tag{2}$$

求积时是沿着边界的正方向进行的。

如果我们按类似于第46节的办法来计算区域延伸到无限远时的能量，就会发现，除非总外向通量 (M) 为零，否则能量就是无穷大。因为，如果我们引进一个半径为 r 的大圆作为在 xy 平面上所考虑的那个部分的外边界，就可发现(1)式右端积分的相应部分随 r 而无限增大。唯一的例外是 $M=0$，此时，我们可以认为(1)式中的线积分只沿内边界来取。

如果柱形边界包括彼此分开的两部分或更多的部分，而其中一部分把所有其余部分都包围在内，那么被围圈起来的区域就是多连通域，方程(1)需要作一个完全像第55节中那样的修正。

保 角 变 换

62. 函数 ϕ 和 ψ 由下列关系式而联系起来：

$$\frac{\partial\phi}{\partial x}=\frac{\partial\psi}{\partial y},\quad \frac{\partial\phi}{\partial y}=-\frac{\partial\psi}{\partial x}. \tag{1}$$

只要令 $\phi+i\psi$ (其中 i 像通常那样表示 $\sqrt{-1}$)为 $x+iy$ 的任意普通代数函数或超越函数——设为

$$\phi+i\psi=f(x+iy), \tag{2}$$

就可使 ϕ 和 ψ 满足(1)式。因这时

$$\frac{\partial}{\partial y}(\phi+i\psi)=if'(x+iy)=i\frac{\partial}{\partial x}(\phi+i\psi), \tag{3}$$

于是，分别令实部和虚部相等，就可看出方程组(1)能被满足。

因此，在(2)式中随意取定一个函数形式就给出一种可能的无旋运动。曲线 $\phi=\text{const.}$ 是等势线，而曲线 $\psi=\text{const.}$ 是流线。由于根据(1)式有

$$\frac{\partial\phi}{\partial x}\frac{\partial\psi}{\partial x}+\frac{\partial\phi}{\partial y}\frac{\partial\psi}{\partial y}=0,$$

我们可以看到，如已证明过的那样，这两组曲线互相正交。又因为

当我们把 ϕ 记为 $-\psi$、把 ψ 记为 ϕ 时，(1) 式并不改变，所以，如果愿意的话，可以把 $\psi=$ const. 的曲线看作是等势线，而把 $\phi=$ const. 的曲线看作是流线。因而，对 (2) 式中的函数每取定一个形式就给予我们两种可能的无旋运动。

为了简练，在本章以下部分中，我们将沿用函数论中常用的记号而令

$$z=x+iy, \tag{4}$$

$$w=\phi+i\psi. \tag{5}$$

从现代的观点看，一个复变数的函数的基本性质是它对于该复变数有着确定的导数[1]。如果 ϕ,ψ 表示 x 和 y 的任何函数，那么对应于每一个 $x+iy$ 值就必有一个或一个以上确定的 $\phi+i\psi$ 值，但是，一般而言，这一函数的微分与 $x+iy$ 的微分之比

$$\frac{\delta\phi+i\delta\psi}{\delta x+i\delta y}, \text{ 或即 } \frac{\left(\dfrac{\partial\phi}{\partial x}+i\dfrac{\partial\psi}{\partial x}\right)\delta x+\left(\dfrac{\partial\phi}{\partial y}+i\dfrac{\partial\psi}{\partial y}\right)\delta y}{\delta x+i\delta y}$$

则与 $\delta x:\delta y$ 之值有关。而上述二微分之比能对于所有 $\delta x:\delta y$ 之值都取相同的值的条件是

$$\frac{\partial\phi}{\partial y}+i\frac{\partial\psi}{\partial y}=i\left(\frac{\partial\phi}{\partial x}+i\frac{\partial\psi}{\partial x}\right), \tag{6}$$

它等价于上面的 (1) 式。Riemann 把这一性质取为复变数 $x+iy$ 的函数的定义。也就是说，对于每一个指定的自变量值，所说的函数不仅有一个或一组确定的值，而且还必须有一个确定的导数。这一定义的好处在于和函数是否具有解析表达式无关。

如果依照 Argand 和 Gauss 的方法，用几何方式来表示复变数 z 和 w 的话，可以把导数 dw/dz 解释为将无穷小矢量 δz 变换成对应矢量 δw 的算子。于是由上述性质可知，z 平面和 w 平面上相对应的无穷小图形是相似的。

例如，在 w 平面中取直线组 $\phi=$ const. 和 $\psi=$ const.，其中

---

1) 例如见 Forsyth, *Theory of Function*, 3rd ed., Cambridge, 1918, cc. i, ii.

常数项按等差级数而取为一系列数值，其公差为无穷小且对 ϕ 和 ψ 的取法相同，这样就形成两组正交的直线，它们将平面分成无穷小的正方块。而 xy 平面中的对应曲线组 $\phi=$ const. 和 $\psi=$ const.（其中常数项的取值法同前）也彼此正交（正如已用其它途径证明过的一样），而且把平面 xy 分成无穷小的正方块。

反之，如 ϕ，ψ 是 x，y 的任意两个函数，并能使曲线组 $\phi=m\epsilon$，$\psi=n\epsilon$（其中 ϵ 为无穷小量，m，n 是任意整数）将 xy 平面分成许多微元方块，则从几何学上显然可知

$$\frac{\partial x}{\partial\phi}=\pm\frac{\partial y}{\partial\psi},\quad \frac{\partial x}{\partial\psi}=\mp\frac{\partial y}{\partial\phi}.$$

如果取上面的符号，以上二式就是 $x+iy$ 应为 $\phi+i\psi$ 之函数的条件．而如取下面的符号，则可将 ψ 改变符号而化为这一条件．因此方程（2）包含着从一个平面到另一个平面作保角变换问题的全解[1]．

在导数 dw/dz 为零或无穷大的点上，w 平面和 z 平面上的对应无穷小部分的相似性要遭到破坏。因

$$\frac{dw}{dz}=\frac{\partial\phi}{\partial x}+i\frac{\partial\psi}{\partial x}, \tag{7}$$

所以在流体动力学中，这些点处的速度为零或无穷大。

在所有物理学的应用中，就我们所涉及到的区域而言，w 必须是单值函数，或者最多是第 50 节意义下的循环函数。因此，如 w 为多值函数，这一区域必须限于 Riemann 曲面的一叶，而使它的内部不出现“分枝点”。

63. 我们现在可以进而讨论上述方法的某些应用。

首先，我们假设 $w=Az^n$，

A 是实数。引入极坐标 r，θ，有

$$\left.\begin{aligned}\phi&=Ar^n\cos n\theta,\\ \psi&=Ar^n\sin n\theta.\end{aligned}\right\} \tag{1}$$

可以注意下列几种情况：

1° 如果 $n=1$，则流线是一组平行于 x 轴的直线，而等势线

---

1) Lagrange, "Sur la construction des cartes geographiques", *Nouv. mém. de l'Acad. de Berlin*, 1779 [*Oeuvres*, iv. 636]. 关于这个问题的进一步的历史见 Forsyth, *Theory of Functions*, c. xix.

是类似的一组平行于 y 轴的直线．在此情况下，w 平面和 z 平面上任何对应的图形(不管它们是有限大的还是无穷小的)都是相似的．

2° 如果 $n=2$，则 $\phi=\text{const.}$ 是一组以坐标轴为主轴的等轴双曲线，$\psi=\text{const.}$ 是一组以坐标轴为渐近线的等轴双曲线．直线 $\theta=0$，$\theta=\pi/2$ 是同一条流线 $\psi=0$ 的两部分，因而我们可以取 x，y 轴的正向部分作为固定边界，并从而得到流体在两个正交壁面的夹角中的流动情况．

3° 如果 $n=-1$，就得到两组在原点切于坐标轴的圆．现因 $\phi=(A/r)\cos\theta$，原点处速度为无穷大，所以必须假设公式所适用的区域在内部有一个闭曲线作为边界．

4° 如果 $n=-2$，每组曲线均由两组双纽线构成，曲线族 $\phi=\text{const.}$ 的轴线与 x 轴或 y 轴重合，曲线族 $\psi=\text{const.}$ 的轴线平分 x 轴和 y 轴之间的夹角．

5° 通过适当地选择 n 值，我们可以得到这样一种无旋运动，它的边界为相交成任意角 α 的两个刚性壁面．流线方程为

$$r^n\sin n\theta=\text{const.};\tag{2}$$

可以看出，直线 $\theta=0$ 和 $\theta=\pi/n$ 是同一条流线的两部分．因此，取 $n=\pi/\alpha$，就得到所需之解为

$$\phi=Ar^{\frac{\pi}{\alpha}}\cos\frac{\pi\theta}{\alpha},\quad \psi=Ar^{\frac{\pi}{\alpha}}\sin\frac{\pi\theta}{\alpha}.\tag{3}$$

沿着 r 和垂直于 r 的分速度是

$$-A\frac{\pi}{\alpha}\cdot r^{\frac{\pi}{\alpha}-1}\cdot\cos\frac{\pi\theta}{\alpha},\ 和\ A\cdot\frac{\pi}{\alpha}r^{\frac{\pi}{\alpha}-1}\cdot\sin\frac{\pi\theta}{\alpha},\tag{4}$$

且按 α 小于、等于或大于 π 而在原点处为零、有限值或无穷大．

64. 我们考查 n 个循环函数的例子．

1° 假设

$$w=-\mu\log z,\tag{1}$$

其中 μ 是实数，则

$$\phi=-\mu\log r,\quad \psi=-\mu\theta.\tag{2}$$

距原点为 r 处的速度是 μ/r，因此必须用一个环绕原点的闭曲线将其隔离出去。

如果取诸辐射线 $\theta=$ const. 作为流线，我们就得到一个位于原点、强度为 $2\pi\mu$ 的(二维)源(见第 60 节)。

如果取诸圆 $r=$ const. 作为流线，就得到第 27 节的流动情况；运动是循环的，任一把原点环抱在内的回路中的环量均为 $2\pi\mu$。

2° 设

$$w=-\mu\log\frac{z-a}{z+a}. \tag{3}$$

如果用 r_1, r_2 表示从点 $(\pm a, 0)$ 引向 xy 平面内任意一点的半径，而 θ_1, θ_2 表示此二半径与 x 轴正方向构成的夹角，则因

$$z-a=r_1e^{i\theta_1},\quad z+a=r_2e^{i\theta_2},$$

故

$$\phi=-\mu\log\frac{r_1}{r_2},\quad \psi=-\mu(\theta_1-\theta_2). \tag{4}$$

曲线 $\phi=$ const. 和 $\psi=$ const. 形成两组正交的"共轴"圆。

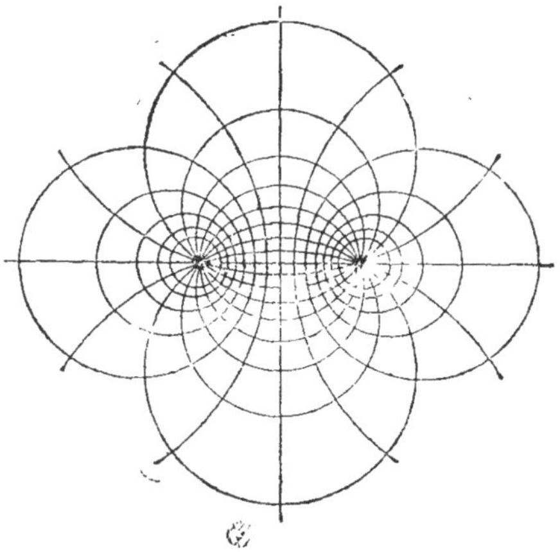

这两组曲线中的任何一组都可取作等势线，那么另外一组就形成流线，无论在哪种情况下，点 $(\pm a, 0)$ 处的速度都为无穷大．如果环绕点 $(\pm a, 0)$ 作二闭曲线把它们隔离出去，那么 xy 平面的其余部分就变成一个三连通域。

如果取诸圆 $\theta_1-\theta_2=$ const. 作为流线，就得到强度相等、位于 $(\pm a, 0)$ 的源和汇的情况．若 a 无限地缩小，而 μa 保持有限，就又得出第 60 节 (5) 式所表示的位于原点处的二维双源．一一部

分流线已示于第 68 节第一张附图中。

另一方面，如果取 $r_1/r_2=\text{const.}$ 的圆作为流线，就得到一种循环运动，在这种运动中，包围上述两点中的第一点(只包围这一个点)的任何回路中的环量为 $2\pi\mu$，包围另一点的回路中环量的为 $-2\pi\mu$，而把这两点都环抱在内的回路中的环量则是零。这个例子在第 VII 章处理“直线涡旋”运动时对我们将有额外的意义。

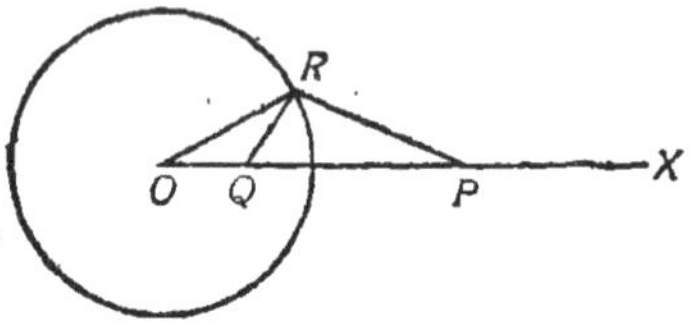

3° 利用源的简单组合可以得出位于圆形障碍物外部 P 点处的源所引起的流经该障碍物的流动。

令 Q 是 P 相对于该圆的反演点，并设想在 P 和 Q 处有相等的两个源 μ，而在圆心 O 有一个汇 $-\mu$. 那么，引用上面(2)式，在圆周上的 R 点处的 ψ 值是

$$\psi=-\mu(RPX+RQX-ROX)=-\mu(RPX+ORQ)$$
$$=-\mu(RPX+RPO)=-\pi\mu,$$

即 ψ 在该圆上为一常数[1]。

4° 由位于 $(0,0)$ $(0,\pm a)$, $(0,\pm 2a)$…诸点处的一排等强度和等间隔的源而引起的势函数和流函数由

$$w\propto\log z+\log(z-ia)+\log(z+ia)+\log(z-2ia)+\log(z+2ia)+\cdots \quad (5)$$

或

$$w=C\log\sinh\frac{\pi z}{a} \quad (6)$$

给出，其中 C 是实数. 由此可得

$$\phi=\frac{1}{2}C\log\frac{1}{2}\left(\cosh\frac{2\pi x}{a}-\cos\frac{2\pi y}{a}\right),\quad \psi=C\tan^{-1}\left\{\frac{\tan\left(\frac{\pi y}{a}\right)}{\tanh\left(\frac{\pi x}{a}\right)}\right\}, \quad (7)$$

与 Maxwell[2] 所给出的一个结果相符. 以上公式也适用于一个源位于两个固定边界 $y=\pm\frac{1}{2}a$ 的正中间的情况.

将(6)式对 z 求导可得一排双源(其轴线平行于 x 轴)的情况. 略去一个因子后，得

$$w=C\coth\frac{\pi z}{a}, \quad (8)$$

或

$$\phi=\frac{C\sinh\left(\frac{2\pi x}{a}\right)}{\cosh\left(\frac{2\pi x}{a}\right)-\cos\left(\frac{2\pi y}{a}\right)},\quad \psi=-\frac{C\sin\left(\frac{2\pi y}{a}\right)}{\cosh\left(\frac{2\pi x}{a}\right)-\cos\left(\frac{2\pi y}{a}\right)}. \quad (9)$$

---

1) Kirchhoff, *Pogg. Amm.*, lxiv. (1845) [*Ges. Abh.* 1].

2) *Electricity and Magnetism*, Art. 203.

叠加上一个和 x 轴反向的均匀运动，则有

$$w = z + C\coth\frac{\pi z}{a}, \tag{10}$$

或

$$\phi = x + \frac{C\sinh\left(\frac{2\pi x}{a}\right)}{\cosh\left(\frac{2\pi x}{a}\right) - \cos\left(\frac{2\pi y}{a}\right)},\ \psi = y - \frac{C\sin\left(\frac{2\pi y}{a}\right)}{\cosh\left(\frac{2\pi x}{a}\right) - \cos\left(\frac{2\pi y}{a}\right)}. \tag{11}$$

流线 $\psi = 0$ 的一部分由直线 $y = 0$ 构成，一部分由一卵形线构成，该卵形线中平行于 x 轴和 y 轴的两个半径之长由下面二方程给出:

$$\sinh^2\frac{\pi x}{a} = \frac{\pi C}{a},\quad y\tan\frac{\pi y}{a} = C. \tag{12}$$

如果我们取

$$C = \pi b^2/a, \tag{13}$$

其中 b 远小于 a，两个半径就都近似地等于 b[1]. 我们于是得到液体流经由互相平行的细圆柱构成的栅栏时的势函数及流函数. 对于小 x，y 值，方程 (11) 的第二式实际上变成

$$\psi = y\left(1 - \frac{b^2}{x^2 + y^2}\right). \tag{14}$$

65. 如果 w 是 z 的函数，从第 62 节中定义即刻可知 z 也是 w 的函数. 取后一形式有时比取前者在解析上更为方便.

于是用下式来替换第 62 节 (1) 式:

$$\frac{\partial x}{\partial \phi} = \frac{\partial y}{\partial \psi},\quad \frac{\partial x}{\partial \psi} = -\frac{\partial y}{\partial \phi}. \tag{1}$$

又因

$$\frac{dw}{dz} = \frac{\partial \phi}{\partial x} + i\frac{\partial \psi}{\partial x} = -u + iv, \tag{2}$$

我们就得到

$$-\frac{dz}{dw} = \frac{1}{u - iv} = \frac{1}{q}\left(\frac{u}{q} + i\frac{v}{q}\right),$$

---

1) 然而在相当大的 C 值范围内都可近似地得到圆形. 例如，若取 $C = \frac{1}{4}a$，从 (12) 式可得

$$x/a = 0.254,\quad y/a = 0.250.$$

尽管卵形的宽度已达到两流线 $y = \pm\frac{1}{2}a$ 之间隔的一半，但它的两个直径还是接近于相等的.

上式中的 q 是 (x, y) 点处的合速度. 因此若令

$$\zeta = -\frac{dz}{dw},$$

并设想已按已知的图示方法而展示出函数 ζ，那么，在 ζ 平面内，自原点至任一点所画出的向量在方向上就与 z 平面内对应点的速度方向一致，其模为该速度大小的倒数.

其次，因 $1/q$ 是 dz/dw (即 $\partial x/\partial\phi + i\partial y/\partial\phi$) 的模，故有

$$\frac{1}{q^2} = \left(\frac{\partial x}{\partial\phi}\right)^2 + \left(\frac{\partial y}{\partial\phi}\right)^2. \tag{3}$$

根据(1)式，上式可以表示为以下诸等价形式:

$$\begin{aligned}\frac{1}{q^2} &= \left(\frac{\partial x}{\partial\phi}\right)^2 + \left(\frac{\partial x}{\partial\psi}\right)^2 = \left(\frac{\partial y}{\partial\phi}\right)^2 + \left(\frac{\partial y}{\partial\psi}\right)^2 \\ &= \left(\frac{\partial y}{\partial\psi}\right)^2 + \left(\frac{\partial x}{\partial\psi}\right)^2 = \frac{\partial x}{\partial\phi}\frac{\partial y}{\partial\psi} - \frac{\partial x}{\partial\psi}\frac{\partial y}{\partial\phi}.\end{aligned} \tag{4}$$

最后的公式

$$\frac{1}{q^2} = \frac{\partial(x, y)}{\partial(\phi, \psi)} \tag{5}$$

表示了一个事实是，z 平面和 w 平面内相对应的微元面积之比是 dz/dw 之模的平方与 1 之比.

66. 这一方法的下述几个例子是重要的.

1° 假设

$$z = c\cosh w, \tag{1}$$

或

$$\left.\begin{aligned} x &= c\cosh\phi \cdot \cos\psi, \\ y &= c\sinh\phi \cdot \sin\psi. \end{aligned}\right\} \tag{2}$$

$\phi = \text{const.}$ 的曲线是椭圆

$$\frac{x^2}{c^2\cosh^2\phi} + \frac{y^2}{c^2\sinh^2\phi} = 1, \tag{3}$$

而 $\psi = \text{const.}$ 的曲线是双曲线

$$\frac{x^2}{c^2\cos^2\psi} - \frac{y^2}{c^2\sin^2\psi} = 1, \tag{4}$$

这些圆锥曲线具有公共焦点($\pm c$, 0)．这两组曲线已示于下图．

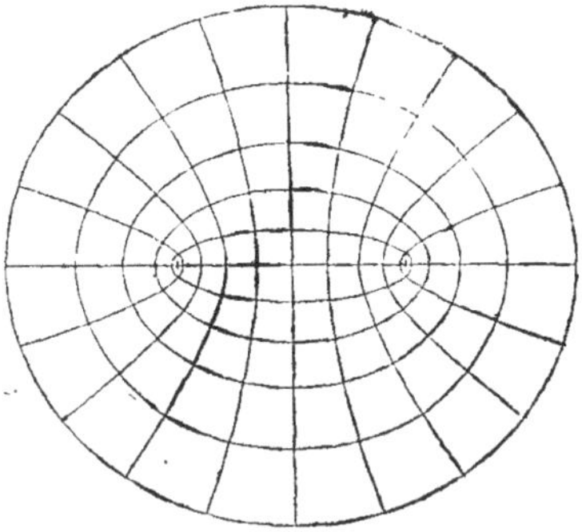

因在焦点处有 $\phi = 0$, $\psi = n\pi$ (n 为整数),根据上一节(2)式，可知该处速度为无穷大．若将双曲线取为流线，则在 x 轴上位于焦点($\pm c$, 0)以外的部分可作为刚性边界,这样,我们就得到液体从薄平板的一侧穿过平板上的一个宽度为 $2c$ 的长孔而流向另一侧的情况．

若将椭圆取为流线,就得到统一椭圆柱的环形流动，或者，在极端情况下,得到绕宽度为两焦点($\pm c$, 0)连线的薄板的环形流动．

距原点无限远处,ϕ 为无穷大,其量级为 $\log r$ (r 为矢径)，速度则为量级是 $1/r$ 的无穷小量．

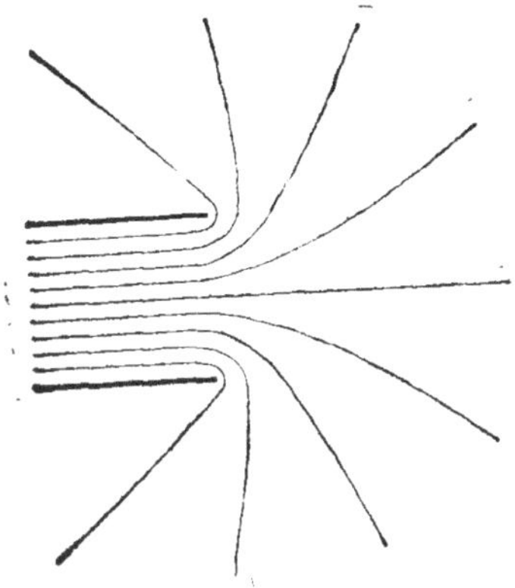

2° 令

$$z = w + e^w, \qquad (5)$$

或

$$x = \phi + e^\phi \cdot \cos\psi,$$
$$y = \psi + e^\phi \cdot \sin\psi. \qquad (6)$$

$\psi = 0$ 的那条流线与 x 轴重合．另外，如把直线 $y = \pi$ 上位于 $x = -\infty$ 和 $x = -1$ 之间的那部分视为在 $x = -1$ 处返折回去的折线，该部分就形成流线 $\psi = \pi$，即当 ϕ 从 $+\infty$ 经过 0 而减小到 $-\infty$ 时，x 从 $-\infty$ 增加到 -1 然后又减小到 $-\infty$．对于流线 $\psi = -\pi$，有类似的结论．

由于 $$\zeta = -\frac{dz}{dw} = -1 - e^\phi\cos\psi - ie^\phi\sin\psi,$$

可见，对于很大的负ϕ值，速度指向x轴的负方向，且等于1，而对于很大的正ϕ值，则速度为零。

因此，以上公式表示液体由开阔的空间流入以两个平行薄壁为边界的渠道时的流动。在两壁的端点处，$\phi=0, \psi=\pm\pi$，因此$\zeta=0$，即速度为无穷大。取ψ为等距值(就像本章在所有类似情况中的做法那样)而画出的流线已示于附图[1]中。

若二薄壁并不平行，而与对称线形成夹角$\pm\beta$，相应的公式是

$$z=\frac{1-n}{n}(1-e^{-nw})+e^{(1-n)w}, \tag{7}$$

其中 $n=\beta/\pi$. 流线 $\psi=\pm\pi$ 沿着壁的走向[2]. 当n趋于极限0时，上式与(5)式一致，而如果 $n=\frac{1}{2}$，我们实际上就有本节1°中附图所示情况.

若改变(5)式中w的符号，则流动方向也反过来，如果我们进一步叠加上一个沿x轴负方向的均匀流动而将w写为 $w-z$，则得到[3]

$$\left.\begin{aligned} w &= e^{z-w}, \\ z &= w+\log w. \end{aligned}\right\} \tag{8}$$

或即

现在，两壁之间在左方远处的速度已被消除，我们所得到的是 Pitot 管(见第24节)的一个理想化的表示法. 可利用下面公式画出其流线:

$$x=\phi+\frac{1}{2}\log(\phi^2+\psi^2), \quad y=\psi-\tan^{-1}(\psi/\phi). \tag{9}$$

67. 众所周知，在绕原点的两同心圆之间的空间所有点处为有限、连续和单值，且其一阶导数为有限的函数 $f(z)$ 可以展成以下形式:

$$f(z)=A_0+A_1z+A_2z^2+\cdots+B_1z^{-1}+B_2z^{-2}+\cdots. \tag{1}$$

如果在以原点为中心的一个圆内的所有点处，上述条件能被满足，则我们只保留升幂级数；如果在这样一个圆外所有点处，上述条件能被满足，则只保留降幂级数再加常数A_0就已足够；如果在xy

---

1) 此例由 Helmholtz 给出，见 *Berl. Monatsber.* April 23, 1868 [*Phil. Mag. Nov.* 1868, *Wiss. Abh.* i. 154].

2) R. A. Harris, "On Two-Dimensional Fluid Motion Through Spouts composed of two Plane Walls", *Ann. of Math.* (2), ii (1901). 对 $\beta=\frac{1}{4}\pi$ 的情况给出了图形.

3) Rayleigh, *Proc. Roy. Soc. A*, xci. 503 (1915) [*Papers*, vi. 329]，其中绘出了几条流线.

平面的所有点上，上述条件无例外地都能被满足的话，则 $f(z)$ 只不过是一个常数 A_0。

令 $f(z) = \phi + i\psi$，引入极坐标，并将复常数 A_n，B_n 分别写为 $P_n + iQ_n$，$R_n + iS_n$ 的形式，我们得到

$$\left.\begin{aligned}\phi = P_0 + \sum_1^\infty r^n(P_n\cos n\theta - Q_n\sin n\theta)\\ + \sum_1^\infty r^{-n}(R_n\cos n\theta + S_n\sin n\theta),\\ \psi = Q_0 + \sum_1^\infty r^n(Q_n\cos n\theta - P_n\sin n\theta)\\ + \sum_1^\infty r^{-n}(S_n\cos n\theta - R_n\sin n\theta).\end{aligned}\right\} \tag{2}$$

当已知二同心圆周界上的 ϕ 或 $\partial\phi/\partial n$ 时，应用以上公式来处理问题是较为方便的。每个边界上的 ϕ 或 $\partial\phi/\partial n$ 可根据 Fourier 定理而展成 θ 之倍数的正弦和余弦级数，由此求出的级数必与由 (2) 式所得到的级数等价，因此，使 $\sin n\theta$ 和 $\cos n\theta$ 的系数分别相等，我们就得到确定 P_n，Q_n，R_n，S_n 的方程。

68. 作为一个简单的例子，我们考查一个半径为 a 的无限长圆柱在无限远处为静止的无限液体中、以垂直于柱长方向的速度 U 而运动的情况。

把原点取在柱轴上，x，y 轴取在与柱长垂直的平面内，并令 x 轴沿速度 U 的方向。假定运动自静止开始，则必为无旋的，且 ϕ 是单值的。又因环绕圆柱截面计算的 $\int \partial\phi/\partial n \cdot ds$ 为零，故 ψ 也是单值的(见 59 节)，所以可应用 (2) 式。此外，因为 $\partial\phi/\partial n$ 在流体内边界各点是给定的，即对于 $r = a$，有

$$-\frac{\partial\phi}{\partial r} = U\cos\theta; \tag{3}$$

而流体在无限远处为静止，所以，根据第 41 节可知，问题是确定的。从上述这些条件得到 $P_n = 0$，$Q_n = 0$，和

$$U\cos\theta = \sum_1^{\infty} na^{-n-1}(R_n\cos n\theta + S_n\sin n\theta).$$

只有使 $R_1 = Ua^2$ 以及其它所有系数为零才能满足上式，从而全解为

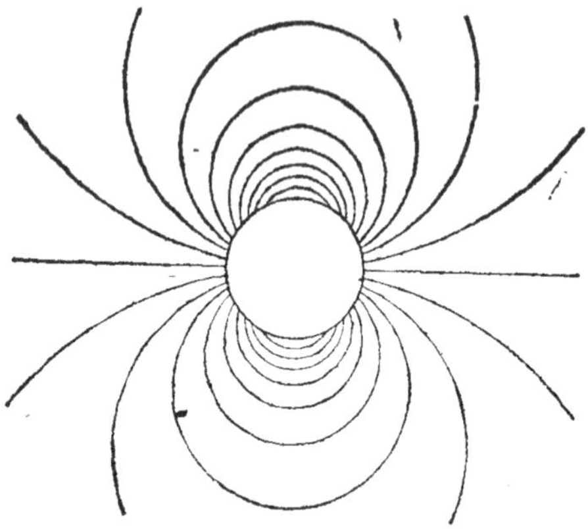

$$\phi = \frac{Ua^2}{r}\cos\theta,$$

$$\psi = -\frac{Ua^2}{r}\sin\theta. \quad (4)$$

流线 $\psi = \text{const.}$ 是一个个圆，如附图所示.与第 60 节 (6) 式相比较，我们可看出圆柱体的作用和在原点处的一个双源相同.

如果 $M' = \pi a^2\rho$ 是由圆柱上单位长度所排开的流体质量，那么液体流动的动能(由第 61 节 (2) 式给出)就是

$$2T = \rho\int\phi d\psi = \rho U^2a^2\int_0^{2\pi}\cos^2\theta d\theta = M'U^2. \quad (5)$$

这一结果表明流体的存在对圆柱运动的全部影响可以表示为圆柱每单位长度的惯性增加了一个 M'. 例如，在圆柱作直线运动的情况下，若作用于圆柱每单位长度上的外力是 X，则能量方程给出

$$\frac{d}{dt}\left(\frac{1}{2}MU^2 + \frac{1}{2}M'U^2\right) = XU,$$

或
$$(M + M')\frac{dU}{dt} = X, \quad (6)$$

其中 M 表示圆柱本身的质量(每单位长度).

将 (6) 式写成下面形式:

$$M\frac{dU}{dt} = X - M'\frac{dU}{dt},$$

我们可看出，流体对圆柱施加的压力相当于每单位柱长在运动

方向上受到一个力 $-M'\dfrac{dU}{dt}$，当 U 不变时，该力为零。

上述结果可由直接计算来验证．根据第 20 节 (7)，(8) 二式，压力由下式给出

$$\frac{p}{\rho}=\frac{\partial\phi}{\partial t}-\frac{1}{2}q^2+F(t), \tag{7}$$

其中 q 表示流体相对于运动着的圆柱轴线的速度．作用于流体上的外力（如果有的话）被略去了，其效应可由流体静力学中的规则求出．对于 $r=a$，我们有

$$\frac{\partial\phi}{\partial t}=a\frac{dU}{dt}\cos\theta,\quad q^2=4U^2\sin^2\theta, \tag{8}$$

故

$$p=\rho\left(a\frac{dU}{dt}\cos\theta-2U^2\sin^2\theta+F(t)\right). \tag{9}$$

作用于每单位长圆柱上的合力显然平行于极轴 $\theta=0$．为了求出它的数值，我们用 $-a d\theta\cdot\cos\theta$ 乘 (9) 式，而后对 θ 从 0 至 2π 求积，其结果即为 $-M'dU/dt$，与上述相同．

如果在上面的例子中，在流体和圆柱上加一个速度 $-U$，就得到流体以总体速度 U 流过一个固定圆柱的情况．把 ϕ 和 ψ 分别加上 $Ur\cos\theta$ 和 $Ur\sin\theta$，我们得到

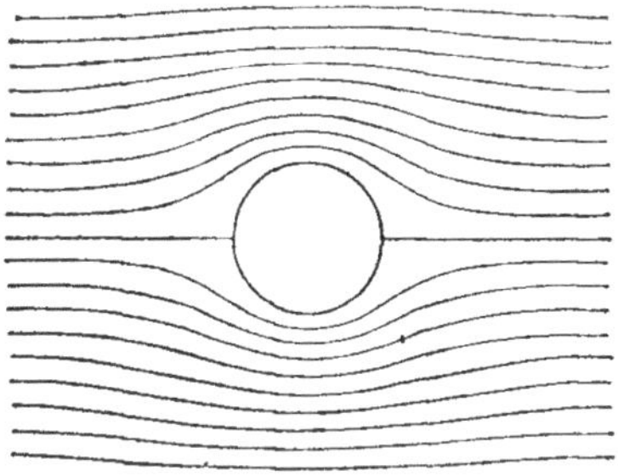

$$\phi=U\left(r+\frac{a^2}{r}\right)\cos\theta,$$

$$\psi=U\left(r-\frac{a^2}{r}\right)\sin\theta. \tag{10}$$

其流线示于本节第二个附图中．

如无外力的作用，且 U 为常数，则作用于圆柱上的合力就是零．参看 92 节．

69. 为使第 67 节 (1) 式能够代表在二同心圆之间的空间内的任何连续无旋运动，我们必须在式子右边加上一项

$$A\log z. \tag{1}$$

如 $A=P+iQ$，则 ϕ,ψ 中的相应项分别是

$$P\log r-Q\theta,\quad P\theta+Q\log r. \tag{2}$$

这些项的意义是很明显的，故 ψ 的循环常数 $2\pi P$ 是穿过内圆（或外圆）的通量；ϕ 的循环常数 $2\pi Q$ 的围圈原点的任一回路上的环量．

作为一个例子，我们回到上一节的问题，假设除圆柱引起的运动外还有一个绕该圆柱的独立的环量，其循环常数为 κ，这时

$$\phi = U\frac{a^2}{r}\cos\theta - \frac{\kappa}{2\pi}\theta \tag{3}$$

能满足边界条件.

在圆柱所引起的运动上叠加一个循环运动的效果是使圆柱一侧的速度增大而另一侧的速度减小(也可能反过来). 因此，当圆柱以不变的速度作直线运动时，其一侧的压力减小，另一侧的压力增加，所以在垂直于运动的方向上必有一约束力施加于圆柱.

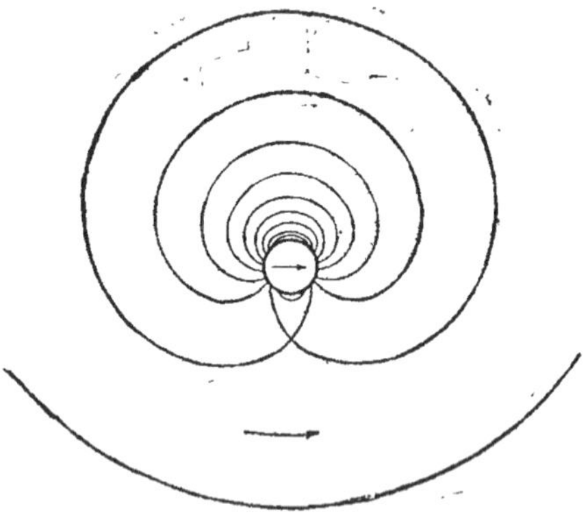

附图中表示出了流线. 在远离原点处，流线就近似地成为同心圆了，在那里，由圆柱所引起的扰动远小于循环运动. 当 $U > \frac{\kappa}{2\pi a}$ 时(如图示中的情况)，在流体中有一个速度为零的点. 又当改变 U 值时，图中流线组的位形无需改变，只要改变圆柱半径的大小就可以了.

当把问题简化为定常运动问题时，应以下式替代(3)式:

$$\phi = U\left(r + \frac{a^2}{r}\right)\cos\theta - \frac{\kappa}{2\pi}\theta. \tag{4}$$

由此，对于 $r = a$ 有

$$\begin{aligned}\frac{p}{\rho} &= \text{const} - \frac{1}{2}q^2 \\ &= \text{const} - \frac{1}{2}\left(2U\sin\theta + \frac{\kappa}{2\pi a}\right)^2.\end{aligned} \tag{5}$$

于是作用于该圆柱的压差合力为

$$-\int_0^{2\pi} p\sin\theta a d\theta = +\kappa\rho U, \tag{6}$$

其方向垂直于流动的总体方向. 这一结果与柱体半径无关. 以后将会看到，对于任何截面形状，这一结果都能成立[1].

1) 这一重要定理是由 Kutta 和 Joukowski 得出的，见 Kutta, *Sitzb. d. k. bayr. Akad. d. Wiss.* 1910. 证明在后面给出(第 72b 节，372 节).

当柱体以任意方式运动时，为了计算流体作用于柱体上的压力所产生的影响，我们可以方便地采用运动坐标系，把原点取在圆柱中心处，x 轴沿速度 U 的方向．若 χ 是 x 轴与一固定方向形成的夹角，则第 20 节方程 (7) 给出

$$\frac{p}{\rho} = \frac{\partial \phi}{\partial t} - \frac{1}{2} q^2 - \frac{d\chi}{dt} \frac{\partial \phi}{\partial \theta}, \tag{7}$$

上式中的 q 表示相对于原点的流速，它要由相对速度势 $\phi = Ur \cos\theta$ (其中 ϕ 由 (3) 式给出)来计算．在 $r = a$ 处，我们可得

$$\frac{p}{\rho} = a \frac{dU}{dt} \cos\theta - \frac{1}{2}\left(2U \sin\theta + \frac{\kappa}{2\pi a}\right)^2 + aU \frac{d\chi}{dt} \sin\theta + \frac{\kappa}{2\pi} \frac{d\chi}{dt}. \tag{8}$$

故平行于 x 轴和 y 轴的压差合力为

$$-\int_0^{2\pi} p\cos\theta \cdot a d\theta = -M' \frac{dU}{dt}, \quad -\int_0^{2\pi} p \sin\theta \cdot a d\theta = \kappa\rho U - M'U \frac{d\chi}{dt}, \tag{9}$$

其中，与前面一样，$M' = \pi\rho a^2$.

由此，若 P, Q 分别表示作用于柱体的外力 (如果有的话) 沿运动路线的切向和法向的分量，则圆柱的运动方程为

$$\left.\begin{aligned} (M + M')\frac{dU}{dt} &= P, \\ (M + M')U \frac{d\chi}{dt} &= \kappa\rho U + Q. \end{aligned}\right\} \tag{10}$$

如果没有外力，U 就是常数，这时，如令 $d\chi/dt = U/R$ (R 是运动路线的曲率半径)，我们就得到

$$R = (M + M')\frac{U}{\kappa\rho}. \tag{11}$$

因此柱体运动的路线是按循环运动方向而描绘出的一个圆[1]．

如果该柱轴上一点相对于固定坐标轴的笛卡儿坐标是 ξ, η, 那么方程 (10) 就等价于

$$\left.\begin{aligned} (M + M')\ddot{\xi} &= -\kappa\rho\dot{\eta} + X, \\ (M + M')\ddot{\eta} &= \kappa\rho\dot{\xi} + Y, \end{aligned}\right\} \tag{12}$$

其中 X, Y 是外力分量．为求常力作用下的结果，我们可取

$$X = (M + M')g', \quad Y = 0. \tag{13}$$

于是得到解为

$$\left.\begin{aligned} \xi &= \alpha + c\cos(nt + \varepsilon), \\ \eta &= \beta + \frac{g'}{n} t + c\sin(nt + \varepsilon), \end{aligned}\right\} \tag{14}$$

其中 α, β, c, ε 是任意常数，而

$$n = \kappa\rho/(M + M'). \tag{15}$$

它表明，运动的路线是以平均速度 g'/n 沿垂直于 x 轴方向即描绘出来的次摆线[2]．值

1) Rayleigh, "On the Irregular Flight of a Tennis Ball", *Mess. of Math. vii* (1878) [*Papers*, i. 344]; Greenhill, *Mess. of Math.* ix.

2) Greenhill, 上文.

得注意的是，从运动的全过程来看，柱体在外力方向上并没有前进．在 $c=0$ 的特殊情况下，它的路线是垂直于外力的一条直线．本问题是将在第 VI 章中谈到的"陀螺系统"理论的一个例子．

70. 把第 67 节 (1) 式加一项 $A\log z$ 予以修正后，可立即被推广到适用于具有几个圆形边界（其中的一个包围着所有其余的）的区域内的任何无旋运动．事实上，对于每个内边界我们都有一个下列形式的级数：

$$A\log(z-c)+\frac{A_1}{z-c}+\frac{A_2}{(z-c)^2}+\cdots, \qquad (1)$$

其中 c（譬如说，$=a+ib$）为圆心，而系数 $A, A_1, A_2\cdots\cdots$ 一般说来是复数．然而确定这些系数以满足给定的边界条件是如此困难，致使这种方法的应用非常有限．

的确，确定满足给定边界条件的液体无旋运动问题，只在有限的几种情况下才能用直接方法得到精确解．当边界是由一些固定的直线壁面构成时，可应用 Schwarz[1] 和 Christoffel[2] 所提出的变换方法（将在第73节中解释）．然而大多数问题的解却是用逆方法得到的，也就是说，我们取 ϕ 和 ψ 的某种已知形式，然后探查它所能满足的边界条件．这种方法的一些例子已在第 63, 64 节中给出．

如果取一个具有给定固定边界的流动的已知解 $w=f(z)$，并作保角变换 $z=\chi(z')$，则被变换到 z' 平面内的边界仍将是流线，这样，我们就导出了一个新问题的解．有时以相继的两步或更多的步骤来完成变换更为方便．

使用上述方法，可由绕一圆柱体的流动而得出重要的变换．从第 68 和 69 节不难看出，绕圆柱体流动问题的通解是

1) "Ueber einige Abbildungsaufgaben", *Crelle*, lxx.[*Gesammelte Abhandlungen*, Berlin, 1890, ii. 65].

2) "Sul problema delle temperature stazionarie e la rappresentazione di una data superficie", *Ann. di. Mat.* (2) i. 89. 也见 Kirchhoff, "Zur Theorie des Condensators", *Berl. Monatsber.* 1877 [*Ges. Abh.* 101]. 许多能这样得到的解在静电学、传热学等学科中具有有趣的应用．例如见 J. J. Thomson, *Recent Researches in Electricity and Magnetism*, Oxford, 1893.

$$w = U\left(z + \frac{a^2}{z}\right) - iV\left(z - \frac{a^2}{z}\right) + \frac{ik}{2\pi}\log\frac{z}{a}, \tag{2}$$

其中 $-U$, $-V$ 是无限远处的速度分量，κ 是环量. 下一步令

$$z = t + c, \tag{3}$$

其中 t 是中间复变数，而 $|c| < a$，最后令

$$z' = t + \frac{b^2}{t}. \tag{4}$$

显然，在 z 平面和 z' 平面上的无限远处，对应的区域是完全相同的，所以流动的总体方向和环量值也相同. 可调整常数 c 和 b 而使 t 平面内 $t = \pm b$ 的点与 z 平面内的任意两点 A, B 相对应.

例如，令 AB 为圆 $r = a$ 上平行于 Ox 的一个弦，它在中心 O 处所对的角为 2β. 参看附图，可得

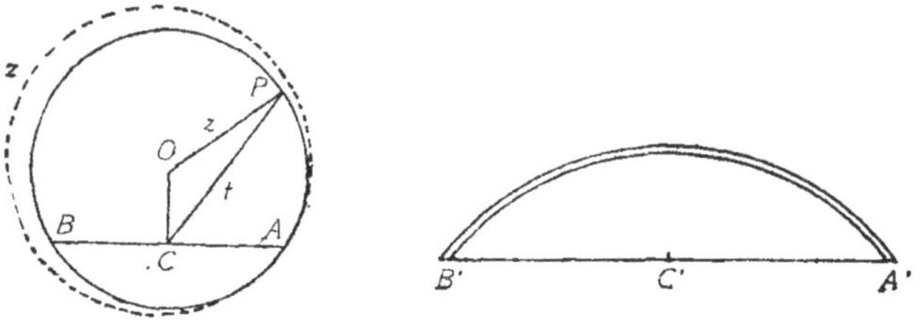

$$c = -ia\cos\beta, \quad b = a\sin\beta. \tag{5}$$

那么，若 P 是 z 平面上的另一点，我们有

$$z = \overline{OP}, \quad t = \overline{CP}. \tag{6}$$

由 (4) 式可知

$$\frac{z' - 2b}{z' + 2b} = \left(\frac{t - b}{t + b}\right)^2. \tag{7}$$

暂令

$$t - b = r_1 e^{i\theta_1}, \quad t + b = r_2 e^{i\theta_2}, \quad z' - 2b = r_1' e^{i\theta_1'}, \quad z' + 2b = r_2' e^{i\theta_2'}, \tag{8}$$

我们得到

$$\theta_1' - \theta_2' = 2(\theta_1 - \theta_2). \tag{9}$$

现在让 P 从 A 点起沿正方向在 z 平面内描绘一个圆. 根据 (9) 式，在 z' 平面内的对应点 P' 将这样移动，以使角 $A'P'B'$ 保持不变且等于 2β，从而 P' 点的路线就是一个圆弧. 当 P 经过 B 时，θ_2 增加 π；为了使方程 (9) 能够继续成立，θ_2' 就应增加 2π. 因此，当 P 走完它的一个圆时，P' 沿着 $B'A'$ 弧返回原处. 于是我们得到以任意方向和任意环量绕截面为一圆弧的柱形薄板的流动[1].

因为

$$\frac{dw}{dz'} = \frac{dw}{dz}\Big/\left(1 - \frac{b^2}{t^2}\right), \tag{10}$$

1) Kutta，第 69 节脚注中引文. Blasius 讨论过一些有关的问题，见 *Zeitschr. f. Math. u. Phys.* lix. 225 (1911).

故在边缘 A', B' 处的速度为无穷大．但可由适当地确定环量而使一个边缘处（设为 B'）的速度变成有限值，即取环量为

$$\kappa = 4\pi a(U\cos\beta - V\sin\beta). \tag{11}$$

于是 B' 处的速度可由下式给出

$$u - iv = (U\sin\beta + V\cos\beta)\sin\beta e^{2i\beta}, \tag{12}$$

而且当然与圆弧相切．如流动的总体速度 W 与 $B'A'$ 成倾角 α，则我们有

$$U = -W\cos\alpha, \quad V = -W\sin\alpha. \tag{13}$$

又，若 R 是该圆弧半径，则

$$a\sin\beta = R\sin 2\beta. \tag{14}$$

因此，按第 72b 节所给出的公式，与流动方向垂直的"升力"为

$$4\pi\rho W^2 R\,\frac{\sin 2\beta}{\sin\beta}\cos(\alpha + \beta). \tag{15}$$

如果代替图中 $r = a$ 的圆，我们取一个在 A 点与之相切、且刚好包含着 B 的圆作为要变换的圆，那么就得到一个 Joukowsky 翼型，上述圆弧好像是翼型的骨架[1]．这一翼型在与 A 对应的点处有一尖点，因此，在这一点处(仅在这一点处)意味着会出现无穷大的速度．但这一奇点可通过取适当的 κ 值可予以消除．

下面几节将说明在两种重要的二维运动情况下求解的一种简单方法．

71. 情况 I. 流体边界由运动的刚性柱面构成，该柱面运动方向垂直于柱的长度方向，速度为 U．

令速度 U 的方向为 x 轴方向，δs 是柱面被 xy 平面截出的截线上的线元．

那么在该截线上所有点处，流体沿截线法向的速度 $\partial\psi/\partial s$ 必等于边界垂直于其本身的速度 $-Udy/ds$．沿该截线积分，有

$$\psi = -Uy + \text{const}. \tag{1}$$

如果我们取任何一种可允许的 ψ 形式，这一方程就确定一组曲线，其中每一条曲线都能因其平行于 x 轴的运动而产生出流线族 $\psi=$ const.[2]．我们举几个例子：

1° 如果选择 ψ 的形式为 $-Uy$，则对于所有的边界形状，(1) 式恒等地被满足．因此，包含在只作平移运动的任何形状的

---

1) 有关更深入的发展和该方法的改进可参看 Glauert, *Aerofoil and Airscrew Theory*, Cambridge, 1926.

2) 参看第 59 节脚注中 Rankine 的文章，该文中用这一方法得到类似于船形线的曲线．

柱壳内的流体能够像一个固体一样地运动．而且，如果被流体占据的柱形空间是单连通的话，这就是仅有的一种可能的无旋运动．这一点也可从第 40 节显见，因为流体和固体作为一个整体而一起运动显然满足所有条件，所以是这个问题所允许的唯一解．

2° 令 $\psi=(A/r)\cdot\sin\theta$，那么 (1) 式就是

$$\frac{A}{r}\sin\theta=-Ur\sin\theta+\text{const}. \tag{2}$$

只要 $A/a=-Ua$，在这组曲线中就包含一个半径为 a 的圆．于是，在无限液体中因有一个圆柱沿着垂直于柱长方向以速度 U 而运动所产生的液体运动就由下式给出

$$\psi=-\frac{Ua^2}{r}\cdot\sin\theta, \tag{3}$$

与第 68 节相符．

3° 让我们引入椭圆坐标 $\xi,\ \eta$．它与 $x,\ y$ 的关系是

$$x+iy=c\cosh(\xi+i\eta) \tag{4}$$

或

$$\left.\begin{aligned}x&=c\cosh\xi\cdot\cos\eta,\\ y&=c\sinh\xi\cdot\sin\eta,\end{aligned}\right\} \tag{5}$$

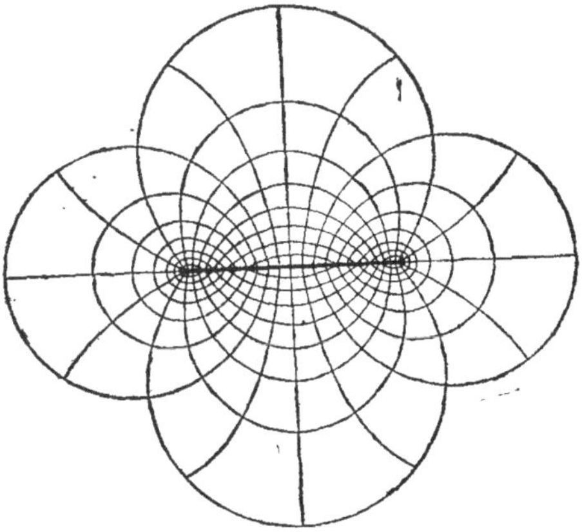

(参看第 66 节)，此处 ξ 的范围可取为从 0 至 ∞，而 η 是从 0 至 2π．若现在令

$$\phi+i\psi=Ce^{-(\xi+i\eta)}, \tag{6}$$

其中 C 是某个实常数，则有

$$\psi=-Ce^{-\xi}\cdot\sin\eta, \tag{7}$$

因此 (1) 式变为

$$Ce^{-\xi}\sin\eta=Uc\sinh\xi\cdot\sin\eta+\text{const}.$$

这组曲线中包括一个椭圆，其参数 ξ_0 由下式确定：

$$Ce^{-\xi_0} = U \cdot c \cdot \sinh \xi_0.$$

若 a, b 为椭圆的半轴，则有

$$a = c \cdot \cosh \xi_0, \quad b = c \cdot \sinh \xi_0,$$

所以

$$C = \frac{Ubc}{a-b} = Ub\left(\frac{a+b}{a-b}\right)^{\frac{1}{2}}.$$

于是公式

$$\phi = -Ub\left(\frac{a+b}{a-b}\right)^{\frac{1}{2}} \cdot e^{-\xi} \cdot \sin \eta \tag{8}$$

给出由一个半轴为 a, b 的椭圆柱以速度 U 沿其长轴方向运动而在无限液体中引起的运动.

考虑到当 ξ 很大时，δx 和 δy 就与 $e^{\xi}\delta\xi$ 和 $e^{\xi}\delta\eta$ 的量级相同，因此 $\partial\phi/\partial x$, $\partial\phi/\partial y$ 的量级最终将是 $e^{-2\xi}$ 或 $1/r^2$，其中 r 表示任一点距椭圆柱轴的距离. 由此看出，公式(8)将使无限远处的速度为零. 在无限远处，ϕ 的形式趋于 $A \cdot \sin(\theta/r)$，与双源的情况一样.

如果柱体的运动平行于短轴，公式将为

$$\phi = Va\left(\frac{a+b}{a-b}\right)^{\frac{1}{2}} e^{-\xi} \cdot \cos \eta. \tag{9}$$

在上述每一种情况下，对于所有共焦椭圆形的柱体，流线都相同，甚至当截线压缩成连接两焦点的一条直线时，这些公式也成立. 在这一情况下，(9)式变成

$$\phi = Vce^{-\xi} \cdot \cos \eta, \tag{10}$$

它给出的运动是，由一宽度为 $2c$ 的无限长薄板在无限液体中"横向"运动时所引起的运动. 然而，因这一解使薄板边缘处的速度为无穷大，所以，它要受到已在某些例子中指出过的实用上的限制[1].

---

1) 这一研究已在 *Quart. Journ. of Math.* xiv (1875) 中给出，而 Beltrami 用不同的方法得到了与(8)，(9)两式等价的结果，见"Sui principii fondamentali dell' idrodinamica razionale". *Mem. dell' Accad. delle Scienze di Bologna*, 1873, p. 394 [*Opere matematiche*, Milano, 1904, ii. 202].

流体的动能由下式给出

$$2T = \rho\int \phi d\psi = \rho C^2 e^{-2\xi_0}\int_0^{2\pi} \cos^2\eta \cdot d\eta$$

$$= \pi\rho b^2 U^2, \tag{11}$$

其中 b 是椭圆柱在垂直于运动方向上的半宽度.

当绕该柱有一个环量 κ 时，我们只需在上述 ψ 值上再加一项 $\kappa\xi/2\pi$. 对于薄板,可以调整 κ 值而使得一个边缘处的速度为有限值,但不能使两个边缘处的速度都为有限值.

若适当地选择长度和时间单位,可将(4)式与(6)式写成

$$x + iy = \cosh(\xi + i\eta),\quad \phi + i\psi = e^{-(\xi+i\eta)},$$

由此

$$x = \phi\left(1 + \frac{1}{\phi^2 + \psi^2}\right),\quad y = \psi\left(1 - \frac{1}{\phi^2 + \psi^2}\right).$$

上面的公式对于描绘曲线 $\phi =$ const., $\psi =$ const. 是方便的，这些曲线已示于本节第一个附图中.

对于平移速度分量为 U, V 的椭圆柱,可将(8),(9)二式叠加而得到

$$\psi = -\left(\frac{a+b}{a-b}\right)^{1/2} e^{-\xi}(U \cdot b \cdot \sin\eta - V \cdot a \cdot \cos\eta). \tag{12}$$

为求出相对于该柱体的运动,必须在上面的表达式中再加上

$$Uy - Vx = c(U\sinh\xi \cdot \sin\eta - V \cdot \cosh\xi \cdot \cos\eta), \tag{13}$$

例如,液流以 45° 角冲向一个二边缘位于 $x = \pm c$ 的薄平板时,流动的流函数是

$$\psi = -\frac{1}{\sqrt{2}} q_0 \cdot c \cdot \sinh\xi(\cos\eta - \sin\eta). \tag{14}$$

其中 q_0 是无限远处的速度. 这是立即可以证实的，因为它使 $\xi = 0$ 时 $\psi = 0$, 并在 $\xi = \infty$ 时给出

$$\psi = -\frac{q_0}{\sqrt{2}}(x - y).$$

这种情况下的流线已示于本节第二个附图中(为方便起见，旋转了 45°). 这些流线将用来说明以后在第 VI 章中将要得到的一些结果.

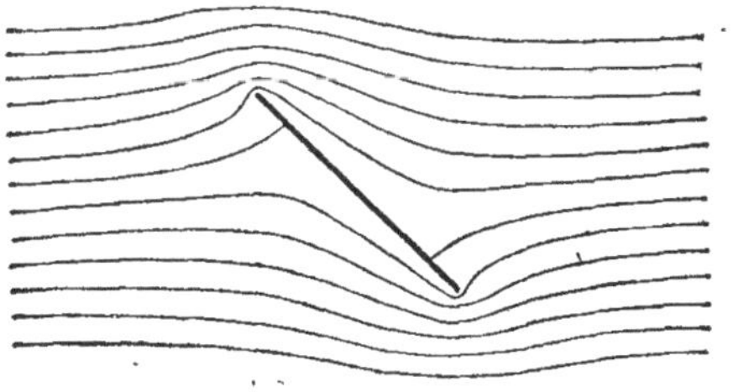

如果从 $\phi = +\infty$ 到 $\phi = -\infty$ 跟踪流线 $\psi = 0$ 的历程，我们可发现它首先由与薄板正交的双曲线弧 $\eta = \frac{1}{4}\pi$ 组成，然后贴着板面分成两部分，最后又合并起来作为双曲线弧 $\eta = \frac{5}{4}\pi$ 而延伸．双曲线弧与薄板连接的那些点处的速度为零，从而该处压力为最大[1]．很明显，流体作用于薄板上的压力相当于一个趋于使薄板横对着流动的力偶，而且不难求得每单位长度上的力偶矩是 $\frac{1}{2}\pi\rho q_0^2 c^2$[2]．可对照 124 节．

72. 情况 II．流动边界由一个以角速度 ω 绕平行于柱长的轴线而旋转的刚性柱面构成．

将原点取在旋转轴上，而将 x，y 轴取在垂直于该轴的平面内，那么用与前面同样的符号时，$\partial\psi/\partial s$ 应等于边界的法向速度分量，即

$$\frac{\partial\psi}{\partial S} = \omega r\,\frac{dr}{ds},$$

上式中 r 表示引自原点的矢径．积分后，在边界的所有点上有

$$\psi = \frac{1}{2}\omega r^2 + \text{const.} \tag{1}$$

如果我们假设任何一种可能的 ψ 形式，上式将给出一系列曲线的方程，其中每一条曲线绕原点旋转时，都将产生一组由 ψ 确定的流线．

举例如下：

1° 如果假设

$$\psi = Ar^2\cos 2\theta = A(x^2 - y^2), \tag{2}$$

方程 (1) 变为

$$\left(\frac{1}{2}\omega - A\right)x^2 + \left(\frac{1}{2}\omega + A\right)y^2 = C,$$

对任何给定的 A 值，它代表一组相似的圆锥曲线．欲使这组曲线

---

1) Hele Shaw 教授作了许多很好的实验，验证了定常二维运动中流线的形状，其中也包括了本书第 68 节第二个附图和本节第二个附图． 参看 *Trans. Inst. Nav. Arch.* xl (1898)．在第 XI 章中将介绍他所用方法的理论．

2) 如流动的总体方向与薄板形成 α 角时，力偶就是 $\frac{1}{2}\pi\rho q_0^2\cdot c^2\cdot\sin 2\alpha$．见 Cisotti, *Ann. di. mat.* (3), xix, 83 (1912).

包含椭圆

$$\frac{x^2}{a^2}+\frac{y^2}{b^2}=1,$$

就必须有

$$\left(\frac{1}{2}\omega-A\right)a^2=\left(\frac{1}{2}\omega+A\right)b^2,$$

即

$$A=\frac{1}{2}\omega\cdot\frac{a^2-b^2}{a^2+b^2}.$$

因此公式

$$\psi=\frac{1}{2}\omega\frac{a^2-b^2}{a^2+b^2}(x^2-y^2) \tag{3}$$

就给出一个椭圆柱壳(其半轴为 a, b)内的液体因柱壳以角速度 ω 绕其纵轴旋转而产生的运动. 流线 $\psi=\mathrm{const.}$ 的排列示于附图中.

对应的 ϕ 之公式为

$$\phi=-\omega\frac{a^2-b^2}{a^2+b^2}\cdot xy. \tag{4}$$

单位柱长流体的动能由下式给出

$$2T=\rho\iint\left\{\left(\frac{\partial\phi}{\partial x}\right)^2+\left(\frac{\partial\phi}{\partial y}\right)^2\right\}dxdy$$

$$=\frac{1}{4}\frac{(a^2-b^2)^2}{a^2+b^2}\omega^2\cdot\pi\rho ab. \tag{5}$$

它比流体随着边界像一个刚性整体那样旋转时的动能要小，二者之比为 $\left(\frac{a^2-b^2}{a^2+b^2}\right)^2$ 比 1. 我们在这里得到了第 45 节中所证明的 Kelvin 最小动能定理的一个实例.

2° 用与第 71 节 3° 中同样的椭圆坐标符号，设

$$\phi+i\psi=Cie^{-2(\xi+i\eta)}. \tag{6}$$

由于

$$x^2+y^2=\frac{1}{2}c^2(\cosh 2\xi+\cos 2\eta),$$

方程(1)变为

$$Ce^{-2\xi}\cdot\cos 2\eta-\frac{1}{4}\omega c^2(\cosh 2\xi+\cos 2\eta)=\text{const}.$$

这组曲线包括一个参数为 ξ_0 的椭圆，其条件为

$$Ce^{-2\xi_0}-\frac{1}{4}\omega c^2=0,$$

或用已出现过的 a, b 表示，则

$$C=\frac{1}{4}\omega(a+b)^2,$$

所以

$$\left.\begin{aligned}\phi&=\frac{1}{4}\omega(a+b)^2e^{-2\xi}\cos 2\eta,\\ \psi&=\frac{1}{4}\omega(a+b)^2e^{-2\xi}\sin 2\eta.\end{aligned}\right\}\qquad(7)$$

在距原点很远处，速度的量级是 $1/r^3$.

于是上述公式给出了原来处于静止状态的无限液体因一椭圆柱以角速度 ω 绕其轴线旋转而引起的运动[1]. 附图中表示出了一个绕其轴线旋转的刚性椭圆柱壳体的内部和外部的流线.

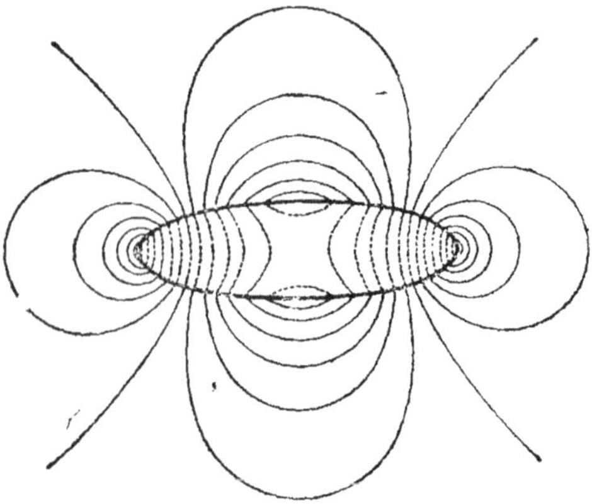

1) *Quart. Journ. Math.* **xiv.** (1875); 也见 Beltrami (第73节3°脚注).

外部流体的动能由下式给出

$$2T = \frac{1}{8}\pi\rho c^4\omega^2. \tag{8}$$

值得注意的是，对于所有截面为共焦椭圆的柱体，这一动能都是一样的。

把这一结果与第 66, 71 节的结果相结合，我们就得到，如果一个椭圆柱以速度 U, V（平行于截面的主轴）运动，并以角速度 ω 旋转，而且如果流体绕椭圆柱作着无旋的环行运动(其循环常数为 κ)，那么相对于前述主轴的流函数就是

$$\psi = -\sqrt{\frac{a+b}{a-b}}\,e^{-\xi}(Ub\sin\eta - Va\cos\eta) + \frac{1}{4}\omega(a+b)^2e^{-2\xi}\cos 2\eta + \frac{\kappa}{2\pi}\xi. \tag{9}$$

W. B. Morton 教授研究了液体质点在前述某些情况下的路线(这是不同于流线的)[1]，它们很值得注意. Maxwell 研究了柱体为圆柱(第 68 节)时的特殊情况下的质点路线[2].

3° 假设

$$\psi = Ar^3\cos 3\theta = A(x^3 - 3xy^2).$$

那么边界方程(1)成为

$$A(x^3 - 3xy^2) - \frac{1}{2}\omega(x^2 + y^2) = C. \tag{10}$$

我们可以选择其中的常数以使直线 $x = a$ 成为边界的一部分. 为此，要满足下面条件：

$$Aa^3 - \frac{1}{2}\omega a^2 = C, \quad 3Aa + \frac{1}{2}\omega = 0.$$

将由此导出的 A, C 代入(10)式得

$$x^3 - a^3 - 3xy^2 + 3a(x^2 - a^2 + y^2) = 0.$$

用 $(x - a)$ 除上式得到

$$x^2 + 4ax + 4a^2 - 3y^2 = 0,$$

或

$$x + 2a = \pm\sqrt{3}\,y.$$

因此，边界的其余部分是由穿过 $(-2a, 0)$ 点并与 x 轴成 30° 倾角的两条直线构成.

---

1) *Proc. Roy. Soc. A*, lxxxix, 106 (1913).

2) *Proc. Lond. Math. Soc.* iii, 82(1870) [*Papers*, ii. 208].

于是我们得到了包含在等边三棱柱形容器内的流体运动的公式，此种流体运动是因该棱柱体绕一个平行于柱长且穿过柱截面中心的轴线以角速度ω旋转而引起的．即我们有

$$\psi = -\frac{1}{6}\frac{\omega}{a}r^3\cos 3\theta, \quad \phi = \frac{1}{6}\frac{\omega}{a}r^3\sin 3\theta, \tag{11}$$

其中，$2\sqrt{3}\,a$ 是三棱柱的边长[1]．

4° 当液体被包含在截面为扇形（其半径为 a，圆心角为 2α）而旋转轴通过圆心的旋转柱壳中时，我们可取中间的半径作为极轴，并设

$$\psi = \frac{1}{2}\omega r^2\frac{\cos 2\theta}{\cos 2\alpha} + \Sigma A_{2n+1}\left(\frac{r}{a}\right)^{(2n+1)\pi/2\alpha}\cos(2n+1)\frac{\pi\theta}{2\alpha}. \tag{12}$$

因为它能使 $\theta = \pm\alpha$ 时，$\psi = \frac{1}{2}\omega r^2$，而常数 A_{2n+1} 可用 Fourier 方法定出，以使 $r = a$ 时，$\psi = \frac{1}{2}\omega a^2$．我们得到

$$A_{2n+1} = (-1)^{n+1}\omega a^2\left\{\frac{1}{(2n+1)\pi - 4\alpha} - \frac{2}{(2n+1)\pi} + \frac{1}{(2n+1)\pi + 4\alpha}\right\}. \tag{13}$$

ϕ的共轭表达式为

$$\phi = -\frac{1}{2}\omega r^2\frac{\sin 2\theta}{\cos 2\alpha} - \Sigma A_{2n+1}\left(\frac{r}{a}\right)^{(2n+1)\pi/2\alpha}\sin(2n+1)\frac{\pi\theta}{2\alpha}. \tag{14}$$

动能由下式给出

$$2T = -\rho\int\phi\frac{\partial\phi}{\partial n}ds = -2\rho\omega\int_0^a\phi_\alpha r\,dr, \tag{15}$$

其中 ϕ_α 表示 $\theta = \alpha$ 时的ϕ值，$\partial\phi/\partial n$ 在边界的圆形部分上是零[2]．

$\alpha = \frac{\pi}{2}$ 的半圆柱壳对我们以后将会有用，这时有

$$A_{2n+1} = (-1)^{n+1}\frac{\omega a^2}{\pi}\left\{\frac{1}{2n-1} - \frac{2}{2n+1} + \frac{1}{2n+3}\right\}, \tag{16}$$

从而

$$\int_0^a\phi_\alpha r\,dr = \frac{\omega a^4}{\pi}\Sigma\frac{1}{2n+3}\left\{\frac{1}{2n-1} - \frac{2}{2n+1} + \frac{1}{2n+3}\right\}$$
$$= -\frac{\omega a^4}{\pi}\left(2 - \frac{\pi^2}{8}\right).$$

1）旋转柱形壳体中的流体运动问题从数学上讲，在某种程度上与均匀杆棒的扭转问题相同．例 1° 和例 3° 不过是后一问题的两个 Saint-Venant 解的改写而已．见 Thomson and Tait, Art. 704 等．

2）这一问题首先由 Stokes 解出，见 "On the Critical Values of the Sums of Periodic Series", *Camb. Trans.* viii. (1847) [*Papers*, i. 305]. 还可见 Hicks, *Mess. of Math.* viii. 42 (1878); Greenhill, 同上刊物，viii. 89, 和 x. 83.

由此[1]，

$$2T=\frac{1}{2}\pi\rho\omega^2a^4\left(\frac{8}{\pi^2}-\frac{1}{2}\right)=0.3106a^2\cdot\frac{1}{2}\pi\rho\omega^2a^2. \tag{17}$$

这一动能小于流体固化后的动能，二者之比为 0.6212 比 1. 参看第 45 节.

72a. 我们已从几个例子中看到，当柱体在无限流体中作平移运动时，对远处的影响就和一个双源的影响相同. 藉助于出现在流体动能表达式中的常数可以给出这种影响的一般公式[2].

若记

$$\phi=U\phi_1+V\phi_2, \tag{1}$$

其中 (U, V) 是柱体速度，函数 ϕ_1，ϕ_2 由下述条件确定：在整个外部空间内 $\nabla^2\phi_1=0$，$\nabla^2\phi_2=0$，在无限远处这二个函数的导数为零，并且在柱体周界上有

$$-\frac{\partial\phi_1}{\partial n}=l,\quad -\frac{\partial\phi_2}{\partial n}=m, \tag{2}$$

其中 (l, m) 为外法线的方向. 于是流体的动能由下式给出

$$\frac{2T}{\rho}=-\int\phi\frac{\partial\phi}{\partial n}ds=AU^2+2HUV+BV^2, \tag{3}$$

其中

$$\left.\begin{aligned}A&=-\int\phi_1\frac{\partial\phi_1}{\partial n}ds=\int l\phi_1ds,\\ B&=-\int\phi_2\frac{\partial\phi_2}{\partial n}ds=\int m\phi_2ds,\\ H&=-\int\phi_1\frac{\partial\phi_2}{\partial n}ds=-\int\phi_2\frac{\partial\phi_1}{\partial n}ds=\int m\phi_1ds=\int l\phi_2ds.\end{aligned}\right\} \tag{4}$$

H 的两个表达式因二维 Green 定理而相等. 参见 121 节，那里讨论了一般的三维情况.

援引第 60 节 (7) 式，假设任意截面形状的柱体以单位速度平行于 x 轴运动. 将原点取在柱体周界的内部，并写出

$$\begin{aligned}r^2&=(x_0-x)^2+(y_0-y)^2\\&=r_0^2-2(xx_0+yy_0)+\cdots,\end{aligned} \tag{5}$$

这里，(x_0, y_0) 是欲求其处 ϕ 值的一个远距离的点，(x, y) 是柱体周界上的一个点. 近似地有

$$\log r=\log r_0-\frac{xx_0+yy_0}{r_0^2}+\cdots, \tag{6}$$

故

$$\frac{\partial}{\partial n}(\log r)=-\frac{lx_0+my_0}{r_0^2}.$$

在所援引的公式中令

---

1) Greenhill，上述引文.

2) 参见 *Proc. Roy. Soc.* A. cxi. 14 (1926) 和后面的 300 节.

$$\phi = \phi_1, \quad \phi' = -x \tag{7}$$

我们得到

$$2\pi\phi_P = \frac{(A+Q)x_0 + Hy_0}{r_0^2}, \tag{8}$$

其中 A 和 H 由 (4) 式定义,而

$$Q = \int lx ds, \tag{9}$$

即 Q 表示柱体的截面面积.

因此,在很远处的流动情况就和由一双源所引起的流动相同,但是一般说来,双源轴线与柱体运动方向并不重合.

对 (8) 式作推广是很容易的. 当柱体速度为 (U, V) 时,我们有

$$2\pi r_0^2\phi_P = \{(A+Q)U + HV\}x_0 + \{HU + (B+Q)V\}y_0. \tag{10}$$

以复变量 w, z 来表示的话,可以写成

$$w = (\alpha + i\beta)/z_0, \tag{11}$$

其中

$$2\pi\alpha = (A+Q)U + HV, \quad 2\pi\beta = HU + (B+Q)V. \tag{12}$$

对于一个椭圆形截面的柱体,比较第 71 节 (11) 式与上面 (3) 式可知, $A = \pi b^2$, $B = \pi a^2$, 而 $Q = \pi ab$. 于是

$$\phi_P = (a+b)(bUx_0 + aVy_0)/2r_0^3. \tag{13}$$

72b. 由于周围流体的定常无旋运动而使一个固定柱体所受到的流体动力学作用力已经在一两种情况下作了计算. 当流体运动的 $w(=\phi + i\psi)$ 的形式为已知时, Blasius[1] 给出了有效的一般方法.

柱体周界上所受的压力可以化为一个在原点的力 (X, Y) 和一个力偶 N. 若 θ 为速度 q 与 x 轴的夹角,则有

$$Y + iX = -\frac{1}{2}\rho\int q^2(\cos\theta - i\sin\theta)ds, \tag{1}$$

上式中的积分是绕柱体周界取的.

(1) 式可以写成

$$Y + iX = -\frac{1}{2}\rho\int(qe^{-i\theta})^2 e^{i\theta}ds = -\frac{1}{2}\rho\int\left(\frac{dw}{dz}\right)^2 dz, \tag{2}$$

由此可得出 X 和 Y.

其次,若 ϑ 是柱体周界上的微元 δs 与矢径的延长线之间的夹

1) "Funktiontheoretische Methoden in der Hydrodynamik", *Zeitschr. f. Math. u. Phys.* lviii. (1910).

角，则有

$$N=\int pr\cos\vartheta ds=\int prdr$$

$$=-\frac{1}{2}\rho\int(u^2+v^2)(xdx+ydy). \qquad (3)$$

因沿流线有 $vdx=udy$，故

$$(u-iv)^2(dx+idy)=(u^2+v^2)(dx-idy)$$

及

$$(u-iv)^2(x+iy)(dx+idy)$$
$$=(u^2+v^2)\{xdx+ydy+i(ydx-xdy)\}.$$

因此，N 由积分

$$-\frac{1}{2}\rho\int\left(\frac{dw}{dz}\right)^2 zdz \qquad (4)$$

的实部给出．

当浸没于均匀流动中的柱体具有环量时，w 在远处的形式趋于

$$w=A+Bz+C\log z. \qquad (5)$$

因 (2) 式中被积函数在流体所占据的空间内没有奇点，故该积分可以用沿无穷大闭回路的积分来代替．依照这种理解，有

$$\int\left(\frac{dw}{dz}\right)^2 dz=\int\left(B^2+\frac{2BC}{z}+\frac{C^2}{z^2}\right)dz$$

$$=2BC\int\frac{dz}{z}=4\pi iBC. \qquad (6)$$

若无限远处的流速是 (U, V)，且 κ 表示环量，则有

$$B=-(U-iV), \quad C=-i\kappa/2\pi. \qquad (7)$$

由此得

$$X=\kappa\rho V, \quad Y=-\kappa\rho U. \qquad (8)$$

这是第 69 节中对圆形截面的特殊情况所得结果的推广．

为计算力矩 N，必须把表达式 (5) 推进一步，而令

$$w=A+Bz+C\log z+\frac{D}{z}, \qquad (9)$$

我们有

$$\left(\frac{dw}{dz}\right)^2 = B^2 + \frac{2BC}{z} + \frac{C^2 - 2BD}{z^2} + \cdots \tag{10}$$

略去在无穷大回路中将会消失的那些项后，可得

$$\int \left(\frac{dw}{dz}\right)^2 z dz = 2\pi i(C^2 - 2BD). \tag{11}$$

将(7)式中 B，C 值代入上式，记 $D = \alpha + i\beta$，并取结果中的实部，我们得到

$$N = 2\pi\rho(\beta U - \alpha V). \tag{12}$$

如果通过叠加一个总体速度 $(-U, -V)$ 而使流体在∞处转化为静止，则(9)式中的 D/z 项就是因柱体以这一速度作平移而产生的．因此这里的 α，β 值与72a节给出的一样，只是符号相反．于是(12)式变成

$$N = \rho\{(A - B)UV - H(U^2 - V^2)\}. \tag{13}$$

因此，对于椭圆形截面的柱体，如用二主轴的大小和平行于二主轴方向的分速度来表示的话，则

$$N = -\pi\rho(a^2 - b^2)UV. \tag{14}$$

作为 Blasius 公式的进一步应用，我们可以计算由一个外部源所引起的作用于固定柱体上的力．

我们写出

$$w = -\mu\log(z - c) + f(z), \tag{15}$$

这里的第一项表示 $z = c$ 处的一个源，而 $f(z)$ 是它在柱面内的镜像，即 $f(z)$ 是为了消去因源在柱体周界上所引起的法向速度而必要的附加项．于是

$$\frac{dw}{dz} = -\frac{\mu}{z - c} + f'(z). \tag{16}$$

(2)式中沿周界的积分现在等于绕一个无穷大周界的积分减去一个(在正方向上)环绕奇点 $z = c$ 的积分．在无穷大周界上的积分为零．在奇点附近，$(dw/dz)^2$ 中唯一必须在最终考虑的那部分是在分母中包括 $(z - c)$ 的一次幂项，即

$$-\frac{2\mu f'(c)}{z - c}.$$

因此

$$Y + iX = -2\pi i\mu\rho f'(c). \tag{17}$$

对于圆柱，$f(z)$ 的形式从第64节3°已经知道．设源位于 x 轴上，则 c 是实数，我们有

$$f(z) = -\mu\log(z - a^2/c) + \mu\log z,\tag{18}$$

$$f'(c) = -\frac{\mu a^2}{c(c^2 - a^2)},\tag{19}$$

$$X = \frac{2\pi\mu^2 a^2}{c(c^2 - a^2)},\quad Y = 0.\tag{20}$$ [1]

在一般情况下，当源距柱体的距离远大于柱体截面的尺度时，可求得 $f(z)$ 的近似形式，其方法是取 $f(z)$ 表示柱体平移运动所产生的效果，而这一平移运动的速度则与假如柱体并不存在时由源在柱体原位置处所引起的速度的大小相等，方向相反. 于是，仍然假定源位于 x 轴上，从第 72a 节可得

$$f(z) = \frac{(A + Q + iH)U}{2\pi z},\tag{21}$$

其中 $U = \mu/c$. 由此

$$f'(c) = -\frac{(A + Q + iH)\mu}{2\pi c^3},\tag{22}$$

从而得出

$$X = \frac{(A + Q)\mu^2\rho}{c^3},\quad Y = -\frac{H\mu^2\rho}{c^3}.\tag{23}$$

如果 $f(=\mu^2/c^3)$ 是在未受扰的流动中原点处的加速度，上面的结果就可以写为

$$X = \rho(A + Q)f,\quad Y = -\rho Hf.\tag{24}$$

对于圆形截面，$A = \pi a^2$，$H = 0$，$Q = \pi a^2$，如我们忽略量级为 a^2/c^2 的项，(20) 式便得到证明.

Cisotti[2] 对于一些带有环量的圆柱间的相互作用问题巧妙地运用了 Blasius 方法. 这里可以引用他的一个结果. 半径为 b 的圆柱偏心地固定于半径为 a 的圆柱筒内，其间的空间由环量为 κ 的流体所占据，则作用于该圆柱上的合力指向筒壁上与其最接近的部位，且合力之值为

$$\kappa^2 d^2 \div 2\pi\sqrt{(a + b + d)(a + b - d)(a - b + d)(a - b - d)},$$

其中 d 是两柱轴间的距离.

自 由 流 线

73. 部分以固定平面壁为边界，部分以等压面为边界的流体二维运动问题的第一个解是由 Helmholtz[3] 给出的. 后来 Kirchhoff[4] 和其他学者提出了处理这类问题的一般解法. 如果把等

---

1) 此系 G.I.Taylor 教授给出的结果.

2) *Rend. d.r. Accad. d. Lincei* (6) i. (1925—1926).

3) 见前面 66 节 2° 脚注.

4) "Zur Theorie freier Flüssigkeitss trahlen", *Crelle*, lxx. (1869) [*Ges. Abh.* p. 416]. 也见他的书 *Mechanik*, cc. xxi., xxii.

压面看作是自由表面，我们可得射流理论，并为第 24 节中结论提供有趣的实例．又因为在等压面以外的空间可以由静止液体填满而不改变问题的条件，所以我们还可得到若干“不连续运动”的情况，从数学上讲它们对理想流体是可能的，但其实用意义则是颇有疑问的．以后（第 XI 章）我们将回到这点上来，并把等压面称为“自由”表面．由于将忽略重力这类外力，所以根据第 21 节 (2) 式可知，速度沿任何等压面必为常数．

上述方法是以第 65 节引进的函数 ζ 的性质为基础的．假设运动着的流体以流线 $\psi=\text{const.}$ 为边界，这些流线部分由一些直壁构成，部分由合速度 (q) 沿其为常数的曲线构成．为方便起见，我们先假定可以把长度和时间的单位调整得使上述常速度 (q) 等于 1．于是在函数 ζ 的平面内，$q=1$ 的线就被表示为以原点为中心，半径为 1 的圆弧，而直壁（沿每一直壁，流动方向是不变的）则被表示为从圆弧向外画出的辐射线．这些辐射线与圆弧的交点对应着边界流线的性质发生变化的那些点．

接着我们来考虑函数 $\log\zeta$．在这个函数的平面上，$q=1$ 的圆弧变换成虚轴上的部分线段，而辐射线则变换成平行于实轴的直线，这是因为，如 $\zeta=q^{-1}\cdot e^{i\theta}$，就有

$$\log\zeta=\log\frac{1}{q}+i\theta. \tag{1}$$

于是，所剩下的就是要确定出一个以下形式的关系式[1]

$$\log\zeta=f(w) \tag{2}$$

（其中 $w=\phi+i\psi$），以使得在 $\log\zeta$ 平面内的直线边界能对应于 w 平面内的直线 $\psi=\text{const.}$．除此而外，在每一区域中特殊点（一个点在边界上，一个点在内部）之间还有互相对应的条件，它们使问题变为确定的．

当 ζ 平面与 w 平面之间的对应关系建立起来以后，对关系式

$$\frac{dz}{dw}=-\zeta \tag{3}$$

1）使用 $\log\zeta$ 来替换掉 ζ 是由 Planck 提出来的，见 *Wied. Ann.* **xxi.** (1884).

求积就可求得 z 和 w 之关系. 在结果中出现的任意常数是由 z 平面内原点的任意位置所引起的.

于是问题就归结为寻找以直线为边界的两个面积之间的保角表示法[1]. 它可由已提到过的 Schwarz 和 Christoffel 方法[2]来解决,在该方法中,每个面积依次被表示为一个半平面.令 $Z(=X+iY)$ 和 t 是由下式所联系起来的两个复变数:

$$\frac{dZ}{dt}=A(a-t)^{-\frac{\alpha}{\pi}}(b-t)^{-\frac{\beta}{\pi}}(c-t)^{-\frac{\gamma}{\pi}}\cdots, \tag{4}$$

其中 $a, b, c\cdots$ 是按照数值增加的顺序而排列的实数,而 $\alpha, \beta, \gamma\cdots$ 是角度(不必都为正值),且

$$\alpha+\beta+\gamma+\cdots=2\pi. \tag{5}$$

然后考虑这样一条直线,它由 t 的实轴上的各段和在 $a, b, c\cdots$ 各点附近所作的向上凸出的微小半圆弧所组成. 如果一个点从 $=-\infty$ 到 $t=+\infty$ 描出这条线的话,那么当它所描的是直线部分时,表达式(4)中就只有模起变化;而当它沿顺时针方向描出半圆部分时,其效果则是依次引入因子 $e^{i\alpha}, e^{i\beta}, e^{i\gamma}\cdots$. 由此,把 dZ/dt 看作是将 δ_t 转换为 δZ 的一个算子,我们可看出公式

$$Z=A\int(a-t)^{-\frac{\alpha}{\pi}}(b-t)^{-\frac{\beta}{\pi}}(c-t)^{-\frac{\gamma}{\pi}}\cdots dt+B \tag{6}$$

将 t 的上半平面保角地映射成一个外角为 $\alpha, \beta, \gamma\cdots$ 的闭多边形,而条件是在 t 平面内的积分路径完全位于上面所划边界的区域内. 当 $a, b, c\cdots$ 和 $\alpha, \beta, \gamma\cdots$ 给定以后,多边形的形状就完全确定,复常数 A, B 只分别影响它的尺寸、方向和它的位置.

如已阐述过的那样,我们特别关心矩形面积的保角表示法,如果 $\alpha=\beta=\gamma=\delta=\frac{\pi}{2}$, 公式(6)成为

$$Z=A\int\frac{dt}{\sqrt{(a-t)(b-t)(c-t)(d-t)}}+B. \tag{7}$$

1) 见 Forsyth, *Theory of Functions*, c. xx.

2) 见前面第 70 节脚注.

不难看出，矩形在它所有的尺度上都为有限，除非 a, b, c, d 中至少有两个点位于无限远．这个例外情况对我们是尤为重要的．这时，把两个有限的点取在 $t=\pm 1$ 是方便的，于是

$$Z = A\int \frac{dt}{\sqrt{t^2-1}} + B = A\cosh^{-1}t + B. \tag{8}$$

如设

$$t = \cosh\frac{Z}{k}, \tag{9}$$

其中 k 是实数，则可将 $Y=0$, $Y=\pi k$ 二直线的正半部分和界于它们之间的那一段 Y 轴所围成的空间变换到 t 平面的上半部分．参看第 66 节 1°．

另外，当两个有限点在 t 平面上原点处相重合时，有

$$Z = A\int\frac{dt}{t} + B = A\log t + B. \tag{10}$$

它把 t 平面的上半部分变换成以两条平行直线为界的一个条带．例如，若

$$t = e^{Z/k}, \tag{11}$$

其中 k 是实数，这两条直线就是 $Y=0$, $Y=\pi k$．

74. 作为上述变换方法的第一个应用，我们可以考虑流体从一个很大的容器中自伸向内部的直渠道流出时的情况[1]．这就是第 24 节曾提到的 Borda 管咀的二维形式．

ζ, $\log\zeta$ 和 w 平面内的对应面积的边界不难分别画出，它们已示于附图中[2]．剩下的是要把 $\log\zeta$ 平面和 w 平面内的面积与中间变数 t 的上半平面联系起来．由上节方程 (8) 和 (10) 可知，它可由置换式

$$\log\zeta = A\cosh^{-1}t + B, \quad w = C\log t + D \tag{1}$$

实现．这里，我们已使 $\log\zeta$ 平面的棱角 A, A' 对应于 $t=\pm 1$,

1) 这个问题首先由 Helmholtz 解决．见第 66 节 2° 的脚注．

2) 粗实线对应刚性边界，细实线对应自由表面，各图中的对应点用相同字母表示．

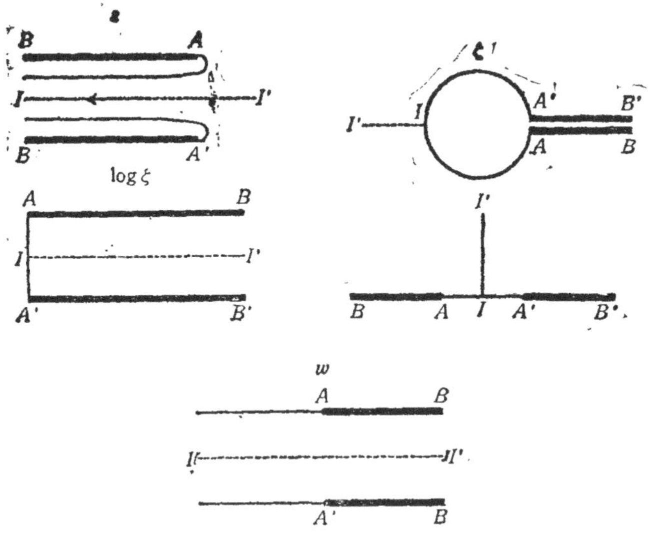

并假定了 $t=0$ 对应于 $w=-\infty$，如由图中可看到的那样．为了精确地规定循环函数 $\cosh^{-1}t$ 和 $\log t$ 的值，我们假设它们在 $t=1$ 处均为零，而它们在上半平面上其它各点处的值则根据连续性而被确定．由此可得，当 $t=-1$ 时，每个函数值都是 $i\pi$．在 $\log\zeta$ 平面内的 A'，A 点处，按照最简单的取法，分别令 $\log\zeta=0$ 和 $2i\pi$，于是，转而确定 (1) 式中的常数，就有

$$0=B,\quad 2i\pi=i\pi A+B,$$

故

$$\log\zeta=2\cosh^{-1}t. \tag{2}$$

另外，在 w 平面内取 II' 线作为 $\psi=0$ 的线；而若向外流出的射流的最终宽度为 $2b$，则边界流线就是 $\psi=\pm b$．还可进一步设通过 A，A' 的等势线为 $\phi=0$．因此，从 (1) 式得到

$$ib=i\pi C+D,\quad -ib=D,$$

所以

$$w=\frac{2b}{\pi}\log t-ib. \tag{3}$$

不难在 (2) 式和 (3) 式间消去 t，再利用积分求出 Z 和 w 之间的

关系．但是将公式写成现在这种形式也许更为方便．

现在不难描画出任何一条自由流线的行程，譬如说，从 A' 起始的 $A'I$．对于这条线上的各点，t 是从 1 到 0 的实数．另外，从(2)式又可得 $i\theta = 2\cosh^{-1}t$，亦即 $t = \cos\frac{1}{2}\theta$，因此，由(3)式得

$$\phi = \frac{2b}{\pi}\log\cos\frac{1}{2}\theta. \tag{4}$$

由于沿着这条线有 $d\phi/ds = -q = -1$，我们可以令 $\phi = -s$，其中 s 弧从 A 量起．从而该曲线的内蕴方程为

$$s = \frac{2b}{\pi}\log\sec\frac{1}{2}\theta. \tag{5}$$

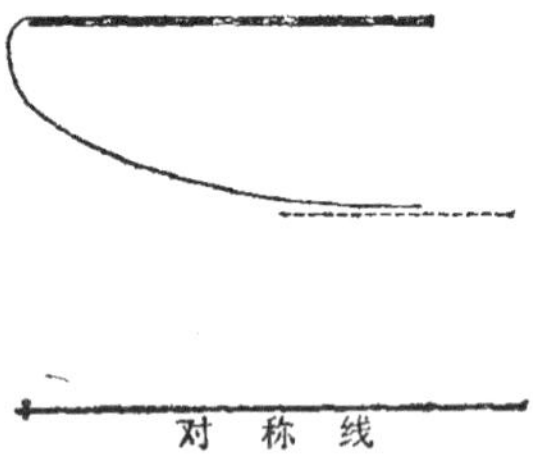

由此，当把原点取在 A' 处时，可用通常的方法而得出

$$x = \frac{2b}{\pi}\left(\sin^2\frac{1}{2}\theta - \log\sec\frac{1}{2}\theta\right),$$

$$y = \frac{b}{\pi}(\theta - \sin\theta). \tag{6}$$

给出从 0 到 π 的一系列 θ 值后，便很容易绘出这一曲线[1]．

因 y 的渐近值是 b，显然固定壁面之间的距离是 $4b$，因此收缩系数是 $\frac{1}{2}$，与 Borda 的理论相符．

75. 对于流体从一个巨大密器的平面壁上的长孔流出时的情况，其解法在解析上与上例极为相似． 主要的差别在于：在图上的 A，A' 点处，$\log\zeta$ 值现在必须分别取为 0 和 $-i\pi$，因而为确定(1)式中的常数 A，B，我们有

$$0 = i\pi A + B, \quad -i\pi = B,$$

这样

$$\log\zeta = \cosh^{-1}t - i\pi. \tag{7}$$

w 和 t 之间的关系和前例完全一样，即

1）为了完全与本节前一个图对应，该图应转过 180°．

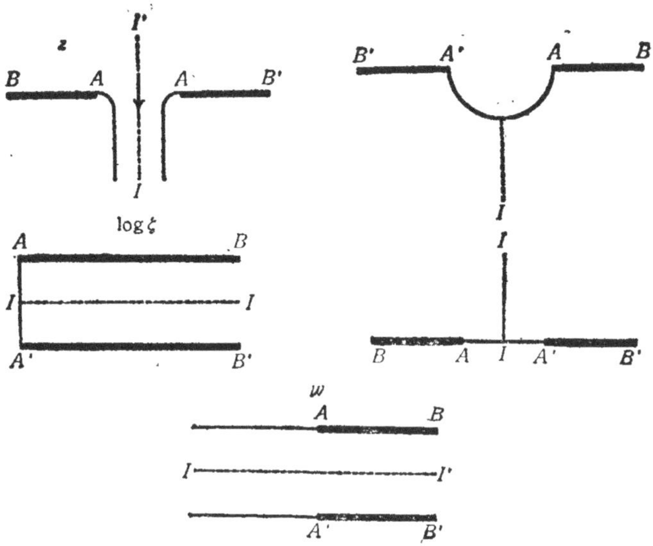

$$w = \frac{2b}{\pi} \log t - ib, \tag{8}$$

式中的 $2b$ 是两自由边界间液流的最终宽度.

对于流线 AI, t 是实数，其范围为自 -1 到 0. 又因 $i\theta = \cosh^{-1} t - i\pi$, 我们可以取 $t = \cos(\theta + \pi)$, 其中 θ 自 0 变到 $-\frac{1}{2}\pi$. 于是,从(8)式和 $\phi = -s$ 得到流线的内蕴方程为

$$s = \frac{2b}{\pi} \log(-\sec\theta). \tag{9}$$

如把 z 平面上的 A 点取作原点[1],则由上式可得

$$x = \frac{4b}{\pi} \sin^2 \frac{1}{2}\theta,$$

$$y = \frac{2b}{\pi} \left\{ \log \tan\left(\frac{1}{4}\pi + \frac{1}{2}\theta\right) - \sin\theta \right\}. \tag{10}$$

1) 此例由 Kirchhoff 给出(见前面脚注),并由 Rayleigh 作了更详尽的讨论,见"Notes on Hydrodynamics", *Phil. Mag. Dec.* 1876 [*Papers*, i. 297].

该曲线已示于附图(改变了一下布局).

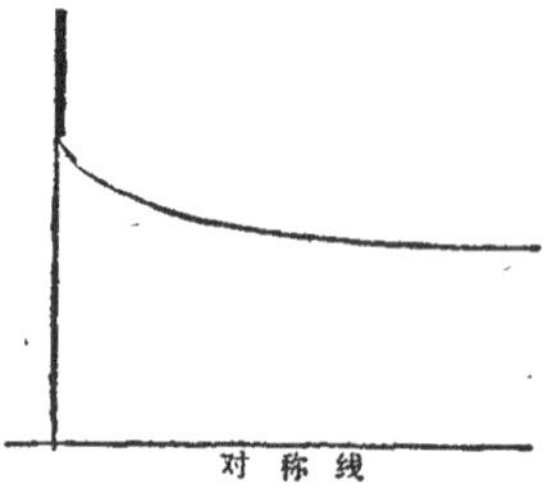

对应于 $\theta=\frac{1}{2}\pi$, x 的渐近值是 $2b/\pi$, 所以长孔的半宽度为 $(\pi+2)b/\pi$, 而收缩系数为

$$\pi/(\pi+2)=0.611.$$

76. 在下一个例子中, 假设一股无限宽的液流垂直地冲向一固定薄平板,从而流动被分成在内部以自由表面为界的两部分.

中心流线以直角碰到薄板以后就分成两个分枝, 并沿薄板到达边缘,然后形成自由边界. 令此流线为 $\psi=0$, 并设在分流点处 $\phi=0$. 在各个平面内的边界形状已示于附图中. 现在被运动流

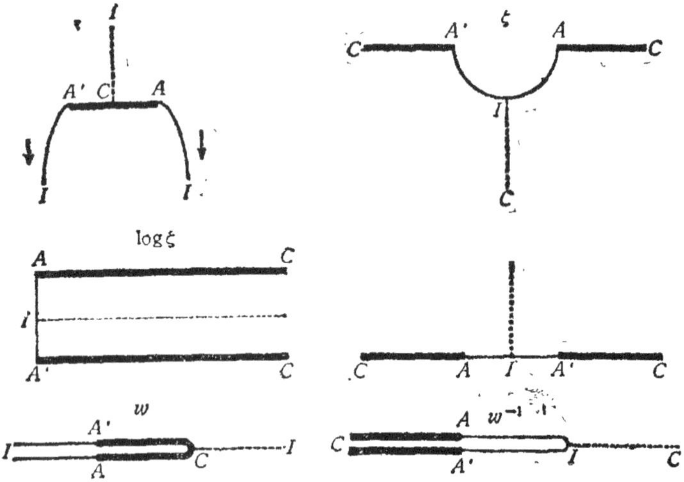

体所占据的区域对应着整个 w 平面, 但是必须将其视为在内部是以线 $\psi=0$, $\phi<0$ 的两侧为边界的.

用与第 75 节开始时同样的作法可得

$$\log\zeta=\cosh^{-1}t-i\pi, \tag{1}$$

或

$$t = -\cosh(\log\zeta) = -\frac{1}{2}\left(\zeta - \frac{1}{\zeta}\right). \tag{2}$$

为建立 w 平面与 t 平面间的对应关系，最好是先考虑 w^{-1} 平面内的边界．这时立即就可应用 Schwarz 和 Chrisotoffel 方法．令第 73 节 (4) 式中的 $\alpha = -\pi$, $\beta = \gamma = \cdots = 0$，我们得到

$$\frac{dw^{-1}}{dt} = At, \quad w^{-1} = \frac{1}{2}At^2 + B. \tag{3}$$

在 I 处有 $t = 0$, $w^{-1} = 0$，所以 $B = 0$，或取

$$w = -\frac{C}{t^2}. \tag{4}$$

为了把 C(不难看出它是实数)与薄板宽度 (l) 联系起来，我们注意到，沿着 CA 有 $\zeta = q^{-1}$，因此从 (2) 式得

$$t = -\frac{1}{2}\left(\frac{1}{q} + q\right), \quad q = -t - \sqrt{t^2 - 1}, \tag{5}$$

根式前的符号是由 $t = -\infty$ 时 $q = 0$ 而定出的． 又 $dx/d\phi = -1/q$．由此，在第一图内沿 CA 积分得

$$l = 2\int_{-\infty}^{-1} \frac{dx}{d\phi}\frac{d\phi}{dt}\,dt = -4C\int_{-\infty}^{-1} \frac{dt}{qt^3}$$

$$= -4C\int_{-\infty}^{-1} \{-t + \sqrt{t^2 - 1}\}\frac{dt}{t^3}, \tag{6}$$

故

$$C = \frac{l}{\pi + 4}. \tag{7}$$

沿自由边界 AI，有 $\log\zeta = i\theta$，故从 (2) 式和 (4) 式得

$$t = -\cos\theta, \quad \phi = -C\sec^2\theta. \tag{8}$$

所以曲线的内蕴方程是

$$s = \frac{l}{\pi + 4}\sec^2\theta, \tag{9}$$

其中 θ 的范围是自 0 到 $-\pi/2$，这就导致

$$\left.\begin{aligned} x &= \frac{2l}{\pi+4}\left(\sec\theta+\frac{\pi}{4}\right), \\ y &= \frac{l}{\pi+4}\left\{\sec\theta\tan\theta-\log\left(\frac{\pi}{4}+\frac{\theta}{2}\right)\right\}, \end{aligned}\right\} \tag{10}$$

原点取在该薄板的中心处。

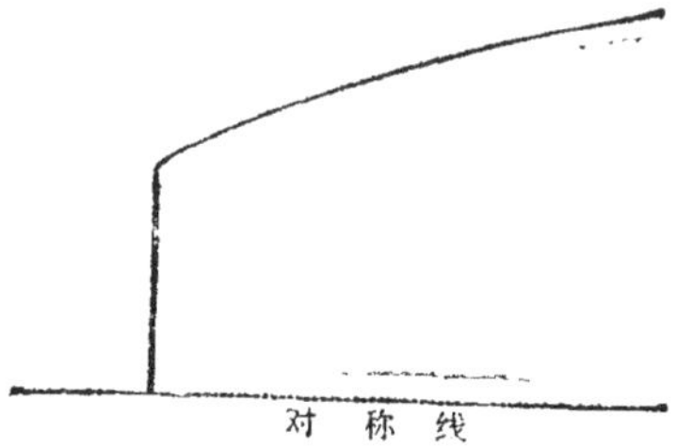

根据第 22 节 (5) 式，作用于薄板前侧面上的余压等于 $\frac{1}{2}\rho(1-q^2)$，因此作用于薄板上的合力是

$$\rho\int_{-\infty}^{-1}(1-q^2)\frac{dx}{dt}dt = -2\rho C\int_{-\infty}^{-1}\left(\frac{1}{q}-q\right)\frac{dt}{t^3}$$

$$= 4\rho C\int_{-\infty}^{-1}\sqrt{t^2-1}\,\frac{dt}{t^3} = \pi\rho C. \tag{11}$$

由 22 节 (5) 式和各种来流速度下的运动在几何上的明显相似，压差合力（设为 P_0）显然正比于来流速度的平方，因此对任意速度 q_0 可得[1)]

$$P_0 = \frac{\pi}{\pi+4}\rho q_0^2 l = 0.440\rho q_0^2\cdot l. \tag{12}$$

77. 如果来流相对于薄板是倾斜的，并设与板面构成 α 角，解题方法就要以图中所示的方式加以改变。

---

1) Kirchhoff, 第 73 节脚注中引文；Rayleigh, "On the Resistance of Fluids", *Phil. Mag. Dec.* 1876 [*Papers*, i. 287].

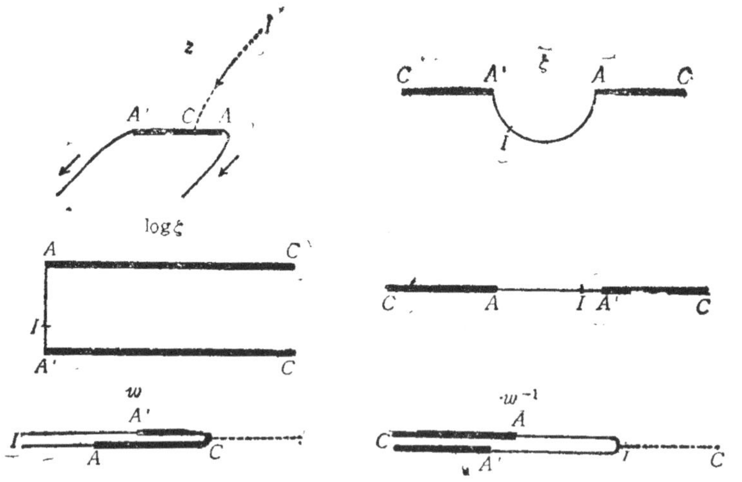

上节的方程(1)和(2)仍然可用，但现在 I 点处有 $\xi = e^{-i(\pi-\alpha)}$，故 $t = \cos\alpha$. 因此上节(4)式应改为

$$w = -\frac{C}{(t-\cos\alpha)^2}.^{1)} \tag{13}$$

因 $q^{-1} = |\xi|$，所以在薄板迎风面上各点处有

$$\frac{1}{q} = \pm t + \sqrt{t^2-1}, \quad q = \pm t - \sqrt{t^2-1}, \tag{14}$$

其中"+"号或"-"号的取法按 $t \gtrless 0$ 而定，即按照该点在第一张图上的位置是在 C 的左边还是右边而定．故

$$\frac{dx}{dt} = \pm\frac{1}{q}\frac{d\phi}{dt} = \frac{2C}{(t-\cos\alpha)^3}\{t \pm \sqrt{t^2-1}\}. \tag{15}$$

在 A' 与 C 之间，t 从 1 变到 ∞；在 C 与 A 之间，t 从 $-\infty$ 变到 -1．如令

$$t = \frac{1-\cos\alpha\cdot\cos\omega}{\cos\alpha-\cos\omega},$$

则相应的 ω 的变化范围分别是从 π 到 α 和从 α 到 0，我们可得

$$\frac{dt}{(t-\cos\alpha)^3} = \frac{\cos\alpha-\cos\omega}{\sin^4\alpha}\sin\omega d\omega, \quad \pm\sqrt{t^2-1} = \frac{\sin\alpha\cdot\sin\omega}{\cos\alpha-\cos\omega}.$$

因此

$$\frac{dx}{d\omega} = -\frac{2C}{\sin^4\alpha}(1-\cos\alpha\cdot\cos\omega+\sin\alpha\sin\omega)\sin\omega, \tag{16}$$

从而

1) 到此之前的解是由 Kirchhoff 给出的(见上面引文)，后续的讨论取自 Rayleigh 的文章(仅作了某些解析上的改变).

$$x = \frac{C}{\sin^4\alpha}\left\{2\cos\omega + \cos\alpha\sin^2\omega + \sin\alpha\cdot\sin\omega\cdot\cos\omega + \left(\frac{\pi}{2} - \omega\right)\sin\alpha\right\}, \tag{17}$$

其中原点的位置已经调整到使 $\omega = 0$ 和 $\omega = \pi$ 时的 x 具有大小相等而符号相反的值，也就是说将原点取在薄板的中心处了．因此，用 C 来表示的话，整个板宽为

$$l = \frac{4 + \pi\sin\alpha}{\sin^4\alpha}C. \tag{18}$$

从板面中心到分流点（$\omega = \alpha$）之距离为

$$x = \frac{2\cos\alpha(1 + \sin^2\alpha) + \left(\frac{\pi}{2} - \alpha\right)\sin\alpha}{4 + \pi\sin\alpha}l. \tag{19}$$

为求作用于薄板的压差合力，我们有

$$\frac{1}{2}\rho(1 - q^2)dx = \pm\frac{1}{2}\rho\left(\frac{1}{q} - q\right)\frac{d\phi}{dt}\cdot dt = \pm 2\rho C\sqrt{t^2 - 1}\frac{dt}{(t - \cos\alpha)^3}$$

$$= -\frac{2\rho C}{\sin^3\alpha}\sin^2\omega\cdot d\omega. \tag{20}$$

从 π 到 0 积分上式，得出 $\pi\rho C/\sin^3\alpha$．于是，用 l 和来流速度 q_0 来表示的话，可得

$$P_0 = \frac{\pi\sin\alpha}{4 + \pi\sin\alpha}\rho q_0^2\cdot l. \tag{21}$$

为求压力中心，我们对薄板中心取矩，为此，利用（17）式可得

$$\frac{1}{2}\rho\int(1 - q^2)x\,dx = -\frac{2\rho C}{\sin^3\alpha}\int_\pi^0 x\sin^2\omega d\omega$$

$$= \frac{\pi\rho C}{\sin^3\alpha}\times\frac{3}{4}\frac{C\cdot\cos\alpha}{\sin^4\alpha}, \tag{22}$$

右端前一个因子为压差合力，因而压力中心的横坐标 $\bar{x}$ 由后一个因子给出，或用板宽来表示为

$$\bar{x} = \frac{3}{4}\frac{\cos\alpha}{4 + \pi\sin\alpha}l. \tag{23}$$

下表引自 Rayleigh 的文章，其中第 I 栏是迎风面上的余压(以 $\alpha = 90°$ 时之值为一个单位)，而第 II，III 栏分别给出压力中心及分流点距薄板中心的距离(都表示与总宽度的比值)[1]

α	I	II	III
90°	1.000	0.000	0.000
70°	0.965	0.037	0.232
50°	0.854	0.075	0.402
30°	0.641	0.117	0.483
20°	0.481	0.139	0.496
10°	0.273	0.163	0.500

1) 为同实验结果比较，可看 Rayleigh，同上引文，和 *Nature*, xlv. (1891) [*Papers*, iii. 491].

78. Bobyleff[1]讨论了第 76 节中问题的一种有趣的变形．假定来流对称地冲向一个折弯的薄板，其截面由两根形成一个夹角的等长直线所组成．

如果 2α 是在下游一侧量得的夹角，借助于取

$$\zeta = A\zeta'^{n},$$

可将 ζ 平面中的边界变换得与第 76 节里的形状一样，其中 A 和 n 要使 $\zeta = e^{-i(\pi/2-\alpha)}$ 时，$\zeta' = 1$，而在 $\zeta = e^{-i(\pi/2+\alpha)}$ 时，$\zeta' = e^{-i\pi}$．这就给出

$$A = e^{-i(\pi/2-\alpha)}, \quad n = 2\alpha/\pi.$$

在薄板的右半边上，t 和以前一样为负值，又因 $q^{-1} = |\zeta|$，故

$$\frac{1}{q} = \{-t + \sqrt{t^2-1}\}^n, \quad q = \{-t - \sqrt{t^2-1}\}^n. \tag{24}$$

由此，

$$\int_{-\infty}^{-1} \frac{1}{q}\frac{d\phi}{dt}\,dt = 2C\int_{-\infty}^{-1}\{-t+\sqrt{t^2-1}\}^n\frac{dt}{t^3}$$

$$= -C - nC\int_{-\infty}^{-1}\{-t+\sqrt{t^2-1}\}^n\frac{dt}{t^2\sqrt{t^2-1}},$$

$$\int_{-\infty}^{-1} q\frac{d\phi}{dt}\,dt = 2C\int_{-\infty}^{-1}\{-t-\sqrt{t^2-1}\}^n\frac{dt}{t^3}$$

$$= -C + nC\int_{-\infty}^{-1}\{-t-\sqrt{t^2-1}\}^n\frac{dt}{t^2\sqrt{t^2-1}}.$$

利用下面的代换可将以上二式化为熟知的形式:

$$t = -\frac{1}{2}\left(\frac{1}{\sqrt{\omega}} + \sqrt{\omega}\right),$$

其中 ω 的范围是从 0 到 1．由此求得

$$\frac{1}{C}\int_{-\infty}^{-1}\frac{1}{q}\frac{d\phi}{dt}\,dt = -1 - 2n\int_0^1\frac{\omega^{-\frac{1}{2}n}}{(1+\omega)^2}\,d\omega$$

$$= -1 - n - n^2\int_0^1\frac{\omega^{-\frac{1}{2}n}}{1+\omega}\,d\omega, \tag{25}$$

$$\frac{1}{C}\int_{-\infty}^{-1} q\frac{d\phi}{dt}\,dt = -1 + 2n\int_0^1\frac{\omega^{\frac{1}{2}n}}{(1+\omega)^2}\,d\omega$$

$$= -1 - n + n^2\int_0^1\frac{\omega^{\frac{1}{2}n-1}}{1+\omega}\,d\omega. \tag{26}$$

---

1) *Journal of the Russian Physico-Chemical Society*, xiii (1881) [Wiedemann's *Beiblätter*, vi. 163]. 然而这个问题似乎以前被 M. Réthy 以类似的方式讨论过，见 *Klausenburger Berichte*, 1879. Bryan 和 Jones 把它作了推广，见 *Proc. Roy. Soc.* *xci*. 354 (1915).

在上面的演算中用到了公式

$$\int_0^1 \frac{\omega^{-k}}{(1+\omega)^2} d\omega = \frac{1}{2} + k \int_0^1 \frac{\omega^{-k}}{1+\omega} d\omega,$$

$$\int_0^1 \frac{\omega^{k}}{(1+\omega)^2} d\omega = -\frac{1}{2} + k \int_0^1 \frac{\omega^{k-1}}{1+\omega} d\omega,$$

其中 $1 > k > 0$.

因沿流线 $ds/d\phi = -1/q$，如果 b 表示薄板半宽度，从(25)式可得

$$b = C\left\{1 + \frac{2\alpha}{\pi} + \frac{4\alpha^2}{\pi^2}\int_0^1 \frac{\omega^{-\alpha/\pi}}{1+\omega} d\omega\right\}. \tag{27}$$

在上式中出现的定积分可由下式计算：

$$\int_0^1 \frac{\omega^{-k}}{1+\omega} d\omega = \frac{1}{(1-k)(2-k)} + \frac{1}{2}\psi\left(1-\frac{k}{2}\right) - \frac{1}{2}\psi\left(\frac{1}{2}-\frac{k}{2}\right), \tag{28}$$

其中函数 $\psi(m) = \frac{d}{dm}\log\Pi(m)$，是由 Gauss 引入的，并给出了计算表[1]。

用第 76 节的方法可得作用于薄板每一半边上的压差合力为

$$-\frac{1}{2}\rho\int_{-\infty}^{-1}\left(\frac{1}{q}-q\right)\frac{d\phi}{dt}\,dt = \frac{1}{2}n^2C\rho\int_0^{\infty}\frac{\omega^{-\frac{1}{2}n}}{1+\omega}d\omega = \frac{1}{2}n^2C\rho\,\frac{\pi}{\sin\frac{n\pi}{2}}$$

$$= \rho C\,\frac{2\alpha^2}{\pi\cdot\sin\alpha}. \tag{29}$$

而在流动方向上的合力就是

$$\frac{4\alpha^2}{\pi}\rho C. \tag{30}$$

因此，如来流速度为 q_0，则作用于整个薄板的压差合力为

$$P = \frac{4\alpha^2}{\pi L}\rho q_0^2 b, \tag{31}$$

其中 L 代表(27)式中的数值因子.

对于 $\alpha = \frac{1}{2}\pi$，有 $L = 2 + \frac{1}{2}\pi$，导至与第 76 节(12)式一样的结果.

在取自 Bobyleff 文章的下表(稍加了改变)中，第二栏给出弯折板上的压差合力与同样面积的平面板条所受压差合力之比 P/P_0. 大约在 $\alpha = 100°$ 时，这一比值最大，这时薄板凹向上，在上游一侧. 第三栏里列出的是 P 与薄板两边缘间的距离 $(2b\sin\alpha)$ 之比再比上 $\frac{1}{2}\rho q_0^2$. 在 α 接近于 180° 时，这个比值趋于 1，如我们所预期的那样. 因为夹在锐角中的流体这时接近于静止，于是余压实际上就等于 $\frac{1}{2}\rho q_0^2$. 最后一栏给出压差合力与按(12)式计算而得的一个宽度为 $2b\sin\alpha$ 的平面板条所受压差合力之比.

---

1) "Disqulsitions qenerales circa seriem infinitam…", *Werke*, Göttinqen, 1870…, iii. 161.

α	P/P_0	$P/\rho q_0^2 b\sin\alpha$	$P/P_0\sin\alpha$
10°	0.039	0.199	0.227
20°	0.140	0.359	0.409
30°	0.278	0.489	0.555
40°	0.433	0.593	0.674
45°	0.512	0.637	0.724
50°	0.589	0.677	0.769
60°	0.733	0.745	0.846
70°	0.854	0.800	0.909
80°	0.945	0.844	0.959
90°	1.000	0.879	1.000
100°	1.016	0.907	1.031
110°	0.995	0.931	1.059
120°	0.935	0.950	1.079
130°	0.840	0.964	1.096
135°	0.780	0.970	1.103
140°	0.713	0.975	1.109
150°	0.559	0.984	1.119
160°	0.385	0.990	1.126
170°	0.197	0.996	1.132

不 连 续 运 动

79. 我们已给出了几个具有自由表面的定常运动的较重要例子(也许用的是最系统方法来处理的)，应是足够了. Michell[1)], Love[2)] 和其它学者[3)]对这类问题曾作了大量补充. 现在来讲一下

1) "On the Theory of Free Stream-Lines", *Phil. Trans.* A clxxxi. (1890).

2) "On the Theory of Discontinuous Fluid Motions in Two Dimensions", *Proc. Camb. Phil. Soc.* vii. (1891).

3) 参看 Love, *Encycl. d. math. Wiss.*iv (3), 97…. Greenhill 把较重要的已知解作了一个极完整的叙述，并作了新的补充和发展，见 *Report on the Theory of a Stream-line past a Plane Barrier*, 由 Advisory Committee for Aeronautics 于1910年发表.

推广到弯曲的刚性边界的问题由 Levi-Civita 和 Cisotti 在几篇文章中用一般的方式作了讨论. 可参看 *Rend. d. Circolo Mat. di Palermo*, xxiii.

最初导至研究这类问题的物理方面的考虑.

在前面的某几页里曾有液体环绕一个凸出的锐利边缘而流动的几个例子,并在这些例子中都发现边缘处的速度为无穷大.实际上这是假设了运动具有无旋的特性所引起的必然结果，而不在于流体是否不可压缩，这一点是可以从等势面(与边界相交成直角)在边缘附近的位形而看出的.

可设想把尖缘稍加修圆以避免出现无穷大速度的现象,但是,即使如此，边缘近旁的速度还是远远超过在距边缘的距离远大于边缘曲率半径处所获得的速度.

为使流体的运动能符合上述情况，远处的压力必须远远超过边缘处的压力. 这一余压是流体的**惯性**所要求的. 因为除非压力分布具有一个由边缘向外增大得极快的梯度，否则流体就不能反抗离心力而绕一个曲率极大的曲线运动.

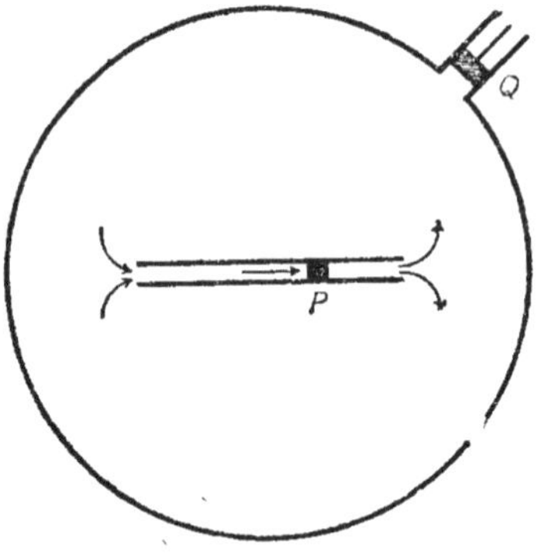

因此，除非在远处的压力非常大,不然的话,要维持上述运动，在急转弯处就需要一个负压力，而这是常规条件下的流体所不可能产生的.

为把这个问题用尽可能确定的形式来加以说明，我们设想以下情况. 假设有一个长度远大于直径的直管被固定在一个充满无摩擦液体的巨大封闭容器的中央，在管内距两端较远处有一个滑动活塞 P，活塞可在施加于其上的外力作用下而产生任意所需方式的运动. 假设管子的壁厚远小于其直径；两端的边缘

xxv. xxvi. xxviii. 和 *Rend. d. r. Accad. d. Lincei*, xx. xxi. 要计算出一些特殊情况下的结果是很困难的. 这问题后来由 Leathem (*Phil. Trans. A.* ccxx. 439 (1915)) 和 H. Levy (*Proc. Roy. Soc. A.* xcii. 107 (1917)) 作了处理. Cisotti 充分地处理了相互冲击的射流的理论,见 "Vene confluenti", *Ann. di mat.* (3) xxiii, 285 (1914).

则已被修圆而不出现尖角．进一步假设在容器壁上某点处有一个装有活塞Q的侧向管子，藉助于活塞Q可以任意调整容器内的压力．

开始时一切都处于静止状态，然后使活塞P产生一个缓慢增加的速度，而使任何时刻的运动都可近似地视为定常（为简单起见）．最初，如果给Q加上足够大的力，在流体中就产生出第 66 节 2° 中附图所表示的那种连续运动，事实上也只有一种运动形式与问题中的条件相容． 随着继续加速活塞P，即使在P的速度并不太大的情况下，Q上的压力就可以变得极大；而如果允许Q松动的话，则在管子的每一端都会形成一个环状空穴．

即使对于"理想"流体，要从理论出发搞清流体运动在这种场合下的进一步过程也是不容易的．在实际液体中，对问题要作粘性修正，粘性阻止着直接接触管子的流体作任何滑移，而且肯定还会对这里所遇到的如此快速变化的运动产生可观的影响．

根据观察，实际流体的运动常与第 66 节 1°，2° 以及第 71 节 3° 附图中所表示的很不相同．在我们刚刚描述过的情况中，从管口流出的流体并不立即向各个方向扩展，而总是要在某个距离上形成大体上密集的液流，其四周则为近乎静止的流体．比较熟悉的例子就是从烟囱喷出来的充满烟的气流． 在所有这些情况下，紧靠液流边界处的运动是很不规则的[1]．

构造出某些类型的二维无摩擦液体的定常运动、使之能与我们讨论过的那些情况中所观察到的现象较为接近的企图导至了 Helmholtz[1] 和 Kichhoff[2] 去研究自由流线理论．显然，如果愿意的话，我们可以设想自由边界以外的空间是被同样密度的静止液体所占据，因为压力沿自由流线保持不变的条件不会因此而受影响．这样，第 76 和 77 节中的讨论就给了我们一个关于液体流

1）某些实验说明，在达到 Helmholtz "极限速度"之前可以形成射流，而粘性在该过程中起着极重要的作用．见 "Sur la formation des veines d'efflux dans. Les Liquides", *Bull de L'Acad. de Cracovie*, 1904.

2）第 66 节 2° 和第 73 节脚注中引文．

过一块固定薄板而施加于薄板上的作用力的理论，或者说（与上面的说法是一回事）给了我们一个关于一块薄板以不变的速度在原来是静止的液体中运动时所受阻力的理论。

关于这一理论的实用性问题将在第 XI 章中讨论到有关问题时涉及到。

曲面上的薄层流动

80. 可以把第 59，60 节中所发展的理论很容易地推广到液体的曲面薄层（层厚远小于曲率半径）中的二维流动. Boltzmann[1]，Kirchhoff[2]，Töpler[3] 和其他学者曾从电传导的观点出发讨论过这一问题.

在确定薄层形状的曲面上，像第 59 节所作那样，取一个定点 A 和一个变点 P，并用 ψ 表示穿过在曲面上所画出的任一曲线 AP 的通量. 那么，ψ 就是 P 的位置的函数. 在任一方向上将 P 移动一个微小距离 δs，则穿过线元 δs 的通量为 $\partial\psi/\partial s\cdot\delta s$. 垂直于该线元的速度为 $\delta\psi/h\delta s$，其中 h 是薄层的厚度（现尚未假设薄层的厚度是均匀的）.

进一步，如果运动是无旋的，我们就还有速度势 ϕ，且等势线 $\phi=\text{const}$ 与流线 $\psi=\text{const}$ 正交.

在我们现在所要讨论的均匀厚度薄层的情况下，将 ψ/h 记为 ψ 较为方便，于是垂直于线元 δs 的速度可用 $\partial\psi/\partial s$ 或 $\partial\phi/\partial n$ 中随便哪一个来表示，其中 δn 是在垂直于 δs 的适宜方向上所画出的线元. 其余诸关系和平面问题中完全一样，特别是按等差级数给予 $\psi=\text{const}$ 和 $\phi=\text{const}$ 以一系列值、并对 ψ 和 ϕ 取相同的公差且公差为无穷小时所得到的两族曲线将把曲面分割成一个个微元方块. 这是因为，根据正交性质，所分割成的微元空间必是矩形的，并且，若 δs_1，δs_2 分别为构成其中一个微元矩形两边的流线元及等势线元，则有 $\partial\psi/\partial s_2=\partial\phi/\partial s_1$，而由于已令 $\delta\psi=\delta\phi$，故 $\delta s_1=\delta s_2$.

因此，均匀厚度曲面薄层内的任何无旋运动可用正形投影法化为相应的平面问题. 于是，对于圆球形曲面，我们可以在无限多种方法中选用球极平面投影法. 作为一个简单的例子，可以考虑一个圆球面，其上除两个圆形岛屿（大小和相对位置都是任

1) *Wiener Sitzungsberichte*, lii. 214 (1865) [*Wissenschaftliche Abhandlungen*, Leipzig, 1909, i. 1].

2) *Bel. Monatsber.* July 19. 1875 [*Ges. Abh.* i. 56].

3) *Pogg. Ann.* clx. 375 (1877).

意的)外，全部由均匀厚度的液体薄层所覆盖．显然，在流体占据的双连通空间中，可能发生的唯一的一种二维无旋运动是流体环绕两个岛屿作方向相反的循环运动，其循环常数大小相等．因为圆投影为圆，所以对应的平面问题就是在第 64 节 2° 中已解出的问题，也就是说流线是一组有实"极限点"(设为 A, B) 的共轴圆，而等势线是通过 A, B 两点并与流线正交的圆族．返回到球面，从熟知的球极平面投影定理可知，流线(包括两个岛屿的周线)是由通过 A, B 两点处的二切平面的交线的一系列平面在球面上所截出的圆，而等势线是通过这两点的诸平面在球面上所截出的圆[1]．

用任何正形投影作变换时，无论运动是否无旋，速度 $(\partial\phi/\partial n)$ 都与线元成反比而变换，因而，占据着对应面积的流体的动能相等(当然是指密度和厚度相同的情况)．同样地，任一回路中的环量 $\left(\int \frac{\partial\phi}{\partial n}\, ds\right)$ 投影后不变．

1) 这个例子是 Kirchhoff 在解释电学问题时给出的，他所考虑的问题是在一个均匀球形导电层内电流的分布，电极位置放在球面上任意两点 A, B 处．

第 V 章

液体的三维无旋运动

81. 在求解三维方程

$$\nabla^2\phi = 0 \tag{1}$$

所用到的几种方法中，最重要的方法是球谐函数法. 这一方法尤其适用于边界条件与圆球形(或接近于圆球形)的曲面有关时.

想详细了解球谐函数法就必须阅读某些专著[1]. 但由于内容很多,而且是从不同的观点作出的处理，所以，可能仍值得我们把对本课程而言最为重要的部分作一概述,然而不作出正式证明,或只对证明给出提示.

显然,由于算符 ∇^2 对 x, y, z 是齐次的,所以,满足(1)式的 ϕ 中所包含的任一代数幂次的齐次式也必能单独满足(1)式. (1)式的任何这类齐次解就称为一个该代数次的"球体谐函数". 而如 ϕ_n 为一 n 次球体谐函数,则若设

$$\phi_n = r^n S_n, \tag{2}$$

则 S_n 就仅为点 (x, y, z) 相对于原点的方向的函数，换言之，S_n 为点的矢径与以原点为心的单位球面之交点位置的函数，因而被

---

1) Todhunter, *Functions of Laplace, Lamé, and Bessel*, Cambridge, 1875. Ferrers *Spherical Harmonics*, Cambridge, 1877. Heine, *Handbuch der Kugelfunctionen*, 2nd ed., Berlin, 1878. Thomson and Tait, *Natural Philosophy*, 2nd ed., Cambridge, 1879 171—218. Byerly, *Fourier's Series and Spherical Cylindrical, and Ellipsoidal Harmonics*, Boston, U. S. A., 1893. Whittaker and Watson, *Modern Analysis*, 3rd. ed., Cambridge, 1920.
关于这一题材的历史,见 Todhunter, *History of the Theory of Attraction*, &c., Cambridge, 1873, ii. 以及 Wangerin, "Theorie d. Kugelfunktionen, U. S. W.," *Encycl. d. math. Wiss.* ii (1) (1904).

称为 n 阶"球面谐函数"[1]。

相应于任一 n 次球体谐函数 ϕ_n，就有另一个 $-n-1$ 次的球体谐函数，它由 ϕ_n 除以 r^{2n+1} 而得到，即 $\phi = r^{-2n-1}\phi_n$ 也是(1)式的解．因此，对应于任一球面谐函数 S_n，就有两个球体谐函数 $r^n S_n$ 和 $r^{-n-1}S_n$。

82. 最重要的是 n 为整数、且球面谐函数 S_n 被进一步限于在单位球面上有限时的情况．由 Thomson 和 Tait 以及 Maxwell[2] 在这种情况下所提出的理论中，(1)式的初级解为

$$\phi_{-1} = A/r. \tag{3}$$

它表示我们所见到过的（第 56 节）位于原点处的一个点源的速度势．因满足(1)式的 ϕ 在对 x,y,z 求导后仍能满足(1)式，故又可得另一解为

$$\phi_{-2} = A\left(l\frac{\partial}{\partial x} + m\frac{\partial}{\partial y} + n\frac{\partial}{\partial z}\right)\frac{1}{r}. \tag{4}$$

这是位于原点处且其轴线沿 (l,m,n) 方向的一个双源的速度势，可参看第 56 节(3)式．这样的求导过程可以一直继续下去，因而用这一方法所能得到的球谐函数的一般形式为

$$\phi_{-n-1} = A\frac{\partial^n}{\partial h_1 \partial h_2 \cdots \partial h_n}\frac{1}{r}, \tag{5}$$

其中

$$\frac{\partial}{\partial h_s} = l_s\frac{\partial}{\partial x} + m_s\frac{\partial}{\partial y} + n_s\frac{\partial}{\partial z},$$

l_s, m_s, n_s 则为任意方向余弦．

(5) 式可以看作是由围绕原点并具有某种位形的简单源的源系（其尺度远小于 r）所产生的速度势．为构造出这一源系，我们以下述事实作为前提：如已有任一给定源系，则借助于首先把它

---

1) 用笛卡儿坐标对球体谐函数作出对称处理是由 Clebsch 在一篇被忽视的论文 [Crelle,lxi. 195(1863)] 中提出的．它被 Thomson 和 Tait 独立地采用为他们所作阐述的基础．

2) *Electricity and Magnetism*. c. ix.

沿 (l_s, m_s, n_s) 方向移动一个距离 $\frac{1}{2}h_s$，然后再加上一个逆系（它位于由源系原来位置沿与上述相反的方向移动一个距离 $\frac{1}{2}h_s$），就可以得到一个较高阶的源系。因此，我们从位于原点的一个简单源开始，应用一次上述方法，就得到两个源 O_+ 和 O_-，它们与原点等距并位于相反方向。把同样方法应用于这一源系 O_+ 和 O_-，就得到四个源 O_{++}, O_{-+}, O_{+-} 和 O_{--}，它们位于一个平行四边形的四个顶点。再接下去，可得位于一个平行六面体顶点的八个源，并可依此类推下去。若 m' 为原来位于原点处的源的强度，令 $4\pi A = m'h_1h_2\cdots h_n$，那么，用这种方法所布置出来的 2^n 个源在距原点很远处所产生的速度势即由(5)式给出。当 $h_1, h_2, \cdots h_n$ 无限减小，但 m' 无限增大而使 A 仍为有限时，(5)式就对所有的 r 都成为精确的表达式。

对应于(5)式的球面谐函数为

$$S_n = Ar^{n+1}\frac{\partial^n}{\partial h_1\partial h_2\cdots\partial h_n}\frac{1}{r}, \tag{6}$$

补余球体谐函数为

$$\phi_n = r^n S_n = r^{2n+1}\phi_{-n-1}. \tag{7}$$

应用“反演”法[1]于上述位形的源系，可以证明，正 n 次的球体谐函数(7)可以看作是由 2^n 个在无穷远处的简单源的某种布置而产生的速度势。

由原点沿各 (l_s, m_s, n_s) 方向所画出的诸直线称为球体谐函数(5)或(7)的“轴线”，这些直线与单位球面的交点称为球面谐函数 S_n 的“极点”。(5)式中包含着 $2n+1$ 个任意常数，即 n 个极点的角坐标（每一个极点对应两个角坐标）和因子 A。可以证明，(5)式等价于阶数 n 为整数、并在单位球面上为有限的球面谐函数的最普遍形式[2]。

1) 由 Thomson 和 Tait 所阐明，见 *Natural Philosophy*, Art. 515.

2) Sylvester, *Phil. Mag.* (5), 291 (1876) [Mathematical Papers, Cambridge, 1904…, iii.37].

83. 在 Laplace 原来的研究中[1]，方程 $\nabla^2\phi = 0$ 首先是用球极坐标 r, θ, ω 来表示的，其中

$$x = r\cos\theta,\quad y = r\sin\theta\cos\omega,\quad z = r\sin\theta\sin\omega.$$

为得出球极坐标系中的形式，最简单的方法是把第 36 节(2)式的结论应用于一个体元 $r\delta\theta \cdot r\sin\theta\delta\omega \cdot \delta r$. 于是，穿过与 r 垂直的两个侧面上的通量之差为

$$\frac{\partial}{\partial r}\left(\frac{\partial\phi}{\partial r} \cdot r\delta\theta \cdot r\sin\theta\delta\omega\right)\delta r.$$

同样地，对垂直于子午线 ($\omega = \text{const.}$) 的两个侧面，有

$$\frac{\partial}{\partial\theta}\left(\frac{\partial\phi}{r\partial\theta} \cdot r\sin\theta\delta\omega \cdot \delta r\right)\delta\theta,$$

而对于垂直于纬线 ($\theta = \text{const.}$) 的两个侧面有

$$\frac{\partial}{\partial\omega}\left(\frac{\partial\phi}{r\sin\theta\partial\omega} \cdot r\delta\theta \cdot \delta r\right)\delta\omega.$$

于是，相加后就得到

$$\sin\theta\frac{\partial}{\partial r}\left(r^2\frac{\partial\phi}{\partial r}\right) + \frac{\partial}{\partial\theta}\left(\sin\theta\frac{\partial\phi}{\partial\theta}\right) + \frac{1}{\sin\theta}\frac{\partial^2\phi}{\partial\omega^2} = 0. \quad (1)$$

当然，可能有人曾应用通常的变换自变量的方法而从第 81 节(1)式得出过上式.

现如设 ϕ 为 n 次齐次函数，并令

$$\phi = r^n S_n,$$

则得

$$\frac{1}{\sin\theta}\frac{\partial}{\partial\theta}\left(\sin\theta\frac{\partial S_n}{\partial\theta}\right) + \frac{1}{\sin^2\theta}\frac{\partial^2 S_n}{\partial\omega^2} + n(n+1)S_n = 0, \quad (2)$$

这是球面谐函数的普遍微分方程. 由于把 n 写为 $-n-1$ 后，乘积 $n(n+1)$ 不变其值，故

$$\phi = r^{-n-1}S_n$$

---

1) "Théorie de l'attraction des spheroides et de la figure des planètes", *Mem. de l' Acad. roy. des Sciences*, 1782 [*Oeuvres Complètes*, Paris, 1878 …, x.341]; *Mécanique céleste*, Livre 2me, c. ii.

也是(1)式之解,如第81节中所述.

84. 在对称于 x 轴的情况下,$\partial^2 S_n/\partial\omega^2$ 项不出现. 若令 $\cos\theta=\mu$,可得

$$\frac{d}{d\mu}\left\{(1-\mu^2)\frac{dS_n}{d\mu}\right\}+n(n+1)S_n=0, \tag{1}$$

这是"带"谐函数[1]的微分方程. 这一方程中诸项在 μ 上只有两种不同量纲,故适于用级数求解,并由之可得

$$\begin{aligned}S_n=&A\left\{1-\frac{n(n+1)}{1\cdot 2}\mu^2+\frac{(n-2)n(n+1)(n+3)}{1\cdot 2\cdot 3\cdot 4}\mu^4-\cdots\right\}\\&+B\left\{\mu-\frac{(n-1)\ (n+2)}{1.2.3}\mu^3\right.\\&\left.+\frac{(n-3)(n-1)(n+2)(n+4)}{1\cdot 2\cdot 3\cdot 4\cdot 5}\mu^5-\cdots\right\}.\end{aligned} \tag{2}$$

上式右边的两个级数属于所谓"超几何"级数,即若按照 Gauss[2] 那样而写出

$$\begin{aligned}F(\alpha,\beta,\gamma,x)=&1+\frac{\alpha\cdot\beta}{1\cdot\gamma}x+\frac{\alpha(\alpha+1)\beta(\beta+1)}{1\cdot 2\cdot\gamma\cdot(\gamma+1)}x^2\\&+\frac{\alpha(\alpha+1)(\alpha+2)\beta(\beta+1)(\beta+2)}{1\cdot 2\cdot 3\cdot\gamma\cdot(\gamma+1)\cdot(\gamma+2)}x^3+\cdots,\end{aligned} \tag{3}$$

就有

$$\begin{aligned}S_n=&AF\left(-\frac{1}{2}n,\ \frac{1}{2}+\frac{1}{2}n,\ \frac{1}{2},\ \mu^2\right)\\&+B\mu F\left(\frac{1}{2}-\frac{1}{2}n,\ 1+\frac{1}{2}n,\ \frac{3}{2},\ \mu^2\right).\end{aligned} \tag{4}$$

当 x 在 0 和 1 之间时,级数(3)本质收敛. 当 $x=1$ 时,则在且仅在

$$\gamma-\alpha-\beta>0$$

---

1) Thomson 和 Tait 作出这一命名,这是由于诸节线 ($S_n=0$) 把单位球面分割为平行的条带.

2) 见前第 78 节第二个脚注中引文.

时收敛，这时，有

$$F(\alpha, \beta, \gamma, 1)=\frac{\prod(\gamma-1)\cdot\prod(\gamma-\alpha-\beta-1)}{\prod(\gamma-\alpha-1)\cdot\prod(\gamma-\beta-1)}, \tag{5}$$

式中 $\prod(m)$ 为 Gauss 的记号，相当于 Euler 的 $\Gamma(m+1)$.

如

$$\gamma-\alpha-\beta<0,$$

则级数(3)在 x 趋于1时的发散度由以下定理给出[1]:

$$F(\alpha,\beta,\gamma,x)=(1-x)^{\gamma-\alpha-\beta}F(\gamma-\alpha,\gamma-\beta,\gamma,x). \tag{6}$$

因上式右边的级数在 $x=1$ 时收敛，故可看出 $F(\alpha,\beta,\gamma,x)$ 会像 $(1-x)^{\gamma-\alpha-\beta}$ 那样发散；精确些讲，对于无限接近于1的 x 值，将最终有

$$F(\alpha,\beta,\gamma,x)=\frac{\prod(\gamma-1)\cdot\prod(\alpha+\beta-\gamma-1)}{\prod(\alpha-1)\cdot\prod(\beta-1)}(1-x)^{\gamma-\alpha-\beta}. \tag{7}$$

对于

$$\gamma-\alpha-\beta=0$$

的临界情况，可求助于公式

$$\frac{d}{dx}F(\alpha,\beta,\gamma,x)=\frac{\alpha\beta}{\gamma}F(\alpha+1,\beta+1,\gamma+1,x), \tag{8}$$

它和(6)式一起，在这一情况下给出

$$\begin{aligned}\frac{d}{dx}F(\alpha,\beta,\gamma,x)&=\frac{\alpha\beta}{\gamma}(1-x)^{-1}\cdot F(\gamma-\alpha,\gamma-\beta,\gamma+1,x)\\&=\frac{\alpha\beta}{\gamma}(1-x)^{-1}\cdot F(\alpha,\beta,\alpha+\beta+1,x).\end{aligned} \tag{9}$$

上式右边最后的那个因子在 $x=1$ 时收敛，所以 $F(\alpha,\beta,\gamma,x)$ 最终将像 $\log(1-x)$ 那样趋于无穷. 精确些讲，对于接近于极限1的 x 值，有

$$F(\alpha,\beta,\alpha+\beta,x)=\frac{\prod(\alpha+\beta-1)}{\prod(\alpha-1)\cdot\prod(\beta-1)}\log\frac{1}{1-x}. \tag{10}$$

85. 在第84节所提到的带谐函数一般表达式(2)中的两个级数里，当 n 为偶数时，前一个为有限项，当 n 为奇数时，后一个为有限项. 对于其它的 n 值，当 μ 在 ±1 之间时，二者均本质收敛. 但因二者都属于 $\gamma-\alpha-\beta=0$ 的情形，故在 $\mu=\pm1$ 的极限时发散，并将像 $\log(1-\mu^2)$ 那样成为无穷大.

随之而知，只有对应于整数值 n 的有限项级数才是在单位球面上有限的带谐函数. 如果把级数中各项的次序颠倒过来写，可以发现，n 为偶数和 n 为奇数的两种情况都被包括在下式之

---

1) Forsyth, *Differential Equations*, 3rd. ed. London, 1903, c. vi.

中[1]:

$$P(\mu)=\frac{1\cdot3\cdot5\cdots(2n-1)}{1\cdot2\cdot3\cdots n}\left\{\mu^n-\frac{n(n-1)}{2(2n-1)}\mu^{n-2}\right.$$

$$\left.+\frac{n(n-1)(n-2)(n-3)}{2\cdot4\cdot(2n-1)(2n-3)}\mu^{n-4}-\cdots\right\},\qquad(1)$$

在这里,已把原来的常数因子取为使 $\mu=1$ 时的 $P_n(\mu)=1$ 了[2]. 上式也可写为

$$P_n(\mu)=\frac{1}{2^n\cdot n!}\frac{d^n}{d\mu^n}(\mu^2-1)^n.\qquad(2)$$

级数(1)也可由把第 82 节(6)式展开而得到,因为对于带谐函数该式的形式为

$$S_n=Ar^{n+1}\frac{\partial^n}{\partial x^n}\frac{1}{r}.\qquad(3)$$

(2)式的几个特殊情况为

$$P_0(\mu)=1,\ P_1(\mu)=\mu,\ P_2(\mu)=\frac{1}{2}(3\mu^2-1),$$

$$P_3(\mu)=\frac{1}{2}(5\mu^3-3\mu).$$

有些作者用 θ 的其它函数来代替 μ 作为自变量而得到 P_n 的展开式. 例如有

$$P_n(\cos\theta)=1-\frac{n(n+1)}{1^2}\sin^4\frac{1}{2}\theta$$

---

1) 当 n 为偶数时,它对应于 $A=(-)^{\frac{1}{2}n}\frac{1\cdot3\cdot5\cdots(n-1)}{2\cdot4\cdots n}$, $B=0$; 而当 n 为奇数时,则对应于 $A=0,B=(-)^{\frac{1}{2}(n-1)}\frac{3\cdot5\cdots n}{2\cdot4\cdots(n-1)}$. 见 Heine. i, 12, 147.

2) Glaisher 给出了 $P_1,P_2,\cdots P_7$ 值的计算表,μ 之间隔为 0.01,见 *Brit. Ass. Report*. 1879,并由 Dale 转载于 *Five-Figure Tables*…, London, 1903. 在 Perry 教授指导下,对 90° 以内的每一度计算了这几个函数之值,发表于 *Phil. Mag*. Dec. 1891. 这两个计算表在 Byerly 的著作中和 Jahnke and Emde, *Functionentafeln*, Leipzig, 1909 中作了转载. A. Lodge 教授曾计算了前二十个带谐函数之值,间隔为 5°,见 *Phil. Trans*. A. cciii. 1904.

$$+\frac{(n-1)n(n+1)(n+2)}{1^2\cdot 2^2}\sin^4\frac{1}{2}\theta-\cdots. \qquad (4)$$

它可由(2)式推算出来[1]，或独立地在第 84 节(1)式中令 $\mu=1-2z$ 并由级数求积而得到.

函数 $P_n(\mu)$ 首先是由 Legendre 作为

$$(1-2\mu h+h^2)^{-\frac{1}{2}}$$

的展开式中 h^n 项的系数而引入数学解析的[2]. 它和我们目前的观点之间的联系在于：如 ϕ 为一个位于 x 轴上且距原点为 c 的单位源的速度势，则根据 Legendre 对 P_n 的定义，对于小于 c 的 r 值，有

$$\begin{aligned}4\pi\phi&=(c^2-2\mu cr+r^2)^{-\frac{1}{2}}\\&=\frac{1}{c}+P_1\frac{r}{c^2}+P_2\frac{r^2}{c^3}+\cdots.\end{aligned} \qquad (5)$$

这一展开式中的每一项都必须分别满足 $\nabla^2\phi=0$，因此，各系数 P_n 必是第 84 节(1)式的一个解. 由于这样规定的 P_n 显然对所有 μ 值是有限的，并在 $\mu=1$ 时为 1，它一定和(1)式相同.

对于大于 c 的 r 值，对应的展开式为

$$4\pi\phi=\frac{1}{r}+P_1\frac{c}{r^2}+P_2\frac{c^2}{r^3}+\cdots. \qquad (6)$$

我们因而能为具有单位强度的双源的速度势得出一个在后面第 98 节中有用的表达式. 这一双源位于 x 轴上，距原点为 c，轴线的方向则是从原点向外发出的. 这一速度势显然应等于 $\partial\phi/\partial c$，其中 ϕ 具有上述两种形式之一. 故所求速度势在 $r<c$ 处为

$$-\frac{1}{4\pi}\left(\frac{1}{c^2}+2P_1\frac{r}{c^3}+3P_2\frac{r^2}{c^4}-\cdots\right), \qquad (7)$$

在 $r>c$ 处为

$$\frac{1}{4\pi}\left(P_1\frac{1}{r^2}+2P_2\frac{c}{r^3}+\cdots\right). \qquad (8)$$

第 84 节(1)式在 n 为整数时的另一个解可用较简洁的形式[3]表示为

---

1) Murphy, *Elementary Principles of the Theories of Electricity*, &c., Cambridge, 1833, p. 7[Thomson and Tait, Art, 782.]

2) "Sur l'attraction des spheroides homogénes", *Mem. des Savans Étrangers*, x. (1785).

3) 它等价于当 n 为偶数时在第 84 节(4)式中取

$$A=0,\ B=(-)^{\frac{1}{2}n}\frac{2\cdot 4\cdots n}{1\cdot 4\cdots(n-1)},$$

而当 n 为奇数时取 $A=(-)^{\frac{1}{2}(n+1)}\dfrac{2\cdot 4\cdots(n+1)}{3\cdot 5\cdots n}$，$B=0$. 见 Heine, i.141，147.

$$Q_n(\mu) = \frac{1}{2} P_n(\mu) \log \frac{1+\mu}{1-\mu} - Z_n, \tag{9}$$

式中

$$Z_n = \frac{2n-1}{1 \cdot n} P_{n-1} + \frac{2n-5}{3(n-1)} P_{n-3} + \cdots. \tag{10}$$

函数 $Q_n(\mu)$ 常称为第二类带谐函数.

于是

$$Q_0(\mu) = \frac{1}{2} \log \frac{1+\mu}{1-\mu},$$

$$Q_1(\mu) = \frac{1}{2} \log \frac{1+\mu}{1-\mu} - 1,$$

$$Q_2(\mu) = \frac{1}{4}(3\mu^2 - 1) \log \frac{1+\mu}{1-\mu} - \frac{3}{2}\mu,$$

$$Q_3(\mu) = \frac{1}{4}(5\mu^2 - 3\mu) \log \frac{1+\mu}{1-\mu} - \frac{5}{2}\mu^2 + \frac{2}{3}.$$

86. 当我们取消对称于 x 轴的限制时，则若 S_n 为 ω 的单值有限函数，可设将 S_n 展为各项分别正比于 $\cos s\omega$ 和 $\sin s\omega$ 的级数. 如这一展开式适用于整个球面(即由 $\omega = 0$ 到 $\omega = 2\pi$)，就可进一步(根据 Fourier 定理)认为 s 为整数. 其中每一项均应满足微分方程

$$\frac{d}{d\mu}\left\{(1-\mu^2)\frac{dS_n}{d\mu}\right\} + \left\{n(n+1) - \frac{s^2}{1-\mu^2}\right\} S_n = 0. \tag{1}$$

如令

$$S_n = (1-\mu^2)^{\frac{1}{2}s} v,$$

则由(1)式得

$$(1-\mu^2)\frac{d^2v}{d\mu^2} - 2(s+1)\mu\frac{dv}{d\mu} + (n-s)(n+s+1)v = 0,$$

它适于用级数求积. 于是得到

$$S_n = A(1-\mu^2)^{\frac{1}{2}s}\left\{1 - \frac{(n-s)(n+s+1)}{1\cdot 2}\mu^2\right.$$

$$\left. + \frac{(n-s-2)(n-s)(n+s+1)(n+s+3)}{1\cdot 2\cdot 3\cdot 4}\mu^4 - \cdots\right\}$$

$$+ B(1-\mu^2)^{\frac{1}{2}s}\left\{\mu - \frac{(n-s-1)(n+s+2)}{1\cdot 2\cdot 3}\mu^3\right.$$

$$+ \frac{(n-s-3)(n-s-1)(n+s+2)(n+s+4)}{1\cdot 2\cdot 3\cdot 4\cdot 5}$$

$$\left.\times \mu^5 - \cdots\right\}, \tag{2}$$

其中因子 $\cos s\omega$ 和 $\sin s\omega$ 则未予写出. 如用超几何级数的记号，上式可写为

$$S_n = (1-\mu^2)^{\frac{1}{2}s}\left\{AF\left(\frac{1}{2}s - \frac{1}{2}n, \frac{1}{2} + \frac{1}{2}s + \frac{1}{2}n, \frac{1}{2}, \mu^2\right)\right.$$

$$\left. + B\mu F\left(\frac{1}{2} + \frac{1}{2}s - \frac{1}{2}n, 1 + \frac{1}{2}s + \frac{1}{2}n, \frac{3}{2}, \mu^2\right)\right\}. \tag{3}$$

上面的表达式在 $\mu^2 < 1$ 时收敛,但由于右边的两个级数都有

$$\gamma - \alpha - \beta = -s,$$

因而除非级数为有限项，否则在极限 $\mu = \pm 1$ 时将像 $(1-\mu^2)^{-s}$ 那样变为无穷大[1]. 前一个级数在 $n-s$ 是偶数时为有限项,后一个级数在 $n-s$ 是奇数时为有限项. 把级数中各项次序颠倒过来写,我们可以用下面的公式[2]来表示这两个有限解:

$$P_n^s(\mu) = \frac{(2n)!}{2^n(n-s)!\,n!}(1-\mu^2)^{\frac{1}{2}s}\left\{\mu^{n-s}\right.$$

$$- \frac{(n-s)(n-s-1)}{2\cdot(2n-1)}\mu^{n-s-2}$$

---

1) Rayleigh, *Theory of Sound*, London, 1877. Art. 338.

2) 这类被称为"连带函数"的记号很多. 本书用的是 F. Neumann 所推荐、并由 Whittaker 和 Watson 所采用的记号.

$$+\frac{(n-s)(n-s-1)(n-s-2)(n-s-3)}{2\cdot 4\cdot(2n-1)\cdot(2n-3)}$$

$$\cdot\ \mu^{n-s-4}-\cdots\Big\}. \tag{4}$$

和第 85 节(1)式相比较后可知

$$P_n^s(\mu)=(1-\mu^2)^{\frac{1}{2}s}\frac{d^s P_n(\mu)}{d\mu^s}. \tag{5}$$

关于它是(1)式的一个解这一点，当然可以独立地作出证明.

如用 $\sin\frac{1}{2}\theta$ 来表示，可有

$$P_n^s(\cos\theta)=\frac{(n-s)!}{2^s(n-s)!s!}\sin^s\theta$$

$$\times\Big\{1-\frac{(n-s)(n+s+1)}{1\cdot(s+1)}\sin^2\frac{\theta}{2}$$

$$+\frac{(n-s-1)(n-s)(n+s-1)(n+s+2)}{1\cdot 2\cdot(s+1)\cdot(s+2)}$$

$$\times\sin^4\frac{1}{2}\theta-\cdots\Big\}. \tag{6}$$

它与第 85 节(4)式相对应，并且不难由该式求得.

把所讨论过的结论归纳一下可知，一个在单位球面上有限的球面谐函数一定是整数阶的，而如 n 为其阶数，则可进一步表示为

$$S_n=A_0P_n(\mu)+\sum_{s=1}^{s=n}(A_s\cos s\omega+B_s\sin s\omega)P_n^s(\mu), \tag{7}$$

其中包括 $2n+1$ 个任意常数. 除了最后两项外，含有 ω 的诸项称为“田”谐函数；最后两项

$$(1-\mu^2)^{\frac{1}{2}n}(A_n\cos n\omega+B_n\sin n\omega)$$

则称为“扇”谐函数[1]. 这些名称来自于诸节线 $S_n=0$ 把单位球面分割后所得各部分的形状.

---

1) 前缀“球面”二字已暗指了，常为简洁而把它略去.

s 秩田谐函数的公式也可另外从第 82 节中普遍表达式 (6)、令球面谐函数的 n 个极点中 $n-s$ 个极点与球面上 $\theta=0$ 的点重合而其余 s 个极点均匀分布在赤道圆 $\theta=\frac{1}{2}\pi$ 上而得到.

在 n 为整数的情况下,(1)式的另一个解可写成以下形式:

$$S_n=(A_s\cos s\omega+B_s\sin s\omega)Q_n^s(\mu), \tag{8}$$

其中[1]

$$Q_n^s(\mu)=(1-\mu^2)^{\frac{1}{2}s}\frac{d^sQ(\mu)}{d\mu^s}, \tag{9}$$

有时称之为"第二类"田谐函数.

87. 两个球面谐函数 S 和 S' 如能使

$$\iint SS'd\tilde{\omega}=0, \tag{1}$$

则称为"共轭"或"正交". (1)式中 $\delta\tilde{\omega}$ 为单位球面上的一个微元,积分则沿整个球面进行.

可以证明,任意两个在单位球面上为有限的不同阶的球面谐函数是正交的,而且,$2n+1$ 个任意给定阶数 n 的带谐、田谐和扇谐函数(其形式由第 85 和 86 节所规定)都是互为正交的. 以后将会表明,在本学科的物理应用上,这种正交性是极为重要的.

由于 $\delta\tilde{\omega}=\sin\theta\delta\theta\delta\omega=-\delta\mu\delta\omega$, 因而,作为上述定理的特殊情况,就有

$$\int_{-1}^{1}P_m(\mu)d\mu=0, \tag{2}$$

且当 m 与 n 不相等时,有

$$\int_{-1}^{1}P_m(\mu)P_n(\mu)d\mu=0 \tag{3}$$

和

$$\int_{-1}^{1}P_m^s(\mu)P_n^s(\mu)d\mu=0. \tag{4}$$

若 $m=n$,可以证明[2]

1) Bryan 给出了函数 $Q_n(\mu)$ 和 $Q_n^s(\mu)$ 在不同 n 和 s 值下的一个计算表,见 *Proc. Camb. Phil. Soc.* vi. 297.

2) Ferres, p. 86; Whittaker and Watson, pp. 306,325.

$$\int_{-1}^{1}\{P_n(\mu)\}^2 d\mu=\frac{2}{2n+1}, \tag{5}$$

$$\int_{-1}^{1}\{P_n^s(\mu)\}^2 d\mu=\frac{(n+s)!}{(n-s)!}\frac{2}{2n+1}. \tag{6}$$

88. 我们还可引用下述定理：把第 86 节 (7) 式中的 n 取为从 0 到∞的所有整数，可把单位球面上点的位置的任意一个函数 $f(\mu,\omega)$ 展为球面谐函数之级数．(5)式和(6)式在确定这一展开式中的系数时是有用的．

于是，在对称于 x 轴的情况下，这一定理的形式为

$$f(\mu)=C_0+C_1P_1(\mu)+C_2P_2(\mu)+\cdots+C_nP_n(\mu)+\cdots. \tag{7}$$

如把上式两边都乘以 $P_n(\mu)d\mu$，并以 ±1 为上下限积分，可得

$$C_0=\frac{1}{2}\int_{-1}^{1}f(\mu)d\mu, \tag{8}$$

并有普遍式

$$C_n=\frac{2n+1}{2}\int_{-1}^{1}f(\mu)P_n(\mu)d\mu. \tag{9}$$

关于这一定理的解析证明必须查阅专著[1]，至于假定能这样展开或能作其它类似展开的物理根据，则将在某些问题中看到．

89. 还可用通常处理常系数线性微分方程的方法来求得 $\nabla^2\phi=0$ 的解[2]，并从而可知 $\nabla^2\phi=0$ 能由

$$\phi=e^{\alpha x+\beta y+\gamma z}$$

所满足，或写得更为一般些，能由

$$\phi=f(\alpha x+\beta y+\gamma z) \tag{1}$$

所满足，只要

$$\alpha^2+\beta^2+\gamma^2=0. \tag{2}$$

例如，可令

$$\alpha,\beta,\gamma=1,\ i\cos\vartheta,\ i\sin\vartheta, \tag{3}$$

1) 关于这一问题的近期研究报道，见第 81 节第一个脚注中所引 Wangerin 的文章．

2) Forsyth, *Differential Equations* p. 444,

或

$$\alpha, \beta, \gamma = 1, \ i \cos hu, \ i \sin hu. \tag{4}$$

可以证明[1]，最一般的可能解可由(1)式类型的解相叠加而得到。

应用(3)式，并引用柱坐标 $x, \tilde{\omega}, \omega$，其中

$$y = \tilde{\omega} \cos \omega, \quad z = \tilde{\omega} \sin \omega, \tag{5}$$

则若取

$$\phi = \frac{1}{2\pi} \int_0^{2\pi} f\{x + i\tilde{\omega} \cos(\vartheta - \omega)\} d\vartheta,$$

我们就建立了一个对称于 x 轴的解。 因积分是沿整个圆周进行的，故 ϑ 的起点位置并非实质问题，因而上式可写为[2]

$$\phi = \frac{1}{2\pi} \int_0^{2\pi} f(x + i\tilde{\omega} \cos \vartheta) d\vartheta$$

$$= \frac{1}{\pi} \int_0^{\pi} f(x + i\tilde{\omega} \cos \vartheta) d\vartheta. \tag{6}$$

上式之所以值得注意，是因为它是用 ϕ 在 x 轴上各点处之值 $f(x)$ 来给出对称于 x 轴的 ϕ。借助于第 38 节的理论，可以证明，在这种轴对称的情况中，ϕ 的形式完全取决于它在对称轴上任意有限长度中之值[3]。

作为(6)式的特殊情况，有以下函数：

$$\frac{1}{\pi} \int_0^{\pi} (x + i\tilde{\omega} \cos \vartheta)^n d\vartheta,$$

$$\frac{1}{\pi} \int_0^{\pi} (x + i\tilde{\omega} \cos \vartheta)^{-n-1} d\vartheta,$$

其中 n 为整数。由于它们是在单位球面上有限的球体谐函数，而且在 $\tilde{\omega} = 0$ 时分别化为 r^n 和 r^{-n-1}，所以它们必分别等价于 $P_n(\mu) r^n$ 和 $P_n(\mu) r^{-n-1}$。于是得到

$$P_n(\mu) = \frac{1}{\pi} \int_0^{\pi} \{\mu + i\sqrt{1 - \mu^2} \cos \vartheta\}^n d\vartheta, \tag{7}$$

————————

1) Whittaker, *Month. Not. R. Ast. Soc. lxii.* (1902).

2) Whittaker and Watson, *Modern Analysis*, c. xviii.

3) Thomson and Tait. Art. 498.

$$P_n(\mu) = \frac{1}{\pi}\int_0^\pi \frac{d\vartheta}{\{\mu + i\sqrt{1-\mu^2}\cos\vartheta\}^{n+1}}. \tag{8}$$

它们原来是分别由 Laplace[1] 和 Jacobi[2] 所得到的.

90. 作为上述理论的第一个应用，我们假定有任意分布的脉冲压力冲量作用于一团原来处于静止状态并具有球形的流体的表面上. 它相当于在流体表面上任意规定了一个 ϕ 的分布，根据第 40 节，流体内部的 ϕ 值也就确定了. 为求其值，可假定把 ϕ 在表面上之值按第 88 节所提到的定理而展为整数阶的球面谐函数的级数，即假定在表面上有

$$\phi = S_0 + S_1 + S_2 + \cdots + S_n + \cdots, \tag{1}$$

于是，所求之解即为

$$\phi = S_0 + \frac{r}{a}S_1 + \frac{r^2}{a^2}S_2 + \cdots + \frac{r^n}{a^n}S_n + \cdots. \tag{2}$$

这是因为它能满足 $\nabla^2\phi = 0$，并在 $r = a$ 处(a 为球半径)与(1)式相符.

如果上述表面 ϕ 值分布在原来处于静止状态的无限流体中的一个内部球形空穴表面上，则对应的解显然为

$$\phi = \frac{a}{r}S_0 + \frac{a^2}{r^2}S_1 + \frac{a^3}{r^3}S_2 + \cdots + \frac{a^{n+1}}{r^{n+1}}S_n + \cdots. \tag{3}$$

合并以上二式，就得到无限流体由于其内部有一个无限薄的球形真空层，里面作用着任意分布的脉冲压力而出现间断时的情形. 表示 ϕ 值的(2)式和(3)式在这一真空层上是连续的，但法向速度则是不连续的，即，对于球面内部的流体有

$$\frac{\partial\phi}{\partial r} = \sum n\frac{S_n}{a},$$

而对于其外部流体，则

$$\frac{\partial\phi}{\partial r} = -\sum(n+1)\frac{S_n}{a}.$$

---

1) *Méc. Cél.* Livre 11me, c. ii.

2) *Crelle*, xxvi. (1843) [*Gesammelte Werke*, Berlin, 1881…, vi. 148].

因而，不论是球内还是球外，流体的运动都是由简单源以面密度

$$\sum(2n+1)\frac{S_n}{a} \qquad (4)$$

沿球面分布而产生的(参看第58节)。

91. 现在假定在球面上被规定的不是脉冲压力而是法向速度，于是在球面上有

$$\frac{\partial\phi}{\partial r}=S_1+S_2+\cdots+S_n+\cdots. \qquad (1)$$

零阶项在上式中不能出现，这是由于被包含在球面内部的流体体积不变，因而必须有

$$\iint\frac{\partial\phi}{\partial r}\,d\tilde{\omega}=0 \qquad (2)$$

之故。

对于内部空间，函数 ϕ 具有以下形式：

$$\phi=A_1rS_1+A_2r^2S_2+\cdots+A_nr^nS_n+\cdots. \qquad (3)$$

这是因为上式有限和连续，并满足 $\nabla^2\phi=0$，且诸常数可由 $\partial\phi/\partial r$ 在球面上之值和规定值(1)式相符而予以确定。于是应有 $nA_na^{n-1}=1$，且所求之解为

$$\phi=a\sum\frac{1}{n}\frac{r^n}{a^n}S_n. \qquad (4)$$

外部空间的对应解可用类似方法而求得为

$$\phi=-a\sum\frac{1}{n+1}\frac{a^{n+1}}{r^{n+1}}S_n. \qquad (5)$$

把上面两个解合在一起，就给出了由一个球形薄膜把无限流体分为两部分，并在薄膜上每一点给定了服从(2)式的法向速度时的流体运动。

当我们穿过薄膜时，ϕ 由 $a\sum S_n/n$ 变为 $-a\sum S_n/(n+1)$，所以切向速度是不连续的。无论是球内还是球外，流体的运动都是由双源以面密度

$$-a\sum\frac{2n+1}{n(n+1)}S_n \tag{6}$$

沿球面分布而产生的(参看第 58 节)。

内部流体的动能可由第 44 节(4)式而求得为

$$2T=\rho\iint\phi\frac{\partial\phi}{\partial r}dS=\rho a^3\sum\frac{1}{n}\iint S_n^2 d\tilde{\omega}; \tag{7}$$

含有不同阶的球面谐函数的乘积的那些积分则因第 87 节中所述正交性而在上式中不出现。

对于外部流体，有

$$2T=-\rho\iint\phi\frac{\partial\phi}{\partial r}dS=\rho a^3\sum\frac{1}{n+1}\iint S_n^2 d\tilde{\omega}. \tag{8}$$

91a. 零阶球面谐函数在讨论下述两个数学上有联系的问题时就会立刻被用到。这两个问题是：水中的一个球形空泡的消失问题和水中的一个气穴由于其内部的气体压力而膨胀（如深水水雷爆炸时之情况)的问题。

在前一个问题中[1)]，如 R_0 为空泡原有半径，R 为时刻 t 时之半径，则有

$$\phi=\frac{R^2\dot{R}}{r}, \tag{1}$$

它能在 $r=R$ 处使 $-\partial\phi/\partial r=\dot{R}$. 于是，令第22节(5)式中 $\Omega=0$，有

$$\frac{p-p_0}{\rho}=\frac{R^2\ddot{R}+2R\dot{R}^2}{r}-\frac{R^4\dot{R}^2}{2r^4}, \tag{2}$$

式中 p_0 为 $r=\infty$ 处之压力. 令 $r=R$，并略去空泡的内部压力，得

$$R\ddot{R}+\frac{3}{2}\dot{R}=-\frac{p_0}{\rho}, \tag{3}$$

其积分为

$$R^3\dot{R}^2=\frac{2}{3}\frac{p_0}{\rho}(R_0^3-R^3). \tag{4}$$

上式已不易进一步积分，但空泡消失过程的总时间 t_1 却可以求出. 为此，令 $R=R_0x^{1/3}$，得

$$t_1=R_0\sqrt{\frac{\rho}{6p_0}}\int_0^1 x^{-1/6}(1-x)^{-1/2}dx$$

---

1) Besant, *Hydrostatics and Hydrodynamics*, Cambridge, 1859; Rayleigh, *Phil. Mag.*, xxxiv. 94(1917) [*Papers*, vi. 504].

$$= R_0\sqrt{\frac{\rho}{6p_0}}\ \frac{\Gamma\left(\frac{5}{6}\right)\Gamma\left(\frac{1}{2}\right)}{\Gamma\left(\frac{4}{3}\right)} = 0.915R_0\sqrt{\frac{\rho}{p_0}}. \tag{5}$$

若 $\rho = 1$，$R_0 = 1\text{cm}$，$p_0 = 10^6\text{C.G.S.}$ (一个大气压)，则 $t_1 = 0.000915\text{sec}$.

流体在任一时刻的动能为

$$2\pi\rho R^3\dot{R}^2 = \frac{4}{3}\pi p_0(R_0^3 - R^3). \tag{6}$$

从远处的压力对流体所作之功来考虑，上面这一结果也是很明显的. 当气泡消失时，所损失的能量(或者说,转化为其它形式的能量)为 $\frac{4}{3}\pi p_0 R_0^3$. 若 $R_0 = 1$，$p_0 = 10^6$，则这一能量为 4.18×10^6ergs,或约为 0.308ft-lb.

(1)式和(2)式也同样适用于气穴膨胀的情形,只是现在所要略去的是远处的压力 p_0. 若 p_1 为气穴中初始压力,且初始时 $R = R_0, \dot{R} = 0$,则如假定气穴中气体按绝热律而膨胀,那么在时刻 t 时,气体的压力就由下式给出:

$$\frac{p}{p_1} = \left(\frac{R_0}{R}\right)^{3\gamma}. \tag{7}$$

故有

$$R\ddot{R} + \frac{3}{2}\dot{R} = c_0^2\left(\frac{R_0}{R}\right)^{3\gamma}, \tag{8}$$

式中

$$c_0 = \sqrt{\frac{p_1}{\rho}}. \tag{9}$$

c_0 具有速度的量纲,并决定着所发生变化的快慢. (8)式的积分为

$$\frac{\dot{R}^2}{c_0^2} = \frac{2}{3(\gamma - 1)}\left\{\left(\frac{R_0}{R}\right)^3 - \left(\frac{R_0}{R}\right)^{3\gamma}\right\}. \tag{10}$$

(8)式表明,不论气穴中气体按什么规律膨胀,沿半径方向的初始加速度 ($\ddot{R}$) 总是 c_0^2/R_0. 由(8)式和(10)式可知 $\dot{R}$ 的最大值发生于

$$(R/R_0)^{3\gamma-3} = \gamma \tag{11}$$

时,且其值由下式给出:

$$\frac{\dot{R}^2}{c_0^2} = \frac{2}{3\gamma^{\gamma(\gamma-1)}}. \tag{12}$$

除 $\gamma = \frac{4}{3}$ 这一特殊情况外,是不容易完成整个求解过程的. 令

$$R/R_0 = 1 + z, \tag{13}$$

于是有

$$(1 + z)^2\,\frac{dz}{dt} = \frac{c_0}{R_0}\sqrt{2z}, \tag{14}$$

故

$$c_0 t/R_0 = \sqrt{2z}\left(1 + \frac{2}{3} z + \frac{1}{5} z^2\right). \tag{15}$$

为了用具体实例来表明以上结果，假定气穴的初始直径为 1 米，初始压力 p_1 为 1000 大气压，它使相应之 c_0 为 3.16×10^4cm/sec. 则气穴半径在 1/250 秒中增大一倍，在约为 1/30 秒中增为五倍. 半径增长的初始加速度之值为 2.00×10^7cm/sec^2，它表示略去重力加速度的做法对于运动的早期阶段来讲是完全正确的. $\dot{R}$ 的最大值发生于 $R/R_0 = \frac{4}{3}$，$t = 0.0016$ 秒时，其值约为每秒 145 米，差不多是水中音速的十分之一. 如果初始压力的数量级为 10,000 或更大，那么所得到的速度就可与水中音速相比，水的压缩性就不再能被忽略掉[1].

92. 一个固体圆球在无穷远处为静止的无限流体中运动时的问题就会涉及到一阶球面谐函数. 若取球心为原点，x 轴沿球的运动方向，则球面上的法向速度为 $U\frac{x}{r} = U\cos\theta$，其中 U 为球心的速度. 因此，确定 ϕ 的条件为：(1) 处处有 $\nabla^2\phi = 0$；(2) ϕ 的空间导数在无穷远处必须为零；(3) 在球面 ($r = a$) 上必须有

$$-\frac{\partial\phi}{\partial r} = U\cos\theta. \tag{1}$$

上式的形式使人立即联想到一阶带谐函数，故设

$$\phi = A\frac{\partial}{\partial x}\frac{1}{r} = A\frac{\cos\theta}{r^2}.$$

由(1)式中的条件定出 $-2A/a^3 = U$，故所求之解为[2]

$$\phi = \frac{1}{2}U\frac{a^3}{r^2}\cos\theta. \tag{2}$$

和第 56 节(4)式比较一下，可以看出，流动情况与位于球心处的一个强度为 $2\pi Ua^3$ 的**双源**所引起的运动相同. 其流线形状见第

1) 这一讨论取自"The early stages of a submarine explosion", *Phil. Mag.* xlv. 257 (1923).

2) Stokes, "On some cases of Fluid Motion", *Camb. Trans.* viii. (1843) [*Papers*, *i.* 17]. Dirichlet, "Ueber die Bewegung eines festen Körpers in einem incompressibeln flüssigen Medium", *Berl. Monatsber.* 1852 [*Werke*, Berlin, 1889—97, ii. 115].

96节.

为求流体运动的动能,有

$$2T=-\rho\iint\phi\frac{\partial\phi}{\partial r}dS$$

$$=\frac{1}{2}\rho aU^2\int_0^\pi\cos^2\theta\cdot2\pi a\sin\theta\cdot ad\theta$$

$$=\frac{2}{3}\pi\rho a^3U^2=M'U^2,\tag{3}$$

式中 $M'=\frac{2}{3}\pi\rho a^3$. 正如第68节中所述,流体压力的作用简单地相当于使固体的惯性增大,在现在所讨论的情况下,所增大之值为固体球所排开的流体质量的一半[1)].

因此,在圆球作直线运动的场合下,如无外力作用于流体,则圆球所受到的压力的总效果就是在运动方向上为

$$-M'\frac{dU}{dt}\tag{4}$$

的一个力,它在U为常数时为零. 故如令圆球开始运动,然后不再管它,则它将沿直线以不变的速度继续运动下去.

在实际流体中运动的固体的行为当然与上述情况不同,也就是,必须有力不断地施加于其上才能维持其运动,否则,它就会逐渐停止下来. 但在与实际情况作比较时,必须记住,在"理想"流体中是没有能量耗散的,而且,如果流体是不可压缩的,固体的动能就不能藉助于传递给流体而丧失掉,因为正如我们已在第III章中所见到的,流体的运动完全取决于固体,并当固体停止运动时也就同时静止下来.

要是想应用公式

---

1) 见上面脚注中 Stokes 的文章. 这一结论也曾由 Green 在无穷小运动的假定下得到过,见 "On the Vibration of Pendulums in Fluid Media", *Edin. Trans.* 1833 [*Papers*, p. 315].

$$\frac{p}{\rho}=\frac{\partial\phi}{\partial t}-\frac{1}{2}q^2+F(t) \tag{5}$$

由直接计算来证明上述结论，就必须记住坐标原点是在运动着的，因而每一空间固定点的 r 和 θ 就分别以变化率 $-U\cos\theta$ 和 $U\sin\theta/r$ 而改变着，或者，也可应用第20节(8)式．不论用哪种方法，都有

$$\frac{p}{\rho}=\frac{1}{2}a\frac{du}{dt}\cos\theta+\frac{9}{16}U^2\cos2\theta-\frac{1}{16}U^2+F(t). \tag{6}$$

上式最后三项对于位于 θ 和 $\pi-\theta$ 处的面元是相同的．因此，如 U 为常数，则球体前半球面各面元上的压力就由后半球面对应面元上的相等压力所平衡． 但如球体作加速运动，前半球面上的压力将增大而后半球面上的压力将减小． 当球体减速运动时，情况就反了过来．在球体的运动方向上，表面压力的总效果为

$$-\int_0^\pi 2\pi a\sin\theta\cdot ad\theta\cdot p\cos\theta=-\frac{2}{3}\pi\rho a^3\frac{dU}{dt},$$

与前面所述结果相同．

93. 同样的方法可用于求解一个固体圆球和与其同心的固定球面边界之间的流体的运动，这一运动则是由于圆球以速度 U 作运动而引起的．

取球心为原点．很明显，由于流体所占据的空间在外部和内部都有边界限制，所以应允许球体谐函数中同时具有正幂次项和负幂次项．事实上，为满足边界条件，正、负幂次项都是需要的． 像以前那样把 x 轴取为圆球运动的方向，则边界条件为：在 $r=a$ 处(a 为圆球半径)，有

$$-\frac{\partial\phi}{\partial r}=U\cos\theta;$$

在 $r=b$ 处(b 为外部边界半径)，有

$$\frac{\partial\phi}{\partial r}=0.$$

因而假定

$$\phi=\left(Ar+\frac{B}{r^2}\right)\cos\theta. \tag{1}$$

由边界条件得

$$A-\frac{2B}{a^3}=-U,\quad A-\frac{2B}{b^3}=0;$$

故

$$A=\frac{a^3}{b^3-a^3}U,\quad B=\frac{1}{2}\frac{a^3b^3}{b^3-a^3}U. \tag{2}$$

流体运动的动能可由

$$2T=-\rho\iint\phi\frac{\partial\phi}{\partial r}dS$$

来计算. 因在外部边界上,$\partial\phi/\partial r=0$,故只需在内部球面上求积. 于是得

$$2T=\frac{2}{3}\pi\frac{b^3+2a^3}{b^3-a^3}\rho a^3U^2. \tag{3}$$

它显示出,在现在的情况下,圆球的有效惯性增加了[1)]

$$\frac{2}{3}\pi\frac{b^3+2a^3}{b^3-a^3}\rho a^3. \tag{4}$$

当 b 由 ∞ 减小到 a 时,它由 $\frac{2}{3}\rho\pi a^3$ 连续地增大到 ∞,与第 45 节所提到的 Kelvin 勋爵的最小动能定理相符. 换言之,在第 92 节所讨论的问题中加进一个刚性的球形围墙,就对任意给定速度下的圆球起到抑制其动能增大的作用,也就在实际上增大了系统的惯性.

94. 只要流体在一个个相交于一条公有直线的诸平面上流动,而且在每一个这样的平面上的流动情况都相同,那么,也存在着一个流函数,它与上一章中的二维流函数在性质上有某些类似之处. 现如在通过对称轴的任一平面上取 A,P 两点,其中 A 为任取的固定点,P 为可变点,并考虑由任意曲线 AP 绕对称轴旋转而形成的回转曲面,则显然,穿过这一曲面的通量是 P 点位置的函数. 以 $2\pi\psi$ 表示这一函数,并取 x 轴与对称轴重合,我们就可以说 ψ 为 x 和 ϖ 的函数,其中 x 为 P 点的横坐标,而 $\varpi=(y^2+z^2)^{\frac{1}{2}}$ 为 P 点到 x 轴的距离. 曲线 $\psi=\text{const.}$ 显然为流线.

如 P' 为无限靠近 P 的一点,并位于 P 所在的子午面(通过对称轴的平面)上,则由上述规定可知,在垂直于 PP' 方向上的速度分量为

$$\frac{2\pi\delta\psi}{2\pi\varpi\cdot PP'}.$$

于是,先取 PP' 平行于 ϖ,再取 PP' 平行于 x,就有

$$u=-\frac{1}{\varpi}\frac{\partial\psi}{\partial\varpi},\quad v=\frac{1}{\varpi}\frac{\partial\psi}{\partial x}, \tag{1}$$

其中 u 和 v 分别为流体在 x 和 ϖ 方向的速度分量,右边正负号的取法则与第 59 节所述相似.

---

1) Stokes, 上节脚注中引文.

上面的运动学关系式也可以从连续性方程在这种情况中的形式而推断出来，即如令流入由矩形微元 $\delta x\delta\varpi$ 绕 x 轴旋转而形成的环形空间的总通量为零，可得

$$\frac{\partial}{\partial x}(u\cdot 2\pi\varpi\delta\varpi)\delta x+\frac{\partial}{\partial\varpi}(v\cdot 2\pi\varpi\delta x)=0,$$

即
$$\frac{\partial}{\partial x}(\varpi u)+\frac{\partial}{\partial\varpi}(\varpi v)=0. \tag{2}$$

它表明

$$\varpi v\cdot dx-\varpi u\cdot d\varpi$$

为一恰当微分，若以 $d\psi$ 表示之，就可得到关系式(1)[1]。

迄今尚未假定流动是无旋的．无旋流动的条件应为

$$\frac{\partial v}{\partial x}-\frac{\partial u}{\partial\varpi}=0,$$

它导致

$$\frac{\partial^2\psi}{\partial x^2}+\frac{\partial^2\psi}{\partial\varpi^2}-\frac{1}{\varpi}\frac{\partial\psi}{\partial\varpi}=0. \tag{3}$$

以

$$u=-\frac{\partial\phi}{\partial x},\quad v=-\frac{\partial\phi}{\partial\varpi}$$

代入(2)式，可得 ϕ 之微分方程为

$$\frac{\partial^2\phi}{\partial x^2}+\frac{\partial^2\phi}{\partial\varpi^2}+\frac{1}{\varpi}\frac{\partial\phi}{\partial\varpi}=0. \tag{4}$$

以上表明，现在的函数 ϕ 和 ψ 已不再像第 62 节中所述的那样可以互换了．它们也的确具有不同的量纲．

由环绕对称轴的闭回转面所包围的区域中的流体动能由下式给出：

---

1) Stokes 用这种方式引入了轴对称情况下的流函数，见 "On the Steady Motion of Incompressible Fluids", *Camb. Trans.* vii. (1842) [*Papers*,*i*.1]．其解析理论已由 Sampson 作了充分处理，见 "On Stokes' Current-Function", *Phil. Trans.* A, clxxxii. (1891).

$$2T = -\rho\iint\phi\frac{\partial\phi}{\partial n}dS = \rho\int\phi\frac{\partial\psi}{\varpi\partial s}\cdot 2\pi\varpi ds$$

$$= 2\pi\rho\int\phi d\psi. \tag{5}$$

上式中 δs 为包围流体的曲面被子午面所割出的截线上的微元，积分则以适宜的绕向沿这一截线进行. 试与第 61 节 (2) 式相比较.

95. 当速度势为

$$\phi = \frac{1}{r} \tag{1}$$

的点源位于原点时，穿过任一闭曲线内部的通量在数值上等于该闭曲线在原点所对的立体角. 因此，对于一个以 Ox 为轴、其半径在原点 O 所对之角为 θ 的圆，则在注意到正负号后，有

$$2\pi\psi = -2\pi(1-\cos\theta).$$

略去常数项，我们就得到

$$\psi = \frac{x}{r} = \frac{\partial r}{\partial x}. \tag{2}$$

如在 x 轴上不同点处有任意数目的简单源，则相应的流函数很明显可由叠加而得出，因此，对于双源

$$\phi = -\frac{\partial}{\partial x}\frac{1}{r} = \frac{\cos\theta}{r^2}, \tag{3}$$

有

$$\psi = -\frac{\partial^2 r}{\partial x^2} = -\frac{\varpi^2}{r^3} = -\frac{\sin^2\theta}{r}. \tag{4}$$

而且，普遍地，对应于 ϕ 为 $-n-1$ 次球体带谐函数

$$\phi = A\frac{\partial^n}{\partial x^n}\frac{1}{r}, \tag{5}$$

就有[1)]

$$\psi = A\frac{\partial^{n+1} r}{\partial x^{n+1}}. \tag{6}$$

---

1) Stefan, "Ueber die Kraftlinien eines um eine Axe symmetrischen Feldes", *Wied. Ann.* xvii. (1882).

一个更为普遍的、可用于任何次(即使是分数)球体带谐函数的公式可得之如下：在子午面上应用极坐标 r，θ；沿 r 方向的速度分量和在子午面上并垂直于 r 的速度分量可令第 94 节中线元 PP' 相继与 $r\delta\theta$ 和 δr 重合而求得为

$$-\frac{1}{r\sin\theta}\frac{\partial\psi}{r\partial\theta},\quad \frac{1}{r\sin\theta}\frac{\partial\psi}{\partial r}. \tag{7}$$

因而，在无旋运动的情况下，有

$$\frac{\partial\psi}{\sin\theta\,\partial\theta}=r^2\frac{\partial\phi}{\partial r},\quad \frac{\partial\psi}{\partial r}=-\sin\theta\frac{\partial\phi}{\partial\theta}. \tag{8}$$

故若

$$\phi=r^nS_n, \tag{9}$$

式中 S_n 为 n 阶带谐函数，则令 $\mu=\cos\theta$，就有

$$\frac{\partial\psi}{\partial\mu}=-nr^{n+1}S_n,\quad \frac{\partial\psi}{\partial r}=r^n(1-\mu^2)\frac{dS_n}{d\mu}.$$

以上二式中的后者给出

$$\psi=\frac{1}{n+1}r^{n+1}(1-\mu^2)\frac{dS_n}{d\mu}, \tag{10}$$

它也一定能满足前者，这一点可借助于第 84 节(1)式而立即得到证明。

因此，对于带谐函数 P_n，有以下相对应的公式：

$$\phi=r^nP_n(\mu),\quad \psi=\frac{1}{n+1}r^{n+1}(1-\mu^2)\frac{dP_n}{d\mu}, \tag{11}$$

和

$$\phi=r^{-n-1}P_n(\mu),\quad \psi=-\frac{1}{n}r^{-n}(1-\mu^2)\frac{dP_n}{d\mu}; \tag{12}$$

其中(12)式则必与(5)，(6)二式等价。对于第二类带谐函数 Q_n，当然也有同样的关系式。

96. 我们在第 92 节中已看到，在无限流体中由一个固体圆球所引起的运动可以看作是由位于球心处的双源所引起的。把第

92 节所得公式和第 95 节(4)式作一比较，可看出由圆球的运动而引起的流函数为

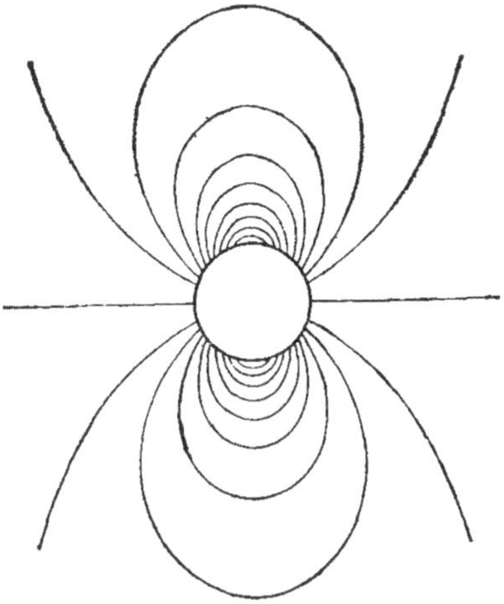

$$\psi = -\frac{1}{2} U \frac{a^3}{r} \sin^2\theta. \tag{1}$$

ψ 值取等差时的流线族见本节附图。在第 VII 章接近末尾部分则画出了流体相对于圆球运动时的流线。

此外，如在 x 轴上有两个双源，其轴线沿 x 轴而指向相反，则流函数为

$$\psi = \frac{A\varpi^2}{r_1^3} - \frac{B\varpi^2}{r_2^3}, \tag{2}$$

式中 r_1 和 r_2 为任意一点到二双源所在位置 P 和 Q 的距离. 于是，在流面 $\psi = 0$ 上，就有

$$r_1/r_2 = (A/B)^{1/3},$$

即，此流面为一球面，且 P 和 Q 为相对于这一球面的反演点. 如 O 为球面之球心，a 为半径，可得

$$A/B = OP^3/a^3 = a^3/OQ^3. \tag{3}$$

这一球面，无论对其内部流体还是对其外部流体，都可看作是一个固定边界. 于是我们就得到由于出现了一个固定的球形边界而由一双源（或者说，由于一无限小圆球沿 Ox 轴运动）所引起的流动. 由固定的球形边界而使流线所发生的改变则和由另一个具有相反符号且位于反演点处的双源所产生的作用相同，而二双源的强度之比则由(3)式给出[1]. 这一虚构的双源可称为原双源的"镜像".

对于在一个固定的圆球外部的点源，也可有一个位于球内的简单镜像构造. 在 P 点处强度为 m 的源的镜像由一个在反演点 Q 处且强度为 $m \cdot OQ/a$ 的源再加上自球心 O 到 Q 以均匀的线密度 $-m/a$ 而分布的汇系所组成[2].

可以用积分前面的结果来得出上述结论，但直接证明更为简单. 由第 95 节(2)式，可立即得知，以线密度 m 沿一直线段而分布的源系之流函数为

---

1) 这一结果系 Stokes 所给出，见 "On the Resistance of a Fluid to two Oscillating Spheres", *Brit. Ass. Report*, 1847 [*Papers*, i. 230].

2) 见后面第 99 节脚注中 Hicks 的文章. 参看前面第 64 节中的第二个图.

$$\psi = m(r - r'),\tag{4}$$

式中 r 和 r' 为所考虑的点到线段两端的距离．因此，在前述源汇排列的情况下，对于球面上任一点 R，有

$$\psi = -m \cdot \cos RPO - m \cdot \frac{OQ}{a}\cos OQR - \frac{m}{a}(OR - QR).\tag{5}$$

因

$$QR = OR\cos ORQ + OQ\cos OQR,$$

且

$$RPO = ORQ,$$

故 $\psi = -m$，即 ψ 沿球面为一常数．

为计算作用于球上之力，需应用带谐函数．以 O 为坐标原点，则原来的源在圆球附近的速度势由下式给出：

$$\phi/m = \frac{1}{c} + \frac{r\cos\theta}{c^2} + \frac{r^2(3\cos^2\theta - 1)}{2c^3} + \cdots.\tag{6}$$

球面反射的作用相当于产生一个由下式所给出的运动：

$$\phi'/m = \frac{a^3\cos\theta}{2c^2r^2} + \frac{a^5(3\cos^2\theta - 1)}{3c^3r^3} + \cdots,\tag{7}$$

这是由于它能使 $\partial(\phi + \phi')/\partial r$ 在 $r = a$ 处为 0．故球面上的速度为

$$q = -\frac{\partial}{a\partial\theta}(\phi + \phi') = \frac{3m}{2c^2}\sin\theta + \frac{5ma}{3c^3}\sin\theta\cos\theta + \cdots.\tag{8}$$

作为一个近似的计算，我们在(8)式中只取所写出的两项．故指向 P 点的合力为

$$X = -\int_0^\pi p\cos\theta \cdot 2\pi a^2\sin\theta d\theta$$

$$= \pi\rho a^2\int_0^\pi q^2\sin\theta\cos\theta d\theta = \frac{4\pi\rho a^3m^2}{c^5}.\tag{9}$$

如 f 为不存在圆球时在 O 点处的加速度，即若 $f = 2m^2/c^5$，就可写成

$$X = 2\pi\rho a^3 f.\tag{10}$$[1]

97. Rankine[2] 应用了类似于第 71 节所述方法来寻求回转体的形状，以使回转体沿其轴线运动时，其周围的液体能产生给定的无旋轴对称流动．

以 U 表示固体的速度，δs 表示子午线（固体表面与通过对称轴的平面的交线）上的微元，则固体表面上任一点的法向速度为 $U\frac{\partial\tilde{\omega}}{\partial s}$，与之相接触的流体的法向速度则可表示为 $-\frac{\partial\psi}{\tilde{\omega}\delta s}$．令二者

---

1) G. I. Taylor 教授，*Aeronautical Research Committee*, *R & M.* 1166 (1928).

2) "On the Mathematical Theory of Stream Lines, especially those with Four Foci and upwards", *Phil. Trans.* 1871, p. 267（未收入前面第 59 节脚注中所提到的文集）．

相等，并沿子午线求积，有

$$\psi = -\frac{1}{2} U \tilde{\omega}^2 + \text{const.}. \tag{1}$$

如果把源汇沿对称轴作任意一种分布时所产生的ψ代入上式，就得到一个流线族的方程．如源汇的强度之和为零，那么这些流线之一就可以看作是一个有限大小的回转体的剖面线，而这一回转体的运动则与所设定的源汇分布的作用相同．

用这一方法，我们可立即对圆球运动时所得到的结果作出证明．为此，设

$$\psi = A\tilde{\omega}^2/r^3; \tag{2}$$

可看出，只要取

$$A = -\frac{1}{2} U a^3, \tag{3}$$

那么(2)式就能在$r = a$处满足(1)式．所得结果与第96节(1)式相符．

使源和汇沿轴线作连续分布，可以仿造出由经验而知对飞艇有利的剖面．在这种情况下，流体压力可以计算出来，其结果与实验结果大体上相符．

98. 关于有两个球形边界时的液体运动，在某些场合下，可用逐步逼近的方法来求得．对于求解两个固体圆球沿其连心线而运动的问题，应用第96节末尾所讲的结果，从双源在固定球面内的“镜像”来考虑，要容易得多．

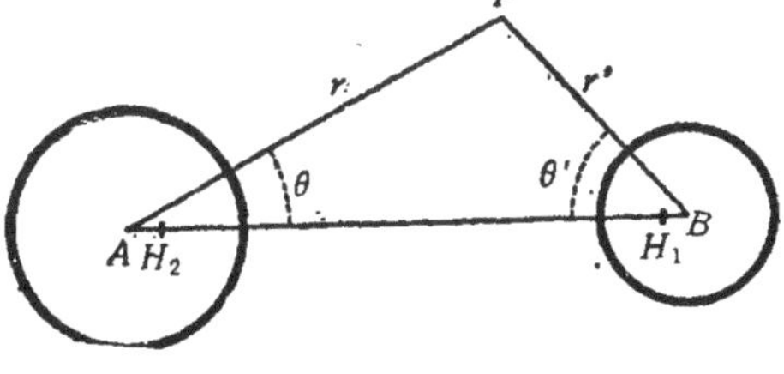

设 a 和 b 为二球之半径，c 为球心 A 和 B 之间的距离，U 为 A 向 B 运动的速度，而 U' 则为 B 向 A 运动的速度．并设 P 为任意一点，$AP = r$，$BP = r'$，$\angle PAB = \theta$，$\angle PBA = \theta'$．速度势取为

$$U\phi + U'\phi', \tag{1}$$

其中函数 ϕ 和 ϕ' 应按下述诸条件来确定：在整个流体中，应有

$$\nabla^2\phi = 0,\ \nabla^2\phi' = 0, \tag{2}$$

且 ϕ 和 ϕ' 的空间导数在无穷远处为零．此外，在 A 球表面上有

$$\frac{\partial\phi}{\partial r} = -\cos\theta, \frac{\partial\phi'}{\partial r} = 0, \tag{3}$$

而在 B 球表面上则有

$$\frac{\partial\phi}{\partial r'} = 0,\ \frac{\partial\phi'}{\partial r'} = -\cos\theta'. \tag{4}$$

很明显，ϕ 为 B 球处于静止状态时，A 球以单位速度朝向 B 球运动而产生的速度势，ϕ' 的意义也类似．

为求 ϕ，我们注意到，假如没有 B 球的话，那么流体的运动就和一个位于 A 处、其轴线沿 AB 方向的双源所引起的运动相同．而第 96 节的定理则表明，我们可以另外引进一个双源——即 A 处双源在 B 球内的镜像来满足 B 球表面上应有零法向速度的条件．这一镜像位于 A 点相对于 B 球的反演点 H_1 处，其轴线与 AB 重合，强度为 $-\mu_0 b^3/c^3$，其中 μ_0 为在 A 点处的原双源的强度，即

$$\mu_0 = 2\pi a^3.$$

但 A 和 H_1 两处的双源所引起的合成流动将违背 A 球表面上法向速度所应满足的条件．为消除掉由 H_1 处的双源使 A 球表面上所产生的法向速度，必须在 A 球内 H_2 处再加上 H_1 处双源的镜像．但这样又会使 B 球表面上产生法向速度，又可以再在 B 球内加上 H_2 处双源的镜像而予以消除；并以此类推地做下去．若 $\mu_1, \mu_2, \mu_3\cdots$ 为各相继镜像的强度，$f_1, f_2, f_3\cdots$ 是它们到 A 点的距离，我们有

$$\left.\begin{aligned}
&f_1 = c - \frac{b^2}{c}, \qquad f_2 = \frac{a^2}{f_1},\ \frac{\mu_1}{\mu_0} = -\frac{b^3}{c^3}, \qquad \frac{\mu_2}{\mu_1} = -\frac{a^3}{f_1^3},\\
&f_3 = c - \frac{b^2}{c - f_2},\ f_4 = \frac{a^2}{f_3},\ \frac{\mu_3}{\mu_2} = -\frac{b^3}{(c - f_2)^3},\ \frac{\mu_4}{\mu_3} = -\frac{a^3}{f_3^3},\\
&f_5 = c - \frac{b^2}{c - f_4},\ f_6 = \frac{a^2}{f_5},\ \frac{\mu_5}{\mu_4} = -\frac{b^3}{(c - f_4)^3},\ \frac{\mu_6}{\mu_5} = -\frac{a^3}{f_5^3},
\end{aligned}\right\} \tag{5}$$

等等，这些式子的形式具有明显的规律．诸镜像的强度是不断减弱的，而且如果每一圆球的半径都远小于二球间的最短距离，诸镜像的强度就减弱得非常快．

计算动能的式子为

$$\begin{aligned}
2T &= -\rho\iint(U\phi + U'\phi')\left(U\frac{\partial\phi}{\partial n} + U'\frac{\partial\phi'}{\partial n}\right)dS\\
&= LU^2 + 2MUU' + NU'^2,
\end{aligned} \tag{6}$$

其中

$$
\left.\begin{aligned}
L &= -\rho\iint\phi\,\frac{\partial\phi}{\partial n}\,dS_A,\\
M &= -\rho\iint\phi\,\frac{\partial\phi'}{\partial n}\,dS_B = -\rho\iint\phi'\,\frac{\partial\phi}{\partial n}\,dS_A,\\
N &= -\rho\iint\phi'\,\frac{\partial\phi}{\partial n}\,dS_B.
\end{aligned}\right\} \tag{7}
$$

上式中下标表明积分是沿哪一个球面进行的．M中的两个形式之所以相等，是根据 Green 定理(第 44 节)．

靠近A球面处的ϕ值可由第 85 节(7)式和(8)式而立即写出为

$$
4\pi\phi = (\mu_0 + \mu_2 + \mu_4 + \cdots)\,\frac{\cos\theta}{r^2} - 2\left(\frac{\mu_1}{f_1^3} + \frac{\mu_3}{f_3^3} + \cdots\right) r\cos\theta + \cdots. \tag{8}
$$

在上式中未写出含有较高阶带谐函数的诸项，这是由于第 87 节所述的正交性，使它们在将要计算的面积分中不起作用．因此，令 $\partial\phi/\partial n = -\cos\theta$，并借助(5)式，可得

$$
\begin{aligned}
L &= \frac{1}{3}\rho(\mu_0 + 3\mu_2 + 3\mu_4 + \cdots)\\
&= \frac{2}{3}\pi\rho a^3\left\{1 + 3\frac{a^3b^3}{c^3f_1^3} + 3\,\frac{a^6b^6}{c^3f_1^3(c-f_2)^3f_3^3} + \cdots\right\}.
\end{aligned} \tag{9}
$$

N之值可利用对称性而写出为

$$
N = \frac{2}{3}\pi\rho b^3\left\{1 + 3\frac{a^3b^3}{c^3f_1'^3} + 3\,\frac{a^6b^6}{c^3f_1'^3(c-f_2')^3f_3'^3} + \cdots\right\}. \tag{10}
$$

式中

$$
\left.\begin{aligned}
f_1' &= c - \frac{a^2}{c}, & f_2' &= \frac{b^2}{f_1'},\\
f_3' &= c - \frac{a^2}{c-f_2'}, & f_4' &= \frac{b^2}{f_3'},\\
f_5' &= c - \frac{a^2}{c-f_4'}, & f_6' &= \frac{b^2}{f_5'},
\end{aligned}\right\} \tag{11}
$$

等等．

为计算M，需要知道A球附近的ϕ'，它是由距A点为 $c, c-f_1', c-f_2', c-f_3', \cdots$ 且强度分别为 $\mu_0', \mu_1', \mu_2', \mu_3', \cdots$的双源所引起的．其中 $\mu_0' = 2\pi b^3$，且

$$
\left.\begin{aligned}
\frac{\mu_1'}{\mu_0'} &= -\frac{a^3}{c^3}, & \frac{\mu_2'}{\mu_1'} &= -\frac{b^3}{f_1'^3},\\
\frac{\mu_3'}{\mu_2'} &= -\frac{a^3}{(c-f_2')^3}, & \frac{\mu_4'}{\mu_3'} &= -\frac{b^3}{f_3'^3},\\
\frac{\mu_5'}{\mu_4'} &= -\frac{a^3}{(c-f_4')^3}, & \frac{\mu_6'}{\mu_5'} &= -\frac{b^3}{f_5'^3},
\end{aligned}\right\} \tag{12}
$$

等等．对于A球附近的点，由之可得

$$
4\pi\phi' = (\mu_1' + \mu_3' + \mu_5' + \cdots)\,\frac{\cos\theta}{r^2}
$$

$$-2\left\{\frac{\mu_0'}{c^3}+\frac{\mu_2'}{(c-f_2')^3}+\frac{\mu_4'}{(c-f_4')^3}+\cdots\right\}r\cos\theta+\cdots. \tag{13}$$

故

$$M=-\rho\iint\phi'\frac{\partial\phi}{\partial n}dS_A=\rho(\mu_1'+\mu_3'+\mu_5'+\cdots)$$

$$=2\pi\rho\frac{a^3b^3}{c^3}\left\{1+\frac{a^3b^3}{f_1'^3(c-f_2')^3}+\frac{a^6b^6}{f_1'^3f_3'^3(c-f_2')^3(c-f_4')^3}+\cdots\right\}. \tag{14}$$

若比值 a/c 和 b/c 都很小，就有近似值[1)]

$$\left.\begin{aligned}L&=\frac{2}{3}\pi\rho a^3\left(1+3\frac{a^3b^3}{c^6}\right),\\M&=2\pi\rho\frac{a^3b^3}{c^3},\\N&=\frac{2}{3}\pi\rho b^3\left(1+3\frac{a^3b^3}{c^6}\right).\end{aligned}\right\} \tag{15}$$

如在上面结果中取 $b=a, U'=U$，则平分 AB 且垂直于 AB 的平面就是一个对称平面，因而无论对哪一侧的流体而言，它都可看作是一个固定的平面边界. 于是，令 $c=2h$，我们就得到，当一个圆球垂直于一个刚性平面边界而运动，且距该边界为 h 时，液体动能的表达式为

$$2T=\frac{2}{3}\pi\rho a^3\left(1+\frac{3}{8}\frac{a^3}{h^3}+\cdots\right)U^2, \tag{16}$$

这是 Stokes 所得到的结果.

99. 如果二圆球运动的方向与其连心线垂直，问题就较为难解，因此，我们将只满足于初步近似. 较为完整的处理则可见本节脚注中所提到的著作.

设二球以垂直于 AB 的速度 V 和 V' 互相平行而运动，并设 r,θ,ω 和 r',θ',ω' 为两个球极坐标系，其原点分别位于 A 点和 B 点，极轴则分别沿 V 和 V' 方向. 速度势取为

$$V\phi+V'\phi',$$

其表面条件为：在 $r=a$ 处有

$$\frac{\partial\phi}{\partial r}=-\cos\theta,\quad\frac{\partial\phi'}{\partial r}=0; \tag{1}$$

在 $r'=b$ 处有

---

1) 如只计算到这一级近似，用类似于下节中的方法比用镜像法更为容易.

$$\frac{\partial\phi}{\partial r'}=0, \quad \frac{\partial\phi'}{\partial r'}=-\cos\theta'. \tag{2}$$

如果没有 B 球，则 A 球以单位速度运动时所引起的速度势为

$$\frac{1}{2}\frac{a^3}{r^2}\cos\theta.$$

因 $r\cos\theta=r'\cos\theta'$，故在 B 球附近，这一速度势近似为

$$\frac{1}{2}\frac{a^3}{c^3}r'\cos\theta'.$$

它在 B 球表面上所产生的法向速度可用增加以下一个速度势而予以消除：

$$\frac{1}{4}\frac{a^3b^3}{c^3}\frac{\cos\theta'}{r'^2},$$

这一速度势在 A 球附近则近似为

$$\frac{1}{4}\frac{a^3b^3}{c^6}r\cos\theta.$$

为纠正 A 球表面上的法向速度，再增加一个速度势

$$\frac{1}{8}\frac{a^6b^6}{c^6}\frac{\cos\theta}{r^2}.$$

我们到此为止. 总计以上结果，在 A 球表面上有

$$\phi=\frac{1}{2}a\left(1+\frac{3}{4}\frac{a^3b^3}{c^6}\right)\cos\theta, \tag{3}$$

而在 B 球表面上有

$$\phi=\frac{3}{4}b\cdot\frac{a^3}{c^3}\cos\theta'. \tag{4}$$

于是，如以 P,Q,R 表示动能表达式中的系数，即若

$$2T=PV^2+2QVV'+RV'^2, \tag{5}$$

就有

$$\left.\begin{aligned}P&=-\rho\iint\phi\frac{\partial\phi}{\partial n}\,dS_A=\frac{2}{3}\pi\rho a^3\left(1+\frac{3}{4}\frac{a^3b^3}{c^6}\right),\\ Q&=-\rho\iint\phi\frac{\partial\phi'}{\partial n}dS_B=\pi\rho\frac{a^3b^3}{c^3},\\ R&=-\rho\iint\phi'\frac{\partial\phi'}{\partial n}\,dS_B=\frac{2}{3}\pi\rho b^3\left(1+\frac{3}{4}\frac{a^3b^3}{c^6}\right).\end{aligned}\right\} \tag{6}$$

对于一个圆球以距离 h 平行于一个固定平面边界运动时引起的流体运动的动能，可令 $b=a, V=V', c=2h$，并取由之而得到的 T 值的一半，其结果为

$$2T=\frac{2}{3}\pi\rho a^3\left(1+\frac{3}{16}\frac{a^3}{h^3}\right)V^2. \tag{7}$$

可把这一结果(它也是 Stokes 给出的)与第 96 节(16)式作一比较[1].

柱谐函数

100. 用第 89 节所引入的柱坐标 $x, \tilde{\omega}, \omega$,则 $\nabla^2\phi = 0$ 的形式为

$$\frac{\partial^2\phi}{\partial x^2} + \frac{\partial^2\phi}{\partial\tilde{\omega}^2} + \frac{1}{\tilde{\omega}}\frac{\partial\phi}{\partial\tilde{\omega}} + \frac{1}{\tilde{\omega}^2}\frac{\partial^2\phi}{\partial\omega^2} = 0. \tag{1}$$

上式可由直接变换而求得,但较为简单的方法是像第 83 节中那样,令穿过一个空间微元 $\delta x \cdot \delta\tilde{\omega} \cdot \tilde{\omega}\delta\omega$ 诸边界的总通量为零.

在对称于 x 轴的情况下,(1)式简化为第 94 节(4)式的形式,其一个特解为 $\phi = e^{\pm kx}\chi(\tilde{\omega})$,其中 $\chi(\tilde{\omega})$ 满足

$$\chi''(\tilde{\omega}) + \frac{1}{\tilde{\omega}}\chi'(\tilde{\omega}) + k^2\chi(\tilde{\omega}) = 0. \tag{2}$$

这是零阶 Bessel 函数的微分方程.其完全原函数由 $\tilde{\omega}$ 的两个确定的函数各乘以任意常数再相加而组成.其中在 $\tilde{\omega} = 0$ 处为有限的那个解为一升幂级数,通常表示为 $CJ_0(k\tilde{\omega})$,而

$$J_0(\zeta) = 1 - \frac{\zeta^2}{2^2} + \frac{\zeta^4}{2^2 \cdot 4^2} - \cdots. \tag{3}$$

我们因而得到 $\nabla^2\phi = 0$ 的以下类型的解[2]

---

1) 对于有两个圆球在运动时的较完整的解析处理可看以下论文: W. M. Hicks, "On the Motion of two Spheres in a Fluid", *Phil. Trans.* 1880, p. 455; R. A. Herman, "On the Motion of two Spheres in Fluid", *Quart. Journ. Math.* xxii. (1887); Basset, "On the Motion of Two Spheres in a Liquid, & C". *Proc. Lond. Math. Soc.* xviii. 369(1887). 还可看 C. Neumann, *Hydrodynamische Untersuchungen*, Leipzig, 1883; Basset, *Hydrodynamics*, Cambridge, 1888. C. A. Bjerknes 曾为给电场力和其它种类的力作出力学解释而研究了"脉动胀缩"(即体积作周期性变化)的圆球之间的相互影响.其子 V. Bjerknes 教授对这些研究作了详细阐述,见 *Vorlesungen über hydrodynamische Fernkrafte*, Lipzig, 1900—1902. Hicks 和Voigt 也处理了这一问题,分别见 *Camb. Proc* iii 276(1879), iv. 29 (1880) 和 *Gott. Nachr.* 1891, p. 37.

2) 除所用记号不同外,这类解是由 Poisson 所求得的,见前第 18 节脚注.

$$\phi = e^{\pm kx}J_0(k\tilde{\omega}). \tag{4}$$

由第 94 节(1)式容易看出，对应的流函数为

$$\psi = \mp\tilde{\omega}e^{\pm kx}J_0(k\tilde{\omega}). \tag{5}$$

可以认出(4)式是第 89 节(6)式的一个特殊形式，即它等价于

$$\phi = \frac{1}{\pi}\int_0^\pi e^{\pm k(x+i\tilde{\omega}\cos\vartheta)}d\vartheta, \tag{6}$$

这是由于

$$J_0(\zeta) = \frac{1}{\pi}\int_0^\pi \cos(\zeta\cos\vartheta)d\zeta = \frac{1}{\pi}\int_0^\pi e^{i\zeta\cos\vartheta}d\vartheta, \tag{7}$$

而(7)式则可由把余弦展开并逐项积分来作出证明.

此外，(4)式还可看作是一个球体带谐函数的极限情况，其阶数 n 取为无穷大，同时把原点到所考虑的点的距离也取为无穷大，但这两个无穷大量之间则具有某种关系[1].

为此，可取

$$\phi = \frac{r^n}{a^n}P_n(\mu) = \left(1 + \frac{x}{a}\right)^n \chi_n(\tilde{\omega}), \tag{8}$$

我们在此暂时改变了 x 和 $\tilde{\omega}$ 的意义，即令

$$r = a + x, \quad \tilde{\omega} = 2a\sin\frac{1}{2}\theta,$$

而

$$\chi_n(\tilde{\omega}) = 1 - \frac{n(n+1)}{2^2}\frac{\tilde{\omega}^2}{a^2} + \frac{(n-1)n(n+1)(n+2)}{2^2\cdot 4^2}\frac{\tilde{\omega}^4}{a^4} - \cdots; \tag{9}$$

参看第 85 节(4)式. 现令 $k = n/a$，并设 a 与 n 变为无穷大，但 k 仍保持为有限值，符号 x 和 $\tilde{\omega}$ 就恢复了它们原有的意义，我们就又得到(4)式中指数取正号的情形. 如从

1) Thomson and Tait, Art. 783(1867)，该书在无须轴对称的限制下指出了这一方法.

$$\phi = \frac{a^{n+1}}{r^{n+1}} P_n(\mu)$$

出发，则可得(4)式中指数取负号的情形。

用同样方法，可导出用零阶 Bessel 函数来表示 $\tilde{\omega}$ 的任意函数的一个表达式[1]。根据第 88 节，在一个球面上，余纬的任一函数可用带谐函数展开如下：

$$F(\mu) = \sum\left(n + \frac{1}{2}\right)P_n(\mu)\int_{-1}^{1} F(\mu')P_n(\mu')d\mu'. \qquad (10)$$

如以 $\tilde{\omega}$ 表示由球面的极点 $(\theta = 0)$ 到变点所作之弦长，则

$$\tilde{\omega} = 2a\sin\frac{1}{2}\theta,\ \tilde{\omega}\delta\tilde{\omega} = -a^2\delta\mu,$$

上式中 a 为半径，于是(10)式可写为

$$f(\tilde{\omega}) = \frac{1}{a^2}\sum\left(n + \frac{1}{2}\right)H_n(\tilde{\omega})\int_0^{2a} f(\tilde{\omega}')H_n(\tilde{\omega}')\tilde{\omega}'d\tilde{\omega}'. \qquad (11)$$

现若令

$$k = \frac{n}{a},\quad \delta k = \frac{1}{a},$$

并在最终令 a 为无穷大，可得以下重要定理[2]

$$f(\tilde{\omega}) = \int_0^{\infty} J_0(k\tilde{\omega})kdk\int_0^{\infty} f(\tilde{\omega}')J_0(k\tilde{\omega}')\tilde{\omega}'d\tilde{\omega}'. \qquad (12)$$

101. 如果假设(1)式中的 ϕ 被展成诸项为 $\cos s\omega$ 或 $\sin s\omega$ 的级数，那么其中每一项的系数都应服从以下形式的方程：

$$\frac{\partial^2\phi}{\partial x^2} + \frac{\partial^2\phi}{\partial\tilde{\omega}^2} + \frac{1}{\tilde{\omega}}\frac{\partial\phi}{\partial\tilde{\omega}} - \frac{s^2}{\tilde{\omega}^2}\phi = 0. \qquad (13)$$

而若 $\chi(\tilde{\omega})$ 能满足

$$\chi''(\tilde{\omega}) + \frac{1}{\tilde{\omega}}\chi'(\tilde{\omega}) + \left(k^2 - \frac{s^2}{\tilde{\omega}^2}\right)\chi(\tilde{\omega}) = 0, \qquad (14)$$

(13)式就可被 $\phi = e^{\pm kx}\chi(\tilde{\omega})$ 所满足。(14)式为 s 阶 Bessel 函

1) 从实质上来看，这一方法似由 C. Neumann (1862) 所提出。
2) 对这一定理的更为严密的证明和历史，见本节后面脚注中 Watson 的著作。

数的微分方程[1]，它在 $\tilde{\omega}=0$ 处为有限的那个解可写为 $\chi(\tilde{\omega})=CJ_s(k\tilde{\omega})$，其中

$$J_s(\zeta)=\frac{\zeta^s}{2^s\cdot\Pi(s)}\left\{1-\frac{\zeta^2}{2(2s+2)}+\frac{\zeta^4}{2\cdot4(2s+2)(2s+4)}-\cdots\right\}. \tag{15}$$

(14)式的全解中还另外包括一个"第二类" Bessel 函数，它的形式将在以后再谈[2].

我们因而得到方程 $\nabla^2\phi=0$ 的以下类型的解：

$$\phi=e^{\pm kx}J_s(k\tilde{\omega})\left.\begin{matrix}\cos\\\sin\end{matrix}\right\}s\omega. \tag{16}$$

它们也可借助第 86 节中的展开式而由球体谐函数

$$\frac{r^n}{a^n}P_n^s(\mu)\left.\begin{matrix}\cos\\\sin\end{matrix}\right\}s\omega \quad 和 \quad \frac{a^{n+1}}{r^{n+1}}P_n^s(\mu)\left.\begin{matrix}\cos\\\sin\end{matrix}\right\}s\omega$$

的极限形式得到[3].

102. 100 节(12)式能使我们在轴对称的情况下，用垂直于对称轴 (Ox) 的一个无限平面 $(x=0)$ 上各点的 ϕ 值或 $\partial\phi/\partial n$ 值

---

1) Forsyth, Art. 100; Whittaker *and* Watson, c. xvii.

2) 关于两类 Bessel 函数的进一步理论，可参看 Gray and Mathews, *Treatise on Bessel Functions*, 2nd ed., London, 1922 和 G. N. Watson, *Theory of Bessel Functions*, Cambridge, 1923; 后者提出了很多参考文献. 从物理学观点来阐述这一课题的著作则可看 Rayleigh, *Theory of Sound*, cc. ix., xviii., 其中有许多重要的应用.

函数 $J_s(\zeta)$ 的数值表已由 Bessel 和Hanssen，以及后来由Meissel (*Berl. Abh.* 1888) 制定. Gray and Mathews 的书中作了转载，在 Watson 的专著中则作了有价值的扩充. 第 85 节脚注中所提到的 Dale 和 Jahnke and Emde 的书中也有简表.

3) Mehler 注意到了球面谐函数和 Bessel 函数之间的联系，见 "Ueber die Vertheilung d. statischen Elektricität in einem v. zwei Kugelkalotten begrenzten Körper", *Crelle*, lxviii (1868). Rayleigh 也独立地作了研究，见 "On the Relation between the Functions of Laplace and Bessel", *Proc. Lond. Math. Soc.* ix. 61(1878) [*Papers*, i. 338] 和*Theory of Sound*. Arts. 336, 338.

也可用球面谐函数 $Q_n(\mu)$, $Q_n^s(\mu)\left.\begin{matrix}\cos\\\sin\end{matrix}\right\}s\omega$ 的极限情况来导出"第二类"Bessel 函数，见 Heine, i. 184, 232.

来表达出该平面一侧的 ϕ，这种表达式有时是便于使用的[1]。于是，如在 $x=0$ 处，

$$\phi=F(\tilde{\omega}), \tag{1}$$

则在 $x>0$ 的一侧有

$$\phi=\int_0^\infty e^{-kx}J_0(k\tilde{\omega})kdk\int_0^\infty F(\tilde{\omega}')J_0(k\tilde{\omega}')\tilde{\omega}'d\tilde{\omega}'. \tag{2}$$

而如在 $x=0$ 处，

$$-\frac{\partial\phi}{\partial x}=f(\tilde{\omega}), \tag{3}$$

就有

$$\phi=\int_0^\infty e^{-kx}J_0(k\tilde{\omega})dk\int_0^\infty f(\tilde{\omega}')J_0(k\tilde{\omega}')\tilde{\omega}'d\tilde{\omega}'. \tag{4}$$

我们在上面已把指数取得使 $x=\infty$ 处之 ϕ 值为零了.

这一问题的另一答案已在第 58 节中给出了，由该节(12)式和(11)式可分别得到

$$\phi=\frac{1}{2\pi}\iint\phi\,\frac{\partial}{\partial x}\left(\frac{1}{r}\right)dS, \tag{5}$$

和

$$\phi=-\frac{1}{2\pi}\iint\frac{\partial\phi}{\partial x}\,\frac{dS}{r}. \tag{6}$$

式中 r 表示平面上的面元 δS 到所求 ϕ 值的那个点的距离.

我们来讨论普遍公式(2)和(4)的几个应用：

1° 如设(4)式中的 $f(\tilde{\omega})$ 除在 $\tilde{\omega}$ 为无穷小量处外均为零，而对于无穷小量的 $\tilde{\omega}$，$f(\tilde{\omega})$ 则按

$$\int_0^\infty f(\tilde{\omega})\,2\pi\tilde{\omega}d\tilde{\omega}=\frac{1}{2}$$

的方式而成为无穷大，就得到

$$4\pi\phi=\int_0^\infty e^{-kx}J_0(k\tilde{\omega})dk. \tag{7}$$

而且，由于 $J_0'=-J_1$，故由 100 节(5)式可得

$$4\pi\psi=-\tilde{\omega}\int_0^\infty e^{-kx}J_1(k\tilde{\omega})dk. \tag{8}$$

---

1) 这一方法可以推广到无需受所述条件的限制.

把以上结果和第95节中所述位于原点处的一个点源的原始表达式比较一下，可以推断出

$$\left.\begin{aligned}\int_0^\infty e^{-kx}J_0(k\tilde{\omega})dk&=\frac{1}{r},\\ \int_0^\infty e^{-kx}J_1(k\tilde{\omega})dk&=\frac{\tilde{\omega}}{r(r+x)};\end{aligned}\right\}\tag{9}$$

上式中的 $r=\sqrt{x^2+\tilde{\omega}^2}$. (9)式实际上是个已知的结论[1].

2° 现在假定源以均匀的面密度分布在 $\tilde{\omega}=a$, $x=0$ 的圆形平面上. 应用 J_0, J_1 的级数形式,或用其它方法，可知

$$\int_0^a J_0(k\tilde{\omega})\tilde{\omega}d\tilde{\omega}=\frac{a}{k}J_1(ka).\tag{10}$$

故[2]

$$\left.\begin{aligned}\phi&=\frac{1}{\pi a}\int_0^\infty e^{-kx}J_0(k\tilde{\omega})J_1(ka)\frac{dk}{k},\\ \psi&=-\frac{\tilde{\omega}}{\pi a}\int_0^\infty e^{-kx}J_1(h\tilde{\omega})J_1(ka)\frac{dk}{k};\end{aligned}\right\}\tag{11}$$

在上式中,已把常数因子取得使穿过该圆的总通量为1了.

3° 如果在上例的圆中，源的密度是按 $1/\sqrt{a^2-\tilde{\omega}^2}$ 而分布的，就会涉及到以下积分[3]:

$$\begin{aligned}\int_0^a J_0(k\tilde{\omega})\frac{\tilde{\omega}d\tilde{\omega}}{\sqrt{a^2-\tilde{\omega}^2}}&=a\int_0^{\frac{1}{2}\pi}J_0(ka\sin\vartheta)\sin\vartheta d\vartheta\\ &=\frac{\sin ka}{k};\end{aligned}\tag{12}$$

它可以用把 J_0 的级数形式代入后逐项处理的方法而得出. 于是

$$\left.\begin{aligned}\phi&=\frac{1}{2\pi a}\int_0^\infty e^{-kx}J_0(k\tilde{\omega})\sin ka\frac{dk}{k},\\ \psi&=-\frac{\tilde{\omega}}{2\pi a}\int_0^\infty e^{-kx}J_1(k\tilde{\omega})\sin ka\frac{dk}{k};\end{aligned}\right\}\tag{13}$$

其中常数因子也是按上例所述条件来取的[4].

按本例所设面密度而分布的源使得 ϕ 在圆面上为常数一事是静电学中的一个已知定理. 而我们也可独立地证明出

1) 前一个式子由 Lipschitz, *Crelle*, lvi. 189 (1859) 给出，见 Watson, p. 384. 后一个式子可由前式对 $\tilde{\omega}$ 求导再对 x 求积而得到.

2) 参看 H. Weber, *Crelle*, lxxv. 88; Heine, ii. 180.

3) 公式(12)已由不同作者给出，见 Rayleigh, *Papers*, iii. 98; Hobson, *Proc. Lond. Math. Soc.* xxv. 71 (1893).

4) 参看 H. Weber, *Crelle*, lxxv. (1873); Heine, ii. 192.

$$\left.\begin{aligned}&\int_0^\infty J_0(k\tilde{\omega})\sin ka\,\frac{dk}{k}=\frac{1}{2}\pi\ \text{或}\ \sin^{-1}\frac{a}{\tilde{\omega}},\\&\int_0^\infty J_1(k\tilde{\omega})\sin ka\,\frac{dk}{k}=\frac{a-\sqrt{a^2-\tilde{\omega}^2}}{\tilde{\omega}}\ \text{或}\ \frac{a}{\tilde{\omega}};\end{aligned}\right\}\tag{14}$$

等号右边的两个值分别对应于 $\tilde{\omega}\gtrless a$[1]. 所以，(13) 式表示了液体穿过刚性薄壁平面上一个圆孔时的流动. 另一个解将在 108 节中得到. 二维情况下的对应问题已在第 66 节 1° 中作了解答.

4° 现设在 $x=0$ 的平面上有：当 $\tilde{\omega}<a$ 时，$\phi=C\sqrt{a^2-\tilde{\omega}^2}$；当 $\tilde{\omega}>a$ 时，$\phi=0$，可得

$$\begin{aligned}&\int_0^a J_0(k\tilde{\omega})\sqrt{a^2-\tilde{\omega}^2}\,\tilde{\omega}d\tilde{\omega}\\&\qquad=a^3\int_0^{\frac{1}{2}\pi}J_0(ka\sin\vartheta)\sin\vartheta\cos^2\vartheta d\vartheta\\&\qquad=a^3\psi_1(ka);\end{aligned}\tag{15}$$

式中

$$\begin{aligned}\psi_1(\zeta)&=\frac{1}{3}\left(1-\frac{\zeta^2}{2\cdot5}+\frac{\zeta^4}{2\cdot4\cdot5\cdot7}-\cdots\right)\\&=-\frac{d}{\zeta d\zeta}\,\frac{\sin\zeta}{\zeta}.\end{aligned}\tag{16}$$

于是，由(2)式得

$$\phi=-C\int_0^\infty e^{-kx}J_0(k\tilde{\omega})\frac{d}{dk}\left(\frac{\sin ka}{k}\right)dk.\tag{17}$$

利用分部积分后，可由上式得出：当 $x=0$ 时，

$$-\left(\frac{\partial\phi}{\partial x}\right)_0=C\int_0^\infty J_0(k\tilde{\omega})\sin ka\,\frac{dk}{k}+C\tilde{\omega}\int_0^\infty J_0'(k\tilde{\omega})\sin ka\,dk.\tag{18}$$

上式右边前一个积分的结果已由(14)式给出，而后一个积分则可由前者对 $\tilde{\omega}$ 求导来计算. 于是，按照 $\tilde{\omega}\gtrless a$ 而分别有

$$-\left(\frac{\partial\phi}{\partial x}\right)_0=\frac{1}{2}\pi C\ \text{或}\ C\left(\sin^{-1}\frac{a}{\tilde{\omega}}-\frac{a}{\sqrt{\tilde{\omega}^2-a^2}}\right).\tag{19}$$

随之可知，若取 $C=(2/\pi)U$，那么(17)式就表示无限流体中、由一个薄圆盘以速度 U 垂直于其平面而运动时所引起的流体运动. 流体动能的表达式为

$$\begin{aligned}2T&=-\rho\iint\phi\frac{\partial\phi}{\partial n}dS=\pi\rho C^2\int_0^a\sqrt{a^2-\tilde{\omega}^2}\,2\pi\tilde{\omega}d\tilde{\omega}\\&=\frac{2}{3}\pi^2\rho a^3C^2,\end{aligned}$$

1) H. Weber, *Crelle*, lxxv.; Watson, p. 405. 并参看 *Proc. Lond. Math. Soc.* xxxiv. 282.

或即

$$2T = \frac{8}{3}\rho a^3 U^2. \tag{20}$$

因而，圆盘的有效惯性增大了 $2/\pi(=0.6366)$ 乘以与圆盘直径相同的一个流体球的质量．对这一问题的另一讨论见108节．

椭 球 谐 函 数

103. 在边界条件与回转椭球面相关的情况下求解

$$\nabla^2\phi = 0 \tag{1}$$

时，前述球谐函数法仍可适用[1]．

我们从讨论回转长椭球体的运动开始，并令

$$\left.\begin{aligned} &x = k\cos\theta\cosh\eta = k\mu\zeta,\ \ y = \tilde{\omega}\cos\omega,\ \ z = \tilde{\omega}\sin\omega, \\ &\text{其中}\qquad \tilde{\omega} = k\sin\theta\sinh\eta = k(1-\mu^2)^{\frac{1}{2}}(\zeta^2-1)^{\frac{1}{2}}. \end{aligned}\right\} \tag{2}$$

曲面 $\zeta=\text{const.}$ 和 $\mu=\text{const.}$ 分别为共焦回转椭球面和双叶回转双曲面，公焦点为 $(\pm k,0,0)$．ζ 值的范围可从1到∞，μ 值则在 ±1 之间．μ,ζ,ω 形成一个正交坐标系，而当 μ,ζ,ω 单独变化时，由点 (x,y,z) 所描出的线元 δs_μ，δs_ζ，δs_ω 之值为

$$\left.\begin{aligned} \delta s_\mu &= k\left(\frac{\zeta^2-\mu^2}{1-\mu^2}\right)^{\frac{1}{2}}\delta\mu, \\ \delta s_\zeta &= k\left(\frac{\zeta^2-\mu^2}{\zeta^2-1}\right)^{\frac{1}{2}}\delta\zeta, \\ \delta s_\omega &= k(1-\mu^2)^{\frac{1}{2}}(\zeta^2-1)^{\frac{1}{2}}\delta\omega. \end{aligned}\right\} \tag{3}$$

为了以现在所用的自变量来表示(1)式，可令穿过体元 $\delta s_\mu\,\delta s_\zeta\,\delta s_\omega$ 诸侧面的总通量为零而得

$$\frac{\partial}{\partial\mu}\left(\frac{\partial\phi}{\partial s_\mu}\delta s_\zeta\,\delta s_\omega\right)\delta\mu + \frac{\partial}{\partial\zeta}\left(\frac{\partial\phi}{\partial s_\zeta}\delta s_\mu\delta s_\omega\right)\delta\zeta + \frac{\partial}{\partial\omega}\left(\frac{\partial\phi}{\partial s_\omega}\delta s_\mu\delta s_\zeta\right)\delta\omega = 0;$$

---

1) Heine, "Ueber einige Aufgaben, welche auf partielle Differentialgleichungen führen", *Crelle*, xxvi. 185 (1843) 和 *Kugelfunctionen*, ii. Art. 38. 并见 Ferres, c.vi.

将(3)式代入后，得

$$\frac{\partial}{\partial\mu}\left\{(1-\mu^2)\frac{\partial\phi}{\partial\mu}\right\}+\frac{\partial}{\partial\zeta}\left\{(\zeta^2-1)\frac{\partial\phi}{\partial\zeta}\right\}$$

$$+\frac{\zeta^2-\mu^2}{(1-\mu^2)(\zeta^2-1)}\frac{\partial^2\phi}{\partial\omega^2}=0.$$

它也可写为

$$\frac{\partial}{\partial\mu}\left\{(1-\mu^2)\frac{\partial\phi}{\partial\mu}\right\}+\frac{1}{1-\mu^2}\frac{\partial^2\phi}{\partial\omega^2}$$

$$=\frac{\partial}{\partial\zeta}\left\{(1-\zeta^2)\frac{\partial\phi}{\partial\zeta}\right\}+\frac{1}{1-\zeta^2}\frac{\partial^2\phi}{\partial\omega^2}. \tag{4}$$

104. 如果从 $\mu=-1$ 到 $\mu=+1$ 和从 $\omega=0$ 到 $\omega=2\pi$ 时，ϕ 为 μ 和 ω 的一个有限函数，那么，它就可以用第 86 节(7)式那种类型的整数阶球面谐函数的级数来展开，其中各项的系数为 ζ 之函数. 代入(4)式后可表明，展开式中的每一项都必能各自满足(4)式. 首先取带谐函数项而令

$$\phi=P_n(\mu)\cdot Z. \tag{5}$$

将上式代入(4)式，并借助第 84 节(1)式后可得

$$\frac{d}{d\zeta}\left\{(1-\zeta^2)\frac{dZ}{d\zeta}\right\}+n(n+1)Z=0, \tag{6}$$

它与第 84 节(1)式具有同样形式. 因而我们得到

$$\phi=P_n(\mu)\cdot P_n(\zeta) \tag{7}$$

和

$$\phi=P_n(\mu)\cdot Q_n(\zeta). \tag{8}$$

上式中

$$Q_n(\zeta)=P_n(\zeta)\int_\zeta^\infty\frac{d\zeta}{\{P_n(\zeta)\}^2(\zeta^2-1)}$$

$$=\frac{1}{2}P_n(\zeta)\log\frac{\zeta+1}{\zeta-1}-\frac{2n-1}{1\cdot n}P_{n-1}(\zeta)$$

$$-\frac{2n-5}{3(n-1)}P_{n-3}(\zeta)-\cdots$$

$$=\frac{n!}{1\cdot3\cdots(2n+1)}\left\{\zeta^{-n-1}+\frac{(n+1)(n+2)}{2(2n+3)}\zeta^{-n-3}\right.$$

$$+\frac{(n+1)(n+2)(n+3)(n+4)}{2\cdot 4(2n+3)(2n+5)}\zeta^{-n-5}+\cdots\Big\}。\tag{9}$$[1]

(7)式所表示的解在 $\zeta=1$ 时为有限,因而适用于一个回转椭球体的内部空间;而(8)式则在 $\zeta=1$ 时为无穷大,但在 $\zeta=\infty$ 时为零,故适用于椭球体的外部区域. 作为公式(9)的几个特殊情况,有

$$Q_0(\zeta)=\frac{1}{2}\log\frac{\zeta+1}{\zeta-1},$$

$$Q_1(\zeta)=\frac{1}{2}\zeta\log\frac{\zeta+1}{\zeta-1}-1,$$

$$Q_2(\zeta)=\frac{1}{4}(3\zeta^2-1)\log\frac{\zeta+1}{\zeta-1}-\frac{3}{2}\zeta.$$

Q_n 中的定积分形式表明

$$P_n(\zeta)\frac{dQ_n(\zeta)}{d\zeta}-\frac{dP_n(\zeta)}{d\zeta}Q_n(\zeta)=\frac{1}{\zeta^2-1}.\tag{10}$$

与(7),(8)两式相对应的流函数的表达式可以很容易求得.为此,由第 94 节中的定义

$$\frac{\partial\phi}{\partial s_\zeta}=-\frac{1}{\varpi}\frac{\partial\psi}{\partial s_\mu},\qquad \frac{\partial\phi}{\partial s_\mu}=\frac{1}{\varpi}\frac{\partial\psi}{\partial s_\zeta},\tag{11}$$

有

$$\left.\begin{aligned}\frac{\partial\psi}{\partial\mu}&=-k(\zeta^2-1)\frac{\partial\phi}{\partial\zeta},\\ \frac{\partial\psi}{\partial\zeta}&=-k(1-\mu^2)\frac{\partial\phi}{\partial\mu}.\end{aligned}\right\}\tag{12}$$

因此,对应于(7)式,有

$$\frac{\partial\psi}{\partial\mu}=-k(\zeta^2-1)\frac{dP_n(\zeta)}{d\zeta}\cdot P_n(\mu)$$

---

1) Ferrers, c. v.; Todhunter, c. vi.; Forsyth, Arts. 96—99.

$$= \frac{k}{n(n+1)}(\zeta^2-1)\frac{dP_n(\zeta)}{d\zeta}$$

$$\cdot \frac{d}{d\mu}\left\{(1-\mu^2)\frac{dP_n(\mu)}{d\mu}\right\},$$

故

$$\psi = \frac{k}{n(n+1)}(1-\mu^2)\frac{dP_n(\mu)}{d\mu}\cdot(\zeta^2-1)\frac{dP_n(\zeta)}{d\zeta}. \quad (13)$$

由(12)式中的第二个方程当然也可以得到同样的结果.

用同样方法,可得对应于(8)式之流函数为

$$\psi = \frac{k}{n(n+1)}(1-\mu^2)\frac{dP_n(\mu)}{d\mu}\cdot(\zeta^2-1)\frac{dQ_n(\zeta)}{d\zeta}. \quad (14)$$

105. 我们可以应用上述结论来讨论一个卵巢形椭球体沿其轴线在无限液体中运动时的情形. 椭球坐标系要取得使所考虑的椭球面是前述共焦族中的一个,设它为 $\zeta=\zeta_0$. 与 103 节(2)式比较后可看出,若 a 和 c 为椭球之极半径和赤道半径, e 为其子午截面的离心率,则必有

$$k = ae,\quad \zeta_0 = \frac{1}{e},\quad k(\zeta^2-1)^{\frac{1}{2}} = c.$$

表面条件由第 97 节(1)式给出,即,在 $\zeta=\zeta_0$ 上,必须有

$$\psi = -\frac{1}{2}Uk^2(1-\mu^2)(\zeta^2-1)+\text{const.}. \quad (1)$$

所以我们就在 104 节(14)式中取 $n=1$,并引入一个待定因子 A,而有

$$\psi = \frac{1}{2}Ak(1-\mu^2)(\zeta^2-1)\left\{\frac{1}{2}\log\frac{\zeta+1}{\zeta-1}-\frac{\zeta}{\zeta^2-1}\right\}. \quad (2)$$

上式中的 A 则应为

$$A = Uk\div\left\{\frac{\zeta_0}{\zeta_0^2-1}-\frac{1}{2}\log\frac{\zeta_0+1}{\zeta_0-1}\right\}$$

$$= Ua\div\left\{\frac{1}{1-e^2}-\frac{1}{2e}\log\frac{1+e}{1-e}\right\}. \quad (3)$$

相应的速度势为

$$\phi = A\mu\left\{\frac{1}{2}\zeta\log\frac{\zeta+1}{\zeta-1}-1\right\}. \qquad (4)$$

流体的动能以及由流体所引起的惯性系数* 可由第 94 节(5)式而立即求出.

106. 在非轴对称的情况下,若 ϕ 为 μ 和 ω 的田谐函数或扇谐函数,则 $\nabla^2\phi=0$ 之解可由与前面类似的方法而求得为具有以下形式:

$$\phi = P_n^s(\mu)\cdot P_n^s(\zeta)\left.\begin{matrix}\cos\\ \sin\end{matrix}\right\}s\omega, \qquad (1)$$

$$\phi = P_n^s(\mu)\cdot Q_n^s(\zeta)\left.\begin{matrix}\cos\\ \sin\end{matrix}\right\}s\omega. \qquad (2)$$

上式中,与第 86 节相同的是

$$P_n^s(\mu) = (1-\mu^2)^{\frac{1}{2}s}\frac{d^sP_n(\mu)}{d\mu^s}, \qquad (3)$$

但为避免出现虚数而取

$$P_n^s(\zeta) = (\zeta^2-1)^{\frac{1}{2}s}\frac{d^sP_n(\zeta)}{d\zeta^s}, \qquad (4)$$

$$Q_n^s(\zeta) = (\zeta^2-1)^{\frac{1}{2}s}\frac{d^sQ_n(\zeta)}{d\zeta^s}. \qquad (5)$$

可以证明

$$Q_n^s(\zeta) = (-)^s\frac{(n+s)!}{(n-s)!}P_n^s(\zeta)\int_\zeta^\infty\frac{d\zeta}{\{P_n^s(\zeta)\}^2(\zeta^2-1)}; \qquad (6)$$

由之可知

$$P_n^s(\zeta)\frac{dQ_n^s(\zeta)}{d\zeta}-\frac{dP_n^s(\zeta)}{d\zeta}Q_n^s(\zeta)$$

$$=(-)^{s+1}\frac{(n+1)!}{(n-1)!}\frac{1}{\zeta^2-1}. \qquad (7)$$

作为例子,我们来计算一个卵巢形椭球体沿其赤道平面中的

* 指有效惯性的增大值,现在的常用叫法是附加质量. ——译者注

一个轴线(设为 O_y)运动时和绕该轴线转动时的两种情况.

1° 在前一种情况中，表面条件为：在 $\zeta=\zeta_0$ 处,有

$$\frac{\partial\phi}{\partial\zeta}=-V\frac{\partial y}{\partial\zeta},$$

其中 V 为椭球体的平移速度. 上式也就是

$$\frac{\partial\phi}{\partial\zeta}=-V\frac{k\zeta_0}{(\zeta_0^2-1)^{\frac{1}{2}}}(1-\mu^2)^{\frac{1}{2}}\cos\omega. \tag{8}$$

它可由令(2)式中 $n=1$ 和 $s=1$ 而满足,即

$$\phi=A(1-\mu^2)^{\frac{1}{2}}(\zeta^2-1)^{\frac{1}{2}}\left\{\frac{1}{2}\log\frac{\zeta+1}{\zeta-1}-\frac{\zeta}{\zeta^2-1}\right\}\cos\omega, \tag{9}$$

式中常数 A 则由下式给出:

$$A\left\{\frac{1}{2}\log\frac{\zeta_0+1}{\zeta_0-1}-\frac{\zeta_0^2-2}{\zeta_0(\zeta_0^2-1)}\right\}=-kV. \tag{10}$$

2° 在绕 Oy 轴转动的情况中，若 Ω_y 为角速度,则在 $\zeta=\zeta_0$ 处必须有

$$\frac{\partial\phi}{\partial\zeta}=-\Omega_y\left(z\frac{\partial x}{\partial\zeta}-x\frac{\partial z}{\partial\zeta}\right),$$

或即

$$\frac{\partial\phi}{\partial\zeta}=k^2\Omega_y\frac{1}{(\zeta_0^2-1)^{\frac{1}{2}}}\mu(1-\mu^2)^{\frac{1}{2}}\sin\omega. \tag{11}$$

令(2)式中 $n=2$, $s=1$,可得

$$\phi=A\mu(1-\mu^2)^{\frac{1}{2}}(\zeta^2-1)^{\frac{1}{2}}\left\{\frac{3}{2}\zeta\log\frac{\zeta+1}{\zeta-1}-3-\frac{1}{\zeta^2-1}\right\}\sin\omega; \tag{12}$$

其中常数 A 可由与(11)式相比较而定出.

107. 如回转椭球体是扁形的(或称‘行星形的’),则适用的坐标系由以下诸式给出:

$$\left.\begin{aligned}x&=k\cos\theta\sinh\eta=k\mu\zeta,\ y=\tilde{\omega}\cos\omega,\ z=\tilde{\omega}\sin\omega,\\ \tilde{\omega}&=k\sin\theta\cosh\eta=k(1-\mu^2)^{\frac{1}{2}}(\zeta^2+1)^{\frac{1}{2}},\end{aligned}\right\} \tag{1}$$

其中

ζ 的变化范围可由 0 到 ∞（或者，在某些应用中由 $-\infty$ 经过 0 到 $+\infty$），μ 则在 ± 1 之间. 二次曲面 $\zeta = \text{const.}$ 和 $\mu = \text{const.}$ 为具有公焦圆 $x = 0$，$\tilde{\omega} = k$ 的行星形椭球面和单叶回转双曲面. 其中，椭球面 $\zeta = 0$ 与平面 $x = 0$ 上 $\tilde{\omega} < k$ 的部分相重合，而双曲面 $\mu = 0$ 则与平面 $x = 0$ 上其余部分相重合，是两个极限情况.

应用和以前相同的记号，可得

$$\left.\begin{aligned}
\delta s_\mu &= k \left(\frac{\zeta^2 + \mu^2}{1 - \mu^2}\right)^{\frac{1}{2}} \delta \mu, \\
\delta s_\zeta &= k \left(\frac{\zeta^2 + \mu^2}{\zeta^2 + 1}\right)^{\frac{1}{2}} \delta \zeta, \\
\delta s_\omega &= k (1 - \mu^2)^{\frac{1}{2}} (\zeta^2 + 1)^{\frac{1}{2}} \delta \omega;
\end{aligned}\right\} \tag{2}$$

而连续性方程成为

$$\frac{\partial}{\partial \mu}\left\{(1 - \mu^2)\frac{\partial \phi}{\partial \mu}\right\} + \frac{\partial}{\partial \zeta}\left\{(\zeta^2 + 1)\frac{\partial \phi}{\partial \zeta}\right\}$$
$$+ \frac{\zeta^2 + \mu^2}{(1 - \mu^2)(\zeta^2 + 1)}\frac{\partial^2 \phi}{\partial \omega^2} = 0,$$

或即

$$\frac{\partial}{\partial \mu}\left\{(1 - \mu^2)\frac{\partial \phi}{\partial \mu}\right\} + \frac{1}{1 - \mu^2}\frac{\partial^2 \phi}{\partial \omega^2}$$
$$= -\frac{\partial}{\partial \zeta}\left\{(\zeta^2 + 1)\frac{\partial \phi}{\partial \zeta}\right\} + \frac{1}{\zeta^2 + 1}\frac{\partial^2 \phi}{\partial \omega^2}. \tag{3}$$

如果把上式中 ζ 换成 $i\zeta$，那么上式就变得和 103 节(4)式的形式相同了，这种对应关系将贯穿于后面的一些公式中.

当流动对称于回转轴时，有以下形式的解:

$$\phi = P_n(\mu) \cdot p_n(\zeta), \tag{4}$$

和

$$\phi = P_n(\mu) \cdot q_n(\zeta), \tag{5}$$

其中

$$p_n(\zeta) = \frac{1 \cdot 3 \cdot 5 \cdots (2n - 1)}{n!}\left\{\zeta^n + \frac{n(n - 1)}{2(2n - 1)}\zeta^{n-2}\right.$$

$$+\frac{n(n-1)(n-2)(n-3)}{2\cdot 4(2n-1)(2n-3)}\zeta^{n-4}+\cdots\Big\},\qquad(6)$$

$$q_n(\zeta)=p_n(\zeta)\int_\zeta^\infty\frac{d\zeta}{\{p_n(\zeta)\}^2(\zeta^2+1)}$$

$$=(-)^n\Big\{p_n(\zeta)\cot^{-1}\zeta-\frac{2n-1}{1\cdot n}p_{n-1}(\zeta)$$

$$+\frac{2n-5}{3(n-1)}p_{n-2}(\zeta)-\cdots\Big\}$$

$$=\frac{n!}{1\cdot 3\cdot 5\cdots(2n+1)}\Big\{\zeta^{-n-1}-\frac{(n+1)(n+2)}{2(2n+3)}\zeta^{-n-3}$$

$$+\frac{(n+1)(n+2)(n+3)(n+4)}{2\cdot 4(2n+3)(2n+5)}\zeta^{-n-5}-\cdots\Big\},$$

$$(7)$$

但展开式(7)仅当 $\zeta>1$ 时才收敛[1]. 和以前所述一样,(4)式所表示的解适用于椭球面 $\zeta=\text{const.}$ 的内部区域，而(5)式则适用于其外部空间.

我们可注意到

$$p_n(\zeta)\frac{dq_n(\zeta)}{d\zeta}-\frac{dp_n(\zeta)}{d\zeta}q_n(\zeta)=-\frac{1}{\zeta^2-1}.\qquad(8)$$

作为(7)式的特殊情况,我们有

$$q_0(\zeta)=\cot^{-1}\zeta,\quad q_1(\zeta)=1-\zeta\cot^{-1}\zeta,$$

$$q_2(\zeta)=\frac{1}{2}(3\zeta^2+1)\cot^{-1}\zeta-\frac{3}{2}\zeta.$$

对应于(4)式和(5)式的流函数分别为

$$\psi=\frac{k}{n(n+1)}(1-\mu^2)\frac{dP_n(\mu)}{d\mu}\cdot(\zeta^2+1)\frac{dp_n(\zeta)}{d\zeta},\qquad(9)$$

和

$$\psi=\frac{k}{n(n+1)}(1-\mu^2)\frac{dP_n(\mu)}{d\mu}\cdot(\zeta^2+1)\frac{dq_n(\zeta)}{d\zeta}.\qquad(10)$$

1）104 节所提到的参考书中的说明对读者较易理解.

108. 1° 107 节(5)式中最简单的情况是 $n=0$，即

$$\phi = A\cot^{-1}\zeta, \tag{1}$$

ζ 的变化范围设为由 $-\infty$ 到 $+\infty$. 上节(10)式现已成为不确定的形式，但我们可用 104 节中的方法而得到

$$\phi = Ak\mu, \tag{2}$$

μ 的变化范围为由 0 到 1. 这一解表示流体穿过无限平面薄壁上的一个圆孔时的情形，圆孔为 yz 平面上 $\tilde{\omega} < k$ 的部分. 因在 $x=0$ 处，$k\mu = (k^2 - \tilde{\omega}^2)^{\frac{1}{2}}$，故圆孔上（$\zeta = 0$）各点的速度为

$$u = -\frac{1}{\tilde{\omega}}\frac{\partial\phi}{\partial\tilde{\omega}} = \frac{A}{(k^2 - \tilde{\omega}^2)^{\frac{1}{2}}}.$$

因而圆孔边缘处之速度为无穷大. 试与 102 节 3° 相比较.

2° 一个行星形椭球体（$\zeta = \zeta_0$）以速度 U 沿其轴线在无限液体中运动时所引起的流体运动由下式给出：

$$\left.\begin{aligned} \phi &= A\mu(1 - \zeta\cot^{-1}\zeta), \\ \psi &= \frac{1}{2}Ak(1-\mu^2)(\zeta^2+1)\left\{\frac{\zeta}{\zeta^2+1} - \cot^{-1}\zeta\right\}; \end{aligned}\right\} \tag{3}$$

式中
$$A = -kU \div \left\{\frac{\zeta_0}{\zeta_0^2+1} - \cot^{-1}\zeta_0\right\}.$$

如以 a 和 c 表示椭球体的极半径和赤道半径，e 表示其子午截面的离心率，则有

$$a = k\zeta_0, \quad c = k(\zeta_0^2+1)^{\frac{1}{2}}, \quad e = (\zeta_0^2+1)^{-\frac{1}{2}}.$$

所以，用这些量来表示的 A 为

$$A = -Uc \div \left\{(1-e^2)^{\frac{1}{2}} - \frac{1}{e}\sin^{-1}e\right\}. \tag{4}$$

流线的形状已示于本节附图中，其中 ψ 值取为等差. 参看第 71 节之 3°.

最使人感兴趣的是一个圆盘的运动，这时 $e=1$，$A = 2Uc/\pi$. 圆盘两个侧面上的 ϕ 值由(3)式给出为 $\pm A\mu$，亦即 $\pm A(1 - \tilde{\omega}^2/c^2)^{\frac{1}{2}}$；法向速度分量为 $\pm U$. 故由第 44 节(4)式得

$$2T = \frac{8}{3}\rho c^3 U^2, \tag{5}$$

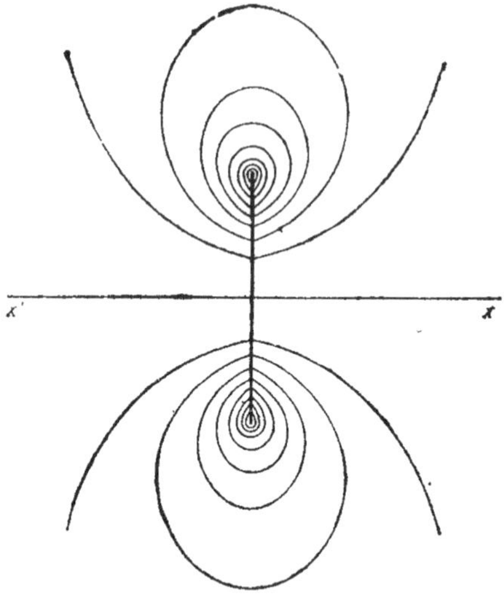

与 102 节(20)式相同。

109. 107 节(3)式之解用田谐函数表示时为

$$\phi = P_n^s(\mu)\cdot p_n^s(\zeta)\left.\begin{matrix}\cos\\ \sin\end{matrix}\right\} s\omega, \tag{1}$$

和

$$\phi = P_n^s(\mu)\cdot q_n^s(\zeta)\left.\begin{matrix}\cos\\ \sin\end{matrix}\right\} s\omega; \tag{2}$$

其中

$$P_n^s(\zeta) = (\zeta^2+1)^{\frac{1}{2}s}\frac{d^s p_n(\zeta)}{d\zeta^s}, \tag{3}$$

$$q_n^s(\zeta) = (\zeta^2+1)^{\frac{1}{2}s}\frac{d^s q_n(\zeta)}{d\zeta^s}$$

$$= (-)^s\frac{(n+s)!}{(n-s)!}p_n^s(\zeta)\cdot\int_\zeta^\infty\frac{d\zeta}{\{p_n^s(\zeta)\}^2(\zeta^2+1)}. \tag{4}$$

这些函数具有以下性质：

$$p_n^s(\zeta)\frac{dq_n^s(\zeta)}{d\zeta} - \frac{dp_n^s(\zeta)}{d\zeta}q_n^s(\zeta) = (-)^{s+1}\frac{(n+s)!}{(n-s)!}\frac{1}{\zeta^2+1}. \tag{5}$$

我们可像 108 节那样来应用上述结果。

1° 当一个行星形椭球体（$\zeta=\zeta_0$）沿 y 轴运动时，有 $n=1$，$s=1$，故

$$\phi = A(1-\mu^2)^{\frac{1}{2}}(\zeta^2+1)^{\frac{1}{2}}\left\{\frac{\zeta}{\zeta^2+1} - \cot^{-1}\zeta\right\}\cos\omega. \tag{6}$$

边界条件为：在 $\zeta=\zeta_0$ 上，

$$\frac{\partial\phi}{\partial\zeta}=-V\frac{\partial y}{\partial\zeta},$$

式中V为椭球体的速度．它给出

$$A\left\{\frac{\zeta_0^2+2}{\zeta_0(\zeta_0^2+1)}-\cot^{-1}\zeta_0\right\}=-kV. \tag{7}$$

如固体为一圆盘（$\zeta_0=0$），就得出$A=0$的预期结果．

2° 如行星形椭球体以角速度Ω_y绕y轴转动，则取$n=2$，$s=1$，有

$$\phi=A\mu(1-\mu^2)^{\frac{1}{2}}(\zeta^2+1)^{\frac{1}{2}}\left\{3\zeta\cot^{-1}\zeta-3+\frac{1}{\zeta^2+1}\right\}\sin\omega, \tag{8}$$

以及表面条件

$$\begin{aligned}\frac{\partial\phi}{\partial\zeta}&=-\Omega_y\left(z\frac{\partial x}{\partial\zeta}-x\frac{\partial z}{\partial\zeta}\right)\\&=-\frac{k^2\Omega_y}{(\zeta_0^2+1)^{\frac{1}{2}}}\mu(1-\mu^2)^{\frac{1}{2}}\sin\omega.\end{aligned} \tag{9}$$

对于圆盘（$\zeta_0=0$），上式给出

$$\frac{3}{2}\pi A=-k^2\Omega_y.$$

在圆盘的两个侧面上，可得

$$\begin{aligned}\phi&=\mp 2A\mu(1-\mu^2)^{\frac{1}{2}}\sin\omega,\\\frac{\partial\phi}{\partial n}&=\mp k\Omega_y(1-\mu^2)^{\frac{1}{2}}\sin\omega.\end{aligned} \tag{10}$$

代入公式

$$2T=-\rho\iint\phi\frac{\partial\phi}{\partial n}\tilde{\omega}d\tilde{\omega}d\omega$$

后，得

$$2T=\frac{16}{45}\rho c^5\Omega_y^2. \tag{11}$$ [1]

---

1) 以现用坐标来表示的一些其它解可见 Nicholson, *Phil. Trans*. A ccxxiv. 49 (1924).

110. 当问题与三个轴不等长的椭球面相关时，可以应用更为普遍的椭球谐函数——通常称为“Lamé 函数”[1]。我们不对这类函数作正规的阐述，而只是从流体动力学中的应用着眼，来探讨方程

$$\nabla^2\phi = 0 \tag{1}$$

在椭球坐标系中的某些解，它们类似于一阶和二阶球谐函数。

先探讨液体充满于一个椭球形外壳内的情况比较方便，这类问题可立即用笛卡儿坐标系来处理。

如外壳沿 x 轴以速度 U 运动，则外壳所包含的流体就像一个固体那样运动，速度势就简单地为 $\phi = -Ux$。

其次，设外壳绕其一个主轴（设为 x 轴）以角速度 Ω_x 而旋转。如流体表面的方程为

$$\frac{x^2}{a^2} + \frac{y^2}{b^2} + \frac{z^2}{c^2} = 1, \tag{2}$$

则表面条件为

$$-\frac{x}{a^2}\frac{\partial\phi}{\partial x} - \frac{y}{b^2}\frac{\partial\phi}{\partial y} - \frac{z}{c^2}\frac{\partial\phi}{\partial z} = -\frac{y}{b^2}\Omega_x z + \frac{z}{c^2}\Omega_x y.$$

我们因而假定

$$\phi = Ayz,$$

它很明显是(1)式的一个解。再由上述表面条件定出常数 A 后，就得到

$$\phi = -\frac{b^2 - c^2}{b^2 + c^2}\Omega_x \cdot yz.$$

因此，如外壳的中心以分量为 U, V, W 的速度作运动，同时，外壳还以角速度 Ω_x，Ω_y，Ω_z 绕其三个主轴而旋转，则用叠加的

---

1) 见(例如) Ferrers, *Spherical Harmonics*, c. vi; W. D. Niven, *Phil. Trans.* A, clxxxii. 182 (1891) 和 *Proc. Roy. Soc.* A, lxxix. 458(1906); Poincaré, *Figures d'Équilibre d'une Masse Fluide*, Paris, 1902, c. vi; Darwin, *Phil. Trans.* A, cxcvii. 461 (1901) [*Scientific Papers*, Cambridge, 1907—11, iii. 186]; Whittaker and Watson, c. xxiii. 这一理论的概述由 Wangerin 给出，见第 81 节第一个脚注中引文。

方法可得[1]

$$\phi = -Ux - Vy - Wz - \frac{b^2 - c^2}{b^2 + c^2}\Omega_x yz - \frac{c^2 - a^2}{c^2 + a^2}\Omega_y zx - \frac{a^2 - b^2}{a^2 + b^2}\Omega_z xy. \tag{3}$$

我们的讨论还可包括进外壳正在改变其形状、但仍保持为椭球形的情况．如果只是(2)式中的三个轴长分别以速率 $\dot{a}$, $\dot{b}$, $\dot{c}$ 而变化，则第 9 节中普遍边界条件(3)式的形式就成为

$$\frac{x^2}{a^3}\dot{a} + \frac{y^2}{b^3}\dot{b} + \frac{z^2}{c^3}\dot{c} + \frac{x}{a^2}\frac{\partial\phi}{\partial x} + \frac{y}{b^2}\frac{\partial\phi}{\partial y} + \frac{z}{c^2}\frac{\partial\phi}{\partial z} = 0. \tag{4}$$

它可由下式满足[2]:

$$\phi = -\frac{1}{2}\left(\frac{\dot{a}}{a}x^2 + \frac{\dot{b}}{b}y^2 + \frac{\dot{c}}{c}z^2\right). \tag{5}$$

(1)式要求

$$\frac{\dot{a}}{a} + \frac{\dot{b}}{b} + \frac{\dot{c}}{c} = 0. \tag{6}$$

事实上，它也就是正在变形的椭球形外壳为保持其内部容积

$$\left(\frac{4}{3}\pi abc\right)$$

不变而必须满足的条件．

111. 为求解无限流体在内部有一个椭球体的问题，要应用特殊的正交曲线坐标系．

---

1) 这一结果似由 Beltrami, Bjerknes 和 Maxwell 于 1873 年各自独立地发表的．见 Hicks, "Report on Recent Progress in Hydrodynamics", *Brit. Ass. Rep.*, 1882 以及 Kelvin, *Papers*, iv. 197 中脚注．

2) C. A. Bjerknes, "Verallgemeinerung des Problems von den Bewegungen, welche in einer ruhenden unelastischen Flüssigkeit die Bewegung eines Ellipsoids hervorbringt", *Göttinger Nachrichten*, 1873, pp. 448, 449.

若 x, y, z 为三个参变数 λ, μ, ν 的函数，且曲面

$$\lambda = \text{const}, \quad \mu = \text{const}, \quad \nu = \text{const} \tag{1}$$

相互正交，则若写出

$$\left.\begin{aligned} \frac{1}{h_1^2} &= \left(\frac{\partial x}{\partial \lambda}\right)^2 + \left(\frac{\partial y}{\partial \lambda}\right)^2 + \left(\frac{\partial z}{\partial \lambda}\right)^2, \\ \frac{1}{h_2^2} &= \left(\frac{\partial x}{\partial \mu}\right)^2 + \left(\frac{\partial y}{\partial \mu}\right)^2 + \left(\frac{\partial z}{\partial \mu}\right)^2, \\ \frac{1}{h_3^2} &= \left(\frac{\partial x}{\partial \nu}\right)^2 + \left(\frac{\partial y}{\partial \nu}\right)^2 + \left(\frac{\partial z}{\partial \nu}\right)^2, \end{aligned}\right\} \tag{2}$$

那么，通过点 (x, y, z) 的三个曲面在该点处的法线的方向余弦就分别为

$$\left.\begin{aligned} &\left(h_1 \frac{\partial x}{\partial \lambda},\ h_1 \frac{\partial y}{\partial \lambda},\ h_1 \frac{\partial z}{\partial \lambda}\right), \\ &\left(h_2 \frac{\partial x}{\partial \mu},\ h_2 \frac{\partial y}{\partial \mu},\ h_2 \frac{\partial z}{\partial \mu}\right), \\ &\left(h_3 \frac{\partial x}{\partial \nu},\ h_2 \frac{\partial y}{\partial \nu},\ h_3 \frac{\partial z}{\partial \nu}\right). \end{aligned}\right\} \tag{3}$$

而且在这三个法线方向上的线元之长为

$$\delta\lambda/h_1, \quad \delta\mu/h_2, \quad \delta\nu/h_3.$$

因此，如 ϕ 为流体运动的速度势，则流入由 $\lambda \pm \frac{1}{2}\delta\lambda$，$\mu \pm \frac{1}{2}\delta\mu$，$\nu \pm \frac{1}{2}\delta\nu$ 六个面所围圈的直角平行六面体空间的总通量为

$$\frac{\partial}{\partial \lambda}\left(h_1 \frac{\partial \phi}{\partial \lambda} \cdot \frac{\delta\mu}{h_2} \cdot \frac{\delta\nu}{h_3}\right)\delta\lambda + \frac{\partial}{\partial \mu}\left(h_2 \frac{\partial \phi}{\partial \mu} \cdot \frac{\delta\nu}{h_3} \cdot \frac{\delta\lambda}{h_1}\right)\delta\mu$$

$$+ \frac{\partial}{\partial \nu}\left(h_3 \frac{\partial \phi}{\partial \nu} \cdot \frac{\delta\lambda}{h_1} \cdot \frac{\delta\mu}{h_2}\right)\delta\nu.$$

由第 42 节(3)式得知，上面的总通量应等于 $\nabla^2\phi$ 乘以直角平行六

面体空间的体积 $\dfrac{\delta\lambda\delta\mu\delta\nu}{h_1h_2h_3}$. 故得[1]

$$\nabla^2\phi = h_1h_2h_3\left\{\frac{\partial}{\partial\lambda}\left(\frac{h_1}{h_2h_3}\frac{\partial\phi}{\partial\lambda}\right)+\frac{\partial}{\partial\mu}\left(\frac{h_2}{h_3h_1}\frac{\partial\phi}{\partial\mu}\right)\right.$$

$$\left.+\frac{\partial}{\partial\nu}\left(\frac{h_3}{h_1h_2}\frac{\partial\phi}{\partial\nu}\right)\right\}. \tag{4}$$

令上式为零,就得到正交曲线坐标系中连续性方程的普遍式;其中某些特殊情况已在第 83,103,107 诸节中探讨过.

三重正交曲面系的理论在数学上很引人入胜,有着许多有趣而漂亮的公式. 我们可以提一下,如果把 λ, μ, ν 视为 x, y, z 的函数,那么上面所提到过的三个线元的方向余弦也可被表示为

$$\left.\begin{array}{l}\left(\dfrac{1}{h_1}\dfrac{\partial\lambda}{\partial x},\ \dfrac{1}{h_1}\dfrac{\partial\lambda}{\partial y},\ \dfrac{1}{h_1}\dfrac{\partial\lambda}{\partial z}\right),\\ \left(\dfrac{1}{h_2}\dfrac{\partial\mu}{\partial x},\ \dfrac{1}{h_2}\dfrac{\partial\mu}{\partial y},\ \dfrac{1}{h_2}\dfrac{\partial\mu}{\partial z}\right),\\ \left(\dfrac{1}{h_3}\dfrac{\partial\nu}{\partial x},\ \dfrac{1}{h_3}\dfrac{\partial\nu}{\partial y},\ \dfrac{1}{h_3}\dfrac{\partial\nu}{\partial z}\right);\end{array}\right\} \tag{5}$$

从上式和(3)式,可以推导出许多饶有兴味的关系式. 但对我们目前而言,本节中所给出的那些公式已经足够了.

112. 在我们现在所要讨论的应用中,三重正交坐标系是由共焦二次曲面

$$\frac{x^2}{a^2+\theta}+\frac{y^2}{b^2+\theta}+\frac{z^2}{c^2+\theta}-1=0 \tag{1}$$

---

1) 这一方法由 W. Thomson 在一篇文章中给出,见 "On the equations of Motion of Heat referred to Curvilinear Coordinates", *Camb. Math. Journ.*, iv. 179 (1843) [*Papers*, i. 25]. 还可参看 Jacobi, "Ueber eine particuläre Lösung der partiellen Differentialgleichung……," *Crelle*, xxxvi. 113 (1847) [*Werke*, ii. 198].

把 $\nabla^2\phi$ 变换到普遍的正交坐标系是首先由Lamé 实现的,见Lamé, "Sur les lois de l'équilibre du fluide éthéré", *Journ. de l'École Polyt.*, xiv. 191(1834). 还可看 Lamé, *Leçons sur les Coordonnées Curvilignes*, Paris, 1859, p. 22.

所组成的，它们的性质在立体几何学的书中有所解释。对任一给定点 (x,y,z)，都有曲面系中的三个曲面通过该点，这三个曲面对应于把(1)式看作是 θ 的三次方程时的三个根。如设(我们将在大多数情况下作这样的假定) $a>b>c$，则三个根中的一个(设为 λ)的变化范围在 ∞ 到 $-c^2$ 之间，另一个(μ)在 $-c^2$ 和 $-b^2$ 之间，第三个(ν)在 $-b^2$ 到 $-a^2$ 之间。故 θ 取 λ,μ,ν 时之曲面分别为椭球面、单叶双曲面和双叶双曲面。

由 λ,μ,ν 的定义可知，对所有的 θ 值，下面的恒等式都能成立：

$$\frac{x^2}{a^2+\theta}+\frac{y^2}{b^2+\theta}+\frac{z^2}{c^2+\theta}-1=\frac{(\lambda-\theta)(\mu-\theta)(\nu-\theta)}{(a^2+\theta)(b^2+\theta)(c^2+\theta)}. \tag{2}$$

因此，以 $a^2+\theta$ 乘上式两边，然后令 $\theta=-a^2$，可得以下方程组中的第一个方程：

$$\left.\begin{aligned} x^2&=\frac{(a^2+\lambda)(a^2+\mu)(a^2+\nu)}{(a^2-b^2)(a^2-c^2)},\\ y^2&=\frac{(b^2+\lambda)(b^2+\mu)(b^2+\nu)}{(b^2-c^2)(b^2-a^2)},\\ z^2&=\frac{(c^2+\lambda)(c^2+\mu)(c^2+\nu)}{(c^2-a^2)(c^2-b^2)}. \end{aligned}\right\} \tag{3}$$

它们给出

$$\frac{\partial x}{\partial\lambda}=\frac{1}{2}\frac{x}{a^2+\lambda},\quad \frac{\partial y}{\partial\lambda}=\frac{1}{2}\frac{y}{b^2+\lambda},\quad \frac{\partial z}{\partial\lambda}=\frac{1}{2}\frac{z}{c^2+\lambda}, \tag{4}$$

于是，对于111节(2)式中的记号可得

$$\frac{1}{h_1^2}=\frac{1}{4}\left\{\frac{x^2}{(a^2+\lambda)^2}+\frac{y^2}{(b^2+\lambda)^2}+\frac{z^2}{(c^2+\lambda)^2}\right\}. \tag{5}$$

再把本节(2)式对 θ 求导，然后令 $\theta=\lambda$，我们可以导出下面三个关系式中的第一式：

$$
\left.\begin{aligned}
h_1^2 &= 4\,\frac{(a^2+\lambda)(b^2+\lambda)(c^2+\lambda)}{(\lambda-\mu)(\lambda-\nu)},\\
h_2^2 &= 4\,\frac{(a^2+\mu)(b^2+\mu)(c^2+\mu)}{(\mu-\nu)(\mu-\lambda)},\\
h_3^2 &= 4\,\frac{(a^2+\nu)(b^2+\nu)(c^2+\nu)}{(\nu-\lambda)(\nu-\mu)}.
\end{aligned}\right\} \tag{6}
$$

(3)式和(6)式中的另外两个关系式则是根据对称性而写出的[1]。

代入 111 节(4)式后，可得[2]

$$
\begin{aligned}
\nabla^2\phi = \frac{4}{(\mu-\nu)(\nu-\lambda)(\lambda-\mu)}\Big[&(\mu-\nu)\\
&\times\left\{(a^2+\lambda)^{\frac12}(b^2+\lambda)^{\frac12}(c^2+\lambda)^{\frac12}\frac{\partial}{\partial\lambda}\right\}^2\\
&+(\nu-\lambda)\left\{(a^2+\mu)^{\frac12}(b^2+\mu)^{\frac12}(c^2+\mu)^{\frac12}\frac{\partial}{\partial\mu}\right\}^2\\
&+(\lambda-\mu)\left\{(a^2+\nu)^{\frac12}(b^2+\nu)^{\frac12}(c^2+\nu)^{\frac12}\frac{\partial}{\partial\nu}\right\}^2\Big]\phi.
\end{aligned} \tag{7}
$$

113. 对于变换后的方程 $\nabla^2\phi=0$，最早出现的特解是 ϕ 仅为 λ,μ,ν 中一个自变量的函数．若

$$
(a^2+\lambda)^{\frac12}(b^2+\lambda)^{\frac12}(c^2+\lambda)^{\frac12}\frac{d\phi}{d\lambda}=\text{const.},
$$

则 ϕ 可仅为 λ 的函数．于是

$$
\phi = C\int_\lambda^\infty \frac{d\lambda}{\Delta}, \tag{1}
$$

其中
$$
\Delta = \{(a^2+\lambda)(b^2+\lambda)(c^2+\lambda)\}^{\frac12}, \tag{2}
$$
而 ϕ 中的附加常数则被取为使 ϕ 在 $\lambda=\infty$时为零了。

在这一与球谐函数 $\phi=A/r$ 相对应的解中，等势面为共焦

---

1) 应注意到，h_1, h_2 和 h_3 为原点到三个二次曲面 λ,μ,ν 之切平面的垂线长的两倍。

2) 参看 Lamé, "Sur les surfaces isothermes dans les corps solides homogéns en équilibre de température", *Liouville*, ii. 147 (1837).

椭球面，其中任何一个椭球面（例如 $\lambda=0$）外部空间中的流体运动可视为由简单源在这一椭球面上的某种排列而引起的．任一点处的速度为

$$-h_1\frac{d\phi}{d\lambda}=C\frac{h_1}{\Delta}. \tag{3}$$

在距原点很远处，椭球面 λ 变成半径为 $\lambda^{\frac{1}{2}}$ 的圆球面，而速度也就最终将等于 $2C/r^2$（r 为到原点的距离）．在任一特定的等势面 λ 上，速度正比于从原点到切平面的垂线之长．

为求出源在椭球面 $\lambda=0$ 上的分布以使外部空间能产生与实际相同的流动，我们把第58节(11)式中的 ϕ 取为(1)式，并把 ϕ'（它表示内部空间的流动）取为常数

$$\phi'=C\int_0^\infty\frac{d\lambda}{\Delta}, \tag{4}$$

可得所求源分布的面密度为

$$\frac{C}{abc}h_1. \tag{5}$$

解式(1)也可被解释为由于一个椭球体的体积在变化而引起的流动，这一椭球体在体积变化时保持其表面形状与原来相似，并保持其主轴的方向不变．即如令

$$\frac{\dot{a}}{a}=\frac{\dot{b}}{b}=\frac{\dot{c}}{c}=k,$$

表面条件 110 节(4)式就成为

$$-\frac{\partial\phi}{\partial n}=\frac{1}{2}kh_1,$$

而如在(3)式中取 $\lambda=0$ 和 $C=\frac{1}{2}kabc$，则上式就与(3)式相同．

(5) 式的一个特殊情况是源分布在一个**椭圆形盘面** $\lambda=-c^2$（因而该处 $z^2=0$）上．它在静电理论中是个重要的情况，但从我们的角度来看，兴趣只在把它应用于流体穿过一个**椭圆形孔口**时的流动．如在 xy 平面上，除椭圆

$$\frac{x^2}{a^2}+\frac{y^2}{b^2}=1,\quad z=0$$

所围圈的部分以外,都由一个刚性薄隔板所占据,则在前面的公式中取 $c=0$,可有

$$\phi=\mp A\int_0^\lambda\frac{d\lambda}{(a^2+\lambda)^{\frac{1}{2}}(b^2+\lambda)^{\frac{1}{2}}\lambda^{\frac{1}{2}}},\tag{6}$$

其中积分上限为

$$\frac{x^2}{a^2+\lambda}+\frac{y^2}{b^2+\lambda}+\frac{z^2}{\lambda}=1\tag{7}$$

的正根,负号和正号则按所考虑的点位于 xy 平面的正侧还是负侧而定. 因在椭圆孔上,$\lambda=0$,故孔两侧的 ϕ 值在孔上是连续的. 和以前所述相同,距原点很远处的速度为 $2A/r^2$,所以穿过面积 $2\pi r^2$ 的总通量为 $4\pi A$. 而从 $\lambda=-\infty$ 变到 $\lambda=+\infty$时, ϕ 的总变化量为

$$2A\int_0^\infty\frac{d\lambda}{(a^2+\lambda)^{\frac{1}{2}}(b^2+\lambda)^{\frac{1}{2}}\lambda^{\frac{1}{2}}}=4A\int_0^{\frac{1}{2}\pi}\frac{d\theta}{\sqrt{a^2\sin^2\theta+b^2\cos^2\theta}}.$$

因此,孔的"传导率"(借用电学上的一个术语)为

$$\pi\div\int_0^{\frac{1}{2}\pi}\frac{d\theta}{\sqrt{a^2\sin^2\theta+b^2\cos^2\theta}}.\tag{8}$$

对于圆孔, 它等于 $2a$.

孔上各点处的速度可由(6),(7)二式立即求得. 为此,可在 λ 很小时近似地令

$$\delta z=\pm\lambda^{\frac{1}{2}}\left(1-\frac{x^2}{a^2}-\frac{y^2}{b^2}\right)^{\frac{1}{2}},\ \delta\phi=\mp\frac{2A\lambda^{\frac{1}{2}}}{ab};$$

故

$$-\frac{\partial\phi}{\partial z}=\frac{2A}{ab}\left(1-\frac{x^2}{a^2}-\frac{y^2}{b^2}\right)^{-\frac{1}{2}}.\tag{9}$$

在孔边缘处,上式成为无穷大,如所预料的那样. 对于孔口为圆形的特殊情况,已在 102 和 108 节中用另外的方法作了求解.

114. 我们来探索 $\nabla^2\phi=0$ 的这样一种解: 对于椭球的外

部空间，它在无穷远处为有限；对于椭球的内部空间，则为 $\phi=x$. 按照与球谐函数的类比，可试探以下形式的解：

$$\phi = x\chi; \tag{1}$$

它要求

$$\nabla^2\chi + \frac{2}{x}\frac{\partial\chi}{\partial x} = 0. \tag{2}$$

现在进一步来寻求能满足上式的 χ，而 χ 则仅为 λ 的函数． 在此假定下，根据 111 节，有

$$\frac{\partial\chi}{\partial x} = h_1\frac{d\chi}{d\lambda}\cdot h_1\frac{\partial x}{\partial\lambda},$$

再根据 112 节(4)式和(6)式，有

$$\frac{2}{x}\frac{\partial\chi}{\partial x} = 4\frac{(b^2+\lambda)(c^2+\lambda)}{(\lambda-\mu)(\lambda-\nu)}\frac{d\chi}{d\lambda}.$$

以 λ 为自变量来表示 $\nabla^2\chi$ 后，(2)式变为

$$\left\{(a^2+\lambda)^{\frac{1}{2}}(b^2+\lambda)^{\frac{1}{2}}(c^2+\lambda)^{\frac{1}{2}}\frac{d}{d\lambda}\right\}^2\chi$$

$$= -(b^2+\lambda)(c^2+\lambda)\frac{d\chi}{d\lambda},$$

它也可写为

$$\frac{d}{d\lambda}\log\left\{(a^2+\lambda)^{\frac{1}{2}}(b^2+\lambda)^{\frac{1}{2}}(c^2+\lambda)^{\frac{1}{2}}\frac{d\chi}{d\lambda}\right\} = -\frac{1}{a^2+\lambda}.$$

故

$$\chi = C\int_\lambda^\infty \frac{d\lambda}{(a^2+\lambda)^{\frac{3}{2}}(b^2+\lambda)^{\frac{1}{2}}(c^2+\lambda)^{\frac{1}{2}}}; \tag{3}$$

在上面第二次积分时，已把任意附加常数像以前一样取得使 χ 在无穷远处为零了．

(1)式和(3)式所表示的解能使我们求出一个椭球形固体沿其一主轴平移时所引起的液体运动(它在无穷远处仍是静止的)．如使用和以前一样的记号，并设椭球

$$\frac{x^2}{a^2}+\frac{y^2}{b^2}+\frac{z^2}{c^2}=1 \tag{4}$$

以速度U沿x轴方向运动，则表面条件为：在$\lambda=0$处，

$$\frac{\partial\phi}{\partial\lambda}=-U\ \frac{\partial x}{\partial\lambda}. \tag{5}$$

为简洁起见，令

$$\alpha_0=abc\int_0^\infty\frac{d\lambda}{(a^2+\lambda)\Delta},\quad \beta_0=abc\int_0^\infty\frac{d\lambda}{(b^2+\lambda)\Delta},$$

$$\gamma_0=abc\int_0^\infty\frac{d\lambda}{(c^2+\lambda)\Delta}, \tag{6}$$

其中

$$\Delta=\{(a^2+\lambda)(b^2+\lambda)(c^2+\lambda)\}^{\frac{1}{2}}. \tag{7}$$

应注意到$\alpha_0,\beta_0,\gamma_0$均为纯数．现在，问题中的诸条件就可由

$$\phi=Cx\int_\lambda^\infty\frac{d\lambda}{(a^2+\lambda)\Delta} \tag{8}$$

所满足了，只要取

$$C=\frac{abc}{2-\alpha_0}U \tag{9}$$

即可．

当椭球沿y轴或沿z轴运动时的相应解可由对称性而写出，再用叠加方法，就可得出不论椭球沿什么方向平移时的解了[1]．

在距原点很远处，(8)式等价于

$$\phi=\frac{2}{3}c\frac{x}{r^3}, \tag{10}$$

它是由位于原点处的一个强度为

---

1) 这一问题首先由 Green 解出，见 Green, "Researches on the Vibration of Pendulums in Fluid Media", *Trans. R. S. Edin.* xiii. 54 (1883) [*Papers*, p. 315]. 如直接从引力理论把(8)式看作 $\nabla^2\phi=0$ 的那样一个解，即除常数因子外，它表示由一个均质椭球在其外一点处所产生的引力的x分量，则求解过程可大为简化．

$$\frac{8}{3}\pi C = \frac{8}{3}\frac{\pi}{2-\alpha_0}abcU$$

的双源所产生的速度势。试与第 92 节相比较。

流体的动能由下式给出：

$$2T = -\rho\iint\phi\frac{\partial\phi}{\partial n}dS = \frac{\alpha_0}{2-\alpha_0}\cdot\rho U^2\cdot\iint xldS.$$

式中 l 为椭球表面的法线与 x 轴夹角的余弦。由于上式最后一个积分等于椭球的体积，故有

$$2T = \frac{\alpha_0}{2-\alpha_0}\cdot\frac{4}{3}\pi abc\rho\cdot U^2. \tag{11}$$

故惯性系数为分数

$$k = \frac{\alpha_0}{2-\alpha_0} \tag{12}$$

乘以固体椭球所排开的流体质量。对于圆球（$a=b=c$），可求得 $\alpha_0=\frac{2}{3}$，$k=\frac{1}{2}$，与第 92 节中的结果相符。若令 $a=b$，就得到回转椭球的情况。

对于回转长椭球体（$b=c, a>b$），可得

$$\alpha_0 = \frac{2(1-e^2)}{e^3}\left(\frac{1}{2}\log\frac{1+e}{1-e}-e\right), \tag{13}$$

$$\beta_0 = \gamma_0 = \frac{1}{e^2}-\frac{1-e^2}{2e^3}\log\frac{1+e}{1-e}, \tag{14}$$

其中 e 为子午截面的离心率。对于回转扁椭球体的公式将在 373 节中给出。回转长椭球体在不同 a/b 之值下，端头向前运动时和侧向运动时的两个 k 值

$$k_1 = \frac{\alpha_0}{2-\alpha_0} \text{ 和 } k_2 = \frac{\beta_0}{2-\beta_0} \tag{15}$$

已列于下节中附表。

对于椭圆形盘（$a\to 0$），因 $\alpha_0\to 2$，(11)式变得无效。但从(1)式和(3)式出发所作的单独计算可对这一情况得出以下结果：

$$2T = \frac{4}{3}\pi\rho b^2c^2U^2 \div \int_0^{\frac{1}{2}\pi}\sqrt{b^2\sin^2\theta + c^2\cos^2\theta}\,d\theta. \tag{16}$$

若 $b=c$，由上式就又可得到 102 节(20)式的结果。

115. 现在来探索 $\nabla^2\phi=0$ 是否可由

$$\phi = yz\chi \tag{1}$$

所满足，其中 χ 仅为 λ 的函数．上式要求

$$\nabla^2\chi+\frac{2}{y}\frac{\partial\chi}{\partial y}+\frac{2}{z}\frac{\partial\chi}{\partial z}=0. \tag{2}$$

由 112 节(4)式和(6)式有

$$\frac{2}{y}\frac{\partial\chi}{\partial y}+\frac{2}{z}\frac{\partial\chi}{\partial z}=2h_1^2\left(\frac{1}{y}\frac{\partial y}{\partial\lambda}+\frac{1}{z}\frac{\partial z}{\partial\lambda}\right)\frac{d\chi}{d\lambda}$$

$$=4\frac{(a^2+\lambda)(b^2+\lambda)(c^2+\lambda)}{(\lambda-\mu)(\lambda-\nu)}\left(\frac{1}{b^2+\lambda}\right.$$

$$\left.+\frac{1}{c^2+\lambda}\right)\frac{d\chi}{d\lambda}.$$

将上式代入(2)式，并根据 112 节(7)式，可得

$$\frac{d}{d\lambda}\log\left\{(a^2+\lambda)^{\frac{1}{2}}(b^2+\lambda)^{\frac{1}{2}}(c^2+\lambda)^{\frac{1}{2}}\frac{d\chi}{d\lambda}\right\}$$

$$=-\frac{1}{b^2+\lambda}-\frac{1}{c^2+\lambda}.$$

故

$$\chi=C\int_\lambda^\infty\frac{d\lambda}{(b^2+\lambda)(c^2+\lambda)\Delta}, \tag{3}$$

其中第二个积分常数的取法和以前一样．

当一个刚性椭球以角速度 Ω_x 绕 x 轴转动时，表面条件为：对于 $\lambda=0$，有

$$\frac{\partial\phi}{\partial\lambda}=\Omega_x\left(z\frac{\partial y}{\partial\lambda}-y\frac{\partial z}{\partial\lambda}\right). \tag{4}$$

设[1)]

---

1) 若 Φ 为一均质实心椭球在其外一点 (x,y,z) 处的引力势，则(5)式与

$$y\frac{\partial\Phi}{\partial z}-z\frac{\partial\Phi}{\partial y}$$

只相差一个因子．又因 $\nabla^2\Phi=0$，所以很容易得知(5)式也是方程 $\nabla^2\phi=0$ 的一个解．

$$\varphi = C_{yz}\int_{\lambda}^{\infty}\frac{d\lambda}{(b^2+\lambda)(c^2+\lambda)\Delta}, \tag{5}$$

可以求出，若

$$-\frac{C}{ab^3c^3}+\frac{1}{2}C\left(\frac{1}{b^2}+\frac{1}{c^2}\right)\frac{\gamma_0-\beta_0}{abc(b^2-c^2)}=\frac{1}{2}\Omega_x\left(\frac{1}{b^2}-\frac{1}{c^2}\right),$$

即若

$$C=\frac{(b^2-c^2)^2}{2(b^2-c^2)+(b^2+c^2)(\beta_0-\gamma_0)}abc\Omega_x, \tag{6}$$

则(5)式可满足表面条件(4)式．绕 y 轴或 z 轴转动时的相应公式可由对称性而写出[1]．

流体动能的计算公式为

$$2T=-\rho\iint\phi\frac{\partial\phi}{\partial n}dS$$

$$=\rho C\Omega_x^2\int_0^{\infty}\frac{d\lambda}{(a^2+\lambda)^{\frac{1}{2}}(b^2+\lambda)^{\frac{3}{2}}(c^2+\lambda)^{\frac{3}{2}}}$$

$$\cdot\iint(ny-mz)yzdS,$$

式中 (l,m,n) 为椭球表面法线的方向余弦．上式最后一个双重积分等于

$$\iiint(y^2-z^2)dxdydz=\frac{1}{5}(b^2-c^2)\cdot\frac{4}{3}\pi abc.$$

故得

$$2T=\frac{1}{5}\frac{(b^2-c^2)(\gamma_0-\beta_0)}{2(b^2-c^2)+(b^2+c^2)(\beta_0-\gamma_0)}\cdot\frac{4}{3}\pi abc\rho\cdot\Omega_x^2. \tag{7}$$

当一回转长椭球体 $(b=c,\ a>b)$ 绕其一赤道直径转动时，其惯性系数[2]与所排

---

1) (5),(6)两式所包含的解由Clebsch所得到，见 Clebsch, "Ueber die Bewegung eines Ellipsoides in einer tropfbaren Flüssigkeit", *Crelle*. lii. 103, liii. 287 (1854—6).

2) 这里指的是有效转动惯量之增大值，现在的常用叫法是附加转动惯量．——译者注

开的流体绕同一直径的转动惯量之比可求得为

$$k' = \frac{e^4(\beta_0 - \alpha_0)}{(2 - e^2)\{2e^2 - (2 - e^2)(\beta_0 - \alpha_0)\}}. \tag{8}$$

k_1, k_2 (114 节所定义的)和 k' 之值见本节中的附表.

a/b	k_1	k_2	k'
1	0.5	0.5	0
1.50	0.305	0.621	0.094
2.00	0.209	0.702	0.240
2.51	0.156	0.763	0.367
2.99	0.122	0.803	0.465
3.99	0.082	0.860	0.608
4.99	0.059	0.895	0.701
6.01	0.045	0.918	0.764
6.97	0.036	0.933	0.805
8.01	0.029	0.945	0.840
9.02	0.024	0.954	0.865
9.97	0.021	0.960	0.883
∞	0	1	1

在原点处为有限的另外两种二阶椭球谐函数由以下表达式给出:

$$\frac{x^2}{a^2+\theta} + \frac{y^2}{b^2+\theta} + \frac{z^2}{c^2+\theta} - 1, \tag{9}$$

其中 θ 为

$$\frac{1}{a^2+\theta} + \frac{1}{b^2+\theta} + \frac{1}{c^2+\theta} = 0 \tag{10}$$

的三个根之一,它也就是(9)式能满足 $\nabla^2\phi = 0$ 的条件.

寻求外部空间中相应解的方法在 Ferres 的著作中作了阐述. 当椭球的轴长发生变化但其体积保持不变时,即当

$$\dot{a}/a + \dot{b}/b + \dot{c}/c = 0 \tag{11}$$

时,这些解可使我们表达出由此而在周围液体中引起的流动. 我们也已在 113 节中求解了当椭球以相似于其原来形状而膨胀(或收缩)时的问题. 因此,只要流体内部的边界保持为椭球形,则不论这一边界按什么方式改变其位置和大小, 都可以用叠加方法来获得其解. 由 Green 和 Clebsch 提出的这一推广首先是由 Bjerknes[1] 加以论述的,虽然在叙述方式上和这里的有所不同.

---

1) 见前面 110 节最后一个脚注.

116. 本章所讨论的几乎全部都是与球形或椭球形边界有关的情况. 以后将会明了，对于其它形状的边界，可以用或多或少与本章所述相似的方法来获得 $\nabla^2\phi=0$ 之解. 从本学科的观点来看，感兴趣的问题接下去就应是圆环形或椭圆环形的边界了，这种情况已由 Hicks 和 Dyson[1]用不同的方法作了巧妙的处理. 我们也可参阅 Besset[2] 对解析上值得注意的球形碗问题所作的探讨.

附录：一般正交坐标系中的流体动力学方程组

我们沿用 111 节的记号，但把 x, y, z 对自变量 λ, μ, ν 的导数改为用下标 1,2,3 来表示. 例如，曲面 $\lambda=\text{const.}$ 的法线的方向余弦为

$$(h_1x_1,\ h_1y_1,\ h_1z_1),$$

等等.

若 u, v, w 为沿三个法线方向的分速度，则由棱边为 $\delta\lambda/h_1$, $\delta\mu/h_2$, $\delta\nu/h_3$ 的拟直角平行六面体空间流出的总通量为

$$\frac{\partial}{\partial\lambda}\left(\frac{u\delta\mu\delta\nu}{h_2h_3}\right)\delta\lambda+\frac{\partial}{\partial\mu}\left(\frac{v\delta\nu\delta\lambda}{h_3h_1}\right)\delta\mu+\frac{\partial}{\partial\nu}\left(\frac{w\delta\lambda\delta\mu}{h_1h_2}\right)\delta\nu,$$

故膨胀率的表达式为

$$\Delta=h_1h_2h_3\left\{\frac{\partial}{\partial\lambda}\left(\frac{u}{h_2h_3}\right)+\frac{\partial}{\partial\mu}\left(\frac{v}{h_3h_1}\right)+\frac{\partial}{\partial\nu}\left(\frac{w}{h_1h_2}\right)\right\}, \tag{1}$$

参看 111 节(4)式.

沿曲面 $\lambda=\text{const.}$ 上边长为 $\delta\mu/h_2$, $\delta\nu/h_3$ 的矩形回路内速度环量为

$$\frac{\partial}{\partial\mu}\left(\frac{w\delta\nu}{h_3}\right)\delta\mu-\frac{\partial}{\partial\nu}\left(\frac{v\delta\nu}{h_2}\right)\delta\nu. \tag{2}$$

把它除以回路所包围的面积，就得到表示涡量沿三个法线方向的分量的以下三个式子中第一个式子：

$$\left.\begin{aligned}\xi&=h_2h_3\left\{\frac{\partial}{\partial\mu}\left(\frac{w}{h_3}\right)-\frac{\partial}{\partial\nu}\left(\frac{v}{h_2}\right)\right\},\\ \eta&=h_3h_1\left\{\frac{\partial}{\partial\nu}\left(\frac{u}{h_1}\right)-\frac{\partial}{\partial\lambda}\left(\frac{w}{h_3}\right)\right\},\\ \zeta&=h_1h_2\left\{\frac{\partial}{\partial\lambda}\left(\frac{v}{h_2}\right)-\frac{\partial}{\partial\mu}\left(\frac{u}{h_1}\right)\right\}.\end{aligned}\right\} \tag{3}$$

---

1) Hicks, "On Toroidal Functions", *Phil. Trans.* clxxii. 609 (1881); Dyson, "On the potential of an Anchor Ring", *Phil. Trans.* clxxxiv. 43 (1892). 还可看第 99 节最后一个脚注中的 Neumann 的著作.

2) "On the Potential of an Electrified Spheical Bowl, &c.", *Proc. Lond. Math. Soc.* (1) xvi. 286 (1885); *Hydrodynamics*, i. 149.

为求出加速度分量的表达式，我们注意到，在时间 δt 中，一质点的参数将由 (λ, μ, ν) 变为 $(\lambda+\delta\lambda, \mu+\delta\mu, \nu+\delta\nu)$，其中

$$\delta\lambda/h_1 = u\delta t,\ \delta\mu/h_2 = v\delta t,\ \delta\nu/h_3 = w\delta t.$$

速度分量因而变为

$$u+\left(\frac{\partial u}{\partial t}+h_1 u\frac{\partial u}{\partial \lambda}+h_2 v\frac{\partial u}{\partial \mu}+h_3 w\frac{\partial u}{\partial \nu}\right)\delta t,\ \text{等}. \tag{4}$$

现在需要进一步把它们分解到原来的 u, v, w 方向上去. 因经过时间 δt 后，v 的新方向的方向余弦变为

$$h_2 x_2+\frac{\partial}{\partial \lambda}(h_2 x_2)h_1 u\delta t+\frac{\partial}{\partial \mu}(h_2 x_2)h_2 v\delta t+\frac{\partial}{\partial \nu}(h_2 x_2)h_3 w\delta t,$$

$$\cdots\cdots\cdots\cdots\cdots\cdots\cdots\cdots,$$

$$\cdots\cdots\cdots\cdots\cdots\cdots\cdots\cdots.$$

在没有写出的两个式子中，只是分别把 x 的导数换为 y 和 z 的导数而已. 因此，v 的新方向和 u 的原方向 (h_1x_1, h_1y_1, h_1z_1) 之间夹角的余弦为

$$\begin{aligned}\{&(x_1x_{12}+y_1y_{12}+z_1z_{12})h_1u+(x_1x_{22}+y_1y_{22}+z_1z_{22})h_2v\\&+(x_1x_{23}+y_1y_{23}+z_1z_{23})h_3w\}h_1h_2\delta t.\end{aligned} \tag{5}$$

在上式中，有些项已应用由坐标系的正交性所得到的关系式

$$x_1x_2+y_1y_2+z_1z_2=0 \tag{6}$$

而予以消去了. 把(6)式对 ν 求导，然后把所得结果与可以得到的类似结果比较后，可断定

$$x_1x_{23}+y_1y_{23}+z_1z_{23}=0. \tag{7}$$[1]

再把恒等式

$$x_1^2+y_1^2+z_1^2=\frac{1}{h_1^2} \tag{8}$$

对 μ 求导，得

$$x_1x_{12}+y_1y_{12}+z_1z_{12}=\frac{1}{h_1}\frac{\partial}{\partial \mu}\left(\frac{1}{h_1}\right). \tag{9}$$

又因

$$\begin{aligned}x_1x_{22}+y_1y_{22}+z_1z_{22}&=\frac{\partial}{\partial \mu}(x_1x_2+y_1y_2+z_1z_2)\\&\quad-(x_2x_{12}+y_2y_{12}+z_2z_{12})\\&=-\frac{1}{h_2}\frac{\partial}{\partial \lambda}\left(\frac{1}{h_2}\right).\end{aligned} \tag{10}$$

于是(5)式简化为

$$\left\{u\frac{\partial}{\partial \mu}\left(\frac{1}{h_1}\right)-v\frac{\partial}{\partial \lambda}\left(\frac{1}{h_2}\right)\right\}h_1h_2\delta t. \tag{11}$$

---

1) Forsyth, *Differential Geometry*, Cambridge (1912), p. 412.

用同样方法可得 w 的新方向和 u 的原方向之间夹角的余弦为

$$\left\{u\frac{\partial}{\partial\nu}\left(\frac{1}{h_1}\right)-w\frac{\partial}{\partial\lambda}\left(\frac{1}{h_3}\right)\right\}h_1h_3\delta t. \tag{12}$$

因此，沿 u 原方向的加速度可求得为

$$\begin{aligned}&\frac{\partial u}{\partial t}+h_1u\frac{\partial u}{\partial\lambda}+h_2v\frac{\partial u}{\partial\mu}+h_3w\frac{\partial u}{\partial\nu}\\&\quad+h_1h_2v\left\{u\frac{\partial}{\partial\mu}\left(\frac{1}{h_1}\right)-v\frac{\partial}{\partial\lambda}\left(\frac{1}{h_2}\right)\right\}\\&\quad+h_1h_3w\left\{u\frac{\partial}{\partial\nu}\left(\frac{1}{h_1}\right)-w\frac{\partial}{\partial\lambda}\left(\frac{1}{h_3}\right)\right\},\end{aligned} \tag{13}$$
[1]

写得对称一些，即为

$$\begin{aligned}&\frac{\partial u}{\partial t}+h_1u\frac{\partial u}{\partial\lambda}+h_2v\frac{\partial u}{\partial\mu}+h_3w\frac{\partial u}{\partial\nu}\\&\quad+h_1u\left\{h_1u\frac{\partial}{\partial\lambda}\left(\frac{1}{h_1}\right)+h_2v\frac{\partial}{\partial\mu}\left(\frac{1}{h_1}\right)+h_3w\frac{\partial}{\partial\nu}\left(\frac{1}{h_1}\right)\right\}\\&\quad-h_1\left\{h_1u^2\frac{\partial}{\partial\lambda}\left(\frac{1}{h_1}\right)+h_2v^2\frac{\partial}{\partial\mu}\left(\frac{1}{h_2}\right)+h_3w^2\frac{\partial}{\partial\nu}\left(\frac{1}{h_3}\right)\right\}.\end{aligned} \tag{14}$$

沿 v 和 w 方向的加速度的表达式可由对称性而写出.

例如，在**柱坐标系**中，有

$$x=r\cos\theta,\quad y=r\sin\theta,\quad z=z.$$

令
$$\lambda=r,\quad \mu=\theta,\quad \nu=z,$$

则
$$h_1=1,\quad h_2=1/r,\quad h_3=1.$$

膨胀率就相应为

$$\Delta=\frac{\partial u}{\partial r}+\frac{u}{r}+\frac{\partial v}{r\partial\theta}+\frac{\partial w}{\partial z}. \tag{15}$$

涡量的分量为

$$\xi=\frac{\partial w}{r\partial\theta}-\frac{\partial v}{\partial z},\quad \eta=\frac{\partial u}{\partial z}-\frac{\partial w}{\partial r},\quad \zeta=\frac{\partial v}{\partial r}+\frac{v}{r}-\frac{\partial u}{r\partial\theta}. \tag{16}$$

加速度分量为

$$\left.\begin{aligned}&\frac{\partial u}{\partial t}+u\frac{\partial u}{\partial r}+v\frac{\partial u}{r\partial\theta}-\frac{v^2}{r}+w\frac{\partial u}{\partial z},\\&\frac{\partial v}{\partial t}+u\frac{\partial v}{\partial r}+v\frac{\partial v}{r\partial\theta}+\frac{uv}{r}+w\frac{\partial v}{\partial z},\\&\frac{\partial w}{\partial t}+u\frac{\partial w}{\partial r}+v\frac{\partial w}{r\partial\theta}+w\frac{\partial w}{\partial z}.\end{aligned}\right\} \tag{17}$$

在上式中，若令 $w=0$，就得到平面极坐标系中的结果(第 16a 节).

---

1) G. B. Jeffery, *Phil. Mag.* (6) xxix. 445 (1915).

在球极坐标系中，

$$x = r\sin\theta\cos\omega,\ y = r\sin\theta\sin\omega,\ z = r\cos\theta.$$

令

$$\lambda = r,\ \mu = \theta,\ \nu = \omega,$$

则

$$h_1 = 1,\ h_2 = 1/r,\ h_3 = 1/r\sin\theta.$$

故

$$\Delta = \frac{\partial u}{\partial t} + 2\frac{u}{r} + \frac{\partial v}{r\partial\theta} + \frac{v}{r}\cot\theta + \frac{1}{r\sin\theta}\frac{\partial w}{\partial\omega}, \tag{18}$$

$$\left.\begin{aligned} \xi &= \frac{\partial w}{r\partial\theta} - \frac{\partial v}{r\sin\theta\partial\omega} - \frac{w}{r}\cot\theta, \\ \eta &= \frac{\partial u}{r\sin\theta\partial\omega} - \frac{\partial w}{\partial r} - \frac{w}{r}, \\ \zeta &= \frac{\partial v}{\partial r} + \frac{v}{r} - \frac{\partial u}{r\partial\theta}. \end{aligned}\right\} \tag{19}$$

加速度分量为

$$\left.\begin{aligned} &\frac{\partial u}{\partial t} + u\frac{\partial u}{\partial r} + v\frac{\partial u}{r\partial\theta} + w\frac{\partial u}{r\sin\theta\partial\omega} - \frac{v^2 + w^2}{r}, \\ &\frac{\partial v}{\partial t} + u\frac{\partial v}{\partial r} + v\frac{\partial v}{r\partial\theta} + w\frac{\partial v}{r\sin\theta\partial\omega} + \frac{uv}{r} - \frac{w^2}{r}\cot\theta, \\ &\frac{\partial w}{\partial t} + u\frac{\partial w}{\partial r} + v\frac{\partial w}{r\partial\theta} + w\frac{\partial w}{r\sin\theta\partial\omega} + \frac{uw}{r} + \frac{vw}{r}\cot\theta; \end{aligned}\right\} \tag{20}$$

参看第 16a 节.

第 VI 章

固体在液体中运动的动力理论

117. 本章探讨由一个或几个固体在无摩擦液体中运动时所引起的非常有趣的动力问题. 这一课题的发展应主要归功于 Thomson 和 Tait[1] 以及 Kirchhoff[2]. 他们所用方法的基本特点是把固体和流体作为一个整体动力学系统来处理，因而避免了繁杂地计算流体作用于固体表面上的压力的影响.

首先讨论单独的一个固体在无限液体中运动时的问题，并在开始时假定流体的运动完全是由于固体运动而引起的，因此是无旋的和非循环的. 这一问题中的某些特殊情况已在前面讨论过，而且显示出，流体的全部作用可以用固体的惯性有一个额外的增大来表示. 如果我们把"惯性"这个名称的意义用得广泛一些，那就可以发现，在普遍的情况下，也可有同样的结论.

在上述情况下，流体运动的特征就是具有一个单值的速度势 ϕ，它除应满足连续性方程

$$\nabla^2\phi = 0 \tag{1}$$

外，还应满足以下条件：(1)在固体表面上任一点处的 $-\partial\phi/\partial n$(δn 像通常一样，表示在固体表面上任一点处朝着流体一侧所作的法向线元)必须等于固体表面上该点的法向速度；(2)在距固体无穷远处(不论沿什么方向)，偏导数 $\partial\phi/\partial x$，$\partial\phi/\partial y$ 和 $\partial\phi/\partial z$ 均为零. 后一个条件之所以必须满足，是出于下述考虑：如在无穷远

---

1) 见 *Natural Philosophy*. Art. 320. Kelvin 勋爵接着所作的研究则将在后面提到.

2) 见 "Ueber die Bewegung eines Rotationskörpers in einer Flüssigkeit". *Crelle*, lxxi. 237(1869) [*Ges. Abh.* p. 376]; *Mechanik*, c. xix.

处具有有限的速度，就意味着流体运动具有无穷大的动能，而这却是作用在固体上的有限大小的力在有限的时间内所不可能做到的．这一条件也可由假定流体被一个固定的容器所包围，但此容器为无穷大，而且四面八方都距运动着的固体为无穷远而得出．这是因为，在此假定下，由流体所占据的空间可以被设想为布满了流管，流管的两端都在固体表面上，因此，在流体中所画出的任何一个面积(有限大小的或无穷大的)上的通量一定是有限的，无穷远处的速度一定为零．

第 41 节中已说明过，在上述条件下，流体的运动是确定的．

118. 在对问题作进一步研究时，比较方便的做法是采用 Euler 引入到刚体动力学中的方法，把直角坐标系的三个轴 Ox，Oy，Oz 固定在物体上，并和物体一起运动．如果用绕坐标轴瞬时位置的角速度 p，q，r 和原点沿平行于坐标轴瞬时位置的移动速度 u，v，w 来规定物体在任一时刻的运动[1]，可以按照 Kirchhoff 的方法而写出

$$\phi = u\phi_1 + v\phi_2 + w\phi_3 + p\chi_1 + q\chi_2 + r\chi_3. \tag{2}$$

我们马上就会了解到，在上式中，作为 x, y, z 的函数的 $\phi_1, \phi_2, \phi_3, \chi_1, \chi_2, \chi_3$，完全取决于固体表面相对于坐标系的位形．事实上，如以 l, m, n 表示固体表面上任一点处的法线(指向流体一侧)的方向余弦，则运动学上的表面条件为

$$-\frac{\partial\phi}{\partial n} = l(u + qz - ry) + m(v + rx - pz) + n(w + py - qx),$$

于是，把(2)式中的 ϕ 代入后，可得

$$\left.\begin{aligned} -\frac{\partial\phi_1}{\partial n} &= l, \quad -\frac{\partial\phi_2}{\partial n} = m, \quad -\frac{\partial\phi_3}{\partial n} = n, \\ -\frac{\partial\chi_1}{\partial n} &= ny - mz, \quad -\frac{\partial\chi_2}{\partial n} = lz - nx, \quad -\frac{\partial\chi_3}{\partial n} = mx - ly. \end{aligned}\right\} \tag{3}$$

---

1) 现在并未要求符号 u, v, w, p, q, r 仍和以前的意义相同．

由于这些函数还必须满足(1)式，其导数在无穷远处又必须为零，所以，根据第41节所述，它们是完全确定的[1].

119. 不论固体和流体在任一时刻的运动如何，都可以看作是从静止状态由一个作用于固体的适当的脉冲"力螺旋"而在一瞬间产生的. 事实上，这一力螺旋的冲量就是为抵抗固体表面上的脉冲压力冲量 $\rho\phi$，再加上使固体产生出其实际动量而需要的. 它被 Kelvin 勋爵称为系统在所考虑时刻的"冲量". 需要注意的是，这样所定义的冲量并不能断言为等价于系统的全部动量——系统的全部动量在目前的问题中是不确定的[2]. 但是我们将证明，由于作用于固体的外力而使冲量产生的变化则完全和一个有限动力系统的动量变化相同.

我们先考虑由任意形状固定外壳所包围的有限液体中的一个固体在任意给定力系的作用下、由时刻 t_0 到 t_1 的实际运动. 把系统想象为是在 t_0 以前由作用于固体上的力系（不论是连续式的还是脉冲式的）从静止状态产生了运动，并在时刻 t_1 之后，又同样地由于作用于固体之力系而静止下来. 因系统在这一过程的开始和终了时的动量为零，故作用于固体之力系对时间的积分与由外壳作用于流体的压力对时间的积分形成平衡系统. 其中外壳对流体的压力作用可根据第20节而由

$$\frac{p}{\rho}=\frac{\partial\phi}{\partial t}-\frac{1}{2}q^2+F(t) \tag{1}$$

来计算. 由于沿外壳均匀分布的压力在总效果上为零，而在过程开始和终了时，ϕ 又为常数，因此，压力对时间的积分 $\int p dt$ 中仅有的有效部分只是

$$-\frac{1}{2}\rho\int q^2 dt \tag{2}$$

这一项.

1) 对于椭球形表面这种特殊情况，这些函数已可用114和115节中的结果而写出其具体形式.

2) 这是由于对它的计算会导致"非正常"积分("不确定的"积分).

现在再回到问题的原来形式上去．设包围流体的外壳为无穷大，并沿任何方向都距运动着的固体为无穷远．从流管的布置（第36节）上来考虑，不难看出，在离原点（它在固体附近）很远的距离 r 处，流体的速度最终将顶多[1]具有量级 $1/r^2$，故由(2)式所表示的压力对时间的积分最多具有量级 $1/r^4$．但外壳上一个面元的量级是 $r^2 d\tilde{\omega}$（$\delta\tilde{\omega}$ 为微元立体角），故外壳上的压力对时间积分（(2)式）的总效果无论在力的方面还是在力偶方面均应为零．因而，作用于固体的力系对时间的积分也应为零．

如果现在把运动的情况想象为是在时刻 t_0 时的瞬间发生的，并在时刻 t_1 时瞬间静止下来，我们所得到的结论就可叙述如下：

系统在时刻 t_1 时的"冲量"（按照 Kelvin 勋爵的意义）和 t_0 时的"冲量"所相差之值等于作用于固体的外力系在时间间隔 $t_1 - t_0$ 中对时间的积分[2]．

应注意到，即使在流体中运动的不是单个固体而是固体群，而且它们不是刚性的而是可变形的，甚至当固体被旋转着运动的液体团所代替时，上述推理在实质上也并不改变．

120. 为了用解析方式表达上节结论，令 $\xi, \eta, \zeta, \lambda, \mu, \nu$ 为冲量中的力和力偶成分的分量，X, Y, Z, L, M, N 为外力系中的力和力偶分量．在 $\xi, \eta, \zeta, \lambda, \mu, \nu$ 的全部变化中，一部分来源于参考坐标系的运动，另一部分则来源于外力的作用，可表示如下[3]：

$$\left.\begin{aligned}
\frac{d\xi}{dt} &= r\eta - q\zeta + X, & \frac{d\lambda}{dt} &= w\eta - v\zeta + r\mu - q\nu + L, \\
\frac{d\eta}{dt} &= p\zeta - r\xi + Y, & \frac{d\mu}{dt} &= u\zeta - w\xi + p\nu - r\lambda + M, \\
\frac{d\zeta}{dt} &= q\xi - p\eta + Z, & \frac{d\nu}{dt} &= v\xi - u\eta + q\lambda - p\mu + N.
\end{aligned}\right\} \quad (1)$$

1) 在所考虑的情况下，向外流出的总通量为零，所以实际上的量级是 $1/r^3$．

2) 见前第31节脚注中 W. Thomson 爵士的著作．在这里所用的讨论方法则是 J. Lamor 爵士向作者建议的．

3) 参阅 Hayward, "On a Direct Method of Estimating Velocities, Accelerations, and all similar Quantities, with respect to Axes movable in any manner in space", *Camb. Trans.* x. 1 (1856).

这是由于，运动坐标轴在时刻 $t+\delta t$ 时的位置与时刻 t 时的位置所形成的夹角的余弦分别为

$$(1, r\delta t, -q\delta t),\quad (-r\delta t, 1, p\delta t),$$
$$(q\delta t,\ -p\delta t,\ 1).$$

因此，在沿 x 轴新位置的方向上，就有

$$\xi+\delta\xi=\xi+\eta\cdot r\delta t-\zeta\cdot q\delta t+X\delta t.$$

此外，对 Ox 轴的新位置取矩，并记住 O 点已沿三坐标轴的方向位移了 $u\delta t, v\delta t$ 和 $w\delta t$，可得

$$\lambda+\delta\lambda=\lambda+\eta\cdot w\delta t-\zeta\cdot v\delta t+\mu\cdot r\delta t-\nu\cdot q\delta t+L\delta t.$$

由以上二式再加上可利用对称性而写出的类似式子就可得出 (1) 式.

在没有外力作用时，可立即证明出(1)式具有积分

$$\xi^2+\eta^2+\zeta^2=\text{const},\quad \lambda\xi+\mu\eta+\nu\zeta=\text{const}. \tag{2}$$

它们表示冲量中的力和力偶成分在数值上不变.

121. 剩下来需要做的事是用 u, v, w, p, q, r 来表示 $\xi, \eta, \zeta, \lambda, \mu, \nu$. 首先令 $\mathbf{T}$ 表示流体的动能，即

$$2\mathbf{T}=-\rho\iint\phi\frac{\partial\phi}{\partial n}dS, \tag{1}$$

其中积分是在运动着的固体表面上求积的. 把 118 节(2)式中的 ϕ 代入上式，得

$$\begin{aligned}2\mathbf{T}=&\mathbf{A}u^2+\mathbf{B}v^2+\mathbf{C}w^2+2\mathbf{A}'vw+2\mathbf{B}'wu+2\mathbf{C}'uv\\&+\mathbf{P}p^2+\mathbf{Q}q^2+\mathbf{R}r^2+2\mathbf{P}'qr+2\mathbf{Q}'rp+2\mathbf{R}'pq\\&+2p(\mathbf{F}u+\mathbf{G}v+\mathbf{H}w)+2q(\mathbf{F}'u+\mathbf{G}'v+\mathbf{H}'w)\\&+2r(\mathbf{F}''u+\mathbf{G}''v+\mathbf{H}''w),\end{aligned} \tag{2}$$

式中 21 个系数 $\mathbf{A}$, $\mathbf{B}$, $\mathbf{C}$ 等是取决于固体表面相对于坐标系的形状和位置的某种常数. 例如

$$\left.\begin{aligned}\mathbf{A}&=-\rho\iint\phi_1\frac{\partial\phi_1}{\partial n}dS=\rho\iint\phi_1 l dS,\\ \mathbf{A}'&=-\frac{\rho}{2}\iint\left(\phi_2\frac{\partial\phi_3}{\partial n}+\phi_3\frac{\partial\phi_2}{\partial n}\right)dS,\end{aligned}\right\}$$

$$
\left.\begin{aligned}
&= -\rho\iint\phi_2\frac{\partial\phi_3}{\partial n}dS = -\rho\iint\phi_3\frac{\partial\phi_2}{\partial n}dS\\
&= \rho\iint\phi_2 n dS = \rho\iint\phi_3 m dS,\\
\mathbf{P} &= -\rho\iint\chi_1\frac{\partial\chi_1}{\partial n}dS = \rho\iint\chi_1(ny - mz)dS.
\end{aligned}\right\} \quad (3)
$$

(3)式中的变换所根据的是 118 节 (2) 式和 Green 定理的特殊形式(第 44 节(2)式). 这些系数的表达式是由 Kirchhoff 给出的.

对于椭球形的固体，2T 的表达式中的系数的真正数值已在上一章中求得，即由 114 和 115 节可有

$$
\left.\begin{aligned}
\mathbf{A} &= \frac{\alpha_0}{2-\alpha_0}\,\frac{4}{3}\pi\rho abc,\\
\mathbf{P} &= \frac{1}{5}\,\frac{(b^2-c^2)^2(\gamma_0-\beta_0)}{2(b^2-c^2)+(b^2+c^2)(\beta_0-\gamma_0)}\cdot\frac{4}{3}\pi\rho abc,
\end{aligned}\right\} \quad (4)
$$

以及 **B**,**C**,**Q**,**R** 的类似结果,其余的系数则在此情况下均为零. 我们可注意到

$$
\mathbf{A}-\mathbf{B} = \frac{2(\alpha_0-\beta_0)}{(2-\alpha_0)(2-\beta_0)}\cdot\frac{4}{3}\pi\rho abc, \quad (5)
$$

故若 $a>b>c$,则 $\mathbf{A}<\mathbf{B}<\mathbf{C}$,如所预料到的那样.

对于回转椭球体,这些系数之值可由令 $b=c$ 而得出,也可用 104—109 节中的方法而直接得到. 例如,对于一个圆盘 $(a=0, b=c)$,可得

$$
\left.\begin{aligned}
\mathbf{A},\mathbf{B},\mathbf{C} &= \frac{8}{3}\rho c^3, 0, 0;\\
\mathbf{P},\mathbf{Q},\mathbf{R} &= 0, \frac{16}{45}\rho c^5, \frac{16}{45}\rho c^5.
\end{aligned}\right\} \quad (6)
$$

121a. 如固体的运动是单纯的平移,流体动能的表达式就简化为

$$
2T = \mathbf{A}u^2 + \mathbf{B}v^2 + \mathbf{C}w^2 + 2\mathbf{A}'vw + 2\mathbf{B}'wu + 2\mathbf{C}'uv. \quad (1)
$$

我们现在来证明,在任何情况下,作平移的固体对远处的影响就和一个适宜的双源相同,这一双源的特点则完全取决于(1)式中的系数.

为此,需要应用第58节(12)式,即

$$
4\pi\phi_P = \iint(\phi-\phi')\frac{\partial}{\partial n}\frac{1}{r}dS. \quad (2)
$$

我们可以把固体的边界看作是一个很薄的刚性壳体，其中也同样有流体，并把 ϕ 和 ϕ' 看作分别表示外部区域和内部区域的势函

数．设 (x_1, y_1, z_1) 为 P 点的坐标，而 P 点距原点的距离则远大于固体的尺度，并设 (x, y, z) 为面元 δS 的坐标．则若令

$$r_1 = \sqrt{x_1^2 + y_1^2 + z_1^2},$$

$$r = \sqrt{(x_1 - x)^2 + (y_1 - y)^2 + (z_1 - z)^2},$$

就近似地有

$$\frac{1}{r} = \frac{1}{r_1} + \frac{xx_1 + yy_1 + zz_1}{r_1^3}, \quad \frac{\partial}{\partial n}\frac{1}{r} = \frac{lx_1 + my_1 + nz_1}{r_1^3}.$$

现设壳体以单位速度沿 x 轴运动，并毫无转动，则

$$\phi = \phi_1, \quad \phi' = -x. \tag{3}$$

故

$$\iint \phi \frac{\partial}{\partial n}\frac{1}{r}\, dS = \frac{\mathbf{A}x_1 + \mathbf{C}'y_1 + \mathbf{B}'z_1}{\rho r_1^3}, \tag{4}$$

$$\iint \phi' \frac{\partial}{\partial n}\frac{1}{r}\, dS = -\frac{Qx_1}{r_1^3}, \tag{5}$$

上式中的 Q 为固体之体积，且

$$\iint xl\,dS = Q, \quad \iint xm\,dS = 0, \quad \iint xn\,dS = 0. \tag{6}$$

因而得

$$4\pi\phi_P = \frac{(\mathbf{A} + \rho Q)x_1 + \mathbf{C}'y_1 + \mathbf{B}'z_1}{\rho r_1^3} \tag{7}$$[1]

所以固体的平移对远处的影响就和一个双源相同，但双源的轴线并不一定和平移的方向重合．然而，如固体沿其一恒定平移轴（见 124 节）的方向而运动，系数 $\mathbf{C}'$ 和 $\mathbf{B}'$ 就为零，而

$$4\pi\phi_P = \frac{(\mathbf{A} + \rho Q)x_1}{\rho r_1^3}. \tag{8}$$

例如，对于圆球，

$$\mathbf{A} = \frac{2}{3}\pi\rho a^3, \quad Q = \frac{4}{3}\pi a^3,$$

1）选自文章 "On Wave Resistance", *Proc. Roy. Soc.* cxi. 15(1926).

而

$$\phi_P = \frac{a^3 x_1}{2r_1^3}, \tag{9}$$

与 92 节中的结果相同.

在固体具有速度 u, v, w 的一般情况下，(7)式由下式所代替:

$$\begin{aligned}4\pi r_1^3\rho\phi_P = &(\mathbf{A}u + \mathbf{C}'v + \mathbf{B}'w)x_1 \\ &+ (\mathbf{C}'u + \mathbf{B}v + \mathbf{A}'w)y_1 \\ &+ (\mathbf{B}'u + \mathbf{A}'v + \mathbf{C}w)z_1 \\ &+ \rho Q(ux_1 + vy_1 + wz_1).\end{aligned} \tag{10}$$

反之，如已知物体作"恒定"平移时在无穷远处所引起的速度势的形式，也可以求得相应的惯性系数.

例如，当第 97 节中所提到过的 Rankine 卵形体沿其回转轴(x轴)平移时，因可用沿 x 轴连续分布且总强度为零的源系来表示其作用，故若源系分布的线密度为m，就有

$$\phi = \int \frac{m d\xi}{\sqrt{(x_1 - \xi)^2 + y_1^2 + z_1^2}} = \int\left(\frac{1}{r_1} + \frac{\xi x_1}{r_1^3} + \cdots\right) m d\xi.$$

而因$\int m d\xi = 0$，故

$$\phi = \frac{x_1}{r_1^3}\int m\xi d\xi + \cdots. \tag{11}$$

于是得到

$$\mathbf{A}/\rho + Q = 4\pi\int m\xi d\xi. \tag{12}$$[1]

122. 固体本身的动能 $\mathbf{T}_1$ 可表示为

$$\begin{aligned}2\mathbf{T}_1 = &m(u^2 + v^2 + w^2) \\ &+ \mathbf{P}_1 p^2 + \mathbf{Q}_1 q^2 + \mathbf{R}_1 r^2 + 2\mathbf{P}_1' qr + 2\mathbf{Q}_1' rp + 2\mathbf{R}_1' pq \\ &+ 2m\{\alpha(vr - wq) + \beta(wp - ur) + r(uq - vp)\}.\end{aligned} \tag{1}$$

因此，整个系统的总动能 $T = \mathbf{T} + \mathbf{T}_1$ 可用和 121 节中同样的普遍形式而表示为

$$\begin{aligned}2T = &Au^2 + Bv^2 + Cw^2 + 2A'vw + 2B'wu + 2C'uv \\ &+ Pp^2 + Qq^2 + Rr^2 + 2P'qr + 2Q'rp + 2R'pq\end{aligned}$$

1) G. I. Taylor, *Proc. Roy. Soc.* cxx. 13(1928).

$$+ 2p(Fu + Gv + Hw) + 2q(F'u + G'v + H'w)$$
$$+ 2r(F''u + G''v + H''w). \tag{2}$$

现在,可以借助动力学里的一个熟知的方法[1], 而把冲量中诸分量之值用速度 u,v,w,p,q,r 来表示了. 假设在很短的时间间隔 τ 内,有很大的力系 (X,Y,Z,L,M,N) 作用于固体,使冲量由 $(\xi,\eta,\zeta,\lambda,\mu,\nu)$ 变为 $(\xi+\delta\xi, \eta+\delta\eta, \zeta+\delta\zeta, \lambda+\delta\lambda, \mu+\delta\mu, \nu+\delta\nu)$. 则力 X 所作之功

$$\int_0^\tau Xu\,dt$$

之值应在

$$u_1\int_0^\tau X\,dt \text{ 和 } u_2\int_0^\tau X\,dt$$

之间. 其中 u_1 和 u_2 为 u 在时间间隔 τ 中的最小值和最大值. 即力 X 之功的值应在 $u_1\delta\xi$ 和 $u_2\delta\xi$ 之间. 若取 $\delta\xi$, $\delta\eta$, $\delta\zeta$, $\delta\lambda$, $\delta\mu$, $\delta\nu$ 为无穷小量,则 u_1 和 u_2 均等于 u,故力 X 所作之功为 $u\delta\xi$. 可用同样方法来计算其余诸力和力偶所作之功, 其总和应等于系统动能的增量. 故

$$u\delta\xi + v\delta\eta + w\delta\zeta + p\delta\lambda + q\delta\mu + r\delta\nu = \delta T$$
$$= \frac{\partial T}{\partial u}\delta u + \frac{\partial T}{\partial v}\delta v + \frac{\partial T}{\partial w}\delta w + \frac{\partial T}{\partial p}\delta p + \frac{\partial T}{\partial q}\delta q + \frac{\partial T}{\partial r}\delta r. \tag{3}$$

现在如诸速度全都按某一比例而变化, 则诸冲量也将以这一比例而变化. 于是,如取

$$\frac{\delta u}{u} = \frac{\delta v}{v} = \frac{\delta w}{w} = \frac{\delta p}{p} = \frac{\delta q}{q} = \frac{\delta r}{r} = k,$$

则随之而有

$$\frac{\delta\xi}{\xi} = \frac{\delta\eta}{\eta} = \frac{\delta\zeta}{\zeta} = \frac{\delta\lambda}{\lambda} = \frac{\delta\mu}{\mu} = \frac{\delta\nu}{\nu} = k.$$

---

1) 见 Thomson and Tait, Art 313, 或 Maxwell, *Electricity and Megnetism*, Part iv. c. v.

代入(3)式，并因 T 为二次齐次函数，可得

$$
\begin{aligned}
& u\xi + v\eta + w\zeta + p\lambda + q\mu + r\nu \\
&= u\frac{\partial T}{\partial u} + v\frac{\partial T}{\partial v} + w\frac{\partial T}{\partial w} + p\frac{\partial T}{\partial p} \\
&\quad + q\frac{\partial T}{\partial q} + r\frac{\partial T}{\partial r} = 2T. \qquad (4)
\end{aligned}
$$

对上式两端取任意变分 δ，并根据(3)式而消去其中某些项，可得

$$\xi\delta u + \eta\delta v + \zeta\delta w + \lambda\delta p + \mu\delta q + \nu\delta r = \delta T.$$

由于诸变分 $\delta u, \delta v, \delta w, \delta p, \delta q, \delta r$ 是互相独立的，上式就给出了所需要的公式如下：

$$\xi, \eta, \zeta = \frac{\partial T}{\partial u},\ \frac{\partial T}{\partial v},\ \frac{\partial T}{\partial w};\ \lambda, \mu, \nu = \frac{\partial T}{\partial p},\ \frac{\partial T}{\partial q},\ \frac{\partial T}{\partial r}. \qquad (5)$$

可以提一下：由于 $\xi, \eta, \zeta, \cdots$ 为 $u, v, w, \cdots$ 的线性函数，故后者也可表示为前者的线性函数，于是 T 就可以看作是 $\xi, \eta, \zeta, \lambda, \mu, \nu$ 的二次齐次函数。当用这种方式来表达动能时，我们就用 $T`$。这时，由(3)式可立即得出

$$
\begin{aligned}
& u\delta\xi + v\delta\eta + w\delta\zeta + p\delta\lambda + q\delta\mu + r\delta\nu \\
&= \frac{\partial T`}{\partial \xi}\delta\xi + \frac{\partial T`}{\partial \eta}\delta\eta + \frac{\partial T`}{\partial \zeta}\delta\zeta + \frac{\partial T`}{\partial \lambda}\delta\lambda \\
&\quad + \frac{\partial T`}{\partial \mu}\delta\mu + \frac{\partial T`}{\partial \nu}\delta\nu,
\end{aligned}
$$

故

$$
\left.
\begin{aligned}
u, v, w &= \frac{\partial T`}{\partial \xi},\ \frac{\partial T`}{\partial \eta},\ \frac{\partial T`}{\partial \zeta}; \\
p, q, r &= \frac{\partial T`}{\partial \lambda},\ \frac{\partial T`}{\partial \mu},\ \frac{\partial T`}{\partial \nu}.
\end{aligned}
\right\} \qquad (6)
$$

从某种意义上来讲，上式可以说是(5)式的反方程。

在没有外力的情况下，我们可以在 120 节中所得到的结果之外，用(6)式再为运动方程组得到另一个积分。因

$$\frac{dT}{dt}=\frac{\partial T}{\partial \xi}\frac{d\xi}{dt}+\cdots+\cdots+\frac{\partial T}{\partial \lambda}\frac{d\lambda}{dt}+\cdots+\cdots$$

$$=u\frac{d\xi}{dt}+\cdots+\cdots+p\frac{d\lambda}{dt}+\cdots+\cdots$$

而根据 120 节(1)式,上式应恒等于零,于是得到能量方程

$$T=\text{const.}\tag{7}$$

123. 如用 121 节中的记号,以

$$T=\mathbf{T}+\mathbf{T}_1$$

代入(5)式,则由刚体动力学可知, $\mathbf{T}_1$ 的偏导数表示固体本身的线动量和角动量,故 $\mathbf{T}$ 的偏导数所表示的一定是假定系统在一瞬间从静止而产生给定的运动时,由固体表面作用于流体的脉冲压力的冲量系.

这一点是容易证明的. 例如,根据 118 和 121 节中公式,可得上述脉冲压力冲量系的 x 分量为

$$\begin{aligned}\iint\rho\phi l\,dS&=-\rho\iint\phi\frac{\partial\phi_1}{\partial n}dS\\&=\mathbf{A}u+\mathbf{C}'v+\mathbf{B}'w+\mathbf{F}p+\mathbf{F}'q+\mathbf{F}''r\\&=\frac{\partial\mathbf{T}}{\partial u}.\end{aligned}\tag{8}$$

同样地,脉冲压力冲量系对 x 轴之矩为

$$\begin{aligned}\iint\rho\phi(ny-mz)dS&=-\rho\iint\phi\frac{\partial\chi_1}{\partial n}dS\\&=\mathbf{F}u+\mathbf{G}v+\mathbf{H}w+\mathbf{P}p+\mathbf{R}'q+\mathbf{Q}'r\\&=\frac{\partial\mathbf{T}}{\partial p}.\end{aligned}\tag{9}$$

124. 现在可把运动方程写为[1)]

---

1) 见前面 117 节脚注中 Kirchhoff 的著作以及 W. Thomson 爵士的"Hydrokinetic Solutions and Observation", *Phil. Mag.* (5) xlii. 362 (1871) (转载于 *Baltimore Lectures*, Cambridge, 1904, p. 584).

$$\left.\begin{aligned}\frac{d}{dt}\frac{\partial T}{\partial u}&=r\frac{\partial T}{\partial v}-q\frac{\partial T}{\partial w}+X,\\\frac{d}{dt}\frac{\partial T}{\partial v}&=p\frac{\partial T}{\partial w}-r\frac{\partial T}{\partial u}+Y,\\\frac{d}{dt}\frac{\partial T}{\partial w}&=q\frac{\partial T}{\partial u}-p\frac{\partial T}{\partial v}+Z,\\\frac{d}{dt}\frac{\partial T}{\partial p}&=w\frac{\partial T}{\partial v}-v\frac{\partial T}{\partial w}+r\frac{\partial T}{\partial q}-q\frac{\partial T}{\partial r}+L,\\\frac{d}{dt}\frac{\partial T}{\partial q}&=u\frac{\partial T}{\partial w}-w\frac{\partial T}{\partial u}+p\frac{\partial T}{\partial r}-r\frac{\partial T}{\partial p}+M,\\\frac{d}{dt}\frac{\partial T}{\partial r}&=v\frac{\partial T}{\partial u}-u\frac{\partial T}{\partial v}+q\frac{\partial T}{\partial p}-p\frac{\partial T}{\partial q}+N.\end{aligned}\right\}\quad(1)$$

如把 $T=\mathbf{T}+\mathbf{T}_1$ 代入上式，并分出含有 $\mathbf{T}$ 的各项，我们就可得到运动着的固体由于周围流体作用于其上的压力而产生的力和力矩的表达式．例如，流体压力所产生的力沿 x 轴方向的分量（设为 $\mathbf{X}$）为

$$\mathbf{X}=-\frac{d}{dt}\frac{\partial\mathbf{T}}{\partial u}+r\frac{\partial\mathbf{T}}{\partial v}-q\frac{\partial\mathbf{T}}{\partial w},\tag{2}$$

而由流体压力所产生的绕 x 轴的力矩（$\mathbf{L}$）为[1)]

$$\mathbf{L}=-\frac{d}{dt}\frac{\partial\mathbf{T}}{\partial p}+w\frac{\partial\mathbf{T}}{\partial v}-v\frac{\partial\mathbf{T}}{\partial w}+r\frac{\partial\mathbf{T}}{\partial q}-q\frac{\partial\mathbf{T}}{\partial r}.\tag{3}$$

如果固体被限定为以不变的速度 (u,v,w) 而运动，并且不作转动，就有

$$\left.\begin{aligned}&\mathbf{X},\mathbf{Y},\mathbf{Z}=0,\\&\mathbf{L},\mathbf{M},\mathbf{N}=w\frac{\partial\mathbf{T}}{\partial v}-v\frac{\partial\mathbf{T}}{\partial w},\ u\frac{\partial\mathbf{T}}{\partial w}-w\frac{\partial\mathbf{T}}{\partial u},\ v\frac{\partial\mathbf{T}}{\partial u}-u\frac{\partial\mathbf{T}}{\partial v},\end{aligned}\right\}\tag{4}$$

1）这种形式的表达式在别处也已求得，它们不难由第 20 节(5)式的压力方程直接计算而得到． 见 H. Lamb, "On the Forces experienced by a Solid moving through a Liquid", *Quart. Journ. Math.* xix. 66(1883).

式中

$$2\mathbf{T}=\mathbf{A}u^2+\mathbf{B}v^2+\mathbf{C}w^2+2\mathbf{A}'vw+2\mathbf{B}'wu+2\mathbf{C}'uv.$$

流体压力的效果就只是一个力偶，而且，如果

$$\frac{\partial\mathbf{T}}{\partial u}:u=\frac{\partial\mathbf{T}}{\partial v}:v=\frac{\partial\mathbf{T}}{\partial w}:w,$$

即如速度 (u,v,w) 沿着椭球

$$\mathbf{A}x^2+\mathbf{B}y^2+\mathbf{C}z^2+2\mathbf{A}'yz+2\mathbf{B}'zx+2\mathbf{C}'xy=\text{const.} \tag{5}$$

三个主轴之一的方向，那么这个力偶也等于零.

因此，像 Kirchhoff 所首先指出的那样，对于任何固体，都有着三个互相垂直的恒定平移的方向，这就是说，如果让固体沿其中的一个方向运动，而且不作转动，则在撤去外力后，它就将永远以这一方式而运动. 很明显，这些方向仅取决于固体表面的位形. 然而必须说明，一般来讲，为产生这类恒定平移而施加于固体的脉冲力系却并不简化为一个力. 为说明这一点，我们可以简单起见而把三个坐标轴取得和恒定平移的方向平行，则因 $A',B',C'=0$，于是单独对应于运动 u 有

$$\xi,\eta,\zeta=Au,0,0,$$
$$\lambda,\mu,\nu=Fu,F'u,F''u;$$

即脉冲力系由一螺距为 F/A 的力螺旋组成.

在固体以速度 (u,v,w) 作匀速平移的情况下，如坐标系取法同上，则由于流体作用于固体的压力所产生的力偶分量为

$$\mathbf{L},\mathbf{M},\mathbf{N}=(\mathbf{B}-\mathbf{C})vw,(\mathbf{C}-\mathbf{A})wu,(\mathbf{A}-\mathbf{B})uv. \tag{6}$$

故若在椭球

$$\mathbf{A}x^2+\mathbf{B}y^2+\mathbf{C}z^2=\text{const.} \tag{7}$$

中，沿速度 (u,v,w) 方向作一矢径 r，并由椭球中心向 r 终点处的切平面作垂直线 h，则力偶平面就是通过 h 和 r 的平面，力偶的大小正比于 $\sin(h,r)/h$，它具有使固体由 h 转向 r 的趋势. 因此，如果速度 (u,v,w) 的方向和 x 轴略微相差一点，则若 **A** 是 **A**,**B**,**C** 三者中最大者，力偶就有减小这一偏离的趋势；而若 **A** 是最小者，力偶就有增大偏离的趋势；若 **A** 介于 **B**, **C** 之间，力偶的作用

就要看 r 相对于上述椭球的圆截面的位置而定了．上述表明，在三个恒定平移中，只有一个是完全稳定的，它对应于三个系数 **A**, **B**, **C** 中的最大者．例如，一个椭球体的稳定的平移方向是它的最短轴的方向，参看 121 节[1]．

125. 上述情况是物体在撤去外力后可以实现的定常运动中的最简单情况，但不是唯一的情况．由运动学中一个熟知的定理可知，物体在任一时刻的瞬时运动可以表示为绕某一轴线的螺旋运动，而这一运动能成为恒定的条件是它不应影响冲量（在空间是固定的）相对于物体的位形． 这就要求螺旋运动的轴线与脉冲力螺旋的轴线重合．由于一条直线的普遍方程中包含着四个独立常数，就为五个比值 $u:v:w:p:q:r$ 提供了所需满足的四个线性关系式．所以，在目前所考虑的情况下，对于每一个物体，都有一个可能实现的定常运动的单重无限系．

在重要性方面仅次于恒定平移的定常运动是对应于冲量中只含有力偶成分时的情况．120 节(1)式表明，只要

$$\lambda/p=\mu/q=\nu/r=k, \tag{1}$$

就可有 $\xi,\eta,\zeta=0$ 和 λ,μ,ν 为常数．这时如把坐标轴的方向取为上节中所用到过的那种特殊方向，则由条件 $\xi,\eta,\zeta=0$ 而可立即用 p,q,r 来表示出 u,v,w 如下：

$$u=-\frac{Fp+F'q+F''r}{A},\quad v=-\frac{Gp+G'q+G''r}{B},$$

$$w=-\frac{Hp+H'q+H''r}{C}. \tag{2}$$

把上式代入 122 节中 λ,μ,ν 的表达式(5)，可得

$$\lambda,\mu,\nu=\frac{\partial\theta}{\partial p},\ \frac{\partial\theta}{\partial q},\ \frac{\partial\theta}{\partial r}; \tag{3}$$

式中

$$2\theta(p,q,r)=\mathfrak{P}p^2+\mathfrak{Q}q^2+\mathfrak{R}r^2+2\mathfrak{P}'qr+2\mathfrak{Q}'rp+2\mathfrak{R}'pq, \tag{4}$$

其中诸系数由以下类型的公式所确定：

$$\mathfrak{P}=P-\frac{F^2}{A}-\frac{G^2}{B}-\frac{H^2}{C},\ \mathfrak{P}'=P'-\frac{F'F''}{A}-\frac{G'G''}{B}-\frac{H'H''}{C}. \tag{5}$$

---

1) 一个细长体会具有使自己相对于相对运动方向而打横的趋势的物理原因可从第 71 节中第二个图上很清楚地看出．Thomson and Tait, Art. 325 中提到了一些有趣的实例．

只要冲量中力的成分为零，上述公式就在任何情况下都能成立．引用定常运动的条件(1)，则比值 $p:q:r$ 可由以下三个方程来确定：

$$\left.\begin{aligned}\mathfrak{P}p+\mathfrak{R}'q+\mathfrak{Q}'r&=kp,\\ \mathfrak{R}'p+\mathfrak{Q}q+\mathfrak{P}'r&=kq,\\ \mathfrak{Q}'p+\mathfrak{P}'q+\mathfrak{R}r&=kr.\end{aligned}\right\} \tag{6}$$

这些方程的形式表示出，方向比为 $p:q:r$ 的直线一定和椭球

$$\theta(x,y,z)=\text{const} \tag{7}$$

的主轴之一平行．因此，有三个恒定的螺旋运动能使相应的脉冲力螺旋简化为仅是一个力偶．这三个螺旋运动的轴线是互相垂直的，但一般来讲，却并不相交．

现在可以来证明，只要冲量只含有力偶成分，运动就是完全可以确定的．方便的办法是保持坐标轴的原方向不变，而改变原点的位置．当把原点改到任一点 (x,y,z) 处时，u,v,w 就应分别换为

$$u+ry-qz,\quad v+pz-rx,\quad w+qx-py.$$

122 节中动能表达式(2)里的 $2vr$ 的系数变为 $-Bx+G''$，$2wq$ 的系数变为 $Cx+H'$，等等．因此，若取

$$x=\frac{1}{2}\left(\frac{G''}{B}-\frac{H'}{C}\right),\ y=\frac{1}{2}\left(\frac{H}{C}-\frac{F''}{A}\right),\ z=\frac{1}{2}\left(\frac{F'}{A}-\frac{G}{B}\right), \tag{8}$$

则变换后的 $2T$ 表达式中的系数就满足以下关系式

$$\frac{G''}{B}=\frac{H'}{C},\ \frac{H}{C}=\frac{F''}{A},\ \frac{F'}{A}=\frac{G}{B}. \tag{9}$$

如以 α,β,γ 分别表示以上三对相等的量，可把(2)式写成

$$u=-\frac{\partial\Psi}{\partial p},\ v=-\frac{\partial\Psi}{\partial q},\ w=-\frac{\partial\Psi}{\partial r}; \tag{10}$$

其中

$$2\Psi(p,q,r)=\frac{F}{A}\ p^2+\frac{G'}{B}\ q^2+\frac{H''}{C}\ r^2+2\alpha qr+2\beta rp+2\gamma pq. \tag{11}$$

物体在任一时刻的运动都可以看作是由两个部分合成的，一部分是和原点以同样速度作平移，另一部分是绕着通过原点的一根瞬轴作转动．由于 $\xi,\eta,\zeta=0$，所以转动部分就由以下方程所确定：

$$\frac{d\lambda}{dt}=r\mu-q\nu,\ \frac{d\mu}{dt}=p\nu-r\lambda,\ \frac{d\nu}{dt}=q\lambda-p\mu,$$

它们表示矢量 (λ,μ,ν) 在大小上为一常数，并在空间具有一个固定的方向．把(3)式代入上式，得

$$\left.\begin{aligned}\frac{d}{dt}\frac{\partial\theta}{\partial p}&=r\ \frac{\partial\theta}{\partial q}-q\ \frac{\partial\theta}{\partial r},\\ \frac{d}{dt}\frac{\partial\theta}{\partial q}&=p\ \frac{\partial\theta}{\partial r}-r\ \frac{\partial\theta}{\partial p},\\ \frac{d}{dt}\frac{\partial\theta}{\partial r}&=q\ \frac{\partial\theta}{\partial p}-p\ \frac{\partial\theta}{\partial q}.\end{aligned}\right\} \tag{12}$$

(12)式与刚体绕定点转动的方程在形式上相同，因而我们可以应用 Poinsot 为后者所得到的熟知的解答．即，物体的转动可由(7)式所表示的椭球(它与固体固连在一起)在一个固定于空间的平面

$$\lambda x+\mu y+\nu z=\text{const}.$$

上滚动而得到，滚动的角速度正比于由原点 O 画向接触点 I 的矢径 OI．在滚动的椭球和平面所组成的系统上加上速度分量由(10)式所表示的平移，就可得到真实的运动了．若 OI 与二次曲面

$$\psi(x,y,z)=-\epsilon^3 \tag{13}$$

相交于 P，则平移速度的方向就是 P 点处切平面的法线 OM 的方向，其大小为

$$\frac{\epsilon^3}{OP\cdot OM}\times\text{物体的角速度}. \tag{14}$$

若 OI 与(13)式中的二次曲面不相交，而与把 ϵ 的正负号改变后所得到的共轭二次曲面相交，则平移速度的方向就颠倒过来[1]．

126. 固体在流体中的运动方程组在普遍情况下的积分问题吸引了一些数学家的注意，但是，正像从问题的复杂性所能预料到的那样，所得结果的物理意义却不那么容易理解[2]．

在下面，我们首先查看一下，对于某些特殊形状的固体，动能的表达式可以出现什么样的简化，然后，讨论一两个相当有趣的、但却用不着很难的数学就可以处理的问题．

我们已知，动能的普遍表达式中含有 21 个系数，但如把坐标轴取为某种特殊方向，并把原点取在某个特殊位置上，系数的个数可以减少到 15 个[3]．

动能普遍表达式中最具有对称性的形式是

$$\begin{aligned}2T=&Au^2+Bv^2+Cw^2+2A'vw+2B'wu+2C'uv\\&+Pp^2+Qq^2+Rr^2+2P'qr+2Q'rp+2R'pq\\&+2Lup+2Mvq+2Nwr\end{aligned}$$

---

1) 本节取材于 H. Lamb, "On the Free Motion of a solid through an Infinite Mass of Liquid", *Proc. Lond. Math. Soc.* viii. 273 (1877). Craig 也独立地得出了类似的结果，见其文章 "The Motion of a solid in a Fluid", *Amer. Journ. of Math.* ii. 162(1879).

2) 见 Wien, *Lehrbuch d. Hydrodynamik*, Leipzig, 1900, p. 164.

3) 参看 Clebsch, "Ueber die Bewegung eines Köpers in einer Flüssigkeit", *Math. Ann.* iii. 238(1870). 这篇文章涉及到把 122 节(6)式代入 120 节(1)式而得到的动力方程的"反"形式.

$$+2F(vr+wq)+2G(wp+ur)+2H(uq+vp)$$
$$+2F'(vr-wq)+2G'(wp-ur)+2H'(uq-vp). \tag{1}$$

我们已经看到，可以把坐标轴的方向取得使 $A', B', C'=0$，而且也容易证明，借助于改变原点的位置，还可进一步使 $F', G', H'=0$。今后，我们就假定这些简化都已被采用了.

1° 如果固体具有一个对称平面，则由相对运动的流线形状可明显看出，垂直于这一平面的平移一定是124节中所说的恒定平移之一。如取这一对称平面为 xy 平面，可进一步看出，当改变 w, p, q 的正负号时，运动的动能不应改变.这就要求P', Q', L, M, N, H均应为零。125 节中所说的三个螺旋运动现在就是单纯的转动了，但一般来讲，其轴线并不相交.

2° 如果物体具有和前述对称面垂直的第二个对称平面，可取之为 xz 平面. 在此情况下，R' 和 G 也必为零，故

$$2T=Au^2+Bv^2+Cw^2+Pp^2+Qq^2+Rr^2$$
$$+2F(vr+wq). \tag{2}$$

x 轴是恒定转动轴之一，另两个恒定转动轴与之正交，但不一定相交于同一点.

3° 如果物体具有和前述两个对称面垂直的第三个对称平面(设为 yz 平面)，就有

$$2T=Au^2+Bv^2+Cw^2+Pp^2+Qq^2+Rr^2. \tag{3}$$

4° 回到 2°，可注意到，如固体为绕 Ox 轴的回转体，则若把 w, r, v, q 分别改写为 $v, q, -w, -r$，那么只不过是相当于把 y 轴和 z 轴转了个 90°，因此 $2T$ 的表达式不应改变. 故 $B=C, Q=R, F=0$，而

$$2T=Au^2+B(v^2+w^2)+Pp^2+Q(q^2+r^2). \tag{4}$$[1]

在某些其它情况下，也可得到同样的简化，例如，当固体是截

1) 运动方程组在此情况下的解见 Greenhill, "The Motion of a solid in Infinite Liquid under no Forces", *Amer. Journ. of Math.* xx, 1 (1897).

面为任意正多边形的直棱柱体时[1]. 这一点是可以从下面的考虑而马上看出来的：若取 x 轴与棱柱体的轴线重合，那么，可以选为 y 轴和 z 轴的那种具有对称性的方向显然不止一个.

5° 最后，如固体的形状相对于每一个坐标平面都是相同的(例如圆球或正方体)，则表达式(3)成为

$$2T = A(u^2 + v^2 + w^2) + P(p^2 + q^2 + r^2). \qquad (5)$$

根据同一道理，(5)式也可以推广到其它情况，例如任何正多面体. 对于我们目前的讨论而言，这样的一种物体是实用上的"各向同性"的，它的运动和一个在同样条件下的圆球是一样的.

6° 我们接着来考虑另一类情况. 设物体斜对称于某一轴(设为 x 轴)，即若物体绕该轴旋转180°时，就和原来完全一样，但却不一定有对称平面[2]. 在这种情况下，当改变 v, w, q, r 的正负号时，$2T$ 的表达式不应改变，故系数 Q', R', G, H 均应为零. 于是有

$$\begin{aligned} 2T = {} & Au^2 + Bv^2 + Cw^2 + Pp^2 + Qq^2 + Rr^2 \\ & + 2P'qr + 2Lup + 2Mvq + 2Nwr \\ & + 2F(vr + wq). \end{aligned} \qquad (6)$$

x 轴为恒定平移的方向之一，而且也是 125 节中所说的三种螺旋运动之一的轴线，这一螺旋运动的螺距为 $-L/A$. 另两个螺旋运动的轴线与 x 轴正交，但一般来讲，并不相交于同一点.

7° 进一步，如果物体只要绕上述 x 轴转动 90° 后就和原来完全一样的话，那么，把 w, r, v, q 分别写为 $v, q, -w, -r$ 后，(6)式不应改变. 这就要求 $B = C$, $Q = R$, $P' = 0$, $M = N$, $F = 0$. 故[3]

$$\begin{aligned} 2T = {} & Au^2 + B(v^2 + w^2) + Pp^2 + Q(q^2 + r^2) \\ & + 2Lup + 2M(vp + wr). \end{aligned} \qquad (7)$$

1) 见 Larmor, "On Hydrokinetic Symmetry", *Quart. Journ. Math.* xx. 261 (1884). [*Papers*, i, 77]

2) 船用双叶螺旋桨是这类物体的一个实例.

3) 这一结论也可像(4)式那样地给予推广，例如，它可应用于具有三个对称布置的叶片的螺旋桨式物体. Greenhill 讨论了运动方程的积分，见其文章 "The Motion of a Solid in Infinite Liquid", *Amer. Journ. of Math.* xxviii. 71(1906).

当 y 轴和 z 轴在 yz 平面内转动任意一个角度时，上式的形式并不改变。因此，这种物体称为对 x 轴具有螺旋对称性。

8° 如果物体再额外地具有一个与 7° 中 x 轴正交的斜对称轴，那么，很明显必有

$$2T = A(u^2 + v^2 + w^2) + P(p^2 + q^2 + r^2) + 2L(pu + qv + rw). \tag{8}$$

这时，任何方向都是一个恒定平移方向，而且，任一通过原点的直线都是一个 125 节中所述的螺旋运动（其螺距为 $-L/A$）的轴线。坐标系的方向不论怎样改变，(8)式的形式并不改变。因而，这种形状的物体称为是"螺旋式各向同性"的。

127. 如物体为一回转体，或具有能使用公式

$$2T = Au^2 + B(v^2 + w^2) + Pp^2 + Q(q^2 + r^2) \tag{1}$$

的任何其它形状，则 Kirchhoff 已应用椭圆函数完成了运动方程的完全积分[1]。

当这类物体在运动时并不绕其轴线旋转、而且轴线始终在一个平面上时，可以作出很简单的处理[2]，其结果是非常有趣的。

取 xy 平面为上述固定平面（物体的轴线在这一平面上运动），则 $p,q,w = 0$. 故 124 节中的运动方程(1)简化为

$$\left.\begin{aligned} A\frac{du}{dt} = rBv,\ B\frac{dv}{dt} = -rAu, \\ Q\frac{dr}{dt} = (A-B)uv. \end{aligned}\right\} \tag{2}$$

令跟随着物体一起运动的坐标原点 O 相对于在 xy 平面上的一个固定坐标系 $\mathbf{xOy}$ 的坐标为 $\mathbf{x},\mathbf{y}$，$\mathbf{x}$ 轴取为与运动的合冲量（设为 I）的作用线重合，并设 θ 为 Ox 线（它与物体固连在一起）与 $\mathbf{x}$ 轴的夹角，于是有

$$Au = I\cos\theta,\quad Bv = -I\sin\theta,\quad r = \dot{\theta}.$$

(2)式中前两个方程仅表示冲量在空间中的方向不变，第三个方程给出

$$Q\ddot{\theta} + \frac{A-B}{AB}I^2\sin\theta\cos\theta = 0. \tag{3}$$

---

1) 见前 117 节第二个脚注中引文。

2) 见 Thomson and Tait, Art. 322; Greenhill, "On the Motion of a Cylinder through a Frictionless Liquid under no Forces", *Mess. of Math.* ix. 117(1880).

我们可以不失去一般性而假定 $A>B$. 若令 $2\theta=\vartheta$,则(3)式变为

$$\ddot{\vartheta}+\frac{(A-B)I^2}{ABQ}\sin\vartheta=0, \tag{4}$$

这是普通摆的运动方程. 因此,物体的角运动是"象限摆"的运动——象限摆是这样一种物体,它在一个象限中的运动和普通摆在半个圆周中的运动规律相同. 当 θ 由(3)式和初始条件确定后,$\mathbf{x},\mathbf{y}$ 可由下式来计算:

$$\left.\begin{aligned}\dot{\mathbf{x}}&=u\cos\theta-v\sin\theta=\frac{I}{A}\cos^2\theta+\frac{I}{B}\sin^2\theta,\\ \dot{\mathbf{y}}&=u\sin\theta+v\cos\theta=\left(\frac{I}{A}-\frac{I}{B}\right)\sin\theta\cos\theta=\frac{Q}{I}\ddot{\theta}.\end{aligned}\right\} \tag{5}$$

(5)式中第二个方程给出

$$\mathbf{y}=\frac{Q}{I}\dot{\theta}. \tag{6}$$

在上式中,附加常数很明显应为零,因 $\mathbf{x}$ 轴被取为不仅平行于冲量 I,而且与 I 相重合.

我们先假定物体作完整的转动,这时,(3)式的初积分具有以下形式:

$$\dot{\theta}^2=\omega^2(1-k^2\sin^2\theta), \tag{7}$$

式中

$$k^2=\frac{A-B}{ABQ}\cdot\frac{I^2}{\omega^2}. \tag{8}$$

故若从 $\theta=0$ 时的位置开始计算时间,则

$$\omega t=\int_0^\theta\frac{d\theta}{(1-k^2\sin^2\theta)^{\frac{1}{2}}}=F(k,\theta). \tag{9}$$

在上式中应用了通常表示椭圆积分的记号. 如由(5)式和(7)式消去 t,然后对 θ 求积,可得

$$\left.\begin{aligned}\mathbf{x}&=\left(\frac{I}{A\omega}+\frac{Q\omega}{I}\right)F(k,\theta)-\frac{Q\omega}{I}E(k,\theta),\\ \mathbf{y}&=\frac{Q}{I}\dot{\theta}=\frac{Q\omega}{I}(1-k^2\sin^2\theta)^{\frac{1}{2}},\end{aligned}\right\} \tag{10}$$

其中把 $\mathbf{x}$ 取成在 $\theta=0$ 时为零了. 于是,物体所走的路线在任何特定的情况下都可借助于 Legendre 计算表而画出. 见本节附图中的曲线I.

如果物体并不作完整的转动,而只是在 $\theta=0$ 的两侧来回摆动,每侧都转过 α 角,则(3)式的初积分的适宜形式为

$$\dot{\theta}^2=\omega^2\left(1-\frac{\sin^2\theta}{\sin^2\alpha}\right), \tag{11}$$

式中

$$\sin^2\alpha=\frac{ABQ}{A-B}\cdot\frac{\omega^2}{I^2}. \tag{12}$$

若令

$$\sin\theta=\sin\alpha\sin\psi,$$

则

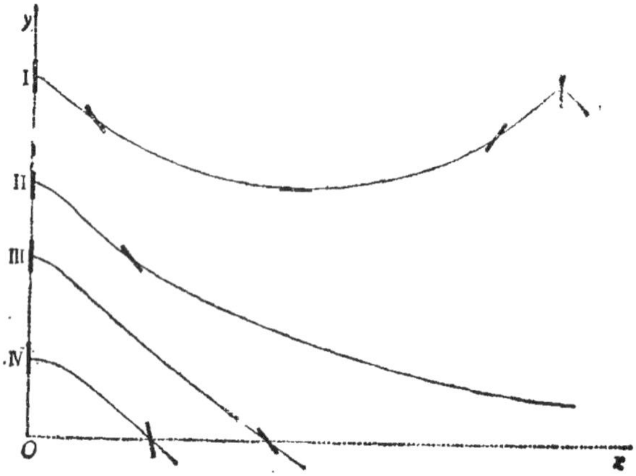

$$\dot{\psi}^2 = \frac{\omega^2}{\sin^2\alpha}(1 - \sin^2\alpha\sin^2\psi),$$

故

$$\frac{\omega t}{\sin\alpha} = F(\sin\alpha, \psi). \tag{13}$$

把(5)式中的自变量变换为 ψ，并积分，可得

$$\left.\begin{aligned} \mathbf{x} &= \frac{l}{B\omega}\sin\alpha \cdot F(\sin\alpha, \psi) - \frac{Q\omega}{l}\operatorname{cosec}\alpha \cdot E(\sin\alpha, \psi), \\ \mathbf{y} &= \frac{Q\omega}{l}\cos\psi. \end{aligned}\right\} \tag{14}$$

O 点的路线是正弦式的曲线，并以等于物体摆动周期一半的时间间隔而来回穿过冲量的作用线. 附图中的曲线 III 和 IV 表示了这种情况.

还剩下一种介于上述两种情况之间的临界情况是物体刚好转动半圈，这时，θ 以 $\pm\frac{\pi}{2}$ 为渐近极限. 对于这种情况，可令(7)式中的 $k = 1$ 或令(11)式中的 $\alpha = \frac{1}{2}\pi$ 而得到

$$\dot{\theta} = \omega\cos\theta, \tag{15}$$

$$\omega t = \log\tan\left(\frac{1}{4}\pi + \frac{1}{2}\theta\right), \tag{16}$$

$$\left.\begin{aligned} \mathbf{x} &= \frac{l}{B\omega}\log\tan\left(\frac{1}{4}\pi + \frac{1}{2}\theta\right) - \frac{Q\omega}{l}\sin\theta, \\ \mathbf{y} &= \frac{Q\omega}{l}\cos\theta. \end{aligned}\right\} \tag{17}$$

见图中曲线II[1].

要看到,上述讨论不仅限于回转体,只要原点选择得当,它也完全适用于具有两个互相垂直的对称平面且平行于其中一个平面而运动的物体. 如果这一平面是 xy 平面,那么把原点改到 $(F/B,0,0)$ 处,则 126 节(2) 式中最后一项就不出现,运动方程就和本节 (2) 式相同. 反之,如果平行于 zx 平面而运动,就必须把原点改到 $(-F/C,0,0)$ 处.

本节的结果和附图对 124 节中接近终了处所作的叙述起到了例证的作用. 例如,曲线IV以把振幅夸大的方式表示了物体平行于一根恒定平移轴作稳定的定常运动时受到小扰动的情况. 作不稳定的定常运动受到小扰动时的情况由一条与曲线II邻近的曲线来表示,至于它在曲线II的哪一侧,则根据扰动的性质而定.

128. 如果问题仅仅是探讨物体沿着一个对称轴的方向而运动时的稳定性,那么当然可以用近似方法而使处理上更为简单.例如,如物体像 126节 3°中所述那样具有三个对称平面,则当它沿平行于 x 轴作定常运动而受到一个小扰动时,可令 $u=u_0+u'$,并设 u',v,w,p,q,r 均为小量后而得到

$$\left.\begin{aligned}&A\frac{du'}{dt}=0,\quad B\frac{dv}{dt}=-Au_0r,\qquad C\frac{dw}{dt}=Au_0q,\\&P\frac{dp}{dt}=0,\quad Q\frac{dq}{dt}=(C-A)u_0w,\quad R\frac{dr}{dt}=(A-B)u_0v.\end{aligned}\right\}\tag{1}$$

故有

$$B\frac{d^2v}{dt^2}+\frac{A(A-B)}{R}u_0^2v=0$$

和对于 r 的类似方程,并有

$$C\frac{d^2w}{dt^2}+\frac{A(A-C)}{Q}u_0^2w=0\tag{2}$$

和对于 q 的类似方程. 因此,仅当 A 为 A,B,C 中的最大者时,运

1) 为显示出运动的特点,这些曲线是对 $A=5B$ 这样一个多少有点极端的情况而画出的. 对于无限薄而自己不具有惯性的圆片,应有 $A/B=\infty$,这时,这些曲线在与 y 轴相交处会出现尖点. (5)式表明,$\dot{x}$ 永不改变正负号,所以在任何情况下都不会出现环状的路线.

在图中的几种情况中,物体是以同样的冲量但以不同的角速度而抛出的. 曲线I所示情况中的最大角速度为曲线II所示临界情况中的$\sqrt{2}$倍,曲线III和IV则分别表示振幅为 45° 和 18° 的振荡.

动才是稳定的。

由刚体动力学已知，当物体平行于一个对称轴运动时，可以用使它围绕该轴旋转的方法而增大其稳定性或（当运动是不稳定的时候）减小其不稳定性．这一问题曾由 Greenhill 作过检验[1]．

当一个回转体以不变的速度 u 和 p（其它诸速度均为零）作运动而受到一个小扰动时，若略去小量的平方项和乘积项，则 124 节方程(1)中的第一个和第四个式子就给出

$$du/dt = 0, \quad dp/dt = 0,$$

故
$$u = u_0, \quad p = p_0 \tag{3}$$

其中 u_0 和 p_0 为常数．把 126 节(3)式代入其余的式子中，可得

$$B\left(\frac{dv}{dt} - p_0 w\right) = -Au_0 r, \quad B\left(\frac{dw}{dt} + p_0 v\right) = Au_0 q, \tag{4}$$

$$\left.\begin{aligned} Q\frac{dq}{dt} + (P-Q)p_0 r &= -(A-B)u_0 w, \\ Q\frac{dr}{dt} - (P-Q)p_0 q &= (A-B)u_0 v. \end{aligned}\right\} \tag{5}$$

如果假定 v, w, q, r 按 $e^{i\sigma t}$ 而变化，则在消去比例常数后，可得

$$Q\sigma^2 \pm (P-2Q)p_0\sigma - \left\{(P-Q)p_0^2 + \frac{A}{B}(A-B)u_0^2\right\} = 0. \tag{6}$$

上式之根为实数的条件是

$$P^2 p_0^2 + 4\frac{A}{B}(A-B)Qu_0^2$$

为正值．若 $A>B$，则这一条件总能满足；在其它情况下，则可给 p_0 以足够大的数值而使这一条件得到满足．

这个例子说明了枪膛内的来复线能给予细长形枪弹以飞行稳定性．

129. 在 125 节中，术语“定常”用来表示物体的“瞬时螺旋运动”与运动着的物体之间的相对关系保持不变的特点．但对于回转体，我们可以为了方便而把这一术语的含意用得略为广泛一些，那就是，把它用来指物体的平移速度矢量和转动角速度矢量在大小上不变、与对称轴的夹角不变、而且彼此间的夹角也不变的情形，虽然它们和物体上那些并不位于对称轴上的点之间的相对关系是可以连续地变化的。

为得到这种情况所需满足的条件，最容易的方法是利用 124 节的运动方程组．把 126 节(4)式代入该运动方程组，可得

1) “Fluid Motion between Confocal Elliptic Cylinders, &c.”, *Quart. Journ. Math.* xvi. 227(1879).

$$\left.\begin{aligned}&A\frac{du}{dt}=B(rv-qw),\quad P\frac{dp}{dt}=0,\\&B\frac{dv}{dt}=Bpw-Aru,\quad Q\frac{dq}{dt}=-(A-B)uw-(P-Q)pr,\\&B\frac{dw}{dt}=Aqu-Bpv,\quad Q\frac{dr}{dt}=(A-B)uv+(P-Q)pq.\end{aligned}\right\}\qquad(1)$$

它表明，p 在任何情况下都为常数，而如

$$v/q=w/r=k,\qquad(2)$$

则 q^2+r^2 也保持为常数. (2)式还使 $du/dt=0$ 和 $v^2+w^2=\text{const.}$. 随之而知，k 也是常数，而所剩下的就只是使

$$kB\frac{dq}{dt}=(kBp-Au)r$$

和

$$Q\frac{dq}{dt}=-\{(A-B)ku+(P-Q)p\}r$$

得到满足了. 这两个方程只有在

$$kB\{(A-B)ku+(P-Q)p\}+Q(kBp-Au)=0$$

时才相容，故

$$\frac{u}{p}=\frac{kBP}{AQ-k^2B(A-B)}.\qquad(3)$$

取不同的 k 值，就可得到无限多个可能的、按上述定义的定常运动. 在每一个定常运动中，瞬时转动轴和原点的移动方向都和物体的对称轴在一个平面里，而且不难看出，原点绕着冲量轴线而描出一条螺旋线.

这是 Kirchhoff 所得到的结果.

130. 能得到简单结果的螺旋体只有 126 节 8° 中所定义的“螺旋式各向同性体”.

设 O 为物体的中心；在任何时刻，都取 Ox 轴与冲量的轴线平行，Oy 轴在上述二轴线所在的平面上且指向背离冲量轴线的方向，Oz 轴与该平面垂直. 令 I 与 K 分别为冲量中力的成分与力偶的成分，则有

$$\left.\begin{aligned}&Au+Lp=\xi=I,\ Av+Lq=\eta=0,\ Aw+Lr=\zeta=0,\\&Pp+Lu=\lambda=K,\ Pq+Lv=\mu=0,\ Pr+Lw=\nu=I\tilde{\omega},\end{aligned}\right\}\qquad(1)$$

式中 $\tilde{\omega}$ 为自 O 点到冲量轴线的距离.

因 $AP-L^2\neq0$，由以上方程组中第二个和第五个方程可知 $v=0$，$q=0$. 因此 $\tilde{\omega}$ 在物体运动过程中是不变的，其余诸量也就都是常数，其中

$$u=\frac{PI-LK}{AP-L^2},\quad w=-\frac{LI\tilde{\omega}}{AP-L^2}.\qquad(2)$$

故原点 O 绕冲量轴线而描出一螺旋线，其螺距为

$$\frac{K}{I}-\frac{p}{L}.$$

这一例子是由 Kelvin 得出的[1].

131. 在离开这部分题材之前，我们提一下，如果液体是在一个运动着的物体的空膛内作非循环运动，那么前述理论在经过显著的修正后仍可应用.这时，如把原点取在液体的惯性中心[2]处，液体动能的表达式就具有以下形式:

$$2\mathbf{T}=\mathbf{m}(u^2+v^2+w^2)+\mathbf{P}p^2+\mathbf{Q}q^2+\mathbf{R}r^2+2\mathbf{P}'qr + 2\mathbf{Q}'rp+2\mathbf{R}'pq. \quad (1)$$

这是因为流体的全部动能等于假定其质量($\mathbf{m}$)集中于惯性中心并随惯性中心一起运动的动能再加上相对于惯性中心运动的动能，而其中后面这部分则可用 118 和 121 节的方法不难证明出应为 p, q, r 的二次齐次函数.

因此，如能适宜地确定出惯性主轴和转动惯量，流体就可用具有同样质量和惯性中心的一个固体来代替.

对于一个椭球形的空膛，可由 110 节而求出(1)式中的系数. 若取 x, y, z 轴与椭球的主轴重合，可得

$$\mathbf{P},\mathbf{Q},\mathbf{R}=\frac{1}{5}\mathbf{m}\,\frac{(b^2-c^2)^2}{b^2+c^2},\ \frac{1}{5}\mathbf{m}\,\frac{(c^2-a^2)^2}{c^2+a^2},\ \frac{1}{5}\mathbf{m}\,\frac{(a^2-b^2)^2}{a^2+b^2};$$

$$\mathbf{P}',\mathbf{Q}',\mathbf{R}'=0.$$

固体具有孔道时的情况

132. 如果运动着的固体具有一个或几个孔道，其外部空间就

---

1) 见前第 124 节第一个脚注中引文. 文中指出了这里所讨论的物体形状可用下述方法构造出来：在一个圆球上安装十二个扇叶，这些扇叶的位置在球面分为八个挂限时所得到的十二个 90° 弧线的中点，扇叶与球面垂直且与所在的弧线成 45° 角. Larmor (见前第 126 节 4° 中脚注)给出了另一个实例: "如果把一个正四面体(或其它正多面体)的诸棱边削成斜面，并使得无论从哪个棱角看过去，这种斜面都按同样方式倾斜，就得到螺旋式各向同性体的一个实例".

和这里所讨论的问题有关的进一步研究可见 Fawcett, "On the Motion ot Solid in a liquid", *Quart. Journ. Math.* xxvi. 231(1893).

2) 即质心. ——译者注

是多连通的，这时，流体可以具有一个和固体的运动无关的运动，也就是，可以具有循环运动，而使穿过诸孔道的不可缩回路上的环量取任意给定的常数值。我们将扼要地指明如何使前述方法适用于这类情况。

设 $\kappa, \kappa', \kappa'', \cdots$ 为各回路上的环量，$\delta\sigma$，$\delta\sigma'$，$\delta\sigma''$，$\cdots$ 为按第 48 节所述而画出的相应屏障上的面元。此外，令 l，m，n 为固体表面上任一点处的法线(指向流体)的方向余弦，或为屏障上任一点处的法线(指向正方向)的方向余弦。于是，速度势的形式为

$$\phi + \phi_0,$$

其中

$$\left.\begin{aligned} \phi &= u\phi_1 + v\phi_2 + w\phi_3 + p\chi_1 + q\chi_2 + r\chi_3, \\ \phi_0 &= \kappa\omega + \kappa'\omega' + \kappa''\omega'' + \cdots. \end{aligned}\right\} \tag{1}$$

函数 $\phi_1, \phi_2, \phi_3, \chi_1, \chi_2, \chi_3$ 由 118 节所述条件来确定。为确定 ω，有以下条件：(1)在流体中所有各点处都应满足 $\nabla^2\omega = 0$；(2)它的导数在无穷远处必须为零；(3)在固体表面上，$\partial\omega/\partial n$ 必须为零；(4) ω 必须是一个循环函数，当一个点沿正方向而走完一条和第一个屏障只相交一次的回路时，ω 就减小 1，而若一个点走完一条和第一个屏障不相交的回路时，ω 就恢复其原有数值。第 52 节所述表明，在上述条件下，ω 是确定的(除一附加常数外)。其余诸函数 $\omega', \omega'', \cdots$ 也因同样的原因而是确定的。

由第 55 节公式(5)可知，流体动能的两倍等于

$$-\rho\iint(\phi + \phi_0)\frac{\partial}{\partial n}(\phi + \phi_0)dS$$

$$-\rho\kappa\iint(\phi + \phi_0)d\sigma - \rho\kappa'\iint\frac{\partial}{\partial n}(\phi + \phi_0)d\sigma' - \cdots. \tag{2}$$

因 ϕ 的循环常数为零，而 $\partial\phi_0/\partial n$ 在固体表面上为零，故由第 54 节(4)式可有

$$\iint\phi_0\frac{\partial\phi}{\partial n}dS + \kappa\iint\frac{\partial\phi}{\partial n}d\sigma + \kappa'\iint\frac{\partial\phi}{\partial n}d\sigma' + \cdots$$

$$= \iint \phi \frac{\partial \phi_0}{\partial n} dS = 0.$$

于是(2)式可简化为

$$-\rho\iint \phi \frac{\partial \phi}{\partial n} dS - \rho\kappa \iint \frac{\partial \phi_0}{\partial n} d\sigma - \rho\kappa' \iint \frac{\partial \phi_0}{\partial n} d\sigma' - \cdots. \tag{3}$$

把(1)式中的 ϕ 和 ϕ_0 代入上式，可得流体之动能为

$$\mathbf{T} + K, \tag{4}$$

其中 $\mathbf{T}$ 为形式由121节(2)式和(3)式所规定的 u, v, w, p, q, r 的二次齐次函数，而

$$2K = (\kappa, \kappa)\kappa^2 + (\kappa', \kappa')\kappa'^2 + \cdots + 2(\kappa, \kappa')\kappa\kappa' + \cdots, \tag{5}$$

其中(以两个系数为例)

$$\left.\begin{aligned} (\kappa, \kappa) &= -\rho \iint \frac{\partial \omega}{\partial n} d\sigma, \\ (\kappa, \kappa') &= -\frac{1}{2}\rho \iint \frac{\partial \omega'}{\partial n} d\sigma - \frac{1}{2}\rho \iint \frac{\partial \omega}{\partial n} d\sigma' \\ &= -\rho \iint \frac{\partial \omega'}{\partial n} d\sigma = -\rho \iint \frac{\partial \omega}{\partial n} d\sigma'. \end{aligned}\right\} \tag{6}$$

(κ, κ') 中的两种不同形式之所以相等是根据第 54 节(4)式.

故流体和固体的总能量为

$$T = \mathfrak{T} + K, \tag{7}$$

式中 $\mathfrak{T}$ 为与 122 节(2)式形式相同的 u, v, w, p, q, r 的二次齐次函数，而 K 则由上面的(5)式和(6)式所定义.

133. 在现在所讨论的问题中，运动的“冲量”就由两部分所组成，一部分是作用于固体的脉冲力系冲量，另一部分是短暂地占据各屏障位置的诸薄膜上所作用的均匀脉冲压力冲量 $\rho\kappa$, $\rho\kappa'$, $\rho\kappa''$, $\cdots$(如第 54 节所述). 以 $\xi_1, \eta_1, \zeta_1, \lambda_1, \mu_1, \nu_1$ 表示作用于固体的脉冲外力冲量的诸分量. 令固体动量的 x 分量等于作用于固体的总冲量的 x 分量，有

$$\frac{\partial \mathbf{T}_1}{\partial u} = \xi_1 - \rho \iint (\phi + \phi_0) l dS$$

$$= \xi_1 + \rho\iint(u\phi_1 + \cdots + p\chi_1 + \cdots + \kappa\omega + \cdots)\frac{\partial\phi_1}{\partial n}dS$$

$$= \xi_1 - \frac{\partial \mathbf{T}}{\partial u} + \rho\kappa\iint\omega\frac{\partial\phi_1}{\partial n}dS + \rho\kappa'\iint\omega'\frac{\partial\phi_1}{\partial n}dS + \cdots, \tag{1}$$

式中 $\mathbf{T}_1$ 和以前一样，表示固体的动能，而 $\mathbf{T}$ 则表示流体动能中与循环运动无关的那一部分．再考虑固体绕 x 轴的动量矩，可有

$$\frac{\partial \mathbf{T}_1}{\partial p} = \lambda_1 - \rho\iint(\phi + \phi_0)(ny - mz)dS$$

$$= \lambda_1 + \rho\iint(u\phi_1 + \cdots + p\chi_1 + \cdots + \kappa\omega + \cdots)\frac{\partial\chi_1}{\partial n}dS$$

$$= \lambda_1 - \frac{\partial \mathbf{T}}{\partial p} + \rho\kappa\iint\omega\frac{\partial\chi_1}{\partial n}dS + \rho\kappa'\iint\omega'\frac{\partial\chi_1}{\partial n}dS + \cdots. \tag{2}$$

因 $\mathfrak{T} = \mathbf{T} + \mathbf{T}_1$，故有

$$\left.\begin{aligned}\xi_1 &= \frac{\partial\mathfrak{T}}{\partial u} - \rho\kappa\iint\omega\frac{\partial\phi_1}{\partial n}dS - \rho\kappa'\iint\omega'\frac{\partial\phi_1}{\partial n}dS - \cdots,\\ \lambda_1 &= \frac{\partial\mathfrak{T}}{\partial p} - \rho\kappa\iint\omega\frac{\partial\chi_1}{\partial n}dS - \rho\kappa'\iint\omega'\frac{\partial\chi_1}{\partial n}dS - \cdots.\end{aligned}\right\} \tag{3}$$

应用以前讲过的 Green 定理的 Kelvin 推广，可把上式写成另一种形式如下：

$$\left.\begin{aligned}\xi_1 &= \frac{\partial\mathfrak{T}}{\partial u} + \rho\kappa\iint\frac{\partial\phi_1}{\partial n}d\sigma + \rho\kappa'\iint\frac{\partial\phi_1}{\partial n}d\sigma' + \cdots,\\ \lambda_1 &= \frac{\partial\mathfrak{T}}{\partial p} + \rho\kappa\iint\frac{\partial\chi_1}{\partial n}d\sigma + \rho\kappa'\iint\frac{\partial\chi}{\partial n}d\sigma' + \cdots.\end{aligned}\right\} \tag{4}$$

在上式中加上作用于屏障上的脉冲压力冲量，我们最终得到运动的总冲量的分量为[1)]

$$\left.\begin{aligned}\xi,\eta,\zeta &= \frac{\partial\mathfrak{T}}{\partial u} + \xi_0,\quad \frac{\partial\mathfrak{T}}{\partial v} + \eta_0,\quad \frac{\partial\mathfrak{T}}{\partial w} + \zeta_0,\\ \lambda,\mu,\nu &= \frac{\partial\mathfrak{T}}{\partial p} + \lambda_0,\quad \frac{\partial\mathfrak{T}}{\partial q} + \mu_0,\quad \frac{\partial\mathfrak{T}}{\partial r} + \nu_0.\end{aligned}\right\} \tag{5}$$

---

1) 见124节第一个脚注中 W. Thomson 爵士的文章．

上式中(以其中两项为例)

$$\left.\begin{aligned}\xi_0 &= \rho\kappa\iint\left(l+\frac{\partial\phi_1}{\partial n}\right)d\sigma+\rho\kappa'\iint\left(l+\frac{\partial\phi_1}{\partial n}\right)d\sigma'+\cdots,\\ \lambda_0 &= \rho\kappa\iint\left(ny-mz+\frac{\partial\chi_1}{\partial n}\right)d\sigma+\rho\kappa'\iint\left(ny-mz\right.\\ &\qquad\left.+\frac{\partial\chi_1}{\partial n}\right)d\sigma'+\cdots.\end{aligned}\right\}\tag{6}$$

很明显,常数 $\xi_0, \eta_0, \zeta_0, \lambda_0, \mu_0, \nu_0$ 为流体循环运动的冲量分量,当单独对固体施加外力而使它静止下来时,这种循环运动仍可存留下来.

根据 119 节中所作的讨论,可知总冲量和有限动力系统的动量服从同样的规律.因此,把(5)式代入 120 节(1)式后就得到固体的运动方程[1].

134. 我们可以取一个环状的回转体作为简单的例子.

取 x 轴与环的轴线重合,根据与 126 节 4° 中所述同样的道理可知,如把原点在这一轴线上的位置选取得当,就可写出

$$2T = Au^2 + B(v^2+w^2) + Pp^2 + Q(q^2+r^2) + (\kappa,\kappa)\kappa^2. \tag{1}$$

故

$$\left.\begin{aligned}\xi,\eta,\zeta &= Au+\xi_0,\ Bv,\ Bw;\\ \lambda,\mu,\nu &= Pp, Qq, Qr.\end{aligned}\right\}\tag{2}$$

代入 120 节中的方程组后,可得 $dp/dt = 0$,即 $p = \text{const.}$,如可明显地判断出的一样.现设环在 v, w, p, q, r 均为零时(即环沿其轴线作定常运动时)受到一个小扰动.在扰动刚发生时,v, w, p, q, r 均为小量,它们的乘积可以略去.于是,上述方程组中第一个方程给出 $du/dt = 0$,即 $u = \text{const.}$,而其余诸方程成为

$$\left.\begin{aligned}B\frac{dv}{dt} &= -(Au+\xi_0)r, & Q\frac{dq}{dt} &= -\{(A-B)u+\xi_0\}w,\\ B\frac{dw}{dt} &= (Au+\xi_0)q, & Q\frac{dr}{dt} &= \{(A-B)u+\xi_0\}v.\end{aligned}\right\}\tag{3}$$

消去 r 后,可得

$$BQ\frac{d^2v}{dt^2} = -(Au+\xi_0)\{(A-B)u+\xi_0\}v. \tag{4}$$

w 也满足完全同样的方程.因此,运动具有稳定性的充分和必要条件是(4)式右边 v

1) 这一结论可用第 20 节中压力公式作直接计算而给予证明,见 Bryan,"Hydrodynamical Proof of the Equations of the motion of a perforated Solid,……", *Phil. Mag.* (5) xxxv. 338(1893).

的系数为负值．当这一条件得到满足时，环所作的微小振荡的周期为[1]

$$2\pi\left[\frac{BQ}{(Au+\xi_0)\{(A-B)u+\xi_0\}}\right]^{\frac{1}{2}}. \tag{5}$$

我们还可注意到环的另一种定常运动，这是当脉冲力系可简化为绕一直径的力偶时的情况．容易看出，运动方程可由 $\xi,\eta,\zeta,\lambda,\mu=0$ 和 ν 为常数所满足，在此情况下

$$u=-\xi_0/A,\quad r=\text{const}.$$

故环围绕着一根位于 yz 平面上且与 z 轴平行并相距为 u/r 的轴线而旋转[2]．

作二维运动的柱体所受作用力

134a. 对于柱体运动的二维问题，尤其是当围绕柱体具有环量时，最简单的处理方法是直接计算柱面压力[3]．像通常一样，我们假定流体在无穷远处是静止的．

把坐标轴固定在柱体的一个横截面上，以 $(\mathbf{u},\mathbf{v})$ 表示原点的速度，$\mathbf{r}$ 表示角速度，u 和 v 现则按其原来的意义而表示流体的速度分量．于是压力方程为

$$\frac{p}{\rho}=\frac{\partial\phi}{\partial t}-(\mathbf{u}-\mathbf{r}y)\frac{\partial\phi}{\partial x}-(\mathbf{v}+\mathbf{r}x)\frac{\partial\phi}{\partial y}$$

$$-\frac{1}{2}q^2+\text{const.}, \tag{1}$$

其中 $q^2=u^2+v^2$．由柱面压力所产生的作用力 $(\mathbf{X},\mathbf{Y})$ 和力偶 $(\mathbf{N})$ 为

$$\mathbf{X}=-\int\rho l ds,\quad \mathbf{Y}=-\int pm ds,\mathbf{N}=-\int p(mx-ly)ds, \tag{2}$$

式中 l，m 为自柱体轮廓线上的一个微元 δs 所作的外向法线的方

1) 见 124 节脚注中 W. Thomson 爵士的文章．

2) 关于这一课题的进一步研究见 Basset 的文章"On the Motion of a Ring in an Infinite Liquid", *Proc. Camb. Phil. Soc.* vi 47(1887) 和 130 节脚注中 Fawcett 小姐的文章．

3) *Aeronautical Research Committee, R. and M.* 1218(1929)．另一个处理方法见 Glauert, *R. and M.* 1215(1929)．

向余弦，积分则沿整个轮廓线进行。因

$$\partial v/\partial x = \partial u/\partial y, \quad \partial u/\partial x + \partial v/\partial y = 0,$$

故

$$\left.\begin{aligned}\frac{1}{2}\int q^2 l ds = -\iint\left(u\frac{\partial u}{\partial x} + v\frac{\partial u}{\partial y}\right)dxdy = \int(lu + mv)uds,\\ \frac{1}{2}\int q^2 m ds = -\iint\left(u\frac{\partial v}{\partial x} + v\frac{\partial v}{\partial y}\right)dxdy = \int(lu + mv)vds.\end{aligned}\right\} \tag{3}$$

在上式中，我们略去了沿无穷大闭边界上的线积分，这是由于在距柱体很远的 r 处，速度最多只有量级 $1/r$，而 δs 的量级为 $r\delta\theta$。在柱体表面上，有

$$lu + mv = l(\mathbf{u} - \mathbf{r}y) + m(\mathbf{v} + \mathbf{r}x). \tag{4}$$

因此，把(1)式代入(2)式后可得

$$\begin{aligned}\frac{\mathbf{X}}{\rho} &= -\int\frac{\partial\phi}{\partial t}lds + \int(mu - lv)(\mathbf{v} + \mathbf{r}x)ds\\ &= -\int\frac{\partial\phi}{\partial t}lds + \int(\mathbf{v} + \mathbf{r}x)\frac{\partial\phi}{\partial s}ds,\end{aligned} \tag{5}$$

并同样可得

$$\frac{\mathbf{Y}}{\rho} = -\int\frac{\partial\phi}{\partial t}mds - \int(\mathbf{u} - \mathbf{r}y)\frac{\partial\phi}{\partial s}ds. \tag{6}$$

又，我们可求得

$$\frac{1}{2}\int q^2(mx - ly)ds = \int(lu + mv)(xv - yu)ds. \tag{7}$$

在这里，仍是把沿无穷大边界(处处都距柱体无限远)上的线积分略去了，因为可以假定在该边界上 $l/x = m/y$，故 $lu + mv$ 的量级为 $1/r^2$。于是，(2)式中计算 $\mathbf{N}$ 的公式就成为

$$\begin{aligned}\frac{\mathbf{N}}{\rho} &= -\int\frac{\partial\phi}{\partial t}(mx - ly)ds + \int(\mathbf{u}x + \mathbf{v}y)(lv - mu)ds\\ &= -\int\frac{\partial\phi}{\partial t}(mx - ly)ds - \int(\mathbf{u}x + \mathbf{v}y)\frac{\partial\phi}{\partial s}ds.\end{aligned} \tag{8}$$

类似于 118 节和 132 节那样，现令

$$\phi = \mathbf{u}\phi_1 + \mathbf{v}\phi_2 + \mathbf{r}\chi + \phi_0, \tag{9}$$

其中 ϕ_0 表示流体的循环运动（它在柱体静止下来后仍可继续存在）．因而 ϕ_0 为一循环函数，设其循环常数为 κ．把(9)式和(4)式相比较后，可在柱面上有

$$\frac{\partial\phi_1}{\partial n} = -l,\quad \frac{\partial\phi_2}{\partial n} = -m,\quad \frac{\partial\chi}{\partial n} = -(mx - ly),$$

$$\frac{\partial\phi_0}{\partial n} = 0. \tag{10}$$

如果没有循环运动，则流体的动能为

$$\mathbf{T} = -\frac{1}{2}\rho\int(\phi - \phi_0)\frac{\partial\phi}{\partial n}ds. \tag{11}$$

把(9)式和(10)式代入上式后，给出

$$2\mathbf{T} = \mathbf{A}\mathbf{u}^2 + 2\mathbf{H}\mathbf{u}\mathbf{v} + \mathbf{B}\mathbf{v}^2 + \mathbf{R}\mathbf{r}^2 + 2(\mathbf{L}\mathbf{u} + \mathbf{M}\mathbf{v})\mathbf{r}, \tag{12}$$

其中

$$\left.\begin{aligned}
&\mathbf{A} = \rho\int l\phi_1 ds,\quad \mathbf{H} = \rho\int l\phi_2 ds = \rho\int m\phi_1 ds,\quad \mathbf{B} = \rho\int m\phi_2 ds,\\
&\mathbf{R} = \rho\int(mx - ly)\chi ds,\\
&\mathbf{L} = \rho\int l\chi ds = \rho\int(mx - ly)\phi_1 ds,\\
&\mathbf{M} = \rho\int m\chi ds = \rho\int(mx - ly)\phi_2 ds.
\end{aligned}\right\} \tag{13}$$

现在，(5)，(6)，(8)三式右边的第一项（在乘以 ρ 后）就可写成以下形式：

$$\left.\begin{aligned}
-\frac{d}{dt}(\mathbf{A}\mathbf{u} + \mathbf{H}\mathbf{v} + \mathbf{L}\mathbf{r}) &= -\frac{d}{dt}\frac{\partial\mathbf{T}}{\partial\mathbf{u}},\\
-\frac{d}{dt}(\mathbf{H}\mathbf{u} + \mathbf{B}\mathbf{v} + \mathbf{M}\mathbf{r}) &= -\frac{d}{dt}\frac{\partial\mathbf{T}}{\partial\mathbf{v}},\\
-\frac{d}{dt}(\mathbf{R}\mathbf{r} + \mathbf{L}\mathbf{u} + \mathbf{M}\mathbf{v}) &= -\frac{d}{dt}\frac{\partial\mathbf{T}}{\partial\mathbf{r}}.
\end{aligned}\right\} \tag{14}$$

又因

$$\left.\begin{aligned}\rho\int x\frac{\partial(\phi-\phi_0)}{\partial s}ds&=\rho\int m(\phi-\phi_0)ds\\&=\mathbf{H}\mathbf{u}+\mathbf{B}\mathbf{v}+\mathbf{M}\mathbf{r}=\frac{\partial\mathbf{T}}{\partial\mathbf{v}},\\\rho\int y\frac{\partial(\phi-\phi_0)}{\partial s}ds&=-\rho\int l(\phi-\phi_0)ds\\&=-(\mathbf{A}\mathbf{u}+\mathbf{H}\mathbf{v}+\mathbf{L}\mathbf{r})=-\frac{\partial\mathbf{T}}{\partial\mathbf{u}}.\end{aligned}\right\}\tag{15}$$

故若令

$$\int x\frac{\partial\phi_0}{\partial s}ds=\alpha,\quad\int y\frac{\partial\phi_0}{\partial s}\ ds=\beta,\tag{16}$$

则力和力偶的表达式就成为

$$\left.\begin{aligned}\mathbf{X}&=-\frac{d}{dt}\frac{\partial\mathbf{T}}{\partial\mathbf{u}}+\mathbf{r}\frac{\partial\mathbf{T}}{\partial\mathbf{v}}-\kappa\rho\mathbf{v}+\rho\alpha\mathbf{r},\\\mathbf{Y}&=-\frac{d}{dt}\frac{\partial\mathbf{T}}{\partial\mathbf{v}}-\mathbf{r}\frac{\partial\mathbf{T}}{\partial\mathbf{u}}+\kappa\rho\mathbf{u}+\rho\beta\mathbf{r},\\\mathbf{N}&=-\frac{d}{dt}\frac{\partial\mathbf{T}}{\partial\mathbf{r}}+\mathbf{v}\frac{\partial\mathbf{T}}{\partial\mathbf{u}}-\mathbf{u}\frac{\partial\mathbf{T}}{\partial\mathbf{v}}-\rho(\alpha\mathbf{u}+\beta\mathbf{v}).\end{aligned}\right\}\tag{17}$$

借助于把坐标轴转过一个合适的角度，可使系数 **H** 为零．而如适当选取原点的位置，就可以使 **L** 和 **M** 为零，或者可以使 α 和 β 为零．一般来讲，对原点位置的这两个要求是不能同时实现的，而且，原点的这两个特殊位置都不能取为与柱截面的平均中心相重合．

然而，最令人感兴趣的是柱截面具有两个互相垂直的对称轴时的那种情况．这时，如取这两个轴为坐标轴，就有

$$\mathbf{H}=0,\ \mathbf{L}=0,\ \mathbf{M}=0,\ \alpha=0,\ \beta=0,\tag{18}$$

而(17)式就简化为

$$\left.\begin{aligned}\mathbf{X} &= -\mathbf{A}\frac{d\mathbf{u}}{dt} + \mathbf{B}\mathbf{r}\mathbf{v} - \kappa\mathbf{v},\\ \mathbf{Y} &= -\mathbf{B}\frac{d\mathbf{v}}{dt} - \mathbf{A}\mathbf{r}\mathbf{u} + \kappa\mathbf{u},\\ \mathbf{N} &= -\mathbf{R}\frac{d\mathbf{r}}{dt} - (\mathbf{A} - \mathbf{B})\mathbf{u}\mathbf{v}.\end{aligned}\right\} \tag{19}$$

为建立这种情况下的运动方程，我们只需像 122 节那样把惯性系数修正一下．如质量分布也是对称的，可令

$$A = \mathbf{A} + M,\ B = \mathbf{B} + M,\ R = \mathbf{R} + L, \tag{20}$$

其中M和L分别为柱体本身的质量和转动惯量．于是有

$$\left.\begin{aligned}A\frac{d\mathbf{u}}{dt} - B\mathbf{r}\mathbf{v} + \kappa\rho\mathbf{v} &= X,\\ B\frac{d\mathbf{v}}{dt} + A\mathbf{r}\mathbf{u} - \kappa\rho\mathbf{u} &= Y,\\ L\frac{d\mathbf{r}}{dt} - (A - B)\mathbf{u}\mathbf{v} &= N,\end{aligned}\right\} \tag{21}$$

上式中的X, Y, N表示外力的作用．若无外力，且环量为零，所得解就与 127 节的相同．

如柱截面为圆形，就无需使坐标轴转动． 这时，令 $A = B$，$\mathbf{r} = 0$，有

$$A\frac{d\mathbf{u}}{dt} + \kappa\rho\mathbf{u} = X,\ A\frac{d\mathbf{v}}{dt} - \kappa\rho\mathbf{u} = Y, \tag{22}$$

与第 69 节中的结果相同．

如柱截面仅对称于一个坐标轴，设该轴为 x 轴，就有 $\mathbf{H} = 0$，$\mathbf{L} = 0$，$B = 0$．把原点沿此对称轴移动一个距离，可使 $\mathbf{M} = 0$，但一般来讲，α 却并不同时为零．在无环量的情况下，原点的这一新位置相应于 Thomson 和 Tait 所说的"反作用中心"[1]．

---

1) *Natural Philosophy*, Art. 321.

广义坐标中的运动方程

135. 如果在流体中运动的固体不止一个时，或者当流体全部或部分地被固定的壁面挡住时，我们可以应用 Lagrange “广义坐标”的方法．这种方法最初是由 Thomson 和 Tait 应用于流体动力学问题的[1]．

在分析动力学中通常处理的是有限自由度的系统，即当我们知道了有限数目的独立变量（“广义坐标”）q_1，q_2，$\cdots q_n$ 的数值后，每一质点的位置就完全确定了．而动能则可表示为“广义速度分量” $\dot{q}_1, \dot{q}_2, \cdots \dot{q}_n$ 的二次函数．

在 Hamilton 方法中，把系统在任意两个时刻 t_0 和 t_1 之间的真实运动和一个稍有不同的相近运动加以比较．若 ξ，η，ζ 为任一质点的笛卡儿坐标，X, Y, Z 为其上全部作用力的分量，则可证明

$$\int_{t_0}^{t_1}\{\Delta T + \sum(X\Delta\xi + Y\Delta\eta + Z\Delta\zeta)\}dt = 0, \tag{1}$$

其前提条件为相近运动能使

$$\left[\sum m(\dot{\xi}\Delta\xi + \dot{\eta}\Delta\eta + \dot{\zeta}\Delta\zeta)\right]_{t_0}^{t_1} = 0. \tag{2}$$

求和符号$\sum$应理解为包括系统中全部质点．通常都假定相近运动中各质点在起始和终了时的位置分别与真实运动中的相同，于是 $\Delta\xi$，$\Delta\eta$，$\Delta\zeta$ 在积分的上限和下限时均为零，而条件(2)就得到满足．

对于没有外力的保守系统，(1)式的形式为

$$\Delta\int_{t_0}^{t_1}(T - V)dt = 0. \tag{3}$$

用语言表达就是：把系统从一个位形到另一个位形的真实运动和该系统的任意一个相近运动（借助于适宜的作用力而使系统在同

1）同 p231 脚注，Art. 331

样的时间中也由同样的起始位形到达同样的终了位形)作比较，则真实运动使“动势”[1] $V-T$ 对时间的积分取平稳值.

用广义坐标来表示时，方程(1)的形式为

$$\int_{t_0}^{t_1}(\Delta T+Q_1\Delta q_1+Q_2\Delta q_2+\cdots+Q_n\Delta q_n)dt=0. \tag{4}$$

再用一个已知的方法就可由上式得到 Lagrange 方程

$$\frac{d}{dt}\frac{\partial T}{\partial \dot{q}_r}-\frac{\partial T}{\partial q_r}=Q_r. \tag{5}$$

136. 现在我们进入到流体动力学问题. 设 $q_1, q_2, \cdots q_n$ 为用来规定诸固体位形的一组广义坐标. 在目前，我们假定流体的运动完全是由于固体作运动而产生的，因而是无旋的和非循环的.

在这种情况下，任一时刻的速度势具有以下形式:

$$\phi=\dot{q}_1\phi_1+\dot{q}_2\phi_2+\cdots+\dot{q}_n\phi_n, \tag{1}$$

式中 $\phi_1, \phi_2, \cdots$ 由与 118 节所述类似的方式而确定. 流体动能的表达式因而为

$$\begin{aligned}2\mathbf{T}&=-\rho\iint\phi\frac{\partial\phi}{\partial n}dS\\&=\mathbf{A}_{11}\dot{q}_1^2+\mathbf{A}_{22}\dot{q}_2^2+\cdots+2\mathbf{A}_{12}\dot{q}_1\dot{q}_2+\cdots;\end{aligned} \tag{2}$$

其中

$$\left.\begin{aligned}\mathbf{A}_{rr}&=-\rho\iint\phi_r\frac{\partial\phi_r}{\partial n}dS,\\\mathbf{A}_{rs}&=-\rho\iint\phi_r\frac{\partial\phi_s}{\partial n}dS=-\rho\iint\phi_s\frac{\partial\phi_r}{\partial n}dS,\end{aligned}\right\} \tag{3}$$

积分是沿流体边界的瞬时位置而进行的. $\mathbf{A}_{rs}$ 中的两个形式之相等是根据 Green 定理而得知的. 一般来讲，系数 $\mathbf{A}_{rr}$ 和 $\mathbf{A}_{rs}$ 是坐标 $q_1, q_2, \cdots q_n$ 的函数.

如果在(2)式的两边加上诸固体的动能 $\mathbf{T}_1$ 的两倍，我们就得

1) 这一名称由 Helmholtz 所提，见 “Die Physikalische Bedeutung des Princips der Kleinsten Wirkung”, *Crelle*, c. 137, 213(1886)[*Wiss. Abh.* iii. 203].

到一个与(2)式中系数不同、但形式和(2)式相同的表达式

$$2T = A_{11}\dot{q}_1^2 + A_{22}\dot{q}_2^2 + \cdots + 2A_{12}\dot{q}_1\dot{q}_2 + \cdots. \tag{4}$$

剩下还需要证明： 虽然我们所处理的系统是无限自由度的，但在前述假定下，诸固体的运动方程可以由把(4)式中的T代入135节(5)式 Lagrange 方程而得到．在作出进一步验证之前，是不能随便肯定上述结论的，因为各流体质点的位置并不取决于诸固体的瞬时广义坐标之值 $q_1, q_2, \cdots q_n$．例如，当诸固体在完成了某种行为而又各自都回到了自己原有的位置时，一般来讲，流体中的一个个质点会出现有限的位移[1]．

现在回到135节普遍公式(1)．假定在Δ所指的相近运动中，诸固体没有大小和形状的变化，流体仍保持为不可压缩的，而且，与固体相接触的流体质点和固体表面具有同样的法向位移．则已知，在这些条件下，由诸固体的内部反作用力而产生的影响就会在求和

$$\sum(X\Delta\xi + Y\Delta\eta + Z\Delta\zeta)$$

中消失．上式中由于流体诸微元相互之间的压力而产生的那部分则等价于

$$-\iiint\left(\frac{\partial p}{\partial x}\Delta\xi + \frac{\partial p}{\partial y}\Delta\eta + \frac{\partial p}{\partial z}\Delta\zeta\right)dxdydz,$$

或即

$$\iint p(l\Delta\xi + m\Delta\eta + n\Delta\zeta)dS + \iiint p\left(\frac{\partial\Delta\xi}{\partial x} + \frac{\partial\Delta\eta}{\partial y} + \frac{\partial\Delta\zeta}{\partial z}\right)dxdydz,$$

其中前一个积分是沿流体边界面进行的，l, m, n 表示指向流体一侧的法线的方向余弦．上式中的体积分项由于不可压缩条件

$$\frac{\partial\Delta\xi}{\partial x} + \frac{\partial\Delta\eta}{\partial y} + \frac{\partial\Delta\zeta}{\partial z} = 0 \tag{5}$$

1) 取一个圆盘的运动作为简单的例子．设圆盘只作平移而不转动，其中心沿一个两边与盘面垂直的矩形而运动，并检查原来和圆盘中心相接触的一个流体质点的位移就可以看出来了．

而为零．至于面积分项，则对于固定边界，因有

$$l\Delta\xi+m\Delta\eta+n\Delta\zeta=0$$

而为零；而对于运动着的固体表面，则与流体作用于固体的压力所起的作用相抵消．因此，可认为符号 X, Y, Z 仅指作用于系统的其余诸力，而可写下

$$\sum(X\Delta\xi+Y\Delta\eta+Z\Delta\zeta)=Q_1\Delta q_1+Q_2\Delta q_2+\cdots+Q_n\Delta q_n, \tag{6}$$

其中 $Q_1,Q_2,\cdots,Q_n$ 为广义力的分量．

流体的相近运动仍然还有较大的一般性，现在我们给它以进一步的限制．设当诸固体在适宜的力系作用下而实现任意一种运动时，听任流体随之而运动，则流体的相近运动相应地可取为无旋的．在这种情况下，系统的相近动能 $T+\Delta T$ 和相近坐标 $q_r+\Delta q_r$ 以及相近速度 $\dot{q}_r+\Delta\dot{q}_r$ 之间的函数关系就和真实动能 T 和 q_r 以及 $\dot{q}_r$ 之间的关系完全相同．

此外，单独考虑流体质点，则在同样假定下，并应用不可压缩条件(5)式，可得

$$\begin{aligned}&\sum m(\dot{\xi}\Delta\xi+\dot{\eta}\Delta\eta+\dot{\zeta}\Delta\zeta)\\&=-\rho\iiint\left(\frac{\partial\phi}{\partial x}\Delta x+\frac{\partial\phi}{\partial y}\Delta y+\frac{\partial\phi}{\partial z}\Delta z\right)dxdydz\\&=\rho\iint\phi(l\Delta\xi+m\Delta\eta+n\Delta\zeta)dS.\end{aligned}$$

由边界处所必须满足的运动学条件，有

$$\begin{aligned}l\Delta\xi+m\Delta\eta+n\Delta\zeta=&-\frac{\partial\phi_1}{\partial n}\Delta q_1-\frac{\partial\phi_2}{\partial n}\Delta q_2\\&-\cdots-\frac{\partial\phi_n}{\partial n}\Delta q_n,\end{aligned}$$

因此，由(1)，(2)，(3)式可得

$$\begin{aligned}&\sum m(\dot{\xi}\Delta\xi+\dot{\eta}\Delta\eta+\dot{\zeta}\Delta\zeta)\\&=-\rho\iint\phi\left(\frac{\partial\phi_1}{\partial n}\Delta q_1+\frac{\partial\phi_2}{\partial n}\Delta q_2+\cdots+\frac{\partial\phi_n}{\partial n}\Delta q_n\right)dS\\&=(\mathbf{A}_{11}\dot{q}_1+\mathbf{A}_{12}\dot{q}_2+\cdots+\mathbf{A}_{1n}\dot{q}_n)\Delta q_1\end{aligned}$$

$$+(\mathbf{A}_{21}\dot{q}_1+\mathbf{A}_{22}\dot{q}_2+\cdots+\mathbf{A}_{2n}\dot{q}_n)\Delta q_2$$
$$+\cdots+(\mathbf{A}_{n1}\dot{q}_1+\mathbf{A}_{n2}\dot{q}_2+\cdots+\mathbf{A}_{nn}\dot{q}_n)\Delta q_n$$
$$=\frac{\partial \mathbf{T}}{\partial \dot{q}_1}\Delta q_1+\frac{\partial \mathbf{T}}{\partial \dot{q}_2}\Delta q_2+\cdots+\frac{\partial \mathbf{T}}{\partial \dot{q}_n}\Delta q_n. \tag{7}$$

如把由固体所产生的诸项加上去，可得知 135 节的条件(2)仍然成立，而 Lagrange 方程

$$\frac{d}{dt}\frac{\partial T}{\partial \dot{q}_r}-\frac{\partial T}{\partial q_r}=Q_r \tag{8}$$

就可用通常的方式推断出来.

137. 我们取 Thomson 和 Tait[1] 所给出的一个例子作为上述理论的第一个应用. 这个例子是一个圆球在有一个无限平面壁作为边界的液体中运动.

为简单起见，设圆球在一个和壁面垂直的平面中运动. 在这一平面上取坐标 x, y 以规定球心在时刻 t 的位置，其中 y 为球心到壁面的距离. 我们有

$$2T=A\dot{x}^2+B\dot{y}^2, \tag{1}$$

式中 A 和 B 仅为 y 的函数. 由于改变 $\dot{x}$ 的正负号并不会改变动能，所以容易理解到上式中不会出现 $\dot{x}\dot{y}$ 项. A 和 B 之值可利用第 98 和第 99 节中的结果而写出，即若以 m 表示圆球的质量，a 表示球半径，则当 y 远大于 a 时，近似地有

$$\left.\begin{aligned}A&=m+\frac{2}{3}\pi\rho a^3\left(1+\frac{3}{16}\frac{a^3}{y^3}\right),\\ B&=m+\frac{2}{3}\pi\rho a^3\left(1+\frac{3}{8}\frac{a^3}{y^3}\right).\end{aligned}\right\} \tag{2}$$

运动方程给出

$$\left.\begin{aligned}&\frac{d}{dt}(A\dot{x})=X,\\ &\frac{d}{dt}(B\dot{y})-\frac{1}{2}\left(\frac{dA}{dy}\dot{x}^2+\frac{dB}{dy}\dot{y}^2\right)=Y,\end{aligned}\right\} \tag{3}$$

式中 X, Y 为作用于圆球的外力分量，并假定外力的作用线通过球心.

如果没有外力，而且如果球被抛出的方向垂直于壁面，就有 $\dot{x}=0$ 和

$$B\dot{y}^2=\text{const}. \tag{4}$$

因为当 y 增大时 B 减小，所以圆球具有一个离开壁面的加速度.

又若强迫球心沿一条平行于壁面的直线而运动，就有 $\dot{y}=0$，于是得到为维持这一运动所需的力为

1) 见 *Natural Philosophy*, Art. 321.

$$Y = -\frac{1}{2}\frac{dA}{dy}\dot{x}^2. \tag{5}$$

因为 dA/dy 为负值，所以圆球表现出会被吸向壁面．其原因可由把问题变成定常运动问题而不难看出．在圆球靠近壁面的一侧，流体的速度明显地要大于背向壁面的一侧，因而在圆球近壁一侧上的压力也就小于另一侧了，参看第 23 节．

上述讨论也适用于两个圆球在没有外部边界的流体中运动时的情况，只要平面 $y=0$ 是一个对称面．

138. 我们接着来考虑两个圆球沿其连心线运动时的问题．

这一问题的运动学部分已在第 98 节中处理了．现若以 x，y 表示 A，B 二球的球心到连心线上某一固定原点 O 的距离，则有

$$2T = L\dot{x}^2 - 2M\dot{x}\dot{y} + N\dot{y}^2, \tag{1}$$

其中 L,M,N 为球心之间距离 $c=y-x$ 的函数．故运动方程为

$$\left.\begin{aligned} &\frac{d}{dt}(L\dot{x}-M\dot{y})+\frac{1}{2}\left(\frac{dL}{dc}\dot{x}^2-2\frac{dM}{dc}\dot{x}\dot{y}+\frac{dN}{dc}\dot{y}^2\right)=X,\\ &\frac{d}{dt}(-M\dot{x}+N\dot{y})-\frac{1}{2}\left(\frac{dL}{dc}\dot{x}^2-2\frac{dM}{dc}\dot{x}\dot{y}+\frac{dN}{dc}\dot{y}^2\right)=Y, \end{aligned}\right\} \tag{2}$$

式中 X 和 Y 为沿连心线而作用于二球上的外力．若二球半径 a 和 b 都远比 c 小，则根据第98节(15)式，并只保留最重要的项之后，就近似地有

$$L = m + \frac{2}{3}\pi\rho a^3,\quad M = 2\pi\rho\frac{a^3b^3}{c^3},\quad N = m' + \frac{2}{3}\pi\rho b^3, \tag{3}$$

式中 m 和 m' 为二球之质量．于是，在这一级的近似下，

$$\frac{dL}{dc}=0,\quad \frac{dM}{dc}=-6\pi\rho\frac{a^3b^3}{c^4},\quad \frac{dN}{dc}=0.$$

如果强迫每一个球都以不变的速度运动，则为维持 A 球作这种运动而必须施加于其上的外力为

$$X = -\frac{dM}{dc}\dot{y}(\dot{y}-\dot{x}) - \frac{dM}{dc}\dot{x}\dot{y} = 6\pi\rho\frac{a^3b^3}{c^4}\dot{y}^2. \tag{4}$$

它指向 B，并仅取决于 B 的速度．因此，二球表现出互相排斥，而且，值得注意的是，除非 $\dot{x}=\pm\dot{y}$，否则两个表观力并不是大小相等且方向相反的．

若二球各自在一个平均位置附近来回作周期性的微小振动，其周期相同，则(2)式中第一项的平均值为零，于是二球表现出以等于

$$6\pi\rho\frac{a^3b^3}{c^4}[\dot{x}\dot{y}] \tag{5}$$

的力相互作用，其中 $[\dot{x}\dot{y}]$ 为 $\dot{x}\dot{y}$ 的平均值．如 $\dot{x}$ 和 $\dot{y}$ 的相位差小于四分之一周期，这一作用力为排斥力；而若相位差大于四分之一周期，则为吸引力．

接着，令 B 作周期性微小振动，而 A 则保持静止．那么，为了阻止 A 产生运动而必须施加于其上的外力之平均值为

$$X = \frac{1}{2}\frac{dN}{dc}[\dot{y}^2], \tag{6}$$

其中 $[\dot{y}^2]$ 为 B 球速度平方的平均值. 在上面所取的近似级下, dN/dc 为零, 但我们可以从第 98 节而得到 $dN/dc = -12\pi\rho a^3b^6/c^7$, 因而 A 所受到的是吸引力, 其大小为

$$6\pi\rho\frac{a^3b^6}{c^7}[\dot{y}^2]. \tag{7}$$

从 Kelvin 所阐述的一个普遍原理出发, 也可得出这一结果. 如果有两个淹没在流体中的物体, 其中一个 (A) 作着微小振动, 而另一个 (B) 保持静止, 那么, 从总体上来讲, B 表面上的流体速度在靠近 A 的一侧要大于背离 A 的一侧. 因此, B 表面上靠近 A 的那一侧的平均压力要小于另一侧, 而使 B 总的来讲受到一个指向 A 的吸引力. 作为这一原理的实例, 我们可举出一个振动着的音叉对一张悬挂着的很灵敏的卡片所产生的表观吸引力, 以及由 Guthrie[1] 作了实验研究、并由 Kelvin[2] 按上述方式作出解释的其它类似现象.

Lagrange 方程在循环运动中的修正

139. 我们回到 136 节所研究的内容上去, 为的是使它能适用于流体作循环的无旋运动的场合. 这种循环的无旋运动是当流体穿过运动着的固体上的孔道时, 或(这是可能的)当流体被封闭在一个容器中时所产生的, 并与固体本身的运动无关.

凭想像横跨各孔道画出诸屏障. 对于盛装流体的容器中的孔道, 这种想像中的屏障是在空间固定的; 而在运动着的固体的孔道中, 它们是相对于固体而固定的. 设 $\dot{\chi}, \dot{\chi}', \dot{\chi}'', \cdots$ 为时刻 t 时相对于诸屏障所穿过的通量; $\chi, \chi', \chi'', \cdots$ 为这些通量从某一任意时刻算起的对时间的积分, 因而它们表示了到时刻 t 时、穿过各屏障的流体体积. 我们将会看到, 如果在规定诸运动着的固体位置的广义坐标 $q_1, q_2, \cdots q_n$ 之外, 再加上 $\chi, \chi', \chi'', \cdots$ 作为系统的广义坐标, 则仍能与有限自由度的动力学系统相类似. 已很明显, 将

---

1) "On Approach caused by Vibration", *Phil. Mag.* (4) xl. 345 (1870).

2) *Reprint of Papers on Electrostatics, &c.* Art. 741. 关于在流体中作振动的圆球之间的相互作用问题, 已由 C. A. Bjerknes 和别人在实验方面和理论方面作了进一步的研究, 见 Hicks, "Report on Recent Researches in Hydrodynamics", *Brit. Ass. Rep.* 1882, pp. 52… 和 Love, *Encycl. d. math. Wiss.* iv. (3), pp. 111, 112.

在动能表达式中出现的不会是 $\chi, \chi', \chi'', \cdots$，而只会是它们的变化率.

首先，我们可以证明，在随意给定诸固体的位形后，流体的运动就完全取决于 $\dot{q}_1, \dot{q}_2, \cdots \dot{q}_n, \dot{\chi}, \dot{\chi}', \dot{\chi}'', \cdots$ 的瞬时值. 因为如有两种形式的无旋运动都能符合这些数值的话，那么在由这两种运动之差所表示的运动中，流体的边界就是静止的，而且穿过每一个屏障的通量也都是零. 于是第 55 节(5)式表明，在这些条件下，流动的动能就是零.

随之可知，速度势可表达为

$$\phi = \dot{q}_1\phi_1 + \dot{q}_2\phi_2 + \cdots + \dot{q}_n\phi_n + \dot{\chi}\Omega + \dot{\chi}'\Omega' + \cdots. \quad (1)$$

其中 ϕ_r 是这样一种运动的速度势，在这一运动中，只有 q_r 在变化，而且穿过每一屏障的通量均为零. Ω 则是这样一种运动的速度势，在这一运动中，诸固体全都是静止的，而且穿过第一个孔道的通量为 1，穿过所有其它孔道的通量均为零. 要提到一下的是，一般来讲，$\phi_1, \phi_2, \cdots \phi_n, \Omega, \Omega', \cdots$ 全都是循环函数，然而，可以应用第 50 节中的规定而把它们按单值函数来对待.

流体的动能由下式给出:

$$2\mathbf{T} = \rho \iiint \left\{ \left(\frac{\partial \phi}{\partial x}\right)^2 + \left(\frac{\partial \phi}{\partial y}\right)^2 + \left(\frac{\partial \phi}{\partial z}\right)^2 \right\} dxdydz, \quad (2)$$

其中积分是在所考虑的时刻在流体所占据的区域上进行的. 如果把(1)式代入上式，就把 $\mathbf{T}$ 表示为 $\dot{q}_1, \dot{q}_2, \cdots \dot{q}_n, \dot{\chi}, \dot{\chi}', \dot{\chi}'', \cdots$ 的二次齐次函数了，其中各系数仅依赖于诸固体的瞬时位形，因此仅是 $q_1, q_2, \cdots q_n$ 的函数. 此外，由第53节(1)式可得

$$\frac{\partial \mathbf{T}}{\partial \dot{\chi}} = \rho \iiint \left\{ \frac{\partial \phi}{\partial x}\frac{\partial \Omega}{\partial x} + \frac{\partial \phi}{\partial y}\frac{\partial \Omega}{\partial y} + \frac{\partial \phi}{\partial z}\frac{\partial \Omega}{\partial z} \right\} dxdydz$$

$$= -\rho \iint \phi \frac{\partial \Omega}{\partial n} dS - \rho\kappa \iint \frac{\partial \Omega}{\partial n} d\sigma - \rho\kappa' \iint \frac{\partial \Omega}{\partial n} d\sigma' - \cdots,$$

式中 $\kappa, \kappa', \cdots$ 为 ϕ 中诸循环常数. 第一个积分是沿诸固体表面进行的，其余诸积分则是沿各屏障进行的. 根据确定 Ω 的条件，上式简化为下列方程组中的第一个方程:

$$\frac{\partial \mathbf{T}}{\partial \dot{\chi}}=\rho\kappa, \quad \frac{\partial \mathbf{T}}{\partial \dot{\chi}'}=\rho\kappa', \cdots. \tag{3}$$

它们表明，$\rho\kappa$，$\rho\kappa'$，$\cdots$ 可看作是分别对应于广义速度分量 $\dot{\chi}$，$\dot{\chi}'$，$\cdots$ 的广义动量分量.

我们必须再应用 135 节中 Hamilton 的普遍公式(1). 假定在诸固体的相近运动中，诸固体的初始位形和终了位形与真实运动中的相同，而且每一流体质点的初始位置也与真实运动中的相同，则表达式

$$\sum m(\dot{\xi}\Delta\xi+\dot{\eta}\Delta\eta+\dot{\zeta}\Delta\zeta) \tag{4}$$

在时刻 t_0 时为零. 但一般来讲，如果不加上其它的限制，它在时刻 t_1 时并不为零.

现在假定流体的相近运动是无旋的，与此相应，它就由相近广义坐标和广义速度的瞬时值所确定. 我们单独考虑流体的质点，有

$$\begin{aligned}
&\sum m(\dot{\xi}\Delta\xi+\dot{\eta}\Delta\eta+\dot{\zeta}\Delta\zeta)\\
&\quad=-\rho\iiint\left(\frac{\partial\phi}{\partial x}\Delta\xi+\frac{\partial\phi}{\partial y}\Delta\eta+\frac{\partial\phi}{\partial z}\Delta\zeta\right)dxdydz\\
&\quad=\rho\iint\phi(l\Delta\xi+m\Delta\eta+n\Delta\zeta)dS\\
&\qquad+\rho\kappa\iint(l\Delta\xi+m\Delta\eta+n\Delta\zeta)d\sigma\\
&\qquad+\rho\kappa'\iint(l\Delta\xi+m\Delta\eta+n\Delta\zeta)d\sigma'+\cdots,
\end{aligned} \tag{5}$$

式中 l, m, n 或者是在边界面面元上所作的法线(指向流体一侧)的方向余弦，或者是在屏障面元上所作的法线(指向环量的计算方向)的方向余弦.

在时刻 t_1，无论在诸固体表面上还是在固定的边界面上，都有

$$l\Delta\xi + m\Delta\eta + n\Delta\zeta = 0.$$

又，若 AB 表示某一屏障在 t_1 时的位置，而 $A'B'$ 表示真实运动中占据 AB 位置的诸质点在相近运动中于该时刻所占据的位置，则由 AB 和 $A'B'$ 所包围的流体体积应等于对应的 $\Delta\chi$，故

$$\left.\begin{aligned}&\iint(l\Delta\xi + m\Delta\eta + n\Delta\zeta)d\sigma = \Delta\chi,\\&\iint(l\Delta\xi + m\Delta\eta + n\Delta\zeta)d\sigma' = \Delta\chi',\\&\cdots\quad\cdots\quad\cdots\quad\cdots\quad\cdots\end{aligned}\right\}\tag{6}$$

相近运动中的诸环量仍随时都可由我们加以处置．我们可以假定它们被取为在时刻 t_1 时使得 $\Delta\chi, \Delta\chi', \cdots$ 均为零，于是表达式(4)也就等于零．如果再进一步假定当流体的边界处于静止时，不论流体中各部分作什么样的相对位移，外力所作功的总和为零，我们就和以前一样地有

$$\int_{t_0}^{t_1}\{\Delta T + Q_1\Delta q_1 + Q_2\Delta q_2 + \cdots + Q_n\Delta q_n\}dt = 0.\tag{7}$$

利用分部积分，并记住在我们的假定中，

$$\Delta q_1, \Delta q_2, \cdots \Delta q_n, \Delta\chi, \Delta\chi', \cdots$$

在时刻 t_0 和 t_1 为零，在其它时刻则是互相独立的，就可得到 n 个以下形式的方程

$$\frac{d}{dt}\frac{\partial T}{\partial \dot{q}_r} - \frac{\partial T}{\partial q_r} = Q_r,\tag{8}$$

以及

$$\frac{d}{dt}\frac{\partial T}{\partial \dot{\chi}} = 0, \qquad \frac{d}{dt}\frac{\partial T}{\partial \dot{\chi}'} = 0\cdots.\tag{9}$$

140. (8)式和(9)式类型的方程也出现在普通动力学的种种问题中．例如有关陀螺仪的问题，其中，其绝对值并不影响系统的动能和势能的坐标 χ，χ'，$\cdots$ 为陀螺相对于其框架的角坐标．这

类系统的普遍理论曾由 Routh[1], Thomson 和 Tait[2] 以及其它作者作过处理.

我们已知

$$\frac{\partial T}{\partial \dot{\chi}} = \rho\kappa, \quad \frac{\partial T}{\partial \dot{\chi}'} = \rho\kappa', \cdots, \tag{10}$$

再加上(9)式,就表明了 $\kappa, \kappa', \cdots$ 诸量对时间而言是常数,如已知的那样(第 50 节). 现令

$$R = T - \rho\kappa\dot{\chi} - \rho\kappa'\dot{\chi}' - \cdots. \tag{11}$$

详细写出方程组(10)后,就确定了 $\dot{\chi}, \dot{\chi}', \cdots$ 为 $\kappa, \kappa', \cdots$ 和 $\dot{q}_1, \dot{q}_2, \cdots \dot{q}_n$ 的线性函数,再代入(11)式,可把 R 表示为同一些量的二次齐次函数,一般来讲,其中诸系数当然包含了坐标 $q_1, q_2, \cdots q_n$. 于是,我们现在先对(11)式两边取任意变分 δ,然后把可用(10)式而消去的诸项略去,有

$$\frac{\partial R}{\partial \dot{q}_1}\delta\dot{q}_1 + \cdots + \frac{\partial R}{\partial q_1}\delta q_1 + \cdots + \frac{\partial R}{\partial \kappa}\delta\kappa + \cdots$$

$$= \frac{\partial T}{\partial \dot{q}_1}\delta\dot{q}_1 + \cdots + \frac{\partial T}{\partial q_1}\delta q_1 + \cdots + -\rho\dot{\chi}\delta\kappa - \cdots; \tag{12}$$

为简练起见,在上式中只把每一类写出了一项. 这样,我们就得到以下类型的 $2n$ 个方程:

$$\frac{\partial R}{\partial \dot{q}_r} = \frac{\partial T}{\partial \dot{q}_r}, \quad \frac{\partial R}{\partial q_r} = \frac{\partial T}{\partial q_r}, \tag{13}$$

以及

$$\frac{\partial R}{\partial \kappa} = -\rho\dot{\chi}, \quad \frac{\partial R}{\partial \kappa'} = -\rho\dot{\chi}', \cdots. \tag{14}$$

---

1) *On the Stability of a Given State of Motion* (Adams Prize Essay), London, 1887; *Advanced Rigid Dynamics*, 6th ed. London, 1905.

2) *Natural Philosophy*, 2nd ed., Art. 319(1879). 还可参看 Helmholtz, "Principien der Statik monocyclischer Systeme", *Crelle*, xcvii.(1884) [*Wiss Abh.* iii. 179]; Larmor, "On the Direct Application of the Principle of Least Action to the Dynamics of Solid and Fluid Systems", *Proc. Lond. Math. Soc.* (1) xv. (1884) [*Papers*, i. 31]; Basset, *Proc. Camb. Phil. Soc.* vi. 117(1889).

因此，方程组(8)可写为

$$\frac{d}{dt}\frac{\partial R}{\partial \dot{q}_r}-\frac{\partial R}{\partial q_r}=Q_r. \tag{15}$$

在上式中，与“被遗”坐标 $\chi, \chi', \cdots$ 相对应的速度 $\dot{\chi}, \dot{\chi}', \cdots$ 已被消除掉了[1]。

141. 为把由于循环运动而给动力学方程组所带来的修正的性质表明得更为清楚起见，我们作以下讨论.

把(14)式代入(11)式，得

$$T=R-\left(\kappa\frac{\partial R}{\partial \kappa}+\kappa'\frac{\partial R}{\partial \kappa'}+\cdots\right). \tag{16}$$

现在，回忆一下R的组成部分，我们可暂时写出

$$R=R_{2,0}+R_{1,1}+R_{0,2}, \tag{17}$$

式中，$R_{2,0}$为 $\dot{q}_1, \dot{q}_2, \cdots \dot{q}_n$ 的二次齐次函数，$R_{0,2}$为 $\kappa, \kappa', \cdots$ 的二次齐次函数，而 $R_{1,1}$ 则为这两组变量的双线性函数. 于是，(16)式的形式成为

$$T=R_{2,0}-R_{0,2}, \tag{18}$$

或如我们将在今后那样而把它写为

$$T=\mathfrak{T}+K, \tag{19}$$

其中 $\mathfrak{T}$ 和K分别为 $\dot{q}_1, \dot{q}_2, \cdots \dot{q}_n$ 和 $\kappa, \kappa', \cdots$ 的二次齐次函数. 从(17)式还可写出

$$R=\mathfrak{T}-K-\beta_1\dot{q}_1-\beta_2\dot{q}_2-\cdots-\beta_n\dot{q}_n, \tag{20}$$

式中 $\beta_1, \beta_2, \cdots$ 为 $\kappa, \kappa', \cdots$ 的线性函数:

$$\left.\begin{aligned}\beta_1&=\alpha_1\kappa+\alpha_1'\kappa'+\cdots,\\ \beta_2&=\alpha_2\kappa+\alpha_2'\kappa'+\cdots,\\ &\cdots\cdots\cdots\cdots\cdots\cdots,\\ \beta_n&=\alpha_n\kappa+\alpha_n'\kappa'+\cdots.\end{aligned}\right\} \tag{21}$$

系数 α 的意义(在流体动力学问题中)可由(14)式和(20)式显示出来. 由该二式可得

---

1) 这一研究属于 Routh, 见前述引文; 还可参看 Whittaker, *Analytical Dynamics*, Art. 38.

$$\left.\begin{aligned}\rho\dot{\chi}&=\frac{\partial K}{\partial\kappa}+\alpha_1\dot{q}_1+\alpha_2\dot{q}_2+\cdots+\alpha_n\dot{q}_n,\\ \rho\dot{\chi}'&=\frac{\partial K}{\partial\kappa'}+\alpha_1'\dot{q}_1+\alpha_2'\dot{q}_2+\cdots+\alpha_n'\dot{q}_n,\\ &\cdots\ \cdots\ \cdots\ \cdots\ \cdots.\end{aligned}\right\}\tag{22}$$

而它则表明 α_r 是坐标 q_r 的单位变化率对穿过第一个屏障的质量通量所作出的贡献.

如把(20)式代入(15)式，可得以下形式的"陀螺系统"普遍运动方程[1]:

$$\left.\begin{aligned}&\frac{d}{dt}\frac{\partial\mathfrak{T}}{\partial\dot{q}_1}-\frac{\partial\mathfrak{T}}{\partial q_1}\qquad\qquad+(1,2)\dot{q}_2+(1,3)\dot{q}_3+\cdots+(1,n)\dot{q}_n+\frac{\partial K}{\partial q_1}=Q_1,\\ &\frac{d}{dt}\frac{\partial\mathfrak{T}}{\partial\dot{q}_2}-\frac{\partial\mathfrak{T}}{\partial q_2}+(2,1)\dot{q}_1\qquad\qquad+(2,3)\dot{q}_3+\cdots+(2,n)\dot{q}_n+\frac{\partial K}{\partial q_2}=Q_2,\\ &\cdots\cdots\cdots\cdots\cdots\cdots\cdots\cdots\cdots,\\ &\frac{d}{dt}\frac{\partial\mathfrak{T}}{\partial\dot{q}_n}-\frac{\partial\mathfrak{T}}{\partial q_n}+(n,1)\dot{q}_1+(n,2)\dot{q}_2+(n,3)\dot{q}_3+\cdots\qquad\qquad+\frac{\partial K}{\partial q_n}=Q_n,\end{aligned}\right\}\tag{23}$$

式中

$$(r,s)=\frac{\partial\beta_s}{\partial q_r}-\frac{\partial\beta_r}{\partial q_s}.\tag{24}$$

应特别注意到 $(r,s)=-(s,r)$ 和 $(r,r)=0$.

在一个完全规定的有限自由度系统的运动方程（135 节(4)式)中，如果我们改变时间微元 δt 的正负号，运动方程并不改变.因此，系统的运动是可逆的，这就是说，当系统经过任一确定的位形时，如果全部速度 $\dot{q}_1,\dot{q}_2,\cdots\dot{q}_n$ 都反过方向来，系统就会(假如在同一位形下的作用力总是同样的）退回到它原来所走过的路线上去. 值得注意的是，一般来讲，陀螺系统的运动却不是这种情形，因为在(23)式中，$\dot{q}_1$，$\dot{q}_2$，$\cdots\dot{q}_n$ 的线性项会随着 δt 而改变正

---

1) 这一方程组首先由 W. Thomson 爵士给出，见其文章 "On the Motion of Rigid Solids in a Liquid circulating irrotationally through perforations in them or in a Fixed Solid". *Phil. Mag.* (4) xiv. 332 (1873) [*Papers*, iv. 101]. 还可看 C. Neumann, *Hydrodynamische Untersuchungen* (1883).

负号，但其它项却并不这样．因此，在我们现在所讨论的问题中，诸固体的运动不是可逆的，除非我们设想诸环量 κ，κ'，…随着速度 $\dot{q}_1, \dot{q}_2, \cdots q_n$ 而一起改变符号[1]．

如果依次把 $\dot{q}_1, \dot{q}_2, \cdots \dot{q}_n$ 乘(23)中诸式，然后相加，并运用常用的手法后，可以得到

$$\frac{d}{dt}(\mathfrak{T} + K) = Q_1\dot{q}_1 + Q_2\dot{q}_2 + \cdots + Q_n\dot{q}_n; \qquad (25)$$

如系统是保守的，就有

$$\mathfrak{T} + K + V = \text{const.} \qquad (26)$$

142. 当固体系统被循环运动的流体所包围时，其平衡条件可用 141 节中结论而求得．然而，这一可称为"运动-静力学"的问题能更为自然地采用一种较为简单的方法来处理．

在目前的问题中，ϕ 可表示为以下两种形式之一：

$$\phi = \dot{\chi}\Omega + \dot{\chi}'\Omega' + \cdots, \qquad (1)$$

$$\phi = \kappa\omega + \kappa'\omega' + \cdots. \qquad (2)$$

因而相应地，动能既可表示为 $\dot{\chi}, \dot{\chi}', \cdots$ 的二次齐次函数，也可表示为 $\kappa, \kappa', \cdots$ 的二次齐次函数．不论哪种表示法，其中系数均为规定诸固体位形的坐标 $q_1, q_2, \cdots q_n$ 的函数．动能的这两种表达式可分别用符号 T_0 和 K 予以区别．此外，由第 55 节(5)式，我们还可有第三个公式：

$$2T = \rho\kappa\dot{\chi} + \rho\kappa'\dot{\chi}' + \cdots. \qquad (3)$$

把 139 节开始部分中包含 $\dot{q}_1, \dot{q}_2, \cdots \dot{q}_n$ 的诸项去掉后，就表明出

$$\rho\kappa = \frac{\partial T_0}{\partial \dot{\chi}}, \quad \rho\kappa' = \frac{\partial T_0}{\partial \dot{\chi}'}, \cdots. \qquad (4)$$

另外，K 的显性公式为

$$2K = -\rho\kappa\iint\frac{\partial\phi}{\partial n}d\sigma - \rho\kappa'\iint\frac{\partial\phi}{\partial n}d\sigma' - \cdots$$

1）正犹如除非把一个陀螺的转向反过来，否则就不能使陀螺轴的运动反过来一样．

$$= (\kappa,\kappa)\kappa^2 + (\kappa',\kappa')\kappa'^2 + \cdots + 2(\kappa,\kappa')\kappa\kappa' + \cdots, \quad (5)$$

式中

$$\left.\begin{aligned}(\kappa,\kappa) &= -\rho\iint \frac{\partial\omega}{\partial n}\,d\sigma,\\ (\kappa,\kappa') &= -\rho\iint \frac{\partial\omega'}{\partial n}\,d\sigma = -\rho\iint \frac{\partial\omega}{\partial n}\,d\sigma',\end{aligned}\right\} \quad (6)$$

等等．故

$$\frac{\partial K}{\partial\kappa} = (\kappa,\kappa)\kappa + (\kappa,\kappa')\kappa' + \cdots$$

$$= -\rho\iint \frac{\partial\phi}{\partial n}\,d\sigma.$$

于是我们得到

$$\rho\dot{\chi} = \frac{\partial K}{\partial\kappa},\quad \rho\dot{\chi}' = \frac{\partial K}{\partial\kappa'},\cdots. \quad (7)$$

再把(3)式中的 $2T$ 写成 $T_0 + K$，然后在所得到的恒等式两边取全变分 δ，并把可利用(4)式和(7)式而消去的诸项删除后，可得[1)]

$$\frac{\partial T_0}{\partial q_r} + \frac{\partial K}{\partial q_r} = 0. \quad (8)$$

这就得到了所需的解析公式[2)]．

现在，我们设想诸固体从静止于位形 $(q_1, q_2, \cdots q_n)$ 被引导到静止于一个邻近的位形 $(q_1 + \Delta q_1, q_2 + \Delta q_2, \cdots q_n + \Delta q_n)$，则所需的功为

$$Q_1\Delta q_1 + Q_2\Delta q_2 + \cdots + Q_n\Delta q_n,$$

其中 $Q_1, Q_2, \cdots Q_n$ 是为了抵消流体压力对固体的作用而必须施加于诸固体的外力分量．上述之功应等于流体在环量 $\kappa, \kappa'\cdots$ 保持不变的假定下的动能增量 ΔK，故

1）可以只用(4)式和(7)式之一，那就会为别的公式得出一个独立的证明．

2）可以注意到，140 节中的函数 R 现已化为 $-K$．

$$Q_r = \frac{\partial K}{\partial q_r}. \tag{9}$$

当诸固体被把住不动时，流体压力对固体所产生的作用力可由把上式加上一个负号而得到，即流体的作用力为

$$Q_r' = -\frac{\partial K}{\partial q_r}. \tag{10}$$

因此，诸固体在流体压力作用下所具有的运动趋势是使循环运动的动能减小.

我们还可由(8)式有

$$Q_r' = \frac{\partial T_0}{\partial q_r}. \tag{11}$$

143. 可以用 141 节 (19) 式来求出浸没在非均匀流动中的一个固体所受作用力的近似表达式[1].

设流体在一个循环区域中作着无旋的循环运动，该区域中有一个保持静止状态的固体；并设 K 为流体的动能，它当然随固体的位置而异. 我们将假定固体的尺度远小于它到区域壁面的距离，因而它的位置可用点坐标 (x, y, z) 而完全确定. 于是，对于由流体压力而作用于其上的力的分量，可有

$$\mathbf{X} = -\frac{\partial K}{\partial x},\ \mathbf{Y} = -\frac{\partial K}{\partial y},\ \mathbf{Z} = -\frac{\partial K}{\partial z}. \tag{1}$$

现在需要近似地求出 x, y, z 的函数 K 的形式. 假设如果没有固体时，流体在 (x, y, z) 处的速度为 (u, v, w). 那么，如果让固体以这一速度而运动，而且固体与其周围流体具有同样密度的话，动能就和流体把全部区域都充满时的近似相等. 在此情况下，由141节(19)式可知，流体的动能应为 $\mathfrak{T} + K$，且由 124 节可知

$$2\mathfrak{T} = \mathbf{A}u^2 + \mathbf{B}v^2 + \mathbf{C}w^2 + 2\mathbf{A}'vw + 2\mathbf{B}'wu + 2\mathbf{C}'uv. \tag{2}$$

而固体的动能则为

---

1) G. I. Taylor. "The Forces on a Body placed in a Curved or Converging Stream of Fluid", *Proc. Roy. Soc.* cxx. 260(1928).

$$\frac{1}{2}\rho Q(u^2+v^2+w^2), \tag{3}$$

式中 Q 为固体所排开的体积．因而表达式

$$\mathfrak{T}+\frac{1}{2}\rho Q(u^2+v^2+w^2)+K \tag{4}$$

为一常数，它也就是充满该区域并以给定的环量而运动的流体的能量．这就确定了 K 的形式．

故

$$\left.\begin{aligned}\mathbf{X}&=\frac{\partial\mathfrak{T}}{\partial x}+\frac{1}{2}\rho Q\frac{\partial}{\partial x}(u^2+v^2+w^2),\\ \mathbf{Y}&=\frac{\partial\mathfrak{T}}{\partial y}+\frac{1}{2}\rho Q\frac{\partial}{\partial y}(u^2+v^2+w^2),\\ \mathbf{Z}&=\frac{\partial\mathfrak{T}}{\partial z}+\frac{1}{2}\rho Q\frac{\partial}{\partial z}(u^2+v^2+w^2).\end{aligned}\right\} \tag{5}$$

由于固体所受到的作用力只依赖于其最邻近的流体的运动，所以这些表达式具有普遍性，而且和得到它们时所用的特殊想法无关．

如果把固体附近未受扰的流动方向取为 x 轴，上面的结果就可以得到简化．令 $v=0$ 和 $w=0$，就有

$$\left.\begin{aligned}\mathbf{X}&=\left\{(\mathbf{A}+\rho Q)\frac{\partial u}{\partial x}+\mathbf{B}'\frac{\partial w}{\partial x}+\mathbf{C}'\frac{\partial v}{\partial x}\right\}u,\\ \mathbf{Y}&=\left\{(\mathbf{A}+\rho Q)\frac{\partial u}{\partial y}+\mathbf{B}'\frac{\partial w}{\partial y}+\mathbf{C}'\frac{\partial v}{\partial y}\right\}u,\\ \mathbf{Z}&=\left\{(\mathbf{A}+\rho Q)\frac{\partial u}{\partial z}+\mathbf{B}'\frac{\partial w}{\partial z}+\mathbf{C}'\frac{\partial v}{\partial z}\right\}u.\end{aligned}\right\} \tag{6}$$

进一步，如果流动对称于平面 $y=0$ 和 $z=0$，就有 $\partial u/\partial y=0$ 和 $\partial u/\partial z=0$，并由于运动是无旋的，故 $\partial v/\partial x=0$ 和 $\partial w/\partial x=0$．对称性还要求 $\partial w/\partial y=\partial v/\partial z=0$．因此

$$\left.\begin{aligned}\mathbf{X}&=(\mathbf{A}+\rho Q)u\frac{\partial u}{\partial x},\\ \mathbf{Y}&=\mathbf{C}'u\frac{\partial v}{\partial y},\\ \mathbf{Z}&=\mathbf{B}'u\frac{\partial w}{\partial z}.\end{aligned}\right\} \tag{7}$$

首先假定固体的一个恒定平移轴（124 节）与流动方向重合，则 $\mathbf{C}'=0$ 和 $\mathbf{B}'=0$，

而有

$$\mathbf{X} = (\mathbf{A} + \rho Q)f, \quad \mathbf{Y} = 0, \quad \mathbf{Z} = 0, \tag{8}$$

式中 f 为未受扰的流动中的加速度．由此可知，如固体为一圆球，则

$$\mathbf{A} = \frac{2}{3}\pi\rho a^3, \quad Q = \frac{4}{3}\pi a^3, \quad \mathbf{X} = 2\pi\rho a^3 f.$$

对于圆柱体，若按其单位长度来计算，则

$$\mathbf{A} = \pi\rho a^2, \quad Q = \pi a^2, \quad \mathbf{X} = 2\pi\rho a^2 f.$$

现在，如仅假定固体的两个恒定平移轴与流动方向在一个平面上，并设这一平面为 xy 平面，则 $\mathbf{A}' = 0$ 和 $\mathbf{B}' = 0$．而如流动对称于 x 轴，就进一步有

$$\frac{\partial v}{\partial y} = \frac{\partial w}{\partial z} = \frac{1}{2}\frac{\partial u}{\partial x},$$

作用力为

$$\mathbf{X} = (\mathbf{A} + \rho Q)f, \quad \mathbf{Y} = \frac{1}{2}\mathbf{C}'f, \quad Z = 0. \tag{9}$$

对于圆盘，有

$$\mathbf{A} = \frac{8}{3}\rho a^3\cos\alpha, \quad \mathbf{C}' = -\frac{8}{3}\rho a^3\sin\alpha\cos\alpha, \quad Q = 0,$$

其中 α 为流动方向与圆盘轴线之间的夹角．对于椭圆柱的二维情况，有

$$\mathbf{A} = \pi\rho(b^2\cos^2\alpha + a^2\sin^2\alpha), \quad \mathbf{C}' = \pi\rho(a^2 - b^2)\sin\alpha\cos\alpha, \quad Q = \pi ab,$$

其中 α 为流动方向与椭圆长轴之间的夹角[1]．

在风洞实验中由"压力降落"来测定飞机模型的阻力时，上述理论有重要意义．气流在流向位于风洞前端的风扇时稍有一些收缩，而流速的增大就意味着压力降低，于是有

$$\rho f = -\frac{\partial p}{\delta x}. \tag{10}$$

而前面的公式表明，如果根据所测得的压力梯度而按静力学问题来计算 $\mathbf{X}$，并由此而简单地认为 $\mathbf{X} = \rho Qf$，那就错了[2]．

其它一些有趣的运动-静力学例子曾由W. Thomson 爵士[3]，Kirchhoff[4] 和 Boltzmann[5] 作了讨论（在本版中未予以转载）．

1）这些特殊情况已由直接计算流体压力的作用而证实，参见 *Aeronautical Research Committee*, R. and M. 1164(1928).

2）见本节第一个脚注中 G. I. Taylor 的文章．

3）"On the Forces experienced by Solids immersed in a moving Liquid", *Proc. R. S. Edin.* 1870 [*Reprint*, Art. xii].

4）见第 52 节最后一个脚注中引文．

5）"Ueber die Druckkräfte welche auf Ringe wirksam sind die in eine bewegte Flüsigkeit tauchen", *Crelle*, lxxiii.(1871)[*Wiss. Abh.* i. 200].

144. 现在结束对本学科中这一分支的讨论. 为了尽可能避免在应用广义坐标时有时会出现的含糊不清，所以本章力求在尽可能明确的基础上来作出讨论，虽然这样做使说明冗长了一些.

某些作者[1] 把这部分内容讲得简单得多. 他们应用普通动力学中的公式、并设想有无限多个"被遗坐标"(它们规定了各流体质点的位置)而一下子把问题提了出来. 除在循环区域中由穿过诸孔道的环量所表示的动量外，对应于被遗坐标的动量分量全部取为零.

从物理的观点来看,很难对这样的一种推广方法拒绝同意,尤其是当它已经成为本学科中这部分内容的全部发展的一个出发点时. 但是，应该在随后用独立的方法(即使是较为呆板的方法)给它以证明,这样去做,至少是合理的，而且从流体动力学的立场来看,甚至是需要的.

不论采用哪种处理方法，其结果都是本章所考虑的系统在行为上(就"非循环"坐标 $q_1, q_2, \cdots, q_n$ 而论)完全和普通的有限自由度系统一样. 这一普遍理论的进一步发展属于分析动力学范围，所以必须到该学科的书籍和论文中去寻找. 但值得提一下的是，流体动力学系统对最小作用量原理、Helmholtz 的互易定理和其它普遍的动力学理论提供了极为有趣和漂亮的实例.

---

1) 见 140 节第二个脚注中 Thomson and Tait 的著作和 Larmor 的文章.

第 VII 章

涡 旋 运 动

145. 迄今为止，我们所讨论的绝大部分内容都局限于无旋运动．现在，我们进而讨论有旋运动——或称“涡旋”运动．Helmholtz 首先探讨了这一课题[1]，他所得到的某些定理后来由 Kelvin 在本书第 III 章所提到过的关于涡旋运动的文章中另外给出了较为简单的证明．

在本章中，将像第 III 章中那样，用 ξ, η, ζ 表示涡量的分量，即

$$\xi=\frac{\partial w}{\partial y}-\frac{\partial v}{\partial z},\quad \eta=\frac{\partial u}{\partial z}-\frac{\partial w}{\partial x},\quad \zeta=\frac{\partial v}{\partial x}-\frac{\partial u}{\partial y}. \tag{1}$$

如果逐点所画出的一条曲线能使得其方向处处都是流体转动瞬轴的方向，则此曲线称为一条“涡线”．涡线组的微分方程为

$$\frac{dx}{\xi}=\frac{dy}{\eta}=\frac{dz}{\zeta}. \tag{2}$$

如果通过一个微小的闭回路上的每一点都画出相应的涡线，就造出一个管子，称为“涡管”．由一个涡管包围起来的流体就组成了一个所谓的“涡丝”，或简单地称为一个“涡旋”．

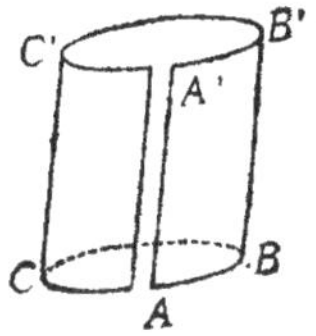

设 ABC 和 $A'B'C'$ 是在一个涡管表面上所画出的并环抱涡管的任意两个回路，AA' 为沿涡管表面所画的连线，我们来把第 32 节中的定理应用于回路 $ABCAA'C'B'A'A$

1) “Ueber Integrale der hydrodynamischen Gleichungen welche den Wirbelbewegungen entsprechen”, *Crelle*, lv. (1858) [*Wiss. Abh.* i. 101].

和涡管表面上由这一回路所围圈的部分．因在涡管表面上每一点都有

$$l\xi + m\eta + n\zeta = 0,$$

故沿回路的线积分

$$\int (udx + vdy + wdz)$$

必为零．如应用第 31 节的记号，就是

$$I(ABCA) + I(AA') + I(A'C'B'A') + I(A'A) = 0,$$

它可化简为

$$I(ABCA) = I(A'B'C'A').$$

因此，环抱同一个涡管的所有回路上的环量都是相同的．

此外，由第 31 节可知，沿任一与涡管长度方向垂直的横截面的边界之环量为 $\omega\sigma$，其中 $\omega = (\xi^2 + \eta^2 + \zeta^2)^{\frac{1}{2}}$ 为流体的合涡量，σ 为横截面的无穷小面积．

综合以上结论可知，在一个涡旋的所有点处的涡量与横截面的乘积都是相同的．这一乘积就很方便地被取为涡旋"强度"的一种度量了[1]．

上述证明属于 Kelvin，而定理是首先由 Helmholtz 作为关系式

$$\frac{\partial \xi}{\partial x} + \frac{\partial \eta}{\partial y} + \frac{\partial \zeta}{\partial z} = 0 \tag{3}$$

的推论而提出的．(3) 式则可由 (1) 式而立即得出．事实上，把第 42 节 (1) 式中的 U, V, W 分别写为 ξ, η, ζ，可得

$$\iint (l\xi + m\eta + n\zeta)dS = 0, \tag{4}$$

式中的积分是沿任一全部位于流体中的闭曲面进行的．把上式应用于由一个涡管的两个横截面和此二截面之间的涡管壁面，就可得到 $\omega_1\sigma_1 = \omega_2\sigma_2$ 了（ω_1 和 ω_2 分别为截面 σ_1 和 σ_2 处的涡量）．

Kelvin 的证明表明，只要 u, v, w 是连续的，那么，即使 $\xi, \eta,$

1）绕一涡旋的环量是该涡旋强度的最自然的度量．

ζ 是不连续的(在此情况下，一个涡旋在某处可以具有生硬的折弯)，上述定理也仍是正确的.

上述定理的一个重要推论是，一根涡线不能在流体内部的任何点处开始或终断. 因此，任何实际存在着的涡线必然或者形成闭曲线，或者穿越流体而起止于流体的边界. 试与第 36 节作比较.

第 32 节(3)式现可阐述如下：任一回路上的环量等于由它所环抱的所有涡旋的强度之和.

146. 在第 33 节中已经证明了，在理想流体中，若密度或为均匀或仅为压力的函数，则在具有单值势函数的外力作用下，任何一个随着流体一起运动的回路上的环量保持不变.

把这一定理应用于环绕一个涡管的回路，可以得知任一涡旋的强度是不变的.

如果在任何时刻，取一个完全由涡线组成的曲面，则因在此曲面的每一点上都有 $l\xi + m\eta + n\zeta = 0$，故由第 32 节可知，在此曲面上所画出的任一回路上的环量为零. 现设此曲面随着流体而一起运动，则由上节可知，在其上所画出的任一回路上的环量就永远为零，故该曲面永远由涡线组成. 再若设想有两个这样的曲面，那么，它们的交线就明显地永远是一根涡线. 因此，我们就得出了一个定理，即：涡线是随着流体而一起运动的.

这一值得注意的定理首先是由 Helmholtz 对不可压缩流体而得出的，而上面由 Kelvin 所给出的证明则表明，对于所有符合前述条件的流体，这一定理都成立.

随着流体一起运动的任意一个回路上的环量保持不变的这个定理对于本章所作的探讨来讲，是动力学方面仅有的和足够的要求. 事实上，这一定理的基础是压力为连续分布的假定，而且它也反过来意味着这一点. 因为在某一问题中，如果我们已求得满足运动学条件的 x, y, z, t 的函数 u, v, w，则若这一解在动力学上也是可能的，那么，两个运动着的质点 A, B 的压力之间的关系就必由第 33 节(2)式所给出，即

$$\left[\int\frac{dp}{\rho}+\Omega-\frac{1}{2}q^2\right]_A^B=-\frac{D}{Dt}\int_A^B(udx+vdy+wdz). \quad (1)$$

因此，在动力学上是可能的运动的充分和必要条件就是上式右边部分对从 A 到 B 的所有积分路线(随着流体而一起运动的)都是相同的。而如果、且只要所求得的 u, v, w 能使涡线随着流体一起运动，并能使每一涡旋的强度对时间而言保持不变，那么就可以保证这一点了。

不难看出，只要 u, v, w 本身是处处连续的，那么，即使 u, v, w 使 ξ, η, ζ 在某些面上不连续，上面的讨论也一点都不受到损伤。

由于上述几个定理的证明在历史上所引起过的兴趣，我们可以简述一下一两种彼此独立的证明，并指出这些证明之间的相互关系。

在这些独立的证明中，最能令人信服的或许是Cauchy 对 Lagrange 的速度势定理所作出的论证，他的论证是以他原来在关于波动的卓越研究报告[1]的引言中所给出的某些方程稍加推广为基础的。

把第 15 节方程组 (2) 用交叉求导的方法而消去 χ，并把 $\partial x/\partial t$, $\partial y/\partial t$, $\partial z/\partial t$ 分别写为 u, v, w 后，可得

$$\frac{\partial u}{\partial b}\frac{\partial x}{\partial c}-\frac{\partial u}{\partial c}\frac{\partial x}{\partial b}+\frac{\partial v}{\partial b}\frac{\partial y}{\partial c}-\frac{\partial v}{\partial c}\frac{\partial y}{\partial b}+\frac{\partial w}{\partial b}\frac{\partial z}{\partial c}-\frac{\partial w}{\partial c}\frac{\partial z}{\partial b}=\frac{\partial w_0}{\partial b}-\frac{\partial v_0}{\partial c}$$

以及另外两个与之对称的方程。如果在这些方程中，把 u, v, w 对 a, b, c 的导数变换为 u, v, w 对 x, y, z 的导数，就得到

$$\left.\begin{aligned}
\xi\frac{\partial(y,z)}{\partial(b,c)}+\eta\frac{\partial(z,x)}{\partial(b,c)}+\zeta\frac{\partial(x,y)}{\partial(b,c)}&=\xi_0,\\
\xi\frac{\partial(y,z)}{\partial(c,a)}+\eta\frac{\partial(z,x)}{\partial(c,a)}+\zeta\frac{\partial(x,y)}{\partial(c,a)}&=\eta_0,\\
\xi\frac{\partial(y,z)}{\partial(a,b)}+\eta\frac{\partial(z,x)}{\partial(a,b)}+\zeta\frac{\partial(x,y)}{\partial(a,b)}&=\zeta_0.
\end{aligned}\right\} \quad (2)$$

依次以 $\partial x/\partial a$, $\partial x/\partial b$, $\partial x/\partial c$ 乘以上三式，然后相加，并考虑到 Lagrange 的连续性方程(第 14 节(1)式)，我们就得出以下三个对称方程中的第一个：

---

1) 见第 17 节第二个脚注。

$$\left.\begin{aligned}\frac{\xi}{\rho}&=\frac{\xi_0}{\rho_0}\frac{\partial x}{\partial a}+\frac{\eta_0}{\rho_0}\frac{\partial x}{\partial b}+\frac{\zeta_0}{\rho_0}\frac{\partial x}{\partial c},\\ \frac{\eta}{\rho}&=\frac{\xi_0}{\rho_0}\frac{\partial y}{\partial a}+\frac{\eta_0}{\rho_0}\frac{\partial y}{\partial b}+\frac{\zeta_0}{\rho_0}\frac{\partial y}{\partial c},\\ \frac{\zeta}{\rho}&=\frac{\xi_0}{\rho_0}\frac{\partial z}{\partial a}+\frac{\eta_0}{\rho_0}\frac{\partial z}{\partial b}+\frac{\zeta_0}{\rho_0}\frac{\partial z}{\partial c}.\end{aligned}\right\}\tag{3}$$

在流体为不可压缩（$\rho=\rho_0$）的特殊情况下，上式与 Cauchy 所给出的方程组的差别仅仅是上式使用了记号 ξ，η，ζ. (3) 式立即表明，如果任一流体质点的涡量分量的初始值 ξ_0，η_0，ζ_0 为零，则对该质点而言，其 ξ，η，ζ 就永远为零. 事实上，这就是 Lagrange 定理的 Cauchy 证明.

为了在一般情况下来阐明 (3) 式，我们在 $t=0$ 的时刻取一个与涡线重合的线元

$$\delta a,\ \delta b,\ \delta c=\epsilon\frac{\xi_0}{\rho_0},\ \epsilon\frac{\eta_0}{\rho_0},\ \epsilon\frac{\zeta_0}{\rho_0},$$

其中 ϵ 为无穷小量. 如设这一线元随着流体而一起运动，方程(3)就表明，在任一其它时刻，这一线元在坐标轴上的投影为

$$\delta x,\ \delta y,\ \delta z=\epsilon\frac{\xi}{\rho},\ \epsilon\frac{\eta}{\rho},\ \epsilon\frac{\zeta}{\rho};$$

亦即此线元仍为涡线上的一个部分，且其长度（设为 δs）正比于 ω/ρ（ω 为合涡量）. 但如 σ 为涡丝上以 δs 为轴线的横截面面积，乘积 $\rho\sigma\delta s$ 是不随时间而改变的，故涡旋的强度 $\omega\sigma$ 为常数[1].

Helmholtz 原来所给出的证明是依靠了由三个方程所组成的一个方程组，这一方程组在推广到能适用于 ρ 仅为 p 的函数的任意流体中时成为[2]

$$\left.\begin{aligned}\frac{D}{Dt}\left(\frac{\xi}{\rho}\right)&=\frac{\xi}{\rho}\frac{\partial u}{\partial x}+\frac{\eta}{\rho}\frac{\partial u}{\partial y}+\frac{\zeta}{\rho}\frac{\partial u}{\partial z},\\ \frac{D}{Dt}\left(\frac{\eta}{\rho}\right)&=\frac{\xi}{\rho}\frac{\partial v}{\partial x}+\frac{\eta}{\rho}\frac{\partial v}{\partial y}+\frac{\zeta}{\rho}\frac{\partial v}{\partial z},\\ \frac{D}{Dt}\left(\frac{\zeta}{\rho}\right)&=\frac{\xi}{\rho}\frac{\partial w}{\partial x}+\frac{\eta}{\rho}\frac{\partial w}{\partial y}+\frac{\zeta}{\rho}\frac{\partial w}{\partial z}.\end{aligned}\right\}\tag{4}$$

上式可用下述方式而得到. 当外力具有势函数 Ω 时，第 6 节中的动力学方程组可写成以下形式：

$$\left.\begin{aligned}\frac{\partial u}{\partial t}-v\zeta+w\eta&=-\frac{\partial\chi'}{\partial x},\\ \frac{\partial v}{\partial t}-w\xi+u\zeta&=-\frac{\partial\chi}{\partial y},\end{aligned}\right\}\tag{5}$$

1) 见 Nanson, *Mess. of Math.* iii. 120 (1874); Kirchhoff, *Mechanik*, c. xv. (1876); Stokes, *Papers*, ii. 47 (1883).

2) Nanson, 同上脚注.

$$\left.\frac{\partial w}{\partial t}-u\eta+v\xi=-\frac{\partial\chi'}{\partial z},\right\}$$

其中

$$\chi'=\int\frac{dp}{\rho}+\frac{1}{2}q^2+\Omega, \tag{6}$$

而 $q^2=u^2+v^2+w^2$. 由(5)式中的第二和第三两式，并利用交叉求导而消去 χ'，可得

$$\frac{\partial\xi}{\partial t}+v\frac{\partial\xi}{\partial y}+w\frac{\partial\xi}{\partial z}-u\left(\frac{\partial\eta}{\partial y}+\frac{\partial\zeta}{\partial z}\right)$$

$$=\eta\frac{\partial u}{\partial y}+\zeta\frac{\partial u}{\partial z}-\xi\left(\frac{\partial v}{\partial y}+\frac{\partial w}{\partial z}\right).$$

记住关系式

$$\frac{\partial\xi}{\partial x}+\frac{\partial\eta}{\partial y}+\frac{\partial\zeta}{\partial z}=0 \tag{7}$$

和连续性方程

$$\frac{D\rho}{Dt}+\rho\left(\frac{\partial u}{\partial x}+\frac{\partial v}{\partial y}+\frac{\partial w}{\partial z}\right)=0, \tag{8}$$

我们就可很容易得出(4)式中的第一个方程了.

为了阐明(4)式，我们在时刻 t 取一线元，它在坐标轴上的投影为

$$\delta x,\ \delta y,\ \delta z=\epsilon\frac{\xi}{\rho},\ \epsilon\frac{\eta}{\rho},\ \epsilon\frac{\zeta}{\rho}, \tag{9}$$

其中 ϵ 为无穷小量. 若设这一线元随流体而一起运动，则 δx 的增长率应等于线元两端的 u 值之差，故

$$\frac{D\delta x}{Dt}=\epsilon\frac{\xi}{\rho}\frac{\partial u}{\partial x}+\epsilon\frac{\eta}{\rho}\frac{\partial u}{\partial y}+\epsilon\frac{\zeta}{\rho}\frac{\partial u}{\partial z}.$$

由(4)式可随之而得

$$\left.\begin{aligned}&\frac{D}{Dt}\left(\delta x-\epsilon\frac{\xi}{\rho}\right)=0,\\&\frac{D}{Dt}\left(\delta y-\epsilon\frac{\eta}{\rho}\right)=0,\\&\frac{D}{Dt}\left(\delta z-\epsilon\frac{\zeta}{\rho}\right)=0.\end{aligned}\right\} \tag{10}$$

于是 Helmholtz 断定，如果关系式(9)在时刻 t 成立，它就能在时刻 $t+\delta t$ 成立，并一直继续成立下去. 然而这一论断不是十分严密的，事实上，它是容易受到 Stokes[1] 针对 Lagrange 速度势定理的各种不完善证明所提出的非难的[2].

---

1) 见第 17 节脚注.

2) 可以提一下，对于不可压缩流体，Lagrange 曾建立了和(4)式有些相似的方

为了和 Kelvin 所作的探讨建立起联系，可以注意到，方程(2)所表示的是，在起始时分别与三坐标轴垂直的三个无穷小回路中每一个回路上的环量都保持不变． 为说明这一点，可取(例如)起始时包围矩形 $\delta b\delta c$ 的回路，并以 A, B, C 表示这一面积于时刻 t 时在坐标平面上的投影，就有

$$A=\frac{\partial(y,z)}{\partial(b,c)}\delta b\delta c,\ B=\frac{\partial(z,x)}{\partial(b,c)}\delta b\delta c,\ C=\frac{\partial(x,y)}{\partial(b,c)}\delta b\delta c.$$

因此，可知(2)式中第一个方程等价于[1])

$$\xi A+\eta B+\zeta C=\xi_0\delta b\delta c. \tag{11}$$

作为方程(4)的一个应用，我们可考虑液体被装在一个固定的椭球形容器中且具有均匀涡量时的运动[2])．因

$$u=qz-ry,\ v=rx-pz,\ w=py-qx \tag{12}$$

很明显表示的是在一个圆球形边界中的流体作着像固体一样的均匀转动，所以我们把各坐标和相应的速度用一个均匀伸缩加以变换而得到

$$\frac{u}{a}=\frac{qz}{c}-\frac{ry}{b},\ \frac{v}{b}=\frac{rx}{a}-\frac{pz}{c},\ \frac{w}{c}=\frac{py}{b}-\frac{qx}{a}, \tag{13}$$

用以表示流体在一个固定的椭球形边界

$$\frac{x^2}{a^2}+\frac{y^2}{b^2}+\frac{z^2}{c^2}=1 \tag{14}$$

中的某种运动．(13)式使

$$\xi=\left(\frac{b}{c}+\frac{c}{b}\right)p,\ \eta=\left(\frac{c}{a}+\frac{a}{c}\right)q,\ \zeta=\left(\frac{a}{b}+\frac{b}{a}\right)r; \tag{15}$$

代入(4)式后可得

$$(b^2+c^2)\frac{dp}{dt}=(b^2-c^2)qr \tag{16}$$

和另外两个式子．它们也可写成

1) Nanson, *Mess. of Math.* vii. 182 (1878)． 本书作者对 Helmholtz 的方程所作的一个类似解释见 *Mess. of Math.* vii. 41 (1877).

最后可以提到，Lagrange定理的另一个以动力学基本原理为基础而未引用流体动力学方程的证明是由 Stokes 指出的 [*Comb. Trans.* viii. (*Papers*, i. 113)]，并在 Kelvin 关于涡旋运动的文章中被提到．

2) 参看 Voigt, "Beiträge zur Hydrodynamik", Gött. *Nachr.* 1891, p. 71; Tedone, *Nuovo Cimento*, xxxiii. (1893)． 本书所用方法则取自 Poincaré, "Sur la Précession des corps déformables", *Bull. Astr.* 1910.

程组，见 *Miscell. Taur.* ii (1760) [*Oeuvres*, i. 442]．本书作者为提到了这一资料和对 Helmholtz 的研究所提出的上述评论而向 J. Larmor 爵士表示谢意．与 Lagrange 所给出的方程等价的方程是由 Stokes (见前面脚注)所得到的，并成为速度势定理的严密论证的基础．

$$a^2(b^2+c^2)\frac{dp}{dt} = \{b^2(c^2+a^2) - c^2(a^2+b^2)\}qr \tag{17}$$

和另外两个类似的方程．于是我们就得到了形式上和固体绕一个定点作自由转动时的 Euler 方程组相同的一组方程，并可不难得出以下积分：

$$\frac{\xi^2}{a^2} + \frac{\eta^2}{b^2} + \frac{\zeta^2}{c^2} = \text{const.}, \tag{18}$$

和

$$\frac{b^2c^2\xi^2}{b^2+c^2} + \frac{c^2a^2\eta^2}{c^2+a^2} + \frac{a^2b^2\zeta^2}{a^2+b^2} = \text{const.}. \tag{19}$$

这两个积分中的前者是 Helmholtz 的一个定理的证明，后者则可由能量守恒而得出．

147. 借助于和第 41 节相同的讨论可不难理解到，如果不可压缩流体充满无限空间，则在无穷远处速度为零的条件下，连续的无旋运动是不可能出现的．由此可立即得出下述定理：

如果流体充满无限空间并在无穷远处是静止的，则若已知区域中所有各点处的膨胀率（设为 θ）和涡量分量 ξ,η,ζ，那么流体的运动就是确定的．

这是因为，如能设两组速度分量 u_1,v_1,w_1 和 u_2,v_2,w_2 都在全部无限空间中满足方程组

$$\frac{\partial u}{\partial x} + \frac{\partial v}{\partial y} + \frac{\partial w}{\partial z} = \theta, \tag{1}$$

$$\frac{\partial w}{\partial y} - \frac{\partial v}{\partial z} = \xi,\quad \frac{\partial u}{\partial z} - \frac{\partial w}{\partial x} = \eta,\quad \frac{\partial v}{\partial x} - \frac{\partial u}{\partial y} = \zeta, \tag{2}$$

并在无穷远处为零，则

$$u' = u_1 - u_2,\quad v' = v_1 - v_2,\quad w' = w_1 - w_2$$

可在 $\theta,\xi,\eta,\zeta = 0$ 的条件下满足方程组(1)和(2)，并在无穷远处为零．于是，应用前述结论，可知它们必处处为零．因此，只有一种可能的运动能满足给定的条件．

应用同样的方法可以证明，如流体所占据的是任一有界单连通域，则若已知区域中每一点处的膨胀率和涡量分量以及边界上每一点处的法向速度，那么，流体的运动就是确定的．对于 n 连通域，还必须在已知条件中加上区域中的 n 个独立回路上的环量

之值。

148. 当流体充满无限空间时，如距原点某个有限距离以外，θ,ξ,η,ζ 诸量全部为零，则可用下述方法通过 θ,ξ,η,ζ 把 u,v,w 完全确定下来[1]。

由膨胀率所引起的速度分量可由第 56 节 (1) 式而立即写出，因为显然微元 $\delta x'\delta y'\delta z'$ 中的膨胀率 θ' 相当于一个强度为 $\theta'\delta x'\delta y'\delta z'$ 的简单源。于是得到

$$u=-\frac{\partial\Phi}{\partial x},\ v=-\frac{\partial\Phi}{\partial y},\ w=-\frac{\partial\Phi}{\partial z},\tag{1}$$

式中

$$\Phi=\frac{1}{4\pi}\iiint\frac{\theta'}{r}\,dx'dy'dz',\tag{2}$$

而 r 表示积分中的体元所在位置 (x',y',z') 和所要求出 u,v,w 值的那个点 (x,y,z) 之间的距离，即

$$r=\{(x-x')^2+(y-y')^2+(z-z')^2\}^{\frac{1}{2}}.$$

积分区域包括空间中所有 θ' 不为零的部分。

为求出由涡量所引起的速度，我们注意到，当不存在膨胀率时，穿过以同一闭曲线为边缘的任意两个开曲面的通量是一样的，并只取决于边缘的位形。这就提示我们，穿过任一闭曲线的通量可表示为沿该曲线的一个线积分，设为

$$\int(Fdx+Gdy+Hdz).\tag{3}$$

在此假定下，由第 31 节的方法，我们应有

$$u=\frac{\partial H}{\partial y}-\frac{\partial G}{\partial z},\ v=\frac{\partial F}{\partial z}-\frac{\partial H}{\partial x},\ w=\frac{\partial G}{\partial x}-\frac{\partial F}{\partial y}.\tag{4}$$

对函数 F,G,H 所要求的必要和（如已见到）充分条件是它们应满足

---

1) 下述方法实质上是 Helmholtz 给出的。这一运动学问题首先是 Stokes 用稍为不同的方式解决的，见 Stokes, "On the Dynamical Theory of Diffraction", *Camb. Trans.* ix. (1849) [*Papers* ii. 254…].

$$\frac{\partial w}{\partial y}-\frac{\partial v}{\partial z}=\frac{\partial}{\partial x}\left(\frac{\partial F}{\partial x}+\frac{\partial G}{\partial y}+\frac{\partial H}{\partial z}\right)-\nabla^2 F$$

和另外两个类似的方程．在任何情况下，这三个函数都因分别含有形如 $\partial\chi/\partial x$，$\partial\chi/\partial y$，$\partial\chi/\partial z$ 的附加函数而不确定，而我们则可把 χ 取得使

$$\frac{\partial F}{\partial x}+\frac{\partial G}{\partial y}+\frac{\partial H}{\partial z}=0; \tag{5}$$

在此情况下，

$$\nabla^2 F=-\xi,\nabla^2 G=-\eta,\nabla^2 H=-\zeta. \tag{6}$$

这一方程组的特解可由令 F，G，H 等于物质分别以体密度 $\xi/4\pi$，$\eta/4\pi$ 和 $\zeta/4\pi$ 分布时所产生的势函数而得到，故

$$\left.\begin{aligned}F&=\frac{1}{4\pi}\iiint\frac{\xi'}{r}\,dx'dy'dz',\\G&=\frac{1}{4\pi}\iiint\frac{\eta'}{r}\,dx'dy'dz',\\H&=\frac{1}{4\pi}\iiint\frac{\zeta'}{r}\,dx'dy'dz',\end{aligned}\right\} \tag{7}$$

上式在 ξ,η,ζ 上加了一撇是为了表明所取的是它们在 (x',y',z') 处之值，积分区域当然包括了 ξ,η,ζ 不为零的所有各处．还剩下的是需要证明这些函数 F,G,H 的确能满足 (5) 式．因 $\partial/\partial x\cdot r^{-1}=-\partial/\partial x'\cdot r^{-1}$，(7) 式就使

$$\begin{aligned}\frac{\partial F}{\partial x}+\frac{\partial G}{\partial y}+\frac{\partial H}{\partial z}&\\=-\frac{1}{4\pi}\iiint\Big(\xi'\frac{\partial}{\partial x'}\frac{1}{r}+\eta'\frac{\partial}{\partial y'}\frac{1}{r}&\\+\zeta'\frac{\partial}{\partial z'}\frac{1}{r}\Big)dx'dy'dz'.&\end{aligned}$$

把第 42 节(4)式推广一下[1]，就可知上式右边为零了；而第 42 节(4)式之所以能推广到应用于上式右边，则是因处处有

1) 对于在 $r=0$ 处所出现的奇点，在这里和其它地方都假定像引力理论中那样处理了．最后的结论并不受到影响．

$$\frac{\partial \xi}{\partial x}+\frac{\partial \eta}{\partial y}+\frac{\partial \zeta}{\partial z}=0,$$

并在涡旋表面上（ξ, η, ζ 可以是不连续的）有

$$l\xi+m\eta+n\zeta=0,$$

以及 ξ, η, ζ 在无穷远处为零之故.

问题的全解就可由(1)式和(4)式所包含的结果相叠加而得到，即

$$\left.\begin{aligned} u&=-\frac{\partial \Phi}{\partial x}+\frac{\partial H}{\partial y}-\frac{\partial G}{\partial z}, \\ v&=-\frac{\partial \Phi}{\partial y}+\frac{\partial F}{\partial z}-\frac{\partial H}{\partial x}, \\ w&=-\frac{\partial \Phi}{\partial z}+\frac{\partial G}{\partial x}-\frac{\partial F}{\partial y},\end{aligned}\right\} \tag{8}$$

其中函数 Φ, F, G, H 则由(2)式和(7)式给出.

可以再补充一点说明，那就是，前提条件中所要求的 θ, ξ, η, ζ 在离原点某个距离以外为零并不是绝对必要的. 事实上，只要 θ, ξ, η, ζ 能使(2)式和(7)式在无限空间中求积时收敛就足够了；而如 θ, ξ, η, ζ 最终具有量级 R^{-n}(R 为离原点的距离，$n>3$)就肯定属于这种情况[1].

当流体所占据的区域不是无界的，而是部分或全部由一些曲面所限止，在这些曲面上，法向速度已给定，而且(在 n 连通域中)，n 个独立回路中每个回路上的环量也已规定，则可用类似的分析把问题转化为第 III 章中所考虑过的、并在该处已证明为确定的那种无旋运动问题. 这一处理留给读者，同时也提示一下，如果诸涡旋穿越区域而起止于区域的边界，那么较为方便的方法是设想它们在区域之外继续延伸，或沿边界而继续延伸，使之能形成闭涡丝，并把积分式(7)看作是对由此得到的完备涡旋系而言的. 在这一理解之下，条件(5)仍是可以满足的.

---

1) 参看 Leathem, *Cambridge Tracts*, No. 1 (2nd ed.), p. 44.

上面所得到的解析关系式和电磁学中的某些公式之间有着极好的对应关系．如把 147 节方程(1)和(2)中的

$$u,\ v,\ w,\ \theta,\ \xi,\ \eta,\ \zeta,\theta$$

分别写为

$$\alpha,\beta,\gamma,\rho,u,v,w,\rho,$$

就得到

$$\left.\begin{array}{c}\dfrac{\partial\alpha}{\partial x}+\dfrac{\partial\beta}{\partial y}+\dfrac{\partial\gamma}{\partial z}=\rho,\\ \dfrac{\partial\gamma}{\partial y}-\dfrac{\partial\beta}{\partial z}=u,\ \dfrac{\partial\alpha}{\partial z}-\dfrac{\partial\gamma}{\partial x}=v,\ \dfrac{\partial\beta}{\partial x}-\dfrac{\partial\alpha}{\partial y}=w,\end{array}\right\}\tag{9}$$

它们正是电磁理论中的基本关系式，其中 α,β,γ 为磁力分量，$u,\ v,w$ 为电流分量，ρ 为假想的磁荷(借助于它，可以表达出场中所出现的任何磁化现象)的体密度[1]．因此，涡丝对应于电路，涡旋强度对应于电路中的电流，源和汇对应于正的和负的磁极，而流体的速度则对应于磁力[2]．

这种模拟关系当然能扩展到所有由基本关系式而导出的结果中，例如，(8)式中的 Φ 对应于磁势，F,G,H 则对应于"电磁动量"．

149. 为了说明 148 节(8)式中的结果，我们来计算在无穷远处为静止的无限不可压缩流体中由一个孤立的闭涡丝所引起的速度 u,v,w。

因 $\theta=0$，故 $\Phi=0$．为计算 $F,\ G,\ H$，我们可把体元 $\delta x'\delta y'\delta z'$ 换为 $\sigma'\delta s'$，其中 $\delta s'$ 为涡丝上的一个微元长度，σ' 为涡丝的横截面积．又

$$\xi'=\omega'\frac{dx'}{ds'},\ \eta'=\omega'\frac{dy'}{ds'},\ \zeta'=\omega'\frac{dz'}{ds'},$$

其中 ω' 为涡量。因此，148 节 (7) 式成为

$$F=\frac{\kappa}{4\pi}\int\frac{dx}{r},G=\frac{\kappa}{4\pi}\int\frac{dy}{r},H=\frac{\kappa}{4\pi}\int\frac{dz}{r},\tag{1}$$

式中 $\kappa=\omega'\sigma'$ 表示涡旋的强度，积分则是沿涡丝的全部长度进行

---

1) 参看 Maxwell, *Electricity and Magnetism*. Art. 607. 二者之间的模拟由于采用 Heaviside 所提倡的电量的"合理"单位制而得到了改进，见 *Electrical Papers*, London, 1892, i. 199.

2) 这一模拟首先由 Helmholtz 指出．在 Kelvin 关于静电学和磁学的著作中曾大量采用这一模拟．

的.

因而，由 148 节(4)式可有

$$u=\frac{\kappa}{4\pi}\int\left(\frac{\partial}{\partial y}\frac{1}{r}\cdot dz'-\frac{\partial}{\partial z}\frac{1}{r}\cdot dy'\right)$$

以及对 v 和 w 的类似结果. 于是得到[1]

$$\left.\begin{aligned}u&=\frac{\kappa}{4\pi}\int\left(\frac{dy'}{ds'}\frac{z-z'}{r}-\frac{dz'}{ds'}\frac{y-y'}{r}\right)\frac{ds'}{r^2},\\v&=\frac{\kappa}{4\pi}\int\left(\frac{dz'}{ds'}\frac{x-x'}{r}-\frac{dx'}{ds'}\frac{z-z'}{r}\right)\frac{ds'}{r^2},\\w&=\frac{\kappa}{4\pi}\int\left(\frac{dx'}{ds'}\frac{y-y'}{r}-\frac{dy'}{ds'}\frac{x-x'}{r}\right)\frac{ds'}{r^2}.\end{aligned}\right\}\tag{2}$$

如果 $\delta u, \delta v, \delta w$ 表示这些表达式中与涡丝上的线元 $\delta s'$ 所对应的部分，那么上式就显示出 $\delta u, \delta v$ 和 δw 的合成结果垂直于 (x', y', z') 处的涡线方向和 r 二者所在的平面，其指向则犹如点 (x, y, z) 附着在一个随着 (x', y', z') 处的流体元一起转动的刚体上时一样. 这一合速度的大小为

$$\{(\delta u)^2+(\delta v)^2+(\delta w)^2\}^{\frac{1}{2}}=\frac{\kappa}{4\pi}\frac{\sin\chi\delta s'}{r^2},\tag{3}$$

式中 χ 为 r 与 (x', y', z') 处涡线之间的夹角.

把字符按上一节中所述那样改变后，其结果就和电流对一个磁极的作用定律一样[2].

由一个涡旋所引起的速度势

150. 在涡旋外部存在着一个速度势，它可求之如下. 为简练起见，设不可压缩流体中只有一个孤立的闭涡旋，则由上一节可知

---

1) 它们和 Stokes 所得到的形式等价，见 148 节第一个脚注.

2) Ampère, *Théorie mathématique des phénomènes électro-dynamique*, Paris, 1826.

$$u=\frac{\kappa}{4\pi}\int\left(\frac{\partial}{\partial z'}\frac{1}{r}\cdot dy'-\frac{\partial}{\partial y'}\frac{1}{r}\cdot dz'\right). \tag{1}$$

根据 Stokes 定理(第 32 节 (4) 式)，我们可以把沿一个闭曲线的线积分改换为沿以该曲线为边缘的任一曲面上的面积分，即，把第 32 节中的记号稍加改变后，有

$$\begin{aligned}&\int(Pdx'+Qdy'+Rdz')\\&=\iint\left\{l\left(\frac{\partial R}{\partial y'}-\frac{\partial Q}{\partial z'}\right)+m\left(\frac{\partial P}{\partial z'}-\frac{\partial R}{\partial x'}\right)\right.\\&\qquad\left.+n\left(\frac{\partial Q}{\partial x'}-\frac{\partial P}{\partial y'}\right)\right\}dS'.\end{aligned}$$

若令

$$P=0,\quad Q=\frac{\partial}{\partial z'}\frac{1}{r},\quad R=-\frac{\partial}{\partial y'}\frac{1}{r},$$

则得

$$\begin{aligned}\frac{\partial R}{\partial y'}-\frac{\partial Q}{\partial z'}&=\frac{\partial^2}{\partial x'^2}\frac{1}{r},\\\frac{\partial P}{\partial z'}-\frac{\partial R}{\partial x'}&=\frac{\partial^2}{\partial x'\partial y'}\frac{1}{r},\\\frac{\partial Q}{\partial x'}-\frac{\partial P}{\partial y'}&=\frac{\partial^2}{\partial x'\partial z'}\frac{1}{r}.\end{aligned}$$

于是 (1) 式可写为

$$u=\frac{\kappa}{4\pi}\iint\left(l\frac{\partial}{\partial x'}+m\frac{\partial}{\partial y'}+n\frac{\partial}{\partial z'}\right)\frac{\partial}{\partial x'}\frac{1}{r}\,dS'.$$

又因 $\partial/\partial x'\cdot r^{-1}=-\partial/\partial x\cdot r^{-1}$，故有(下式中后面两个式子是根据同理而得到的)

$$u=-\frac{\partial\phi}{\partial x},\quad v=-\frac{\partial\phi}{\partial y},\quad w=-\frac{\partial\phi}{\partial z}, \tag{2}$$

式中

$$\phi=\frac{\kappa}{4\pi}\iint\left(l\frac{\partial}{\partial x'}+m\frac{\partial}{\partial y'}+n\frac{\partial}{\partial z'}\right)\frac{1}{r}\,dS'. \tag{3}$$

其中 l, m, n 为一个以涡丝为边缘的曲面上的面元 $\delta S'$ 之法线的方向余弦.

(3) 式也可写成

$$\phi = \frac{\kappa}{4\pi}\iint \frac{\cos\vartheta}{r^2}\,dS', \tag{4}$$

式中 ϑ 为 r 和法线 (l, m, n) 之间的夹角. 由于 $\cos\vartheta dS'/r^2$ 为 $\delta S'$ 在 (x, y, z) 点处所对的微元立体角,因此我们可以看出,由一个孤立的闭涡旋在任何一点所产生的速度势等于 $\kappa/4\pi$ 乘以以此涡旋为边缘的一个曲面在该点所对的立体角.

由于当该点描出一个环抱涡旋的回路时,上述立体角就改变 4π,我们就证明了由(4)式所给出的 ϕ 为一循环函数,其循环常数为 κ. 参看 145 节.

可以注意到,表达式 (4) 等于在 (x, y, z) 处的一个强度为 κ 的点源使涡旋所围圈的孔道中所产生的(沿负方向的)通量.

把(4)式和第 56 节 (4) 式相比较,可以看出,从某种意义上来讲,一个涡旋相当于双源均匀分布在任一以此涡旋为边缘的曲面上. 双源的轴线必须被假定为处处沿曲面的法线方向,双源的分布密度则等于涡旋的强度. 在这里,我们是按照"右手"法则来定出法线的正方向和涡丝轴线的正方向之间的关系的. 见第 31 节.

反之,可以证明,双源沿一个闭曲面的任意分布(其轴线处处沿曲面的法线方向)可以用位于该曲面上的闭涡丝系来代替[1]. 在下一节的探讨中将独立地显示出同一结论.

涡　旋　层

151. 迄今为止,我们一直假定 u, v, w 是连续的. 现在,我们来表明,怎样可以使我们的讨论范围扩大到能把出现不连续面的

1) 参看 Maxwell, *Electricity and Magnetism*, Arts. 485, 652.

情况也包括进去.

仅是法向速度不连续的情况已在第 58 节中作过处理. 若 u, v, w 表示间断面一侧的速度分量, u', v', w' 表示另一侧的速度分量, 则我们已知, 这种情况可以假想为简单源的面分布, 其面密度为

$$l(u'-u)+m(v'-v)+n(w'-w),$$

式中 l,m,n 表示法线 (由曲面向带撇的量所指的那一侧而画出) 的方向余弦.

下面, 我们来考虑仅是切向速度不连续的情形, 故

$$l(u'-u)+m(v'-v)+n(w'-w)=0. \tag{1}$$

现在, 设想把由微分方程组

$$\frac{dx}{u'-u}=\frac{dy}{v'-v}=\frac{dz}{w'-w} \tag{2}$$

所确定的相对运动的流线组画在间断面上, 同时, 也画出它们的正交轨迹. 令 PQ, $P'Q'$ 为靠近间断面的两个线元, 分别位于间断面的两侧, 且与流线组(2)中的一根流线平行, 并设 PP' 和 QQ' 垂直于间断面, 且远小于 PQ 或 $P'Q'$. 回路 $P'Q'QP$ 上的环量于是就等于 $(q'-q)PQ$, 其中 q, q' 为间断面两侧的绝对速度. 这一情况就犹如间断面由一个无限薄的涡旋层所占据, 而上述正交轨迹则为涡线, 涡量与(可变的)层厚 δn 之间由以下关系而连系在一起:

$$\omega\delta n=q'-q. \tag{3}$$

当我们把 148 节 (4) 式和 (7) 式应用于具有厚度为 δn 的一个薄层, 其中 ξ,η,ζ 为无穷大, 但 $\xi\delta n,\eta\delta n,\zeta\delta n$ 为有限的情况[1], 并考虑由之所得到的 u, v, w 的不连续性时, 也可得到同样的结论.

在 147 和 148 节中已表明, 在无穷远处为静止并充满无限空间的流体作任一连续运动时, 可以看作是以有限大小的密度而分

1) Helmholtz, 145 节脚注.

布的源和涡旋的某种适当排列而产生的．现在我们又看到，怎样可由对连续性的考虑而过渡到源和涡旋以无穷大的体密度、但以有限大小的面密度[1]沿曲面分布的情形．特别是，我们可考虑下述情况：无限流体是不可压缩的，并由一闭曲面分割为两个部分，在该曲面上，法向速度是连续的，但切向速度则不连续（如第 58 节(12)式中的情形）．这一情况就相当于有一个涡旋层，而我们则可推断出，不论不可压缩流体的任何连续的无旋运动占据着什么样的区域，也不论运动是循环的还是非循环的，都可看作是由涡旋沿其边界（它们把这部分连续流动区域和无限空间中其余部分分开）的某种分布而产生的．在区域扩展为无穷大的情况下，如果流体在无穷远处为静止，涡旋的分布就仅局限于边界上的有限部分．

这一定理是第58节中所得结果的一个补充．

上述结论可以用第 91 节中的结果来加以说明．为此，设在球面 $r=a$ 上指定了法向速度 S_n，则内部空间和外部空间中的速度势分别为

$$\phi=\frac{a}{n}\left\{\frac{r}{a}\right\}^n S_n$$

和

$$\phi=-\frac{a}{n+1}\left\{\frac{a}{r}\right\}^{n+1} S_n.$$

故如 $\delta\theta$ 为球面上的一个线元在球心处所对的角度，则沿此线元方向的相对速度为

$$\frac{2n+1}{n(n+1)}\frac{\partial S_n}{\partial\theta}.$$

因此，相对合速度与球面相切并垂直于球面谐函数 S_n 的等值线 ($S_n=\text{const.}$)，故 S_n 的等值线就是涡线．

例如，如果一个在内部和外部都充满了液体的球形壳像第 92 节中所述那样沿 x 轴运动，那么无论是其内部流体的运动还是外部流体的运动，都可以看作是由在球面上以平行圆的方式排列的涡旋系所产生的，其中任一微元涡旋的强度正比于该微元涡旋所占球面宽度在 x 轴上的投影[2]．

---

1) 原著为"无穷大的面密度"．——译者注

2) 这一叙述也适用于椭球形壳沿其一主轴方向运动时的情况．见 114 节．

涡旋系的冲量和能量

152. 下面所讨论的是，充满无限空间并在无穷远处为静止的不可压缩流体中具有一个有限尺度的涡旋系时的情况.

寻求能使流体从静止状态在一瞬间产生真实运动 (u, v, w) 的每单位质量的脉冲力冲量 (X', Y', Z') 的分布问题，在某种程度上是不确定的，但对我们的需要而言已是足够了的一个解则可求得如下.

假想地画出一个把全部涡旋都围圈起来的单连通曲面 S. 以 ϕ 表示曲面 S 外部的单值速度势，ϕ_1 表示 $\nabla^2\phi = 0$ 的那样一个解，它在 S 的整个内部为有限，并在 S 上与 ϕ 连续. 换言之，ϕ_1 为借助于 S 面上的脉冲压力冲量 $\rho\phi$ 的作用而在 S 内部所产生的运动的速度势. 现若设在内部各点上，

$$X' = u + \frac{\partial \phi_1}{\partial x}, \quad Y' = v + \frac{\partial \phi_1}{\partial y}, \quad Z' = w + \frac{\partial \phi_1}{\partial z}, \qquad (1)$$

而在外部各点上，

$$X' = 0, \quad Y' = 0, \quad Z' = 0, \qquad (2)$$

则根据第 11 节可以看出，这样的脉冲力冲量能在一瞬间使流体从静止而产生真实的运动，同时，脉冲压力冲量的分布在外部各点上为 $\rho\phi$，而在内部各点上为 $\rho\phi_1$. 脉冲力冲量在曲面 S 上是不连续的，但仅是其法向分量不连续. 正好位于曲面外部和正好位于曲面内部的诸点处的脉冲力冲量的切向分量则由于 ϕ 在曲面上与 ϕ_1 连续而为零. 因此，若 (l, m, n) 为曲面的内向法线的方向余弦，则对于刚刚位于曲面内部的诸点，应有

$$mZ' - nY' = 0, \quad nX' - lZ' = 0, \quad lY' - mX' = 0. \qquad (3)$$

现若在 S 所包围的体积上进行通体积分，有

$$\iiint (y\zeta - z\eta)\, dx\, dy\, dz$$

$$= \iiint \left\{ y\left(\frac{\partial v}{\partial x} - \frac{\partial u}{\partial y}\right) - z\left(\frac{\partial u}{\partial z} - \frac{\partial w}{\partial x}\right)\right\} dxdydz$$

$$= \iiint \left\{ y\left(\frac{\partial Y'}{\partial x} - \frac{\partial X'}{\partial y}\right) - z\left(\frac{\partial X'}{\partial z} - \frac{\partial Z'}{\partial x}\right)\right\} dxdydz$$

$$= \iint \{y(lY' - mX') - z(nX' - lZ')\}dS$$

$$+ 2\iiint X'dxdydz, \tag{4}$$

式中面积分由于(3)式而应为零.

又

$$-\iiint (y^2 + z^2)\xi dxdydz$$

$$= -\iiint (y^2 + z^2)\left(\frac{\partial w}{\partial y} - \frac{\partial v}{\partial z}\right) dxdydz$$

$$= -\iiint (y^2 + z^2)\left(\frac{\partial Z'}{\partial y} - \frac{\partial Y'}{\partial z}\right) dxdydz$$

$$= \iint (y^2 + z^2)(mZ' - nY')dS$$

$$+ 2\iiint (yZ' - zY')dxdydz, \tag{5}$$

和前面一样,式中面积分应为零.

于是，对于涡旋系的冲量中力和力偶的成分可得表达式如下:

$$\left.\begin{aligned}
P &= \frac{1}{2}\rho\iiint (y\zeta - z\eta)dxdydz,\\
Q &= \frac{1}{2}\rho\iiint (z\xi - x\zeta)dxdydz,\\
R &= \frac{1}{2}\rho\iiint (x\eta - y\xi)dxdydz,\\
L &= -\frac{1}{2}\rho\iiint (y^2 + z^2)\xi dxdydz,\\
M &= -\frac{1}{2}\rho\iiint (z^2 + x^2)\eta dxdydz,
\end{aligned}\right\} \tag{6}$$

$$N = -\frac{1}{2}\rho\iiint(x^2+y^2)\zeta dxdydz.$$

为把上式应用于一个孤立的、具有无穷小截面 σ 的闭涡丝，我们把体元换写为 $\sigma\delta s$，并写出

$$\xi = \omega\frac{dx}{ds},\ \eta = \omega\frac{dy}{ds},\ \zeta = \omega\frac{dz}{ds}. \qquad (7)$$

于是

$$P = \frac{1}{2}\rho\omega\sigma\int(ydz - zdy) = \kappa\rho\iint l'dS', \qquad (8)$$

$$L = -\frac{1}{2}\rho\omega\sigma\int(y^2+z^2)dx = -\kappa\rho\iint(m'z - n'y)dS', \qquad (9)$$

以及其它几个类似的式子．上式中的线积分是沿涡丝而求积的，面积分则是沿以涡丝为边缘的一个屏障求积的，l'，m'，n' 为屏障上的面元 $\delta S'$ 的法线之方向余弦．每一个式子中有两种不同形式的结果，它们之所以相等是根据 Stokes 定理而得知的，另外，也把 $\omega\sigma$ 写成了 κ，即 κ 为绕涡丝的环量[1]．

以上全部探讨当然只涉及涡旋系的瞬时状态，但是可以回想起，在没有外力的情况下，根据 119 节的讨论可知，冲量在各方面都是不变的．

153. 接着，我们来考虑涡旋系的能量．不难证明，在所假定的条件下，如果没有外力，那么能量就是常数．因为若 T 为任一闭曲面 S 所围圈的流体的能量，则令第 10 节(5)式中的 $V=0$，可有

$$\frac{DT}{Dt} = \iint(lu + mv + nw)pdS. \qquad (1)$$

---

1) J. J. Thomson 用较为简易的论证而得到了(8)式和(9)式 [*On the Motion of Vortex Rings* (Adams Prize Essay), London, 1883, pp. 5, 6]，但所得到的(6)式在 L，M，N 中具有相反的符号，Welsh 作了改正．

如设想一个球形流体团像固体一样地转动，其周围则为静止的流体，那么如果我们用球面涡旋层来表示出速度的间断，就可以给以上公式的现有形式以一个有趣的检验．

如曲面把所有涡旋都包围在内，则可令

$$\frac{p}{\rho}=\frac{\partial\phi}{\partial t}-\frac{1}{2}q^2+F(t), \tag{2}$$

并从 150 节(4)式不难得知，在离涡旋很远的距离 R 处，p 为有限值，$lu+mv+nw$ 具有量级 R^{-3}，而当把 S 取得使它的每一部分都位于无穷远时，面元 δS 正比于 R^2. 因此，(1)式的右边部分最终将为零，故有

$$T=\text{const.}. \tag{3}$$

我们着手来求 T 的几个重要的运动学表达式，并为简单起见，仍限于流体(假定是不可压缩的)延伸至无穷远处、且在该处为静止的情况，而所有的涡旋则位于离原点为有限的距离内.

这些表达式中的第一个是在 148 节中所指出的电磁模拟的指示下求得的. 因 $\theta=0$，因而 $\phi=0$，所以根据 148 节(4)式可有

$$\begin{aligned}2T&=\rho\iiint(u^2+v^2+w^2)\,dxdydz\\&=\rho\iiint\left\{u\left(\frac{\partial H}{\partial y}-\frac{\partial G}{\partial z}\right)+v\left(\frac{\partial F}{\partial z}-\frac{\partial H}{\partial x}\right)\right.\\&\qquad\left.+w\left(\frac{\partial G}{\partial x}-\frac{\partial F}{\partial y}\right)\right\}dxdydz.\end{aligned}$$

上式右边可以用一个面积分

$$\rho\iint\{F(mw-nv)+G(nu-lw)+H(lv-mu)\}dS$$

和一个体积分

$$\rho\iiint\left\{F\left(\frac{\partial w}{\partial y}-\frac{\partial v}{\partial z}\right)+G\left(\frac{\partial u}{\partial z}-\frac{\partial u}{\partial x}\right)\right.\\\left.+H\left(\frac{\partial v}{\partial x}-\frac{\partial u}{\partial y}\right)\right\}dxdydz$$

之和来代替. 又因在无穷远处的边界上，F，G，H 最终具有量级 R^{-2}，u，v，w 具有量级 R^{-3}，故面积分为零，而使我们有

$$T = \frac{1}{2}\rho\iiint(F\xi + G\eta + H\zeta)dxdydz. \tag{4}$$

或将 148 节(7)式代入后有

$$T = \frac{\rho}{8\pi}\iiiint\!\!\iint\frac{\xi\xi' + \eta\eta' + \zeta\zeta'}{r}dxdydzdx'dy'dz', \tag{5}$$

式中每一个体积分都是在涡旋所占据的全部空间中求积的.

这一表达式可写成另一个稍有不同的形式如下. 把涡旋系看作由一个个涡丝所组成, 令 δs 和 $\delta s'$ 为其中任意两个涡丝的微元长度, σ 和 σ' 为对应的横截面积, ω 和 ω' 为对应的涡量. 体元可分别取为 $\sigma\delta s$ 和 $\sigma'\delta s'$, 故(5)式中积分号内的表达式等价于

$$\frac{\cos\epsilon}{r}\cdot\omega\sigma\delta s\cdot\omega'\sigma'\delta s',$$

其中 ϵ 为 δs 和 $\delta s'$ 之间的夹角. 若令 $\omega\sigma = \kappa$, $\omega'\sigma' = \kappa'$, 我们就有

$$T = \frac{\rho}{4\pi}\sum\kappa\kappa'\iint\frac{\cos\epsilon}{r}dsds', \tag{6}$$

式中双重积分是沿两个涡丝的轴线求积的, 而求和符号 $\sum$ 则包括(只包括一次)所出现的每一对涡丝.

(6)式中和 ρ 相乘的因子与一个电流系统的能量表达式相同,在这一电流系统中,电流沿位置与涡丝重合的导体而流动,电流强度分别为 κ, $\kappa'\cdots$[1]. 所以上述探讨事实上只是电磁学专著中所作讨论的颠倒,因在电磁学中已证明了

$$\frac{1}{4\pi}\sum ii'\iint\frac{\cos\epsilon}{r}dsds' = \frac{1}{2}\iiint(\alpha^2 + \beta^2 + \gamma^2)dxdydz,$$

其中 i 和 i' 为线性导体中的电流强度, δs 和 $\delta s'$ 为线性导体的微元长度, α, β 和 γ 为场中任一点处的磁力分量.

本节的定理是纯运动学的,并仅建立于假定函数 u, v, w 在整个无限空间中满足连续性方程

$$\frac{\partial u}{\partial x} + \frac{\partial v}{\partial y} + \frac{\partial w}{\partial z} = 0$$

且在无穷远处为零的基础之上. 因而不难把它推广到应用于 142 节所考虑的情况 (流

---

1) 对于电量, 应理解为采用了"合理"单位制, 见 148 节最后的小字部分和第四个脚注.

体穿过诸固定固体间的通道而作循环无旋运动)，这时，在流体并未占据的所有空间各点上，u, v, w之值现都取为零. 151 节的研究表明，这样所得到的速度分布可以看作是由与边界面重合的涡旋层系统所产生的. 这一系统的能量可由本节(6)式给出，因而正比于对应的电流层系统的能量. 它证明了 142 节中由预料而作出的一个陈述.

在 152 节一开始所述的条件下，我们可有另一个有用的表达式，它是

$$T = \rho\iiint\{u(y\zeta - z\eta) + v(z\xi - x\zeta) + w(x\eta - y\xi)\}dxdydz^{1)}. \tag{7}$$

为证明上式，我们取出上式的右边部分，并应用一个已屡次用到的方法而加以变换. 由和上节所述同样的理由而略去面积分后，右边三项中的第一项可变为

$$\rho\iiint u\left\{y\left(\frac{\partial v}{\partial x} - \frac{\partial u}{\partial y}\right) - z\left(\frac{\partial u}{\partial z} - \frac{\partial w}{\partial x}\right)\right\}dxdydz$$

$$= -\rho\iiint\left\{(vy + wz)\frac{\partial u}{\partial x} - u^2\right\}dxdydz.$$

把其余两项也作同样的变换，然后相加，并应用连续性方程后可得

$$\rho\iiint\left(u^2 + v^2 + w^2 + xu\frac{\partial u}{\partial x} + yv\frac{\partial v}{\partial y} + zw\frac{\partial w}{\partial z}\right)dxdydz;$$

再把后面三项加以变换后，最后就得到

$$\frac{1}{2}\rho\iiint(u^2 + v^2 + w^2)dxdydz.$$

在有限区域中，面积分就必须保留下来[2]，这就要使(7)式右边增加以下一项:

$$\rho\iint\left\{(lu + mv + nw)(xu + yv + zw) - \frac{1}{2}(lx + my + nz)q^2\right\}dS, \tag{8}$$

1) H. Lamb, *Motion of Fluids*, Art. 136 (1879).

2) J. J. Thomson, 152 节脚注.

其中 $q^2 = u^2 + v^2 + w^2$. 当边界为固定时，这一项可以得到简化.

表达式(7)不会因坐标原点改变位置而有所变化，故必有

$$\left.\begin{aligned}\iiint (v\zeta - w\eta)dxdydz = 0,\\ \iiint (w\xi - u\zeta)dxdydz = 0,\\ \iiint (u\eta - v\xi)dxdydz = 0.\end{aligned}\right\} \tag{9}$$

这些可由分部积分很容易证明的方程也可从没有外力时冲量平行于坐标轴的分量必然不变的考虑而得到. 为说明这一点，我们先考虑流体被包围在一个固定的、有限大小外壳中时的情形，并应用152节中的记号，而有

$$P = \rho\iiint udxdydz - \rho\iint l\phi dS, \tag{10}$$

式中 ϕ 为靠近外壳处(该处的运动是无旋的)的速度势. 故由146节(5)式可得

$$\begin{aligned}\frac{dP}{dt} &= \rho\iiint \frac{\partial u}{\partial t}dxdydz - \rho\iint l\frac{\partial\phi}{\partial t}dS\\ &= \rho\iiint\frac{\partial\chi'}{\partial x}dxdydz + \rho\iiint(v\zeta - w\eta)dxdydz\\ &\quad - \rho\iint l\frac{\partial\phi}{\partial t}dS.\end{aligned} \tag{11}$$

因在外壳上，由第20节(4)式和146节(6)式而有 $\chi' = \partial\phi/\partial t$，所以上式右边的第一，三两项互相消去. 于是，对于被包围在一个固定外壳中的任意闭涡旋系，我们有

$$\frac{dP}{dt} = \rho\iiint(v\zeta - w\eta)dxdydz \tag{12}$$

以及另外两个类似的方程. 而在119节中已证明了，如外壳为无穷大，并处处距涡旋为无穷远，P 就为常数. 这就证明了(9)式中的第一个方程.

反之，如能从其它途径建立起(9)式，我们就可以断定冲量的分量 P, Q, R 保持不变[1].

直 线 涡 旋

154. 在二维运动的情况下，有 $w = 0$，且 u 和 v 仅为 x 和

1) J. J. Thomson, 同上脚注.

y 的函数．故 $\xi = 0$，$\eta = 0$，因而诸涡线是平行于 z 轴的直线．有关涡旋运动的理论就具有很简单的形式．

148 节 (8) 式现在可以换成

$$u = -\frac{\partial \phi}{\partial x} - \frac{\partial \psi}{\partial y}, \quad v = -\frac{\partial \phi}{\partial y} + \frac{\partial \psi}{\partial x}, \tag{1}$$

其中函数 ϕ 和 ψ 服从于方程

$$\nabla_1^2 \phi = -\theta, \quad \nabla_1^2 \psi = \zeta \tag{2}$$

($\nabla_1^2 = \partial^2/\partial x^2 + \partial^2/\partial y^2$) 和相应的边界条件．

我们现在只限于讨论不可压缩流体，在此情况下，

$$u = -\frac{\partial \psi}{\partial y}, \quad v = \frac{\partial \psi}{\partial x}, \tag{3}$$

其中 ψ 为第 59 节所述的流函数．由引力理论可知

$$\nabla_1^2 \psi = \zeta \tag{4}$$

之解为（ζ 为 x, y 的函数）

$$\psi = \frac{1}{2\pi} \iint \zeta' \log r \, dx' dy' + \psi_0, \tag{5}$$

式中 ζ' 表示点 (x', y') 处的 ζ 值，r 则为

$$\{(x - x')^2 + (y - y')^2\}^{\frac{1}{2}}.$$

"余函数" ψ_0 可为

$$\nabla_1^2 \psi_0 = 0 \tag{6}$$

的任何解，它可使我们用来满足边界条件．

对于无界流体且在无穷远处为静止的情况，ψ_0 为常数．于是，(3)式和(5)式给出

$$\left.\begin{aligned} u &= -\frac{1}{2\pi} \iint \zeta' \frac{y - y'}{r^2} \, dx' dy', \\ v &= \frac{1}{2\pi} \iint \zeta' \frac{x - x'}{r^2} \, dx' dy'. \end{aligned}\right\} \tag{7}$$

因此，位于 (x', y') 处的一个强度为 κ 的涡丝对 (x, y) 处的运动所提供的速度分量为

$$-\frac{\kappa}{2\pi} \frac{y - y'}{r^2} \quad 和 \quad \frac{\kappa}{2\pi} \frac{x - x'}{r^2}.$$

这一速度垂直于（x，y）和（x'，y'）二点的连线，其大小为 $\kappa/2\pi r$。

现在来计算积分 $\iint u\zeta dxdy$ 和 $\iint v\zeta dxdy$，其中积分区域包括了 xy 平面上所有 ζ 不为零的部分. 我们有

$$\iint u\zeta dxdy = -\frac{1}{2\pi}\iiiint \zeta\zeta' \frac{y-y'}{r^2}\, dxdydx'dy',$$

式中每一个双重积分都包括了所有涡旋的截面. 因在上式右边的积分中,对应于每一项

$$\zeta\zeta' \frac{y-y'}{r^2}\, dxdydx'dy'$$

都有另一项

$$\zeta\zeta' \frac{y'-y}{r^2}\, dxdydx'dy',$$

而这两项互相抵消. 因此,由于同样的理由,可得

$$\iint u\zeta dxdy = 0, \quad \iint v\zeta dxdy = 0. \tag{8}$$

如果像以前那样用 κ 来表示一个涡旋的强度，上面的结果可写为

$$\sum\kappa u = 0, \quad \sum\kappa v = 0. \tag{9}$$

因每一涡旋的强度不随时间而改变,故(9)式表示,其坐标为

$$\bar{x} = \frac{\sum\kappa x}{\sum\kappa}, \quad \bar{y} = \frac{\sum\kappa y}{\sum\kappa} \tag{10}$$

的点在整个运动过程中是固定的.

这一个点和在 xy 平面上以面密度 ζ 而分布的薄片的惯性中心相重合,可称为涡旋系的"中心",而通过这一点并与 z 轴平行的直线可称为涡旋系的"轴线". 若 $\sum\kappa = 0$，中心就在无穷远处，或者说是不确定的.

155. 只有一个或有一个以上孤立的无穷小截面涡旋的情况是很有趣的例子. 例如

1° 假设只有一个涡丝，且涡量 ζ 在涡丝的整个无穷小截面上具有同样的正负号．上面所定义的涡旋中心将或者位于涡丝内部、或者距涡丝无限近．因为这一中心保持不动，所以虽然涡丝各部分可有相对运动，而且也不一定有哪个流体微元总位于这一中心处，但从总体上来看，涡丝的位置是不变的．离涡丝中心为有限距离 r 的任一质点将以涡丝为轴线、用不变的速度 $\kappa/2\pi r$ 而描出一个圆．涡旋的外部区域是双连通的，沿任一把涡丝包围在内的（简单）回路的环量为 κ．涡丝外围流体中的无旋运动和第 27 节（2）式所表示的相同．

2° 现在假定有两个强度分别为 κ_1 和 κ_2 的涡旋．设 A, B 为其中心，O 为涡旋系的中心．从整体上来看，每一个涡旋的运动都完全是由另一个涡旋所引起的，它的运动永远垂直于 AB．因而，二涡旋彼此之间的距离保持不变，并以不变的角速度绕固定的 O 点而转动．这一角速度是容易求得的，为此，只要把 A 的速度 $\kappa_2/(2\pi\cdot AB)$ 除以距离 AO 即可，其中

$$AO=\frac{\kappa_2}{\kappa_1+\kappa_2}AB.$$

于是得到所求角速度为

$$\frac{\kappa_1+\kappa_2}{2\pi\cdot AB^2}.$$

若 κ_1 和 κ_2 具有同样的符号，亦即若二涡旋的旋转方向相同，则 O 位于 A 和 B 之间；而若旋转方向相反，O 就位于 AB 的延长线上或 BA 的延长线上．

若 $\kappa_1=-\kappa_2$，则 O 位于无穷远处，但不难看出，A 和 B 将以相等的速度 $\kappa_1/(2\pi\cdot AB)$ 并垂直于 AB 运动，AB 的方向则保持不变．这样的两个强度相等而转向相反的涡旋组合可称为"涡偶"．它是圆形涡环（160 节）的二维模拟，并显示出涡环所具有的许多性质．

一个涡偶的流线形成共轴圆组，如第 64 节 2° 中附图所示，其中二涡旋位于极限点（$\pm a, 0$）处．为求**相对运动**的流线，我们叠

加上一个与二涡旋的速度大小相等、方向相反的总体速度，于是得到相对运动的流函数为(采用第 64 节 2° 中的记号)

$$\psi=\frac{\kappa_1}{2\pi}\left(\frac{x}{2a}+\log\frac{r_1}{r_2}\right). \tag{1}$$

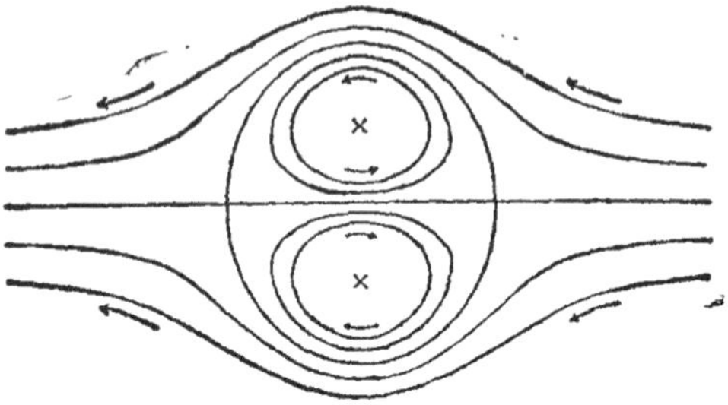

附图（为方便起见，把图转了 90°）中表示出了几根相对运动的流线．曲线 $\psi=0$ 一部分由 y 轴、一部分由一个把二涡旋包围在内的卵形线所组成．

很明显，流体中由这一卵形线所包围的特殊部分在涡偶的运动过程中是伴随着涡偶一起运动的，卵形线外部各点的运动则和一个边界形状与之相同的刚性柱体所产生的一样，参看第 71 节．卵形线的半轴约为 $2.09a$ 和 $1.73a$[1)]．

对于这种情况以及与之类似的涡环，时常感到有个困难，就是如何理解为什么涡旋并不停留在原地．在第 64 节 2° 的图中，如果把两个涡丝换成截面很小的固体圆柱，则如二圆柱被某种装置刚性地连接起来而又并不干扰流体的运动，则二圆柱的确能保持静止不动．但如没有这样的一种连接，那么根据第 23 节中所解释的原理，二圆柱在一开始时就会互相吸引，而这一吸引力是可以用叠加上一个方向与二圆柱间正中处的循环运动方向相反、大小适当的总体速度 V 予以消除的．为求得 V 之值，我们可注意到，如 c 很小的话，则当

$$V+\frac{\kappa}{2\pi c}-\frac{\kappa}{4\pi a}=\frac{\kappa}{2\pi c}+\frac{\kappa}{4\pi a}-V$$

时（κ 为环量），那么在 $(a\pm c,0)$ 两点处，流体速度的绝对值就近似相等．故

---

1) 参看 W. Thomson 爵士，"On Vortex Atoms", *Phil. Mag.* (4), xxxiv. 20 (1867) [*Papers*, iv. 1] 和 Riecke, *Gött. Nachr.* 1888，其中也描绘了质点的路线．

$$V=\frac{\kappa}{4\pi a},$$

它正是涡偶在问题的原有形式中的平移速度[1]．

由于对称平面上所有各点处的流体速度都是沿平面切向的，我们就可以设想这一平面对任意一侧的流体都形成一个刚性边界，并由此而得到在一个固定平面壁附近有一个与之平行的孤立直线涡旋的情况．涡丝将以速度 $\kappa/4\pi h$(h 为涡丝到壁面的距离)平行于平面壁而移动．

又，因涡偶所引起的流线为圆，所以我们还可求得一个孤立涡丝位于一个固定圆柱面的内部或外部时的解答．

为说明这一点，令附图中 EPD 为柱面截线，A 为涡丝所在位置(设位于柱面外部)，并设 B 为 A 关于圆 EPD 的"镜像"，即若 C 为圆心，c 为半径，则

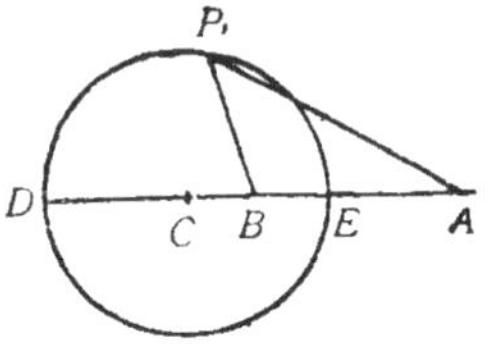

$$CB\cdot CA=c^2.$$

现若 P 为圆上任意一点，则有

$$\frac{AP}{BP}=\frac{AE}{BE}=\frac{AD}{BD}=\text{const.};$$

故圆占据了由位于 A, B 处的涡偶所引起的一根流线的位置．由于涡旋 A 的运动要垂直于 AB，所以很明显，如果设 A 以不变的速度

$$-\frac{\kappa}{2\pi\cdot AB}=-\frac{\kappa\cdot CA}{2\pi(CA^2-c^2)}$$

(式中 κ 为 A 的强度)绕柱面轴线而描出一圆时，那么问题中的一切条件都能得到满足．

同样地，如一强度为 κ 的孤立涡旋位于固定圆柱面内部的 B 处，那么它就以不变的速度

$$\frac{\kappa\cdot CB}{2\pi(c^2-CB^2)}$$

而描出一个圆．

然而，需要注意到[2]，当涡旋位于圆柱面外部时，除非在强度 κ 之外，再另外对一个环抱柱面(但不环抱涡旋)的回路规定其环量值，否则，运动就不是完全确定的．在上面

---

1) Hicks 作了更为精确的探讨，见 "On the condition of Steady Motion of Two Cylinders in a Fluid", *Quart. Journ. Math*. xvii. 194 (1881).

2) F. A. Tarleton, "On a problem in Vortex Motion", *Proc. R. I. A*. December 12, 1892.

的解中，这一环量是由 B 处的涡旋镜像引起的，并等于 $-\kappa$. 它可由在 C 处叠加一个附加涡旋 $+\kappa$ 而予以消除；在此情况下，A 的速度为

$$-\frac{\kappa\cdot CA}{2\pi(CA^2-c^2)}+\frac{\kappa}{2\pi\cdot CA}=-\frac{\kappa c^2}{2\pi\cdot CA(CA^2-c^2)}.$$

如规定的环量为 κ'，就应当在上面结果中加上一项 $\kappa'/(2\pi\cdot CA)$.

L. Föppl[1] 曾应用镜像法研究了一个圆柱体以速度 U 在流体中前进、并在其后跟随着一个涡偶(它对称于柱体中心的运动路线)时的情况. 研究结果显示出，如果二涡旋位于曲线

$$2ry=r^2-a^2$$

上，而且相应于二涡旋在这一曲线上所给定的位置，它们的强度为

$$\pm 2Uy\left\{1-\frac{a^4}{r^4}\right\},$$

则涡旋可以保持它们相对于圆柱的位置. 然而，他发现这样的布置对于非对称的扰动是不稳定的.

Walton[2] 曾画出流体流过一个柱形障碍物（具有环量）时的一些涡旋路线. K. De[3] 用 Routh 的方法（见本节最后一个脚注）研究了半圆形区域中的一个涡旋的路线.

3° 如有四个互相平行的涡旋，其中心形成矩形 $ABB'A'$，涡旋 A' 和 B 的强度为 κ，A 和 B' 的强度为 $-\kappa$，很明显，这些中心将永远形成一个矩形. 进一步，在附图所表示的涡旋转动方向的

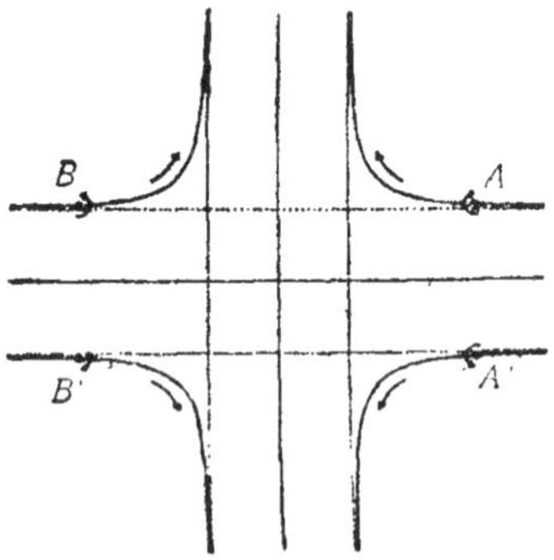

情况下，我们可以看出，涡偶 A, A' 对 B, B' 的影响是使 B 和 B' 远离，同时还减小 B, B' 垂直于其连线的速度. 垂直且平分 AB 与 AA' 的两个平面（其中任意一个或二者）可取为固定的刚性边界. 这样，我们就得到了两个强度相等而反向的涡旋移向（或离开）一个平面壁时的情

1) "Wirbelbewegung hinter einem Kreiszylinder", *Sitzb. d. k. bayr. Akad. d. Wiss.* 1913.
2) *Proc. R. I. Acad.* xxxviii. A (1928).
3) *Bull. of the Calcuta Math. Soc.* xxi. 197 (1929).

况，以及一个单独的涡旋在两个互相垂直的壁面的夹角中运动时的情况。

设 x, y 为涡旋 A 相对于二对称平面的坐标，我们可立即求得

$$\dot{x} = -\frac{\kappa}{4\pi} \cdot \frac{x^2}{yr^2}, \quad \dot{y} = \frac{\kappa}{4\pi} \cdot \frac{y^2}{xr^2}, \tag{2}$$

式中 $r^2 = x^2 + y^2$. 二者相除后，可得路线的微分方程为

$$\frac{dx}{x^3} + \frac{dy}{y^3} = 0.$$

故路线为

$$a^2(x^2 + y^2) = 4x^2y^2,$$

其中 a 为一任意常数. 变换为极坐标中的形式后，得

$$r = \frac{a}{\sin 2\theta}. \tag{3}$$

又因

$$x\dot{y} - y\dot{x} = \frac{\kappa}{4\pi},$$

所以涡旋就好像在中心位于原点的中心力作用下而运动一样，这一力为斥力，并与离原点距离的三次方成反比[1].

156. 如果我们像第 IV 章那样写出

$$z = x + iy, \quad w = \phi + i\psi, \tag{1}$$

并考虑一个由一系列等距涡旋组成的无限长涡列，其中各涡旋的强度均为 κ，坐标为

$$(0,0), (\pm a, 0), (\pm 2a, 0), \cdots,$$

则这一涡列所引起的势函数和流函数就由

---

1) Greenhill, "On Plane Vortex-Motion", *Quart. Journ. Math.* xv. 10 (1878); Gröbli, *Die Bewegung paralleler geradliniger Wirbelfäden*, Zürich, 1877. 其中包括了直线涡旋的一些其它有趣例子. J. J. Thomson 在其著作 *Motion of Vortex Rings*, pp. 94…中处理了一个由互相平行且强度相等的涡旋所组成的系统，其中诸涡旋与 xy 平面的交点是一个正多边形的顶点. 他发现，如果而且仅当涡旋数目不超过六个时，这种布置才是稳定的. 对于一些特殊问题的进一步参考，见 Hicks, *Brit. Ass. Rep.* 1882, pp. 41 和 Love, 本书 138 节最后一个脚注中所引著作.

Routh 给出了平面涡旋运动问题的一个巧妙变换方法，见其文章"Some Applications of Conjugate Functions", *Proc. Lond. Math. Soc.* xii. 73 (1881).

$$w = \frac{i\kappa}{2\pi}\log\sin\frac{\pi z}{a} \tag{2}$$

给出,参看第 64 节 4°. 由上式得

$$u - iv = -\frac{dw}{dz} = -\frac{i\kappa}{2a}\cot\frac{\pi z}{a}, \tag{3}$$

故

$$\left.\begin{aligned} u &= -\frac{\kappa}{2a}\frac{\sinh(2\pi y/a)}{\cosh(2\pi y/a) - \cos(2\pi x/a)}, \\ v &= \frac{\kappa}{2a}\frac{\sin(2\pi x/a)}{\cosh(2\pi y/a) - \cos(2\pi x/a)}. \end{aligned}\right\} \tag{4}$$

它们使 $y = \pm\infty$ 处之 $u = \mp\frac{1}{2}\kappa/a$, $v = 0$. 事实上，对远处的点来讲,这一涡列相当于一个均匀强度为 κ/a 的涡旋层(第 151 节).

附图表示了流线的布置.

随之可知，如果有两个对称于平面 $y = 0$ 且互相平行的等距涡列,上面一列的强度为 κ，下面的为 $-\kappa$，如本节第二个附图所示,则整个系统将以匀速

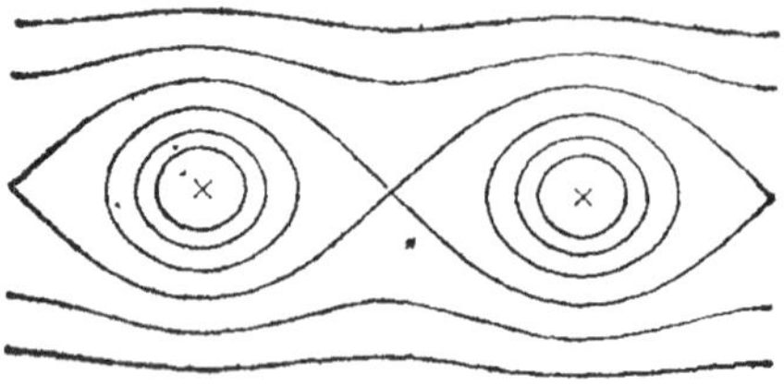

$$U = \frac{\kappa}{2a}\coth\frac{\pi b}{a} \tag{5}$$

前进,式中 b 为二涡列之间的距离.对称平面上的平均速度为 κ/a. 在这两列涡旋之外的远处,速度趋于极限 0.

如果把整个布置改变为使一列中的每一涡旋都正好对着另一列中相邻二涡旋的正中间,如本节第三图所示,则涡列的整体前进速度为

$$V = \frac{\kappa}{2a}\tanh\frac{\pi b}{a}. \tag{6}$$

中间平面上的平均速度仍为 κ/a。

这些不同布置的稳定性曾由 von Karmán 作了讨论[1]. 首先考虑单独的一个涡列,并设未受扰时坐标为 $(ma, 0)$ 的诸涡旋被移至 $(ma+x_m, y_m)$. 对于原来在原点处的那个涡旋的运动, 154 节的公式给出

$$\left.\begin{aligned}\frac{dx_0}{dt} &= -\frac{\kappa}{2\pi}\sum_m \frac{y_0 - y_m}{r_m^2},\\ \frac{dy_0}{dt} &= \frac{\kappa}{2\pi}\sum_m \frac{x_0 - x_m - ma}{r_m^2},\end{aligned}\right\} \tag{7}$$

式中

$$r_m^2 = (x_0 - x_m - ma)^2 + (y_0 - y_m)^2, \tag{8}$$

而且对 m 的求和中包括了所有正负整数 (当然不包括零). 如略去扰动位移的二阶小量,可得

$$\left.\begin{aligned}\frac{dx_0}{dt} &= -\frac{\kappa}{2\pi a^2}\sum_m \frac{y_0 - y_m}{m^2},\\ \frac{dy_0}{dt} &= -\frac{\kappa}{2\pi a^2}\sum_m \frac{1}{m} - \frac{\kappa}{2\pi a^2}\sum_m \frac{x_0 - x_m}{m^2}.\end{aligned}\right\} \tag{9}$$

dy_0/dt 中的第一项因与扰动无关而可略去[2].

现在考虑以下类型的一个扰动:

$$x_m = \alpha e^{im\phi}, \quad y_m = \beta e^{im\phi}, \tag{10}$$

其中 ϕ 可设为在 0 到 2π 之间. 若 ϕ 值很小,扰动就具有波长为 $2\pi a/\phi$ 的波动特征. 我们可得

$$\frac{d\alpha}{dt} = -\lambda\beta, \quad \frac{d\beta}{dt} = -\lambda\alpha, \tag{11}$$

式中

$$\begin{aligned}\lambda &= \frac{\kappa}{\pi a^2}\left\{\frac{1-\cos\phi}{1^2} + \frac{1-\cos 2\phi}{2^2} + \frac{1-\cos 3\phi}{3^2} + \cdots\right\}\\ &= \frac{\kappa}{4\pi a^2}\phi(2\pi - \phi).\end{aligned} \tag{12}$$

扰动最终将按 $e^{\lambda t}$ 而增大,因此这样的排列是不稳定的. 当波长远大于 a 时, 就近似

---

1) "Flüssigkeits-u. Luftwiderstand", *Phys. Zeitschr.* xiii. 49 (1911), 以及 *Gött. Nachr.* 1912, p. 547. 这些文章中所作的探讨只给出了一个梗概,我已作了各种补充.

2) 在求和时,诸涡旋是按照把离原点等距离的涡旋成对地来取的,否则,上面的结果是不确定的. 我们的研究可看作是应用于一个很长的但不是无限长的涡列的中间部分,所以,所提到的这项可以略去.

地有

$$\lambda = \frac{1}{2}\ \kappa\phi/a^2; \tag{13}$$

参看 234 节.

下面讨论对称的两列涡旋. 上下两列中诸涡旋在时刻 t 的位置可分别取为

$$\left\{ma + Ut + x_m,\ \frac{1}{2}b + y_m\right\}$$

和

$$\left\{na + Ut + x'_n,\ -\frac{1}{2}b + y'_n\right\},$$

其中 U 为涡旋系的整体前进速度,原点则取在对称平面上.

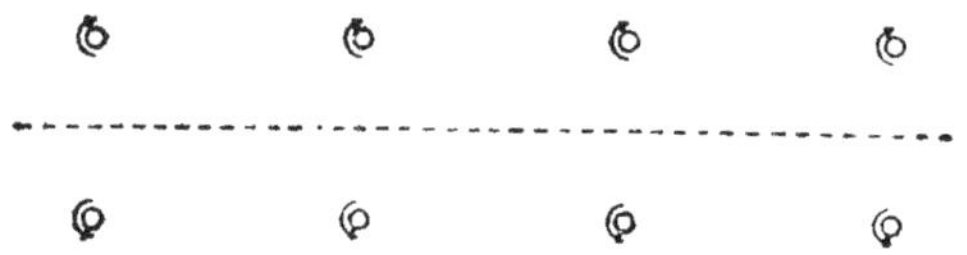

上一列中的一个涡旋(设为 $m = 0$ 的那一个)由于同一列中其它涡旋而引起的速度分量和前面一样由(9)式给出(其中 $\sum m^{-1}$ 项可略去),而由于下一列中第 n 个涡旋所引起的速度分量则为

$$\frac{\kappa}{2\pi}\ \frac{b + y_0 - y'_n}{r_n^2},\ -\frac{\kappa}{2\pi}\ \frac{x_0 - x'_n - na}{r_n^2},$$

其中

$$r_n^2 = (x_0 - x'_n - na)^2 + (y_0 - y'_n + b)^2.$$

如略去扰动的二阶小量,则在稍加演算后可得

$$\frac{2\pi}{\kappa}\left\{\frac{dx_0}{dt} + U\right\} = -\sum_m \frac{y_0 - y_m}{m^2a^2} + \sum_n \frac{b}{n^2a^2 + b^2}$$

$$+ \sum_n \frac{n^2a^2 - b^2}{(n^2a^2 + b^2)^2}(y_0 - y'_n) + \sum_n \frac{2nab}{(n^2a^2 + b^2)^2}(x_0 - x_n), \tag{14}$$

$$\frac{2\pi}{\kappa}\ \frac{dy_0}{dt} = -\sum_m \frac{x_0 - x_m}{m^2a^2} + \sum_n \frac{n^2a^2 - b^2}{(n^2a^2 + b^2)^2}(x_0 - x'_n)$$

$$-\sum_n \frac{2nab}{(n^2a^2 + b^2)^2}(y_0 - y'_n), \tag{15}$$

式中对 n 的求和是从 $-\infty$ 到 $+\infty$,并包括零. 因为由(5)式可得

$$U = \frac{\kappa}{2a}\coth\frac{\pi b}{a} = \frac{\kappa}{2\pi}\sum_n \frac{b}{n^2a^2 + b^2},$$

故(14)式中与扰动无关的项可互相消去.

现若令

$$\left.\begin{array}{l} x_m = \alpha e^{im\phi},\ y_m = \beta e^{im\phi}, \\ x_n = \alpha' e^{in\phi},\ y_n = \beta' e^{in\phi}, \end{array}\right\} \tag{16}$$

其中 $0<\phi<2\pi$，则以上二方程的形式成为

$$\left.\begin{array}{l} \dfrac{2\pi a^2}{\kappa}\dfrac{d\alpha}{dt} = -A\beta - B\alpha' - C\beta', \\ \dfrac{2\pi a^2}{\kappa}\dfrac{d\beta}{dt} = -A\alpha - C\alpha' + B\beta'. \end{array}\right\} \tag{17}$$

若为简练起见而令

$$k = b/a, \tag{18}$$

则(17)式中各系数为[1)]

$$A = \sum_m \frac{1 - e^{im\phi}}{m^2} - \sum_n \frac{n^2 - k^2}{(n^2 + k^2)^2} = \frac{1}{2}\phi(2\pi - \phi) + \frac{\pi^2}{\sinh^2 k\pi}, \tag{19}$$

$$B = \sum_n \frac{2nke^{in\phi}}{(n^2 + k^2)^2} = i\left\{\frac{\pi\phi\cosh k(\pi - \phi)}{\sinh k\pi} - \frac{\pi^2\sinh k\phi}{\sinh^2 k\pi}\right\}, \tag{20}$$

$$C = \sum_n \frac{(n^2 - k^2)e^{in\phi}}{(n^2 + k^2)^2} = -\frac{\pi^2\cosh k\phi}{\sinh^2 k\pi} - \frac{\pi\phi\sinh k(\pi - \phi)}{\sinh k\pi}. \tag{21}$$

为得出用于下面一列涡旋的方程，我们只需要改变 κ 和 b 的正负号，并把带撇的和不带撇的字母交换一下．于是得到

$$\left.\begin{array}{l} \dfrac{2\pi a^2}{\kappa}\dfrac{d\alpha'}{dt} = A\beta' - B\alpha + C\beta, \\ \dfrac{2\pi a^2}{\kappa}\dfrac{d\beta'}{dt} = A\alpha' + C\alpha + B\beta. \end{array}\right\} \tag{22}$$

(17)式和(22)式是涡旋系在可称为正则模式的扰动中的运动方程组.

方程组的解有两种类型．在第一种类型中，

$$\alpha = \alpha',\ \beta = -\beta', \tag{23}$$

因而

$$\left.\begin{array}{l} \dfrac{2\pi a^2}{\kappa}\dfrac{d\alpha}{dt} = -B\alpha - (A - C)\beta, \\ \dfrac{2\pi a^2}{\kappa}\dfrac{d\beta}{dt} = -(A + C)\alpha - B\beta. \end{array}\right\} \tag{24}$$

在解中包含了指数函数 $e^{\lambda t}$，其中 λ 由下式给出：

$$\frac{2\pi a^2}{\kappa}\lambda = -B \pm \sqrt{A^2 - C^2}. \tag{25}$$

---

1) 对 n 的求和项可由 Fourier 展开式

$$\frac{\cosh k(\pi - \phi)}{\sinh k\pi} = \frac{1}{\pi}\left\{\frac{1}{k} + \frac{2k\cos\phi}{1^2 + k^2} + \frac{2k\cos 2\phi}{2^2 + k^2} + \cdots\right\}$$

而导出.

在第二种类型中，

$$\alpha = -\alpha\ ,\ \beta = \beta' , \tag{26}$$

因而

$$\left.\begin{aligned} \frac{2\pi a^2}{\kappa}\ \frac{d\alpha}{dt} &= B\alpha - (A + C)\beta , \\ \frac{2\pi a^2}{\kappa}\ \frac{d\beta}{dt} &= -(A - C)\alpha + B\beta . \end{aligned}\right\} \tag{27}$$

相应的 λ 则由下式给出：

$$\frac{2\pi a^2}{\kappa}\lambda = B \pm \sqrt{A^2 - C^2} . \tag{28}$$

由于 B 为纯虚数，而 A 和 C 为实数，因此，对每一种情况来讲，如果是稳定的话，那么就必须在所有允许的 ϕ 值下，A^2 都不超过 C^2. 然而当 $\phi = \pi$ 时，我们可得

$$\left.\begin{aligned} A + C &= \frac{1}{2}\pi^2 \tanh^2 \frac{1}{2} k\pi , \\ A - C &= \frac{1}{2}\pi^2 \coth^2 \frac{1}{2} k\pi , \end{aligned}\right\} \tag{29}$$

故 $A^2 - C^2$ 为正值. 因此我们得出结论，这两种类型都是不稳定的.

现在我们过渡到讨论两列涡旋非对称排列时的情况，并以

$$\left(ma + Vt + x_m ,\ \frac{1}{2} b + y_m\right)$$

和

$$\left(\left(n + \frac{1}{2}\right) a + Vt + x_n' , -\frac{1}{2} b + y_n'\right)$$

表示诸涡旋受到扰动后的位置，其中 V 由(6)式给出. 所需要的方程可由令前面结果中的 n 为 $n + \frac{1}{2}$ 而得到.

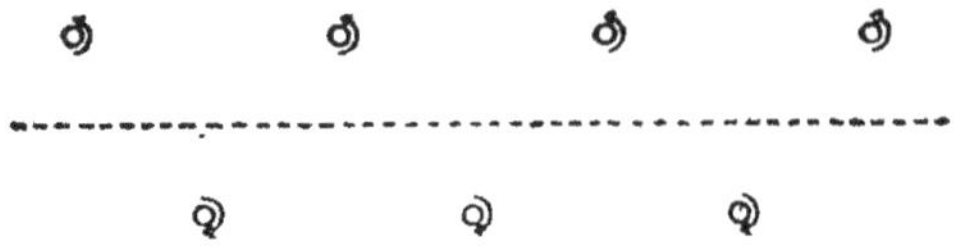

若1)

$$A = \sum_m \frac{1 - e^{im\phi}}{m^2} - \sum_n \frac{\left\{n + \frac{1}{2}\right\}^2 - k^2}{\left\{\left(n + \frac{1}{2}\right)^2 + k^2\right\}^2} = \frac{1}{2}\phi(2\pi - \phi) - \frac{\pi^2}{\cosh^2 k\pi} , \tag{30}$$

---

1) 对 n 的求和项可由展开式

$$\frac{\sinh k(\pi - \phi)}{\cosh k\pi} = \frac{2}{\pi}\left\{\frac{k\cos\frac{1}{2}\phi}{\left(\frac{1}{2}\right)^2 + k^2} + \frac{k\cos\frac{3}{2}\phi}{\left(\frac{3}{2}\right)^2 + k^2} + \cdots\right\}$$

而导出.

$$B = \sum_n \frac{(2n+1)k e^{i(n+\frac{1}{2})\phi}}{\left\{\left(n+\frac{1}{2}\right)^2 + k^2\right\}^2} = i\left\{\frac{\pi\phi \sinh k(\pi-\phi)}{\cosh k\pi}\right\} + \frac{\pi^2 \sinh k\phi}{\cosh^2 k\pi}\}, \tag{31}$$

$$C = \sum_n \frac{\left\{\left(n+\frac{1}{2}\right)^2 - k^2\right\} e^{i(n+\frac{1}{2})\phi}}{\left\{\left(n+\frac{1}{2}\right)^2 + k^2\right\}^2} = \frac{\pi^2 \cosh k\phi}{\cosh^2 k\pi} - \frac{\pi\phi\cosh(\pi-\phi)}{\cosh k\pi}, \tag{32}$$

则(17)式和(22)式就能适用，而(25)式和(28)式中的 A, B, C 也应取以上这一组数值. 和前述一样，对于稳定的情况，A^2 必须不大于 C^2. 现当 $\phi=\pi$ 时，$C=0$，故 A 也必须为零，或即

$$\cosh^2 k\pi = 2,\ k\pi = 0.8814,\ b/a = k = 0.281. \tag{33}$$

因此，除非两列涡旋之间的间隔与相继的两个涡旋之间的距离之比准确地符合这一比值，否则，这样的位形是不稳定的.

为了确定符合上述条件的排列是否对从 0 到 2π 的所有 ϕ 值都是稳定的，我们暂时令 $k(\pi-\phi)=x$，$k\pi=\mu$，故

$$\left.\begin{aligned} k^2A &= -\frac{1}{2}x^2, \\ k^2C &= \frac{1}{2}(\mu x\cosh\mu x\cosh x - \mu^2\sinh\mu\sinh x), \end{aligned}\right\} \tag{34}$$

式中 x 的变化范围在 $\pm\mu$ 之间. 因 A 和 C 分别为 x 的偶函数和奇函数，故为比较其绝对值，只要取 x 为正值即可. 因此，令

$$y = \mu\cosh\mu\cosh x - \mu^2\sinh\mu\frac{\sinh x}{x} - x. \tag{35}$$

我们需要查明当 $0<x<\mu$ 时，y 是否为正值. 因 $\mu=0.8814$ 时，$\cosh\mu=\sqrt{2}$，$\sinh\mu=1$，故 $x=0$ 时的 y 为正值，而且很明显，当 $x=\mu$ 时，y 为零. 又，

$$\frac{dy}{dx} = \mu\cosh\mu\sinh x + \mu^2\sinh\mu\frac{\sinh x}{x^2} - \mu^2\sinh\mu\frac{\cosh x}{x} - 1, \tag{36}$$

它在 $x=0$ 时为 -1，在 $x=\mu$ 时为零. 最后，

$$\begin{aligned}\frac{d^2y}{dx^2} = {} & \mu\cosh\mu\cosh x - \mu^2\sinh\mu\frac{\sinh x}{x} + 2\mu^2\sinh\mu\frac{\cosh x}{x^2} \\ & - 2\mu^2\sinh\mu\frac{\sinh x}{x^3},\end{aligned} \tag{37}$$

故不难由 $(\tanh x)/x<1$ 而看出，它对所有 x 之值均为正. 所以当 x 从 0 增大到 μ 时，dy/dx 单调地从 -1 增大到 0，因而是负值；而 y 则单调地从其起始正值降到 0，并因而为正值.

于是我们得出结论：符合(33)式的位形的确是稳定的[1]，但需除掉 $x=\pm\mu$ 的情况. 当 $x=\pm\mu$ 时，$\phi=0$ 或 2π，在此情况下，由(31)式可知 $B=0$，因而 $\lambda=$

---

1) Kármán 未作出证明而指出了这一点.

0. 这时，因受扰动的诸质点具有相同的相位，故不难理解扰动周期应为无穷大的原因了.

这一非对称位形具有特殊意义，因为当一个柱形物体在流体中前进时，在其尾流中常可观察到的涡旋能显示出这种情况. 它对进一步的探索给出了启示.

离中央平面等距离的两个刚性侧壁对于涡旋位形稳定性的影响曾由 Rosenhead 作了讨论[1]. 他求得，当同一列中相继二涡旋的间隔 a 和二壁面间距离 h 之比 a/h 从 0 连续增大到 0.815 时，非对称排列仅在某个确定的 b/a 值下是稳定的，这一 b/a 值由 0.281 连续地降到 0.256. 但当 $a/h>0.815$ 时，则可在 b/a 的某一范围中具有稳定性. 当 $a/h>1.419$ 时，这种位形对所有 b/a 值都是稳定的.

另一方面，对称的位形则总是不稳定的.

157. 当所有涡旋的强度之代数和为零时（例如一个涡偶或一个涡偶系），我们可以得出一个二维的"冲量"理论，它类似于119节和 152 节对有限尺度的涡旋系所给出的理论. 这一讨论的详细过程只能留给读者了. 如 P, Q 表示冲量平行于 x 轴和 y 轴的分量，N 为冲量绕 Oz 之矩(都按流体沿 z 轴方向的单位深度计算)，可以求得

$$\left.\begin{aligned}P=\rho\iint y\zeta\,dxdy,\quad Q=-\rho\iint x\zeta\,dxdy,\\ N=-\frac{1}{2}\rho\iint(x^2+y^2)\zeta\,dxdy.\end{aligned}\right\}\tag{1}$$

例如，对于一个单独的涡偶，如二涡旋的强度为 $\pm\kappa$，二涡旋的距离为 c，则冲量为 $\rho\kappa c$，其作用线垂直平分 c.

由冲量不变可得出

$$\left.\begin{aligned}\sum\kappa x=\text{const},\quad \sum\kappa y=\text{const},\\ \sum\kappa(x^2+y^2)=\text{const}.\end{aligned}\right\}\tag{2}$$

还可证明，在目前情况下，运动的动能为

$$T=-\frac{1}{2}\rho\iint\phi\zeta\,dxdy=-\frac{1}{2}\rho\sum\kappa\phi.\tag{3}$$

当 $\sum\kappa$ 不为零时，能量和冲量矩都为无穷大，正如可以在只有一个单独的直线涡旋的场合下很容易得到证实的那样.

---

1) *Phil. Trans.* A, ccviii. 275 (1929). 还见 Glauert, *Proc. Roy. Soc.* A. cxx. 34 (1928).

Kirchhoff[1] 用很精巧的形式表示出了由诸孤立的直线涡旋所组成的涡旋系的理论.

以 (x_1,y_1), (x_2,y_2),…表示各涡旋中心的位置,各涡旋的强度分别为 $\kappa_1,\kappa_2,\cdots$, 则由 154 节,可明显地有

$$\left.\begin{aligned}\kappa_1\frac{dx_1}{dt}&=-\frac{\partial W}{\partial y_1},\quad \kappa_1\frac{dy_1}{dt}=\frac{\partial W}{\partial x_1},\\ \kappa_2\frac{dx_2}{dt}&=-\frac{\partial W}{\partial y_2},\quad \kappa_2\frac{dy_2}{dt}=\frac{\partial W}{\partial x_2},\\ &\cdots\cdots\cdots\cdots,\end{aligned}\right\}\tag{4}$$

其中

$$W=\frac{1}{2\pi}\sum\kappa_1\kappa_2\log r_{12},\tag{5}$$

而 r_{12} 则表示涡旋 κ_1 和 κ_2 之间的距离.

因W仅依赖于诸涡旋的相对位形,当 $x_1,x_2,\cdots$ 都增加同样数量时,W之值不变,故 $\sum\partial W/\partial x_1=0$; 同样地, $\sum\partial W/\partial y_1=0$. 由它们就可得出(2)式中的前两个方程,但这一证明却并不限于 $\sum\kappa=0$ 的情况. 事实上,这一讨论在本质上与 154 节相同. 又由(4)式可得

$$\sum\kappa\left(x\frac{dx}{dt}+y\frac{dy}{dt}\right)=-\sum\left(x\frac{\partial W}{\partial y}-y\frac{\partial W}{\partial x}\right).$$

如用极坐标 (r_1,θ_1), (r_2,θ_2),…来表示各涡旋的位置,则可表示为

$$\sum\kappa r\frac{dr}{dt}=-\sum\frac{\partial W}{\partial\theta}.\tag{6}$$

因为当坐标轴在其本身平面中绕原点而转动一个角度时, W 并不改变,故

$$\sum\kappa r^2=\text{const.}.\tag{7}$$

它与(2)式中第三个方程相符,但却并不需要受到那里所提出的限制.

(4)式的另一个积分可求得如下. 我们有

$$\sum\kappa\left(x\frac{dy}{dx}-y\frac{dx}{dt}\right)=\sum\left(x\frac{\partial W}{\partial x}+y\frac{\partial W}{\partial y}\right),$$

或即

$$\sum\kappa r^2\frac{d\theta}{dt}=\sum r\frac{\partial W}{\partial r}.\tag{8}$$

如果每一个 r 都按比例 $1+\epsilon$ 增大 (ϵ 为无穷小量), 那么 W 的增量就是 $\sum\epsilon r\cdot\partial W/\partial r$. 但又因涡旋系的新位形和原来的位形在几何上相似, 即诸涡旋相互之间的距离 r_{12} 都按同样比例 $1+\epsilon$ 增大, 故由(5)式可知, W 的增量又应为 $\epsilon/2\pi\cdot\sum\kappa_1\kappa_2$. 于是(8)式可写成以下形式:

$$\sum\kappa r^2\frac{d\theta}{dt}=\frac{1}{2\pi}\sum\kappa_1\kappa_2.\tag{9}$$

158. 只要各涡旋的截面尺度远小于诸涡旋相互之间的距离,

---

1) *Mechanik*, c. xx.

上述结果就与涡旋截面的形状无关。由于最简单的情况是圆形截面，因而探讨一下这种形状是否稳定的问题是有意义的。这一问题曾由 Kelvin 作了考察[1]。

如扰动仅是二维的，计算就很简单．像第 27 节那样，设流体充满了一个以原点为中心的圆 $r=a$ 的内部空间并具有均匀涡量 ω，环绕在它外部的流体则作无旋运动．如流体的运动在这一圆上是连续的，则有：对于 $r<a$，

$$\psi=-\frac{1}{4}\omega(a^2-r^2);\tag{1}$$

而对于 $r>a$，

$$\psi=-\frac{1}{2}\omega a^2\log a/r.\tag{2}$$

为考察一个微小的无旋扰动的影响，我们对于 $r<a$ 和 $r>a$ 分别设

$$\left.\begin{aligned}\psi&=-\frac{1}{4}\omega(a^2-r^2)+A\frac{r^s}{a^s}\cos(s\theta-\sigma t),\\ \psi&=-\frac{1}{2}\omega a^2\log\frac{a}{r}+A\frac{a^s}{r^s}\cos(s\theta-\sigma t),\end{aligned}\right\}\tag{3}$$

式中 s 为整数，σ 则为待定的量．由于速度的法向分量 $-\partial\psi/r\partial\theta$ 必须在涡旋的边界（近似为 $r=a$）上连续，所以这两个式子中的 A 是必须相同的．现在我们一方面设涡旋边界的方程为

$$r=a+\alpha\cos(s\theta-\sigma t),\tag{4}$$

另一方面还需要表达出速度在垂直于 r 方向上的分量（$\partial\psi/\partial r$）是连续的．它就是

$$\frac{1}{2}\omega r+s\frac{A}{a}\cos(s\theta-\sigma t)=\frac{\frac{1}{2}\omega a^2}{r}-s\frac{A}{a}\cos(s\theta-\sigma t).$$

把(4)式代入上式，并略去 α 的平方项，可得

$$\omega\alpha=-2sA/a.\tag{5}$$

迄今为止所作的讨论还都是纯运动学的．动力学中的涡线随着流体一起运动的定理又表明，涡旋边界上的质点的法向速度必须和边界本身的法向速度相等．这一条件给出

$$\frac{\partial r}{\partial t}=-\frac{\partial\psi}{r\partial\theta}-\frac{\partial\psi}{\partial r}\frac{\partial r}{r\partial\theta},$$

其中 r 具有(4)式之值．上式也就是

$$\sigma\alpha=s\frac{A}{a}+\frac{1}{2}\omega a\cdot\frac{s\alpha}{a}.\tag{6}$$

从(5)，(6)二式中消去比值 A/a，得

1) W. Thomson 爵士，"On the Vibration of a Columnar Vortex", *Phil. Mag.* (5), x. 155 (1880) [*Papers*, iv. 152].

$$\sigma = \frac{1}{2}(s-1)\omega. \tag{7}$$

因此，(3)式中由平面谐函数所表示的扰动是一个沿涡旋周界以角速度

$$\sigma/s = (s-1)/s \cdot \frac{1}{2}\omega \tag{8}$$

传播的波纹形扰动．但这是在空间传播的角速度，而相对于转动着的流体的角速度则为

$$\sigma/s - \frac{1}{2}\omega = -\frac{1}{2}\omega/s, \tag{9}$$

其方向与流体转动方向相反．当 $s=2$ 时，受扰后的截面为一椭圆，并以角速度 $\frac{1}{4}\omega$ 绕其中心旋转．

一个孤立的柱状涡丝的三维振荡也已由 Kelvin 作过讨论（见上面提到过的文章）．对于一般性质的扰动，柱形是稳定的．

Rosenhead 在近期的一篇文章[1)]中考察了截面为有限大小的涡旋的 Kármán 非对称排列．所得到的结论是，对于严格的二维扰动是有稳定性的，但对于波长小于涡旋直径的某一比率的纵向正弦式变形则是不稳定的．

159. 在扰动为二维椭圆形的特殊情况下，可以无需采用近似方法而求解如下[2)]．

设充满于椭圆

$$\frac{x^2}{a^2} + \frac{y^2}{b^2} = 1 \tag{1}$$

内部的流体具有均匀涡量 ω，环绕于其外部的流体作无旋运动．我们将会看到，如果设想椭圆形边界不变形，而以一个待定的不变角速度 n 旋转，那么问题中的所有条件全都可以得到满足．

由第 72 节 2° 可立即写出外部空间中的流函数为

$$\psi = \frac{1}{4}n(a+b)^2 e^{-2\xi}\cos 2\eta + \frac{1}{2}\omega ab\xi, \tag{2}$$

式中 ξ, η 表示第 71 节 3° 中的椭圆坐标，而且在上式中已把循环常数 κ 换为 $\pi ab\omega$ 了．

内部空间中的 ψ 应满足

$$\frac{\partial^2\psi}{\partial x^2} + \frac{\partial^2\psi}{\partial y^2} = \omega \tag{3}$$

和边界条件

$$\frac{ux}{a^2} + \frac{vy}{b^2} = -ny\cdot\frac{x}{a^2} + nx\cdot\frac{y}{b^2}. \tag{4}$$

这些条件都可由

1) *Proc. Roy. Soc.* A, cxxvii. 590 (1930).

2) Kirchhoff, *Mechanik*, c xx.; Basset, *Hydrodynamics*, ii. 41.

$$\psi = \frac{1}{2}\omega(Ax^2 + By^2) \tag{5}$$

来满足，只要

$$A + B = 1, Aa^2 - Bb^2 = \frac{n}{\omega}(a^2 - b^2). \tag{6}$$

剩下还要做的是表达出在涡旋边界上没有切向滑动，也就是，从(2)式和(5)式所得到的 $\partial\psi/\partial\xi$ 应在边界上相等．令 $x = c\cosh\xi\cos\eta$, $y = c\sinh\xi\sin\eta$（其中 $c = \sqrt{a^2 - b^2}$），再把(2)式和(5)式对 ξ 求导，然后令 $\cos 2\eta$ 的系数相等，就得到一个附加的条件：

$$-\frac{1}{2}n(a+b)^2 e^{-2\xi} = \frac{1}{2}\omega c^2(A - B)\cosh\xi\sinh\xi,$$

式中 ξ 为椭圆(1)的参数．因在椭圆上，$\cosh\xi = a/c$, $\sinh\xi = b/c$, 故上式等价于

$$A - B = -\frac{n}{\omega}\cdot\frac{a^2 - b^2}{ab}. \tag{7}$$

它和(6)式合在一起给出

$$Aa = Bb = \frac{ab}{a+b}, \tag{8}$$

和

$$n = \frac{ab}{(a+b)^2}\omega. \tag{9}$$

当 $a = b$ 时，它和我们以前得到的近似结果相符．

涡旋中一个质点相对于椭圆主轴的速度分量 $\dot{x}$ 和 $\dot{y}$ 为

$$\dot{x} = -\frac{\partial\psi}{\partial y} + ny, \quad \dot{y} = \frac{\partial\psi}{\partial x} - nx,$$

于是可得

$$\frac{\dot{x}}{a} = -n\frac{y}{b}, \quad \frac{\dot{y}}{b} = n\frac{x}{a}. \tag{10}$$

积分后得

$$x = ka\cos(nt + \epsilon), \quad y = kb\sin(nt + \epsilon), \tag{11}$$

式中 k, ϵ 为任意常数．故质点的**相对**路线为质点按谐和律描出的椭圆，并与涡旋边界相似．若 x', y' 为质点相对于在空间中固定的坐标轴的坐标，则可得

$$\left.\begin{aligned} x' &= x\cos nt - y\sin nt = \frac{1}{2}k(a+b)\cos(2nt+\epsilon) + \frac{1}{2}k(a-b)\cos\epsilon, \\ y' &= x\sin nt + y\cos nt = \frac{1}{2}k(a+b)\sin(2nt+\epsilon) - \frac{1}{2}k(a-b)\sin\epsilon. \end{aligned}\right\} \tag{12}$$

故质点的**绝对**路线是质点以角速度 $2n$ 所描出的圆[1]．

---

1) 关于这方面的进一步研究见 Hill, "On the Motion of Fluid part of which is moving rotationally and part irrotationally", *Phil. Trans.* 1884; Love, "On the Stability of certain Vortex Motions", *Proc. Lond. Math. Soc.* (1) xxv. 18 (1893).

159a. 一个固体在具有涡量的流体中的运动是个非常有意义的问题，但不幸却并不易处理。唯一的例外是二维运动，而且涡量是均匀的。

设 x_0, y_0 为(柱形)固体上一点C相对于固定坐标系的坐标，x, y 为流体中一点相对于通过C点的平行坐标系的坐标，(u, v) 为相对于C的速度，我们就有

$$\left.\begin{aligned}\frac{\partial u}{\partial t}+\ddot{x}_0+u\frac{\partial u}{\partial x}+v\frac{\partial v}{\partial x}-\zeta v&=-\frac{1}{\rho}\frac{\partial p}{\partial x},\\ \frac{\partial v}{\partial t}+\ddot{y}_0+u\frac{\partial u}{\partial y}+v\frac{\partial v}{\partial y}+\zeta u&=-\frac{1}{\rho}\frac{\partial p}{\partial y};\end{aligned}\right\}\tag{1}$$

参看第 12 节(3)式和 146 节(5)式. 因

$$u=-\frac{\partial\psi}{\partial y},\quad v=\frac{\partial\psi}{\partial x},\tag{2}$$

且ζ为常数，因而可看出 $\partial u/\partial t$ 和 $\partial v/\partial t$ 为 x, y, t 的某一函数分别对x和y的导数. 以 $-\partial\phi/\partial t$ 表示这一函数，我们有

$$\left.\begin{aligned}\frac{\partial}{\partial x}\left(\frac{\partial\phi}{\partial t}\right)&=-\frac{\partial u}{\partial t}=\frac{\partial}{\partial y}\left(\frac{\partial\psi}{\partial t}\right),\\ \frac{\partial}{\partial y}\left(\frac{\partial\phi}{\partial t}\right)&=-\frac{\partial v}{\partial t}=-\frac{\partial}{\partial x}\left(\frac{\partial\psi}{\partial t}\right),\end{aligned}\right\}\tag{3}$$

它是

$$\frac{d}{dt}(\phi+i\psi)$$

应为复变数 $x+iy$ 之函数的条件. 当已知ψ的形式后，这一考虑就确定了 $\partial\phi/\partial t$[1].

现由(1)式可得出

$$\frac{p}{\rho}=\frac{\partial\phi}{\partial t}-(\ddot{x}_0x+\ddot{y}_0y)-\frac{1}{2}q^2+\zeta\psi,\tag{4}$$

其中

$$q^2=u^2+v^2.\tag{5}$$

我们来把这些结果应用于一个圆柱体所作的某些运动. C点则很自然地取在圆柱体的轴线上.

首先假定流体未受扰时的运动是以均匀角速度ω绕原点作转动，故 $\zeta=2\omega$. 于是，相对于一个动点 (x_0, y_0) 的相对运动的流函数为

$$\begin{aligned}\psi_0&=\frac{1}{2}\omega\{(x_0+x)^2+(y_0+y)^2\}+\dot{x}_0y-\dot{y}_0x\\&=\frac{1}{2}\omega r^2+\omega r(x_0\cos\theta+y_0\sin\theta)+\frac{1}{2}\omega(x_0^2+y_0^2)\\&\quad+r(\dot{x}_0\sin\theta-\dot{y}_0\cos\theta);\end{aligned}\tag{6}$$

---

1) 参看 Proudman, "On the Motion of Solids in a Liquid possessing Vorticity", *Proc. Roy. Soc.* A, xcii. 408 (1916).

在上式中，我们引进了相对于C点的极坐标．而受扰后相对运动的流函数就是

$$\psi = \frac{1}{2}\omega r^2 + \omega\left(r - \frac{a^2}{r}\right)(x_0\cos\theta + y_0\sin\theta) + \frac{1}{2}\omega(x_0^2 + y_0^2)$$

$$+ \left(r - \frac{a^2}{r}\right)(\dot{x}_0\sin\theta - \dot{y}_0\cos\theta). \tag{7}$$

这是因为它既能满足 $\nabla_1^2\psi = 2\omega$，且在$r = a$处能使 $\psi = \text{const.}$，以及在 $r = \infty$处也能与(6)式相符．

故

$$\frac{\partial\psi}{\partial t} = \omega\left(r - \frac{a^2}{r}\right)(\dot{x}_0\cos\theta + \dot{y}_0\sin\theta) + \left(r - \frac{a^2}{r}\right)(\ddot{x}_0\sin\theta - \ddot{y}_0\cos\theta), \tag{8}$$

且因而

$$\frac{\partial\phi}{\partial t} = -\omega\left(r + \frac{a^2}{r}\right)(\dot{x}_0\sin\theta - \dot{y}_0\cos\theta) + \left(r + \frac{a^2}{r}\right)(\ddot{x}_0\cos\theta + \ddot{y}_0\sin\theta), \tag{9}$$

式中已略去了与r和θ无关的诸项．又，在$r = a$处，有

$$\frac{\partial\psi}{r\partial\theta} = 0$$

和

$$\frac{\partial\psi}{\partial r} = \omega a + 2\omega(x_0\cos\theta + y_0\sin\theta) + 2(\dot{x}_0\sin\theta - \dot{y}_0\cos\theta),$$

故

$$\frac{1}{2}q^2 = 2\omega^2 a(x_0\cos\theta + y_0\sin\theta) + 2\omega a(\dot{x}_0\sin\theta - \dot{y}_0\cos\theta) + \cdots; \tag{10}$$

式中未写出的诸项对作用于圆柱体的合力是不起作用的．把上式代入(4)式，就在$r = a$上得到

$$\frac{p}{\rho} = a(\ddot{x}_0\cos\theta + \ddot{y}_0\sin\theta) - 4\omega a(\dot{x}_0\sin\theta - \dot{y}_0\cos\theta)$$

$$- 2\omega^2 a(x_0\cos\theta + y_0\sin\theta) + \cdots. \tag{11}$$

因而，由于流体的压力而给于圆柱体的作用力的分量为[1]

$$\left.\begin{aligned} -\int_0^{2\pi} p\cos\theta a d\theta &= -M'(\ddot{x}_0 + 4\omega\dot{y}_0 - 2\omega^2 x_0), \\ -\int_0^{2\pi} p\sin\theta a d\theta &= -M'(\ddot{y}_0 - 4\omega\dot{x}_0 - 2\omega^2 y_0), \end{aligned}\right\} \tag{12}$$

其中 $M' = \pi\rho a^2$．故若M为柱体本身每单位长度的质量，则其运动方程组为

$$\left.\begin{aligned} \mu\ddot{x} + 4\omega\dot{y} - 2\omega^2 x &= X/M', \\ \mu\ddot{y} - 4\omega\dot{x} - 2\omega^2 y &= Y/M', \end{aligned}\right\} \tag{13}$$

其中 $\mu = 1 + M/M'$，而且在上式中，足标 0 由于不再需要而省略掉了．若令 $z =$

1) 参看 G. I. Taylor, "Motion of Solids in Fluids when the Flow is Irrotational", *Proc. Roy. Soc.* A, xciii. 99 (1916).

$x+iy$，上面的方程组就等价于

$$\mu\ddot{z}-4i\omega\dot{z}-2\omega^2 z=(X+iY)/M'. \tag{14}$$

为了查明在 $X=0, Y=0$ 时的自由运动，设 $z\propto e^{im\omega t}$，可得

$$\mu m^2-4m+2=0. \tag{15}$$

若 $\mu<2$，即若柱体的质量小于它所排开的流体质量，则m为实数，运动方程的解具有以下形式：

$$z=Ae^{im_1\omega t}+Be^{im_2\omega t}, \tag{16}$$

其中 m_1, m_2 为正值．它表示沿一外次摆线的运动．作为其中的特殊情况，圆形的路线是可能的，而且是稳定的．若 $\mu>2$，则m为复数，解的形式为

$$z=(Ae^{\alpha t}+Be^{-\alpha t})e^{i\beta t}, \tag{17}$$

路线最终为一等角螺线．若 $\mu=2$，则 $(m-1)^2=0$，而

$$z=(A+Bt)e^{i\omega t}. \tag{18}$$

因此，对于一个平均密度和流体的密度相同的圆柱体，虽然柱体随着流体一起沿圆形路线转动（像我们会预料的那样）是可能的，但这种运动却是不稳定的．

如有一径向作用力，其方向随着流体一起转动，并设为

$$X+iY=Re^{i\omega t}, \tag{19}$$

则当$\mu=2$时，(14)式可由

$$z=re^{i\omega t} \tag{20}$$

满足，只要

$$^{\prime}=\frac{1}{2}R/M'. \tag{21}$$

因此，柱体可相对于转动着的流体而沿一半径运动[1]，但这一运动也是属于不稳定的那一类的[2]．

下面，我们假设流体未受扰时的运动是平行于 Ox 的层流，并具有不变的涡量 2ω，其流函数为

$$\psi=\omega(y_0+y)^2=\frac{1}{2}\omega r^2(1-\cos 2\theta)+2\omega y_0 r\sin\theta+\omega y_0^2. \tag{22}$$

在受扰后的运动中，相对于柱体的流函数为

$$\psi=\frac{1}{2}\omega r^2-\frac{1}{2}\omega\left(r^2-\frac{a^4}{r^2}\right)\cos 2\theta+2\omega y_0\left(r-\frac{a^2}{r}\right)\sin\theta$$
$$+\omega y_0^2+\left(r-\frac{a^2}{r}\right)(\dot{x}_0\sin\theta-\dot{y}_0\cos\theta). \tag{23}$$

故

1）参看 Taylor 同上引文．

2）在旋转流体中一个圆球的某些运动情况曾由 Proudman（见本节第二个脚注），S. F. Grace (*Proc. Roy. Soc.* A, cii. 89 (1922)) 和 Taylor (*Proc. Roy. Soc.* A, cii. 180 (1922)) 作了研究．

$$\frac{\partial\phi}{\partial t}=2\omega\dot{y}_0\left(r-\frac{a^2}{r}\right)\sin\theta+\left(r-\frac{a^2}{r}\right)(\ddot{x}_0\sin\theta-\ddot{y}_0\cos\theta),\tag{24}$$

其中与 r 和 θ 无关的诸项已被略去. 于是可写出

$$\frac{\partial\phi}{\partial t}=2\omega\dot{y}_0\left(r+\frac{a^2}{r}\right)\cos\theta+\left(r+\frac{a^2}{r}\right)(\ddot{x}_0\cos\theta+\ddot{y}_0\sin\theta).\tag{25}$$

在 $r=a$ 处,由(23)式可有

$$\left.\begin{aligned}&\frac{\partial\psi}{r\partial\theta}=0,\\&\frac{\partial\psi}{\partial r}=-\omega a+4\omega a\sin^2\theta+4\omega y_0\sin\theta+2(\dot{x}_0\sin\theta-\dot{y}_0\cos\theta),\end{aligned}\right\}\tag{26}$$

因而

$$\frac{1}{2}q^2=-4\omega^2ay_0\sin\theta-2\omega a(\dot{x}_0\sin\theta-\dot{y}_0\cos\theta)$$
$$+16\omega^2ay_0\sin^3\theta+8\omega ay_0(\dot{x}_0\sin^2\theta-\dot{y}_0\sin^2\theta\cos\theta)+\cdots,\tag{27}$$

其中只写出了对柱体所受作用力的合力有贡献的各项. 代入(4)式后，我们在 $r=a$ 上得到

$$\frac{p}{\rho}=a(\ddot{x}_0\cos\theta+\ddot{y}_0\sin\theta)+2\omega a\dot{x}_0(\sin\theta-4\sin^3\theta)+2\omega a\dot{y}_0(\cos\theta$$
$$+4\sin^2\theta\cos\theta)+4\omega^2ay_0(\sin\theta-4\sin^3\theta)+\cdots.\tag{28}$$

故得[1]

$$\left.\begin{aligned}&-\int_0^{2\pi}p\cos\theta a d\theta=-M'(\ddot{x}_0+4\omega\dot{y}_0),\\&-\int_0^{2\pi}p\sin\theta a d\theta=-M'(\ddot{y}_0-4\omega\dot{x}_0-8\omega^2y_0).\end{aligned}\right\}\tag{29}$$

因而柱体的运动方程组为(下标 0 已被略去)

$$\left.\begin{aligned}&\mu\ddot{x}+4\omega\dot{y}=X/M',\\&\mu\ddot{y}-4\omega\dot{x}-8\omega^2y=Y/M'.\end{aligned}\right\}\tag{30}$$

我们注意到,如施加一力

$$Y=-8\omega^2M'y=4\omega M'U=2\kappa\rho U\tag{31}$$

于柱体，则柱体可保持相对静止. 在上式中，$U(=-2\omega y)$ 为未受扰的流动在柱体中心水平面上的速度，$\kappa(=2\pi a^2\omega)$ 为沿柱体轮廓线的环量. 可把这一结果和第 69 节(6)式相比较.

由(30)式不难得知,若 $\mu<2$，则当无外力的作用时，柱体的路线为一次摆线，总的前进方向平行于流动.

160. 在第 80 节中曾指出过，厚度很小且为均匀的不可压缩流体沿曲面流动时,其运动可用一流函数 ψ 完全予以规定，因此，任何这类流动的运动学问题可以借助投影而变换为平面薄层的流

1) 参看 Taylor，本节第二个脚注.

动问题．而如果投影是“正形”的，则两种运动中相对应的两部分液体的动能和相对应的两个回路上的环量就相等．环量相等表示涡旋仍变换为同样强度的涡旋．于是，根据 145 节可立即得知，在闭单连通曲面上的薄层流动中，全部涡旋强度的代数和为零．

我们可把上述内容应用于一个圆球形的薄层流动中．最简单的情况是两个孤立涡旋位于对应的两点处，这时，流线为互相平行的诸小圆，其上速度与小圆半径成反比．而如涡偶中两个涡旋位于任意两点 A 和 B 处，则流线为诸共轴圆（如第 80 节所述）．这时，应用球极平面投影法可不难得知，任一点 P 处的速度是两个分别与大圆弧 AP 和 BP 垂直的速度 $\frac{\kappa}{2\pi a}\cot\frac{1}{2}\theta_1$ 和 $\frac{\kappa}{2\pi a}\cot\frac{1}{2}\theta_2$ 的合成，其中 θ_1 和 θ_2 为 AP 与 BP 之弧长，a 为球半径，$\pm\kappa$ 为二涡旋的强度．每一个涡旋的中心[1]（见 154 节）都以速度 $\frac{\kappa}{2\pi a}\cot\frac{AB}{2}$ 垂直于 AB 而运动．因此，二涡旋描出两个平行且相等的小圆，二涡旋之间的距离保持不变．

圆　形　涡　旋

161. 下面，我们讨论液体（和以前一样，设为无界的）中所出现的诸涡旋都是圆形、并以 x 轴为公共轴时的情况．设 ϖ 为任一点 P 离 x 轴的距离，P 点处的速度沿 ϖ 方向的分量为 v，合涡量为 ω．显然，u, v, ω 仅为 x 和 ϖ 的函数．

在这种情况下，存在着一个第 94 节中所定义的流函数 ψ，即有

$$u=-\frac{1}{\varpi}\frac{\partial\psi}{\partial\varpi},\quad v=\frac{1}{\varpi}\frac{\partial\psi}{\partial x};\tag{1}$$

故

$$\omega=\frac{\partial v}{\partial x}-\frac{\partial u}{\partial\varpi}=\frac{1}{\varpi}\left(\frac{\partial^2\psi}{\partial x^2}+\frac{\partial^2\psi}{\partial\varpi^2}-\frac{1}{\varpi}\frac{\partial\psi}{\partial\varpi}\right).\tag{2}$$

从 148 节 (7) 式不难看出，在目前情况下，矢量 $(F,\ G,\ H)$ 处处垂直于 x 轴和半径 ϖ．若以 S 表示这一矢量的大小，则穿过

1）为避免可能出现的误解，可以提一下，两种运动中相对应的两个涡旋的中心并不一定是投影中的对应点．因此，一般来讲，这两个涡旋中心的路线并不具有投影关系．

圆 $(x, \tilde{\omega})$ 的通量为 $2\pi\tilde{\omega}S$，故

$$\psi = -\tilde{\omega}S. \tag{3}$$

为求出坐标为 x'，$\tilde{\omega}'$ 和环量为 κ 的一个孤立涡丝在 $(x, \tilde{\omega})$ 处所引起的 ψ 值，我们注意到，涡丝上与 P 处 S 的方向之间的夹角为 θ 的微元可表示为 $\tilde{\omega}'\delta\theta$，再由 149 节(1)式可得

$$\psi = -\tilde{\omega}S = -\frac{\kappa\tilde{\omega}\tilde{\omega}'}{4\pi}\int_0^{2\pi}\frac{\cos\theta}{r}\,d\theta, \tag{4}$$

其中

$$r = \{(x-x')^2+\tilde{\omega}^2+\tilde{\omega}'^2-2\tilde{\omega}\tilde{\omega}'\cos\theta\}^{\frac{1}{2}}. \tag{5}$$

如以 r_1 和 r_2 分别表示 P 点到涡旋的最小和最大距离，即

$$\left.\begin{aligned} r_1^2 &= (x-x')^2+(\tilde{\omega}-\tilde{\omega}')^2, \\ r_2^2 &= (x-x')^2+(\tilde{\omega}+\tilde{\omega}')^2, \end{aligned}\right\} \tag{6}$$

则因

$$\left.\begin{aligned} r^2 &= r_1^2\cos^2\frac{1}{2}\theta + r_2^2\sin^2\frac{1}{2}\theta, \\ 4\tilde{\omega}\tilde{\omega}'\cos\theta &= r_1^2+r_2^2-2r^2, \end{aligned}\right\} \tag{7}$$

故

$$\psi = -\frac{\kappa}{8\pi}\left[(r_1^2+r_2^2)\int_0^{\pi}\frac{d\theta}{\sqrt{r_1^2\cos^2\frac{1}{2}\theta+r_2^2\sin^2\frac{1}{2}\theta}} - 2\int_0^{\pi}\sqrt{r_1^2\cos^2\frac{1}{2}\theta+r_2^2\sin^2\frac{1}{2}\theta}\,d\theta.\right] \tag{8}$$

上式中的积分属于“算术-几何平均”理论中所遇到的那种类型[1]. 如用形式上不太对称的普通“完全”椭圆积分的记号来表示，可有

$$\psi = -\frac{\kappa}{2\pi}(\tilde{\omega}\tilde{\omega}')^{\frac{1}{2}}\left\{\left(\frac{2}{k}-k\right)F_1(k)-\frac{2}{k}E_1(k)\right\}. \tag{9}$$

其中之 k 为

1) 见 Cayley, *Elliptic Functions*, Cambridge, 1876, c. xiii.

$$k^2 = 1 - \frac{r_1^2}{r_2^2} = \frac{4\tilde{\omega}\tilde{\omega}'}{(x-x')^2 + (\tilde{\omega}+\tilde{\omega}')^2}. \tag{10}$$

因此,任一指定点处的 ψ 值可借助 Legendre 计算表而计算出来。

利用 "Landen 变换"[1]可以得到较为整洁的表达式为

$$\psi = -\frac{\kappa}{2\pi}(r_1 + r_2)\{F_1(\lambda) - E_1(\lambda)\}, \tag{11}$$

其中

$$\lambda = \frac{r_2 - r_1}{r_2 + r_1}. \tag{12}$$

ψ 取等间隔值的流线形状见附图. 它们是用 Maxwell 所创造的一种方法画出来的,(11)式也是由 Maxwell 得到的[2].

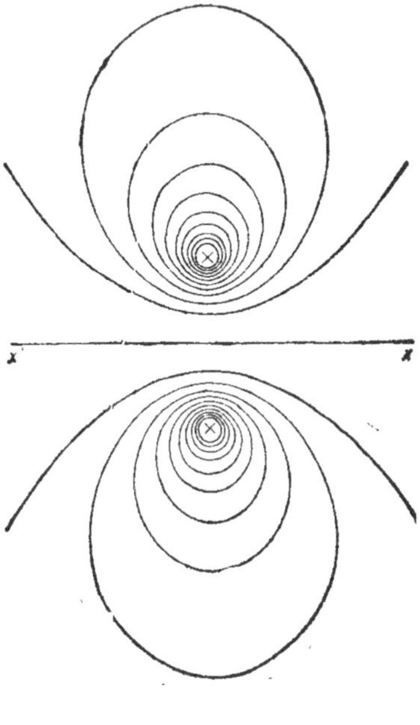

---

1) 见 Cayley, 同上书.

2) *Electricity and Magnetism*, Arts. 704, 705. 还见 Minchin, *Phil. Mag.* (5), xxxv (1893); Nagaoka, *Phil. Mag.* (6), vi. (1903).

速度势和流函数也可表示成含有 Bessel 函数的定积分的形式.

为此，设涡旋占据着圆 $x=0$, $\tilde{\omega}=a$ 的位置. 很明显，在平面 $x=0$ 的正侧面上，位于这一圆内的部分和圆外的部分是两个不同的等势面. 因此，设对 $x=0$, $\tilde{\omega}<a$ 有 $\phi=\frac{1}{2}\kappa$，而对 $x=0$, $\tilde{\omega}>a$ 有 $\phi=0$，则由 102 节(2)式可得

$$\phi=\frac{1}{2}\kappa a\int_0^\infty e^{-kx}J_0(k\tilde{\omega})J_1(k\alpha)dk, \tag{13}$$

并根据 100 节(5)而有

$$\psi=-\frac{1}{2}\kappa a\tilde{\omega}\int_0^\infty e^{-kx}J_1(k\tilde{\omega})J_1(k\alpha)dk. \tag{14}$$

这些公式当然只应用于区域 $x>0$[1].

在 150 节中曾证明了上述 ϕ 值也就是双源沿圆的内部以均匀密度 κ 分布时所引起的 ϕ 值. 因为由简单源沿这一面积均匀分布时所引起的 ϕ 和 ψ 已在 102 节中由(11)式给出，故(13)和(14)式也可由该式对 x 求导并适当调节常数因子而得出[2].

162. 以 x 轴为公共轴的任意圆形涡旋系的能量可应用分部积分而求得为(其中积分一次的两项为零)

$$\begin{aligned}T&=\pi\rho\iint(u^2+v^2)\tilde{\omega}dxd\tilde{\omega}\\&=\pi\rho\iint\left(v\frac{\partial\psi}{\partial x}-u\frac{\partial\psi}{\partial\tilde{\omega}}\right)dxd\tilde{\omega}\\&=-\pi\rho\iint\psi\tilde{\omega}dxd\tilde{\omega}=-\pi\rho\sum\kappa\psi.\end{aligned}\tag{1}$$

在上式中用了 κ 表示一个微元涡丝的强度 $\omega\delta x\delta\omega$ 了.

又，153 节(7)式成为[3]

$$\begin{aligned}T&=2\pi\rho\iint(\tilde{\omega}u-xv)\tilde{\omega}\tilde{\omega}dxdy\\&=2\pi\rho\sum\kappa\tilde{\omega}(\tilde{\omega}u-xv).\end{aligned}\tag{2}$$

涡旋系的冲量明显地只是一个沿 Ox 的力的冲量，并可由 152

---

1) ψ 的公式出现于 Basset, *Hydrodynamics*, ii. 93. 还见 Nagaoka，本节第三个脚注.

2) 还可用带谐函数而写出 ϕ 和 ψ 的其它表达式. 例如，ϕ 的表达式在 Thomson and Tait, Art. 546 中已给出，ψ 的表达式则可由前面第95节(11)和(12)式导出. 但椭圆积分的形式对于说明问题而言是最有用的.

3) 在平面 $x=0$ 上任一点处，有 $y=\tilde{\omega}$, $\xi=0$, $\eta=0$, $\zeta=\frac{1}{2}\omega$, $u=v$; 其余由对称性而得出.

节(6)式而求得为

$$P=\frac{1}{2}\rho\iint(y\zeta-z\eta)dxdydz$$

$$=\pi\rho\iint\tilde{\omega}^2\omega dxd\tilde{\omega}=\pi\rho\sum\kappa\tilde{\omega}^2. \tag{3}$$

如果引进由下式所定义的 x_0 和 $\tilde{\omega}_0$:

$$x_0=\frac{\sum\kappa\tilde{\omega}^2x}{\sum\kappa\tilde{\omega}^2},\quad \tilde{\omega}_0=\frac{\sum\kappa\tilde{\omega}^2}{\sum\kappa}, \tag{4}$$

它们就确定了一个圆,其位置明显地取决于诸涡旋的强度和位形,并与原点在对称轴上的位置无关.它可称为整个涡环系的"圆形轴".

因为每一涡旋的 κ 不变,所以冲量不变就表明,根据(3)式和(4)式,圆形轴的半径保持不变.为求圆形轴沿 x 方向的运动,由(4)式可得

$$\sum\kappa\tilde{\omega}_0^2\frac{dx_0}{dt}=\sum\kappa\tilde{\omega}^2\frac{dx}{dt}+2\sum\kappa\tilde{\omega}x\frac{d\tilde{\omega}}{dt}$$

$$=\sum\kappa\tilde{\omega}(\tilde{\omega}u+2xv). \tag{5}$$

借助(2)式,可将上式写为

$$\sum\kappa\tilde{\omega}_0^2\frac{dx_0}{dt}=\frac{T}{2\pi\rho}+3\sum\kappa(x-x_0)\tilde{\omega}v. \tag{6}$$

在上式中被增写进去的项是等于零的,这是由于平均半径($\tilde{\omega}_0$)不变,因而有 $\sum\kappa\tilde{\omega}v=0$ 之故.

163. 我们现在来仔细考虑一个横截面尺度远小于其半径($\tilde{\omega}_0$)的孤立涡环.已经证明过

$$\psi=-\frac{1}{\pi}\iiint\left\{F_1\left(\frac{r_2-r_1}{r_2+r_1}\right)-E_1\left(\frac{r_2-r_1}{r_2+r_1}\right)\right\}(r_1+r_2)\omega'dx'd\tilde{\omega}', \tag{1}$$

其中 r_1, r_2 由 161 节(6)式定义.对于位于涡旋之内的,或靠近涡旋的各点 $(x,\tilde{\omega})$, 比值 r_1/r_2 很小,椭圆积分的模数(λ)因而

接近于 1．于是近似地有[1)]

$$F_1(\lambda)=\frac{1}{2}\log\frac{16}{\lambda'^2},\quad E_1(\lambda)=1, \tag{2}$$

其中 λ' 为补模数，即

$$\lambda'^2=1-\lambda^2=\frac{4r_1r_2}{(r_1+r_2)^2}, \tag{3}$$

或近似地，$\lambda'^2=5r_1/r_2$．

因此，在涡旋内部的点上，ψ 值的量级为 $\kappa\tilde{\omega}_0\log(\tilde{\omega}_0/\epsilon)$，其中 ϵ 为与截面尺度同级的线性小量．在这样的一些点上，速度(取决于 ψ 的导数，见第 94 节)的量级为 κ/ϵ．

我们现在可以来估计涡环移动速度 dx_0/dt 的大小．根据 162 节(1)式，T 的量级为 $\rho\kappa^2\tilde{\omega}_0\log(\tilde{\omega}_0/\epsilon)$，$\nu$ 的量级则如我们已知为 κ/ϵ，而 $x-x_0$ 的量级当然为 ϵ．因此，在目前情况下，上节中(6)式右边第二项远小于第一项，故涡环移动速度的量级为 $(\kappa/\tilde{\omega}_0)\log(\tilde{\omega}_0/\epsilon)$，并近似为常数．

因此，一个孤立的涡环是以接近不变的速度平行于其直线轴而运动的，在运动中，它的尺寸没有显著的变化．这一运动速度比起位于圆形轴附近的流体速度要小很多，但可以大于或小于位于涡环中心处的流体速度(即 $\frac{1}{2}\kappa/\tilde{\omega}_0$)，且与之方向一致．

对于涡环的横截面为圆形时的情况，可以得到更为确定的结果如下．若忽略 $\tilde{\omega}$ 和 ω 沿截面的变化，则(1)式和(2)式给出

$$\psi=-\frac{\omega}{2\pi}\tilde{\omega}_0\iint\left(\log\frac{8\tilde{\omega}_0}{r_1}-2\right)dx'd\tilde{\omega}'.$$

或若在横截平面上取极坐标 (s,χ)，就有

$$\psi=-\frac{\omega}{2\pi}\tilde{\omega}_0\int_0^a\int_0^{2\pi}\left(\log\frac{8\tilde{\omega}_0}{r_1}-2\right)s'ds'd\chi', \tag{4}$$

式中 a 为截面的半径．现

$$\int_0^{2\pi}\log r_1d\chi'=\int_0^{2\pi}\log\{s^2+s'^2-2ss'\cos(\chi-\chi')\}^{\frac{1}{2}}d\chi',$$

而这一定积分将按照 $s'\gtrless s$ 等于 $2\pi\log s'$ 或 $2\pi\log s$．因而，对于截面内的点，

1) 见 Cayley, *Elliptic Functions*, Arts. 72, 77 和 Maxwell, 161 节第三个脚注中所引的著作．

$$\psi = -\omega\tilde{\omega}_0\int_0^s\left(\log\frac{8\tilde{\omega}_0}{s}-2\right)s'ds'\omega\tilde{\omega}_0\int_s^a\left(\log\frac{8\tilde{\omega}_0}{s'}-2\right)s'ds'$$

$$= -\frac{1}{2}\omega\tilde{\omega}_0 a^2\left\{\log\frac{8\tilde{\omega}_0}{a}-\frac{3}{2}-\frac{1}{2}\frac{s^2}{a^2}\right\}. \tag{5}$$

上式右边唯一不是常数的项是 $\frac{1}{4}\omega\tilde{\omega}_0 s^2$，它表明，在我们的近似级下，截面上的流线为同心圆，距圆心为 s 处的速度为 $\frac{1}{2}\omega s$.

代入 162 节(1)式后，得

$$\frac{T}{2\pi\rho} = -\frac{1}{2}\omega\int_0^a\int_0^{2\pi}\psi s ds d\chi = \frac{\kappa^2\tilde{\omega}_0^2}{4\pi}\left\{\log\frac{8\tilde{\omega}_0}{a}-\frac{7}{4}\right\}. \tag{6}$$

162 节 (6) 式的最后一项等价于

$$\frac{3}{2}\tilde{\omega}_0\omega\sum\kappa(x-x_0)^2,$$

而在我们目前所用的记号中，κ 表示整个涡旋的强度，所以这一项等于 $\frac{3}{8}\kappa^2\tilde{\omega}_0/\pi$. 因此，涡旋移动速度的公式成为[1)]

$$\frac{dx_0}{dt} = \frac{\kappa}{4\pi\tilde{\omega}_0}\left\{\log\frac{8\tilde{\omega}_0}{a}-\frac{1}{4}\right\}. \tag{7}$$

涡环在移动时携带着一部分作着无旋运动的流体一起移动，参看 155 节 2°. 根据公式(7)，当 $\tilde{\omega}_0/a$ 约为 86 时，涡环的移动速度和位于其中心处的流体速度相等. 伴随着涡环一起移动的流体可能是环形的，也可能不是，要根据 $\tilde{\omega}_0/a$ 超过上述临界值还是低于这一临界值而定.

涡旋边缘上的流体速度与环中心处的速度之比为 $2\omega a\tilde{\omega}_0/\kappa$，或即 $\tilde{\omega}_0/\pi a$. 当 $a = \frac{1}{100}\tilde{\omega}_0$ 时，这一比值约为 32.

一个截面为有限大小且涡量为均匀的涡环能不变地移动的条件曾由 Lichtenstein[2)] 作了探讨. 当截面较小时，其形状近似于椭圆，短轴沿着涡环移动方向. 他也对涡偶（155 节）讨论了类似问题.

164. 如果有任意数量的圆形涡环，不论是否共轴，其中任一涡环的运动都可看作是由两部分所组成，一部分是由该涡环本身

---

1) 这一结果由 W. Thomson 爵士在 Helmholtz 的一篇文章的译文附录——见 *Phil. Mag.* (4), xxxiii. 511 (1867) [*Papers*, iv. 67] 中未加证明而给出. 它由 Hicks 作了证明，见 *Phil. Trans.* A. clxxvi. 756 (1885)；还可看 Gray, "Notes on Hydrodynamics", *Phil. Mag.* (6), xxviii. 13 (1914).

2) *Math. Zeitsch.* xxiii. 89, 310 (1925)，以及他的 *Grundlagen der Hydrodynamik*, Berlin, 1829.

所引起的，另一部分是由其余的涡环所引起的．前面的探讨表明，除非两个涡环或更多的涡环彼此非常靠近，否则，上述后一部分的影响和前一部分相比是不重要的．因此，每一个涡环直到靠近另一个涡环以前，都将以接近均匀的速度沿其直线轴的方向而运动，其形状和大小没有显著的变化．

在特殊情况下，两个涡环相遇时的结果可由 149 节(3)式所给的结论而推断出来．例如，假设有两个具有同一直线轴的涡环，如果二者的旋转方向相同，那么从总体来看，二者将沿同一方向运动．二者的相互影响之一是使前面一个的半径增大而后面一个的半径减小；当前面一个的半径变得大于后面的一个时，前面一个的运动将减慢而后面一个将加快．因此，如果两个涡旋的相对尺寸和强度适宜的话，就会发生第二个涡环追上并穿过第一个的现象．然后，二者所扮演的角色就颠倒过来，使落到后面的那一个又会追上并穿过前面那一个，并继续互换角色，二涡旋将交替地彼此追上并穿过对方[1]．

若二涡环转向相反并彼此愈来愈靠近，则相互间的作用就使二者的半径都增大．又若二涡环在尺寸和强度上都相等，则彼此靠近的速度将连续减小．在这一情况下，与二涡环平行且在二者正当中的一个平面上的各点之速度就都与这一平面相切．因此，如果我们愿意，可以把这一平面看作是任一侧流体的一个固定边界，从而得到一个单个涡环正对着一个固定的刚性平面壁而运动时的情况．

上述结论取自 Helmholtz 的文章．他在最后还提到，对于涡环间的相互作用，可以很容易地用汤匙的端部在液体表面上快速划一小段距离而产生的半圆形(大致上)涡旋来作实验研究，涡丝与液面相交处可由于液面产生一个凹陷(参看第 27 节)而看到．至

---

1) 参看 Hicks, "On the Mutual Threading of Vortex Rings," *Proc. Roy. Soc.* A. cii. 111 (1922). 二维中相对应的情况由 Gröbli (见 155 节最后一个脚注) 作了探讨并用图形作了说明． 还可看 Love, "On the Motion of Paired Vortices with a Common Axis", *Proc. Lond. Math. Soc.* xxv. 185 (1894) 和 Hicks, 163 节脚注中引文.

于借助于香烟的烟环[1]来作实验说明的方法，由于极为众所周知而无需在此叙述了．实验观察上的一个漂亮的改变是使水中产生染上颜色的涡环[2]．

如流体有一球形固定边界面(在流体内部或外部)，那么，对于在这种流体中的一个涡环的运动，在涡环的直线轴穿过球心的情况下，曾由 Lewis[3] 用"镜像"法作了探讨．下述简化证明则属于 Larmor[4]．涡环等价于(150 节)双源以均匀密度而分布的一个球面层，且这一球面层与固定球面边界同心．根据第 96 节，这一双源层的"镜像"是另一个均匀分布的同心球面双源层，而它又等价于和第一个涡环共轴的一个涡环．于是，由第 96 节可不难得知，涡环及其镜像的强度 (κ, κ') 和半径$(\tilde{\omega}, \tilde{\omega}')$就有以下关系：

$$\kappa\tilde{\omega}^{\frac{1}{2}} + \kappa'\tilde{\omega}'^{\frac{1}{2}} = 0. \tag{1}$$

这一讨论很明显可应用于一个任意形状的闭涡旋，只要它位于一个和边界同心的球面上．

对截面很小的直线涡旋系的 Kármán 稳定位形(156 节)的兴趣曾导致对三维中类似排列的讨论．

首先考虑一列无穷小截面的相等涡环，诸涡环具有一公共轴且等间隔布置．Levi 和 Forsdyke[5] 求得，这种排列对于半径和间隔同时发生变化的那类扰动是不稳定的，但诸涡环仍可准确地保持为平面上的圆形．另一方面，如果相邻涡环间的间隔与环的公共半径之比超过 1.20，那么，诸涡环相对于其原有圆形而作周期性振动是可能的，这种振动就是 J. J. Thomson 和 Dyson 讨论一个孤立涡旋时所得到的那种类型[6]．

上述二人接着讨论了螺旋形的涡旋[7]．如果不受扰动，这种涡

---

1) Reusch, "Ueber Ringbildung der Flüssigkeiten," *Pogg. Ann.* cx.(1860); Tait, *Recent Advances in Physical Science*, London, 1876, c. xii.

2) Reynolds, "On the Resistance encountered by Vortex Rings & c.", *Brit. Ass. Rep.* 1876, *Nature*, xiv. 477.

3) "On the Images of Vortices in a Spherical Vessel", *Quart. Journ. Math.* xvi. 338 (1879).

4) "Electro-magnetic and other Images in Spheres and Planes", *Quart. Journ. Math.* xxiii. 94 (1889).

5) *Proc. Roy. Soc.* A. cxiv. 594; A. cxvi. 352 (1927).

6) 参看 166 节第三个脚注.

7) *Proc. Roy. Soc.* A, cxx. 670 (1928).

旋具有绕其轴线的某个角速度，并具有某一前进速度。他们求得，当且仅当螺距超过 0.3 时，螺旋形的涡旋才是稳定的。

定常运动的条件

165. 在定常流动中，亦即当

$$\frac{\partial u}{\partial t}=0,\ \frac{\partial v}{\partial t}=0,\ \frac{\partial w}{\partial t}=0$$

时，第 6 节的方程组(2)可写为

$$\left.\begin{array}{l} u\dfrac{\partial u}{\partial x}+v\dfrac{\partial v}{\partial x}+w\dfrac{\partial w}{\partial x}-(v\zeta-w\eta)=-\dfrac{\partial \Omega}{\partial x}-\dfrac{1}{\rho}\dfrac{\partial p}{\partial x},\\ \cdots\cdots\cdots\cdots\cdots\cdots\cdots\cdots\cdots\cdots\cdots\cdots,\\ \cdots\cdots\cdots\cdots\cdots\cdots\cdots\cdots\cdots\cdots\cdots\cdots. \end{array}\right\} \tag{1}$$

因此，如果像 146 节那样令

$$\chi'=\int\frac{dp}{\rho}+\frac{1}{2}q^2+\Omega, \tag{2}$$

就有

$$\left.\begin{array}{l} \dfrac{\partial \chi'}{\partial x}=v\zeta-w\eta,\\ \dfrac{\partial \chi'}{\partial y}=w\xi-u\zeta,\\ \dfrac{\partial \chi'}{\partial z}=u\eta-v\xi. \end{array}\right\} \tag{3}$$

随之有

$$u\frac{\partial \chi'}{\partial x}+v\frac{\partial \chi'}{\partial y}+w\frac{\partial \chi'}{\partial z}=0,$$

$$\xi\frac{\partial \chi'}{\partial x}+\eta\frac{\partial \chi'}{\partial y}+\zeta\frac{\partial \chi'}{\partial z}=0.$$

这就是说，每一个曲面 $\chi'=\text{const.}$ 都同时包含了流线和涡线。如进一步以 δn 表示这样的一个曲面上任一点处的法线微元，就有

$$\frac{\partial \chi'}{\partial n} = q\omega \sin \beta, \tag{4}$$

式中 q，ω 和 β 分别表示该点处的流速、涡量以及流线和涡线的夹角．

因此，一种给定的流体运动状态能够成为可能的定常运动状态的条件是，可以在流体中画出一个包含着无限多个曲面的曲面组，其中每一个曲面都被流线和涡线组成的网络所覆盖，而且，在每一个这样的曲面上，乘积 $q\omega \sin \beta \delta n$ 为常数，δn 表示画向该组中另一相邻曲面的法线之长[1]．

这些条件也可以从下面的考虑而得出：在定常运动中，流线就是质点的真正路线，此外，在一个涡旋的所有点处，角速度和涡旋横截面积的乘积都是相同的，而且对该涡旋而言，这一乘积是不随时间改变的．

函数 χ'——它由(2)式所定义在每一个上述那种曲面上为常数的这一定理是第 21 节中所述定理（该处证明了 χ' 沿一流线为常数)的推广．

对于一切无旋运动，如果边界条件能相容于定常运动，上述条件就必然被满足．

在液体的二维（xy）运动中，乘积 $q\delta n$ 沿一条流线为常数，因此，定常运动的条件就简化为涡量 ζ 沿每一流线必须为常数，或即，根据第 59 节(5)式，为

$$\frac{\partial^2 \psi}{\partial x^2} + \frac{\partial^2 \psi}{\partial y^2} = f(\psi), \tag{5}$$

式中 $f(\psi)$ 为 ψ 的任意函数[2]．

这一条件可被任何一种绕原点作同心圆的运动所满足．(5) 式的另一个很明显的

---

1) 见 Lamb, "On the Conditions for Steady Motion of a Fluid", *Proc. Lond. Math. Soc.* (1), ix. 91 (1878).

2) 参看 Lagrange, *Nouv. Mém. de l'Acad. de Berlin*, 1781 [*Oeuvres*, iv. 720] 和 Stokes, "On the Steady Motion of Incompressible Fluids", *Camb. Trans.* vii. (1842) [*Papers*, i. 15].

解是

$$\psi = \frac{1}{2}\ (Ax^2 + 2Bxy + Cy^2); \tag{6}$$

在这一情况下,诸流线为相似的共轴圆锥曲线. 任一点处的角速度为 $\frac{1}{2}(A + C)$, 因而是均匀的.

又若令 $f(\psi) = -k^2\psi$, 其中 k 为常数,则在变换为极坐标 r, θ 后,可得

$$\frac{\partial^2\psi}{\partial r^2} + \frac{1}{r}\frac{\partial\psi}{\partial r} + \frac{1}{r^2}\frac{\partial^2\psi}{\partial\theta^2} + k^2\psi = 0, \tag{7}$$

它可由(见 101 节)

$$\psi = CJ_s(kr) \left.\begin{matrix}\cos\\ \sin\end{matrix}\right\} s\theta \tag{8}$$

所满足. 上式可给出和一个半径为 a 的固定圆形边界相容的种种解, 可采用的 k 值则由

$$J_s(ka) = 0 \tag{9}$$

确定.

例如,假设在无界流体中,流函数在圆 $r = a$ 内为

$$\psi = CJ_1(kr)\sin\theta, \tag{10}$$

而在圆外为

$$\psi = U\left(r - \frac{a^2}{r}\right)\sin\theta. \tag{11}$$

若 $J_1(ka) = 0$, 则这两个 ψ 值能在 $r = a$ 处相符. 又若两个 $\partial\psi/\partial r$ 值在 $r = a$ 处相等,即若

$$C = \frac{2U}{kJ_1'(ka)} = -\frac{2U}{kJ_0(ka)}, \tag{12}$$

则切向速度也在该圆上连续. 如果现在在所有各点上都加上一个平行于 Ox 轴的速度 U, 我们就得到一种柱状涡旋以速度 U 在无穷远处为静止的液体中移动时的情况. k 的最小可能值由 $ka/\pi = 1.2197$ 给出; 涡旋内部的相对流线由 191 节第三个图给出 (图中虚线所表示的圆被取为边界 $r = a$). 由 157 节(1)式可不难证明涡旋的"冲量"为 $2\pi\rho a^2U$.

在流动对称于 x 轴的情况下, $q \cdot 2\pi\tilde{\omega}\delta n$ 沿一流线应为常数, 其中 $\tilde{\omega}$ 和第 94 节一样,表示任一点到对称轴的距离. 因此, 定常运动的条件就是比值 $\omega/\tilde{\omega}$ 沿任一流线必须为常数. 于是, 如 ψ 为流函数,则根据 161 节(2)式,必须有

$$\frac{\partial^2\psi}{\partial x^2} + \frac{\partial^2\psi}{\partial\tilde{\omega}^2} - \frac{1}{\tilde{\omega}}\frac{\partial\psi}{\partial\tilde{\omega}} = \tilde{\omega}^2 f(\psi), \tag{13}$$

式中 $f(\psi)$ 表示 ψ 的任意函数[1].

---

1) 这一结果由 Stokes 所得到,见上面脚注中的引文.

一个有趣的例子是 Hill 的“球形涡旋”[1]. 若设对于所有在球面 $r=a$ 以内的点，有

$$\psi=\frac{1}{2}A\tilde{\omega}^2(a^2-r^2), \tag{14}$$

其中 $r^2=x^2+\tilde{\omega}^2$，则由 161 节(2)式可得

$$\omega=-\frac{5}{2}A\tilde{\omega},$$

因而定常运动的条件可以得到满足. 另外，根据第 96 和 97 节，很明显，以总体速度 $-U$ 平行于对称轴而流过固定球面 $r=a$ 的流动的流函数为

$$\psi=\frac{1}{2}U\tilde{\omega}^2\left(1-\frac{a^3}{r^3}\right). \tag{15}$$

当 $r=a$ 时，这两个 ψ 值能相符，并使两侧的法向速度均为零. 为使切向速度能连续，两个 $\partial\psi/\partial r$ 之值在球面上也必须相符，因 $\tilde{\omega}=r\sin\theta$，它就给出 $A=-(3/2)U/a^2$，因而

$$\omega=\frac{15}{2}U\tilde{\omega}/a^2. \tag{16}$$

组成球形涡旋的涡丝的强度之和为 $5Ua$.

附图表示出了涡旋内部和外部的流线，它们和通常一样，是取等差的 ψ 值而画出的.

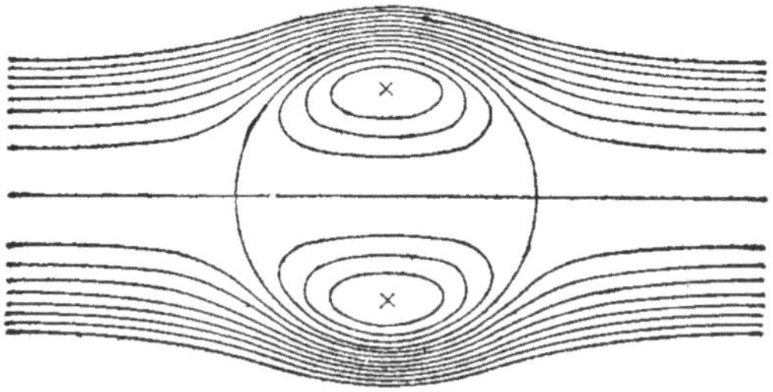

如果在所有各点都加上一个平行于 x 轴的速度 U，就得到以常速度 U 在无穷远处为静止的液体中前进的一个球形涡旋.

根据 162 节的公式，可立即求得涡旋的“平均半径”的平方为 $(2/5)a^2$，“冲量”为 $2\pi\rho a^3U$，能量为 $(10/7)\pi\rho a^3U^3$.

在 146 节已说明过，为了确信涡旋表面上的压力是连续的，完全用不着去推导压力的表达式. 压力的连续性已由速度的连续性和任一运动着的回路上的环量不变而得到保证了.

---

1) “On a Spherical Vortex”, *Phil. Trans.* A, clxxxv. (1894).

166. 如已所述，涡旋运动的理论起源于 Helmholtz 在 1858 年的研究．当 Kelvin 在 1867 年提出了[1]涡旋原子的理论后，引起了进一步的兴趣．作为一个物理理论，它虽早已被抛弃了，但却有着许多值得一提的有趣的研究．我们可以提到诸如直线形[2]和环形[3]涡旋的稳定性和振动周期的研究、对空心涡旋（转动的核心部分由真空所代替[4]）所作的同类问题的研究、以及空心涡旋能相容于定常运动时的边界形状的计算[5]等．Love 曾对某些有指导意义的结果给出了一个摘要[6]．

166a. 本章的动力学定理全部依赖于沿运动着的回路的环量保持不变，而其前提则是（146 节）外力（如果有的话）是保守的，而且，流体或者是均匀不可压缩的，或者服从于压力与密度之间的某一确定的关系．

当然，在许多自然现象中，尤其是在气象学中，上述后一个假定并不成立．如果我们像第 33 节那样去做，但却放弃掉这一假定，那么可以得到沿一个运动着的回路的环量变化率为

$$\frac{D}{Dt}\int(udx+vdy+wdz)$$

$$=-\int s\left(\frac{\partial p}{\partial x}dx+\frac{\partial p}{\partial y}dy+\frac{\partial p}{\partial z}dz\right),\tag{1}$$

式中 $s(=1/\rho)$ 为密度的倒数（流体的"疏松度"）．上式右边的线

1) 见 155 节第一个脚注．

2) W. Thomson 爵士，本书 158 节脚注．

3) J. J. Thomson，本书 152 节脚注；Dyson, *Phil. Trans.* A. clxxxiv. 1041 (1893).

4) W. Thomson 爵士，上面脚注；Hicks, "On the Steady Motion and the small Vibrations of a Hollow Vortex", *Phil. Trans.* 1884; Pocklington, "The Complete System of the periods of a Hollow Vortex Ring", *Phil. Trans.* A, clxxxvi. 603(1895); Carslaw, "The Fluid Vibrations of a Circular Votex-Ring with a Howllow Core", *Proc. Lond. Math. Soc.* (1) xxviii. 97 (1896).

5) Hicks，上面脚注；Pocklington, "Hollow Straight Vortices", *Camb Proc.* viii. 178 (1894).

6) 见 138 节脚注．

积分可以根据 Stokes 定理而转换为沿以这一回路为边界的任一曲面上的线积分，故

$$\frac{D}{Dt}\int(udx+vdy+wdz)=\iint(lP+mQ+nR)dS, \quad (2)$$

其中

$$P=\frac{\partial(p,s)}{\partial(y,z)},\ Q=\frac{\partial(p,s)}{\partial(z,x)},\ R=\frac{\partial(p,s)}{\partial(x,y)}. \quad (3)$$

现在来考虑以 P, Q, R 为分量的矢量场. 因

$$\frac{\partial P}{\partial x}+\frac{\partial Q}{\partial y}+\frac{\partial R}{\partial z}=0, \quad (4)$$

所以它是管状场. 矢量的方向由诸曲面 $p=\text{const.}$ 和 $s=\text{const}$ 的交线所给出. 如果我们设想画出一系列间隔为相等的无穷小量 δp 的等压面以及一系列间隔为相等的无穷小量 δs 的等疏松度面，它们就把整个场分割为一个个截面为无穷小平行四边形的管子. 而若以 $\delta\Sigma$ 表示其中一个平行四边形的面积，则不难证明

$$\sqrt{P^2+Q^2+R^2}\,\delta\Sigma=\delta p\delta s. \quad (5)$$

因此，矢量 (P, Q, R) 的大小与截面的乘积不仅沿任一管子是不变的，而且对所有管子来讲也全都是相等的. 于是方程(2)表明，沿一个运动着的回路的环量变化率正比于该回路所环抱的上述管子的数目[1].

Clebsch 变 换

167. 另一个令人感到具有某些兴趣的内容是流体动力学方

1) V. Bjerknes, *Vid.-Selsk. Skrifter*, Kristiania, 1918. 一个独立的证明被认为是属于 Silberstein 的(1896). 另一个与动量环量

$$\int\rho(udx+vdy+wdz)$$

相联系并较为复杂的定理由 Bjerknes 给出. 这些定理在气象上和其它现象上的某些应用由 Stockholm 作了阐明，见 *Ak. Handl.* xxxi. (1898).

程的 Clebsch 变换[1]，但我们只能极简短地提一下。

不难理解，任一时刻的速度分量可表示为以下形式(式中 ϕ, λ, μ 为 x, y, z 的函数):

$$\left.\begin{aligned} u &= -\frac{\partial\phi}{\partial x} + \lambda\frac{\partial\mu}{\partial x}, \\ v &= -\frac{\partial\phi}{\partial y} + \lambda\frac{\partial\mu}{\partial y}, \\ w &= -\frac{\partial\phi}{\partial z} + \lambda\frac{\partial\mu}{\partial z}, \end{aligned}\right\} \tag{1}$$

只要涡量分量能表示为

$$\xi = \frac{\partial(\lambda, \mu)}{\partial(y, z)}, \ \eta = \frac{\partial(\lambda, \mu)}{\partial(z, x)}, \ \zeta = \frac{\partial(\lambda, \mu)}{\partial(x, y)}. \tag{2}$$

现若设涡线的微分方程

$$\frac{dx}{\xi} = \frac{dy}{\eta} = \frac{dz}{\zeta} \tag{3}$$

在积分后成为

$$\alpha = \text{const.}, \ \beta = \text{const.}, \tag{4}$$

其中 α, β 为 x, y, z 的函数，我们就必有

$$\xi = P\frac{\partial(\alpha, \beta)}{\partial(y, z)}, \ \eta = P\frac{\partial(\alpha, \beta)}{\partial(z, x)}, \ \zeta = P\frac{\partial(\alpha, \beta)}{\partial(x, y)}, \tag{5}$$

式中 P 为 x, y, z 的某种函数[2]. 将上式代入恒等式

$$\frac{\partial\xi}{\partial x} + \frac{\partial\eta}{\partial y} + \frac{\partial\zeta}{\partial z} = 0,$$

得

$$\frac{\partial(P, \alpha, \beta)}{\partial(x, y, z)} = 0. \tag{6}$$

上式表明，P 具有 $f(\alpha, \beta)$ 的形式. 若 λ, μ 为 α, β 的任意两个函数，我们有

$$\frac{\partial(\lambda, \mu)}{\partial(y, z)} = \frac{\partial(\lambda, \mu)}{\partial(\alpha, \beta)} \times \frac{\partial(\alpha, \beta)}{\partial(y, z)}, \text{ 等.}$$

而如把 λ, μ 选择得能使

$$\frac{\partial(\lambda, \mu)}{\partial(\alpha, \beta)} = f(\alpha, \beta), \tag{7}$$

则 (5) 式就可化为 (2) 式的形式. 至于 (7) 式，则显然可有无限多种方式来得到满足.

---

1) "Ueber eine allgemeine Transformation d. hydrodynamischen Gleichungen", *Crelle*, liv. (1857) 和 lvi. (1859). 还见 Hill, *Quart. Journ. Math.* xvii. (1881) 和 *Camb. Trans.* xiv. (1883).

2) 参看 Forsyth, *Differential Equations*, Art. 174.

由(2)式可知诸曲面 $\lambda=$ const. 和 $\mu=$ const.的交线为涡线.这就提示我们,可把(1)式中的 λ 和 μ 设为随时间而连续地变化以使上述诸曲面随着流体而一起运动[1]. 多种解析证明已证实了这一可能性,其中最简单的或许是借助于第 15 节中方程组(2)的方法. 该方程组给出(像第 17 节中那样)

$$udx+vdy+wdz=u_0da+v_0db+w_0dc-d\chi. \tag{8}$$

已证明过,在初始时刻,我们可设

$$u_0da+v_0db+w_0dc=-d\phi_0+\lambda d\mu. \tag{9}$$

因而,考虑时刻 t 时的空间变化,就有

$$udx+vdy+wdz=-d\phi+\lambda d\mu, \tag{10}$$

式中 $\phi=\phi_0+\chi$, 而 λ 和 μ 仍有(9)式中之值, 但现在则是通过 x, y, z, t 来表示了. 由于在 Lagrange 方法中,独立的空间变量是和一个个流体质点相联系的, 于是定理得到了证明.

在这一理解的基础上,那么,如果外力有势,且 p 仅为 ρ 的函数,运动方程就可以积分. 因我们有

$$\begin{aligned}\frac{\partial u}{\partial t}&-2v\zeta+2w\eta\\&=\frac{\partial u}{\partial t}+\left(u\frac{\partial\lambda}{\partial x}+v\frac{\partial\lambda}{\partial y}+w\frac{\partial\lambda}{\partial z}\right)\frac{\partial\mu}{\partial x}-\left(u\frac{\partial\mu}{\partial x}+v\frac{\partial\mu}{\partial y}+w\frac{\partial\mu}{\partial z}\right)\\&=\frac{\partial}{\partial x}\left(-\frac{\partial\phi}{\partial t}+\lambda\frac{\partial\mu}{\partial t}\right)+\frac{D\lambda}{Dt}\frac{\partial\mu}{\partial x}-\frac{D\mu}{Dt}\frac{\partial\lambda}{\partial x},\end{aligned} \tag{11}$$

所以在目前所作假定 $D\lambda/Dt=0$ 和 $D\mu/Dt=0$ 下, 根据 146 节(5)式和(6)式, 可得

$$\int\frac{dp}{\rho}+\frac{1}{2}q^2+\Omega=\frac{\partial\phi}{\partial t}-\lambda\frac{\partial\mu}{\partial t}. \tag{12}$$

在上式中,t 的任意函数项已假设合并到 $\partial\phi/\partial t$ 中了.

如果对 λ 和 μ 不加上述条件,可令

$$H=\int\frac{dp}{\rho}+\frac{1}{2}q^2+\Omega-\frac{\partial\phi}{\partial t}+\lambda\frac{\partial\mu}{\partial t}, \tag{13}$$

而有

$$\left.\begin{aligned}\frac{D\lambda}{Dt}\frac{\partial\mu}{\partial x}-\frac{D\mu}{Dt}\frac{\partial\lambda}{\partial x}&=-\frac{\partial H}{\partial x},\\\frac{D\lambda}{Dt}\frac{\partial\mu}{\partial y}-\frac{D\mu}{Dt}\frac{\partial\lambda}{\partial y}&=-\frac{\partial H}{\partial y},\\\frac{D\lambda}{Dt}\frac{\partial\mu}{\partial z}-\frac{D\mu}{Dt}\frac{\partial\lambda}{\partial z}&=-\frac{\partial H}{\partial z}.\end{aligned}\right\} \tag{14}$$

---

1) 绝不能忽视,由于 λ 和 μ 不够确定, 这两个函数是可以随时间连续变化但又并不总是和同一些流体质点相联系的.

故

$$\frac{\partial(H,\lambda,\mu)}{\partial(x,y,z)}=0, \tag{15}$$

它表明H具有 $f(\lambda, \mu, t)$ 的形式;且

$$\frac{D\lambda}{Dt}=-\frac{\partial H}{\partial \mu},\ \frac{D\mu}{Dt}=\frac{\partial H}{\partial \lambda}. \tag{16}$$[1]

1) 听说这两个方程是 T. Stuart 先生 (1900) 在一个学会报告(都柏林)中给出的.

第 VIII 章
潮 汐 波

168. 在理论流体动力学理论中，最有趣和最成功的应用之一是对具有自由表面的液体在重力作用下作微小振荡的研究. 在某些情况下(从理论上来看,这些情况是比较特殊的，但从实用的观点来看却是非常重要的)，这类振荡可以组合成以不变的形状(在初步近似下)在液体表面上传播的行波.

术语"潮汐"在用到波动上时,有着各种不同的含意,但似乎最为自然的做法是把它仅仅理解为一种重力振荡，这种重力振荡具有海洋潮汐(它是在太阳和月亮的作用下产生的)的特性.因此,我们才大胆地把它作为本章的标题,并在本章中叙述这样一种波动,在这种波动中,流体的运动主要是水平方向的,并因而(如将会看到的那样)对一条铅垂线上的所有各点而言,运动情况几乎是相同的. 这种情况使理论大为简化.

为论述方便起见，首先扼要叙述一下微小振荡的一般理论中的某些要点[1]——在随后的探讨中将会经常引用它们.我们先叙述有限自由度中的理论,但所得结果,当适当说明后，在没有有限自由度这一限制时也能成立[2].

设 $q_1, q_2, \cdots, q_n$ 为用来规定一个动力学系统位形的 n 个广义坐标，并设它们在平衡位形时为零. 系统的动能 T 将为广义速

1) 一般理论的较详细说明见 Thomson and Tait, Arts. 337, …; Rayleigh, *Theory of Sound*, c. iv.; Routh, *Elementary Rigid Dynamics* (6th ed.), London, 1897, c. ix.; Whittaker, *Analytical Dynamics*, c. vii.; Lamb, *Higher Mechanics*, 2nd ed., Cambridge, 1929.

2) 一个能严格地过渡到无限自由度的步骤由 Hilbert 作了探讨，见 *Gött. Nachr.* 1904.

度 $\dot{q}_1,\dot{q}_2,\cdots,\dot{q}_n$ 的二次齐次函数:

$$2T = a_{11}\dot{q}_1^2 + a_{22}\dot{q}_2^2 + \cdots + 2a_{12}\dot{q}_1\dot{q}_2 + \cdots, \tag{1}$$

式中系数一般来讲应为坐标 $q_1,q_2,\cdots,q_n$ 的函数,但对于**微小的**运动则可设为常数,并具有对应于 $q_1,q_2,\cdots,q_n = 0$ 时之值. 此外,如果(像我们要假定的那样)系统是"保守"的,那么,一个微小位移的势能 V 就是位移分量 $q_1,q_2,\cdots,q_n$ 的具有常系数(在和上述相同的理解下)的二次齐次函数:

$$2V = c_{11}q_1^2 + c_{22}q_2^2 + \cdots + 2c_{12}q_1q_2 + \cdots. \tag{2}$$

借助于坐标 $q_1,q_2,\cdots,q_n$ 的一个实线性变换[1], 可以把 T 和 V 同时简化为只含有平方项之和, 这样所引进的新自变量称为系统的"正则坐标". 应用正则坐标后,就有

$$2T = a_1\dot{q}_1^2 + a_2\dot{q}_2^2 + \cdots + a_n\dot{q}_n^2, \tag{3}$$

$$2V = c_1q_1^2 + c_2q_2^2 + \cdots + c_nq_n^2. \tag{4}$$

系数 $a_1,a_2,\cdots,a_n$ 称为"主惯性系数",它们必须为正值. c_1, c_2, $\cdots,c_n$ 可称为"主稳定性系数", 如果未受扰时的位形是稳定的, 那么它们就全部为正值.

当有已知的外力作用于系统时, 则外力在任一无穷小位移 $\Delta q_1,\Delta q_2,\cdots,\Delta q_n$ 中所作之功可表示为

$$Q_1\Delta q_1 + Q_2\Delta q_2 + \cdots + Q_n\Delta q_n. \tag{5}$$

系数 $Q_1,Q_2,\cdots,Q_n$ 于是就被称为"扰力的正则分量".

Lagrange 方程

$$\frac{d}{dt}\frac{\partial T}{\partial \dot{q}_r} - \frac{\partial T}{\partial q_r} = -\frac{\partial V}{\partial q_r} + Q_r \qquad (r = 1,2,\cdots,n) \tag{6}$$

在应用于无穷小运动时所具有的形式为

$$a_{1r}\ddot{q}_1 + a_{2r}\ddot{q}_2 + \cdots + c_{1r}q_1 + c_{2r}q_2 + \cdots = Q_r, \tag{7}$$

或当选用正则坐标时为

$$a_r\ddot{q}_r + c_rq_r = Q_r. \tag{8}$$

由此不难看出,正则坐标的动力学特性为:(1°)任一正则型的冲量

---

1) 在其代数证明中假设了函数 T 和 V 中至少有一个是本性正值. 在目前情况下, T 当然能满足这一条件.

只能产生该正则型的初始运动；(2°)任一正则型的定常扰力只能维持一个该正则型的位移．

为求得系统的自由运动，令 $Q_r=0$．求解(8)式可得

$$q_r = A_r\cos(\sigma_r t + \varepsilon_r), \tag{9}$$

其中

$$\sigma_r = (c_r/a_r)^{\frac{1}{2}}, \tag{10}$$

而 A_r，ε_r 为任意常数[1]．因此，下述模式的自由运动是可能的，其中任一正则坐标 q_r 单独作着变化，系统中任一质点的运动由于线性依赖于 q_r 而为周期等于 $2\pi/\sigma_r$ 的简谐运动，而且诸质点同时经过各自的平衡位置并彼此保持同步．具有这一特征的运动模式称为系统的"正则振型"，其数目等于系统的自由度数，而且，系统的任何一种自由运动都可在适当选择诸"振幅"(A_r)和诸"初相"(ε_r)后由这些正则振型叠加而得到．从(10)式可以得知，在任一正则振型中，动能和势能的平均值(对时间而言)是相等的．

在某些情况下，当系统的两个或更多个自由周期($2\pi/\sigma$)彼此相等时，正则坐标在某种程度上是不确定的，也就是说，它们可以有无限多种方法来选择．这时，把具有任意振幅和初相的这类振型组合起来，我们可以得到一种微小振荡，其中每一质点的运动是沿不同方向的简谐振动的合成，因而，一般来讲，是具有同样周期的椭圆谐运动．球面摆就是一个例子．在我们的课题中，一个重要的例子是深水中的行波(第 IX 章)．

如稳定性系数中有任意一个 c_r 为负值，则 σ_r 为一纯虚数．(9)式中的三角函数就要改换为实指数函数．一般来讲，一个任意位移将不断增大，直到近似方程(8)的前提假定不再成立．这时，未受扰时的位形就被认为是不稳定的．稳定的(在目前的意义下)平衡位形的必要和充分条件是其势能为极小值．

为求得扰力的影响，只要考虑 Q_r 为时间的简谐函数就足够

1) 比值 $\sigma/2\pi$ 是振荡"频率"的度量．对 σ 本身也要取个名字才方便；Kelvin 和 G. H. Darwin 在他们研究潮汐时曾称之为"速率"(目前常用的叫法是"角频率"——译注)．

了，例如

$$Q_r = C_r \cos(\sigma t + \varepsilon), \tag{11}$$

式中 σ 值是已经指定的。 这种形式的扰力不仅是最令人感兴趣的，而且我们由 Fourier 定理知道，不论 Q_r 按照什么样的规律随时间变化，它都可以由(11)式这样的项所组成的级数来表示。于是(8)式的一个特解就是

$$q_r = \frac{C_r}{c_r - \sigma^2 a_r} \cos(\sigma t + \varepsilon). \tag{12}$$

它表示了由周期性扰力 Q_r 所引起的"强迫振荡"。 在这种振荡中，每一质点的运动都是周期为指定值 $2\pi/\sigma$ 的简谐运动，而且，最大的位移就发生在扰力为极大值和极小值的时候。

与(11)式所表示的真实扰力之某一瞬时值相等的一个常力就会维持一个位移

$$\bar{q}_r = \frac{C_r}{c_r} \cos(\sigma t + \varepsilon), \tag{13}$$

当然，这和假如惯性系数 a_r 为零时所得结果是一样的。 于是，(12)式可被写为

$$q_r = \frac{1}{1 - \sigma^2/\sigma_r^2} \bar{q}_r, \tag{14}$$

其中 σ_r 具有(10)式之值。这一极有用的公式可以使我们在知道了与扰力同类型的定常力的影响后而写出周期性扰力的影响。应当注意到，按照 $\sigma \lessgtr \sigma_r$，也就是，按照扰力的周期大于或小于自由周期，q_r 与 Q_r 具有相同或相反的相位。在周期性水平力作用下的单摆可提供一个简单的例子。在潮汐理论中还有着其它重要的例子[1]。

当 σ 远大于 σ_r 时，(12)式成为

$$q_r = -\frac{C_r}{\sigma^2 a_r} \cos(\sigma t + \varepsilon); \tag{15}$$

---

1) 参看 T. Young, "A Theory of Tides", *Nicholson's Journal*, xxxv. (1813) [*Miscellaneous Works*, London, 1854, ii. 262].

这时，位移就总是和扰力的相位相反，并仅依赖于系统的惯性.

如所加之力的周期与 r 阶正则振型的周期接近于相等，则按照(14)式，强迫振荡的振幅就远大于 $\bar{q}_r$. 当这两个周期完全相等时，(12)式就不再成立，而必须由

$$q_r = \frac{C_r t}{2\sigma a_r} \sin(\sigma t + \varepsilon) \tag{16}$$

所替换. 上式表示一个振幅不断增大的振荡，因而只能用以表达扰动的初始阶段.

还可注意到正则振型的另一个非常重要的性质. 如果加进无摩擦的约束使系统被迫按指定的任何其它方式作振荡，并使系统在任何时刻的位形都可用一个变量(设为 θ)来规定，则可有

$$q_r = B_r \theta,$$

其中 B_r 为某些常数. 它使

$$2T = (B_1^2 a_1 + B_2^2 a_2 + \cdots + B_n^2 a_n)\dot{\theta}^2, \tag{17}$$

$$2V = (B_1^2 c_1 + B_2^2 c_2 + \cdots + B_n^2 c_n)\theta^2. \tag{18}$$

若 $\theta \propto \cos(\sigma t + \varepsilon)$，则能量 $(T + V)$ 不变就要求

$$\sigma^2 = \frac{B_1^2 c_1 + B_2^2 c_2 + \cdots + B_n^2 c_n}{B_1^2 a_1 + B_2^2 a_2 + \cdots + B_n^2 a_n}. \tag{19}$$

因此，σ^2 之值应在诸 c_r/a_r 中的最大值和最小值之间，换言之，系统加约束后的振荡频率是在原正则振型的最大和最小频率之间. 特别是，当一个系统由于被加进约束而受限后，其最缓慢的固有振荡频率就增大. 此外，如果加约束后的振型和一个正则振型 (r) 相差很小的话，那么 σ^2 就和 c_r/a_r 只相差一个二阶小量. 它给了我们一个方法，可以使我们在不能精确地确定正则振型的情况下近似地估算出频率[1]. 在第 191 和 259 节中有着例子. 还可进一步证明，在只加部分约束而使自由度由 n 降为 $n-1$ 的情况下，受限后系统中的各周期之值就插在原系统的几个周期之间[2].

Lagrange 已经注意到[3]，如果在(7)式这种类型的方程组(其中坐标未假定为正则的)中，令 $Q_r = 0$，并设

---

1) Rayleigh, "Some General Theorems relating to Vibrations", *Proc. Lond. Math. Soc.* iv. 357 (1874) [*Papers*, i. 170] 和 *Theory of Sound*, c. iv. 这一方法由 Ritz 作了详述，见 *Journ. für Math.* cxxxv. 1(1908) 和 *Ann. der Physik*, xxviii (1909) [*Gesammelte Werke*, Paris, 1911, pp. 192, 265].

2) Routh, *Elementary Rigid Dynamics*, Art. 67; Rayleigh, *Theory of Sound* (2nd ed.), Art. 92a; Whittaker, *Analytical Dynamics*, Art. 81.

3) *Mecanique Analytique* (Bertrand's ed.), i. 331; Oeuvres, xi. 380.

$$q_r = A_r\cos(\sigma t + \varepsilon),\tag{20}$$

则所得到的一些方程就和确定表达式

$$\sigma^2 = \frac{c_{11}A_1^2 + c_{22}A_2^2 + \cdots + 2c_{12}A_1A_2 + \cdots}{a_{11}A_1^2 + a_{22}A_2^2 + \cdots + 2a_{12}A_1A_2 + \cdots} = \frac{V(A,A)}{T(A,A)}\tag{21}$$

的平稳值时的诸方程相同. 因 $T(A,A)$ 是本性正值,分母不会等于零,因而该表达式有一极小值. 此外,可从这一性质出发证明出 σ^2 的 n 个值全部都是实数[1]. 而如 V 为本性正值,它们就很明显地都是正值.

Rayleigh 的理论还和 135 节(3)式的 Hamilton 公式密切相关,正如我们可由设

$$q_r = A_r\sin\sigma t\tag{22}$$

并取 $t_0 = 0$ 和 $t_1 = 2\pi/\sigma$ 所能看到的那样. 参看 205a 节.

在微小振荡理论中考虑进粘性力后的修正将在第 XI 章中谈到。

渠道中的长波

169. 现在进而讨论本章中的特殊问题. 我们从讨论沿一个直渠道传播的波浪开始,这一直渠道具有水平的底部和铅垂的侧壁. 设 x 轴平行于渠道的长度, y 轴铅直向上,并设运动是二维 (x, y) 的. 在时刻 t 时,令横坐标 x 处的自由表面之纵坐标为 $y_0 + \eta$,其中 y_0 为自由表面在未受扰状态下的纵坐标.

如已指出过的那样,在本章全部研究中都将假定流体质点在铅垂方向的加速度可略去不计. 说得更精确一些就是,任一点 (x,y) 处的压力几乎等于由该点在自由表面下的深度而引起的静压,即

$$p - p_0 = g\rho(y_0 + \eta - y),\tag{1}$$

式中 p_0 为均匀的外部压力.

故

$$\frac{\partial p}{\partial x} = g\rho\frac{\partial \eta}{\partial x}.\tag{2}$$

---

1) 见 Poincaré, *Journ. de Math.* (5), ii. 83 (1896); Lamb, *Higher Mechanics*, 2nd ed. Art. 92.

它与 y 无关，因此，对于一个垂直于 x 轴的平面上的所有各点来讲，水平方向的加速度是相同的。随之可知，任一时刻位于一个与 x 轴垂直的平面上的全部质点就永远位于同一个这类平面上，换言之，即水平速度 u 仅为 x 和 t 的函数。

在无穷小运动中，水平方向的运动方程

$$\frac{\partial u}{\partial t}+u\frac{\partial u}{\partial x}=-\frac{1}{\rho}\frac{\partial p}{\partial x}$$

可由于略去二阶小量 $u\partial u/\partial x$ 而进一步简化为

$$\frac{\partial u}{\partial t}=-g\frac{\partial \eta}{\partial x}. \tag{3}$$

现设

$$\xi=\int u dt,$$

即 ξ 为平面 x 处的速度对时间的积分(在时间 t 内)。在微小运动的场合下，准确到一阶小量，ξ 就等于原来占据该平面的诸质点的位移，也等于在时刻 t 时占据该平面的诸质点的位移。(3)式现在可被写为

$$\frac{\partial^2 \xi}{\partial t^2}=-g\frac{\partial \eta}{\partial x}. \tag{4}$$

连续性方程可由计算在时间 t 内流入由平面 x 和 $x+\delta x$ 所界限的空间的流体体积而求得。因此，若令 h 为流体的深度，b 为渠道宽度，则有

$$-\frac{\partial}{\partial x}(\xi hb)\delta x=\eta b\delta x,$$

亦即

$$\eta=-h\frac{\partial \xi}{\partial x}. \tag{5}$$

由连续性方程的普通形式

$$\frac{\partial u}{\partial x}+\frac{\partial v}{\partial y}=0 \tag{6}$$

也可得出同样的结果。为此，我们暂时把坐标原点取在渠道底部，而有

$$v = -\int_0^y \frac{\partial u}{\partial x}\, dy = -y\frac{\partial u}{\partial x}. \tag{7}$$

这一公式表明，在我们的原始假定下，任一质点沿铅垂方向的速度应简单地正比于它距渠底的高度，因而令人感兴趣．在自由表面上，我们有 $y = h + \eta$，$v = \partial\eta/\partial t$，因此（在略去小量的乘积项后），

$$\frac{\partial\eta}{\partial t} = -h\frac{\partial^2\xi}{\partial x\partial t}. \tag{8}$$

把上式对 t 求积，就可得到(5)式．

从(4)，(5)二式消去 η 后，可得

$$\frac{\partial^2\xi}{\partial t^2} = gh\frac{\partial^2\xi}{\partial x^2}. \tag{9}$$

而若消去 ξ，则可得同样形式的方程如下：

$$\frac{\partial^2\eta}{\partial t^2} = gh\frac{\partial^2\eta}{\partial x^2}. \tag{10}$$

上述研究可很容易推广到任何截面的均匀渠道[1]．如令未受扰时流体的截面面积为 S，自由表面处的宽度为 b，则连续性方程为

$$-\frac{\partial}{\partial x}(\xi S)\delta x = \eta b\delta x; \tag{11}$$

故若令 $h = S/b$，即 h 表示渠道中流体的平均深度，则有

$$\eta = -h\frac{\partial\xi}{\partial x}, \tag{12}$$

它和前面的结果一样．动力学方程(4)当然是不变的．

170. 方程(9)的形式是在某些物理问题中（例如弦的横向振动以及一维的声波等）也会遇到的熟知形式．

为求积(9)式时简练起见，令

$$c = \sqrt{gh}, \tag{13}$$

以及

$$x - ct = x_1,\quad x + ct = x_2.$$

以 x_1 和 x_2 作为自变量后，(9)式的形式成为

1) Kelland, *Trans. R. S. Edin.* xiv. (1839).

$$\frac{\partial^2 \xi}{\partial x_1 \partial x_2} = 0.$$

故(9)式之全解为

$$\xi = F(x - ct) + f(x + ct), \tag{14}$$

其中 F 和 f 为二任意函数.

相应的质点运动速度和水面升高量由下式给出:

$$\left.\begin{aligned} \frac{\dot{\xi}}{c} &= -F'(x - ct) + f'(x + ct), \\ \frac{\eta}{h} &= -F'(x - ct) - f'(x + ct). \end{aligned}\right\} \tag{15}$$

解释以上结果是很简单的事. 首先单独地来看(14)式右边第一项所表示的运动. 因为当 t 和 x 分别增大 τ 和 $c\tau$ 时, $F(x-ct)$ 之值并不改变,所以很容易理解,时刻 t 时在 x 处所发生的扰动在时刻 $t+\tau$ 时就传递到了 $x+c\tau$ 处. 因此, 扰动是以常速度 c 不变地在空间推进的. 换言之, 该项所表示的是沿 x 轴的正方向以速度 c 而行驶的“行波”. 同样地, (14)式右边第二项所表示的是沿 x 轴的负方向以速度 c 而行驶的行波. 而且, 由于(14)式是(9)式的全解,因此可以看出,不论流体的运动是什么样的,只要符合上一节中所提出的条件, 就可以看作是由这两种波动所组成的.

根据(13)式可知,扰动的传播速度 (c) 等于未受扰时流体的一半深度“所产生”的速度[1]

下表中给出了不同深度下波的传播速度的整数值,并取 $g=32$ 英尺/秒. 这些数值在后面讨论到潮汐理论时是有意义的.

h(英尺)	c(英尺/秒)	c(海里/小时)	$2\pi a/c$ (小时)
$312\frac{1}{2}$	100	60	360
1250	200	120	180
5000	400	240	90
11250[2]	600	360	60
20000	800	480	45

1) Lagrange, *Nouv. mém. de l'Acad. de Berlin*, 1781 [*Oeuvres*, i. 747].

2) 可能,这是在数量级上与海洋的平均深度差不多的数值.

表中最后一行给出了波所行驶的距离等于绕地球一周（$2\pi a$）时所需要的时间. 为了使一个“长”波能在 24 小时内穿越这段距离，所需要的深度约为 14 英里. 必须牢记的是，表中数值结果只适用于满足前述条件的波动. 这些条件的意义将在 172 节作较详细的探讨.

171. 为了探索一个任意初始扰动的影响，设在 $t=0$ 时有

$$\frac{\dot{\xi}}{c}=\phi(x),\quad \frac{\eta}{h}=\psi(x). \tag{16}$$

于是，(15)式中的函数 F' 和 f' 为

$$\left.\begin{aligned} F'(x)&=-\frac{1}{2}\{\phi(x)+\psi(x)\},\\ f'(x)&=\frac{1}{2}\{\phi(x)-\psi(x)\}. \end{aligned}\right\} \tag{17}$$

故若令

$$\left.\begin{aligned} \eta_1&=\frac{1}{2}h\{\psi(x)+\phi(x)\},\\ \eta_2&=\frac{1}{2}h\{\psi(x)-\phi(x)\}, \end{aligned}\right\} \tag{18}$$

并画出曲线 $y=\eta_1$ 和 $y=\eta_2$，则在其后的任意时刻 t，波的剖面形状可先由这两条曲线平行于 x 轴而分别移动一段距离 $\pm ct$，再将二者的纵坐标代数相加而得到. 例如，如果初始扰动局限于沿 x 轴的一段长度 l 内，则在经过时间 $l/2c$ 后，就会破裂成为沿相反方向行驶的两个长度为 l 的行波.

在初始状态为 $\dot{\xi}=0$ 的特殊情况下，$\phi(x)=0$，故 $\eta_1=\eta_2$. 每一分支波的升高量都正好是初始扰动在对应点处的升高量的一半.

(16)和(17)二式显示出，如初始扰动使得 $\dot{\xi}=\pm(\eta/h)c$，则因函数 F' 和 f' 中有一个为零，所以，由初始扰动所引起的运动就只包括朝着一个方向行驶的波系.

当这两种行波之一经过表面上的一个质点时，不难探索出该质点的运动. 例如，设

$$\xi=F(x-ct), \tag{19}$$

并因而有

$$\dot{\xi}=c\frac{\eta}{h}. \tag{20}$$

所以，在波到达质点以前，质点一直是静止的．在波到达后，质点就向前运动，它在任一时刻的速度正比于它超出平均水平面的升高量，而且，质点的实际速度要小于波速，二者之比为水面升高量与水深之比．质点在任一时间内的位移为

$$\xi=\frac{1}{h}\int\eta c\,dt.$$

上式中的积分度量了在所考虑的时间内穿过该质点的那部分波的体积(按渠道中每单位宽度计算)．最后，当波过去以后，该质点又静止下来，但已从其原来位置向前走了一段距离，这段距离等于水面升高部分的全部体积除以渠道的横截面积．

172. 我们现在可以考查一下，在什么情况下，由(14)式所表示的解能符合 169 节中所提出的假定．

把沿铅垂方向运动的精确方程

$$\rho\frac{Dv}{Dt}=-\frac{\partial p}{\partial y}-g\rho$$

对 y 积分后得

$$p-p_0=g\rho(y_0+\eta-y)-\rho\int_y^{y_0+\eta}\frac{Dv}{Dt}\,dy. \tag{21}$$

如以 β 表示最大的铅垂加速度，则若 βh 远小于 $g\eta$，上式就可由近似方程(1)式所代替．在行波中，如 λ 表示相继的两个波节(即波的剖面与未受扰时之水平面的交点)之间的距离，则波中相继二波节之间的部分穿过某一质点所需时间为 λ/c，故若波面斜率 $\partial\eta/\partial x$ 处处都很小的话，则铅垂速度的量级为 $\eta c/\lambda$[1]，铅垂加速度的量级为 $\eta c^2/\lambda$ (其中 η 为最大升高量或凹陷量)．因此，如 h^2/λ^2 是一个小量，βh 就远小于 $g\eta$．

1) 因此，与(20)式相比较后，可看出最大的铅垂速度与最大的水平速度之比具有量级 h/λ．

波面的坡度很平缓，长度 λ 远大于流体深度 h 的波称为"长"波。

另外，得到方程(3)时所提出的无穷小运动的限制就在于要使 $u\partial u/\partial x$ 与 $\partial u/\partial t$ 相比可被略去。现因在行波中有 $\partial u/\partial t = \pm c\partial u/\partial x$，因此，$u$ 必须远小于 c，因而由(20)式可知，η 必须远小于 h。可以看出，这一条件和前面那个条件是完全不同的。在运动不能被认为是无穷小的情况下，前面那个条件仍是可以允许的。见 187 节。

如果(14)式中的两个行波(它们是由扰动分解而得到的)中的每一个都能满足上述两个条件，那么，由(14)式所表示的普遍情况当然也能满足这些条件。

173. 还有另一个研究"长"波运动的方法——总的来看是稍欠方便的方法。它采取 Lagrange 的用坐标表示各流体质点的做法。为简单起见，我们只考虑矩形截面的渠道[1]。仍假定铅垂方向的加速度可略去不计，和以前一样，这一基本假定就意味着，在一个与渠道长度方向垂直的平面上，所有质点的水平运动都是相同的。于是，我们就用 $x+\xi$ 来表示未受扰时横坐标为 x 的那些质点在时刻 t 所占平面的横坐标。如 η 表示自由表面在该平面处的升高量，则宽度为一个单位、未受扰时之厚度为 δx 的流体层的运动方程为

$$\rho h\delta x\frac{\partial^2\xi}{\partial t^2}=-\frac{\partial p}{\partial x}\delta x(h+\eta),$$

其中因子 $(\partial p/\partial x)\delta x$ 表示该层两侧面上任意两个相对的质点 x 和 $x+\delta x$ 之压力差，因子 $h+\eta$ 表示该层的面积。由于我们假定了任一质点的压力仅依赖于它在自由表面下的深度，故可写出

$$\frac{\partial p}{\partial x}=g\rho\frac{\partial\eta}{\partial x},$$

1) Airy, *Encyc. Metrop.* "Tides and Waves", Art. 192(1845)；还见 Stokes, "On Waves", *Camb. and Dub. Math. Journ.* iv. 219(1849)[*Papers*, ii. 222]. 两侧壁具有坡度的渠道由 McCown 作了处理，见 "On the Theory of Long Waves …", *Phil. Mag.* (5), xxxv. 250(1892).

而动力学方程就成为

$$\frac{\partial^2\xi}{\partial t^2}=-g\left(1+\frac{\eta}{h}\right)\frac{\partial\eta}{\partial x}. \tag{1}$$

连续性方程可由同一部分质点所组成的流体层在受扰后与受扰前之体积相等而求得，即

$$\left(\delta x+\frac{\partial\xi}{\partial x}\delta x\right)(h+\eta)=h\delta x,$$

亦即

$$1+\frac{\eta}{h}=\left(1+\frac{\partial\xi}{\partial x}\right)^{-1}. \tag{2}$$

由 (1)，(2) 二式可消去 η 或 ξ；消去 η 而留下 ξ 则结果较为简单，它是

$$\frac{\partial^2\xi}{\partial t^2}=gh\frac{\dfrac{\partial^2\xi}{\partial x^2}}{\left(1+\dfrac{\partial\xi}{\partial x}\right)^3}. \tag{3}$$

上式是具有铅垂侧壁的均匀渠道中的“长”波之普遍方程[1]。

迄今为止，在讨论中所提出的唯一假定就是计算压力时可略去质点的铅垂加速度。如果现在额外加上 η/h 为一小量的假定，则(2)式和(3)式就简化为

$$\eta=-h\frac{\partial\xi}{\partial x}, \tag{4}$$

和

$$\frac{\partial^2\xi}{\partial t^2}=gh\frac{\partial^2\xi}{\partial x^2}. \tag{5}$$

而自由表面的升高量 η 也就满足与上式形式相同的一个方程，即

$$\frac{\partial^2\eta}{\partial t^2}=gh\frac{\partial^2\eta}{\partial x^2}. \tag{6}$$

---

1) Airy，同上页脚注。

以上二式与前面所得到的结果相同，这是由于 $\partial\xi/\partial x$ 很小就表示任意两个质点的相对位移比起它们之间的距离来讲是极小的，因此（在初步近似下），现在把变量 x 看作指的是一个在空间固定的平面还是一个随着流体一起运动的平面，就成为无关紧要的事了．

174. 按单位宽度来计算，一个波或波系由于流体超出平均水平面而升高或由于低于平均水平面而凹陷所产生的势能为 $g\rho\iint ydxdy$，其中对 y 的积分取在下限 0 和上限 η 之间，对 x 的积分则沿波的全部长度求积．把这一双重积分中对 y 的积分完成后，就得到势能为

$$\frac{1}{2}g\rho\int\eta^2dx. \tag{1}$$

其动能则为

$$\frac{1}{2}\rho h\int\dot{\xi}^2dx. \tag{2}$$

在只朝着一个方向行驶的波系中，我们有

$$\dot{\xi}=\pm\frac{c}{h}\eta,$$

故表达式(1)和(2)相等，即总能量中一半是势能，一半是动能．

以上结论也可用下述较普遍的方式而得到[1]． 任一行波都可设想为是由于某个初始扰动分裂为向相反方向行驶的两个波而产生的，在这一初始扰动中，质点的速度处处为零，因而初始能量全部为势能．由 171节得知，这两个分支波在任何方面都是对称的，因此，每一分支波都必含有初始所贮存的能量的一半．又因每一分支波在对应点处的升高量恰为初始扰动的一半，所以根据（1）式，其势能就是初始所贮能量的四分之一．而每一分支波中能量的剩余部分（即动能）也就同样是初始所贮能量的四分之一了．

175. 如果波只朝着一个方向行驶而且不改变其形状，那么，

1) Rayleigh, "On waves", *Phil. Mag.* (5), i. 257(1876) [*Papers*, i. 251].

在任何情况下，我们只要对全部流体都加上一个与波的传播速度大小相等而方向相反的速度，运动就会变为定常的，同时，任一质点上的作用力则仍和原来一样．借助于这一技巧来研究波的传播规律就容易得多了[1]． 把这一方法应用于我们目前所讨论的情况中，则根据第 22 节(5)式，在自由表面上可有

$$\frac{p}{\rho}=\text{const.}-g(h+\eta)-\frac{1}{2}q^2, \tag{1}$$

式中 q 为速度．又如波剖面的坡度处处都很平缓，且深度 h 远小于波长，则水平速度可以看作沿深度方向是均匀的，并近似为 q．因此，连续性方程为

$$q(h+\eta)=ch, \tag{2}$$

其中 c 为定常运动下在水流深度为均匀且等于 h 处的速度．把上式所表示的 q 代入(1)式，得

$$\frac{p}{\rho}=\text{const.}-gh\left(1+\frac{\eta}{h}\right)-\frac{1}{2}c^2\left(1+\frac{\eta}{h}\right)^{-2}. \tag{3}$$

因此，如 η/h 为小量，则自由表面上的条件(即 $p=\text{const.}$)可近似地被满足，只要

$$c^2=gh. \tag{4}$$

它和我们在前面所得到的结果相符．

由现在所用的方法还可非常简单地算出已在 171 节中所求得的质点速度和水面升高量之间的关系．从(2)式，可近似地有

$$q=c\left(1-\frac{\eta}{h}\right). \tag{5}$$

因此，在波动中，质点速度相对于未受扰处的水来讲是 $c\eta/h$，并沿波的传播方向．

当水面升高量 η 虽与波长相比为很小，但并未被看作是无穷小量时，则可在(4)式中用 $\eta+h$ 替换掉 h 而对波速求出一个更好的近似．这一替换给出波速相对于紧邻的流体近似为

---

1) Rayleigh，同上页脚注．

$$c_0\left(1+\frac{1}{2}\frac{\eta}{h}\right),$$

其中 $c_0=\sqrt{gh}$. 由于这部分流体本身具有速度 $c_0\eta/h$，故波在空间传播的速度为

$$c_0\left(1+\frac{3}{2}\frac{\eta}{h}\right). \tag{6}$$

这一结果实质上是由 Airy 得到的[1]. 随之可知，我们现在所考虑的这种类型的波并不能在传播时完全不改变其剖面形状，因为波速是随着高度而变化的. 不久，当我们进入到专门考虑有限振幅波的理论时，还要给(6)式另一个证明(187 节).

176. 由于近似方程是线性的，所以，只要波高足够小，那么任何数量的独立解都可叠加. 例如，当给定了一个朝某一方向行驶的任何形状的波时，如果叠加上它对于平面 $x=0$ 的镜像(朝相反方向行驶的波)，那么很明显，在合成运动中，水平速度在原点处为零，因而，整个情况就犹如在该处有一个固定屏障一样. 因此我们可了解到波在遇到一个屏障时的反射现象. 水面升高和凹陷是不变地被反射的，而水平速度则反向. 同样的结果可由公式

$$\xi=F(ct-x)-F(ct+x) \tag{1}$$

得出，而上式显然是 ξ 在服从于 $x=0$ 处的 $\xi=0$ 这一条件下的最普遍形式.

我们可以不太困难地进一步研究波在渠道截面发生突然变化处的部分反射问题. 把原点就取在该处，可对原点的负侧写出

$$\left.\begin{aligned}\eta_1&=F\left(t-\frac{x}{c_1}\right)+f\left(t+\frac{x}{c_1}\right),\\ u_1&=\frac{g}{c_1}F\left(t-\frac{x}{c_1}\right)-\frac{g}{c_1}f\left(t+\frac{x}{c_1}\right),\end{aligned}\right\} \tag{2}$$

而对原点的正侧写出

$$\left.\begin{aligned}\eta_2&=\phi\left(t-\frac{x}{c_2}\right),\\ u_2&=\frac{g}{c_2}\phi\left(t-\frac{x}{c_2}\right),\end{aligned}\right\} \tag{3}$$

1) "Tides and Waves", Art. 208.

式中函数 F 表示原来的波，f 和 ϕ 分别表示反射部分和透射部分．质量不变要求在 $x=0$ 处有 $b_1h_1u_1=b_2h_2u_2$，其中 b_1 和 b_2 为表面处宽度，h_1 和 h_2 为平均深度．由于压力的连续性，在该处还必须有 $\eta_1=\eta_2$[1]．这些条件给出

$$\frac{b_1h_1}{c_1}\{F(t)-f(t)\}=\frac{b_2h_2}{c_2}\phi(t)$$

和

$$F(t)+f(t)=\phi(t).$$

因而我们可求出反射波和入射波以及透射波和入射波的水面升高量之比分别为

$$\frac{f}{F}=\frac{b_1c_1-b_2c_2}{b_1c_1+b_2c_2},\quad \frac{\phi}{F}=\frac{2b_1c_1}{b_1c_1+b_2c_2}. \tag{4}$$

读者可以不难证明出，反射波和透射波所包含的能量之和等于原入射波的能量．

177. 迄今为止，我们所研究的都是自由波动的情形．如果除了重力以外，还有微小的扰力 X，Y 作用于流体，则运动方程可求得如下．

我们假定，在大小可以和深度 h 相比较的一段距离内，扰力只改变其总值中的很小一部分．在此假定之下，取代 169 节(1)式，有

$$\frac{p-p_0}{\rho}=(g-Y)(y_0+\eta-y), \tag{1}$$

并因而有

$$\frac{1}{\rho}\frac{\partial p}{\partial x}=(g-Y)\frac{\partial\eta}{\partial x}-(y_0+\eta-y)\frac{\partial Y}{\partial x}.$$

假定 Y 远小于 g，并因(由于上面刚刚提到的原因) $h\partial Y/\partial x$ 远小于 X，所以在足够的近似程度下，水平运动的方程

$$\frac{\partial^2\xi}{\partial t^2}=-\frac{1}{\rho}\frac{\partial p}{\partial x}+X \tag{2}$$

可变为

---

1) 将会了解到，由于运动的特性在间断点附近有迅速的变化，只能对问题作近似处理．若设 S_1 和 S_2 为在原点两侧的两个截面，距原点的距离虽远小于波长，但仍是渠道横向尺度的中等倍数，则上述假定中近似的本质是什么就变得较为明显了．因为要求在这两个截面的每一截面上，流体的运动几乎是均匀的并且平行于渠道长度的方向，因而课文中的条件表示了在 S_1 和 S_2 之间没有显著的水面水位差．

$$\frac{\partial^2 \xi}{\partial t^2} = -g \frac{\partial \eta}{\partial x} + X, \tag{3}$$

而且，上式中的X可认为仅是x和t的函数。连续性方程与169节中的相同，即

$$\eta = -h \frac{\partial \xi}{\partial x}. \tag{4}$$

因此，在消去η后得

$$\frac{\partial^2 \xi}{\partial t^2} = gh \frac{\partial^2 \xi}{\partial x^2} + X. \tag{5}$$

扰力中只有其水平分量才是重要的.

如果扰动的影响是由可变的表面压力（p_0）所形成的，(3)式就由

$$\frac{\partial^2 \xi}{\partial t^2} = -g \frac{\partial \eta}{\partial x} - \frac{1}{\rho} \frac{\partial p_0}{\partial x} \tag{6}$$

所代替，而(4)式则并不改变. 在一个移动的压力

$$\frac{p_0}{\rho} = f(Ut - x) \tag{7}$$

的作用下，可得

$$\frac{\eta}{h} = \frac{p_0}{\rho(U^2 - gh)}. \tag{8}$$

故液面凹陷是按照 $U \lessgtr \sqrt{gh}$而与压力的相位相同或相反的.

另一方面，如果受到扰动的是底部，在(2)式中就有 $X = 0$，而连续性方程则成为

$$\eta - \eta_0 = -h \frac{\partial \xi}{\partial x}, \tag{9}$$

式中 η_0 为底部超出平均水平高度的升高量. 因此，在一个地震波

$$\eta_0 = f(Ut - x) \tag{10}$$

的作用之下，可得

$$\frac{\eta}{\eta_0}=\frac{U^2}{U^2-gh}. \tag{11}$$

178. 水在两端封闭的均匀截面渠道中的振荡可像声学中的对应问题那样，由沿相反方向行驶的行波叠加而得到．然而，为了有助于今后更为困难的研究，我们把问题处理成 168 节所概述的普遍理论的一个例子．

我们必须确定出 ξ，使它能满足

$$\frac{\partial^2\xi}{\partial t^2}=c^2\frac{\partial^2\xi}{\partial x^2}+X \tag{1}$$

以及在 $x=0$ 和 $x=l$ 处有 $\xi=0$ 的端部条件．

为求出自由振荡，令 $X=0$，并设

$$\xi\propto\cos(\sigma t+\varepsilon),$$

式中 σ 为待定的量．代入(1)式后，得

$$\frac{\partial^2\xi}{\partial x^2}+\frac{\sigma^2}{c^2}\xi=0, \tag{2}$$

因而，略去时间因子后，得

$$\xi=A\sin\frac{\sigma x}{c}+B\cos\frac{\sigma x}{c}.$$

端部条件给出 $B=0$ 以及

$$\sigma l/c=r\pi, \tag{3}$$

其中 r 为整数．因此，r 阶的正则振型由下式给出：

$$\xi=A_r\sin\frac{r\pi x}{l}\cos\left(\frac{r\pi ct}{l}+\varepsilon_r\right), \tag{4}$$

式中振幅 A_r 和初相 ε_r 为任意值．

在最缓慢的振荡中（$r=1$），水是来回地摇晃的，交替地堆集到两端，并在渠道正中间$\left(x=\frac{1}{2}l\right)$有一波节．振荡周期$(2l/c)$等于一个行波穿越渠道长两倍的距离所需时间．

高阶振型的周期分别为上述周期的 $\frac{1}{2}$，$\frac{1}{3}$，$\frac{1}{4}$，…，但必须牢记，在本问题以及与之类似的其它问题中，当半个波形的长度

l/r 小到和深度 h 可以相比较时，我们的理论就不再适用了.

和 168 节中的普遍理论相比较后，可以看出，在目前所讨论的系统中，正则坐标是这样的一些 $q_1, q_2, \cdots, q_n$，当系统按照其中任意一个 q_r 而位移时，就有

$$\xi = q_r \sin \frac{r\pi x}{l},$$

于是我们断定，系统能够实现的（服从前提条件的）最普遍的位移形式为

$$\xi = \sum q_r \sin \frac{r\pi x}{l}, \tag{5}$$

其中 $q_1, q_2, \cdots, q_n$ 是任意的. 这是和 Fourier 定理相一致的.

当用正则速度和正则坐标来表示时，T 和 V 的表达式必然简化为平方项之和. 在目前情况下，这是很容易从(5)式而得到证明的. 为此，以 S 表示渠道的横截面积，可得

$$\left.\begin{aligned} 2T &= \rho S \int_0^l \dot{\xi}^2 dx = \sum a_r \dot{q}_r^2, \\ 2V &= g\rho \frac{S}{h} \int_0^l \eta^2 dx = \sum c_r q_r^2, \end{aligned}\right\} \tag{6}$$

式中

$$a_r = \frac{1}{2}\rho S l, \quad c_r = \frac{1}{2} r^2\pi^2 g\rho h S/l. \tag{7}$$

应注意到，按照这里的计算，稳定性系数（c_r）随深度增加而增大.

反之，如果我们根据 Fourier 定理而假定(5)式是 ξ 在任一时刻的一个足够普遍的表达式，那么，刚才的计算就表明了系数 q_r 为正则坐标；而频率就可由 168 节的普遍公式(10)求得为

$$\sigma_r = (c_r/a_r)^{\frac{1}{2}} = r\pi(gh)^{\frac{1}{2}}/l, \tag{8}$$

它与(3)式相符.

179. 作为强迫波动的一个例子，我们来考虑扰力为均匀水平力

$$X = f\cos(\sigma t + \varepsilon) \tag{9}$$

时的情况。它将在某种程度上说明在一个不大的海洋（全部或几乎全部由陆地包围)中所生成的潮汐。

设 ξ 正比于 $\cos(\sigma t + \varepsilon)$ 而变化，并略去时间因子，则(1)式成为

$$\frac{\partial^2 \xi}{\partial x^2} + \frac{\sigma^2}{c^2}\xi = -\frac{f}{c^2},$$

且其解为

$$\xi = -\frac{f}{\sigma^2} + D\sin\frac{\sigma x}{c} + E\cos\frac{\sigma x}{c}. \tag{10}$$

由端部条件得出

$$\left.\begin{aligned} E &= \frac{f}{\sigma^2}, \\ D\sin\frac{\sigma l}{c} &= \left(1 - \cos\frac{\sigma l}{c}\right)\frac{f}{\sigma^2}. \end{aligned}\right\} \tag{11}$$

因此，除非 $\sin\sigma l/c = 0$，否则就应有 $D = (f/\sigma^2)\tan\sigma l/2c$，故得

$$\left.\begin{aligned} \xi &= \frac{2f}{\sigma^2\cos\left(\frac{1}{2}\sigma l/c\right)}\sin\frac{\sigma x}{2c}\sin\frac{\sigma(l - x)}{2c}\cdot\cos(\sigma t + \varepsilon), \\ \eta &= \frac{hf}{\sigma c\cos\left(\frac{1}{2}\sigma l/c\right)}\sin\frac{\sigma\left(x - \frac{1}{2}l\right)}{c}\cdot\cos(\sigma t + \varepsilon). \end{aligned}\right\} \tag{12}$$

如扰力的周期比最缓慢的自由振型的周期大很多，$\sigma l/2c$ 就很小，水面升高量的公式就近似地成为

$$\eta = \frac{f}{g}\left(x - \frac{1}{2}l\right)\cos(\sigma t + \varepsilon), \tag{13}$$

恰如水好像没有惯性一样。只要扰力的周期大于最缓慢的自由振型的周期，亦即，只要 $\sigma l/c < \pi$，那么，水的水平位移就总是和扰

力的相位相同。如扰力的周期减小到小于上述值，水平位移就和扰力的相位相反。

当扰力的周期恰好等于一个奇数阶自由振型（$r=1, 3, 5, \cdots$）的周期时，上面的 ξ 和 η 的表达式成为无穷大，该解也就失效。在 168 节中已指出过，其解释在于，由于没有耗散力，运动的振幅就会过大，使我们的基本假定已不再能成立了。

另一方面，如果扰力的周期和一个偶数阶自由振型（$r=2, 4, 6, \cdots$）的周期相同时，则 $\sin\sigma l/c=0$，$\cos\sigma l/c=1$，故端部条件就与 D 值无关而可得到满足。这时的强迫波动可表示为[1)]

$$\xi=-\frac{2f}{\sigma^2}\sin^2\frac{\sigma x}{2c}\cos(\sigma t+\varepsilon). \tag{14}$$

这一例子说明了一个事实，即有时可以很方便地计算一个扰力的影响而无需把扰力分解为其"正则分量"。

强迫振荡的另一个很简单、但在潮汐理论中具有某些意义的例子是在一个一端封闭、另一端通向海洋的渠道中，在通向海洋的那一端维持着一个周期性振荡

$$\eta=a\cos(\sigma t+\varepsilon) \tag{15}$$

时的情况。如把原点取在封闭端，则解明显为

$$\eta=a\,\frac{\cos(\sigma x/c)}{\cos(\sigma l/c)}\cdot\cos(\sigma t+\varepsilon), \tag{16}$$

其中 l 为渠道之长。如 $\sigma l/c$ 很小，则潮汐在渠道各处几乎具有同样的振幅。而对于特殊的 l 值（它使得 $\cos\sigma l/c=0$），则因振幅变为无穷大而使该解失效。

潮汐的"沟渠理论"

180. 渠道中或敞开的水层中的强迫振荡理论主要由于与潮

1）用一般性理论中的语言来讲，就是，在这里，扰力中没有一个分量在类型上和与之同步的振动相同，因此，这种类型的振动完全不受激励。与此相同的是，一个周期性的压力作用于绷紧的弦上任一点时，不可能激励一个在该点处有个波节的基本振型，即使这一基本振型和压力同步。

汐现象有关而引起人们的兴趣．特别是，潮汐的"沟渠理论"曾由 Airy 作了完整的处理[1]．我们将要考虑几个较为有趣的问题．

关于计算一个超距物体对海洋中的水所产生的扰力问题，由于方便起见而放到本章末尾的附录中了．在那里表明了，月球(以之为例）对于地球表面上一点 P 处的扰力可用一个势函数 Ω 来表示，它近似为

$$\Omega = \frac{3}{2}\frac{\gamma M a^2}{D^3}\left(\frac{1}{3} - \cos^2\vartheta\right), \tag{1}$$

式中 M 为月球的质量，D 为月球到地球中心的距离，a 为地球半径，γ 为"引力常数"，ϑ 为月球在 P 点处的天顶距．上式给出一个水平加速度

$$\frac{\partial\Omega}{a\partial\vartheta} = f\sin 2\vartheta, \tag{2}$$

它指向地球表面上铅垂地位于月球之下的那一点，而式中的 f 为

$$f = \frac{3}{2}\frac{\gamma M a^2}{D^3}. \tag{3}$$

若 E 为地球质量，可令 $g = \gamma E/a^2$；故

$$\frac{f}{g} = \frac{3}{2}\cdot\frac{M}{E}\cdot\left(\frac{a}{D}\right)^3.$$

令 $M/E = \frac{1}{81}$, $a/D = \frac{1}{60}$，则 $f/g = 8.57 \times 10^{-8}$．而若扰源体为太阳，则相应之值为 $f/g = 3.78 \times 10^{-8}$．

对某些目的而言，引进一个具有长度量纲的量 H 是比较方便的，它的定义为

$$H = af/g. \tag{4}$$

若取 $a = 21 \times 10^6$ 英尺，则对于月潮，$H = 1.80$ 英尺；而对于日潮，$H = 0.79$ 英尺．在附录中表明了，H 是潮汐"平衡理论"中从高潮到低潮的最大潮差的度量．

---

1) *Encycl. Metrop.*, "Tides and Wave", Section vi. (1845). 这一理论中的某些要点曾由 Young 在 1813 年和 1823 年 [*Works*, ii.262, 291] 用很简单的方法得到．

181. 现在来考虑一个和地球赤道相重合的均匀渠道，并为简化起见，假定月球就在同一平面中沿圆形轨道而运行。设 ξ 为一个水质点相对于地球表面的位移，该质点的平均位置是从某个固定子午线向东计算的经度 ϕ。若 ω 为地球自转的角速度，则该质点在时刻 t 时的实际位移为 $\xi+a\omega t$，而其切向加速度为 $\partial^2\xi/\partial t^2$。如果我们设"离心力"像通常那样已包含在 g 的数值中，则169和177节中的方法可以无需另作改变而予以使用。

如以 n 表示月球相对于上述固定子午线向西运动的角速度[1]，我们可令180节(2)式中的

$$\vartheta=nt+\phi+\varepsilon,$$

于是运动方程成为

$$\frac{\partial^2\xi}{\partial t^2}=c^2\frac{\partial^2\xi}{a^2\partial\phi^2}-f\sin 2(nt+\phi+\varepsilon). \tag{1}$$

自由振荡可由 ξ 必须是 ϕ 的周期函数而确定，当 ϕ 增加 2π 时，ξ 值就重复出现。因而，根据 Fourier 定理，ξ 可表示为以下形式：

$$\xi=\sum_0^\infty(P_r\cos r\phi+Q_r\sin r\phi). \tag{2}$$

代入(1)式并去掉最后一项，可知 P_r 和 Q_r 应满足方程

$$\frac{d^2P_r}{dt^2}+\frac{r^2c^2}{a^2}P_r=0. \tag{3}$$

因而，任意正则振型中的运动是周期为 $2\pi a/rc$ 的简谐运动。

对于强迫波动——潮汐，可得

$$\xi=-\frac{1}{4}\frac{fa^2}{c^2-n^2a^2}\sin 2(nt+\phi+\varepsilon), \tag{4}$$

故

$$\eta=\frac{1}{2}\frac{c^2H}{c^2-n^2a^2}\cos 2(nt+\phi+\varepsilon). \tag{5}$$

1) 也就是，如 n_1 为月球在其轨道上运行的角速度，则 $n=\omega-n_1$。

因而，潮汐是半日潮（当然应理解为指太阴日），而且，按照 $c \gtrless na$，也就是，按照一个总是铅垂地位于月球之下的点相对于地球表面的速度小于还是大于自由波动之波速，而为"正潮"还是"逆潮"——即在月球的正下方是高潮还是低潮. 在地球的实际情况中，有

$$\frac{c^2}{n^2a^2} = \frac{g}{n^2a} \cdot \frac{h}{a} = 311\frac{h}{a},$$

因此，除非渠道中的水深远远超过海洋中的实际水深，否则，潮汐就是逆潮.

这一有时令人感到不可思议的结论来自 168 节中所提到的普遍原理. 它是沿赤道的中等深度渠道中的自由振荡相对来说比较缓慢的结果. 从 170 节中粗略的数值表上可以看出，当深度为 11250 英尺时，自由波动要花费 30 小时才能传播地球的半周，而潮汐扰力的周期却只比 12 小时略多一点.

(5)式实际上是 168 节(14)式的一个特殊情况，因它可被写为

$$\eta = \frac{1}{1-\sigma^2/\sigma_0^2}\bar{\eta}, \tag{6}$$

其中 $\bar{\eta}$ 为"平衡理论"所给出的潮高，即

$$\bar{\eta} = \frac{1}{2}H\cos 2(nt+\phi+\varepsilon), \tag{7}$$

而 $\sigma = 2n$，$\sigma_0 = 2c/a$.

对于 10 000 英尺这样的中等深度和低于这一深度的情形，n^2a^2 要比 gh 大很多，因而由(4)式所给出的水平运动的振幅约为 $f/4n^2$，亦即 $(g/4n^2a)H$，近似地看成与深度无关. 在月潮中，这一水平振幅约为 140 英尺. 最大潮高可由乘以 $2h/a$ 而得到；对于 10 000 英尺的深度，最大潮高只有 0.133 英尺.

在较大的深度下，潮汐也较高，但在达到临界深度 n^2a^2/g 以前，潮汐仍为逆潮. 这一临界深度约为 13 英里. 当深度超过这一极限时，潮汐变为正潮，并越来越接近于平衡理论所给出之值[1].

---

1) 参看 Young, 168 节第五个脚注.

182. 当渠道为平行于赤道的小圆时，可用类似方式进行计算。如仍设月球轨道位于赤道平面上，由球面三角学可知

$$\cos\vartheta = \sin\theta\cos(nt+\phi+\varepsilon), \tag{1}$$

式中 θ 为余纬度，ϕ 为经度。因此，在经度方向上的扰力为

$$-\frac{\partial\varOmega}{a\sin\theta\partial\phi} = -f\sin\theta\sin 2(nt+\phi+\varepsilon). \tag{2}$$

它导致出

$$\eta = \frac{1}{2}\frac{c^2H\sin^2\theta}{c^2-n^2a^2\sin^2\theta}\cos 2(nt+\phi+\varepsilon). \tag{3}$$

因此，如 $na > c$，则潮汐按照 $\sin\theta \lessgtr c/na$ 而为正潮或逆潮。如深度大到能使 $c > na$，则对于所有 θ 值，潮汐都是正潮。

如月球并不在赤道平面上，而具有余赤纬 $\triangle$，则(1)式应改换为

$$\cos\vartheta = \cos\theta\cos\triangle + \sin\theta\sin\triangle\cos\alpha, \tag{4}$$

其中 α 为自 P 点处子午线算起的月球时角。为简化起见，在与地球自转角速度相比之下，我们略去月球在赤纬方向上的运动，于是令

$$\alpha = nt+\phi+\varepsilon,$$

并把 $\triangle$ 视为常数。沿渠道方向的扰力的表达式可求得为

$$-\frac{\partial\varOmega}{a\sin\theta\partial\phi} = -f\cos\theta\sin 2\triangle\sin(nt+\phi+\varepsilon)$$

$$-f\sin\theta\sin^2\triangle\sin 2(nt+\phi+\varepsilon). \tag{5}$$

因而得到

$$\eta = \frac{1}{2}\frac{c^2H}{c^2-n^2a^2\sin^2\vartheta}\sin 2\theta\sin 2\triangle\cos(nt+\phi+\varepsilon)$$

$$+\frac{1}{2}\frac{c^2H}{c^2-n^2a^2\sin^2\theta}\sin^2\theta\sin^2\triangle\cos 2(nt+\phi+\varepsilon). \tag{6}$$

上式右边第一项给出周期为 $2\pi/n$ 的"全日潮"，当月球穿过赤道平面时（每月两次），这一项为零并改变正负。第二项表示周期为 π/n 的半日潮，其振幅小于(3)式中之值，二者之比为 $\sin^2\triangle$

比 1.

183. 当渠道和一条子午线相重合时，我们应考虑到自由表面在未受扰时的形状是在重力和离心力作用下相对平衡时的形状，因而不是准确的圆形. 今后，我们还有机会比较仔细地来处理相对于一个转动着的物体的位移问题，而在目前，我们则只是根据预料而假定在一个狭窄的渠道里的扰动就和地球处于静止、扰源体则以适当的相对运动绕着地球旋转时几乎一样.

如设月球在赤道平面上运动，由渠道子午线算起的月球时角可表示为 $nt+\varepsilon$；若再以 θ 表示渠道上任一点 P 的余纬，则可得

$$\cos\vartheta=\sin\theta\cdot\cos(nt+\varepsilon). \tag{1}$$

因而运动方程为

$$\frac{\partial^2\xi}{\partial t^2}=c^2\frac{\partial^2\xi}{a^2\partial\theta^2}-\frac{\partial\Omega}{a\partial\theta}=c^2\frac{\partial^2\xi}{a^2\partial\theta^2}$$

$$-\frac{1}{2}f\sin2\theta\{1+\cos2(nt+\varepsilon)\}. \tag{2}$$

解之，可得

$$\eta=-\frac{1}{4}H\cos2\theta-\frac{1}{4}\frac{c^2H}{c^2-n^2a^2}\cos2\theta\cdot\cos2(nt+\varepsilon). \tag{3}$$

上式右边第一项表示平均水位有一个持久变化

$$\eta=-\frac{1}{4}H\cos2\theta, \tag{4}$$

第二项给出在受扰后的平均水位上的涨落. 后者表示了一个半日潮，而且我们可以注意到，如果 c 小于 na（就像地球上的实际情况那样），则当月球位于渠道子午平面上时，那么纬度超过 45° 处为高潮，纬度低于 45° 处为低潮；当月球距该子午平面为 90° 时，情况就反了过来. 而若 c 大于 na，则上述结论就全部颠倒过来.

如月球不在赤道平面上，而具有一个已知的赤纬，则与(4)式中所表示的平均水位相对应的那一项就会有一个依赖于这一赤纬的系数，其结果是表示出一个两周潮（当所考虑的是太阳的影响

时，则为半年潮)．此外，还会带来一个其正负取决于这一赤纬的全日潮．借助于附录中所给出的Ω的一般形式，读者不难检验这些结论．

184. 在环绕地球的均匀渠道(181 和 182 节)中每一处，潮高和引起潮汐的扰力之势在相位上必须是完全相同或完全相反的．但在有限长度的渠道或海洋中，就不再这样了．

我们考虑一个有限长度的赤道渠道作为例子[1]．不计月球的赤纬，则若时间的起点选择得适当，可有

$$\frac{\partial^2\xi}{\partial t^2}=c^2\frac{\partial^2\xi}{a^2\partial\phi^2}-f\sin 2(nt+\phi),\tag{1}$$

且在渠道两端处(设为 $\phi=\pm\alpha$) 有 $\xi=0$.

如忽略水的惯性，则 $\partial^2\xi/\partial t^2$ 一项不出现，而可得

$$\xi=\frac{1}{4}\frac{fa^2}{c^2}\left\{\sin 2nt\cos 2\alpha+\frac{\phi}{\alpha}\cos 2nt\sin 2\alpha-\sin 2(nt+\phi)\right\}.\tag{2}$$

故

$$\eta=-\frac{h}{a}\frac{\partial\xi}{\partial\phi}=\frac{1}{2}H\left\{\cos 2(nt+\phi)-\frac{\sin 2\alpha}{2\alpha}\cos 2nt\right\},\tag{3}$$

如 180 节，式中 $H=af/g$．这是根据本章附录中所提到的(修正后的)“平衡理论”而得出的潮高．在渠道中心 ($\phi=0$)处，有

$$\eta=\frac{1}{2}H\cos 2nt\left(1-\frac{\sin 2\alpha}{2\alpha}\right).\tag{4}$$

如 α 很小，则该处水面起伏的幅度就极小，但该处并不是一个波节(从波节的意义上来讲)．出现高潮的时刻与月球和“反月”[2]经过该处上空的时刻相一致．在两端 $\phi=\pm\alpha$ 处，有

$$\eta=\frac{1}{2}H\left\{\left(1-\frac{\sin 4\alpha}{4\alpha}\right)\cos 2(nt\pm\alpha)\mp\frac{1-\cos 4\alpha}{4\alpha}\sin 2(nt\pm\alpha)\right\}$$

1) H. Lamb and Miss Swain, *Phil. Mag.* (6), xxix. 737(1915). 变深度情况下的类似问题由 Goldsbrough 作了讨论，见 *Proc. Lond. Math. Soc.*(2) xv. 64(1915).

2) 在本章附录中解释了这一术语.

$$= \frac{1}{2} H R_0 \cos 2(nt \pm \alpha \mp \varepsilon_0), \tag{5}$$

式中设

$$\left. \begin{aligned} R_0 \cos 2\varepsilon_0 &= 1 - \frac{\sin 4\alpha}{4\alpha}, \\ R_0 \sin 2\varepsilon_0 &= - \frac{1 - \cos 4\alpha}{4\alpha}. \end{aligned} \right\} \tag{6}$$

其中 ε_0 为月球的时角——当渠道东端出现高潮时，自子午圈向西计算；而当渠道两端出现高潮时，则自子午圈向东计算．若 α 很小，就近似地有

$$R_0 = 2\alpha, \quad \varepsilon_0 = -\frac{1}{4}\pi + \frac{2}{3}\alpha. \tag{7}$$

当考虑进水的惯性时，我们有

$$\begin{aligned} \xi = \frac{1}{4} \frac{fa^2}{(m^2-1)c^2} \Big[& \sin 2(nt + \phi) \\ & - \frac{1}{\sin 4m\alpha} \{ \sin 2(nt + \alpha) \sin 2m(\phi + \alpha) \\ & - \sin 2(nt - \alpha) \sin 2m(\phi - \alpha) \} \Big], \end{aligned} \tag{8}$$

式中 $m = na/c$。故[1)]

$$\begin{aligned} \eta = -\frac{1}{2} \frac{H}{m^2-1} \Big[& \cos 2(nt + \phi) \\ & - \frac{m}{\sin 4m\alpha} \{ \sin 2(nt + \alpha) \cos 2m(\phi + \alpha) \\ & - \sin 2(nt - \alpha) \cos 2m(\phi - \alpha) \} \Big]. \end{aligned} \tag{9}$$

如设想 m 趋于极限零，就得到平衡理论中的公式(3)．可注意到，当 $m \to 1$ 时，以上二式已不再像没有端部的渠道中那样地会变为无穷大了． 在所有和实际海洋差不多的情况下，m 都要比 1 大很

1) 参看 Airy, "Tides and Waves", Art. 301.

多.

在渠道中部,有

$$\eta=-\frac{1}{2}\frac{H}{m^2-1}\cos 2nt\left(1-\frac{m\sin 2\alpha}{\sin 2m\alpha}\right). \tag{10}$$

像平衡理论中的结果那样,如 α 很小,则水位变化的幅度也极小,但该处并不是一个真正的波节.在两端处,有

$$\begin{aligned}\eta&=\frac{1}{2}\frac{H}{m^2-1}\left\{\left(\frac{m\sin 4\alpha}{\sin 4m\alpha}-1\right)\cos 2(nt\pm\alpha)\right.\\&\quad\left.\pm\frac{m(\cos 4m\alpha-\cos 4\alpha)}{\sin 4m\alpha}\sin 2(nt\pm\alpha)\right\}\\&=\frac{1}{2}HR_1\cos 2(nt\pm\alpha\mp\varepsilon_1),\end{aligned} \tag{11}$$

其中设

$$\left.\begin{aligned}R_1\cos 2\varepsilon_1&=\frac{m\sin 4\alpha-\sin 4m\alpha}{(m^2-1)\sin 4m\alpha},\\R_1\sin 2\varepsilon_1&=\frac{m(\cos 4m\alpha-\cos 4\alpha)}{(m^2-1)\sin 4m\alpha}.\end{aligned}\right\} \tag{12}$$

当 α 很小时,近似地有

$$R_1=2\alpha,\quad \varepsilon_1=-\frac{1}{4}\pi+\frac{2}{3}\alpha, \tag{13}$$

和平衡理论中的结果相同.

当 $\sin 4m\alpha=0$ 时,R_1 之值变为无穷大.它确定了渠道的诸临界长度.在这些临界长度下,自由振荡的周期等于 π/n(即半个太阴日).在此情况下,ε_1 的极限值按 $4m\alpha$ 为 π 的奇数倍或偶数倍而由

$$\tan 2\varepsilon_1=-\cot 2\alpha$$

或

$$\tan 2\varepsilon_1=\tan 2\alpha$$

给出.

		修正后的平衡理论			动力理论		
2α (度)	$2a\alpha$ (英里)	中心处潮差	两端处潮差	ε_0 (度)	中心处潮差	两端处潮差	ε_1 (度)
0	0	0	0	−45	0	0	−45
9	540	0.004	0.157	−42	0.004	0.165	−41.9
18	1080	0.016	0.311	−39	0.018	0.396	−38.5
27	1620	0.037	0.460	−36	0.044	0.941	−33.9
31.5	1890	0.052	0.531	−34.5	0.063	1.945	−30.9
36	2160	0.065	0.601	−33	0.089	∞	{−27 +63
40.5	2430	0.081	0.668	−31.6	0.125	1.956	+68.2
45	2700	0.100	0.733	−30.1	0.174	0.987	+75.7
54	3240	0.142	0.853	−27.2	0.354	0.660	−83.5
63	3780	0.190	0.959	−24.4	0.918	1.141	−65.1
72	4320	0.243	1.051	−21.6	∞	∞	{−54 +36
81	4860	0.301	1.127	−18.9	1.459	1.112	+44.5
90	5400	0.363	1.185	−16.2	0.864	0.513	+55.9

附表中列出了 $m=2.5$ 时的数值．如 $\pi/n=12$ 太阴时，它意味着深度为 10820 英尺，与海洋平均深度的数量级相同．相应的波速约为每小时 360 海里．第一个临界长度为 2160 英里 $\left(\alpha=\frac{1}{10}\pi\right)$．水位变化项中的一个单位为 H，对于月潮而言，其值约为 1.80 英尺．时角 ε_0 和 ε_1 被取得总是位于 ±90° 之间，而且其正值表示对渠道东端而言是自子午圈向西计算，对渠道西端而言则是自子午圈向东计算．

变截面渠道中的波动

185. 如渠道截面(设为 S)不是均匀的，而是逐渐变化的，则由 169 节(11)式，可知连续性方程为

$$\eta=-\frac{1}{b}\frac{\partial}{\partial x}(S\xi),\tag{1}$$

上式中 b 为表面处宽度．如以 h 表示在宽度 b 上的平均深度，即 $S = bh$，则

$$\eta = -\frac{1}{b}\frac{\partial}{\partial x}(hb\xi), \tag{2}$$

上式中的 h 和 b 现均为 x 的函数．

动力学方程和以前的形式相同，即

$$\frac{\partial^2\xi}{\partial t^2} = -g\frac{\partial\eta}{\partial x}. \tag{3}$$

可以由(2)式和(3)式或者消去 η，或者消去 ξ．如消去 ξ，则可得 η 的方程为

$$\frac{\partial^2\eta}{\partial t^2} = \frac{g}{b}\frac{\partial}{\partial x}\left(hb\frac{\partial\eta}{\partial x}\right). \tag{4}$$

波在逐渐变化的矩形截面渠道中的传播规律由 Green 作了研究[1]．当截面不受这种特殊形状的限制时，则可求得 Green 的结论如下．

如引进一个由

$$\frac{dx}{d\tau} = (gh)^{\frac{1}{2}} \tag{5}$$

所定义的变量 τ 来替换掉 x，则(4)式变换为

$$\frac{\partial^2\eta}{\partial t^2} = \eta'' + \left(\frac{b'}{b} + \frac{1}{2}\frac{h'}{h}\right)\eta', \tag{6}$$

其中，用加撇来表示对 τ 的导数．如 b 和 h 为常数，上式可由 $\eta = F(\tau - t)$ 所满足，就像 170 节中那样；而在现在的情况下，则采用试探的方法设

$$\eta = \Theta \cdot F(\tau - t), \tag{7}$$

其中 Θ 仅为 τ 的函数．将上式代入(6)式，可得

$$2\frac{\Theta'}{\Theta}\cdot\frac{F'}{F} + \frac{\Theta''}{\Theta} + \left(\frac{b'}{b} + \frac{1}{2}\frac{h'}{h}\right)\left(\frac{F'}{F} + \frac{\Theta'}{\Theta}\right) = 0. \tag{8}$$

若

$$2\frac{\Theta'}{\Theta} + \frac{b'}{b} + \frac{1}{2}\frac{h'}{h} = 0,$$

---

1) "On the Motion of Waves in a Variable Canal of small depth and width", *Camb. Trans.* vi (1837) [*Papers*, p. 225]；还可见 Airy, "Tides and Waves", Art. 260.

亦即若(下式中 C 为常数)

$$\Theta = Cb^{-\frac{1}{2}}h^{-\frac{1}{4}}, \tag{9}$$

则(8)式中含有 F 的诸项之和为零. 因此,如(8) 式中剩余的各项可被略去,(4)式就可被满足.

当 Θ''/Θ' 和 Θ'/Θ 在与 F'/F 相比之下可以略去时,上述近似是正确的. 从(9)式和(7)式可看出,略去 Θ'/Θ 一事,相当于 $b^{-1}\cdot db/dx$ 和 $h^{-1}\cdot dh/dx$ 在与 $\eta^{-1}\cdot \partial\eta/\partial x$ 相比之下可以略去. 现若令 λ 表示 172 节中所述一般意义下的一个波长,则 $\partial\eta/\partial x$ 的量级为 η/λ,于是上述假定也就是 $\lambda db/dx$ 和 $\lambda dh/dx$ 分别远小于 b 和 h. 换言之,我们所假定的是,在一个波长的距离内,渠道的宽度和深度只改变其本身的极小一部分. 同样,不难理解,Θ''/Θ' 在与 F'/F 相比之下可以略去就意味着对 db/dx 的变化率和 dh/dx 的变化率作了与上述类似的限制.

由于改变 t 的正负符号时,方程(4)并不改变,因此,服从上述限制的全解为

$$\eta = b^{-\frac{1}{2}}h^{-\frac{1}{4}}\{F(\tau - t) + f(\tau + t)\}, \tag{10}$$

其中 F 和 f 为任意函数.

上式右边第一项表示朝 x 正方向行驶的一个波,它通过任一点时的传播速度可由下述考虑而得知:当 $\delta\tau$ 和δt相等时,则任一特定的相位就重现. 因此,根据(5)式可知传播速度为 $\sqrt{gh}$,就像我们根据均匀截面渠道中的结果所能予料到的那样. 同样,(10)式右边第二项表示朝 x 负方向行驶的一个波. 在每一种情况中,当波行驶时,波中任一特定部分的升高量都按照正比于 $b^{-\frac{1}{2}}h^{-\frac{1}{4}}$ 的规律而变化.

行波在渠道截面发生突然变化处的反射曾在 176 节中作了讨论. 该处所得公式表明,截面尺度的变化越小,则反射波的振幅也越小,正如我们所应该予料到的那样. 如果从一个截面到另一个截面的变化不是突然发生的,而是连续地变化的,则 Rayleigh曾在特殊的过渡规律下作了研究[1]. 它表明,如果完成过渡的这段距离是一个波长的中等倍数,就几乎没有反射;而如这段距离很小,则其结果与 176 节中的结果相符.

在这些结论的基础上,如果我们假定,当截面在一个波长的距离内的变化可以忽略时,行波不会由于反射而出现显著的蜕变,那

1) "On Reflection of Vibrations at the Confines of two Media between which the Trasition is gradual", *Proc. Lond. Math. Soc.* (1), xi. 51 (1880) [*Papers*, i. 460]; *Theory of Sound*, 2nd ed., London, 1894, Art. 148b.

么，振幅的变化规律就可以很容易地从能量原理而得出了[1]。因从174 节可知，波的能量与波长、波宽以及波高的平方成正比，而且，也不难得知，渠道不同部分中的波长应正比于对应的波速，并因而正比于平均深度的平方根。因此，如用前面的记号来表示的话，就是 $\eta^2 b h^{\frac{1}{2}}$ 应为常数，亦即，应有

$$\eta \propto b^{-\frac{1}{2}} h^{-\frac{1}{4}},$$

这正是前面所得到的 Green 定律。

186 在 $\eta \propto \cos(\sigma t + \varepsilon)$ 的简谐运动中，上节(4)式成为

$$\frac{g}{b}\frac{\partial}{\partial x}\left(hb\frac{\partial \eta}{\partial x}\right) + \sigma^2 \eta = 0. \tag{1}$$

某些很有意义的特殊情况可不难由上式解出。

1° 例如，设渠道的宽度正比于到端部 $x = 0$ 的距离，深度则为均匀的，并设渠道在渠口 ($x = a$) 处与开阔的海洋相连接，且在该处维持着一个由下式所表示的潮汐振荡：

$$\eta = C\cos(\sigma t + \varepsilon). \tag{2}$$

在(1)式中令 $h = \text{const.}$，$b \propto x$，得

$$\frac{\partial^2 \eta}{\partial x^2} + \frac{1}{x}\frac{\partial \eta}{\partial x} + k^2 \eta = 0, \tag{3}$$

其中

$$k^2 = \sigma^2 / gh. \tag{4}$$

故得

$$\eta = C\frac{J_0(kx)}{J_0(ka)}\cos(\sigma t + \varepsilon). \tag{5}$$

在 191 节的第一个附图中画出了曲线 $y = J_0(x)$，它表示出，当我们从渠口向上游走时，强迫振荡的振幅是怎样地在增大，而波长却几乎是不变的。

2° 现设仅仅只是深度在变化，而且从渠道端部 ($x = 0$) 到渠口，深度是均匀地增大的，其它情况则和前面一样。如令(1)式中的 $h = h_0 x/a$，$\kappa = \sigma^2 a/gh_0$，则得

$$\frac{\partial}{\partial x}\left(x\frac{\partial \eta}{\partial x}\right) + \kappa \eta = 0. \tag{6}$$

在 $x = 0$ 处为有限值的解为

$$\eta = A\left(1 - \frac{\kappa x}{1^2} + \frac{\kappa^2 x^2}{1^2 \cdot 2^2} - \cdots\right), \tag{7}$$

---

1) Rayleigh, 174 节脚注。

亦即

$$\eta = AJ_0(2\kappa^{\frac{1}{2}}x^{\frac{1}{2}}). \tag{8}$$

把时间因子归还进去，并确定出常数后，得

$$\eta = C\frac{J_0(2\kappa^{\frac{1}{2}}x^{\frac{1}{2}})}{J_0(2\kappa^{\frac{1}{2}}a^{\frac{1}{2}})}\cos(\sigma t + \varepsilon). \tag{9}$$

本节附图中的曲线 $y = J_0(\sqrt{x})$（为清楚起见，y 的比例尺取为 x 的 200 倍）表明，当我们沿渠道向上游走时，振幅是怎样不断地增大以及波长是怎样不断地减小的．

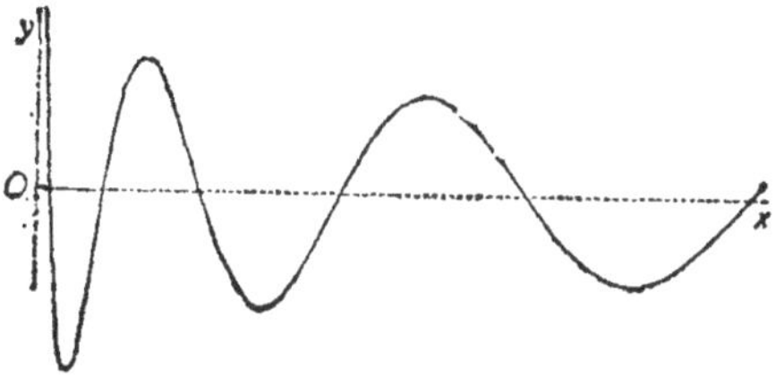

这两个例子可用来解释浅海中和港湾中所发生的海潮增大现象．

3° 如果宽度和深度都按照正比于到端部 $x = 0$ 的距离而变化，则有 $b = b_0x/a$，$h = h_0x/a$ 和

$$x\frac{\partial^2\eta}{\partial x^2} + 2\frac{\partial\eta}{\partial x} + \kappa\eta = 0; \tag{10}$$

和前面一样，上式中 $\kappa = \sigma^2a/gh_0$．故

$$\eta = A\left(1 - \frac{\kappa x}{1\cdot 2} + \frac{\kappa^2x^2}{1\cdot 2\cdot 2\cdot 4} - \cdots\right)\cos(\sigma t + \varepsilon). \tag{11}$$

上式中的级数等于 $J_1(2\kappa^{\frac{1}{2}}x^{\frac{1}{2}})/\kappa^{\frac{1}{2}}x^{\frac{1}{2}}$，常数 A 则可由与(2)式作比较而定出．现在的假定能很好地表示出布里斯托尔海峡的情况，而且在各观测站所观察到的潮汐也能和上面的公式很好地符合[1]．

我们再来讨论一两个简单的自由振荡问题．

4° 设渠道长度为 $2a$，具有均匀的宽度，渠底由渠道两端向中央均匀地倾斜．如把原点取在渠道的一端，则前半段渠道中的运动可像前面一样由

$$\eta = AJ_0(2\kappa^{\frac{1}{2}}x^{\frac{1}{2}}) \tag{12}$$

所确定；上式中 $\kappa = \sigma^2a/gh_0$，而 h_0 则为渠道中央处的深度．

---

1) G. I. Taylor, *Camb. Proc.* xx. 320 (1921).

很明显，正则振型具有两类形态．在第一类形态中，η 在渠道前后两个半段的对应点上具有相反的数值，并在渠道中心处（$x=a$）为零．因而 σ 之值由

$$J_0(2\kappa^{\frac{1}{2}}a^{\frac{1}{2}})=0 \tag{13}$$

来确定，亦即：若 κ 为上式中的任意一个根，则有

$$\sigma=\frac{(gh_0)^{\frac{1}{2}}}{a}\cdot(\kappa a)^{\frac{1}{2}}. \tag{14}$$

在第二类形态中，η 对称于渠道的中心，故渠道中央处的 $\partial\eta/\partial x=0$．它给出

$$J_0'(2\kappa^{\frac{1}{2}}a^{\frac{1}{2}})=0. \tag{15}$$

可以看出，最缓慢的振荡属于非对称的那类形态，且对应于(13)式中最小的根，该最小根为 $2\kappa^{\frac{1}{2}}a^{\frac{1}{2}}=0.7655\pi$，故

$$\frac{2\pi}{\sigma}=1.306\times\frac{4a}{(gh_0)^{\frac{1}{2}}}.$$

5° 再设渠道深度按照

$$h=h_0\left(1-\frac{x^2}{a^2}\right) \tag{16}$$

的规律而变化(上式中 x 为自渠道中央算起的距离)．代入(1)式，并令 $b=\text{const.}$，得

$$\frac{\partial}{\partial x}\left\{\left(1-\frac{x^2}{a^2}\right)\frac{\partial\eta}{\partial x}\right\}+\frac{\sigma^2}{gh_0}\eta=0. \tag{17}$$

若令

$$\sigma^2=n(n+1)\frac{gh_0}{a^2}, \tag{18}$$

则(17)式就和第 84 节(1)式中带谐函数的普遍方程具有同样形式．

在本问题中，n 应由 η 必须在 $x/a=\pm1$ 处为有限值的条件来确定，这就要求(参看第 85 节) n 为整数，因而正则振型的形式为

$$\eta=CP_n\left(\frac{x}{a}\right)\cdot\cos(\sigma t+\epsilon), \tag{19}$$

式中 P_n 为带谐函数，σ 之值则由(18)式确定．

在最缓慢的振荡中（$n=1$），自由表面的剖面为一直线．对于一个具有同样长度($2a$)但具有**均匀**深度 h_0 的渠道而言，相应的 σ 值则为 $\pi c/2a$(其中 $c=(gh_0)^{\frac{1}{2}}$)．因此，在本问题的情况下，频率要较小一些，它与上述频率之比为 $2\sqrt{2}/\pi=0.9003$[1]．

1) 在推广方面和在滨海湖中"假潮"理论上的应用见 Chrystal, "Some Results in the Mathematical Theory of Seiches", *Proc. R. S. Edin.* xxv. 328 (1904)和 *Trans. R. S. Edin.* xli. 599(1905)．关于较晚近的研究见 Proudman. *Proc. Lond. Math. Soc.* (2) xiv. 240 (1914); Doodson, *Trans. R. S. Edin.* lii. 629 (1920); Jeffreys, *M. N. R. A. S., Geophys. Suppl.* i. 495(1928)．

由一个均匀扰力

$$X = f\cos(\sigma t + \varepsilon) \tag{20}$$

而引起的强迫振荡可由 168 节(14)式而求得. 现因自由表面的平衡形状显然为

$$\bar{\eta} = \frac{f}{g} x\cos(\sigma t + \varepsilon), \tag{21}$$

并因所给定之扰力为 $n = 1$ 的正则形式,故得

$$\eta = \frac{f}{g(1 - \sigma^2/\sigma_0^2)} x\cos(\sigma t + \varepsilon), \tag{22}$$

式中

$$\sigma^2 = 2gh_0/a^2.$$

有限振幅波

187. 如果升高量 η 与平均深度 h 相比并不很小的话,那么,即使在矩形截面的均匀渠道中,波在传播时也不再能保持其形状不变. 这一问题首先由 Airy[1] 用逐步近似的方法作了研究,他发现,行波中各部分是以不同的速度而行驶的,与升高量 η 相对应的波速近似地由 175 节(6)式给出.

可以采用 Riemann 在处理声学中类似问题时所用的方法(见 282 节)对这一问题作出更为完善的考察.

我们现在仅仅假定铅垂方向的加速度可以略去. 随之可知(如 168 节中所解释的那样),在渠道任一截面上的水平速度就可以看作是均匀分布的. 动力学方程就和以前一样,为

$$\frac{\partial u}{\partial t} + u\frac{\partial u}{\partial x} = -g\frac{\partial \eta}{\partial x}. \tag{1}$$

而矩形截面渠道中的连续性方程显然为

$$\frac{\partial}{\partial x}\{(h + \eta)u\} = -\frac{\partial \eta}{\partial t}, \tag{2}$$

---

1) 见 180 节脚注,

其中 h 为深度．上式也可写为

$$\frac{\partial \eta}{\partial t} + u\frac{\partial \eta}{\partial x} = -(h+\eta)\frac{\partial u}{\partial x}. \tag{3}$$

将上式乘以 $f'(\eta)$——$f(\eta)$ 为一待定函数，并与(1)式相加，则若

$$(h+\eta)\{f'(\eta)\}^2 = g,$$

我们就得到

$$\left(\frac{\partial}{\partial t} + u\frac{\partial}{\partial x}\right)\{f(\eta)+u\} = -(h+\eta)f'(\eta)\frac{\partial u}{\partial x}$$

$$-g\frac{\partial \eta}{\partial x} = -(h+\eta)f'(\eta)\frac{\partial}{\partial x}\{f(\eta)+u\}. \tag{4}$$

但

$$(h+\eta)\{f'(\eta)\}^2 = g$$

可由(下式中 $c_0=\sqrt{gh}$)

$$f(\eta) = 2c_0\left\{\left(1+\frac{\eta}{h}\right)^{\frac{1}{2}} - 1\right\} \tag{5}$$

所满足．故若令

$$P = f(\eta)+u,\quad Q = f(\eta)-u, \tag{6}$$

可有

$$\frac{\partial P}{\partial t} + (u+v)\frac{\partial P}{\partial x} = 0, \tag{7}$$

并由类似的步骤而可有

$$\frac{\partial Q}{\partial t} + (u-v)\frac{\partial Q}{\partial x} = 0, \tag{8}$$

其中

$$v = (h+\eta)f'(\eta) = c_0\left(1+\frac{\eta}{h}\right)^{\frac{1}{2}}. \tag{9}$$

它们表示，对于一个沿 x 正方向以速度

$$c_0\left(1+\frac{\eta}{h}\right)^{\frac{1}{2}} + u \tag{10}$$

而运动的几何点来讲，其 P 值为常数；而对于一个沿 x 负方向以速度

$$c_0\left(1+\frac{\eta}{h}\right)^{\frac{1}{2}}-u \tag{11}$$

而运动的几何点来讲，其 Q 值为常数．因而，任一给定的 P 值是向前方传播的，而任一给定的 Q 值则是向后方传播的，其传播速度分别由(10)式和(11)式给出．P 和 Q 之值由 η 和 u 来确定，而且，反过来，它们也确定了 η 和 u 之值．

作为一个例子，我们假定初始扰动局限于 $a<x<b$ 的空间中，所以对于 $x<a$ 和 $x>b$，P 和 Q 在初始时为零．由于 P 不为零的区域将向前方挺进而 Q 不为零的区域将向后方撤退，以致于经过一段时间后，这两个区域将互相分开，并在它们之间遗留下一个 $P=0$ 和 $Q=0$ 的空间——亦即流体处于静止状态的一个空间．原来的扰动于是就分解为两个沿相反方向行驶的行波了．

在向前挺进的那个波中，有

$$\left.\begin{aligned}&Q=0,\\&\frac{1}{2}P=u=2c_0\left\{\left(1+\frac{\eta}{h}\right)^{\frac{1}{2}}-1\right\},\end{aligned}\right\} \tag{12}$$

因而升高量和质点速度之间有着一个确定的关系(参看 171 节)．由(10)式和(12)式可得波速为

$$c_0\left\{3\left(1+\frac{\eta}{h}\right)^{\frac{1}{2}}-2\right\}. \tag{13}$$

在准确到一阶 η/h 下，它与 175 节中所引用的 Airy 的结果相符．

对于向后撤退的那个波，也可得出类似结论[1]．

由于波速随升高量而增大，可以看出，在一个行波系中，朝前方的诸曲面在坡度上会变得越来越陡削，而朝后方的诸曲面在坡度上则会变得越来越平缓，并终于会达到不再能够略去铅垂方

---

1) 上述结果也可用 Earnshaw 的方法由 137 节方程(3)而得出，见 283 节．

向的加速度的那样一种状态． 至于在此以后将会发生什么现象，目前我们还没有理论方面的指导，然而，实际的观察表明，波峰处最终将会卷绕起来并破碎掉．

对于从某一个均匀水位到另一个均匀水位之间有个过渡区域的"涌潮"现象，可以利用把问题化为定常运动的技巧来进行研究(175 节)．这时，设 Q 为每单位宽度截面上在单位时间内所通过的流体体积，则有

$$u_1h_1 = u_2h_2 = Q, \tag{14}$$

式中的下标指的是两个均匀状态，h_1 和 h_2 为深度． 在某一给定时刻，我们考虑位于两个横截面(它们分别在过渡区域的两侧)之间的流体，可知它在单位时间中所获得的动量为 $\rho Q(u_2 - u_1)$（假定第二个截面位于第一个截面的右侧)．又因这两个截面上的平均压力为 $\frac{1}{2}g\rho h_1$ 和 $\frac{1}{2}g\rho h_2$，故有

$$Q(u_2 - u_1) = \frac{1}{2}g(h_1^2 - h_2^2). \tag{15}$$

由以上二式可得

$$Q^2 = \frac{1}{2}gh_1h_2(h_1 + h_2). \tag{16}$$

如果在所有质点上都加上一个速度 $-u_1$，我们就得到一个波沿着负方向以传播速度

$$u_1 = \sqrt{\frac{gh_2(h_1 + h_2)}{2h_1}} \tag{17}$$

侵入静水中的情况．向前推进的波中的质点速度为 $u_1 - u_2$．它是正值还是负值则按照 $h_2 \gtrless h_1$ 而定，也就是，按照侵入波是一个升高的波还是凹陷的波而定．

然而，除非两个水位之差被视为无穷小量，否则是违反能量方程的． 因为当运动为定常时，如果我们考虑一个沿着表面流线而运动的质点，则当它经过过渡区域时，每单位体积所损失的能量为

$$\frac{1}{2}\rho(u_1^2 - u_2^2) + g\rho(h_1 - h_2). \tag{18}$$

应用(14)式和(16)式后，这一能量损失可写为

$$\frac{g\rho(h_2 - h_1)^3}{4h_1h_2}. \tag{19}$$

因此，只要上述研究是对的，那么，如果假定在过渡中耗散了适当的能量， 一个升高的涌潮 ($h_2 > h_1$) 是能够不变形地传播的．但如 $h_2 < h_1$，表达式(19)成为负值，就表明必须有能量的供给．随之可知，一个有限高度的负涌潮是不能在任何情况下都不变形地传播的[1]．

---

1) Rayleigh, "On the Theory of Long Waves and Bores", *Proc. Roy. Soc.* A, xc. 324(1914)[*Papers*, vi. 250].

188. 把方程(1)和(3)具体应用于潮汐现象时，通常都采用逐步近似的方法。我们取一个一端($x=0$)与开阔的海洋相连接，且在该处的升高量为

$$\eta = a\cos\sigma t \tag{20}$$

的渠道作为例子。

在初步近似中，可有

$$\frac{\partial u}{\partial t} = -g\frac{\partial \eta}{\partial x},\quad \frac{\partial \eta}{\partial t} = -h\frac{\partial u}{\partial x}. \tag{21}$$

该方程组相容于(20)式的解为

$$\left.\begin{aligned} \eta &= a\cos\sigma\left(t-\frac{x}{c}\right), \\ u &= \frac{ga}{c}\cos\sigma\left(t-\frac{x}{c}\right). \end{aligned}\right\} \tag{22}$$

为求得第二级近似，把上面的η和u之值代入(1)式和(3)式，得

$$\left.\begin{aligned} \frac{\partial u}{\partial t} &= -g\frac{\partial \eta}{\partial x} - \frac{g^2\sigma a^2}{2c^3}\sin 2\sigma\left(t-\frac{x}{c}\right), \\ \frac{\partial \eta}{\partial t} &= -h\frac{\partial u}{\partial x} - \frac{g\sigma a^2}{c^3}\sin 2\sigma\left(t-\frac{x}{c}\right). \end{aligned}\right\} \tag{23}$$

用通常的方法积分上式，可得相容于(20)式之解为

$$\left.\begin{aligned} \eta &= a\cos\sigma\left(t-\frac{x}{c}\right) - \frac{3}{4}\frac{g\sigma a^2}{c^3}x\sin 2\sigma\left(t-\frac{x}{c}\right), \\ u &= \frac{ga}{c}\cos\sigma\left(t-\frac{x}{c}\right) - \frac{1}{8}\frac{g^2a^2}{c^3}\cos 2\sigma\left(t-\frac{x}{c}\right) \\ &\quad - \frac{3}{4}\frac{g^2\sigma a^2}{c^4}x\sin 2\sigma\left(t-\frac{x}{c}\right). \end{aligned}\right\} \tag{24}$$

附图中表示出某一特定场合下由(24)式中第一个方程所确定的波剖面图(图中的振幅已被夸大了)。值得一提的是，如果我们把注意力固定在渠道中某个截面上，则该处所发生的水位升降并不是对称的，水位降落所占时间要比水位上升所占时间长一些。

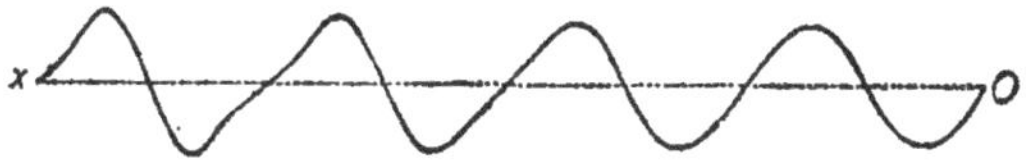

在(24)式中的三角函数外面所出现的因子x表明了存在着一个极限，如果超过这一极限，则所得近似结果就失效了。近似结果能有效的条件显然是分式$g\sigma ax/c^3$应为小量。如令$c^2=gh$，$\lambda=2\pi c/\sigma$，则这一分式等于$2\pi(a/h)(x/\lambda)$。因此，不论原来的升高量(a)和深度之比是多么小，只要x是波长(λ)的足够大的倍数时，该分式之值就不再是小量了。

应当注意到，附图中的右边部分已经超出了上述极限。在波的后背部分开始出现

的奇特形状正是表示了理论分析上的不完善，而并不表示波的任何真实性质. 如果我们把该曲线接着画下去，就会发现在波的后背部分会发展出一个水面升高的次极大值和次极小值. Airy 曾试图用这种方法来解释在某些河流中所观察到的双高潮现象，但由于上述原因，他的讨论是不能得到支持的[1].

当渠道在距渠口某一段距离处被一个固定的屏障封住时，或在一个两端封闭的渠道中由于周期性的水平扰力而引起强迫波动时(179节)，并不一定出现上述困难. 由于对这类情况的一般特点已作过足够的说明，如需进一步作详细的了解，可参看 Airy 的著作[2].

当把水面升高量像(24)式中那样分解为时间的简谐函数的级数时，则任一特定地点 (x) 处水面升高量的表达式就由两项所组成，其中第二项表示一个"倍潮"，亦即一个"二阶潮"，其振幅正比于 a^2，频率为(20)式中原有扰动的两倍. 如果我们把逐步近似一级级地继续做下去，就会得到更高阶的潮汐，它们的频率分别为原有扰动的3，4，…倍.

如渠口处的扰动为

$$\zeta = a\cos\sigma t + a'\cos(\sigma' t + \epsilon)$$

而非(20)式，则不难看出，可用与上述类似的方法而在第二级近似中得到周期为 $2\pi/(\sigma+\sigma')$ 和 $2\pi/(\sigma-\sigma')$ 的潮汐，它们称为"复合潮"，与声学中首先由 Helmholtz[3] 所研究的"组合声"类似.

二维波的传播

189. 首先，假定有一个深度 h 为均匀的水平水层. 如略去铅垂方向的加速度，则如前所述，在同一铅垂线上的所有各质点的水平运动都是相同的. 把 x 轴和 y 轴取为水平的，设 u 和 v 为点 (x, y) 处的水平速度分量，ζ 为该处自由表面高出未受扰时水位的升高量. 连续性方程可由计算流入一个竖立在微元矩形 $\delta x\delta y$ 上的柱状空间的物质通量而求出. 用这一方法，在略去二阶小量后，得

$$\frac{\partial}{\partial x}(uh\delta y)\delta x + \frac{\partial}{\partial y}(vh\delta x)\delta y = -\frac{\partial}{\partial t}\{(\zeta + h)\delta x\delta y\},$$

1) McCowan, 173 节第一个脚注.

2) "Tides and Waves", Arts. 198, …and 308. 还见 G. H. Darwin, "Tides", *Encyc. Britann.* (9th ed.) xxiii. 362, 363(1888).

3) "Ueber Combinationstöne", *Berl. Manatsber.* May 22, 1856[*Wiss. Abh.* i. 256]; 和 "Theorie der Luftschwingungen in Röhren mit offenen Enden", *Crelle*, lvii. 14(1859)[*Wiss. Abh.* i.318].

即

$$\frac{\partial \zeta}{\partial t}=-h\left(\frac{\partial u}{\partial x}+\frac{\partial v}{\partial y}\right). \tag{1}$$

在没有扰力的情况下，动力学方程组为

$$\rho\frac{\partial u}{\partial t}=-\frac{\partial p}{\partial x},\ \rho\frac{\partial v}{\partial t}=-\frac{\partial p}{\partial y}.$$

如以 z_0 表示自由表面在未受扰时的纵坐标，则可写出

$$p-p_0=g\rho(z_0+\zeta-z).$$

于是得到

$$\frac{\partial u}{\partial t}=-g\frac{\partial \zeta}{\partial x},\ \frac{\partial v}{\partial t}=-g\frac{\partial \zeta}{\partial y}. \tag{2}$$

消去 u 和 v 后可得

$$\frac{\partial^2 \zeta}{\partial t^2}=c^2\left(\frac{\partial^2 \zeta}{\partial x^2}+\frac{\partial^2 \zeta}{\partial y^2}\right), \tag{3}$$

和以前一样，上式中的 $c^2=gh$。

当应用于简谐运动时，如果引用一个复数时间因子 $e^{i(\sigma t+\epsilon)}$，并在最后把所得表达式中的虚数部分扔掉，则方程组(2)和(3)可以得到简化。只要我们只涉及线性方程，就允许这样做。于是，由(2)式可得

$$u=\frac{ig}{\sigma}\frac{\partial \zeta}{\partial x},\ v=\frac{ig}{\sigma}\frac{\partial \zeta}{\partial y}; \tag{4}$$

而(3)式则成为

$$\frac{\partial^2 \zeta}{\partial x^2}+\frac{\partial^2 \zeta}{\partial y^2}+k^2\zeta=0, \tag{5}$$

其中

$$k^2=\sigma^2/c^2. \tag{6}$$

如 δn 表示边界法线上的一个微元，则在铅垂的边界壁面处所必须满足的条件可由(4)式而立即得知为

$$\frac{\partial \zeta}{\partial n}=0. \tag{7}$$

当流体受有小扰力的作用，且扰力沿深度方向的变化可略去不计时，方程组(2)就由以下方程组所替换：

$$\left.\begin{aligned}\frac{\partial u}{\partial t}&=-g\frac{\partial \zeta}{\partial x}-\frac{\partial \Omega}{\partial x},\\ \frac{\partial v}{\partial t}&=-g\frac{\partial \zeta}{\partial y}-\frac{\partial \Omega}{\partial y},\end{aligned}\right\}\tag{8}$$

式中 Ω 为扰力的势函数.

如令

$$\bar{\zeta}=-\Omega/g,\tag{9}$$

即 $\bar{\zeta}$ 表示与势函数 Ω 相应的平衡理论中的潮高，则(8)式可写为

$$\left.\begin{aligned}\frac{\partial u}{\partial t}&=-g\frac{\partial}{\partial x}(\zeta-\bar{\zeta}),\\ \frac{\partial v}{\partial t}&=-g\frac{\partial}{\partial y}(\zeta-\bar{\zeta}).\end{aligned}\right\}\tag{10}$$

在简谐运动中，(10)式之形式为

$$u=\frac{ig}{\sigma}\frac{\partial}{\partial x}(\zeta-\bar{\zeta}),\quad v=\frac{ig}{\sigma}\frac{\partial}{\partial y}(\zeta-\bar{\zeta}),\tag{11}$$

于是，代入连续性方程(1)后，可得

$$(\nabla_1^2+k^2)\zeta=\nabla_1^2\bar{\zeta},\tag{12}$$

其中

$$\nabla_1^2=\frac{\partial^2}{\partial x^2}+\frac{\partial^2}{\partial y^2},\tag{13}$$

而且，和以前一样，$k^2=\sigma^2/gh$. 在铅垂边界处所需满足的条件现在就应为

$$\frac{\partial}{\partial n}(\zeta-\bar{\zeta})=0.\tag{14}$$

190. 189 节(3)式在形式上和一个均匀地绷紧的薄膜的横向振动理论中所出现的方程相同. 当需要考虑到边界条件时，声的柱面波理论可提供更好的模拟[1]. 的确，声的柱面波理论中的许多

---

1) Rayleigh, *Theory of Sound*, Art. 338.

结果是可以立即变换到我们现在所讨论的课题中来的.

根据上一节的结果可知，为了求出由铅垂壁面所包围的水层中的自由振荡，我们所需要的就是求出

$$(\nabla_1^2 + k^2)\zeta = 0 \tag{1}$$

的解，并使它能服从边界条件

$$\frac{\partial \zeta}{\partial n} = 0. \tag{2}$$

我们将会看到，像 178 节所述那样，仅仅对于某些 k 值，这样的解才是可能的，而这些 k 值也就决定了各正则振型的周期 $(2\pi/kc)$.

例如，在边界为一矩形的情况下，如把原点取在矩形的一个顶点处，把 x 轴和 y 轴取为沿矩形的两个边，并以 a 和 b 分别表示平行于 x 轴和 y 轴的边长，则边界条件为：当 $x = 0$ 和 $x = a$ 时，$\partial\zeta/\partial x = 0$；当 $y = 0$ 和 $y = b$ 时，$\partial\zeta/\partial y = 0$. 服从这些条件的 ζ 可表示为二重 Fourier 级数如下：

$$\zeta = \sum\sum A_{m,n} \cos\frac{m\pi x}{a}\cos\frac{n\pi y}{b}, \tag{3}$$

上式中的求和包括了 m 和 n 从 0 到 ∞ 的全部整数. 代入(1)式后可得

$$k^2 = \pi^2\left(\frac{m^2}{a^2} + \frac{n^2}{b^2}\right). \tag{4}$$

如 $a > b$，则周期最长的振荡分量可由 $m = 1$ 和 $n = 0$ 而求得，故其 $ka = \pi$；而相应的运动则处处都平行于矩形的长边. 参看 178 节.

191. 在水层为圆形的情况下，较为方便的解法是把原点取在中心处，并令

$$x = r\cos\theta,\quad y = r\sin\theta$$

而变换为极坐标. 于是上一节中的方程(1)就成为

$$\frac{\partial^2\zeta}{\partial r^2} + \frac{1}{r}\frac{\partial\zeta}{\partial r} + \frac{1}{r^2}\frac{\partial^2\zeta}{\partial\theta^2} + k^2\zeta = 0. \tag{1}$$

这一方程当然也可以用其它方法而建立起来.

就 ζ 对 θ 的依赖关系而言，可以应用 Fourier 定理而把 ζ 展为 θ 的整数倍的正弦和余弦的级数，因此，我们可以用一个各项具有以下形式的级数来表示 ζ:

$$f(r)\left.\begin{matrix}\cos\\ \sin\end{matrix}\right\} s\theta. \tag{2}$$

代入(1)式后，可以看出，该级数中的每一项都必须独立地满足(1)式，而且有

$$f''(r)+\frac{1}{r}f'(r)+\left(k^2-\frac{s^2}{r^2}\right)f(r)=0. \tag{3}$$

上式与 101 节(14)式形式相同. 由于当 $r=0$ 时，ζ 必须为有限值，故诸正则振型为

$$\zeta=A_sJ_s(kr)\left.\begin{matrix}\cos\\ \sin\end{matrix}\right\} s\theta\cdot\cos(\sigma t+\varepsilon), \tag{4}$$

其中 s 可以是 0, 1, 2, 3, ……中的任一数值，A_s 为任意常数. 可允许的 k 值则由在边界 $r=a$ 上应有 $\partial\zeta/\partial r=0$ 的条件而定出，亦即由

$$J_s'(ka)=0 \tag{5}$$

而定出. 与之相应的振荡"速率"(σ)则为 $\sigma=kc$，其中 $c=\sqrt{gh}$.

在 $s=0$ 的情况中，运动对称于原点，因而波具有环形的波峰和波谷. 而方程

$$J_0'(ka)=0,$$

亦即

$$J_1(ka)=0 \tag{6}$$

的根由(只写出了最小的几个根之值)

$$ka/\pi=1.2197, 2.2330, 3.2383, \cdots \tag{7}$$

给出. 这些数值最终将趋于 $m+\frac{1}{4}$ 的形式，其中 m 为整数[1]. 故

1) Stokes, "On the Numerical Calculation of a class of Definite Integrals and Infinite Series", *Camb. Trans.* ix. (1850)[*Papers*, ii. 355]. 值得注意的是，ka/π 等于 τ_0/τ，其中 τ 为实际周期，τ_0 则为行波以速度 $\sqrt{gh}$ 穿越长度等于直径 $2a$ 的一段空间所需要的时间.

$$\sigma a/c = 3.832, 7.016, 10.173, \cdots. \tag{7a}$$

在第 m 个对称振型中，有 m 个节圆，其半径由 $\zeta = 0$ 给出，亦即由

$$J_0(kr) = 0 \tag{8}$$

给出。上式之根为[1]

$$kr/\pi = 0.7655, 1.7571, 2.7546, \cdots. \tag{9}$$

例如，在第一个对称振型中，有一个节圆 $r = 0.628a$。至于在任意一个这种对称振型下的自由表面的剖面形状（由通过 z 轴的平面所截出的），可由本节第一个附图中所画出的曲线 $y = J_0(x)$ 而得到了解。

若 $s > 0$，则除诸节圆

$$J_s(kr) = 0 \tag{10}$$

外，还有 s 个等间隔的节直径。应当注意，由于(4)式中所表示的两个振型的频率相等，所以正则振型有着某种程度的不确定性，即，我们可以用 $\cos s(\theta - \alpha_s)$ 替换 $\cos s\theta$ 或 $\sin s\theta$，而 α_s 是任意的。因而节直径由

$$\theta - \alpha_s = \frac{2m+1}{2s}\pi \tag{11}$$

给出，其中 $m = 0, 1, 2, \cdots, s-1$。但如边界形状只要稍微有一些不同于圆形，则这一不确定性就不出现，两个振型的频率也不相等。

当边界为精确的圆形时，把两个周期相同、但相位不同的基本振型叠加，可得以下形式的一个解：

$$\zeta = C_s J_s(kr) \cdot \cos(\sigma t \mp s\theta + \varepsilon). \tag{12}$$

它表示环绕着原点以角速度 σ/s（沿 θ 的正方向或负方向）不变形地传播的一个波系。其中诸质点的运动可不难由 189 节(4)式而得知为椭圆谐运动，诸椭圆形轨道的一个主轴沿着矢径方向。所有这些都和 168 节中所概述的一般性理论相符。

不对称振荡中最令人感兴趣的是对应于 $s = 1$ 的那些振型，

---

1) Stokes，上述引文。

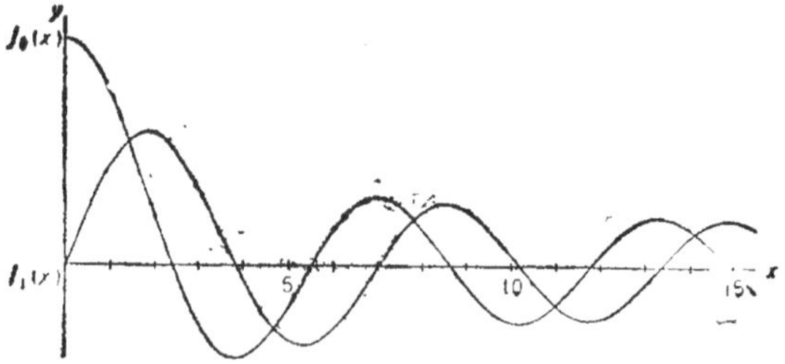

为清楚起见，图中纵坐标的刻度相当于横坐标的5倍

例如

$$\zeta = AJ_1(kr)\cos\theta\cdot\cos(\sigma t+\varepsilon), \tag{13}$$

其中 k 之值由

$$J_1'(ka) = 0 \tag{14}$$

而定出．上式之根为[1]

$$ka/\pi = 0.586, 1\,697, 2.717, \cdots, \tag{15}$$

故

$$\sigma a/c = 1.841, 5.332, 8.536, \cdots. \tag{15a}$$

在这种情况下有一个节直径 $\left(\theta = \frac{1}{2}\pi\right)$，但其位置则并不确定，因为 θ 的起始位置是任意的．对于边界为椭圆形的对应振型而言，节直径则是固定的，它或者与长轴重合，或者与短轴重合，而两种情况下的频率也不相等．

在本节第二个附图中表示出了现在所讨论的情况下前两个振型中自由表面的等高线．这些等高线与边界以直角相交，这是和190节(2)式中的普遍边界条件相符的．根据189节(4)式可知诸质点的简谐振动发生于和等高线垂直的直线上．由通过 z 轴的平面而截出的自由表面剖面形状见本节第一个附图中曲线 $y = J_1(x)$．

第二个附图中的前一个振型是所有正则振型中周期最长的．

1) 见 Rayleigh 的著作中 339 节．由 J. McMahon 教授提出的一个计算 $J_1'(ka) = 0$ 之根的普遍公式可在专门著作中找到．

水从一边到另一边来回摇晃，很像178节中所述两端封闭的渠道中最缓慢的振型．在第二个振型中，有一个节圆，其半径由 $J_1(kr)=0$ 的最小根确定，即 $r=0.719a$[1]。

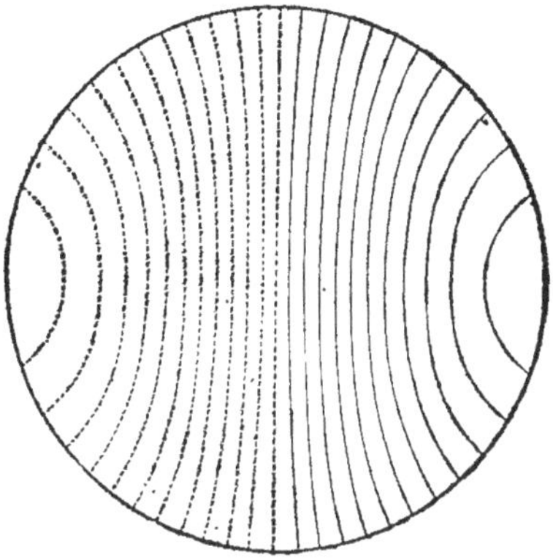

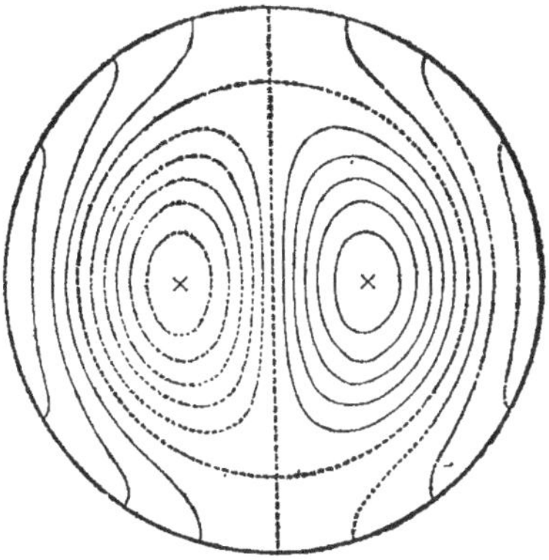

1) 任意均匀深度的圆形水池中的液体振荡问题曾由 Poisson 作过讨论，见 "Sur les petites oscillations de l'eau contenue dans un cylindre", *Ann.de Gergonne*, xix. 225(1828—9). 由于当时还没有 Bessel 函数理论，所以未能对所得结果作出说明. Rayleigh 独立地给出了这一问题的完整解，并带有数值结果，见 *Phil. Mag.* (5), i. 257(1876)[*Papers*, i. 25].
本节中的讨论当然局限于深度远小于半径 a 的情况. 对于有限深度下Poisson 和 Rayleigh 的解，将在第 IX 章中提到.

把上述研究和 168 节中所述微小振荡的一般理论作一个比较，可得出 Bessel 函数的某些重要性质。

首先，由于水的总质量不变，故必有

$$\int_0^{2\pi}\int_0^a \zeta r\,d\theta\,dr = 0, \tag{16}$$

其中 ζ 可具有(4)式所给出的任何一种形式. 对于 $s>0$ 的情形，由于 ζ 中含有三角函数因子 $\cos s\theta$ 或 $\sin s\theta$，故上式必能满足；而在对称的情况下(即 $s=0$)，由上式就得出

$$\int_0^a J_0(kr)r\,dr = 0. \tag{17}$$

此外，由于系统的最一般的自由运动可由正则振型叠加而得到，其中每一个正则振型具有一个任意振幅和初相角，随之可知，不论服从条件(16)式的 ζ 之值为何，它都可展为以下形式的一个级数：

$$\zeta = \sum\sum(A_s\cos s\theta + B_s\sin s\theta)J_s(kr), \tag{18}$$

上式中的求和包含了 s 的所有整数值(包括 0)，而且，对每一 s 之值，又包含了(5)式中所有的根 k. 如把系数 A_s 和 B_s 看作 t 的函数，(18)式就可看作表示任一时刻的水面升高量. 于是，量 As 和 Bs 就是现在所讨论的系统的正则坐标(参看 168 节)，而且，如把它们取为广义坐标，则势能和动能的公式就一定简化为平方项之和的形式. 例如，取势能

$$V = \frac{1}{2}g\rho\iint\zeta^2\,dx\,dy \tag{19}$$

来考虑，则由于以上所述，就应有

$$\int_0^{2\pi}\int_0^a w_1w_2 r\,d\theta\,dr = 0, \tag{20}$$

其中 w_1 和 w_2 为展开式(18)中的任意两项. 如所取的 w_1 和 w_2 中包含着 θ 的不同倍数的余弦或正弦，则对 θ 求积后可立即证明上式. 但如取

$$w_1 \propto J_s(k_1r)\cos s\theta,$$

$$w_2 \propto J_s(k_2r)\cos s\theta,$$

其中 k_1 和 k_2 为(5)式中任意两个不同的根，我们就可得到

$$\int_0^a J_s(k_1r)J_s(k_2r)r\,dr = 0. \tag{21}$$

能把(17)式和(21)式作为特殊情况而包括在内的普遍结果是

$$\int_0^a J_0(kr)r\,dr = -\frac{a}{k}J_0'(ka) \tag{22}$$

(参看 102 节(10)式)和

$$\int_0^a J_s(k_1r)J_s(k_2r)r\,dr = \frac{1}{k_1^2-k_2^2}\{k_2aJ_s'(k_2a)J_s(k_1a)$$

$$- k_1aJ_s'(k_1a)J_s(k_2a)\}. \tag{23}$$

当 $k_1=k_2$ 时，表达式(23)成为不确定的，但用通常的方法进行计算后可得

$$\int_0^a \{J_s(ka)\}^2 r dr = \frac{1}{2k^2}\left[k^2a^2\{J_s'(ka)\}^2 + (k^2a^2 - s^2)\{J_s(ka)\}^2\right]. \qquad (24)$$

这些公式的解析证明可查阅 101 节中所提到的著作.

从理论上来讲，对于由两个同心圆形边界所围圈的环形水层的微小振荡问题，借助于第二类 Bessel 函数是不难处理的. 但具有特殊意义的只是两个圆形边界的半径接近相等时的情形（这是实用上的一个环形闭渠道），而用 178 节中的方法可以更为简单地得出它的解.

所述分析方法也可应用于一个具有任意角度的扇形中的水层[1]或由两个同心圆弧和两个半径所围圈的水层.

均匀深度椭圆形水池中最缓慢振型的频率可由 168 节中所提到的Rayleigh 方法而求得其近似值.

令边界的方程为

$$\frac{x^2}{a^2} + \frac{y^2}{b^2} - 1 = 0. \qquad (25)$$

设位移分量为

$$\left.\begin{aligned} \xi &= A\left(1 - \frac{x^2}{a^2} - \frac{y^2}{b^2}\right) + B\frac{y^2}{b^2}, \\ \eta &= -B\frac{xy}{a^2}, \end{aligned}\right\} \qquad (26)$$

其中的常数已调整得能使 ξ 和 η 在边界上满足

$$\frac{x\xi}{a^2} + \frac{y\eta}{b^2} = 0 \qquad (27)$$

了. 不言而喻，在(26)式中还应含有未写出的时间因子 $\cos\sigma t$. 相应的水面升高量为

$$\zeta = -h\left(\frac{\partial\xi}{\partial x} + \frac{\partial\eta}{\partial y}\right) = \frac{h}{a^2}(2A + B)x. \qquad (28)$$

由于(26)式中的假定还允许流体具有涡量，所以对目前的目的而言，它就过于普遍了. 利用涡量为零的条件，有

$$(2a^2 + b^2)B = 2a^2A. \qquad (29)$$

由(26)式可得

$$\begin{aligned} 2T = \rho h \iint (\dot{\xi}^2 + \dot{\eta}^2)dxdy = 2\pi\rho abh\sigma^2 \\ \cdot\left\{\frac{1}{6}A^2 + \frac{1}{12}AB + \left(\frac{1}{16} + \frac{1}{48}\frac{b^2}{a^2}\right)B^2\right\}\sin^2\sigma t, \end{aligned} \qquad (30)$$

$$2V = g\rho\iint \zeta^2 dxdy = 2\pi abgh^2 \cdot \frac{(2A + B)^2}{8a^2}\cos^2\sigma t. \qquad (31)$$

---

1) 见 Rayleigh, *Theory of Sound*, Art. 339.

令 $T-V$ 的平均值为零，并引用(29)式后，可得

$$\sigma^2=\frac{18a^2+6b^2}{5a^2+2b^2}\cdot\frac{c^2}{a^2},\tag{32}$$

其中 $c^2=gh$.

如令 $b=a$，由上式得 $\sigma a/c=1.852$，而对于圆形水池，真正的数值应为1.841. 所得近似值稍大了一些，是符合 168 节中所提到过的一个普遍原理的. 椭圆形渠道中纵向振荡的各种振型曾由 Jeffreys[1] 和 Goldstein[2] 以及最近由Hitaka[3] 用不同方法作了研究. 它表明，在最缓慢的振型中，$\sigma a/c=1.8866$；而如令(32)式中的 $b/a\to 0$，则得 $\sigma a/c=1.8974$. 可以看出，在 b/a 小于1的情况下，(32)式是一个很好的近似公式.

192. 作为圆形水池中强迫振荡的一个例子，我们设扰力能使平衡理论中的潮高成为

$$\bar{\zeta}=C\left(\frac{r}{a}\right)^s\cos s\theta\cdot\cos(\sigma t+\epsilon).\tag{33}$$

上式能使 $\nabla^2\bar{\zeta}=0$，因而189节(12)式简化为上一节中(1)式的形式，且其解为

$$\zeta=AJ_s(kr)\cos s\theta\cdot\cos(\sigma t+\epsilon),\tag{34}$$

其中A为任意常数. 由189节(14)式中边界条件可知

$$AkaJ'_s(ka)=sC,$$

故

$$\zeta=C\frac{sJ_s(kr)}{kaJ'_s(ka)}\cos s\theta\cdot\cos(\sigma t+\epsilon).\tag{35}$$

由于 $s=1$ 对应于均匀的水平扰力，所以是一个令人感到兴趣的情况，并可把所得结果与 179 节中的结果进行比较.

从 $s=2$ 可以得到位于地球两极处、并以很小的纬度圈为边界之水池中半日潮的粗略表达式(未考虑进地球自转影响).

可注意到，(35)式中的振幅在 $J'_s(ka)=0$ 时为无穷大. 这是符合一个普遍原理的，而且也已有过一些例子；也就是说，在这种情况下，扰力的周期与上一节所讨论的自由振荡中一个正则振型之周期相等.

193[4]. 如水层是变深度的，则由189节刚一开始时所作的计算

---

1) *Proc. Lond. Math. Soc.* (2), xxiii. 455(1924).

2) 同上刊物，. xxviii. 91(1927).

3) *Mem. Imp. Mar. Obs.* (Japan), iv. 99(1931). 该文中也讨论了其它边界形状和深度按不同规律而变化的水池中的自由振荡.

4) 这一节是本书第二版(1895)中的 189 节. Poincaré 作过类似的探讨，见 *Leçons de mécanique céleste*, iii.94 (Paris, 1910).

可知连续性方程为

$$\frac{\partial \zeta}{\partial t}=-\frac{\partial(hu)}{\partial x}-\frac{\partial(hv)}{\partial y}. \tag{1}$$

而189节(2)式中的动力学方程组则并不改变.于是,在消去 u 和 v 后,可对自由振荡求得

$$\frac{\partial^2 \zeta}{\partial t^2}=g\left\{\frac{\partial}{\partial x}\left(h\frac{\partial \zeta}{\partial x}\right)+\frac{\partial}{\partial y}\left(h\frac{\partial \zeta}{\partial y}\right)\right\}. \tag{2}$$

如 ζ 中的时间因子为 $e^{i(\sigma t+\varepsilon)}$,则由上式可得

$$\frac{\partial}{\partial x}\left(h\frac{\partial \zeta}{\partial x}\right)+\frac{\partial}{\partial y}\left(h\frac{\partial \zeta}{\partial y}\right)+\frac{\sigma^2}{g}\zeta=0. \tag{3}$$

在 h 仅为 r(到原点的距离)的函数时,上式可写为

$$h\nabla_1^2\zeta+\frac{dh}{dr}\frac{\partial \zeta}{\partial r}+\frac{\sigma^2}{g}\zeta=0. \tag{4}$$

作为一个简单的例子,我们来考虑圆形水池中的深度自中心到边缘按

$$h=h_0\left(1-\frac{r^2}{a^2}\right) \tag{5}$$

的规律而变化的情况.应用极坐标,并设 ζ 正比于 $\cos s\theta$ 或 $\sin s\theta$,则方程(4)之形式成为

$$\left(1-\frac{r^2}{a^2}\right)\left(\frac{\partial^2 \zeta}{\partial r^2}+\frac{1}{r}\frac{\partial \zeta}{\partial r}-\frac{s^2}{r^2}\zeta\right)-\frac{2}{a^2}r\frac{\partial r}{\partial \zeta}+\frac{\sigma^2}{gh_0}\zeta=0. \tag{6}$$

这一方程在原点处为有限值的解不难由一个升幂级数来求得.因此,设

$$\zeta=\sum A_m\left(\frac{r}{a}\right)^m, \tag{7}$$

为简练起见,在上式中未写出三角函数因子.级数中相邻系数间的关系可求得为

$$(m^2-s^2)A_m=\left\{m(m-2)-s^2-\frac{\sigma^2a^2}{gh_0}\right\}A_{m-2}.$$

而如令

$$\frac{\sigma^2a^2}{gh_0}=n(n-2)-s^2 \tag{8}$$

(其中之 n 现尚未设为整数),则

$$(m^2-s^2)A_m=(m-n)(m-n-2)A_{m-2}. \tag{9}$$

因此,方程(6)可由形如(7)式的一个级数所满足,该级数的首项为 $A_s(r/a)^s$,相继各项的系数可令(9)式中 $m=s+2, s+4, \cdots$ 而求得,即

$$\zeta=A_s\left(\frac{r}{a}\right)^s\left\{1-\frac{(n-s-2)(n+s)}{2(2s+2)}\frac{r^2}{a^2}\right.$$

$$+\frac{(n-s-4)(n-s-2)(n+s)(n+s+2)}{2\cdot 4(2s+2)(2s+4)}\frac{r^4}{a^4}-\cdots\Big\}. \tag{10}$$

如使用超几何级数中常用的记号，则可写为

$$\zeta=A_s\frac{r^s}{a^s}\cdot F\left(\alpha,\beta,\gamma,\frac{r^2}{a^2}\right), \tag{11}$$

其中

$$\alpha=\frac{1}{2}n+\frac{1}{2}s,\quad \beta=1+\frac{1}{2}s-\frac{1}{2}n,\ \gamma=s+1.$$

由于它们使 $\gamma-\alpha-\beta=0$，所以除非级数是有限项，否则在 $r=a$ 处就不是收敛的。而级数为有限项又只有在 n 为形如 $s+2i$ 的整数时才可能。于是相应的 σ 值可由(8)式求得。

在对称振型中 ($s=0$)，有

$$\zeta=A_0\left\{1-\frac{j(j-1)}{1^2}\frac{r^2}{a^2}+\frac{(j+1)j(j-1)(j-2)}{1^2\cdot 2^2}\frac{r^4}{a^4}-\cdots\right\}, \tag{12}$$

其中的 j 可为大于1的任何整数[1]。可以证明，在0到 a 之间，有 $j-1$ 个 r 之值可使上式为零，它表明存在着 $j-1$ 个节圆。σ 之值由

$$\sigma^2=4j(j-1)\frac{gh_0}{a^2} \tag{13}$$

定出，故

$$\sigma a/\sqrt{gh_0}=2.828, 4.899, 6.928, \cdots \tag{13a}$$

最缓慢的对称振型 ($j=2$) 有一个节圆，其半径为 $0.707a$。

在非对称振型中，对于任意给定的 s，最缓慢的振型都对应于 $n=s+2$。在这类振型中，

$$\zeta=A_s\frac{r^s}{a^s}\cos s\theta\cos(\sigma t+\epsilon),$$

σ 之值为

$$\sigma^2=2s\cdot\frac{gh_0}{a^2}. \tag{14}$$

在 $s=1$ 的情况下，各正则振型的频率由

$$\sigma^2=(4j^2-2)\frac{gh_0}{a^2} \tag{15}$$

定出，故

$$\sigma a/\sqrt{gh_0}=1.414, 3.742, 5.831, \cdots. \tag{16}$$

在这类振型的最缓慢的那一个振型(对应于 $s=1, n=3$) 中，自由表面始终保持为平面。从191节(15a)式可以看出，在目前情况下，振荡频率为具有相同半径但深

---

1) 如令 $r/a=\sin\frac{1}{2}\chi$，则(12)式中的级数与 $P_{j-1}(\cos\chi)$ 的展开式相同，见第85节(4)式。

度为均匀值 h_0 的圆形水池中相应频率的 0.768[1].

如 192 节中所述那样，我们可立即写出由均匀的水平周期力所产生的潮汐运动公式，或者，更为普遍一些，写出扰力的势函数属于

$$\Omega \propto r^s \cos s\theta \cos(\sigma t + \epsilon)$$

这种类型时的潮汐运动公式.

194. 我们可以考查一下在一个均匀深度的无界水层的中心处所发出的扰动的传播模式，以结束对平面水层中"长"波的讨论. 为简单起见，只考虑升高量 ζ 仅为 r（到扰动源之距离）的函数时的对称情况. 它将使我们得知二维波传播中的某些既特殊而又颇为重要的特性.

研究一个周期性扰动时要应用第二类零阶 Bessel 函数，所以先把某些有关的预备知识作一简述或许是有用的.

为求方程

$$\frac{d^2\phi}{dz^2} + \frac{1}{z}\frac{d\phi}{dz} + \phi = 0 \tag{1}$$

的定积分形式之解，我们设[2]

$$\phi = \int e^{-zt} T dt, \tag{2}$$

式中 T 为复变数 t 的函数，而积分上下限则为尚未规定的常数. 于是，应用分部积分后，有

$$z\frac{d^2\phi}{dz^2} + \frac{d\phi}{dz} + z\phi = -(1+t^2)e^{-zt}T$$
$$+ \int\left[\frac{d}{dt}\{(1+t^2)T\} - tT\right]e^{-zt}dt.$$

因此，如

$$\sqrt{1+t^2}e^{-zt}$$

在积分上下限时为零，则

$$\phi = \int \frac{e^{-zt}}{\sqrt{1+t^2}} dt \tag{3}$$

可满足(1)式. 故如设 t 为正的实数，或至少其实部为正值，就可以在复变数 t 的平面上沿着连接 $i, -i, +\infty$ 中任意两点的路线来积分(3)式. 只是，如果连接同样两点的

---

1) 对于深度按类似规律变化的椭圆形水池中的振荡问题，见 Goldsbrough, *Proc. Roy. Soc.* A, cxxx. 157(1930).

2) Forsyth, *Differential Equations*, c. vii. 把这一方法系统地应用于Bessel 函数理论则是 Hankel 所作的，见 "Die Cylinderfunctionen erster u. zweiter Art", *Math. Ann.* i.467(1869).

两条不同的路线之间包含着被积函数的一个分枝点（$t=\pm i$），那么，所得到的结果就不一定相同.

例如，我们可以有以下形式的解：

$$\phi_1=\int_{-i}^{i}\frac{e^{-zt}}{\sqrt{1+t^2}}dt,$$

其中的积分路线是虚轴上位于积分上下限之间的部分，而且，对被积函数中根式之值的取法是使它在 $t=0$ 时成为 1. 如令 $t=\xi+i\eta$，可得

$$\phi_1=i\int_{-1}^{1}\frac{e^{-iz\eta}}{\sqrt{1-\eta^2}}=2i\int_0^{\frac{1}{2}\pi}\cos(z\cos\vartheta)d\vartheta=i\pi J_0(z),\tag{4}$$

这是在 100 节中已遇到过的解.

如把积分路线取为从点 $(0,i)$ 沿 η 轴到原点，然后再沿 ξ 轴到点$(\infty,0)$，就可以得到另一个解. 对被积函数中根式之值作出和前述相同的取法后，沿这样的路线求积可得

$$\begin{aligned}\phi_2&=\int_i^0\frac{e^{-iz\eta}}{\sqrt{1-\eta^2}}d(i\eta)+\int_0^\infty\frac{e^{-z\xi}}{\sqrt{1+\xi^2}}d\xi\\&=\int_0^\infty\frac{e^{-z\xi}}{\sqrt{1+\xi^2}}d\xi-i\int_0^1\frac{e^{-iz\eta}}{\sqrt{1-\eta^2}}d\eta.\end{aligned}\tag{5}$$

借助于取不同的一对上下限和不同的路线，可以得到 ϕ 的其它形式，但它们必然等价于 ϕ_1 或 ϕ_2 或其线性组合. 其中，ϕ_2 的某些其它形式是重要的. 例如，因我们已知，绕任意一个不把分枝点（$t=\pm i$）围圈在内的闭周线而积分(3) 式时，其结果应为零，所以现在首先取一个矩形周线，它的两个边分别和 ξ，η 二轴的正值部分重合，只是在 $t=i$ 附近由一个很小的半圆代替，另两个边则在无穷远处. 容易看出，在无穷远处的两个边上的积分为零，这是由于或因当 ξ 为无穷大时，因子 $e^{-z\xi}$ 为零，或因当 η 为无穷大时，函数 $e^{-iz\eta}/\eta$ 无限快速地脉动. 因此，我们可以用沿 η 轴从点$(0,i)$到点$(0,i\infty)$的路线来代替掉得到(5)式时的路线，但须注意到被积函数中根式的连续性. 现因当变数 t 以逆时针方向沿上述微小半圆绕行时，根式连续地由 $\sqrt{1-\eta^2}$变为$i\sqrt{\eta^2-1}$，故可得

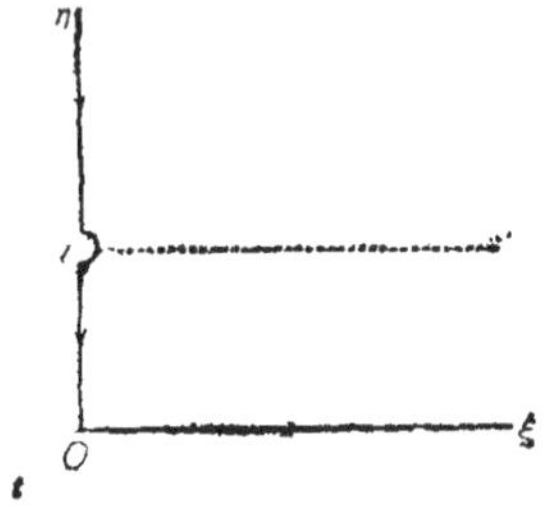

$$\begin{aligned}\phi_2&=\int_i^{i\infty}\frac{e^{-iz\eta}}{i\sqrt{\eta^2-1}}d(i\eta)=\int_1^\infty\frac{e^{-iz\eta}}{\sqrt{\eta^2-1}}d\eta\\&=\int_0^\infty e^{-iz\cosh u}du.\end{aligned}\tag{6}$$

将会看到，这种形式的解特别适用于发散波的情况. 另一个获得该解的方法将在第 X 章中谈到.

令(5)式和(6)式中的虚部相等，可得

$$J_0(z)=\frac{2}{\pi}\int_0^\infty \sin(z\cosh u)du, \tag{7}$$

这一形式是由 Mehler 所得到的[1].

由于解式(6)在物理学上的重要性，为方便起见，应给它一个特殊的符号. 我们令[2]

$$D_0(z)=\frac{2}{\pi}\int_0^\infty e^{-iz\cosh u}du. \tag{8}$$

它相当于

$$D_0(z)=-Y_0(z)-iJ_0(z), \tag{9}$$

式中 $Y_0(z)$ 为[3]

$$Y_0(z)=-\frac{2}{\pi}\int_0^\infty \cos(z\cosh u)du. \tag{10}$$

令(5)式和(6)式中的实部相等，则可得

$$Y_0(z)=-\frac{2}{\pi}\int_0^\infty e^{-z\sinh u}du+\frac{2}{\pi}\int_0^{\frac{1}{2}\pi}\sin(z\cos\vartheta)d\vartheta. \tag{11}$$

根据同样的理由，也可以用从点 $(0, i)$ 所画出的平行于 ξ 轴的直线(即附图中虚线)来替换掉计算 ϕ_2 的前述路线. 为了保证 $\sqrt{1+t^2}$ 的连续性，我们可注意到，当 t 描出小圆下部四分之一时，根式之值近似地由 $\sqrt{1-\eta^2}$ 变为 $e^{\frac{1}{4}i\pi}\sqrt{2\xi}$. 因此，沿图中虚线，令 $t=i+\xi$，有

$$\sqrt{1+t^2}=e^{\frac{1}{4}i\pi}\sqrt{2\xi-i\xi^2},$$

其中根式之值取为当 ξ 为无穷小时是正的实数. 故

$$\phi_2=\int_i^{\infty+i}\frac{e^{-z(\xi+i)}}{e^{\frac{1}{4}i\pi}\sqrt{2\xi-i\xi^2}}d(\xi+i)$$

$$=\frac{1}{\sqrt{2}}e^{-i(z+\frac{1}{4}\pi)}\int_0^\infty\frac{e^{-z\xi}}{\xi^{\frac{1}{2}}}\left(1-\frac{1}{2}i\xi\right)^{-\frac{1}{2}}d\xi. \tag{12}$$

如把上式中二项式展开，并逐项积分，可得

$$D_0(z)=\left(\frac{2}{\pi z}\right)^{\frac{1}{2}}e^{-i(z+\frac{1}{4}\pi)}\left\{1+\frac{1^2}{1!}\left(\frac{i}{8z}\right)+\frac{1^2\cdot 3^2}{2!}\left(\frac{i}{8z}\right)^2+\cdots\right\}; \tag{13}$$

在得出上式时，用到了以下公式:

---

1) *Math. Ann.* v.(1872).

2) 使用一个简单的记号以适应研究发散波的需要是合理的. 我们用的 $D_0(z)$ 相当于 Nielsen 所用记号(由 Watson 稍作改变后)中的 $-iH_0^{(2)}(z)$.

3) 它肯定是 Watson 所推荐的记号. 但应警告读者，其他作者曾使用这一记号以表示别的意义. 从纯数学的观点来看，选择一个标准的"第二类"解主要是个习惯问题，因为把 $J_0(z)$ 的任意常数倍加到(1)式的解上后仍能满足(1)式. 在 Watson 的专著中给出了由(10)式所定义的函数 $Y_0(z)$ 的计算表.

$$\left.\begin{aligned}\int_0^\infty e^{-z\xi}\xi^{-\frac{1}{2}}d\xi &= \frac{\Pi\left(-\frac{1}{2}\right)}{z^{\frac{1}{2}}} = \frac{\pi^{\frac{1}{2}}}{z^{\frac{1}{2}}},\\ \int_0^\infty e^{-z\xi}\xi^{m-\frac{1}{2}}d\xi &= \frac{\Pi\left(m-\frac{1}{2}\right)}{z^{m+\frac{1}{2}}}\\ &= \frac{1\cdot 3\cdots(2m-1)}{2^m z^m}\ \frac{\pi^{\frac{1}{2}}}{z^{\frac{1}{2}}}.\end{aligned}\right\}\tag{14}$$

如把(13)式中实部与虚部分开，则与(9)式相比较后可有

$$J_0(z)=\left(\frac{2}{\pi z}\right)^{\frac{1}{2}}\left\{R\sin\left(z+\frac{1}{4}\pi\right)-S\cos\left(z+\frac{1}{4}\pi\right)\right\},\tag{15}$$

$$Y_0(z)=-\left(\frac{2}{\pi z}\right)^{\frac{1}{2}}\left\{R\cos\left(z+\frac{1}{4}\pi\right)+S\sin\left(z+\frac{1}{4}\pi\right)\right\},\tag{16}$$

上式中

$$\left.\begin{aligned}R&=1-\frac{1^2\cdot 3^2}{2!(8z)^2}+\frac{1^2\cdot 3^2\cdot 5^2\cdot 7^2}{4!(8z)^4}-\cdots,\\ S&=\frac{1^2}{1!(8z)}-\frac{1^2\cdot 3^2\cdot 5^2}{3!(8z)^3}+\cdots.\end{aligned}\right\}\tag{17}$$

(13)式和(17)式中的级数属于“半收敛”展开式或“渐近”展开式的那种类型，也就是，虽然对于足够大的 z 值，级数中前面一段可以逐项减小，然而在后面又会不确定地增大．但如我们在一个小项上终止下来，就可以得到一个近似的正确结果[1)]．这一点可以在计算(12)式的过程中取 m 项后检验余项而实现．

由(15)式可知，方程 $J_0(z)=0$ 的那些大根近似地等于方程

$$\sin\left(z+\frac{1}{4}\pi\right)=0\tag{18}$$

的根．

当 z 为大值时，由(13)式中级数可以对函数 $D_0(z)$ 的行为得到许多了解．当 z 为小值时，$D_0(z)$ 是非常大的，如从(8)式所能得知的那样．这种情况下的一个近似公式可得之如下．再回到(11)式，可有

$$\int_0^\infty e^{-z\sinh u}du=\int_1^\infty e^{-\frac{1}{2}z\left(v-\frac{1}{v}\right)}\frac{dv}{v}$$

---

1) 参看 Whittaker and Watson, *Modern Analysis*, c.viii; Bromwich, *Theory of Infinite Series*, London, 1908, c.xi; Watson, c. vii; Gray and Mathews, c.iv. $J_0(z)$ 的半收敛展开式是 Poisson 所得到的，见 *Journ. de l'Ecole Polyt. cah.* 19, p.349(1823); Stokes 对这一展开式和其它的类似展开式作了严格的研究，见 191 节中第一个脚注．Lipschitz 对“余项”作了考查，见 *Crelle*, lvi. 189(1859)．参看 Hankel, 本书 194 节第二个脚注．

$$= \int_1^\infty \frac{e^{-\frac{1}{2}zv}}{v} \left\{1 + \frac{z}{2v} + \frac{1}{2!}\left(\frac{z}{2v}\right)^2 + \cdots\right\} dv$$

$$= \int_{\frac{1}{2}z}^\infty \frac{e^{-w}}{w} \left\{1 + \frac{z^2}{4w} + \frac{1}{2!}\left(\frac{z^2}{4w}\right)^2 + \cdots\right\} dw. \tag{19}$$

上式中第一项为[1]

$$\int_{\frac{1}{2}z}^\infty \frac{e^{-w}}{w} dw = -\gamma - \log \frac{1}{2} z + \cdots, \tag{20}$$

其余诸项与之相比都很小. 因此,由(9)式和(11)式,得

$$D_0(z) = -\frac{2}{\pi}\left(\log\frac{1}{2} z + \gamma + \frac{1}{2} i\pi + \cdots\right). \tag{21}$$

随之而得

$$\lim zD_0'(z) = -\frac{2}{\pi}{}^{2)}. \tag{22}$$

公式(22)对于我们的需要而言已足够了,但现在可把(21)式与用升幂级数所表示的(1)式之通解[3]

$$\phi = AJ_0(z) + B\left\{J_0(z)\log z + \frac{z^2}{2^2} - s_2\frac{z^4}{2^2\cdot 4^2}\right.$$

$$\left. + s_3\frac{z^6}{2^2\cdot 4^2\cdot 6^2} - \cdots\right\} \tag{23}$$

$\left(\text{其中 } s_m = 1 + \frac{1}{2} + \frac{1}{3} + \cdots + \frac{1}{m}\right)$ 作比较而得到一个完备的表达式. 这时,为了在小的 z 值下使(23)式与(21)相同,就必须取

$$B = -\frac{2}{\pi}, \quad A = -\frac{2}{\pi}\left(\log\frac{1}{2} z + \gamma + \frac{1}{2} i\pi\right). \tag{24}$$

于是就有

$$D_0(z) = -\frac{2}{\pi}\left(\log\frac{1}{2} z + \gamma + \frac{1}{2} i\pi\right)J_0(z)$$

$$-\frac{2}{\pi}\left\{\frac{z^2}{2^2} - s_2\frac{z^4}{2^2\cdot 4^2} + s_3\frac{z^6}{2^2\cdot 4^2\cdot 6^2} - \cdots\right\}. \tag{25}$$

195. 我们现在可以进而讨论 194 节开始时所提出的波动问

---

1) De Morgan, *Differential and Integral Calculus*. London, 1842, p. 653.

2) 第二类 Bessel 函数首先由 Stokes 在 *Camb. Trans.* 上所发表的一系列文章中作了透彻的探讨,并以算术上易于理解的形式应用于求解物理问题. 借助于近代的函数论,某些过程已由 Lipschitz 等人以及(特别是从物理的观点出发) Rayleigh 作了简化. 本书中所用的是后来的方法.

3) Forsyth. *Differential Equations*, c. vi. note 1; Watson, *Bessel Functions*. pp.59,60,

题了．为明确起见，设想扰动是由作用于水表面上的变压力 p_0 所引起的．在此假定下，189 节中靠近开头处的动力学方程组应被替换为

$$\left.\begin{aligned}\frac{\partial u}{\partial t}&=-g\frac{\partial\zeta}{\partial x}-\frac{1}{\rho}\frac{\partial p_0}{\partial x},\\ \frac{\partial v}{\partial t}&=-g\frac{\partial\zeta}{\partial y}-\frac{1}{\rho}\frac{\partial p_0}{\partial y};\end{aligned}\right\}\tag{1}$$

而

$$\frac{\partial\zeta}{\partial t}=-h\left(\frac{\partial u}{\partial x}+\frac{\partial v}{\partial y}\right)\tag{2}$$

则仍和以前一样．

如把速度势引入(1)式，则积分后得

$$\frac{\partial\phi}{\partial t}=g\zeta+\frac{p_0}{\rho}.\tag{3}$$

我们可以认为 p_0 指的是压力的变化，而且，ϕ 中所包含的 t 的任意函数被取得使 $\partial\phi/\partial t$ 在未受到扰动影响的区域中为零．利用(2)式消去 ζ 后，得

$$\frac{\partial^2\phi}{\partial t^2}=gh\nabla_1^2\phi+\frac{1}{\rho}\frac{\partial p_0}{\partial t}.\tag{4}$$

当 ϕ 被确定后，ζ 就可由(3)式定出．

现设 p_0 仅在围绕着原点的一个小面积[1]上具有显著的值．以 $\delta x\delta y$ 乘(4)式两边，并在该小面积上积分，因等号左边那一项可以略去(相对而言)，而得

$$-\int\frac{\partial\phi}{\partial n}ds=\frac{1}{g\rho h}\frac{d}{dt}\iint p_0dxdy,\tag{5}$$

式中 δs 为小面积边界上的一个微元，δn 为 δs 的水平外向法线．因此，原点可以看作是一个二维的源，其强度为

1) 这就是说，这一面积的尺度与扰动所产生的波的"长度"(指 172 节所述的一般意义)相比为很小．但另一方面，又必须假定这一尺度远大于 h．

$$f(t) = \frac{1}{g\rho h} \frac{dP_0}{dt}, \tag{6}$$

式中 P_0 为总的扰力.

应用极坐标,并令 $c^2 = gh$, 则 ϕ 应满足

$$\frac{\partial^2 \phi}{\partial t^2} = c^2 \left(\frac{\partial^2 \phi}{\partial r^2} + \frac{1}{r} \frac{\partial \phi}{\partial r} \right) \tag{7}$$

以及

$$\lim_{r \to 0} \left(-2\pi r \frac{\partial \phi}{\partial r} \right) = f(t), \tag{8}$$

其中 $f(t)$ 为前面所定义的源的强度.

如源的强度按简谐规律 $e^{i\sigma t}$ 而变化, 则方程(7)的形式成为(下式中 $k = \sigma/c$)

$$\frac{\partial^2 \phi}{\partial r^2} + \frac{1}{r} \frac{\partial \phi}{\partial r} + k^2 \phi = 0, \tag{9}$$

而其一个解为

$$\phi = \frac{1}{4} D_0(kr) e^{i\sigma t}, \tag{10}$$

其中常数因子是借助于 194 节 (22) 式而定出的. 取其实部,就有

$$\phi = \frac{1}{4} \{ J_0(kr) \sin \sigma t - Y_0(kr) \cos \sigma t \}, \tag{11}$$

它对应于

$$f(t) = \cos \sigma t.$$

对于大的 kr 值,(10)式中结果具有以下形式:

$$\phi = \frac{1}{\sqrt{8\pi kr}} e^{i\sigma\left(t - \frac{r}{c}\right) - \frac{1}{4} i\pi}. \tag{12}$$

事实上,上式中 $t - r/c$ 这种形式的组合就表明我们已得到适用于表示发散波的解了.

可以看出, 环形波的振幅最终将反比于到原点的距离的平方根.

196. 我们对扰动来自于一个简谐源 $e^{-i\sigma t}$ 时所得到的解可以写成

$$2\pi\phi = \int_0^\infty e^{i\sigma\left(t-\frac{r}{c}\cosh u\right)} du. \tag{13}$$

它提示我们可根据 Fourier 定理而作出推广，因此

$$2\pi\phi = \int_0^\infty f\left(t - \frac{r}{c}\cosh u\right) du \tag{14}$$

应该表示在原点处且强度为 $f(t)$ 的一个源所产生的扰动[1]. 这样说时就包含了一个条件，那就是 $f(t)$ 的形式必须能使积分是收敛的，而只要源只是在有限的时间内发生作用，这一条件就必然能被满足. 一个能把会聚波和发散波都包括在内的更为完全的公式是

$$2\pi\phi = \int_0^\infty f\left(t - \frac{r}{c}\cosh u\right) du + \int_0^\infty F\left(t + \frac{r}{c}\cosh u\right) du. \tag{15}$$

在服从某些条件之下，解式(15)可由代入微分方程(7)而得到证明. 为此，先单独取(15)式中的前一项，可得

$$\begin{aligned} 2\pi\left\{c^2\left(\frac{\partial^2\phi}{\partial r^2} + \frac{1}{r}\frac{\partial\phi}{\partial r}\right) - \frac{\partial^2\phi}{\partial t^2}\right\} &= \int_0^\infty \left\{\sinh^2 u \cdot f''\left(t - \frac{r}{c}\cosh u\right) \right. \\ &\quad \left. - \frac{c}{r}\cosh u \cdot f'\left(t - \frac{r}{c}\cosh u\right)\right\} du \\ &= \frac{c^2}{r^2}\int_0^\infty \frac{\partial^2}{\partial u^2} f\left(t - \frac{r}{c}\cosh u\right) du \\ &= -\frac{c}{r}\left[\sinh u \cdot f'\left(t - \frac{r}{c}\cosh u\right)\right]_{u=0}^{u=\infty}. \end{aligned}$$

只要 $f(t)$ 在 t 的负值超过某一极限时为零，则上式显然等于零[2].

又，在同样条件下，

---

1) 196 和 197 节中的内容是由一篇文章"On Wave-Propagation in Two Dimensions", *Proc. Lond. Math. Soc.* (1), xxxv. 141(1902) 改写而成的. Levi-Civita 用不同的方式得到了等价于(14)式的结果，见 *Nuovo Cimento* (4), vi.(1897).

2) 这一证明与 Levi-Civita 所给出的证明极为相似.

$$-2\pi r\frac{\partial\phi}{\partial r}=\frac{r}{c}\int_0^\infty \cosh u\cdot f'\left(t-\frac{r}{c}\cosh u\right)du$$

$$=\frac{r}{c}\int_0^\infty(\sinh u+e^{-u})f'\left(t-\frac{r}{c}\cosh u\right)du$$

$$=-\left[f\left(t-\frac{r}{c}\cosh u\right)\right]_{u=0}^{u=\infty}+\frac{r}{c}\int_0^\infty e^{-u}f'\left(t-\frac{r}{c}\cosh u\right)du$$

$$=f\left(t-\frac{r}{c}\right)+\frac{r}{c}\int_0^\infty e^{-u}f'\left(t-\frac{r}{c}\cosh u\right)du.$$

当 $r\to 0$ 时，上式之极限值为 $f(t)$，因此，上面关于(14)式中源的强度所作叙述也得到了证实.

如 $F(t)$ 在 t 的正值超过某一极限时为零，则同样的讨论可应用于(15)式中第二项.

197. 我们可以应用(14)式来探索一个按照某种指定的简单规律而变化的短暂源的影响.

设在时刻 $t=0$ 之前，一切都是静止的，因此，对于负的 t 值，$f(t)$ 为零. 于是，我们由(14)式或其等价形式

$$2\pi\phi=\int_{-\infty}^{t-\frac{r}{c}}\frac{f(\theta)d\theta}{\{(t-\theta)^2-r^2/c^2\}^{\frac{1}{2}}} \tag{16}$$

可知，只要 $t<r/c$，则 ϕ 就为零. 进一步，如源只在有限的时间 τ 内发生作用，则对于 $t>\tau$，有 $f(t)=0$；而对于 $t>\tau+r/c$，则可有

$$2\pi\phi=\int_0^\tau\frac{f(\theta)d\theta}{\{(t-\theta)^2-r^2/c^2\}^{\frac{1}{2}}}. \qquad (17)^{1)}$$

一般来讲，上式不为零. 因此，波的后部并不像前部那样陡峭，而是有一个“尾巴”[2]，当 $t-r/c$ 远大于 τ 时，其形状由下式确定：

---

1) 从解析上看，可注意到方程(4)在 $p_0=0$ 时能被写为

$$\frac{\partial^2\phi}{\partial x^2}+\frac{\partial^2\phi}{\partial y^2}+\frac{\partial^2\phi}{\partial(ict)^2}=0,$$

以及(17)式由形式为

$$\{x^2+y^2+(ict)^2\}^{-\frac{1}{2}}$$

的解的集合所组成.

2) Heaviside 已注意到这种“尾巴”存在于柱面电波中，见 *Phil. Mag.*(5), xxvi (1888) [*Electrical Papers*, ii.].

$$2\pi\phi = \frac{1}{(t^2 - r^2/c^2)^{\frac{1}{2}}}\int_0^t f(\theta)d\theta. \tag{18}$$

因任一点处的升高量 ζ 由(3)式给出，即

$$\zeta = \frac{1}{g}\frac{\partial\phi}{\partial t}, \tag{19}$$

随之可知，如 ϕ 的初始值和终了值均为零，则

$$\int_{-\infty}^{\infty}\zeta dt = 0. \tag{20}$$

可以证明，当 $f(t)$ 为有限值且积分

$$\int_{-\infty}^{\infty} f(t)dt \tag{21}$$

收敛时就是这种情况．这些条件的意义可由(6)式得知．因此，即使 dP_0/dt 总是正值，使得原点附近的液体通量始终是向外的，通过任一点处的波也并不总是使表面抬高（像对应的一维问题中那样）．在最简单的情况下，是在抬高后继之以一个凹陷．

为了探索一个孤立波在特殊情况下传播时的细节，可设

$$f(t) = \frac{\tau}{t^2 + \tau^2}, \tag{22}$$

它使得 P_0 按照

$$P_0 = A + B\tan^{-1}\frac{t}{\tau} \tag{23}$$

的规律从一个常数值增大到另一常数值．现在，扰动压力的开始时刻和终止时刻是不确定的，但它显著地起作用的那段时间则可由减小 τ 值而被我们取得愿意多小就多小．为便于计算，以

$$f(t) = \frac{1}{t - i\tau} \tag{24}$$

替换掉(22)式，并在最后只保留虚部．于是得

$$2\pi\phi = \int_0^{\infty}\frac{du}{t - \frac{r}{c}\cosh u - i\tau}$$

$$= 2\int_0^1\frac{dz}{t - \frac{r}{c} - i\tau - \left(t + \frac{r}{c} - i\tau\right)z^2}, \tag{25}$$

式中 $z = \tanh\frac{1}{2}u$．现令

$$t-\frac{r}{c}-i\tau=a^2e^{-2i\alpha},\quad t+\frac{r}{c}-i\tau=b^2e^{-2i\beta},\tag{26}$$

其中 a 和 b 可设为正值，α 和 β 则位于 0 到 $\frac{\pi}{2}$ 之间. 因

$$\left.\begin{aligned}a^4&=\left(t-\frac{r}{c}\right)^2+\tau^2,\quad & b^4&=\left(t+\frac{r}{c}\right)^2+\tau^2,\\ \tan2\alpha&=\frac{c\tau}{ct-r},\quad & \tan2\beta&=\frac{c\tau}{ct+r},\end{aligned}\right\}\tag{27}$$

故可看出，按照 $t\geqslant 0$ 而有 $a\leqslant b$，且总有 $\alpha>\beta$. 用这些记号后可得

$$2\pi\phi=2\int_0^1\frac{dz}{a^2e^{-2i\alpha}-b^2e^{-2i\beta}z^2}$$

$$=\frac{e^{i(\alpha+\beta)}}{ab}\log\frac{z+\frac{a}{b}e^{-i(\alpha-\beta)}}{z-\frac{a}{b}e^{-i(\alpha-\beta)}}.\tag{28}$$

为了说明上式中对数之值，我们在复变数 z 平面上标出以下三点：

$$I=+1,\quad P=-\frac{a}{b}e^{-i(\alpha-\beta)},\quad Q=\frac{a}{b}e^{-i(\alpha-\beta)}.$$

由于(28)式中间的积分是沿路线 OI 而取的，所以(28)式右边的特征值为

$$\frac{e^{i(\alpha+\beta)}}{ab}\left\{\left(\log\frac{IP}{OP}+i\cdot OPI\right)-\left(\log\frac{IQ}{OQ}-i\cdot OQI\right)\right\}.$$

不言而喻，上式中的对数为实数，而角度则为正值. 因此，只取虚部而抛掉实部后，就得到与(22)式类型的源所对应的解为

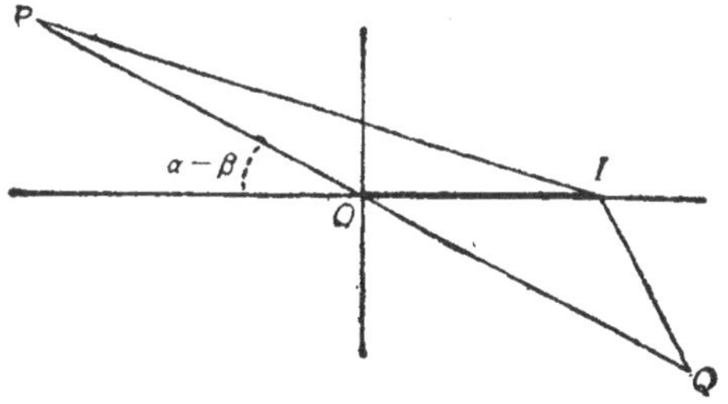

$$2\pi\phi=\frac{\sin(\alpha+\beta)}{ab}\log\frac{IP}{IQ}+\frac{\cos(\alpha+\beta)}{ab}(\pi-PIQ).\tag{29}$$

上式中

$$\left.\begin{aligned}\frac{IP}{IQ}&=\left(\frac{a^2+2ab\cos(\alpha-\beta)+b^2}{a^2-2ab\cos(\alpha-\beta)+b^2}\right)^{\frac{1}{4}},\\ \tan PIQ&=\frac{2ab\sin(\alpha-\beta)}{b^2-a^2};\end{aligned}\right\}\tag{30}$$

而 a,b,α,β 如何用 r 和 t 来表示则可由(27)式得知.

只要探索出波在通过一个到原点的距离 r 远大于 $c\tau$ 的点时所出现的最主要情况就足够了. 如把探讨只限于 $t-r/c$ 远小于 r/c 的一段时间,则 a 远小于 b, PIQ 为一小角, IP/IQ 就接近于 1. 这时,如令

$$t=\frac{r}{c}+\tau\tan\eta,\tag{31}$$

就近似地有

$$\left.\begin{aligned}\alpha&=\frac{1}{4}\pi-\frac{1}{2}\eta,\quad a=\sqrt{\tau\sec\eta},\\ \beta&=\frac{1}{4}c\tau/r,\qquad b=(2r/c)^{\frac{1}{2}};\end{aligned}\right\}\tag{32}$$

(29)式则简化为

$$2\pi\phi=\frac{\pi}{ab}\cos\alpha=\frac{\pi}{\sqrt{2}\,\tau}\left(\frac{c\tau}{r}\right)^{\frac{1}{2}}\cos\left(\frac{1}{4}\pi-\frac{1}{2}\eta\right)\sqrt{\cos\eta}.\tag{33}$$

于是升高量 ζ 就近似地由下式给出:

$$2\pi g\zeta=2\pi g\frac{d\phi}{d(\tau\tan\eta)}=\frac{1}{4\sqrt{2}\,\tau^2}\left(\frac{c\tau}{r}\right)^{\frac{1}{2}}\sin\left(\frac{1}{4}\pi-\frac{3}{2}\eta\right)\cos^{\frac{3}{2}}\eta.\tag{34}$$

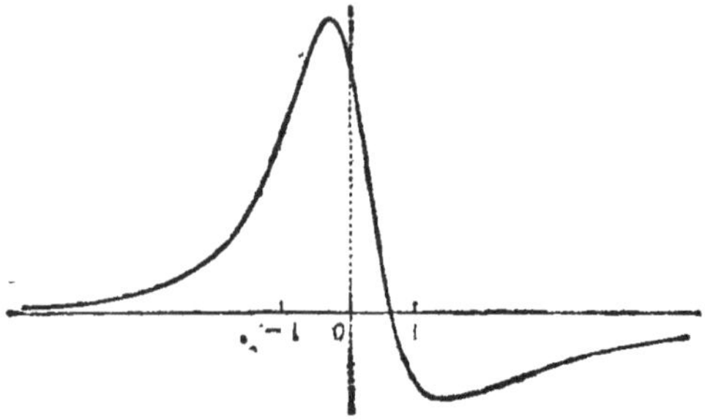

本节第二个附图上表示出了由上式所得到的 ζ 和 t 之间的关系[1].

198. 我们来考虑由水覆盖着一个固态球体而形成的球形水层或海洋. 在目前,设球体不作转动,而且在开始时略去水质点间

1) 图上所标出的 $-1,0,+1$ 三点分别对应于时间 $r/c-\tau, r/c, r/c+\tau$.

的相互引力. 这一问题的数学条件于是就和球形空气层振动的声学问题[1]完全一样了.

设 a 为球体的半径, h 为水的深度, 并设 h 远小于 a, 但现在还没有把 h 看作是均匀的. 水层上任一点的位置用角坐标 θ 和 ϕ 来规定, 并设 u 为该点处流体速度在沿子午线并指向 θ 的增加方向上的分量, v 为沿纬线并指向 ϕ 的增加方向上的分量. 仍以 ζ 表示自由表面高出于未受扰时水位的升高量. 由于在 172 节中所解释过的道理, 在一条铅垂线上的所有各点的水平运动被看作是相同的, 故连续性条件为

$$\frac{\partial}{\partial\theta}(uha\sin\theta\delta\phi)\delta\theta+\frac{\partial}{\partial\phi}(vha\delta\theta)\delta\phi$$

$$=-a\sin\theta\delta\phi\cdot a\delta\theta\cdot\frac{\partial\zeta}{\partial t};$$

上式中左边部分表示由竖立在面元 $a\sin\theta\delta\phi\cdot a\delta\theta$ 上的柱形空间流出的通量, 而右边部分则表示由于自由表面的降落而使该柱形空间中流体体积的减小率. 上式化简后得

$$\frac{\partial\zeta}{\partial t}=-\frac{1}{a\sin\theta}\left\{\frac{\partial(hu\sin\theta)}{\partial\theta}+\frac{\partial(hv)}{\partial\phi}\right\}. \tag{1}$$

根据与 169 节和 189 节中所述同样的原理, 在略去 u, v 的二阶项后, 可得动力学方程组为

$$\left.\begin{aligned}\frac{\partial u}{\partial t}&=-g\frac{\partial\zeta}{a\,\partial\theta}-\frac{\partial\Omega}{a\,\partial\theta},\\ \frac{\partial v}{\partial t}&=-g\frac{\partial\zeta}{a\sin\theta\,\partial\phi}-\frac{\partial\Omega}{a\sin\theta\,\partial\phi},\end{aligned}\right\} \tag{2}$$

其中 Ω 为外力的势函数.

若令

$$\zeta=-\Omega/g, \tag{3}$$

(2)式可写为

---

1) 在 Rayleigh 的 *Theory of Sound*, c. xviii 中作了讨论.

$$\left.\begin{aligned} \frac{\partial u}{\partial t} &= -\frac{g}{a}\frac{\partial}{\partial \theta}(\zeta-\bar{\zeta}), \\ \frac{\partial v}{\partial t} &= -\frac{g}{a\sin\theta}\frac{\partial}{\partial \phi}(\zeta-\bar{\zeta}). \end{aligned}\right\} \tag{4}$$

我们可以从(1)式和(4) 式消去 u, v 而得到一个仅含 ζ 的方程.

在时间因子为 $e^{i(\sigma t+\epsilon)}$ 的简谐运动中,以上诸方程的形式为

$$\zeta=\frac{i}{\sigma a\sin\theta}\left\{\frac{\partial(hu\sin\theta)}{\partial\theta}+\frac{\partial(hv)}{\partial\phi}\right\}, \tag{5}$$

$$\left.\begin{aligned} u &= i\frac{g}{\sigma a}\frac{\partial}{\partial \theta}(\zeta-\bar{\zeta}), \\ v &= i\frac{g}{\sigma a\sin\theta}\frac{\partial}{\partial \phi}(\zeta-\bar{\zeta}). \end{aligned}\right\} \tag{6}$$

199. 现在较为详细地来考虑深度为均匀时的情况. 为求自由振荡,令 $\bar{\zeta}=0$, 由上节中(5)式和(6)式得

$$\frac{1}{\sin\theta}\frac{\partial}{\partial\theta}\left(\sin\theta\frac{\partial\zeta}{\partial\theta}\right)+\frac{1}{\sin^2\theta}\frac{\partial^2\zeta}{\partial\phi^2}+\frac{\sigma^2a^2}{gh}\zeta=0. \tag{1}$$

它在形式上和球面谐函数的普遍方程(第 83 节(2)式)相同. 故若令

$$\frac{\sigma^2a^2}{gh}=n(n+1), \tag{2}$$

(1)式的一个解就是

$$\zeta=S_n, \tag{3}$$

其中 S_n 为一般的 n 阶球面谐函数.

在第 86 节中指出过,除非 n 为整数, 否则 S_n 就不是在整个球面上有限. 因此,对于覆盖着整个球体的一个海洋而言,在任何基本振型中,自由表面在任一时刻的形状都是"谐和球面"

$$r=a+h+S_n\cos(\sigma t+\epsilon) \tag{4}$$

形的,且振荡速率为

$$\sigma=\{n(n+1)\}^{\frac{1}{2}}\cdot\frac{(gh)^{\frac{1}{2}}}{a}, \tag{5}$$

其中 n 为整数.

关于不同正则振型的特点，最好是从研究自由表面的节线（$S_n=0$）入手来得到了解．在球谐函数的著作[1]中已经证明了 μ 在 ± 1 之间有 n 个不同的实数值使带谐函数 $P_n(\mu)$ 为零，因而，在 S_n 为带谐函数的情况下，有 n 个纬圈成为节圆．当 n 为奇数时，其中一个节圆与赤道重合．在 S_n 为田谐函数

$$(1-\mu)^{\frac{1}{2}s}\frac{d^sP_n(\mu)}{d\mu^s}\left.\begin{matrix}\cos\\ \sin\end{matrix}\right\}s\phi$$

的情况下，有 $n-s$ 个 μ 值使其中第二个因子为零，并有 $2s$ 个等间隔的 ϕ 值使其中的三角函数因子为零．因此，节线包括了 $n-s$ 个纬圈和 $2s$ 个子午线．同样地，扇谐函数

$$(1-\mu)^{\frac{1}{2}n}\left.\begin{matrix}\cos\\ \sin\end{matrix}\right\}n\phi$$

有 $2n$ 个子午线作为节线．

然而，上述只是一些特殊情况，因为对于任一整数阶 n，有着 $2n+1$ 个独立的球面谐函数，又因在这 $2n+1$ 个谐函数所表示的振荡中，由(5)式所确定的频率都是一样的，因此，正则振型和节线位形有着某种程度的不确定性．

我们还可以用叠加的方法来构造出不同类型的行波．例如，取一个扇谐函数，可得以下形式的一个解：

$$\zeta\propto(1-\mu^2)^{\frac{1}{2}n}\cos(n\phi-\sigma t+\varepsilon),\tag{6}$$

它表示一系列子午线波峰和子午线波谷绕着球体而行驶，在赤道上的传播速度为

$$\frac{\sigma a}{n}=\left(\frac{n+1}{n}\right)^{\frac{1}{2}}\cdot(gh)^{\frac{1}{2}}.\tag{7}$$

不难证明，诸质点的轨道为椭圆，其主轴分别沿子午线和纬线方向．在赤道处，这些椭圆成为直线．

在 $n=1$ 的情况下，谐函数总是带谐函数．因而，在我们所取的近似级下，(4)式所表示的谐和球面是一个和固态球体偏心的圆

1）见第 81 节脚注中所提出的参考书．

球面．然而，应当提到，严格来讲，除非我们假想有一个约束作用于球体以使它保持为静止，否则，我们所作的动力学研究是不能包括这一情况的，这是因为当自由表面作上述形式的变形时，就包含着海洋质心的位移，因而对球体有一反作用．虽然并不难对球体不受约束时研究出一个修正后的理论，但并没有什么意义．这首先是因为拿地球来讲，固态球体的惯性比起海洋的惯性要大得太多了，其次是由于能够产生上述类型变形的扰力在自然界中通常并不出现．例如，从本章附录中可以看到，太阳和月球的引潮势的表达式中第一项就是一个二阶的球面谐函数．

当 $n=2$ 时，任一时刻的自由表面近似为椭球形．由(5)式所求得的振荡周期是在一个赤道渠道中类似振型的周期(181 节)的 0.816．

对于很大的 n 值，从一个节线到另一节线之间的距离要远小于球体的半径，所发生的振荡就很像平面水层中的振荡．例如，当 n 不断增大时，由(6)式所表示的扇形波在赤道上的传播速度就趋于 $\sqrt{gh}$，与 170 节中的结果相符．

把上述研究和 168 节中的一般理论比较一下，那么，单纯从物理方面来考虑，我们就可以推断出，把任一 ζ 展为球面谐函数的级数是可能的，因而有

$$\zeta=\sum_{0}^{\infty} S_n,$$

其中各独立谐函数的系数就是系统的正则坐标． 又由于在动能和势能的表达式中不能出现这些系数的乘积项，因此，我们就可以得出第 87 节中所提到过的球面谐函数的"正交"性．对能量的真正计算，将在下一章中用另一种方法处理本问题时再进行．

一个简谐扰力的影响可由 168 节(14) 式而立即写出．如 Ω 在球体表面处之值被展为

$$\Omega=\sum\Omega_n, \tag{8}$$

其中 Ω_n 为整数阶 n 的球面谐函数，则展开式中各项就是 135 节所述广义意义下的力的正则分量；而对应于任一项 Ω_n 的 ζ 的平衡值为

$$\zeta_n=-\Omega_n/g. \tag{9}$$

因此，对于由该项引起的强迫振荡，有

$$\zeta_n = \frac{1}{1-\sigma^2/\sigma_n^2}\frac{Q_n}{g}, \tag{10}$$

其中σ为扰力的变化"速率"，σ_n为由(5)式所给出的相应的自由振荡"速率"。当然，从上节的方程组直接导出(10)式也是不难的。

200. 在此以前，我们一直略去了液体中各部分的相互引力。对于覆盖着球体的海洋，在具有实际的地球密度和海洋密度下，这种做法并不是一点影响都没有的。为了研究上述相互引力对自由振荡的影响，只需把位移后的水的引力势代入上节最后一个公式中的Q_n。如以ρ表示水的密度，ρ_0表示球体和水合在一起的平均密度，可有[1]

$$Q_n = -\frac{4\pi\gamma\rho a}{2n+1}\zeta_n \tag{11}$$

以及

$$g = \frac{4}{3}\gamma\pi a\rho_0, \tag{12}$$

上式中γ为引力常数。故

$$Q_n = -\frac{3}{2n+1}\cdot\frac{\rho}{\rho_0}\cdot g\zeta_n. \tag{13}$$

代入(10)式后可得

$$\frac{\sigma_n^2}{\sigma_n'^2} = \left(1-\frac{3}{2n+1}\frac{\rho}{\rho_0}\right), \tag{14}$$

上式中的σ_n现在表示真实的振荡速率，σ_n'表示在前述质点间无相互引力的假定下所计算而得的振荡速率。因此，修正后的振荡速率由下式给出：

$$\sigma_n^2 = n(n+1)\left(1-\frac{3}{2n+1}\frac{\rho}{\rho_0}\right)\frac{gh}{a^2}. \qquad (15)^{2)}$$

---

1) 可看，例如，Routh, *Analytical Statics*, 2nd ed., Cambridge, 1902, ii. 146—147.

2) 这一结果由 Laplace 得出，见 *Mécanique Céleste*, Liver 1er, Art. 1 (1799). $n=2$ 型的自由振荡和强迫振荡已于此之前在其文章 "Recherches sur quelques points du systèm du monde", *Mem. de l'Acad. roy. des Sciences*, 1775 [1778] [*Oeuvres Complètes*, ix. 109, …] 中作了探讨.

对于椭球形振荡（$n=2$），在 $\rho/\rho_0=0.18$ 下（就像地球上的情况那样），由(14) 式可知质点间相互引力的影响是使频率按 0.94 比 1 的比值降低。

最缓慢的振荡应对应于 $n=1$，但已指出过，在这一振型中，必须假定有一约束作用于球体以保持其静止。在作出这样的假定后，由(15)式可看出，如 $\rho>\rho_0$，则 σ_1^2 为负值。因此，t 的三角函数应改换为实指数函数，它表明，海洋表面和球体表面成为同心球面的位形是一种不稳定的平衡。由于约束的作用仅是增大系统的惯性，因而我们可以断定，在球体不受约束的情况下，这种平衡仍是不稳定的。在假定球体本身毫无吸引能力的极端情况下，很明显，当水受到扰动后，将在耗散力的影响下最终聚集成为一个球形团，并把固体球核排除出去。

由 168 节不难得知，或不难独立地证明出，当考虑进水的引力时，由给定的周期性扰力所引起的强迫振荡仍可由 (10) 式得出，只是这时式中 Ω_n 仅表示外力的势函数，且 σ_n 具有(15)式所给出之值。

201. 以子午线或纬圈或以此二者为边界的海洋中的振荡问题，也可以用同样的方法来处理[1]，但所包含的球谐函数通常已不再是整数阶的了，因而难以得出数值结果。

在以两个纬圈为边界的带形海洋中，我们设

$$\zeta=\{Ap(\mu)+Bq(\mu)\}\left.\begin{matrix}\cos\\ \sin\end{matrix}\right\}s\phi, \tag{1}$$

其中 $\mu=\cos\theta$，而 $p(\mu)$ 和 $q(\mu)$ 则是第 86 节(2)式中那两个以 $(1-\mu^2)^{\frac{1}{2}s}$ 为因子的 μ 的函数. 应注意到，$p(\mu)$ 为 μ 的偶函数，而 $q(\mu)$ 则为 μ 的奇函数.

如用下标 1,2 来区别两条边界纬圈，则边界条件为：当 $\mu=\mu_1$ 和 $\mu=\mu_2$ 时，$u=0$. 对于自由振荡，根据 198 节(6)式，由边界条件得

$$\left.\begin{aligned}Ap'(\mu_1)+Bq'(\mu_1)=0,\\ Ap'(\mu_2)+Bq'(\mu_2)=0,\end{aligned}\right\} \tag{2}$$

故

$$\begin{vmatrix}p'(\mu_1), & q'(\mu_1),\\ p'(\mu_2), & q'(\mu_2)\end{vmatrix}=0, \tag{3}$$

1) 参看 198 节脚注中 Rayleigh 的著作。

这就是用来确定可允许的谐函数阶数 n 值的方程. 对应于这一方程各根的振荡速率(σ)之值则和前面一样由 199 节(5)式定出.

如二边界距赤道等远,则 $\mu_2=-\mu_1$, 于是上述解分为两组,对于其中一组有

$$B=0,\ p_1'(\mu_1)=0, \tag{4}$$

对于另一组有

$$A=0,\ q_1'(\mu_1)=0. \tag{5}$$

在前一种情况中,对称地位于赤道两侧的两点处的 ζ 具有相同之值;在后一种情况中,该两点处的 ζ 在绝对值上相等,但正负相反.

如设边界之一缩为一个点(譬如 $\mu_2=1$),我们就过渡到圆形海盆的情况.虽 $p'(1)$ 和 $q'(1)$ 之值为无穷大,但它们的比值却可借助于第 84 节中诸公式来计算. 这样做了以后,可由(2)式中第二式而得出比值 $A:B$, 然后代入(2)式中第一式,就得到确定 n 的方程. 但是,处理这一情况的一个较为简单的方法是从一个已知在极地 $\mu=1$ 处为有限值(不论 n 值为何)的解来下手. 这一方法中包含着把变量作一下改变, 而这种改变又有着某些可供选择的余地. 例如, 我们可取第 86 节(6)式中 $P_n^s(\cos\theta)$ 的表达式,并由 $\theta=\theta_1$ 时

$$\frac{\partial}{\partial\theta}P_n^s(\cos\theta)=0 \tag{6}$$

的条件来确定 n 值[1].如令球体的半径成为无穷大,就可以过渡到 191 节中的平面问题[2]. 过渡的步骤可从 100 节而得知.

如所考虑的水层有两条子午线作为边界(边界中可以有、也可以没有纬线), 设此二子午线为 $\phi=0$ 和 $\phi=\alpha$, 则由于在此二子午线上 $v=0$, 使我们在 ζ 的表达式中只能具有以 $\cos s\omega$ 为因子的诸项, 并有 $s\alpha=m\pi$ (m 为整数). 它确定了可允许的 s 值. 一般来讲, s 不是整数[3]. 由两条子午线所围圈、深度为均匀的无转动海洋中的全日潮和半日潮曾由 Proudman 和 Doodson 作了研究, 并在某些特殊情况和特殊深度下得出了结论[4].

转动系统的动力学

202. 开敞水层的潮汐理论由于地球在转动而大为复杂化了. 如果我们能够假定自由振荡的周期以及扰力的周期远小于一天,那么,前面的研究是可以作为初步近似而予以应用的, 但以地

1) 这一问题曾由 Macdonald 作了讨论,见 *Proc. Lond. Math. Soc.* xxxi.264 (1899).

2) 参看 Rayleigh, Theory of Sound, *Arts.* 336,338.

3) 想在这方面进一步探讨这一问题的读者可参看 Thomson and Tait, *Natural Philosophy* (2nd ed.), Appendix B, "Spherical Harmonic Analysis".

4) *M. N. R. A. S., Geophy. Suppt.* i. 468(1927), and ii. 209(1929).

球的实际情况而言，这些条件是远不能得到满足的。

我们打算考虑进地球转动时所出现的困难之根源在于：一个在纬度方向上作着运动的质点具有保持它绕地轴之动量矩不变的倾向，因而就会改变它在经度方向上的运动。这一论点与 Hadly 的信风理论之间的关系[1] 是大家所熟悉的。它对潮汐理论的影响似乎首先是由 Maclaurin[2] 所认识到的。

由于地球固体部分的惯性远远超过海洋的惯性，因此，由于潮汐的反作用而使地球转动角速度所发生的周期性变化是很小的。所以，这一角速度在目前就被看作是常数。

如果动力系统的平衡是相对于一个以常角速度绕一固定轴作转动的刚性参考系(真实的或理想的)而言的平衡，那么，动力系统在这样的平衡位置附近作微小振荡时，其理论就和在一个绝对的平衡位置附近作微小振荡时的理论有某些重要的不同特点。对于后者，已在 168 节中作了某些概述。因此，在我们进而考虑某些特殊问题之前，用一点篇幅来给前者作出某种概述是值得的。所要考虑的系统可以是完全自由的，也可以是和一个转动的固体连系在一起的。在后一种情况下，假定二者间的连结力以及系统的内力都服从"保守"律。

203. 一个质点 m 相对于以角速度 ω 绕 Oz 轴而转动的直角坐标轴 Ox, Oy, Oz 的运动方程为

$$\left.\begin{aligned} m(\ddot{x}-2\omega\dot{y}-\omega^2x)&=X,\\ m(\ddot{y}-2\omega\dot{x}-\omega^2y)&=Y,\\ m\ddot{z}&=Z, \end{aligned}\right\} \tag{1}$$

其中 X, Y, Z 为质点所受作用力。

现设每一质点的相对坐标 (x, y, z) 用一组独立变量 $q_1, q_2, \cdots, q_n$ 来表示。并令

1) "The Cause of the General Trade Winds", *Phil. Trans.* 1735.

2) *De Causâ Physicâ Fluxus et Refluxus Maris*, Prop. vii.: "Motus aquae turbatur ex inaequali velocitate quâ corpora circa axem Terrae motu diurno deferuntur" (1740).

$$\begin{aligned}\mathfrak{T} &= \frac{1}{2}\sum m(\dot{x}^2+\dot{y}^2+\dot{z}^2),\\ T_0 &= \frac{1}{2}\omega^2\sum m(x^2+y^2).\end{aligned}\qquad(2)$$

即 $\mathfrak{T}$ 表示相对运动的动能，我们将设它为广义速度 $\dot{q}_r$ 的二次齐次函数，其中诸系数为广义坐标 q_r 的函数，T_0 则为当系统在位形为 $(q_1, q_2, \cdots, q_n)$ 下作着无相对运动的转动时之动能。再令

$$\sum(X\delta x+Y\delta y+Z\delta z)=-\delta V+Q_1\delta q_1+Q_2\delta q_2+\cdots+Q_n\delta q_n,\qquad(3)$$

其中 V 为势能，$Q_1, Q_2, \cdots, Q_n$ 为广义外力分量。

如分别以 $\partial x/\partial q_r$，$\partial y/\partial q_r$，$\partial z/\partial q_r$ 乘(1)式中的三个方程，并相加，再把对系统中所有质点所得到的结果总合起来，然后按照"直接"证明 Lagrange 方程组时所用的方法去做，可得广义坐标系中的典型运动方程如下[1]：

$$\frac{d}{dt}\frac{\partial\mathfrak{T}}{\partial\dot{q}_r}-\frac{\partial\mathfrak{T}}{\partial q_r}+\beta_{r1}\dot{q}_1+\beta_{r2}\dot{q}_2+\cdots+\beta_{rn}\dot{q}_n=-\frac{\partial}{\partial q_r}(V-T_0)+Q_r,\qquad(4)$$

其中

$$\beta_{rs}=2\omega\sum m\frac{\partial(x,y)}{\partial(q_s,q_r)}.\qquad(5)$$

应注意到

$$\beta_{rs}=-\beta_{sr},\ \beta_{rr}=0.\qquad(6)$$

如设想转动参考系是不受约束的，但具有无穷大的转动惯量，则方程(4)也可借助于 142 节(8)式而由 141 节(23)式得出。

无扰力时的相对平衡条件可令(4)式中 $\dot{q}_1, \dot{q}_2, \cdots, \dot{q}_n=0$ 而得出，即

1) 参看 Thomson and Tait, *Natural Philosophy* (2nd ed.), i. 310; Lamb, *Higher Mechanics*, 2nd ed., Art. 84.

$$\frac{\partial}{\partial q_r}(V - T_0) = 0. \tag{7}$$

它表明，在平衡时，$V - T_0$ 取‘平稳值’.

又，由(1)式可有

$$\begin{aligned}&\sum m(\dot{x}\ddot{x} + \dot{y}\ddot{y} + \dot{z}\ddot{z}) - \omega^2\sum m(x\dot{x} + y\dot{y} + z\dot{z}) \\ &\quad = \sum(X\dot{x} + Y\dot{y} + Z\dot{z}),\end{aligned} \tag{8}$$

再根据(2)式和(3)式，可得

$$\frac{d}{dt}(\mathfrak{T} + V - T_0) = Q_1\dot{q}_1 + Q_2\dot{q}_2 + \cdots + Q_n\dot{q}_n. \tag{9}$$

这一结果也可由(4)式并考虑到关系式(6)而得出.

因此，在无扰力时，有

$$\mathfrak{T} + V - T_0 = \text{const.} \tag{10}$$

我们再来介绍一下 135 节中所用到过的 Hamilton 定理在目前情况下所采取的形式. 我们所考虑的系统的总动能为

$$\begin{aligned}T = \frac{1}{2}&\sum m\{(\dot{x} - \omega y)^2 + (\dot{y} + \omega x)^2 \\ &+ \dot{z}^2\} = \mathfrak{T} + T_0 + \omega M,\end{aligned} \tag{11}$$

其中

$$M = \sum m(x\dot{y} - y\dot{x}). \tag{12}$$

如果没有外力，而且服从通常的终端条件，则应有

$$\Delta\int_{t_0}^{t_1}(T - V)dt = 0. \tag{13}$$

于是得到

$$\Delta\int_{t_0}^{t_1}(\mathfrak{T} + T_0 + \omega M - V)dt = 0, \tag{14}$$

其前提条件为

$$\left[\sum m\{(\dot{x} - \omega y)\Delta x + (\dot{y} + \omega x)\Delta y + \dot{z}\Delta z\}\right]_{t_0}^{t_1} = 0. \tag{15}$$

这一定理也可以用通常的 Hamilton 方法而由(1)式直接得出，而且它也可反过来在自由运动的情况下给出方程(4)的一个独立证明. 在研究中把扰力包括进去也没有什么困难.

只要相近运动和真实运动的初始位形和终了相对位形是相同的，那么，(15)式中的条件就可以得到满足.

204. 现在，设诸坐标 q_r 被取得使它们在未受扰的状态下为零. 这样，对于微小的扰动，我们可以写出

$$2\mathfrak{T} = a_{11}\dot{q}_1^2 + a_{22}\dot{q}_2^2 + \cdots + 2a_{12}\dot{q}_1\dot{q}_2 + \cdots, \tag{1}$$

$$2(V - T_0) = c_{11}q_1^2 + c_{22}q_2^2 + \cdots + 2c_{12}q_1q_2 + \cdots, \tag{2}$$

式中诸系数可作为常数来处理. 由于(7)式所表明的"平稳"性，所以在 $V - T_0$ 的表达式中的一次项已被略去.

为了尽可能使以上二方程简化，我们进一步假定，利用线性变换，就可以像168节中那样把这两个方程简化为平方项之和，即

$$2\mathfrak{T} = a_1\dot{q}_1^2 + a_2\dot{q}_2^2 + \cdots + a_n\dot{q}_n^2, \tag{3}$$

$$2(V - T_0) = c_1q_1^2 + c_2q_2^2 + \cdots + c_nq_n^2. \tag{4}$$

诸量 $q_1, q_2, \cdots q_n$ 可称为系统的"主坐标"，但我们必须注意，不能认为它们仍具有在无转动情况下所具有的那些简单性质. 系数 $a_1, a_2, \cdots a_n$ 和 $c_1, c_2, \cdots c_n$ 可分别称为惯性"主系数"和稳定性"主系数". 对稳定性主系数来讲，如果我们认为参考系并不转动，但在每一质点上都加上一个方向由转轴向外的假想的"离心"力 $(m\omega^2x,\ m\omega^2y,\ 0)$，则所得之值不变.

在无穷小运动中，上一节的方程组(4)变为

$$\left.\begin{array}{l} a_1\ddot{q}_1 + c_1q_1 + \beta_{12}\dot{q}_2 + \beta_{13}\dot{q}_3 + \cdots + \beta_{1n}\dot{q}_n = Q_1, \\ a_2\ddot{q}_2 + c_2q_2 + \beta_{21}\dot{q}_1 + \beta_{23}\dot{q}_3 + \cdots + \beta_{2n}\dot{q}_n = Q_2, \\ \cdots\quad \cdots\quad \cdots\quad \cdots\quad \cdots\quad \cdots\quad \cdots \\ a_n\ddot{q}_n + c_nq_n + \beta_{n1}\dot{q}_1 + \beta_{n2}\dot{q}_2 + \beta_{n3}\dot{q}_3 + \cdots = Q_n, \end{array}\right\} \tag{5}$$

其中诸系数 β_{rs} 可视为常数.

如依次以 $\dot{q}_1, \dot{q}_2, \cdots \dot{q}_n$ 乘以上诸式，然后相加，并考虑到关系式 $\beta_{rs} = -\beta_{sr}$，则可得

$$\frac{d}{dt}(\mathfrak{T} + V - T_0) = Q_1\dot{q}_1 + Q_2\dot{q}_2 + \cdots + Q_n\dot{q}_n, \tag{6}$$

这一结果和未作近似处理时已求得的结果是一样的.

205. 为了探讨系统的自由运动，令(5)式中 $Q_1, Q_2, \cdots Q_n$

$=0$，并按照通常处理线性方程组的方法，设

$$q_1=A_1e^{\lambda t}, q_2=A_2e^{\lambda t}, \cdots, q_n=A_ne^{\lambda t}. \tag{7}$$

代进(5)式后得

$$\left.\begin{array}{l}(a_1\lambda^2+c_1)A_1+\beta_{12}\lambda A_2+\cdots+\beta_{1n}\lambda A_n=0,\\ \beta_{21}\lambda A_1+(a_2\lambda^2+c_2)A_2+\cdots+\beta_{2n}\lambda A_n=0,\\ \cdots\quad\cdots\quad\cdots\quad\cdots\quad\cdots\quad\cdots\quad\cdots\\ \beta_{n1}\lambda A_1+\beta_{n2}\lambda A_2+\cdots+(a_n\lambda^2+c_n)A_n=0.\end{array}\right\} \tag{8}$$

消去比值 $A_1:A_2:\cdots:A_n$ 后，得

$$\begin{vmatrix}a_1\lambda^2+c_1, \beta_{12}\lambda, \cdots\beta_{1n}\lambda\\ \beta_{21}\lambda, a_2\lambda^2+c_2, \cdots\beta_{2n}\lambda\\ \cdots\quad\cdots\quad\cdots\quad\cdots\\ \beta_{n1}\lambda, \beta_{n2}\lambda, \cdots a_n\lambda^2+c_n\end{vmatrix}=0. \tag{9}$$

为简练起见，我们常把上式写成

$$D(\lambda)=0. \tag{10}$$

由于 203 节(6)式所表示的关系，所以行列式 $D(\lambda)$ 属于被Cayley称为“反对称行列式”的一类．如果我们改变 λ 的正负符号，只不过相当于把行和列互换一下，故行列式之值并不改变．因此，方程(10)只含有 λ 的偶数幂，它的根是成对的，每一对根的形式为

$$\lambda=\pm(\rho+i\sigma).$$

如相对平衡的位形是稳定的，那么，诸 ρ 之值必须全部都为零．这是因为，否则就会在某个坐标 q_r 的表达式中出现形式为 $e^{\pm\rho t}\cos\sigma t$ 和 $e^{\pm\rho t}\sin\sigma t$ 的项，因而也就表示了会出现振幅不断增大的振荡．

在 168 节所简述的绝对平衡的理论中，稳定平衡(在上述意义下)的必要和充分条件只是平衡位形中的势能为一极小值．在目前所讨论的情况中，平衡条件就较为复杂了[1]，但容易看出，如 $V-T_0$ 的表达式为本性正值，换言之，即如(4)式中诸系数 c_1,

1) Routh 曾研究了这一问题，见 140 节第一个脚注；还可见其著作 *Advanced Rigid Dynamics*, c. vi.

$c_2\cdots c_n$ 全部为正值,则平衡就一定是稳定的。这一点可由 203 节中已证明过的方程

$$\mathfrak{T}+(V-T_0)=\text{const.} \tag{11}$$

而立即得知,因为在上述条件下,它表明了无论是 $\mathfrak{T}$ 还是 $V-T_0$ 都不可能增大到超过某一个取决于初始情况的极限[1]。应注意到,在进行这一讨论时并未用到近似方程。

因此,如相对平衡位形使 $V-T_0$ 为极小值,则平衡肯定是稳定的。但它并不是必要条件,而且甚至当 $V-T_0$ 为极大值时,平衡也有可能具有稳定性(从目前的观点来看),正如很快可在两个自由度的特殊情况下所表明出来的那样。但应注意到,如系统受有能影响相对坐标 $q_1, q_2, \cdots q_n$ 的耗散力的作用,则不论耗散力多么小,就仅当 $V-T_0$ 为极小值时,平衡才可能是持久稳定的(或称"长期"稳定的)。这种力的特征是它们对系统所作的功永远为负值,因此,根据(6)式,只要系统有任何相对运动,$\mathfrak{T}+(V-T_0)$ 就会不断减小(代数意义上的)。于是,如果系统从 $V-T_0$ 为负值的相对静止位形而进入运动,则 $\mathfrak{T}+(V-T_0)$ 以及尤其其中的 $V-T_0$ 部分就会在负的方向上不断增加,而这只有在系统越来越偏离它的平衡位形的情况下才会发生。

在"寻常的"(动力学上的)稳定性和"长期的"(实用上的)稳定性之间的这一重要区别是首先由 Thomson 和 Tait 所指出的[2]。可以看出,在上述探讨中,已预先假定了转动固体的角速度(ω)维持不变,如果必要,就需要假定有力适当地作用于该固体。如固体是**自由的**,长期稳定性的条件就具有稍为不同的形式,它将在第

1)这一论证最初由 Dirichlet 应用于在绝对平衡位形附近振荡的理论(第 168 节),见"Ueber die Stabilität des Gleichgewichts", *Crelle*, xxxii. (1846) [*Werke*, Berlin, 1889—97, ii. 3]. 在 *Higher Mechanics*, 2nd ed., Art. 99 中简述了一个代数证明。

2) *Natural Philsophy*(2nd ed.),Part I.p. 391.还见 Poincaré, "Sur l'équilibre d'une masse fluide animée d'un mouvement de rotation", *Acta Mathematica*, vii. (1885) 和在 110 节第一个脚注中所引著作. 在一篇文章"On Kinetic Stability", *Proc. Roy. Soc.* A, lxxx. 168 (1909) 和本书著者的 *Higher Mechanics*, 2nd ed. p. 25? 中给出了某些力学实例.

XII 章中谈到．在实际应用上，我们将只涉及 $V - T_0$ 为极小值的情况，因而 204 节(4)式中诸系数 $c_1, c_2, \cdots c_n$ 为正值．

为了考查稳定情况下自由振荡的特点，我们注意到，如 λ 为(10)式的任一解，则由方程(8)可知

$$\frac{A_1}{\alpha_1} = \frac{A_2}{\alpha_2} = \cdots = \frac{A_n}{\alpha_n} = C, \tag{12}$$

其中 $\alpha_1, \alpha_2, \cdots \alpha_n$ 为行列式 $D(\lambda)$ 中任一行诸元的子式，C 为任意常数．这些子式通常都含有 λ 的奇数幂和偶数幂，因此，对于任一对正负相反的两个根($\pm\lambda$)就有不相等的值．如令 $\lambda = \pm i\sigma$，则对应的 α_r 之值的形式为 $\mu_r \pm i\nu_r$，其中 μ_r 和 ν_r 为实数．故

$$q_r = C(\mu_r + i\nu_r)e^{i\sigma t} + C'(\mu_r - i\nu_r)e^{-i\sigma t}. \tag{13}$$

如令

$$C = \frac{1}{2}Ke^{i\epsilon}, \quad C' = \frac{1}{2}Ke^{-i\epsilon},$$

我们就为方程组得到一个含有二任意常数 K 和 ϵ 的实数形式解如下：

$$q_r = K\{\mu_r \cos(\sigma t + \varepsilon) - \nu_r \sin(\sigma t + \varepsilon)\}.$$

上式表示了系统的所谓“固有振型”．这种可能振型的数目当然等于(9)式之根有多少对的数目，也就是等于系统自由度的数目．应注意到，作为转动的影响之一，不同的坐标已不再具有相同的相位．

如以 ξ, η, ζ 表示任一质点离开其平衡位置的位移分量，则有

$$\left.\begin{aligned}\xi &= \frac{\partial x}{\partial q_1}q_1 + \frac{\partial x}{\partial q_2}q_2 + \cdots + \frac{\partial x}{\partial q_n}q_n,\\ \eta &= \frac{\partial y}{\partial q_1}q_1 + \frac{\partial y}{\partial q_2}q_2 + \cdots + \frac{\partial y}{\partial q_n}q_n,\\ \zeta &= \frac{\partial z}{\partial q_1}q_1 + \frac{\partial z}{\partial q_2}q_2 + \cdots + \frac{\partial z}{\partial q_n}q_n.\end{aligned}\right\} \tag{14}$$

把(13)式代入上式，可得以下形式的结果：

$$\left.\begin{aligned}\xi &= P\cdot K\cos(\sigma t + \epsilon) + P'\cdot K\sin(\sigma t + \epsilon),\\ \eta &= Q\cdot K\cos(\sigma t + \epsilon) + Q'\cdot K\sin(\sigma t + \epsilon),\\ \zeta &= R\cdot K\cos(\sigma t + \epsilon) + R'\cdot K\sin(\sigma t + \epsilon),\end{aligned}\right\} \tag{15}$$

式中 P, P', Q, Q', R, R' 为质点平均位置的确定函数，其中也包含有 σ 值，因而对于不同的正则振型是不同的，但与任意常数 K 和 ϵ 无关．这些公式所表示的是周期为 $2\pi/\sigma$ 的椭圆谐运动，而下式

$$\left.\begin{aligned}\frac{\xi}{P}=\frac{\eta}{Q}=\frac{\zeta}{R}\\ \text{和}\qquad \frac{\xi}{P'}=\frac{\eta}{Q'}=\frac{\zeta}{R'}\end{aligned}\right\}\tag{16}$$

所表示的方向则为椭圆轨道上两个共轭半径的方向，此二共轭半径之长分别为

$$(P^2+Q^2+R^2)^{1/2}\cdot K$$

和

$$(P'^2+Q'^2+R'^2)^{1/2}\cdot K.$$

因而，诸椭圆轨道的位置、形状和相对尺度以及其上诸质点的相对相位在每一固有振型中都是确定的，只有绝对尺度和初相是任意的．

205a. 如角速度 ω 很小，那么，一般来讲，正则振型就和无转动时的情况相差很小，这时，修正后的振型及其频率的表达式可用下述方法求得[1]．因 205 节中行列式方程(9) 不会由于改变全部 β 的正负号而变化，故频率的表达式中所包含的应是这些 β 的二阶项．例如，考虑 A_1 为有限值，而 $A_2, A_3, \cdots A_n$ 相对来讲是很小的一个振型，令 $\lambda=i\sigma_1$，由(8) 式中第 r 个方程可近似地得到

$$\frac{A_r}{A_1}=\frac{i\beta_{r1}\sigma_1}{a_r(\sigma_1^2-\sigma_r^2)},\tag{17}$$

其中 $\sigma_r^2=c_r/a_r$．于是，代入第一个方程后，可得修正后的 σ_1^2 为

$$\sigma_1^2=\frac{c_1}{a_1}\left\{1+\sum_r\frac{\beta_{1r}^2}{a_1a_r(\sigma_1^2-\sigma_r^2)}\right\}.\tag{18}$$

但如括号中的任一分母为零或甚至只是很小，这种近似就失效了．当无转动时的正则振型中有两个或两个以上振型的周期相等或接近相等时，就会出现这一情况．例如，设 σ_1^2 和 σ_2^2 接近相等，于是令 $\lambda=i\sigma$，由(8)式可有

$$\left.\begin{aligned}(c_1^2-\sigma^2a_1)A_1+i\beta_{12}\sigma A_2=0,\\ i\beta_{21}A_1+(c_2-\sigma^2a_2)A_2=0,\end{aligned}\right\}\tag{19}$$

因而 A_1 和 A_2 并不是相差得很多的．但消去 A_1/A_2 后，可有

---

1) Rayleigh, *Phil. Mag.* (6), v. 293(1903) [*Papers*, v.89].

$$(\sigma^2-\sigma_1^2)(\sigma^2-\sigma_2^2)=\frac{\beta_{12}^2}{a_1a_2}\sigma^2. \tag{20}$$

当 σ_1^2 和 σ_2^2 相等时，由上式可得

$$\sigma^2-\sigma_1^2=\pm\frac{\beta_{12}}{\sqrt{a_1a_2}}\sigma, \tag{21}$$

或近似地有

$$\sigma-\sigma_1=\pm\frac{\beta_{12}}{2\sqrt{a_1a_2}}. \tag{22}$$

这时，由于转动所引起的频率变化就正比于 ω 而不是 ω^2 了。

可由(8)式中其余诸方程而通过 A_1 和 A_2 来表示出 $A_3, A_4, \cdots A_n$ 之值，但对上述结论产生影响的只不过是一些含有 ω^4 的项.

205b. 由于确定自由振型具有解析上的困难(尤其是对于连续系统)，因此，很自然地要寻求如何计算较为重要的几个频率的近似方法，它类似于 Rayleigh 在无转动系统中所应用的方法(见 168 节)。

为此目的，要用到 203 节中的变分公式(14). 在应用于微小振荡时，以质点偏离其相对平衡位置的位移 (ξ, η, ζ) 来表示出该式是较为方便的. 故以 $x_0+\xi, y_0+\eta, z_0+\zeta$ 来表示 x, y, z, 而 x_0, y_0, z_0 则为平衡位置，可有

$$\Delta\int_{t_0}^{t_1}M\,dt=\Delta\int_{t_0}^{t_1}M'\,dt+\left[\sum m\,(x_0\Delta\eta-y_0\Delta\xi)\right]_{t_0}^{t_1}, \tag{1}$$

其中

$$M'=\sum m(\xi\dot{\eta}-\eta\dot{\xi}). \tag{2}$$

把(1)式最右边已经积分出来的那些项合并到 203 节(15)式的终端条件中，所述定理就成为

$$\Delta\int_{t_0}^{t_1}(\mathfrak{T}+\omega M'+T_0-V_0)\,dt=0, \tag{3}$$

其前提条件为

$$\left[\sum m\{(\dot{\xi}-\omega\eta)\Delta\xi+(\dot{\eta}+\omega\xi)\Delta\eta+\dot{\zeta}\Delta\zeta\}\right]_{t_0}^{t_1}=0. \tag{4}$$

现在假定相近运动和真实运动是具有同样周期 $2\pi/\sigma$ 的简谐

运动，且积分上下限 t_1 和 t_0 正好相差一个周期．于是(4)式中诸项在上限时和下限时就互相消去，因而前提条件可以满足．其结果是，把真实运动与振动周期相同而具有任意微小变分的相近运动相比较，表达式

$$\mathfrak{T} + \omega M' - (V - T_0) \tag{5}$$

对时间的平均值在真实运动中为平稳值．

用广义坐标(设它们在相对平衡时为零)来表示时，M' 为

$$q_1, q_2, \cdots q_n$$

和

$$\dot{q}_1, \dot{q}_2, \cdots \dot{q}_n$$

两组变量的双线性函数，而 $\mathfrak{T}$ 和 $V - T_0$ 则已根据假设分别为广义速度和广义坐标的二次齐次函数。因此，(5)式为变量 q_r 和 $\dot{q}_r$ 的二次齐次函数．

现如令

$$q_r = A_r \cos \sigma t + B_r \sin \sigma t, \tag{6}$$

并以 J 表示表达式(5)的平均值，可有

$$J = \sigma^2 P + \sigma Q - R, \tag{7}$$

其中 P, Q, R 为变量 A_r 和 B_r 的某种二次齐次函数，目前还无需知道它们的精确形式．

由于 J 应为平稳值，所以对于所有无穷小的 ΔA_r 和 ΔB_r 都要求

$$\sigma^2 \Delta P + \sigma \Delta Q - \Delta R = 0. \tag{8}$$

而若令 $\Delta A_r = \varepsilon A_r$，$\Delta B_r = \varepsilon B_r$，其中 ε 为与 r 无关的无穷小常数，则由于齐次性而有

$$J = 0. \tag{9}$$

在自由振荡中，表达式(5)的平均值为零的这一论述是在 $\omega = 0$ 的场合下所指出过的一个结论的推广——即在绝对平衡位置附近的振荡中，动能和势能的平均值相等．

上述结果可以表示成另一形式．如暂时把 σ 视为 A_r 和 B_r 的函数，而这些系数又具有由方程

$$\sigma^2 P + \sigma Q - R = 0 \tag{10}$$

所确定的一般值，则有

$$(2\sigma P + Q)\Delta\sigma + (\sigma^2 \Delta P + \sigma \Delta Q - \Delta R) = 0. \tag{11}$$

因此，如 A_r 和 B_r 具有对应于某一自由振荡的特殊值时，则根据(8)式有

$$\Delta\sigma = 0. \tag{12}$$

换言之，由(10)式所确定的 σ 值是平稳值。

随之而知，如(10)式中的 P, Q, R 是根据一个和真实振荡相差很小的假定振荡而计算出来的，那么，所得到的 σ 值的误差是二阶小量。

这些平稳值中就包括了 σ 中通常最重要的极大值和极小值(以绝对值计)。

上述原理在某些特殊场合下的应用将在 212a 和 216 节中见到。

(7) 式中函数 P, Q, R 的一般形式虽对于我们的讨论来讲并不重要，但也可以提一下。由 204 节(3)式和(4)式，可立即得到

$$\left.\begin{aligned} P &= \frac{1}{4} S_r a_r (A_r^2 + B_r^2), \\ R &= \frac{1}{4} S_r c_r (A_r^2 + B_r^2), \end{aligned}\right\} \tag{13}$$

式中 S_r 为求和符号，表示按 $r = 1, 2, \cdots n$ 把各项相加。又，由(2)式得

$$\begin{aligned} \omega M' &= \omega \sum m \left\{ S_r \frac{\partial \xi}{\partial q_r} q_r \cdot S_s \frac{\partial \eta}{\partial q_s} \dot{q}_s - S_r \frac{\partial \eta}{\partial q_r} q_r \cdot S_s \frac{\partial \xi}{\partial q_s} \dot{q}_s \right\} \\ &= \frac{1}{2} \{ \dot{q}_1 S_r \beta_{1r} q_r + \dot{q}_2 S_r \beta_{2r} q_r + \cdots + \dot{q}_n S_r \beta_{nr} q_r \}, \end{aligned} \tag{14}$$

其中

$$\beta_{rs} = 2\omega \sum m \frac{\partial(\xi, \eta)}{\partial(q_s, q_r)}. \tag{15}$$

把(6)式代入，并取平均值后，可得

$$Q=\frac{1}{2}S_rS_s\beta_{rs}A_sB_r, \tag{16}$$

在上式中的双重求和符号内，下标的各种搭配只取一次。

作为一个验证，我们可注意到，如用上述 P, Q, R 之值来组成(8)式，就可发现，所得 $\triangle A_r$ 与 $\triangle B_r$ 的系数分别和我们把(6)式代入 204 节典型运动方程(5)后所得 $\cos\sigma t$ 与 $\sin\sigma t$ 的系数相同。

206. 由周期性扰力所引起的强迫振荡的符号表达式是不难写出的。如设 $Q_1, Q_2, \cdots Q_n$ 都正比于 $e^{i\sigma t}$，其中 σ 是已被指定之值，则由 204 节(5)式，并省略掉时间因子后，可得

$$D(i\sigma)q_r=\alpha_{r1}Q_1+\alpha_{r2}Q_2+\cdots+\alpha_{rn}Q_n, \tag{1}$$

其中等号右边诸项的系数为行列式 $D(i\sigma)$ 中第 r 行诸元的子式。

现在所讨论的问题和无转动情况下的“正则振型”理论的最主要不同点在于：任何一种类型的位移已不再只受该种类型的扰力的影响了。其结果之一就是(如不难从 205 节(14)式所看出的那样)，一般而言，各质点都作椭圆谐运动。此外，一般而言，在位移和扰力之间，具有随频率而异的相位差。

和 168 节中所述相同，当 $D(i\sigma)$ 很小时，也就是，只要扰力的变化“速率” σ 接近于自由振荡固有“速率”之一时，位移就变得非常大。

当扰力的周期为无限长时，位移就趋于“平衡值”

$$q_1=Q_1/c_1, q_2=Q_2/c_2, \cdots q_n=Q_n/c_n, \tag{2}$$

如可由 204 节(5)式直接看出的那样。然而，如稳定性系数 $c_1, c_2, \cdots c_n$ 中有一个或一个以上为零时，这一结论就必须加以修正。例如，若 $c_1=0$，则行列式 $D(\lambda)$ 的第一行和第一列可同时被 λ 整除，因此，205 节行列式方程(10)就有一对零根。换言之，就是得到了一个可能的无限长周期的自由运动。这时，(1)式右边 $Q_2, Q_3, \cdots Q_n$ 的系数在 $\sigma=0$ 时成为不确定的，而所计算出来的结果一般也与(2)式不相符。这一点是重要的，因为像我们将会见到的那样，在某些流体动力学的应用中，当无外力作用时，流体在自由表

面的变形保持不变的情况下作定常的循环运动是可能的．而其结果之一就是，潮汐的长周期强迫振荡并不一定近似于潮汐平衡理论所给出的结果。参看 214 和 217 节。

为了说明以上论述，我们可以较为详细地考虑一下两个自由度的情况．这时，运动方程的形式为

$$\left.\begin{aligned} a_1\ddot{q}_1 + c_1 q_1 + \beta\dot{q}_2 = Q_1, \\ a_2\ddot{q}_2 + c_2 q_2 - \beta\dot{q}_1 = Q_2. \end{aligned}\right\} \tag{3}$$

确定自由振荡周期的方程为

$$a_1a_2\lambda^4 + (a_1c_2 + a_2c_1 + \beta^2)\lambda^2 + c_1c_2 = 0. \tag{4}$$

对于"寻常的"稳定性而言，只要上面 λ^2 的二次方程之根为负的实数就足够了．由于 a_1 和 a_2 为本性正值，所以不难看出，只要 c_1 和 c_2 都为正值，那么这一条件就总能得到满足，甚至当 c_1 和 c_2 都为负值，但 β^2 却足够大时，这一条件也还是可以得到满足的．只是在以后可以看到，在后一种情况下，如果引进了耗散力的话，平衡就会变为不稳定的．见 322 节．

为求出当 Q_1 和 Q_2 正比于 $e^{i\sigma t}$ 时的强迫振荡，可有(未写出时间因子)

$$\left.\begin{aligned} (c_1 - \sigma^2a_1)q_1 + i\sigma\beta q_2 = Q_1, \\ -i\sigma\beta q_1 + (c_2 - \sigma^2a_2)q_2 = Q_2, \end{aligned}\right\} \tag{5}$$

故

$$\left.\begin{aligned} q_1 = \frac{(c_2 - \sigma^2a_2)Q_1 - i\sigma\beta Q_2}{(c_1 - \sigma^2a_1)(c_2 - \sigma^2a_2) - \sigma^2\beta^2}, \\ q_2 = \frac{i\sigma\beta Q_1 + (c_1 - \sigma^2a_1)Q_2}{(c_1 - \sigma^2a_1)(c_2 - \sigma^2a_2) - \sigma^2\beta^2}. \end{aligned}\right\} \tag{6}$$

现设 $c_2 = 0$，换言之，也就是假定位移 q_2 并不影响 $V - T_0$ 之值．再设 $Q_2 = 0$，也就是假定，在 q_2 型的位移中，外力并不作功．于是以上方程给出

$$\left.\begin{aligned} q_1 = \frac{a_2}{a_2(c_1 - \sigma^2a_1) + \beta^2}\,Q_1, \\ \dot{q}_2 = \frac{\beta}{a_2(c_1 - \sigma^2a_1) + \beta^2}\,Q_2. \end{aligned}\right\} \tag{7}$$

在长周期扰力的作用下，近似地有 $\sigma = 0$，故

$$\left.\begin{aligned} q_1 = \frac{1}{c_1 + \beta^2/a_2}\,Q_1, \\ \dot{q}_2 = \frac{\beta}{a_2c_1 + \beta^2}\,Q_2. \end{aligned}\right\} \tag{8}$$

因而位移 q_1 小于其平衡值，二者之比为 $1:1+\beta^2/(a_2c_1)$．而且，虽然并不存在 q_2 型的外力，但却有 q_2 型的运动与之相伴随(参看 217 节)．如令 $\beta = 0$，当然就得到168 节所考虑的绝对平衡的情况了[1]．

---

1) 上述理论发表于本书第二版(1895)．摩擦力的影响在 322 节中考虑．

应当补充一点，确定 204 节所述"主坐标"时，要依赖于 $\mathfrak{T}$ 和 $V-T_0$ 的初始形式，所以要受到 T_0 中所具有的因子 ω^2 的影响。而该节中所给出的方程组却并不全都适用于讨论自由振动各主振型的特点与频率如何随 ω 而变化的问题。因而一个未被提到但值得注意的结论是，在无转动场合下有着无限长周期的某些类型的循环运动，可以由于极微小的转动而转化为振荡式的运动，且其周期与转动的周期量级相同。参看 212 和 223 节。

为了用最简单的方式来说明这一问题，我们可以考虑一个二自由度的情况。如果当 $\omega=0$ 时，c_2 为零，那么，在一般情况下，ω^2 就是 c_2 的一个因子。又当 ω^2 很小时，(4)式的两个根近似为

$$\lambda^2=-c_1/a_1,\ \lambda^2=-c_2/a_2.$$

后面那个根就最终使 $\lambda\propto\omega$.

207. 现在进而讨论流体动力学中的实例，首先考虑一个平面水平水层，它在未受扰时围绕一根铅垂轴作均匀转动[1]。所得结果可以应用于一个转动球体上尺度不太大的极地海盆或其它海盆，而并不附带着什么重要限制。

令转轴为 z 轴，而 x 轴和 y 轴则以指定的角速度 ω 在 xy 平面中转动。以 u,v,w 表示时刻 t 占据 (x,y,z) 处的质点相对于这些坐标轴的速度。这一质点平行于坐标轴瞬时位置的真正速度应为 $u-\omega y, v+\omega x, w$；在这些方向上的加速度应为

$$\frac{Du}{Dt}-2\omega v-\omega^2x,\quad \frac{Dv}{Dt}+2\omega u-\omega^2y,\quad \frac{Dw}{Dt}.$$

在目前，设相对运动为无穷小，因而可用 $\partial/\partial t$ 替换掉 D/Dt.

设水层在重力单独作用下处于相对平衡时，其自由表面的纵坐标为 z_0，则由第 26 节可知

$$z_0=\frac{1}{2}\frac{\omega^2}{g}(x^2+y^2)+\text{const}. \tag{1}$$

为使讨论简化起见，将设自由表面的坡度处处都很小，换言之，如 r 为水层中距转轴最远的距离，则 ω^2r/g 被设为很小。

---

1) W. Thomson 爵士, "On Gravitational Oscillations of Rotating Water", *Proc. R. S. Edin.* x. 92 (1879) [*Paper*, iv. 141].

如 $z_0+\zeta$ 表示受扰后自由表面的纵坐标，那么，像通常那样地假定水沿铅垂方向的加速度远小于 g 后，可得任一点 (x,y,z) 处的压力为

$$p-p_0=g\rho(z_0+\zeta-z), \tag{2}$$

故

$$-\frac{1}{\rho}\frac{\partial p}{\partial x}=-\omega^2x-g\frac{\partial\zeta}{\partial x},$$

$$-\frac{1}{\rho}\frac{\partial p}{\partial y}=-\omega^2y-g\frac{\partial\zeta}{\partial y}.$$

因而水平方向的运动方程为

$$\left.\begin{aligned}\frac{\partial u}{\partial t}-2\omega v&=-g\frac{\partial\zeta}{\partial x}-\frac{\partial\Omega}{\partial x},\\ \frac{\partial v}{\partial t}+2\omega u&=-g\frac{\partial\zeta}{\partial y}-\frac{\partial\Omega}{\partial y};\end{aligned}\right\} \tag{3}$$

在上式中，Ω 为扰力的势函数.

如令

$$\bar\zeta=-\Omega/g, \tag{4}$$

即令 $\bar\zeta$ 为表面升高量的“平衡”值，则上面的方程组成为

$$\left.\begin{aligned}\frac{\partial u}{\partial t}-2\omega v&=-g\frac{\partial}{\partial x}(\zeta-\bar\zeta),\\ \frac{\partial v}{\partial t}+2\omega u&=-g\frac{\partial}{\partial y}(\zeta-\bar\zeta).\end{aligned}\right\} \tag{5}$$

连续性方程具有与 193 节中同样的形式，即

$$\frac{\partial\zeta}{\partial t}=-\frac{\partial(hu)}{\partial x}-\frac{\partial(hv)}{\partial y}, \tag{6}$$

式中 h 表示在未受扰的情况下由自由表面到底部的深度. 当然，除非底部形状和(1)式所给出的自由表面形状相同，否则深度 h 就不是均匀的.

如对方程组(5)用交叉求导而消去 $\zeta-\bar\zeta$，可得

$$\frac{\partial}{\partial t}\left(\frac{\partial v}{\partial x}-\frac{\partial u}{\partial y}\right)+2\omega\left(\frac{\partial u}{\partial x}+\frac{\partial v}{\partial y}\right)=0; \tag{7}$$

再令 $u=\partial\xi/\partial t, v=\partial\eta/\partial t$，并对 t 求积，就得到

$$\frac{\partial v}{\partial x}-\frac{\partial u}{\partial y}+2\omega\left(\frac{\partial\xi}{\partial x}+\frac{\partial\eta}{\partial y}\right)=\text{const.} \tag{8}$$

它只不过是表达了一根涡束的涡量

$$2\omega+\frac{\partial v}{\partial x}-\frac{\partial u}{\partial y}$$

与其截面积

$$\left(1+\frac{\partial\xi}{\partial x}+\frac{\partial\eta}{\partial y}\right)\delta x\delta y$$

的乘积为一常数的 Helmholtz 定理.

在简谐扰力的作用下，时间因子为 $e^{i\sigma t}$，(5)式和 (6) 式成为

$$\left.\begin{aligned}i\sigma u-2\omega v&=-g\frac{\partial}{\partial x}(\zeta-\bar{\zeta}),\\ i\sigma v+2\omega u&=-g\frac{\partial}{\partial y}(\zeta-\bar{\zeta}),\end{aligned}\right\} \tag{9}$$

和

$$i\sigma\zeta=-\frac{\partial(hu)}{\partial x}-\frac{\partial(hv)}{\partial y}. \tag{10}$$

由(9)式可得

$$\left.\begin{aligned}u&=\frac{g}{\sigma^2-4\omega^2}\left(i\sigma\frac{\partial}{\partial x}+2\omega\frac{\partial}{\partial y}\right)(\zeta-\bar{\zeta}),\\ v&=\frac{g}{\sigma^2-4\omega^2}\left(i\sigma\frac{\partial}{\partial y}-2\omega\frac{\partial}{\partial x}\right)(\zeta-\bar{\zeta}).\end{aligned}\right\} \tag{11}$$

把(11)式代入(10)式后，就可以得到一个只含有 ζ 的方程.

在深度为均匀的场合下，所得结果为

$$\nabla_1^2\zeta+\frac{\sigma^2-4\omega^2}{gh}\zeta=\nabla_1^2\bar{\zeta}; \tag{12}$$

和以前一样，上式中 $\nabla_1^2=\partial^2/\partial x^2+\partial^2/\partial y^2$.

当 $\bar{\zeta}=0$ 时，如符合某些条件，则(5)式和(6)式可由定常的 u, v, ζ 所满足. 在这种情况下，我们必应有

$$u=-\frac{g}{2\omega}\frac{\partial\zeta}{\partial y},\quad v=\frac{g}{2\omega}\frac{\partial\zeta}{\partial x}, \tag{13}$$

并因而应有

$$\frac{\partial(h,\zeta)}{\partial(x,y)}=0. \tag{14}$$

条件(14)式表示自由表面的等高线必须处处平行于底部的等高线，但另一方面，ζ 值却仍有着任意性．流体的流动是处处平行于这些等高线的，因而进一步可知，要是能够产生这类定常运动，那么，沿着侧面边界（设为铅垂壁面）的深度必须是均匀的．而若深度处处都相同，则条件(14)式就恒等地能被满足，这时，对 ζ 的唯一限制就是它应沿侧面边界保持不变．

208. 无限长均匀直渠道中的自由波动[1] 是上节中诸方程的一个简单应用．

如取 x 轴平行于渠道的长度方向，并设

$$\zeta=ae^{ik(ct-x)+my},\quad v=0, \tag{1}$$

则由上节方程(5)并去掉含有 ζ 的项后，可得

$$cu=g\zeta,\ 2\omega u=-gm\zeta; \tag{2}$$

同时，由上节连续性方程(6)可得

$$c\zeta=hu. \tag{3}$$

于是得到

$$c^2=gh,\ m=-2\omega/c. \tag{4}$$

(4)式中前一个结果表明波速并不受转动的影响．

当用实数形式来表示时，ζ 为

$$\zeta=ae^{-2\omega y/c}\cos\{k(ct-x)+\epsilon\}. \tag{5}$$

其中的指数因子表示出，在渠道两侧中，前方（相对于转动而言）的那一侧的波高最小．当我们由渠道该侧走向另一侧时，波高就不断增加．如果注意到分别位于波峰处和波谷处的水质点的运动方向，那么可以看出这一结论符合 202 节中所指出过的趋势[2]．

应注意到，在上述解中，只要求渠道是均匀的，而并未限制渠道的宽度．

关于确定有限长度的转动渠道中的自由振荡问题，或甚至确定波在一个横向屏障处的反射这种较为简单的问题，都不能再像

---

1) W. Thomson 爵士，207 节中脚注．

2) 关于在潮汐现象上的应用，见 W. Thomson 爵士，*Nature*, xix. 154, 571 (1879) 和 G. I. Taylor, "Tidal Friction in the Irish Sea", *Phil. Tran.* A, ccxx. 1 (1918).

176 和 178 节所讨论的情况中那样用叠加方法来得到简单的解了。当波沿负方向传播时，我们应求得

$$\zeta = a' e^{2\omega y/c} \cos\{k(ct+x)+\varepsilon\}, \tag{6}$$

但却不能靠把它和(5)式组合起来而使屏障上所有 y 值处的 $u=0$[1]。

209. 下面，我们讨论一个圆形水层绕其中心轴线转动时的情况[2]。

如采用极坐标 r 和 θ，并用符号 ξ 和 η 表示沿矢径方向和垂直于矢径方向的位移，则因 $\dot{\xi} = i\sigma\xi, \dot{\eta} = i\sigma\eta$，故 207 节(9)式等价于

$$\left.\begin{aligned} \sigma^2\xi + 2i\omega\sigma\eta &= g\frac{\partial}{\partial r}(\zeta - \bar{\zeta}), \\ \sigma^2\eta - 2i\omega\sigma\xi &= g\frac{\partial}{r\partial\theta}(\zeta - \bar{\zeta}); \end{aligned}\right\} \tag{1}$$

而连续性方程(10)成为

$$\zeta = -\frac{\partial(h\xi r)}{r\partial r} - \frac{\partial(h\eta)}{r\partial\theta}. \tag{2}$$

故

$$\left.\begin{aligned} \xi &= \frac{g}{\sigma^2 - 4\omega^2}\left(\frac{\partial}{\partial r} - \frac{2i\omega}{\sigma}\frac{\partial}{r\partial\theta}\right)(\zeta - \bar{\zeta}), \\ \eta &= \frac{ig}{\sigma^2 - 4\omega^2}\left(\frac{2\omega}{\sigma}\frac{\partial}{\partial r} - i\frac{\partial}{r\partial\theta}\right)(\zeta - \bar{\zeta}), \end{aligned}\right\} \tag{3}$$

---

1) Poincaré, *Leçons de Mec. Cel.* iii. 124. 这里所提到的问题曾由 G. I. Taylor 求解，见 *Proc. Lond. Math. Soc.* (2), xx. 148 (1920). 他求得，如波长 $(2\pi/k)$ 与渠宽 (b) 相比足够大，可以有一个下述意义下的规则反射(带有相位变化的)，即在距屏障较远处，在应用上可以看作由上面的(5)式和(6)式叠加，且 $a = a'$，其必要条件为

$$k^2b^2 < \pi^2 + 4\omega^2b^2/c^2.$$

一个转动的矩形水池中的自由振荡问题也在上述文章中作了讨论. 转动角速度相对地较小的情况则在此之前已由 Rayleigh 作了处理，见 *Phil. Mag.*(6). v. 297 (1908) [*Papers*, v. 93] 和 *Proc. Roy. Soc.* A. lxxxii. 448 (1909) [*Papers*, v. 497].

2) 下面的探讨是 Kelvin 在 207 节脚注中所提到的文章中给出的某些见解的发展.

代入(2)式后就可得到ζ的微分方程.

在均匀深度的场合下,可求得

$$(\nabla_1^2 + \kappa^2)\zeta = \nabla_1^2\bar{\zeta}, \tag{4}$$

其中

$$\nabla_1^2 = \frac{\partial^2}{\partial r^2} + \frac{1}{r}\frac{\partial}{\partial r} + \frac{1}{r^2}\frac{\partial^2}{\partial \theta^2}, \tag{5}$$

而

$$\kappa^2 = \frac{\sigma^2 - 4\omega^2}{gh}. \tag{6}$$

这一结果也可以由 207 节(12)式而立即写出.

在边界处(设为 $r = a$)所应满足的条件为 $\xi = 0$, 即

$$\left(r\frac{\partial}{\partial r} - \frac{2i\omega}{\sigma}\frac{\partial}{\partial \theta}\right)(\zeta - \bar{\zeta}) = 0. \tag{7}$$

210. 在自由振荡的情况下, 有 $\bar{\zeta} = 0$. 由于虚数 i 在上面诸方程中出现的方式,再连同 Fourier 定理,就提示我们把θ看作是以因子 $e^{is\theta}$ 的形式被包含在函数ζ中的, 其中 s 为整数. 在这一假定的基础上,(4)式成为

$$\frac{\partial^2\zeta}{\partial r^2} + \frac{1}{r}\frac{\partial\zeta}{\partial r} + \left(\kappa^2 - \frac{s^2}{r^2}\right)\zeta = 0, \tag{8}$$

而边界条件(7)式成为: 当 $r = a$ 时,有

$$r\frac{\partial\zeta}{\partial r} + \frac{2s\omega}{\sigma}\zeta = 0. \tag{9}$$

(8)式具有 Bessel 方程的形式, 因而它在 $r = 0$ 处为有限值的解可写为

$$\zeta = AJ_s(\kappa r)e^{i(\sigma t + s\theta)}. \tag{10}$$

但应注意的是,在目前所讨论的问题中, κ^2 并不一定为正值;当 κ^2 为负值时,可用 $I_s(\kappa_1 r)$ 换掉 $J_s(\kappa r)$,其中 κ_1 为$(4\omega^2 - \sigma^2)/gh$ 的正平方根,而

$$I_s(z) = \frac{z^s}{2^s \cdot s!}\left\{1 + \frac{z^2}{2(2s + 2)}\right.$$

$$+\frac{z^4}{2\cdot 4(2s+2)(2s+4)}+\cdots\Big\}^{1)}. \qquad (11)$$

在轴对称($s=0$)的情况下,写成实数形式,有

$$\zeta = AJ_0(\kappa r)\cdot\cos(\sigma t+\varepsilon), \qquad (12)$$

其中的 κ 由

$$J_0'(\kappa a)=0 \qquad (13)$$

来确定。于是,相应的 σ 值就由(6)式给出。各振型中的自由表面具有与 191 节中所述相同的形状,但现在的频率则较大。如令

$$c^2=gh,\quad \beta=4\omega^2a^2/c^2, \qquad (14)$$

就有

$$\sigma^2a^2/c^2=\kappa^2a^2+\beta. \qquad (15)$$

此外,根据(3)式,不难看出流体质点的相对运动已不再是单纯径向的了。事实上,诸质点描绘出一个个椭圆,其长轴沿矢径方向。

对于 $s>0$,有

$$\zeta = AJ_s(\kappa r)\cdot\cos(\sigma t+s\theta+\varepsilon), \qquad (16)$$

其中 κ 的允许值以及 σ 之值要由(9)式来确定,即

$$\kappa aJ_s'(\kappa a)+\frac{2s\omega}{\sigma}J_s(\kappa a)=0. \qquad (17)$$

(16)式表示一个相对于水以角速度 σ/s 而转动的波,波的转动方向与水流的转动方向相同还是相反则由 σ/ω 为负还是为正而定。

如 κa 为(17)式的任一实根或纯虚根,则相应的 σ 值由(15)式给出。

关于 σ 值的某些结论,可由作图而获得。如令 $\kappa^2a^2=x$,从(6)式可得

$$\frac{\sigma}{2\omega}=\pm\left(1+\frac{x}{\beta}\right)^{\frac{1}{2}}. \qquad (18)$$

如再令

1) A. Lodge 教授给出了函数 $I_s(z)$ 的计算表,见 *Brit. Ass. Rep.* 1889. 这一计算表由 Dale 以及由 Jahnke 和 Emde 作了转载。在 Watson 的著作中给出了函数 $e^{-z}I_0(z)$ 和 $e^{-z}I_1(z)$ 的范围很广的计算表。

$$\frac{sJ_s(\kappa a)}{\kappa a J_s'(\kappa a)} = \phi(\kappa^2 a^2),$$

则(17)式可写成

$$\phi(x) \pm \left(1 + \frac{x}{\beta}\right)^{\frac{1}{2}} = 0. \tag{19}$$

曲线

$$y = -\phi(x) \tag{20}$$

可借助于 $J_s(z)$ 和 $I_s(z)$ 的函数表而很快地画出，它与抛物线

$$y^2 = 1 + x/\beta \tag{21}$$

的交点的纵坐标就给出 $\sigma/2\omega$ 之值．与交点位置有关的常数 β 等于 $2\omega a/\sqrt{gh}$ 的平方，而 $2\omega a/\sqrt{gh}$ 则等于波在深度为 h、周长为 $2\pi a$ 的环形渠道中传播一圈的周期与水转动的半周期 (π/ω) 之比．

附图中表示出了在 $s=1$ 和 $s=2$ 的情况下，当 β 值分别为 2,6,40 时，最小的几个根的相对值[1]．

借助于这些图线，我们可以大体上考查出，当 β 从 0 不断增大时，自由振荡特点的变化情况．所得结果可以解释为由于 ω 不断增大或 h 不断减小而引起的．在下面，我

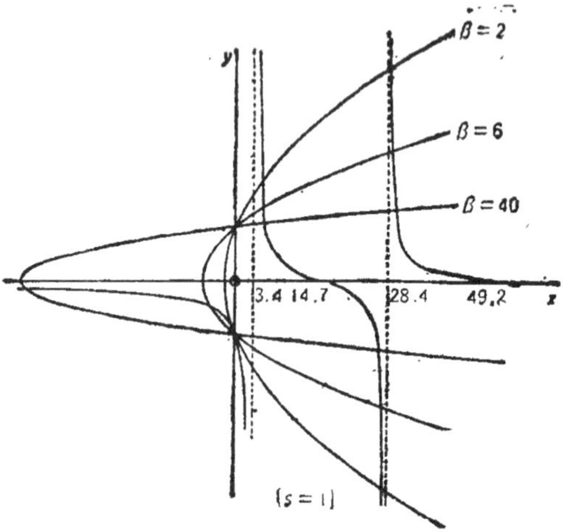

1) 为清楚起见，把 y 的比例尺取为 x 的 10 倍了．

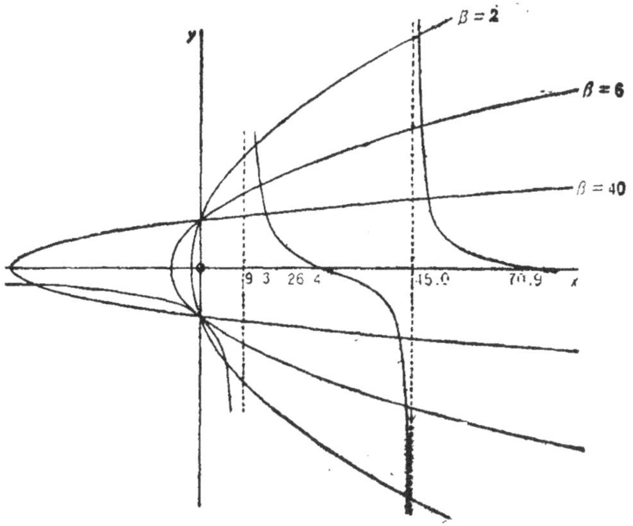

[$s=2$]

们将用术语"正向波"和"负向波"来表示波相对于水的传播方向，前者的传播方向与水的转动方向一致，后者则相反.

当 β 为无穷小时，x 之值由 $J_s'(x^{\frac{1}{2}})=0$ 给出，这些 x 值对应于(20)式所表示的曲线的诸垂直渐近线. 因而 σ 值是一对对大小相等而正负相反的量，表示正向波和负向波在波速上没有差别. 事实上，这就是 191 节(12)式所表示的情况.

当 β 增大时，原来成为一对的两个 σ 值就变得大小不相等了，它们所对应的 x 值也不相等，较大的那个 x 值对应于正的 $\sigma/2\omega$. 当 $\beta=s(s+1)$ 时，(20)式所表示的曲线与(21)式所表示的抛物线在点(0, −1)相切，相应的 σ 值为 -2ω. 当 β 超过这一临界值而继续增大时，x 中出现一个负值，它所对应的 $\sigma/2\omega$ (为负值) 的绝对值愈来愈小.

因此，当 β 从零开始逐渐增大时，负向波的相对角速度就变得大于与之同一(近似地)类型的正向波的相对角速度，而且，负向波的 σ 值永远大于 2ω. 随着转速的增大，这两种波在特性上和振荡"速率"上相差得愈来愈大. 当 β 足够大时，可以有一个(但绝不超过一个) σ 之值小于 2ω 的正向波. 最后，当 β 非常大时，对应于这一正向波的 σ 值变得远小于 2ω，而其余的 σ 值则全都愈来愈趋近于 $\pm 2\omega$.

如用下标 0 表示 $\omega=0$ 时的情况，可得

$$\frac{\sigma^2}{\sigma_0^2}=\frac{\kappa^2+4\omega^2/(gh)}{\kappa_0^2}=\frac{x+\beta}{x_0}, \tag{22}$$

其中 x_0 对应于(20)式所表示的曲线上与 σ_0 相应的渐近线. 上式是用无转动时的自由振荡"速率"表示出了有转动时的对应自由振荡"速率".

$\beta=0$	$\beta=2$			$\beta=6$	
$\kappa a=\sigma a/c$	κa	$\sigma/2\omega$	$\sigma a/c$	κa	$\sigma/2\omega$
±1.84	2.19	+1.84	+2.61	2.29	+1.37
	0	−1.00	−1.41	2.10i	−0.51
±5.33	5.38	+3.93	+5.56	5.41	+2.42
	5.28	−3.86	−5.47	5.25	−2.37

在附表中用数字说明了以上论述．表中列出了 $s=1$ 时在附图中上图所取范围内的 κa 的近似值以及对应的 $\sigma/2\omega$ 和 $\sigma a/c$ 之值．

211. 作为强迫振荡的例子，取

$$\zeta=C\left(\frac{r}{a}\right)^s e^{i(\sigma t+s\theta+\epsilon)} \tag{23}$$

(其中 σ 现为已指定之值)来考虑就足够了．

(23)式使 $\nabla_1^2\zeta=0$，故由(4)式可得

$$\zeta=AJ_s(\kappa r)e^{i(\sigma t+s\theta+\epsilon)}, \tag{24}$$

其中 A 应由边界条件(7)式确定，即

$$A=\frac{s\left(1+\frac{2\omega}{\sigma}\right)}{\kappa aJ_s'(\kappa a)+\frac{2s\omega}{\sigma}J_s(\kappa a)}\cdot C. \tag{25}$$

当扰力的频率几乎和一个与之类型相同的自由振荡的频率相等时，A 就变得很大[1]．

从潮汐理论的观点来看，最有兴趣的两种情况是 $s=1$ 且 $\sigma=\omega$ 和 $s=2$ 且 $\sigma=2\omega$．它们表示由一个其特征运动在与转动角速度 ω 相比之下可以略去的超距扰源体所引起的全日潮和半日潮．

在 $s=1$ 的情况下，扰力是均匀的水平力．再令 $\sigma=\omega$，可以不难求得海盆边缘

1) Proudman 处理了接近于圆形的水层问题，见"On some Cases of Tidal Motion on Rotating Sheets of Water", *Proc. Lond. Math. Soc.* (2), xii. 453 (1913).

	$\beta=40$			$\beta=\infty$		
$\sigma a/c$	κa	$\sigma/2\omega$	$\sigma a/c$	κa	$\sigma/2\omega$	$\sigma a/c$
$+3.35$	2.38	$+1.07$	$+6.67$	2.40	$+1.00$	$+\beta^{\frac{1}{2}}$
-1.26	$6.23i$	-0.17	-1.09	$i\beta^{\frac{1}{2}}$	$-\beta^{-\frac{1}{2}}$	-1.00
$+5.94$	5.47	$+1.32$	$+8.36$	5.52	$+1.00$	$+\beta^{\frac{1}{2}}$
-5.79	5.18	-1.29	-8.17	5.14	-1.00	$-\beta^{\frac{1}{2}}$

处 ($r=a$) 潮高的振幅与其“平衡值”之比为

$$\frac{3I_1(z)}{I_1(z)+zI_0(z)},\tag{26}$$

其中 $z=\frac{1}{2}\sqrt{3\beta}$. 借助于 Lodge 的计算表，可得，当

$$\beta=0,\ 12,\ 48\ \text{时},$$

该比值分别为 1.000, 0.638, 0.396.

当 $\sigma=2\omega$ 时，$\kappa=0$, 因此，由(23),(24)和(25)诸式得

$$\zeta=\bar{\zeta},\tag{27}$$

即潮高精确地与其平衡值相等.

这一值得注意的结论可以在一个较为普遍的形式中得到，即，如深度 h 仅为 r 的函数而导致扰力能使

$$\bar{\xi}=\chi(r)e^{i(2\omega t+s\theta+\varepsilon)},\tag{28}$$

则上述结论就能成立. 现如返回到方程组(1)，可注意到，当 $\sigma=2\omega$ 时，该方程组可由 $\zeta=\bar{\zeta}$, $\eta=i\xi$ 所满足. 而为求出 ξ 与 r 之间的函数关系，可把它们代入连续性方程(2)，得

$$\frac{\partial(h\xi)}{\partial r}-\frac{s-1}{r}h\xi=-\chi(r).\tag{29}$$

在求积上式时所出现的任意常数应由边界条件来确定.

在现在所讨论的问题中，$\chi(r)=Cr^s/a^s$. 积分(29)式，并令 $r=a$ 处的 $\xi=0$, 可得

$$h\xi=\frac{Cr^{s-1}}{2a^s}(a^2-r^2)e^{i(2\omega t+s\theta+\varepsilon)}.\tag{30}$$

关系式 $\eta=i\xi$ 表示 ξ 和 η 在振幅上相等，但在相位上相差 90°. 所以，各流体质点的相对运动的轨道是以

$$\mathbf{r}=\frac{Cr^{s-1}}{2ha}(a^2-r^2)\tag{31}$$

为半径、以角速度 2ω 绕各自的中心沿负方向运动而描出的一个个圆．我们也不难求出每一质点在空间中的运动路线为绕原点沿正方向作谐运动而描出的椭圆，其半轴为 $r\pm\mathbf{r}$，运动周期为 $2\pi/\omega$．这一点说明了所讨论的问题的特点．因为如 ζ 总等于其平衡值，则由于表面升高所产生的水平力就正好和扰力平衡，剩下的就只有未受扰时自由表面的形状(207 节(1)式)所产生的作用力了．它给出一个向心加速度 $g dz_0/dr$，亦即 $\omega^2\mathbf{r}$（r 为质点在其实际位置处的矢径）．因此，如在所设 ζ 值下，诸质点的轨道位置、尺度和初相角能调整到使连续性条件得以满足，那么，问题中的所有条件都可由诸质点作椭圆谐运动而得以满足．而上面的探讨就对这一点作出了解答．

如水层还有径向的边界壁面，问题就比较难解了．Proudman 讨论了均匀深度的半圆形海盆中的潮汐振荡(自由振荡和强迫振荡)[1]，并应用于黑海，所考虑的扰力为理想的全日型的和半日型的．

Goldstein 讨论了均匀深度的转动椭圆形海盆中的自由振荡和强迫振荡[2]．

212.[3] 我们还可谈一下深度像 193 节中那样按

$$h = h_0\left(1-\frac{r^2}{a^2}\right) \tag{1}$$

而变化的变深度圆形海盆中的振荡问题．

设 ξ,η,ζ 都按 $e^{i(\sigma t+s\theta+\epsilon)}$ 而变化，且 h 仅为 r 的函数，则由 209 节(2)式和(3)式可得

$$(\sigma^2-4\omega^2)\zeta + g\frac{dh}{dr}\left(\frac{\partial}{\partial r}+\frac{2\omega s}{\sigma r}\right)(\zeta-\bar{\zeta})$$

$$+ gh\left(\frac{\partial^2}{\partial r^2}+\frac{1}{r}\frac{\partial}{\partial r}-\frac{s^2}{r^2}\right)(\zeta-\bar{\zeta}) = 0. \tag{2}$$

把(1)式中的 h 代入上式，则对自由振荡可有

$$\left(1-\frac{r^2}{a^2}\right)\left(\frac{\partial^2\zeta}{\partial r^2}+\frac{1}{r}\frac{\partial\zeta}{\partial r}-\frac{s^2}{r^2}\zeta\right)-\frac{2}{a^2}\left(r\frac{\partial\zeta}{\partial r}+\frac{2\omega s}{\sigma}\zeta\right)$$

$$+\frac{\sigma^2-4\omega^2}{gh_0}\zeta = 0. \tag{3}$$

上式和 193 节(6)式所不同的只是 σ^2/gh_0 换为

$$\frac{\sigma^2-4\omega^2}{gh_0}-\frac{4\omega s}{\sigma a^2}$$

了，因而其解可由该节的结果而写出．即如令

$$\frac{(\sigma^2-4\omega^2)a^2}{gh_0}-\frac{4\omega s}{\sigma} = n(n-2)-s^2, \tag{4}$$

---

1) *M. N. R. A. S., Geophys. Suppt.* ii. 32(1928).

2) 同上刊物，ii. 213 (1929).

3) 见 193 节第一个脚注．

可有

$$\zeta = A_s\left(\frac{r}{a}\right)^s F\left(\alpha,\beta,\gamma,\frac{r^2}{a^2}\right)e^{i(\sigma t+s\theta+\epsilon)}, \tag{5}$$

其中

$$\alpha=\frac{1}{2}n+\frac{1}{2}s,\quad \beta=1+\frac{1}{2}s-\frac{1}{2}n,\quad \gamma=s+1.$$

此外，在边界 $r=a$ 处收敛的条件要求

$$n=s+2j, \tag{6}$$

其中 j 为某些正整数. σ 之值于是就由(4)式给出.

自由表面的形状因而与无转动时的相同，但水质点的运动则不同. 事实上，诸质点相对运动的轨道现为主轴沿矢径方向和垂直于矢径方向的一个个椭圆，这一点可从209节(3)式而得知.

在对称振型 $(s=0)$ 中，(4)式给出

$$\sigma^2=\sigma_0^2+4\omega^2, \tag{7}$$

式中 σ_0 为无转动时相应振型的振荡"速率"，它已在193节中求得.

对于不等于零的其它 s 值，最重要的振型对应于 $n=s+2$. 这时，方程(4)可以提出一个因子 $\sigma+2\omega$，而它是一个额外因子，把它扔掉后可得二次方程

$$\sigma^2-2\omega\sigma=2s\frac{gh_0}{a^2}, \tag{8}$$

故

$$\sigma=\omega\pm\left(\omega^2+2s\frac{gh_0}{a^2}\right)^{\frac{1}{2}}. \tag{9}$$

它表示绕原点转动的两个波，其中负向波的相对波速大于正向波，如均匀深度时的情况(210节)那样. 借助于(8)式，可把以前的几个公式化为:

$$\left.\begin{aligned}\zeta&=A_s\left(\frac{r}{a}\right)^s,\\ \xi&=\frac{1}{2}\frac{a}{h_0}A_s\left(\frac{r}{a}\right)^{s-1},\\ \eta&=\frac{1}{2}i\frac{a}{h_0}A_s\left(\frac{r}{a}\right)^{s-1};\end{aligned}\right\} \tag{10}$$

在上面这些公式中，因子 $e^{i(\sigma t+s\theta+\epsilon)}$ 均因简练起见而未写出. 因 $\eta=i\xi$，故质点相对运动的轨道为圆.

$s=1$ 且 $n=3$ 的情况是值得注意的，在此情况下，自由表面总是平面，且所有的圆形轨道具有相同的半径. 第一个附表中列出了这一情况下的一些数值结果，其中 β 表示 $4\omega^2a^2/c_0$，而 $c_0=\sqrt{gh_0}$.

$\beta=0$	$\beta=2$		$\beta=6$		$\beta=40$	
$\sigma a/c_0$	$\sigma/2\omega$	$\sigma a/c_0$	$\sigma/2\omega$	$\sigma a/c_0$	$\sigma/2\omega$	$\sigma a/c_0$
±1.414	$+1.618$	$+2.288$	$+1.264$	$+3.096$	$+1.048$	$+6.626$
	-0.618	-0.874	-0.264	-0.646	-0.048	-0.302

当 $n>s+2$ 时，就出现节圆. 在此情况下，(4)式为 $\sigma/2\omega$ 的三次方程. 不难看出，它的根全部为实数，分别位于 $-\infty$ 到 -1，-1 到 0，以及 $+1$ 到 $+\infty$ 之间. 第二个附表中列出了 $s=1$ 且 $n=5$ 时所计算出的数值.

$\beta=0$	$\beta=2$		$\beta=6$		$\beta=40$	
$\sigma a/c_0$	$\sigma/2\omega$	$\sigma a/c_0$	$\sigma/2\omega$	$\sigma a/c_0$	$\sigma/2\omega$	$\sigma a/c_0$
	$+2.889$	$+4.085$	$+1.874$	$+4.590$	$+1.183$	$+7.483$
±3.742	-0.125	-0.176	-0.100	-0.245	-0.040	-0.253
	-2.746	-3.909	-1.774	-4.344	-1.143	-7.230

在每组三个根中，第一个根和最后一个根给出正向波和负向波，它们在特性上有些类似于均匀深度下所得到的正向波和负向波. 绝对值较小的那个负根给出一个相当缓慢的振荡，当角速度 ω 为无限小时，这一振荡变成一个没有表而升高和下陷的定常转动. 这种类型的振荡的可能性已在 206 节结尾处指出过. 在目前所讨论的场合下，发生过渡时的情况是不难求得的. 由(4)式可知，当 ω 为无穷小时，$\sigma/2\omega$ 的相应极限值为 $-1/7$. 于是由 209 节(2)式和(3)式可最终得

$$\left.\begin{aligned}\dot{\xi}&=C\left(1-\frac{r^2}{a^2}\right)e^{i(\theta+\sigma t)},\\ \dot{\eta}&=iC\left(1-5\frac{r^2}{a^2}\right)e^{i(\theta+\sigma t)},\end{aligned}\right\}\tag{11}$$

和

$$\zeta=-\frac{8i\sigma C}{g}r\left(1-\frac{3}{2}\frac{r^2}{a^2}\right)e^{i(\theta+\sigma t)},\tag{12}$$

式中

$$\sigma=-\frac{2}{7}\omega.$$

最重要的**强迫**振荡是使

$$\xi = C\left(\frac{r}{a}\right)^s e^{i(\sigma t+s\theta+\epsilon)} \tag{13}$$

的这种类型. 代入(3)式后可不难证明出

$$\zeta = \frac{2sgh_0}{2sgh_0-(\sigma^2-2\omega\sigma)a^2}\bar{\xi}. \tag{14}$$

可注意到,当 $\sigma = 2\omega$ 时,潮高就正好具有平衡值,与 211 节所述相符.

如 σ_1 和 σ_2 为方程(8)的两个根,(14)式可写为

$$\zeta = \frac{\bar{\xi}}{(1-\sigma/\sigma_1)(1-\sigma/\sigma_2)}. \tag{15}$$

具有前述深度变化规律的半圆形海盆中的潮汐振荡问题曾由 Goldbrough 作了探讨[1]. 求解这一问题的困难在于满足直边界处的边界条件.

212a. 本节对 205b 节中所概述的近似方法举一两个例子.

1°. 首先以均匀深度的圆形海盆这一已解决过的问题 (210 节)为例. 设位移后的质点相对于一个以角速度 ω 转动的始线的极坐标为

$$r' = r+\xi,\ \theta' = \theta+\eta/r; \tag{1}$$

连续性方程为

$$\frac{\zeta}{h} = -\frac{\partial\xi}{\partial r}-\frac{\xi}{r}-\frac{\partial\eta}{r\,\partial\theta}, \tag{2}$$

就像 209 节(2)式那样.

仍采用前面的记号,有

$$\left.\begin{aligned} \mathfrak{T} &= \frac{1}{2}\rho h\int_0^a\int_0^{2\pi}(\dot{\xi}^2+\dot{\eta}^2)r\,d\theta\,dr,\\ V-T_0 &= \frac{1}{2}g\rho\int_0^a\int_0^{2\pi}\zeta^2 r\,d\theta\,dr,\\ M' &= \rho h\int_0^a\int_0^{2\pi}(\xi\dot{\eta}-\eta\dot{\xi})r\,d\theta\,dr. \end{aligned}\right\} \tag{3}$$

我们把最缓慢的振荡的假定形式取为

$$\left.\begin{aligned} \xi &= A\left(1-\frac{r^2}{a^2}\right)\cos(\sigma t+\theta),\\ \eta &= \left(-A+B\frac{r^2}{a^2}\right)\sin(\sigma t+\theta), \end{aligned}\right\} \tag{4}$$

它们使得

$$\frac{\zeta}{h} = (3A-B)\frac{r}{a^2}\cos(\sigma t+\theta). \tag{5}$$

(4)式中的常数已调整得使 $r=0$ 处的 ζ 为有限值了.

---

1) *Proc. Roy. Soc.* cxxii. 228 (1929).

因此，在 205b 节所作的定义下，取(3)式中诸函数的平均值，并完成积分后，可得

$$\left.\begin{aligned}P&=\frac{1}{12}\pi\rho h a^2(4A^2-3AB+B^2),\\Q&=-\frac{1}{6}\pi\rho\omega h a^2(3A^2-AB),\\R&=\frac{1}{8}\pi g\rho h^2(3A-B)^2.\end{aligned}\right\}\tag{6}$$

为简练起见，令

$$c=\sqrt{gh},\ \sigma a/c=x,\ 4\omega^2a^2/c^2=\beta,\tag{7}$$

则方程

$$\sigma^2P+\sigma Q-R=0\tag{8}$$

成为

$$\begin{aligned}&\left(4x^2-3\sqrt{\beta}\ x-\frac{27}{2}\right)A^2-(3x^2-\sqrt{\beta}x-9)AB\\&+\left(x^2-\frac{3}{2}\right)B^2=0.\end{aligned}\tag{9}$$

于是 x 的诸平稳值就由下式给出：

$$x^2(7x^2-6\sqrt{\beta}x-\beta-24)=0.\tag{10}$$

因零根只对应于水位没有变化的一个循环运动，故可抛去. 为了与 210 节中的数值结果作出比较，我们相继取 $\beta=2,6,40$. (10) 式在这三种情况下的非零解分别为

$$\left.\begin{matrix}-1.43\\+2.65\end{matrix}\right\},\quad\left.\begin{matrix}-1.27\\+3.27\end{matrix}\right\},\quad\left.\begin{matrix}-1.35\\+6.77\end{matrix}\right\}.$$

只是在第三种情况下才偏离正确数值较大. 可以看出，这一近似方法在参数 β 的相当大的范围内是颇为成功的.

2°. 在一个均匀深度的矩形海盆中，取 Ox 轴和 Oy 轴与矩形的两个边（设此二边之长分别为 a 与 b)重合. 以 ξ 和 η 表示一个质点的位移分量，可有

$$\left.\begin{aligned}\mathfrak{T}&=\frac{1}{2}\rho h\int_0^a\int_0^b(\dot{\xi}^2+\dot{\eta}^2)dxdy,\\V-T_0&=\frac{1}{2}g\rho\int_0^a\int_0^b\zeta^2dxdy,\\M&=\rho h\int_0^a\int_0^b(\xi\dot{\eta}-\eta\dot{\xi})dxdy.\end{aligned}\right\}\tag{11}$$

取

$$\left.\begin{aligned}\xi&=A\sin\frac{\pi x}{a}\cos\sigma t\\ \eta&=B\sin\frac{\pi y}{b}\sin\sigma t\end{aligned}\right\}\tag{12}$$

和

作为近似形式. 这一形式是由 $\omega=0$ 时的情况(A 和 B 二者之一为零)所提示的，因

而当ω超出某一限度时，是不能指望会得出良好的结果的. 由(12)式可得

$$\frac{\zeta}{h}=-\frac{\partial\xi}{\partial x}-\frac{\partial\eta}{\partial y}=-\pi\left(\frac{A}{a}\cos\frac{\pi x}{a}\cos\sigma t\right.$$
$$\left.+\frac{B}{b}\cos\frac{\pi y}{b}\sin\sigma t\right). \tag{13}$$

故

$$\left.\begin{aligned}P&=\frac{1}{8}\rho hab(A^2+B^2),\\Q&=\frac{4\rho\omega hab}{\pi^2}AB,\\R&=\frac{1}{8}\pi^2g\rho h^2\left(\frac{b}{a}A^2+\frac{a}{b}B^2\right).\end{aligned}\right\} \tag{14}$$

现在，(8)式的形式成为

$$\left(\sigma^2-\frac{\pi^2c^2}{a^2}\right)A^2+\frac{32\omega\sigma}{\pi^2}AB+\left(\sigma^2-\frac{\pi^2c^2}{b^2}\right)B^2=0, \tag{15}$$

和以前一样，式中 $c^2=gh$. 因而σ的平稳值由下式给出:

$$(\sigma^2-\sigma_1^2)(\sigma^2-\sigma_2^2)=\frac{256\omega^2\sigma^2}{\pi^4}, \tag{16}$$

其中 σ_1 和 σ_2 分别为无转动情况下作平行于x轴的振荡和平行于y轴的振荡时的σ值.

如ω值很小，且a和b明显地不相等，则在σ接近于 σ_1 的振型中，近似地有

$$\sigma-\sigma_1=\frac{128\omega^2\sigma_1}{\pi^4(\sigma_1^2-\sigma^2)}. \tag{17}$$

于是相应的 B/A 值由下式给出:

$$\frac{16\omega\sigma_1}{\pi^2}A+(\sigma_1^2-\sigma_2^2)B=0, \tag{18}$$

因而也是很小的，正如所能预料到的那样.

反之，对于一个正方形海盆 ($a=b$)，由(16)式可近似地有

$$\sigma^2-\sigma_1^2=\pm\frac{16\omega\sigma}{\pi^2}, \tag{19}$$

即

$$\sigma-\sigma_1=\pm\frac{8\omega}{\pi^2}. \tag{20}$$

于是 $B/A=\pm1$.

旋转球体上的潮汐

213. 我们进而对覆盖在旋转球体上的浅海中的 Laplace

潮汐振荡问题作某些叙述[1]. 为了能更清楚地表明各种情况下所作出的近似的本质，我们采用和通常有些不同的方法来建立基本方程组.

当处于相对平衡时，自由表面当然是在重力和离心力作用下所形成的一个水准面，我们假设它是环绕球体极轴的一个回转面，但在开始时，并不假定其椭圆率很小.

把自由表面的这一平衡形状取为参考曲面，以 θ 和 ϕ 分别表示其上任一点的余纬(即法线和极轴间的夹角)和经度，并以 z 表示任意一点从这一曲面算起的高度(沿曲面的法线向外量).

流体中任一质点的相对位置于是就由三个正交坐标 θ, ϕ, z 来规定，单位质量的动能则由下式给出:

$$2T = (R+z)^2\dot{\theta}^2 + \tilde{\omega}^2(\omega+\dot{\phi})^2 + \dot{z}^2, \qquad (1)$$

其中 R 为参考曲面上子午线的曲率半径，$\tilde{\omega}$ 为质点到极轴的距离. 应当注意到，R 仅为 θ 的函数，而 $\tilde{\omega}$ 则为 θ 和 z 二者的函数，而且从几何上不难得知

$$\frac{\partial\tilde{\omega}}{(R+z)\,\partial\theta} = \cos\theta, \quad \frac{\partial\tilde{\omega}}{\partial z} = \sin\theta. \qquad (2)$$

加速度分量可用 Lagrange 公式而由 (1) 式立即得出. 由于只限于讨论无限小的运动，故略去二阶小量的诸项后可得

$$\left.\begin{aligned}
&\frac{1}{R+z}\left(\frac{d}{dt}\frac{\partial T}{\partial\dot{\theta}} - \frac{\partial T}{\partial\theta}\right) = (R+z)\theta \\
&\qquad - \frac{1}{R+z}(\omega^2 + 2\omega\dot{\phi})\tilde{\omega}\frac{\partial\tilde{\omega}}{\partial\theta}, \\
&\frac{1}{\tilde{\omega}}\left(\frac{d}{dt}\frac{\partial T}{\partial\dot{\phi}} - \frac{\partial T}{\partial\phi}\right) = \tilde{\omega}\ddot{\phi} \\
&\qquad + 2\omega\left(\frac{\partial\tilde{\omega}}{\partial\theta} + \frac{\partial\tilde{\omega}}{\partial z}\dot{z}\right), \\
&\frac{d}{dt}\frac{\partial T}{\partial\dot{z}} - \frac{\partial T}{\partial z} = \ddot{z} - (\omega^2 + 2\omega\dot{\phi})\tilde{\omega}\frac{\partial\tilde{\omega}}{\partial z}.
\end{aligned}\right\} \qquad (3)$$

1) "Recherches sur quelques points du système du monde", *Mém. de l'Acad. roy. des Sciences*, 1775[1778]和1776[1779]; *Oeuvres Complètes*. ix. 88, 187. 这一探讨在经过某些修改后转载于 *Mécanique Céleste*, Livre 4me, c. i(1799).

因此，如令 u, v, w 表示一质点的相对速度分量，即若

$$u = (R + z)\dot{\theta},\ v = \tilde{\omega}\dot{\phi},\ w = \dot{z}, \tag{4}$$

并应用(2)式，则流体动力学方程组可写成以下形式：

$$\left.\begin{aligned} \frac{\partial u}{\partial t} - 2\omega v\cos\theta &= -\frac{1}{R+z}\frac{\partial}{\partial\theta}\left(\frac{p}{\rho} + \Psi - \frac{1}{2}\omega^2\tilde{\omega}^2 + \Omega\right), \\ \frac{\partial v}{\partial t} + 2\omega u\cos\theta + 2\omega w\sin\theta &= -\frac{1}{\tilde{\omega}}\frac{\partial}{\partial\phi}\left(\frac{p}{\rho} + \Psi - \frac{1}{2}\omega^2\tilde{\omega}^2 + \Omega\right), \\ \frac{\partial w}{\partial t} - 2\omega v\sin\theta &= -\frac{\partial}{\partial z}\left(\frac{p}{\rho} + \Psi - \frac{1}{2}\omega^2\tilde{\omega}^2 + \Omega\right), \end{aligned}\right\} \tag{5}$$

其中，Ψ 为地球的引力势，而 Ω 为扰力势.

迄今为止，所作的假定仅只是略去了 u, v 和 w 的二阶项. 在目前所要讨论的应用中，海洋的深度远小于球体的尺度，因而可用 R 替换掉 $R + z$. 我们还进一步假定速度的铅垂分量 w 远小于水平分量 u 和 v，因而 $\partial w/\partial t$ 在与 ωv 相比之下可以略去. 像在"长"波理论中那样，如所得到的结果能和假定相容，那么就回过来表明所作的假定是正当的(参看 172 节)[1].

现在在下限 z 和上限 ζ 之间来积分方程组(5) 中的第三个方程，其中 ζ 表示受扰后的表面相对于参考曲面的升高量. 在参考曲面 ($z = 0$) 上，根据所设，有

$$\Psi - \frac{1}{2}\omega^2\tilde{\omega}^2 = \text{const.},$$

因而在自由表面 ($z = \zeta$) 上就近似地有

$$\Psi - \frac{1}{2}\omega^2\tilde{\omega}^2 = \text{const.} + g\zeta,$$

其中

---

1) 例如在 219 和 220 节的简化情况下，$\dot{w}/\omega v$ 的量级为 $m(=\omega^2a/g)$.

$$g=\left[\frac{\partial}{\partial z}\left(\Psi-\frac{1}{2}\omega^2\tilde{\omega}^2\right)\right]_{z=0}. \tag{6}$$

即 g 表示表观重力加速度在参考曲面上之值，一般来讲，它当然是 θ 的函数，但略去它随 z 的变化.

在与 g 相比较之下可以略去扰力势 Ω 随 z 的变化，于是积分后得

$$\frac{p}{\rho}+\Psi-\frac{1}{2}\omega^2\tilde{\omega}^2=\text{const.}+g\zeta+2\omega\sin\theta\int_z^\zeta v\,dz. \tag{7}$$

上式最后一项的量级为 $\omega hv\sin\theta$(h 为液体的深度)，在下面所讨论的应用中，可以表明它的量级与 $g\zeta$ 相比为 h/a[1]. 因此，在所述种种近似下，把(7)式代入(5)式的前两个方程，可得

$$\left.\begin{aligned}
\frac{\partial u}{\partial t}-2\omega v\cos\theta&=-\frac{\partial}{R\,\partial\theta}\,g(\zeta-\bar{\zeta}),\\
\frac{\partial v}{\partial t}+2\omega u\cos\theta&=-\frac{\partial}{\tilde{\omega}\,\partial\phi}\,g(\zeta-\bar{\zeta}),
\end{aligned}\right\} \tag{8}$$

其中

$$\bar{\zeta}=-\Omega/g. \tag{9}$$

(8)式与 z 无关，因而在同一铅垂线上的所有质点的水平运动可以认为是完全一样的.

和 198 节一样，最后的这一结论使连续性方程大为简化. 在目前所讨论的情况中，不难求得它为

$$\frac{\partial\zeta}{\partial t}=-\frac{1}{\tilde{\omega}}\left\{\frac{\partial(h\tilde{\omega}u)}{R\partial\theta}+\frac{\partial(hv)}{\partial\phi}\right\}. \tag{10}$$

很重要的一点是要注意到，在以上诸方程中，除已明确提出的假定外，并不包含其它假定，尤其是，对于子午线的椭圆率并未加以限制，它可以具有任何程度的扁率.

214. 然而，为了尽可能地简化方程，而又不损伤其主要特点，我们现在要利用地球上的正实情况，即椭圆率为一小量，它实

1) 而且，可以在这些情况下证明这一点. 最后的结局是略去了铅垂方向的加速度，就像“长”波理论中那样.

际上和赤道处的离心力与重力之比 $\omega^2 a/g$（这一比值约为1/289）为同一量级．在具有这一量级的误差之下，可令 $R=a,\tilde{\omega}=a\sin\theta$，$g=$ const.，其中 a 为地球的平均半径．于是可得

$$\left.\begin{aligned}\frac{\partial u}{\partial t}-2\omega v\cos\theta&=-\frac{g}{a}\frac{\partial}{\partial\theta}(\zeta-\bar{\zeta}),\\\frac{\partial v}{\partial t}+2\omega u\cos\theta&=-\frac{g}{a}\frac{\partial}{\sin\theta\partial\phi}(\zeta-\bar{\zeta}),\end{aligned}\right\}\tag{1}$$

和

$$\frac{\partial\zeta}{\partial t}=-\frac{1}{a\sin\theta}\left\{\frac{\partial(hu\sin\theta)}{\partial\theta}+\frac{\partial(hv)}{\partial\phi}\right\};\tag{2}$$

最后一个方程和 198 节(1)式相同[1]．

仅仅从(1) 式的形式上就可立即得出某些有趣的结论了．首先，如令 $\mathbf{u}$ 和 $\mathbf{v}$ 表示沿任一水平方向 s 的速度和垂直于该方向的速度，则可由坐标变换而不难求得

$$\frac{\partial\mathbf{u}}{\partial t}-2\omega\mathbf{v}\cos\theta=-g\frac{\partial}{\partial s}(\zeta-\bar{\zeta}).\tag{3}$$

在一个很狭窄的渠道中，横向速度 $\mathbf{v}$ 为零，(3)式的形式就和无转动时的形式一样；在 183 节中就曾根据预料而作出过这样的假定．对于这种情况，转动的唯一影响是在波峰和波谷处产生一个横向的微小坡度，如 208 节中所述的那样．但在一般情况下，当把一个流体质点的加速度分解到垂直于其相对速度（设为 q)的方向后，我们可以看到，除由作用力所产生的加速度外，还有一个方向指向其运动路线右方的表观加速度 $2\omega q\cos\theta$．

此外，比较(1)式和 207 节(5)式后，我们可以看出，如在余纬为 θ 处有一个尺度相对较小的水层，则其振荡规律就和一个以角速度 $\omega\cos\theta$ 绕一与其平面垂直的轴线而转动的平面水层的相同．

像 207 节中所述那样，在服从某些条件之下，自由定常运动是可能的．即如令 $\zeta=0$，则方程(1)和(2)可由符合以下诸式的

---

1) 除所用记号不同外，这些都是 Laplace 所得到的方程，见213 节第一个脚注．

定常 u, v, ζ 所满足：

$$\left.\begin{aligned} u &= -\frac{q}{2\omega a \sin\theta\cos\theta}\frac{\partial\zeta}{\partial\phi}, \\ v &= \frac{g}{2\omega a\cos\theta}\frac{\partial\zeta}{\partial\theta}, \end{aligned}\right\} \tag{4}$$

和

$$\frac{\partial(h\sec\theta, \zeta)}{\partial(\theta, \phi)} = 0。 \tag{5}$$

其中最后一个条件可由随意假定 ζ 具有

$$\zeta = f(h\sec\theta) \tag{6}$$

的形式而得以满足，然后由(4)式得出 u 和 v。(4)式表明，在这类定常运动中，速度处处平行于受扰后所形成的水面等高线。

如 h 为常数或仅为纬度的函数，则对 ζ 所加的唯一条件是它应与 ϕ 无关，换言之，即升高量应对称于球体的极轴。

215. 我们在今后将设深度 h 仅为 θ 的函数，而且，海洋如有岸界，则岸界与纬线重合。

首先考虑受扰后水面形状为一环绕球体极轴的回转面时的情况。当包含 ϕ 的诸项被抛去后，上节中的方程(1)和(2)成为

$$\left.\begin{aligned} &\frac{\partial u}{\partial t} - 2\omega v\cos\theta = -\frac{g}{a}\frac{\partial}{\partial\theta}(\zeta - \bar{\zeta}), \\ &\frac{\partial v}{\partial t} + 2\omega u\cos\theta = 0, \end{aligned}\right\} \tag{1}$$

和

$$\frac{\partial\zeta}{\partial t} = -\frac{\partial(hu\sin\theta)}{a\sin\theta\partial\theta}。 \tag{2}$$

设时间 t 以因子 $e^{i\sigma t}$ 的形式而被包含在函数 u 和 v 中，求解 u 和 v 后，可得

$$\left.\begin{aligned} u &= \frac{i\sigma g}{\sigma^2 - 4\omega^2\cos^2\theta}\frac{\partial}{a\partial\theta}(\zeta - \bar{\zeta}), \\ v &= -\frac{2\omega g\cos\theta}{\sigma^2 - 4\omega^2\cos^2\theta}\frac{\partial}{a\partial\theta}(\zeta - \bar{\zeta}), \end{aligned}\right\} \tag{3}$$

且

$$i\sigma\zeta = -\frac{\partial(hu\sin\theta)}{a\sin\theta\partial\theta}. \tag{4}$$

位移分量（设为 ξ,η）的公式可由关系式 $u=\dot{\xi}$，$v=\dot{\eta}$ 或 $u=i\sigma\xi$，$v=i\sigma\eta$ 而写出．可以看出，流体质点描出一个个椭圆，其二主轴分别沿子午线和纬线，二主轴之比为 $(\sigma/2\omega)\sec\theta$．在目前所讨论的强迫振荡中，比值 $\sigma/2\omega$ 是很小的，因此，除在赤道附近以外，诸椭圆是很窄长的，最大的长度可由东方一直到西方．

从(3)式和(4)式消去 u 和 v，并为简练起见而令

$$\zeta-\bar{\zeta}=\zeta',\ \frac{\sigma}{2\omega}=f,\ \frac{\omega^2a}{g}=m, \tag{5}$$

可得

$$\frac{\partial}{a\sin\theta\partial\theta}\left(\frac{h\sin\theta}{f^2-\cos^2\theta}\frac{\partial\zeta'}{\partial\theta}\right)+4m\zeta'=-4m\bar{\zeta}. \tag{6}$$

在均匀深度的情况下，上式成为

$$\frac{\partial}{\partial\mu}\left(\frac{1-\mu^2}{f^2-\mu^2}\frac{\partial\zeta'}{\partial\mu}\right)+\beta\zeta'=-\beta\bar{\zeta}, \tag{7}$$

其中 $\mu=\cos\theta$，而

$$\beta=\frac{4ma}{h}=\frac{4\omega^2a^2}{gh}. \tag{8}$$

216. 先来讨论一下自由振荡．令 $\bar{\zeta}=0$，有

$$\frac{\partial}{\partial\mu}\left(\frac{1-\mu^2}{f^2-\mu^2}\frac{\partial\zeta}{\partial\mu}\right)+\beta\zeta=0. \tag{9}$$

可注意到，在无转动的情况下，上式就被包括在 199 节(1)式中，这一点可由令 $\beta f^2=\sigma^2a^2/gh$ 和 $f=\infty$ 而看出．(9)式的通解必具有以下形式：

$$\zeta=AF(\mu)+Bf(\mu), \tag{10}$$

其中 $F(\mu)$ 为 μ 的偶函数，而 $f(\mu)$ 为 μ 的奇函数，常数 A 和 B 为任意值．在由两个纬圈作为岸界的带形海洋中，比值 $A:B$ 和

可允许的 f 值（以及因而频率 $\sigma/2\pi$ 之值）由在每一岸界处应有 $u=0$ 的条件来确定．如二岸界对称地位于赤道的两侧，则振荡分为两类，一类为 $B=0$，另一类为 $A=0$．如令二岸界收缩为两极处的两个点，就过渡到无界海洋，其允许的 f 值就要由 u 必须在 $\mu=\pm1$ 处为零的条件来确定． 所要作的讨论在原则上和 201 节相同，但由于微分方程不是具有现成解的那种常见到的形式，而使得上述最后一个条件较难应用．

在对称于赤道的情况下，我们按照 Kelvin[1] 和 Darwin[2] 的方法而设

$$\frac{1}{\mu^2-f^2}\frac{\partial\zeta'}{\partial\mu}=B_1\mu+B_3\mu^3+\cdots+B_{2j+1}\mu^{2j+1}+\cdots. \tag{11}$$

它导致（下式中的 A 为任意常数）

$$\zeta'=A-\frac{1}{2}f^2B_1\mu^2+\frac{1}{4}(B_1-f^2B_3)\mu^4+\cdots$$
$$+\frac{1}{2j}(B_{2j-3}-f^2B_{2j-1})\mu^{2j}+\cdots, \tag{12}$$

并使得

$$\frac{\partial}{\partial\mu}\left(\frac{1-\mu^2}{\mu^2-f^2}\frac{\partial\zeta'}{\partial\mu}\right)=B_1+3(B_3-B_1)\mu^2+\cdots$$
$$+(2j+1)(B_{2j+1}-B_{2j-1})\mu^{2j}+\cdots. \tag{13}$$

代入(9)式，并令 μ 的幂次相同的诸项之系数相等，可得

$$B_1-\beta A=0, \tag{14}$$

$$B_3-\left(1-\frac{\beta f^2}{2\cdot3}\right)B_1=0, \tag{15}$$

以及

1) W. Thomson 爵士，"Note on the 'Oscillations of the First Species' in Laplace's Theory of the Tide", *Phil. Mag.*(4), l. 279 (1875) [*Papers*, iv. 248].

2) "On the Dynamical Theory of the Tides of Long Period", *Proc.Roy. Soc.* xli. 337(1886)[*Papers*, i. 336].

$$B_{2j+1}-\left(1-\frac{\beta f^2}{2j(2j+1)}\right)B_{2j-1}$$

$$-\frac{\beta}{2j(2j+1)}B_{2j-3}=0. \qquad (16)$$

由这些方程可通过 A 而相继地表示出 B_1，B_3，$\cdots B_{2j+1}$，$\cdots$。所得之解，如已说明的那样，适用于由南、北纬度相等的两个纬圈作为岸界的带形海洋。在海洋整个地覆盖着球体的情况下，像我们即将证明的那样，除非对于某些确定的 f 值，否则所得之解会在两极处给出无穷大的速度。

令

$$B_{2j+1}/B_{2j-1}=N_{j+1}, \qquad (17)$$

我们先来证明，当 j 增大时，N_j 一定或趋于极限 0 或趋于极限 1。为此，把(16)式写成

$$N_{j+1}=1-\frac{\beta f^2}{2j(2j+1)}+\frac{\beta}{2j(2j+1)}\frac{1}{N_j}. \qquad (18)$$

因此，当 j 很大时，就会或者是近似地有

$$N_j=-\frac{\beta}{2j(2j+1)}, \qquad (19)$$

或者是 N_{j+1} 并不很小。在后一种情况下，N_{j+2} 就接近于 1，且 N_{j+3}，N_{j+4}，$\cdots$必越来越趋近于 1，其近似公式为

$$N_{j+1}=1-\frac{\beta(f^2-1)}{2j(2j+1)}. \qquad (20)$$

于是，随着 j 增大，N_j 就趋于(19)式或(20)式所表示的两种形式之一。

在(19)式所表示的情况下，级数(11)式在 $\mu=\pm 1$ 处是收敛的，因而所得之解在整个球体上有效。

在(20)式所表示的情况下，当 j 增大时，乘积 $N_3N_4\cdots N_{j+1}$ 以及因而系数 B_{2j+1} 趋于一个非零的有限极限。因此，级数(11)式在有限数目的若干项以后就变得和 $1+\mu^2+\mu^4+\cdots=(1+\mu^2)^{-1}$ 可以相比较了，故可令

$$\frac{1}{\mu^2 - f^2}\frac{\partial \zeta'}{\partial \mu} = L + \frac{M}{1 + \mu^2}, \tag{21}$$

其中L和M为μ之函数，并当 $\mu = \pm 1$ 时保持为有限值．于是由(3)式得

$$\begin{aligned} u &= -\frac{i\sigma}{4m}\frac{(1-\mu^2)^{\frac{1}{2}}}{\mu^2 - f^2}\frac{\partial \zeta'}{\partial \mu} \\ &= -\frac{i\sigma}{4m}\{(1-\mu^2)^{\frac{1}{2}}L + (1-\mu^2)^{-\frac{1}{2}}M\}, \end{aligned} \tag{22}$$

它使两极处的u为无穷大．

于是可知，只有 N_j 趋于零才能使问题中的条件得到满足，而这一点，如即将看到的，就使f局限于一组确定之值．

由(18)式可有

$$N_j = \frac{-\dfrac{\beta}{2j(2j+1)}}{1 - \dfrac{\beta f^2}{2j(2j+1)} - N_{j+1}}; \tag{23}$$

连续应用该式，可得 N_j 的一个收敛的连分式形式如下：

$$\begin{aligned} N_j = \frac{-\dfrac{\beta}{2j(2j+1)}}{1 - \dfrac{\beta f^2}{2j(2j+1)}} + \frac{\dfrac{\beta}{(2j+2)(2j+3)}}{1 - \dfrac{\beta f^2}{(2j+2)(2j+3)}} + \\ \times \frac{\dfrac{\beta}{(2j+4)(2j+5)}}{1 - \dfrac{\beta f^2}{(2j+4)(2j+5)}} + \cdots; \end{aligned} \tag{24}$$

在目前的假定下，当k增大时，N_{j+k} 按照 (19) 式的方式而趋于零．现因(24)式确定了 N_2 之值，而由(15)式又必有

$$N_2 = 1 - \frac{\beta f^2}{2 \cdot 3}, \tag{25}$$

故

$$1-\frac{\beta f^2}{2\cdot 3}+\cfrac{\frac{\beta}{4\cdot 5}}{1-\frac{\beta f^2}{4\cdot 5}+}\,\cfrac{\frac{\beta}{6\cdot 7}}{1-\frac{\beta f^2}{6\cdot 7}+\cdots}=0, \tag{26}$$

它等价于 $N_1=\infty$. 这一方程就确定了 $f(=\sigma/2\omega)$ 的允许值. (11)式中诸常数于是可由以下诸式求出:

$$B_1=\beta A,\ B_3=N_2\beta A,\ \beta_5=N_2N_3\beta A,\cdots, \tag{27}$$

其中 A 为任意值.

不难看出,当 β 为无穷小时,(26)式之根由

$$\frac{\sigma^2a^2}{gh}=\beta f^2=n(n+1) \tag{28}$$

给出,其中 n 为一偶数;参看 199 节.

还剩下一个值得注意的算术问题需要提到. 初看起来,好像只要从(26)式求得 f 值后,就可由(15)式和(16)式或其等价公式(18)而相继地求出诸系数 B_3, B_5, B_7, $\cdots$. 但这是需要我们精确地从正确的 f 值开始的,而且要在计算过程的每一阶段上保持绝对准确性. 事实上,上述讨论表明,如果在开始计算时采用了任何其它数值(即使和 f 的正确值相差极小),都必然会在最后使 N_j 之值趋于极限 1[1).

可以尝试用 205b 节的方法来计算自由振荡中最长的周期的近似值.

分别以 ξ 和 η 表示质点向南和向东的位移,采用 205b 节中的记号,可有

$$\left.\begin{aligned}\mathfrak{T}&=\pi\rho ha^2\int_0^\pi(\dot\xi^2+\dot\eta^2)\sin\theta d\theta,\\ M&=2\pi\rho ha^2\int_0^\pi(\xi\cos\theta\cdot\dot\eta-\eta\cdot\dot\xi\cos\theta)\sin\theta d\theta,\\ V-T_0&=\pi g\rho a^2\int_0^\pi\zeta^2\sin\theta d\theta.\end{aligned}\right\} \tag{29}$$

我们假设,像在无转动的情况中那样,水面升高量被表示为一个二阶带谐函数.于是,215 节(3)式提示我们取 ξ 和 η 的假定形式为

$$\left.\begin{aligned}\xi&=A\sin\theta\cos\theta\cos\sigma t,\\ \eta&=B\sin\theta\cos^2\theta\sin\sigma t;\end{aligned}\right\} \tag{30}$$

它使

1) W. Thomson 爵士,本节第一个脚注.

$$\zeta=-\frac{h}{a\sin\theta}\frac{\partial}{\partial\theta}=-\frac{h}{a}(3\cos^2\theta-1)A\cos\sigma t. \tag{31}$$

可求得

$$\left.\begin{aligned}P&=\pi\rho ha^2\left(\frac{2}{15}A^2+\frac{2}{35}B^2\right),\\Q&=\frac{8}{35}\pi\rho\omega ha^2AB,\\R&=\frac{4}{5}\pi g\rho h^2A^2.\end{aligned}\right\} \tag{32}$$

205b 节(10)式成为

$$(x^2-6)A^2+\sqrt{\beta}\cdot\frac{6}{7}xAB+\frac{3}{7}B^2x^2=0, \tag{33}$$

其中

$$x=\sigma a/\sqrt{gh},\quad \beta=4\omega^2a^2/gh. \tag{34}$$

于是，x 的平稳值由

$$x^2=6+\frac{3}{7}\beta \tag{35}$$

所确定.

例如，取 $\beta=5$ (对于地球而言，对应于水深 58080 英尺)，可得

$$\sigma a/\sqrt{gh}=2.854,\quad \omega/\sigma=0.3917.$$

后一个数字是用恒星日来表示出周期. 因此，在恒星时中，$2\pi/\sigma=9$ 小时 24 分. Hough 所求得的真正周期(见 222 节)为 9 小时 52 分. 不过，在他的计算中已考虑进了被我们所略去的受扰后水质点间的相互引力.

但可很容易作出一个修正如下，由于我们略去了离心力对重力的影响，故 T_1 在 (29)式中的影响可以忽视，同时也把 V 之值按以下比例而改变一下:

$$1-\frac{3}{5}\frac{\rho_1}{\rho_0}=0.892,$$

在上式中，$\rho_1/\rho_0(=0.18)$ 为水的密度和地球的平均密度之比. 其结果是把 (35) 式换为

$$x^2=5.352+\frac{3}{7}\beta. \tag{36}$$

对于 $\beta=5$，上式给出的周期为 9 小时 48 分，与 Hough 的数值相当接近.

对于较大的 β 值，也就是，对于较浅的海洋或较大的转速，所得近似结果就比较差了，如我们从所取假定形式的性质上所应预料到的那样.

217. 在本章的附录中表明了，当把引潮势展为时间的简谐函数的级数后，其中诸项分为三种不同的类型.

在第一种类型中，平衡潮高为

$$\zeta = H'\left(\frac{1}{3} - \cos^2\theta\right)\cos(\sigma t + \varepsilon). \qquad (37)^{1)}$$

相应的强迫波动被 Laplace 称为“第一类振荡”，其中包括太阴两周潮和太阳半年潮，以及(一般来讲)所有长周期的潮汐．其特征是扰动对称于极轴，因而是目前所讨论的强迫振荡中最重要的情况．

如将(37)式代入(7)式，并按(11)式和(12)式来取

$$\frac{1-\mu^2}{\mu^2-f^2}$$

和 ζ'，则可用以下二式代替掉(14)式和(15)式：

$$B_1 - \frac{1}{3}\beta H' - \beta A = 0, \qquad (38)$$

$$B_3 - \left(1 - \frac{\beta f^2}{2\cdot 3}\right)B_1 + \frac{1}{3}\beta H' = 0. \qquad (39)$$

至于 (16) 式及其后继诸式则对于所有下标较大的系数仍是适用的．可注意到，如令 $B_{-1} = 2H'$，则 (39) 式可以被包括在通式(16)中．于是，可根据和以前相同的讨论而知，对于整个覆盖着球体的海洋，唯一的允许解是使 $N_\infty = 0$ 的那一个，因而 N_i 必具有(24)式中连分式所表示之值，但其中的 f 现则已由扰力的频率所指定．

(24)式确定了 N_1 之值．现在，

$$B_1 = N_1 B_{-1} = -2N_1 H',$$

故(38)式给出

$$A = -\frac{1}{3}H' - \frac{2}{\beta}N_1 H', \qquad (40)$$

换言之，这是唯一能使 N_i 趋于极限零的 A 值，因而也就是唯一能使两极处速度为有限的 A 值．如取任何其它的 A 值作为出发点而

1) 严格说来，式中 θ 是指地心坐标系中的余纬，但在 214 节所引进的近似之下，它和地理余纬之间的差别可以略去．

应用(38)式和(39)式以及(16)式来相继地计算 $B_1, B_3, B_5, \cdots$，都会最终使 N_i 趋于极限 1. 这样，为了避免出现这一情况，那就必须在初始选取 A 时和其后计算中保持绝对准确了. 因此，计算诸系数的唯一实用方法是应用以下公式：

$$\left.\begin{array}{l} B_1/H' = -2N_1,\ \ B_3 = N_2B_1,\ \ B_5 = N_3B_3, \cdots, \\ \text{或}\ B_1/H' = -2N_1,\ \ B_3/H' = -2N_1N_2, B_5/H' = -N_1N_2N_3, \cdots, \end{array}\right\} \tag{41}$$

其中 $N_1, N_2, N_3, \cdots$ 诸值要由连分式(24)求得. 从实际计算的结果可以回过头来看出，用这种方法所得到的解可以满足问题中的所有条件，而且级数(12)式收敛得非常快. 进行计算的最方便的程序是按照 (19) 式而对一个下标足够大的 N_i 取一个粗略的近似值，然后应用(23)式而依次计算

$$N_{i-1}, N_{i-2}, \cdots N_2, N_1.$$

(12)式中诸常数 $A, B_1, B_3, \cdots$ 于是可由(40)式和(41)式求得. 对于潮高，可得

$$\zeta/H' = -2N_1/\beta - (1 - f^2N_1)\mu^2 - \frac{1}{2}N_1(1 - f^2N_2)\mu^4 - \cdots$$
$$- \frac{1}{i}N_1N_2 - N_{i-1}(1 - f^2N_i)\mu^{2i} - \cdots. \tag{42}$$

对太阴两周潮而言，f 为一个恒星日和一个太阴月的比值，因而约等于 1/28，或更精确些，等于 0.0365. 相应的 $f^2 = 0.00133$. 显然，对于这一潮汐，以及尤其是对于太阳半年潮和其它的长周期潮汐，可以令 $f = 0$ 而得到一个相当准确的表达式，这样做可使计算大为缩短.

所得结果中包含着 $\beta(=4\omega^2a^2/gh)$. 对于 $\beta = 40$ (对应于水深 7260 英尺)，由上述方法可得

$$\zeta/H' = 0.1515 - 1.0000\mu^2 + 1.5153\mu^4 - 1.2120\mu^6$$
$$+ 0.6063\mu^8 - 0.2076\mu^{10} + 0.0516\mu^{12} - 0.0097\mu^{14}$$
$$+ 0.0018\mu^{16} - 0.0002\mu^{18}. \qquad (43)^{1)}$$

---

1) (43)式和(44)式中诸系数和 Darwin 在 $f = 0.0365$ 的情况下所得数值相差很小.

因此，在两极处（$\mu=\pm 1$），

$$\zeta=-\frac{2}{3}H'\times 0.154;$$

而在赤道处（$\mu=0$），

$$\zeta=\frac{1}{3}H'\times 0.455.$$

对于 $\beta=10$（对应于水深 29040 英尺），可得

$$\zeta/H'=0.2359-1.0000\mu^2+0.5898\mu^4-0.1623\mu^6+0.0258\mu^8-0.0026\mu^{10}+0.0002\mu^{12}. \qquad (44)$$

它给出两极处的

$$\zeta=-\frac{2}{3}H'\times 0.470$$

和赤道处的

$$\zeta=\frac{1}{3}H'\times 0.708.$$

对于 $\beta=5$（对应于水深 58080 英尺），可得

$$\zeta/H'=0.2723-1.0000\mu^2+0.3404\mu^4-0.0509\mu^6+0.0043\mu^8-0.0004\mu^{10}. \qquad (45)$$

它给出两极处的

$$\zeta=-\frac{2}{3}H'\times 0.651$$

和赤道处的

$$\zeta=\frac{1}{3}H'\times 0.817.$$

因平衡潮高在两极处和赤道处分别为 $-\frac{2}{3}H'$ 和 $\frac{1}{3}H'$，故以上结果表明，在所考虑的水深之下，总的来看，长周期潮汐是**正潮**，虽然节圆会多多少少地偏离开由平衡理论所确定的位置．此外，以上结果还表明，在水深和实际海洋的深度差不多时，潮高小于平衡值的一半．从(7)式的形式不难看出，随着水深的增大和 β

值的减小，潮高就越来越接近于平衡值．这一趋势已由上面的数值结果所表明。

需要提到，Laplace 没有讨论长周期潮汐的动力理论，因为他认为，实际上由于耗散力的作用，会使这类潮汐具有平衡理论所给出之值．他的确也证明了摩擦力必然是按照他所说的方向而起着作用的． 但 Darwin[1] 坚持认为，起码在两周潮的情况下，摩擦力的影响是否能大到接近 Laplace 所假定的程度是值得怀疑的。我们在以后还要回到这一问题上来。

218. 当不再把扰动限定为对称于极轴时，我们就必须回到 214 节的普遍方程(1)和(2)．但我们仍保留在 215 节中所提出的关于深度和岸界的假定。

如设 Ω, u, v, ζ 都按 $e^{i(\sigma t+s\phi+\varepsilon)}$ 而变化(其中 s 为整数)，则上述方程给出

$$\left.\begin{aligned} i\sigma u - 2\omega v\cos\theta &= -\frac{g}{a}\frac{\partial}{\partial\theta}(\zeta-\bar{\zeta}), \\ i\sigma v + 2\omega u\cos\theta &= -\frac{isg}{a\sin\theta}(\zeta-\bar{\zeta}), \end{aligned}\right\} \tag{1}$$

和

$$i\sigma\zeta = -\frac{1}{a\sin\theta}\left\{\frac{\partial(hu\sin\theta)}{\partial\theta} + ishv\right\}. \tag{2}$$

解 u 和 v，得

$$\begin{aligned} u &= \frac{i\sigma}{4m(f^2-\cos^2\theta)}\left(\frac{\partial\zeta'}{\partial\theta} + \frac{s}{f}\zeta'\cot\theta\right), \\ v &= -\frac{\sigma}{4m(f^2-\cos^2\theta)}\left(\frac{\cos\theta}{f}\frac{\partial\zeta'}{\partial\theta} + s\zeta'\operatorname{cosec}\theta\right), \end{aligned} \tag{3}$$

在上式中，已和以前一样而令

$$\zeta-\bar{\zeta}=\zeta', \quad \frac{\sigma}{2\omega}=f, \quad \frac{\omega^2 a}{g}=m \tag{4}$$

了。

---

1) 见 216 节第二个脚注。

可以看出，在一切简谐振荡中，流体质点都描出一个个椭圆，其二主轴分别沿子午线和纬线.

把(3)式代入(2)式，就得到 ζ' 的微分方程为

$$\frac{\partial}{\sin\theta\partial\theta}\left\{\frac{h\sin\theta}{f^2-\cos^2\theta}\left(\frac{\partial\zeta'}{\partial\theta}+\frac{s}{f}\zeta'\cot\theta\right)\right\}$$

$$-\frac{h}{f^2-\cos^2\theta}\left(\frac{s}{f}\cot\theta\frac{\partial\zeta'}{\partial\theta}+s^2\zeta'\operatorname{cosec}^2\theta\right)$$

$$+4ma\zeta'=-4ma\zeta. \tag{5}$$

219. 在强迫振荡中，$s=1$ 的情况包括了 Laplace 的"第二类振荡"，其中扰力势为二阶田谐函数，即平衡潮高为

$$\zeta=H''\sin\theta\cos\theta\cdot\cos(\sigma t+\phi+\varepsilon), \tag{1}$$

其中的 σ 和 ω 相差得不很大. 这种振荡包括了太阴全日潮和太阳全日潮.

如扰源体的特征运动可以略去，则 σ 应刚好等于 ω，并从而有 $f=\frac{1}{2}$. 对月球而言，虽其轨道运动快得使太阴主要全日潮的实际周期明显地比一个恒星日要长[1]，但是假定 $f=\frac{1}{2}$ 可使方程大为简化，因此在下面的探讨[2]中就采用这一假定. 它可以使我们在深度的变化规律为(下式中 q 为任一给定常数)

$$h=(1-q\cos^2\theta)h_0 \tag{2}$$

时计算出强迫振荡.

于是在 218 节(3)式中令 $s=1, f=\frac{1}{2}$，并考虑进指数因子 $e^{i(\omega t+\phi+\varepsilon)}$ 和设

$$\zeta'=C\sin\theta\cos\theta, \tag{3}$$

可得

---

1) 然而应当提到，如略去扰源体轨道平面的变化，则在 Ω 的谐和展开式中，有一个重要项的 σ 刚好等于 ω. 这一周期对于太阳和对于月球是一样的，这两个分潮就合并成所谓"太阴-太阳"全日潮.

2) 取材自 Airy, "Tides and Waves", Arts. 95,…和 Darwin, *Encyc. Brit.* (9th ed), xxiii. 359，并略作变更.

$$u=-i\sigma\frac{C}{m},\ v=\sigma\frac{C}{m}\cdot\cos\theta. \tag{4}$$

代入 218 节连续性方程(2),得

$$\zeta'+\zeta=\frac{C}{ma}\frac{dh}{d\theta}. \tag{5}$$

如

$$C=-\frac{1}{1-2qh_0/(ma)}H'', \tag{6}$$

则(5)式与深度变化规律(2)式相容. 故

$$\zeta=-\frac{2qh_0/(ma)}{1-2qh_0/(ma)}\ \bar{\zeta}. \tag{7}$$

从上式可以得出一个值得注意的结论是,在均匀深度($q=0$)的情况下,并不出现能使水面发生升降的全日潮. 这一结论首先是由 Laplace 得到的(用的是另一种方法), 他对这一结论很重视,因为可以表明他的动力理论能够解释当时已经知道(但了解得并不很清楚)的一个现象,即全日潮显著地不同于由平衡理论所应得的结果,而是相对地较小.

虽然在均匀深度的情况下没有水面的升降, 但仍有潮流. 从(4)式可以看出,每一质点都描出一个椭圆,其长轴沿子午线,并在所有纬度上都具有同样长度. 短轴与长轴之比为 $\cos\theta$, 因此这一比值在两极处的 1 和赤道处的 0 之间变化;在赤道处,质点的运动完全是南北方向的.

220. 当 $s=2$ 时,最重要的强迫振荡是扰力势为二阶扇谐函数的情况. 他们构成了 Laplace 的"第三类振荡",其

$$\bar{\zeta}=H'''\sin\theta\cdot\cos(\sigma t+2\phi+\varepsilon), \tag{1}$$

式中的 σ 很接近于 2ω. 这一类振荡中包括了最重要的潮汐——太阴半日潮和太阳半日潮.

假如扰源体的轨道运动是无限缓慢的,我们就应该有 $\sigma=2\omega$, 并因而有 $f=1$. 为简化起见, 我们也按照 Laplace 的处理法而作出这一近似假定,虽然对太阴主要潮而言,这一近似多少粗糙了

一些[1].

当深度变化规律为

$$h = h_0 \sin^2\theta \tag{2}$$

时，可以得到一个和上一节类似的解[2]. 即，令 $f = 1, s = 2$, 并考虑进一个指数因子 $e^{i(2\omega t + 2\phi + \varepsilon)}$, 再设

$$\zeta' = C\sin^2\theta, \tag{3}$$

就可由218节(3)式得

$$\left.\begin{aligned} u &= \frac{i\sigma}{m} C\cot\theta, \\ v &= -\frac{\sigma}{2m} C \frac{1+\cos^2\theta}{\sin\theta}. \end{aligned}\right\} \tag{4}$$

代入 218 节(2)式后得

$$\zeta = \frac{2h_0}{ma} \cdot C\sin^2\theta. \tag{5}$$

把(1)式和(3)式代入 $\zeta = \zeta' + \bar{\zeta}$, 可得

$$C = -\frac{1}{1 - 2h_0/(ma)} H''', \tag{6}$$

故

$$\zeta = -\frac{2h_0/(ma)}{1 - 2h_0/(ma)} \bar{\zeta}. \tag{7}$$

对于实际海洋中的水深而言，$2h_0 < ma$, 因而这种潮汐是逆潮. 可注意到(4)式使两极处的速度为无穷大，正如可由该处水深为零而预料到的那样.

221. 对于任何其它深度变化规律，只能用级数形式来求解. 在均匀深度的情况下，令 218 节(5)式中的 $s = 2, f = 1, 4ma/h = \beta$, 得(在下式中把 $\cos\theta$ 写成 μ)

---

1) 然而，如略去扰源体轨道平面的变化，就有一个"太阴-太阳"半日潮，其变化速率准确地等于 2ω. 参看 219 节第一个脚注.

2) 参看 Airy 和 Darwin, 219 节第二个脚注.

$$(1-\mu^2)^2\frac{d^2\zeta'}{d\mu^2}+\{\beta(1-\mu^2)^2-2\mu^2$$

$$-6\}\zeta'=-\beta(1-\mu^2)^2\zeta. \tag{8}$$

由于上式诸项包含了μ的四种不同维数，所以较为难以处理，然而可以把自变量变换为

$$\nu=(1-\mu^2)^{\frac{1}{2}}=\sin\theta$$

而使之稍为简化一些，即可变换为

$$\nu^2(1-\nu^2)\frac{d^2\zeta'}{d\nu^2}-\nu\frac{d\zeta'}{d\nu}-(8-2\nu^2-\beta\nu^4)\zeta'$$

$$=-\beta\nu^4\zeta=-\beta H'''\nu^6, \tag{9}$$

它包含了ν的三种不同维数。

为求解海洋整个覆盖球体时的情况，设

$$\zeta'=B_0+B_2\nu^2+B_4\nu^4+\cdots+B_{2j}\nu^{2j}+\cdots. \tag{10}$$

代入(9)式，并令对应系数相等，可得

$$B_0=0,\quad B_2=0,\quad 0\cdot B_4=0, \tag{11}$$

$$16B_6-10B_4+\beta H'''=0, \tag{12}$$

以及其后的

$$2j(2j+6)B_{2j+4}-2j(2j+3)B_{2j+2}+\beta B_{2j}=0. \tag{13}$$

由这些方程可通过 B_4 而依次表示出 $B_6, B_8, \cdots B_{2j}\cdots$，而 B_4则至今尚未确定．然而很明显，从问题的性质上可知，除了能使 $s=2$ 时的自由振荡具有振荡速率为2ω的某些特殊的 h 值外(因而，也就对于某些特殊的β 值外)，其解必然是唯一的．事实上，我们即将可以看到，除非 B_4 取某一特定值，否则上述解会使速度沿子午线的分量 (u) 在赤道处不连续[1)].

所要进行的讨论有些类似于 217 节． 如令 N_j 表示相邻系数之比 B_{2j+2}/B_{2j}，可由(13)式得

---

1) 对于以纬圈为岸界的极地海洋，如岸界纬圈的角半径小于 $\frac{1}{2}\pi$，则 B_4 之值由岸界处的 $u=0$ 或 $\partial\zeta'/\partial\nu=1$ 来确定．

$$N_{j+1}=\frac{2j+3}{2j+6}-\frac{\beta}{2j(2j+6)}\frac{1}{N_j};\tag{14}$$

它显示出，当 j 增大时，N_j 一定或趋于极限 0 或趋于极限 1. 说得精确一些就是，如 N_j 的极限不是零，则当 j 很大时，N_{j+1} 就近似为

$$(2j+3)/(2j+6),$$

或即

$$1-\frac{3}{2j}.$$

后者等于 $(1-\nu^2)^{\frac{1}{2}}$ 的展开式中 ν^{2j} 和 ν^{2j-2} 的系数之比. 于是我们断言，除非 B_4 之值使 $N_\infty=0$，否则级数(10)中各项最终可以与 $(1-\nu^2)^{\frac{1}{2}}$ 中各项相比较，故这时可令

$$\zeta'=L+(1-\nu^2)^{\frac{1}{2}}M,\tag{15}$$

其中 L 和 M 为 ν 之函数，并在 $\nu=1$ 时不为零. 在赤道($\nu=1$)附近，由上式得

$$\frac{d\zeta'}{d\theta}=\mp(1-\nu^2)^{\frac{1}{2}}\frac{d\zeta'}{d\nu}=\pm M.\tag{16}$$

因此，根据218节(3)式可知，当穿过赤道时，u 就会从某一确定值改变为另一与之大小相等、正负相反之值.

因此，对我们目前所讨论的问题而言，B_4 之值就必须能使 $N_\infty=0$. 这一点可由与 217 节相同的方法而得以实现. 把(13)式写成

$$N_j=\cfrac{\cfrac{\beta}{2j(2j+6)}}{\cfrac{2j+3}{2j+6}-N_{j+1}},\tag{17}$$

可以看出，N_j 必由以下收敛的连分式给出：

$$N_j=\cfrac{\cfrac{\beta}{2j(2j+6)}}{\cfrac{2j+3}{2j+6}-}\;\cfrac{\cfrac{\beta}{(2j+2)(2j+8)}}{\cfrac{2j+5}{2j+8}-}$$

$$\times \frac{\frac{\beta}{(2j+4)(2j+10)}}{\frac{2j+7}{2j+10}-\cdots}. \tag{18}$$

它从 $j=2$ 起往上都能成立，而且，如用符号 N_1（迄今尚未定义)来表示B_4/H''',则它同样可以给出 N_1. 于是我们有

$$B_4=N_1H''',\ B_6=N_2B_4,\ B_8=N_3B_6,\cdots.$$

最后,由 $\zeta=\bar{\zeta}+\zeta'$ 而得

$$\zeta/H'''=\nu^2+N_1\nu^4+N_1N_2\nu^6+N_1N_2N_3\nu^8+\cdots. \tag{19}$$

和217节相同,进行计算的实用方法是取 N_{j+1}（j 为一适当大的数)的一个近似值,然后应用(17)式而相继地求出 $N_j, N_{j-1},\cdots N_2, N_1$.

上述讨论主要取材于 Kelvin 为给 Laplace 在 Mécanique Célest 一书中所提出的处理方法作辩护而写的引人注意的论文[1]. Laplace 在其著作的有关部分中正确地应用了连分式来确定常数 B_4，但却未对所用措施的正确性给出任何可令人满意的阐述,因而这一方法是否合理就受到 Airy[2] 以及其后受到 Ferrel[3] 的怀疑.

不幸的是，Laplace 没有提出有关的参考文献的习惯,以致读者中看来极少有人通晓他在动力理论上的原有论述[4]——其中已有力地说明了上述解法（虽然在形式上有些不同). Laplace 开始时把目标定在**有限**项级数的近似解上,而令

$$\zeta'=B_4\nu^4+B_6\nu^6+\cdots+B_{2k+2}\nu^{2k+2}; \tag{20}$$

他注意到[5],为满足微分方程组,诸系数应满足以下条件:

$$\left.\begin{aligned}
&16B_6-10B_4+\beta H'''=0,\\
&40B_8-28B_6+\beta B_4=0,\\
&\cdots\quad\cdots\quad\cdots\quad\cdots,\\
&(2k-2)(2k+4)B_{2k+2}-(2k-2)(2k+1)B_{2k}+\beta B_{2k-2}=0,\\
&\qquad\qquad-2k(2k+3)B_{2k+2}+\beta B_{2k}=0,\\
&\qquad\qquad\qquad\qquad\beta B_{2k+2}=0;
\end{aligned}\right\} \tag{21}$$

正如可在通式(13)中令 $B_{2k+4}=0, B_{2k+6},\cdots$所能得到的那样.

---

1) W. Thomson 爵士,"On an Alleged Error in Laplace's Theory of the Tides", *Phil. Mag.* (4), l.227(1875) [*Papers*, iv. 231].

2) "Tides and Waves", Art. 111.

3) "Tidal Researches", *U. S. Coast Survey Rep.* 1874,p. 154.

4) "Recherches sur quelques points du system du monde", *Mem. de l'Acad. roy. des. Sciences*, 1776[1779] [*Oeuvres*,ix. 187,…].

5) Oeuvres, ix.218. 所用记号已作了改变.

现在，对于 k 个常数有 $k+1$ 个方程. 下一步的方法是用前 k 个关系式来确定诸常数. 这就得到一个精确解，但却不是原方程(9)的精确解，而是把(9)式右边加上一项 $\beta B_{2k+2}\nu^{2k+6}$ 后所得到的改变后的方程的精确解. 它相当于把扰力作了改变. 而如果我们能得到一个解，这一个解能使这种改变很小的话，就可以把它取为原问题的近似解了[1].

现在就按相反的次序来取出 (21) 式中前 k 个方程，我们就可以依次用 B_{2k} 来表示出 B_{2k+2}，用 B_{2k-2} 来表示出 B_{2k}，…，一直到用 H''' 来表示出 B_4，而且很明显，如果 k 足够大，那么 B_{2k+2} 之值就很小，也就是，为使解成为一个精确解而需对扰力作出的调整就很小了. 我们即将在下面给出 Laplace 的数值结果作为实例.

上述方法显然相当于我们已讲过的应用连分式(18)并从 $i+1=k$ 和 $N_k=\beta/2k(2k+3)$ 来开始计算. 但连分式并未在上面提到的 Laplace 的文章中出现，而是在 *Mécanique Céleste* 一书中才引进的——可能是经过考虑，作为原来所用方法的一个简练表达方式而引进的.

附表中列出了 (19) 式 (ζ/H''' 的表达式) 中 ν 的各幂次项的系数分别在 $\beta=40,20,10,5$ 和 1 (相应的水深为 7260，14520，29040，58080 和 290400 英尺)时的数值[2]. 表中最下面的一列是 $\nu=1$ 时的 ζ/H''' 值，亦即赤道处的振幅与其平衡值之比. 在两极处 ($\nu=0$)，潮高在任何情况下都为平衡值零.

我们可以用表中的数值结果来估算近似方法在上述各种情况下的准确度. 例如，当 $\beta=40$ 时，Laplace 求得 $B_{26}=-0.000004H'''$. 因而为使所得结果成为一个精确解而必须在扰力上增加的数值是 $-0.00002\,H'''\nu^{30}$，它与实际扰力之比为 $-0.00002\nu^{28}$.

(19)式表明，在两极附近，因 ν 之值很小，所以潮汐总是正潮. 在水深足够大的情况下，β 很小，于是(17)式和(19)式表明，诸系数中除首项的系数为 1 外，其余的都很小，因而潮高处处都接近于平衡值. 当 h 减小时，β 就增大，而(17)式表明每一比值 N_i 都会不断增大，除非 N_i 值穿过∞而从正值变为负值. 但除 N_1 以外，任何其它 N_i 在穿过∞时都不会使(19)式出现奇点，这是因为乘积 $N_{i-1}N_i$ 仍保持为有限，所以式中诸系数仍都为有限值. 而

1) 值得注意的是，这种论证法是 Airy 自己在研究波动时也常应用的一种方法.

2) 前三种情况由 Laplace 所计算 (见 213 节中第一个脚注)，后两种情况则由 Kelvin 所计算. 第三种情况中的数字按照 Hough 的计算而略微作了一些改正，见 222 节中第一个脚注.

	$\beta=40$	$\beta=20$	$\beta=10$	$\beta=5$	$\beta=1$
ν^2	+1.0000	+1.0000	+1.0000	+1.0000	+1.0000
ν^4	+20.1862	−0.2491	+6.1915	+0.7504	+0.1062
ν^6	+10.1164	−1.4056	+3.2447	+0.1566	+0.0039
ν^8	−13.1047	−0.8594	+0.7234	+0.0157	+0.0001
ν^{10}	−15.4488	−0.2541	+0.0919	+0.0009	
ν^{12}	−7.4581	−0.0462	+0.0076		
ν^{14}	−2.1975	−0.0058	+0.0004		
ν^{16}	−0.4501	−0.0006			
ν^{18}	−0.0687				
ν^{20}	−0.0082				
ν^{22}	−0.0008				
ν^{24}	−0.0001				
	−7.434	−1.821	+11.259	+1.924	+1.110

当 $N_1=\infty$ 时，ζ 的表达式就成为无穷大，表示这时的水深正是曾提到过的临界值之一。

附表中的数值表明，当水深为 29040 英尺以上时，潮汐处处都是正潮；在 29040 英尺和 14520 英尺之间则有一个使赤道处潮汐由正潮变为逆潮的临界水深。$\beta=40$ 时，第二个系数很大，指示出了第二个临界水深不会比 7260 英尺小很多。

当赤道处为逆潮时，必有一对或一对以上的节圆 ($\zeta=0$) 对称地位于赤道两侧。当 $\beta=40$ 时，节圆的位置约为 $\nu=0.95$，亦即 $\theta=90^\circ\pm18^\circ$[1)]。

222. 海洋整个覆盖着球体、且水深沿纬线不变的情况下的潮汐动力理论曾由 Hough 作了重大的改进和发展[2)]。他拾起了被 Laplace 所抛弃的想法，把采用 μ (或 ν)的幂级数改为采用球面谐函数的展开式。这种做法的好处是收敛得更快(尤其是，如所能预

1) 关于对这些问题的详细讨论，可参看 Laplace 原来的探讨和 Kelvin 的文章。

2) "On the Application of Harmonic Analysis to the Dynamical Theory of the Tides", *Phil. Trans.* A. clxxxix, 201和 cxci. 139 (1897). 还可看 Darwin, *Papers*, i. 349.

料到的那样，当转动的影响相对地较小时)，而且，它还能使我们考虑进水质点间的相互引力，这种引力的影响是我们曾在 200 节讨论较简单的情况时见到过的，它并不是微不足道的。

如果把水面升高量 ζ 和传统的平衡潮高 $\bar{\zeta}$ (其中不包含水质点间相互引力的影响)都展为球面谐函数的级数，则

$$\zeta = \sum \zeta_n, \quad \bar{\zeta} = \sum \bar{\zeta}_n, \tag{1}$$

那么，扰力势的完整表达式就成为

$$\Omega = -g\sum\left(\bar{\zeta}_n + \frac{3}{2n+1}\frac{\rho}{\rho_0}\zeta_n\right);$$

参看 200 节．这样，在下面的讨论中，214 等节诸方程中的$\bar{\zeta}$就应换成(1)式右边的级数，而且，还要改变 215 节(5)式或 218 节(4)式中所用记号的意义而令

$$\zeta' = \sum(\alpha_n\zeta_n - \bar{\zeta}_n), \tag{2}$$

其中

$$\alpha_n = 1 - \frac{3}{2n+1}\frac{\rho}{\rho_0}. \tag{3}$$

在第一类振荡中，微分方程可写成

$$\frac{\partial}{\partial\mu}\left(\frac{1-\mu^2}{f^2-\mu^2}\frac{\partial\zeta'}{\partial\mu}\right) + \beta\zeta = 0. \tag{4}$$

如设

$$\zeta = \sum C_n P_n(\mu), \quad \bar{\zeta} = \sum \gamma_n P_n(\mu), \tag{5}$$

可有

$$\zeta' = \sum(\alpha_n C_n - \gamma_n)P_n(\mu). \tag{6}$$

代入(4)式，并在下限 -1 到上限 μ 之间积分，可得

$$\sum(\alpha_n C_n - \gamma_n)(1-\mu^2)\frac{dP_n}{d\mu}$$
$$+ \sum\beta C_n\{(f^2-1)+(1-\mu^2)\}\int_{-1}^{\mu} P_n d\mu = 0. \tag{7}$$

由关于带谐函数的已知公式[1]，有

1) 见 Todhunter, *Functions of Laplace*, &c.c.v.; Whittaker and Watson, *Modern Analysis*, p. 306.

$$\int_{-1}^{\mu} P_n d\mu = -\frac{1}{n(n+1)}(1-\mu^2)\frac{dP_n}{d\mu}, \tag{8}$$

和

$$\begin{aligned}\int_{-1}^{\mu} P_n d\mu &= \frac{1}{2n+1}(P_{n+1}-P_{n-1}) \\ &= \frac{1}{2n+1}\left\{\frac{1}{2n+3}\left(\frac{dP_{n+2}}{d\mu}-\frac{dP_n}{d\mu}\right)\right. \\ &\quad \left.-\frac{1}{2n-1}\left(\frac{dP_n}{d\mu}-\frac{dP_{n-2}}{d\mu}\right)\right\} \\ &= \frac{1}{(2n+1)(2n+3)}\frac{dP_{n+2}}{d\mu} \\ &\quad -\frac{2}{(2n-1)(2n+3)}\frac{dP_n}{d\mu} \\ &\quad +\frac{1}{(2n-1)(2n+1)}\frac{dP_{n-2}}{d\mu}.\end{aligned} \tag{9}$$

代入(7)式，并令 $(1-\mu^2)\dfrac{dP_n}{d\mu}$ 的系数为零，可得

$$\begin{aligned}&\frac{1}{(2n+3)(2n+5)}C_{n+2}-L_nC_n \\ &\quad +\frac{1}{(2n-3)(2n-1)}C_{n-2}=\frac{\gamma_n}{\beta},\end{aligned} \tag{10}$$

式中

$$L_n=\frac{f^2-1}{n(n+1)}+\frac{2}{(2n-1)(2n+3)}-\frac{\alpha_n}{\beta}. \tag{11}$$

如令

$$C_{-1}=3,\ C_0=0,$$

则从 $n=1$ 往上，关系式(10)都能成立.

进一步的理论实质上是以 221 节所述 Laplace 的讨论为基础的，所要做的工作和 216，217 以及 221 诸节很相近.

在自由振荡中，$\gamma_n=0$，可允许的 f 值按照振型是否对称于

赤道而由超越方程

$$L_2-\frac{\frac{1}{5\cdot 7^2\cdot 9}}{L_4-}\frac{\frac{1}{9\cdot 11^2\cdot 13}}{L_6-\cdots}=0, \qquad (12)$$

或

$$L_1-\frac{\frac{1}{3\cdot 5^2\cdot 7}}{L_3-}\frac{\frac{1}{7\cdot 9^2\cdot 11}}{L_5-\cdots}=0 \qquad (13)$$

来确定．Hough 给出了计算周期用的其它形式的方程，适用于计算较高次的根，并表明出，除了前两三个 n 值外，可由方程 $L_n=0$ 或

$$\frac{\sigma^2}{4\omega^2}=1+n(n+1)\left\{\left(1-\frac{3}{2n+1}\frac{\rho}{\rho_0}\right)\right.$$
$$\left.\times\frac{gh}{4\omega^2a^2}-\frac{2}{(2n-1)(2n+3)}\right\} \qquad (14)$$

而得出很好的近似值[1]．

第一个附表中给出了不同深度下最缓慢的振荡(也就是，假如没有转动，那么水面升高量就会按 $P_2(\mu)$ 而变化的那一个振荡)的周期(按恒星时计算)[2]．

β	水深(英尺)	$\frac{\sigma^2}{4\omega^2}$	周期		$\omega=0$ 时的周期	
			小时	分	小时	分
40	7260	0.44155	18	3.5	32	49
20	14520	0.62473	15	11.0	23	12
10	29040	0.92506	12	28.6	16	25
5	58080	1.4785	9	52.1	11	35

对于“第一类”强迫振荡，所得结果与 217 节中的结果很相似．长周期潮汐在 $\sigma=0$ 的极限情况下的计算结果示于第二个附表．

1) 还可参看 Poole, *Proc. Lond. Math. Soc.* (2) xix. 299.

2) 最缓慢的非对称振型的周期要长得多．而且，还由于水的质心有位移，因此，如固体核是自由的，就需要有所修正，参看 199 节．

β	$\rho/\rho_0 = 0.181$		$\rho/\rho_0 = 0$	
	极地	赤道	极地	赤道
40	0.140	0.426	0.154	0.455
20	0.266	0.551		
10	0.443	0.681	0.470	0.708
5	0.628	0.796	0.651	0.817

表中第二行和第三行的数字分别为极地处和赤道处的潮高与其平衡值之比值[1]，在第四行和第五行中重新列出了 217 节中所得的数值．通过比较可以看出，水质点间的相互引力的影响是使振幅减小．

223. 在不把扰动限定为轴对称的较为普遍的情况下，Hough 是把水面升高量 ζ 展为田谐函数

$$P_n^s(\mu)e^{i(\sigma t+s\phi+\varepsilon)} \tag{1}$$

的级数．对潮汐理论而言，最重要的情况是扰力势具有(1)式的形式，其中 $n=2$ 且 $s=1$ 或 $s=2$．

作出计算必然是较为复杂的[2]，但这里只要叙述几个有趣的结论就够了，它们可以表明出前面所作研究中的缺陷是如何已被填补上了．

为了了解自由振荡的性质，最好是从无转动的情况（$\omega=0$）开始．当 ω 从零逐渐增大时，199 节中所得到过的一对对大小相等而正负相反的 σ 值就在绝对值上不再相等了，与 ω 符号相同的那一个具有较大的绝对值． 诸基本振型的特点也同样会逐渐改变．这种振荡称为“第一种振型”．

在 ω 从零逐渐增大的同时，那种在无转动时可能出现的没有

1) 表中数字由 Hough 的结果而算出． 在本节前面所提到的 Hough 的文章中还讨论了一些其它的有趣问题，其中包括变深度情况下所作的探讨，并给出了数值实例．

2) Love 作了一个简化，见“Notes on the Dynamical Theory of the Tides”, *Proc. Lond. Math. Soc.* (2), xii. 309 (1913)．他令

$$u=-\frac{\partial\chi}{a\,\partial\theta}-\frac{\partial\psi}{a\sin\theta\partial\phi},\quad v=-\frac{\partial\chi}{a\sin\theta\partial\phi}+\frac{\partial\psi}{a\,\partial\theta},$$

参看 154 节(1)式．其中 χ 和 ψ 都被展为球面谐函数的级数．

水位变化的定常运动就转化为具有水位变化的长周期振荡，而且，在ω从零逐渐增大的初始阶段，振荡速率和ω可以相比较。这种振荡称为“第二种振型”[1)]，参看 206 节。

在附表中分别列出了第一种振型中对全日潮和半日潮而言最为重要的振荡速率和相应周期(以恒星时计)。最后一行中的数值是按 200 节(15)式所求得的无转动时的相应周期。

	第二类 [s=1]			第三类 [s=2]				
水深(英尺)	$\frac{\sigma}{\omega}$	周期		$\frac{\sigma}{\omega}$	周期		$\omega=0$时的周期	
		小时	分		小时	分	小时	分
7260	1.6337 −0.9834	14 24	41 24	1.3347 −0.6221	17 38	59 34	32	49
14520	1.8677 −1.2450	12 19	51 16	1.6133 −0.8922	14 26	52 54	23	12
29040	2.1641 −1.6170	11 14	5 50	1.9968 −1.2855	12 18	1 40	16	25
58080	2.6288 −2.1611	9 11	8 6	2.5535 −1.8575	9 12	24 55	11	35

在各种情况下，第二种振型中最快的振荡周期都超过一天，其余的周期则要长得多。

就第二类强迫振荡而言，Laplace 关于σ正好等于ω时均匀水深下的全日潮没有水面升降的结论仍是成立的。对最重要的太阴全日潮($\sigma/\omega=0.92700$)的计算表明，在我们所考虑的几种深度下，潮高的确远小于平衡值，而且总的来说是逆潮。

在第三类强迫振荡方面，我们可以首先提到太阳半日潮(对于它，可以足够准确地取为$\sigma=2\omega$)。在附表中所考虑的四种深度下，由动力理论所求得的潮高和传统的平衡潮高之比在赤道处分

1) 这两种振型已在 212 节的平面问题中遇到过。

别为

$$+7.9548,\quad -1.5016,\quad -234.87,\quad +2.1389.$$

“当 $hg/4\omega^2a^2=1/10$ 时所出现的很大比值表明在这一深度下有一个半日型周期的自由振荡，其周期与半天相差很小．由附表中的数字，…，可以看出，实际上我们已求得这一周期为 12 小时 01 分钟了．对于 $hg/4\omega^2a^2=1/40$，我们已得到一个 12 小时 05 分钟的周期[1]．于是可以得知，虽然当强迫振荡的周期和自由振荡中的一个周期只相差 1 分钟时，强迫振荡的潮高可以大到接近于平衡潮高的 250 倍，但当这两个周期相差 5 分钟时，就足以使潮高降低到小于平衡潮高的 10 倍．因此，看来，除非强迫振荡的周期与自由振荡周期之一极为接近，否则潮高是不会变得非常之大的．”

“使我们现在所讨论的强迫振荡的潮高成为无穷大的临界深度是这样的一些深度：在这种深度下，自由振荡的周期之一准确地等于 12 小时．这些临界深度可由把 $\sigma=2\omega$ 代入计算自由振荡周期的方程、并把这一方程看作是计算 h 的方程而定出．……最大的两个根是…，相应的临界深度约为 28182 英尺和 7375 英尺.”

“可以看出，在所考虑的四种情况中，有三种情况下，水质点间相互引力的影响是使潮高与平衡潮高的比值增大[参看221节].在其中两种情况下，连正负号都改变了.这是由于当 $\rho/\rho_1=0.18093$ 时，自由振荡的周期之一稍大于 12 小时，而当 $\rho/\rho_1=0$ 时，则相应的周期小于 12 小时[2]．”

Hough 还计算了太阴半日潮，其

$$\frac{\sigma}{2\omega}=0.96350.$$

对于前述四种深度，赤道处的潮高与其平衡值之比分别为

$$-2.4187,\quad -1.8000,\quad +11.0725,\quad +1.9225.$$

---

1) [按照顺序，这一振荡的振型是振荡周期为 17 小时 59 分的那个振型后面的一个振型.]

2) Hough, *Phil. Trans.* A. cxci. 178, 179.

“把这些数值和对太阳潮所得结果相比较，…，我们看到，当水深为 7260 英尺时，太阳潮是正潮而太阴潮为逆潮；而当水深为 29040 英尺时，则情况正好反了过来．这当然是由于在这两种情况的每一种中，有一个自由振荡的周期在 12 太阳小时(更严格地讲，是 12 个恒星小时)和 12 个太阴小时之间．使太阴潮高变为无穷大的临界水深可求得为 26044 英尺和 6448 英尺”．

“因此，当海洋深度在 29182 英尺和 26044 英尺之间或在 7375 英尺和 6448 英尺之间时，上述现象就会产生．一个重要的后果是，当水深在上述极限之间时，通常情况下的大潮现象和小潮现象会颠倒过来，而使得较大的潮汐发生于上弦月和下弦月时，较小的潮汐则发生于新月和满月时[1]．

223a. Goldsbrough 曾对动力理论作出了某些重要贡献．他首先考虑了由一条或两条纬线为岸界的均匀深度海洋中的潮汐，并求得，例如，对角半径为 30° 的极地海盆而言，在 217 节和221节所考虑的几种深度下，长周期潮和半日潮的潮高与由本章附录中所述修正后的平衡理论给出的数值相差不大[2]，但全日潮的情况则有所不同，它随海盆的大小和水深的不同而变化得很厉害．而且，虽然我们已知当海洋整个覆盖着球体且水深为均匀时，全日潮的潮高是小到可以略去的，然而在他所得到的结论中，却仍是相当大的．

在赤道地带[3]，长周期潮汐的潮高仍接近于平衡值，但全日潮和半日潮则与平衡值相差较大，相差的幅度强烈地依赖于岸界的纬度．

上述差异无疑是由扰力的周期和自由振荡的固有周期之间的关系所制约的．Goldsbrough 曾参照太平洋（它或多或少形成一个有界的孤立系统）的半日潮而对这一问题作了考察．他取相隔

---

1) Hough，前述文章，其中援引了 Kelvin 的 *Popular Lectures and Addresses*, London, 1894, ii. 22 (1868).

2) *Proc. Lond. Math. Soc.* (2), xiv. 31 (1913).

3) 同上刊物，xiv. 207 (1914).

60° 的两条子午线为岸界的一个海洋，并设深度按

$$h = h_0 \sin^2\theta$$

而变化，求得[1]，当 $h_0 = 23200$ 英尺(平均水深为 15500 英尺)时，有一个 σ 值准确地等于 2ω 的自由振荡．当 $h_0 = 25320$ 英尺(平均水深为 16880 英尺)时，他求得，与上述振荡周期相同的强迫振荡的潮高仍远大于平衡值．

在 Golsbrough 和 Colborne 的一篇较晚近的文章中[2]，把水深取为均匀的并等于太平洋的估计平均深度(12700 英尺)．对于强迫振荡，他们考虑的是太阴扰力 ($\sigma/2\omega = 0.9625$) 所引起的主要半日分潮(通常用 M_2 来表示)．其振幅虽不如上述那么大，但也比平衡值大很多． 这种类型的海洋中的全日潮曾由 Colborne 作了探讨[3]．

224. 如果要考虑进实际海洋 (它具有不规则的岸界和不规则的深度变化)的位形，那么应该对上述动力理论中的结论作出多大程度的修正却是不容易较仔细地作出估计的[4]，但可以提出一两个要点来．

首先，206 节 (1) 式可以使我们预料到，对任何一种潮汐而言，在潮高和扰力之间有着一个随地点而异的相位差[5]．例如，对太阴半日潮而言，高潮或低潮并不需要发生于月球或反月正好穿过子午线时．更确切些讲，在一个给定形式的扰力作用下，如某一特定地点处的平衡潮高为

$$\zeta = a\cos\sigma t, \tag{1}$$

则动力潮高为

$$\xi = A\cos(\sigma t - \epsilon); \tag{2}$$

---

1) *Proc. Roy. Soc.* A, cxvii. 692 (1927).

2) 同上刊物，cxxvi. 1 (1929).

3) 同上刊物，cxxxi. 38 (1931).

4) 至于一般性的数学处理，可参看 Poincaré, "Sur l'équilibre et les mouvments des mers", *Liouville* (5), ii. 57, 217 (1896) 及其 *Leçons de mécanique céleste*, iii.

5) 184 节所讨论的渠道问题给出了实例.

其中比值 A/a 和相位差 ϵ 为振荡速率 σ 和该特定地点的位置的函数.

其次,如果把两个类型相同但频率稍有差别的振荡相叠加,例如,把太阴半日潮和太阳半日潮相叠加,则若把时间的起点取在朔时或望时,就有

$$\zeta = a\cos\sigma t + a'\cos\sigma' t, \tag{3}$$

和

$$\zeta = A\cos(\sigma t - \epsilon) + A'\cos(\sigma' t - \epsilon'). \tag{4}$$

上式可写为

$$\zeta = (A + A'\cos\phi)\cos(\sigma t - \epsilon) + A'\sin\phi\sin(\sigma t - \epsilon), \tag{5}$$

其中

$$\phi = (\sigma - \sigma')t - \epsilon + \epsilon'. \tag{6}$$

如(4)式右边第一项表示太阴潮,第二项表示太阳潮,则 $\sigma < \sigma'$, $A > A'$. 若令

$$\left.\begin{aligned} A + A'\cos\phi &= C\cos\alpha, \\ A'\sin\phi &= C\sin\alpha, \end{aligned}\right\} \tag{7}$$

则可得

$$\zeta = C\cos(\sigma t - \epsilon - \alpha), \tag{8}$$

其中

$$\left.\begin{aligned} C &= (A^2 + 2AA'\cos\phi + A'^2)^{\frac{1}{2}}, \\ \alpha &= \tan^{-1}\frac{A'\sin\phi}{A + A'\cos\phi}. \end{aligned}\right\} \tag{9}$$

(8) 式可看作是振幅和相位都作着缓慢变化的一个简谐振荡. 其振幅的变化范围在 $A \pm A'$ 之间,而 α 则可设为总是在 $\pm\frac{1}{2}\pi$ 之间. 其振荡"速率"也必须视为变量,亦即,我们可求得

$$\frac{d}{dt}(\sigma t - \alpha) = \frac{\sigma A^2 + (\sigma + \sigma')AA'\cos\phi + \sigma' A'^2}{A^2 + 2AA'\cos\phi + A'^2}. \tag{10}$$

它的变化范围在

$$\left.\begin{array}{c}\dfrac{A\sigma + A'\sigma'}{A + A'}\\[2ex] \dfrac{A\sigma - A'\sigma'}{A - A'}\end{array}\right\} \qquad (11)^{1)}$$

和

之间.

以上所述是关于大潮现象和小潮现象的著名解释[2]，然而我们现在则要进一步关心到相位问题. 按照平衡理论，振幅 C 的极大值应出现于(下式中 n 为整数)

$$(\sigma' - \sigma)t = 2n\pi$$

时;而按照动力理论，C 的极大值所出现的时间则由

$$(\sigma' - \sigma)t - (\epsilon' - \epsilon) = 2n\pi$$

所给出，亦即，动力理论中的极大值要比平衡理论中的晚出现一个时间间隔[3]

$$(\epsilon' - \epsilon)/(\sigma' - \sigma).$$

如 σ' 和 σ 相差为无穷小，该时间间隔就等于 $d\epsilon/d\sigma$.

高潮出现的时刻可能比月球或反月到达中天的时刻延迟或提前若干小时(即使在朔望日)是件众所周知的事实[4]，而且，如这一时间间隔是按延迟来计算的话，则对于太阳半日潮通常要比太阴半日潮为大，其结果是，许多地区的大潮出现于朔望日之后的一两天. 最后所谈到的这个现象曾被认为是潮汐的摩擦作用(见第 XI 章)所引起的，但很明显，即使没有这种摩擦，在一个完备的动力理论中所涉及到的相位差也会在这方面起到不可忽视的作用. 有理由相信，它们比潮汐的摩擦所起的作用远为重要.

最后，在 206 和 217 节中曾表明过，由于无扰力时，出现某种

---

1) Helmholtz, *Lehre von den Tonempfindungen* (2° Aufl.), Braunschweig, 1870, p. 622.

2) 参看 Thomson and Tait, Art. 60.

3) 这一时间间隔当然也可以是负值.

4) Baird 和 Darwin 给出了某些港口处不同分潮的延迟时间(即我们所用的符号 ϵ)，见 Baird and Darwin, "Results of the Harmonic Analysis of Tidal Observations", *Proc. R. S.* xxxix. 135 (1885) 和 Darwin, "Second Series of Results …". *Proc. R. S.* xiv. 556 (1889).

定常运动是可能的，而使长周期潮汐可以和平衡理论所给出之值相差很多．但 Rayleigh 曾指出过[1]，在海洋被铅直的屏障所限制的某些情况下，出现这类定常运动的可能性可以不存在．关于这一点，我们可由 214 节(6)式看出，如水深是均匀的，则定常运动中的 ζ 必仅为余纬 θ 的函数，于是根据该节(4)式可知，向东的速度 v 沿每一纬线必须是常数，而这却是和存在一个沿子午线的铅直屏障不相容的．不过，对于水深由中央向边缘逐渐减小的海洋，Rayleigh 所提出的异议并不一定能应用[2]．

225. 我们可以把有转动时的海洋稳定性问题作一个简短的叙述以完成 200 节中的探讨．

在 205 节中已表明过，平衡位形具有长期稳定性的条件是 $V-T_0$ 为极小值．如略去水质点间在水位升降后的相互引力，那么应用上述结果来处理目前所要讨论的问题是很容易的。$V-T_0$ 在海水受扰后较之未受扰时所增大之值显然为

$$\iint\left\{\int_0^\zeta\left(\Psi-\frac{1}{2}\omega^2\varpi^2\right)dz\right\}dS, \tag{1}$$

式中 Ψ 为地球的引力势，δS 为海洋表面上的一个微元，其它符号的意义和以前一样．因 $\Psi-\frac{1}{2}\omega^2\varpi^2$ 在未受扰时的水面($z=0$)上为一常数，故其值在很小的高度 z 处可取为 $gz+\text{const}$，其中，如 213 节，

$$g=\left[\frac{\partial}{\partial z}\left(\Psi-\frac{1}{2}\omega^2\varpi^2\right)\right]_{z=0}. \tag{2}$$

又因海水总体积不变，故 $\iint\zeta dS=0$．于是可由(1)式求得 $V-T_0$ 之增量为

$$\frac{1}{2}\iint g\zeta^2dS. \tag{3}$$

---

1) "Note on the Theory of the Fortnightly Tide", *Phil. Mag.* (6), v.136(1903) [*Papers*, iv. 84].

2) Proudman 讨论了不同类型海洋中的长周期潮汐极限形式的理论，见 *Proc. Lond. Math. Soc.* (2), xiii. 273 (1913).

它是一个本性正值，因而平衡是“长期”稳定的[1].

应注意到，在上面的证明中，并没有对水深、椭圆率是否很小，以及受扰时的水面是否对称于转轴等提出任何限制.

如果我们想考虑进水质点间的相互引力，那么只有在未受扰时的水面接近于圆球形，而且略去 g 的变化时，问题才能比较容易地解决. 在这种情况下，关于长期稳定性的问题就和在无转动的情况下完全一样. 对于这种情况的计算将在下一章适当的地方(264 节)谈到. 其结论是，正如我们可根据 200 节而预料到的那样，海洋具有稳定性的必要和充分条件为海水的密度小于地球的平均密度[2].

226. 现在或许是最适宜的时机来对动力学系统稳定性的一般性问题作一点点补充说明. 我们在前面主要是按照普通的处理方法、根据受扰后运动的近似方程的解的特点而断言一个平衡状态或定常运动状态是否稳定. 如解是由形式为 $Ce^{\pm\lambda t}$ 的诸项的级数所组成，则若所有的 λ 值均为纯虚数(即其形式为 $i\sigma$)，那么通常就认为未受扰的状态是稳定的；而若有任意一个 λ 为实数，那就认为是不稳定的. 对于平衡状态而言，它就在代数上导致出 V 为极小值作为稳定平衡的必要和充分条件这一常用的准则.

在近代，曾从实用的观点出发而对上述结论是否总能保证正确提出了疑问. 由于当相对于平衡位形的偏离增大时，近似的动力学方程愈来愈不准确，因而就有一个如何检验偏离大到什么程度仍能从动力学方程得出正确结论的问题[3].

我们曾经提到过，Dirichlet 的论证证明了 V 取极小值是稳定的充分条件(在任何实用意义上来讲). 但却没有同样简单的论证可以在没有附加限制的情况下证实上述条件是必要的. 然而，如果我们承认存在着耗散力，而且，不论是什么样的系统作着什么样的运动，耗散力都会起作用，那么，就可以像205节中那样而作出结

1) 参看 Laplace, *Mécanique Céleste*, Livre 4me, Arts. 13, 14.

2) Laplace, 同上脚注.

3) 见 Liapounoff and Hadamard, *Liouville* (5), iii.(1897).

论.

稍作些考虑后就可以看出，和上面所谈到的问题有关的许多模糊不清之处来自于对“稳定性”是什么意思缺少一个明确的数学定义.当讨论到运动的稳定性时,困难就更为严重了. Kelvin 和 Sommerfeld 在关于陀螺理论的著作中批判地检验了一些作者曾经提出过的各种定义[1].他们抛弃了已有的一些定义,而把判断稳定性的准则建立在动力学系统受到微小的任意扰力冲量后所引起的路线变化的特点上.即,当冲量无限减小时,如受扰后的路线的极限形式就是未受扰情况下的路线,那么,系统的运动就称为是稳定的,否则就称为是不稳定的.例如,一个质点在重力作用下的铅垂降落被认为是稳定的——尽管在一个给定的脉冲扰力的作用下(不论这一脉冲扰力的冲量多么小)，随着 t 的增大，质点在时刻 t 的位置与其在原有运动中所应占位置之间的偏离都会不断地增大.不过，即使是用这一判断准则，也如作者们本人所提到的那样,除非对“极限形式”这一术语在应用于一条路线时的含意给出严格的定义,否则也仍有含糊之处,而且，看来也难以使一个精确的解析定义能在所有情况下都和已先入为主的几何概念相一致[2].

上述考虑当然是针对“寻常的”稳定性而讨论的,未涉及更为重要的“长期的”稳定性(第 205 节)理论.我们将在本学科的后面阶段在稍作修正的形式下谈到这种稳定性的判断准则[3].

---

1) *Ueber die Theorie des Kreisels*, Leipzig, 1897···, p. 342.

2) 质点动力学提供了一些很好的实例.例如,一个质点在与距离三次方成反比的中心力作用下绕该中心作圆周运动时，如稍受扰动，就会沿着具有无限匝数的螺旋线而运动,最后则或落入中心或撤离到无穷远去.虽然原来的圆周运动很自然应被看作是不稳定的,但从解析上看，这一圆周却不论在上述两种情况的哪一种中都是所述螺旋线的“极限形式”.参看 Korteweg, *Wiener Ber*.May 20, 1886.

Love 曾给出了一个较为狭隘的定义,并由 Bromwich 应用于某些一般的动力学和流体动力学问题,见 *Proc. Lond. Math. Soc.* (1),xxxiii. 325(1901).

3) 本节的概述基本上取材于 *Encyc. Brit.* 10th ed. xxvii. 566 (1902) 和 11th ed. viii. 756 (1910) 中的“Dynamics, Analytical” 部分.

附录：关于引潮力

a. 如果在附图中，O 是地球中心，C 是扰源体(指月球)中心，那么地球表面附近 P 点处的月球引力势能为 $-\nu M/CP$，其中 M 表示月球质量，ν 表示引力常数. 如使 $OC=D$，$OP=r$，并用角 $POC(\theta)$，表示 P 点到月球中心的天顶距，则这个引力势能等于

$$-\frac{\nu M}{(D^2-2rD\cos\theta+r^2)^{\frac{1}{2}}}$$

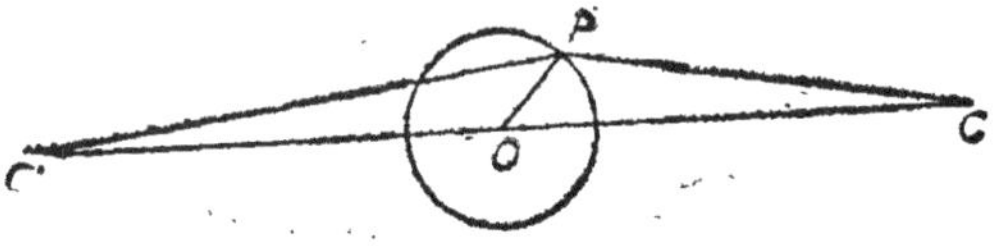

虽然我们并不需要 P 点的绝对加速度，但显然这个加速度与地球有关. 现在月球对整个地球产生一个平行于 OC 的加速度 $\gamma M/D^2$[1]，而具有这一强度的均匀力场的势函数显然为

$$-\frac{\gamma M}{D^2}\cdot r\cos\theta.$$

从前面的结果中减去上面这一项，就得到 P 点处相对引力的势函数为

$$\Omega=-\frac{\gamma M}{(D^2-2rD\cos\theta+r^2)^{\frac{1}{2}}}+\frac{\gamma M}{D^2}\cdot r\cos\theta. \tag{1}$$

这一函数 Ω 与行星理论中的"摄动函数"相同.

把上式展为 r/D 的幂级数，并因 r/D 在我们所讨论的情况中为一小量，故只保留最重要的诸项后可得

$$\Omega=\frac{3}{2}\frac{\gamma Mr^2}{D^3}\left(\frac{1}{3}-\cos^2\theta\right). \tag{2}$$

当把上式看作是 P 点位置的函数时，它就是以 OC 为轴的二阶带谐函数.

读者可不难证明，在所取的近似级下，Ω 等于由两个物体共同产生的势函数，这两个物体的质量都等于 $\frac{1}{2}M$，其中一个在 C 处，另一个在 CO 延长线上的 C' 处，且 $OC'=OC$[2].

---

1) 它的影响是使地球中心围绕太阳运动时产生月均差. 这一均差沿矢径方向的振幅约为 3000 英里，沿地球轨道方向的振幅约为 7″；见 Laplace, *Mécanique Céleste*, Livre 6me, Art. 30 和 Livre 13me, Art. 10.

2) Thomson and Tait, Art. 804. 这两个假想的物体分别称为"月球"和"反月".

b. 在潮汐的"平衡理论"中，是把自由表面在任一时刻的形状假定为如果扰源体相对于转动着的地球的实际位置不发生变化时，自由表面所能保持的平衡形状. 换言之，自由表面被假定为是在重力、离心力和扰力的联合作用下所形成的水面. 这一水面的方程为

$$\Psi - \frac{1}{2}\omega^2\varpi^2 + \Omega = \text{const}, \tag{3}$$

式中 ω 为地球自转的角速度，ϖ 为任一点到地轴的距离，而 Ψ 为地球引力的势函数. 如果我们用方括弧[ ]以表示其中所包括的量指的是未受扰时的水面上之值，以 $\bar{\xi}$ 表示由于扰力势 Ω 而使水位高出该水面的潮高，则上面的方程近似地等价于

$$\left[\Psi - \frac{1}{2}\omega^2\varpi^2\right] + \left[\frac{\partial}{\partial z}\left(\Psi - \frac{1}{2}\omega^2\varpi^2\right)\right]\bar{\xi} + \Omega = \text{const.}, \tag{4}$$

其中 $\partial/\partial z$ 表示沿外向法线的空间导数. 上式第一项当然为常数，因而我们有

$$\bar{\xi} = -\frac{\Omega}{g} + C, \tag{5}$$

其中之 g 为(和 213 节一样)

$$g = \left[\frac{\partial}{\partial z}\left(\Psi - \frac{1}{2}\omega^2\varpi^2\right)\right]. \tag{6}$$

显然，g 表示"表观重力加速度"，它的数值当然或多或少地要随 P 点在地球表面上的位置而变化.

但通常，在潮汐理论中并不考虑 g 值的微小变化和未受扰时的水面曲率对水面处 Ω 值的影响. 于是，令 $r = a$，$g = \gamma E/a^2$（其中 E 为地球质量，a 为地球表面平均半径)，而由(2)式和(5)式得

$$\bar{\xi} = H\left(\cos^2\vartheta - \frac{1}{3}\right) + C, \tag{7}$$

式中(和 180 节中一样)

$$H = \frac{3}{2}\cdot\frac{M}{E}\cdot\left(\frac{a}{D}\right)^3\cdot a. \tag{8}$$

因此，自由表面的平衡形状是一个轴线穿过扰源体的二阶带谐球面.

c. 由于地球有自转以及扰源体又沿其轨道而运动，因此潮汐球面相对于地球的位置是不断地在改变的，从而使任一特定地点的水位不断地升降. 为了分析这些变化的特点，令 θ 和 ϕ 分别为任一点 P 的余纬和由某一固定子午线向东计算的经度，Δ 和 α 分别为扰源体的北极距和由上述子午线向西计算的时角，则可有

$$\cos\vartheta = \cos\Delta\cos\theta + \sin\Delta\sin\theta\cos(\alpha + \phi), \tag{9}$$

因此，由(7)式可得

$$\begin{aligned}\bar{\xi} = &\frac{3}{2}H\left(\cos^2\Delta - \frac{1}{3}\right)\left(\cos^2\theta - \frac{1}{3}\right)\\ &+ \frac{1}{2}H\sin 2\Delta\sin 2\theta\cos(\alpha + \phi)\\ &+ \frac{1}{2}H\sin^2\Delta\sin^2\theta\cos 2(\alpha + \phi) + C.\end{aligned} \tag{10}$$

上式右边每一项都可看作表示一个分潮，它们相叠加就得到总的结果．

我们来仔细说明以上各项．第一项是一个二阶带谐函数，给出一个对称于地轴的潮汐球面，并以 $\cos^2\theta = \frac{1}{3}$ （即 $\theta = 90°\pm35°16'$）的两个纬圈为节线．在任一特定纬度处的潮高正比于 $\cos^2\Delta - \frac{1}{3}$．对于扰源体为月球的情况而言，这一个量具有一个周期约为十四天的主涨落，这就是"太阴两周潮"（或称"太阴赤纬潮"）的来源．如扰源体为太阳，我们就有"太阳半年潮"．应当注意的是，$\cos^2\Delta - \frac{1}{3}$ 对时间的平均值并不等于零，所以，扰源体的轨道平面相对于地球赤道平面而倾斜就会使平均水位有一个永久性的变化．参看 183 节．

(10)式中的第二项是一个可令第 86 节(7) 式中的 $n=2$ 和 $s=1$ 而得到的那种球面谐函数．相应的潮汐球面在与扰源体所在的子午圈相差 90° 的子午线处和赤道处有节线．最大的水位变化发生于扰源体中天处的子午线上，且在距赤道（向北和向南）45° 处．任何一个地方的振荡都是随着时角 α 而完成其一个周期的，亦即其周期为一个太阴日或一个太阳日，但其振幅却不是常数，而是随 Δ 而缓慢地变化的，并在扰源体穿过赤道时改变正负号．这一项说明了月球和太阳所引起的"全日潮"．

第三项是一个扇谐函数（$n=2$, $s=2$），并表示那样一个潮汐球面，它的节线是扰源体以东和以西各 45° 处的子午线．任一地点的振荡是随 2α 而完成其一个周期的，也就是，其周期为半天（半个太阴日或太阳日）；振幅随 $\sin^2\Delta$ 而变化，并在扰源体到达赤道时具有最大值．这就是月球和太阳所引起的"半日潮"的来源．

"常数"C 可根据海水的总体积不变而必有

$$\iint \bar{\xi}\, dS = 0 \tag{11}$$

（沿整个海洋表面求积）来确定．如海洋覆盖了整个地球，则根据第 87 节所述球面谐函数的一般性质可知 $C=0$．这时，由(7)式可看出，超出未受扰时水位的最大潮高发生在 $\vartheta=0$ 和 $\vartheta=180°$ 处，也就是扰源体位于该处的天顶或天底，这一潮高之值为 $\frac{2}{3}H$；最大的凹陷在 $\vartheta=90°$ 处，即扰源体位于该处的地平圈上，其值为 $\frac{1}{3}H$。因而，最大的可能潮差为 H．

在有岸界限制的海洋中，C 不为零，而是在任一时刻都有一个确定值，它取决于扰源体相对于地球的位置．这一数值可根据(10)式和(11)式而不难写出，它是 Δ 和 α 的具有常系数的二阶球面谐函数之和，诸系数具有面积分的形式，其值依赖于地球上陆地和海洋的分布．由于扰源体相对于地球的运动而使 C 值发生的变化给出自由表面的一个普遍升降，在引潮力来自月球的情况下，这种升降以两周、全日和半日为周期．这一通常所引用的"对平衡理论的修正"首先由 Thomson 和 Tait 作了充分的研究[1]，但对受有岸界限制的海洋作出这类修正的必要性则是 D.Bernoulli 就已认识到

1) *Natural Philosophy*, Art. 808. 还可参看 Darwin, "On the Correction to the Equilibrium Theory of the Tides for the Continents", *Proc. Roy.Soc.* April 1, 1886[*Papers*, i. 328]. 从该文中所附录的 H. H. Turner 教授所作数值计算来看，对实际陆地和海洋的分布来讲，所作修正并不重要．

了的[1].

这一修正对于出现高潮的时刻具有影响．高潮已不再和扰力势的最大值同时发生，而且，其超前或延迟的时间间隔也因地而异[2].

d. 在此以前，我们一直略去了水质点间的相互引力．为了把这一引力计算进去，必须把海水在水位变化后的引力势加到扰力势 Ω 上去．如海洋整个覆盖着地球，可不难像 200 节那样作出修正．若令该节诸式中的 $n=2$，则在 Ω 上的添加项应为 $\left(-\frac{3}{5}\rho/\rho_0\right)\cdot g\bar{\xi}$，因而不难求得

$$\bar{\xi}=\frac{H}{1-\frac{3}{5}\rho/\rho_0}\left(\cos^2\vartheta-\frac{1}{3}\right). \tag{12}$$

它表示全部潮汐都要按 $\left(1-\frac{3}{5}\rho/\rho_0\right)^{-1}$ 的比例而增大．若设 $\rho/\rho_0=0.18$，这一比例为 1.12.

e. 关于平衡理论就介绍这些．对 213—224 节中的动力理论而言，有必要假定(10)式中的 $\bar{\xi}$ 被展为时间的简谐函数的级数．真正去展开，并考虑进 Δ 和 α 的变化以及扰源体到地球的距离 D（它影响 H 的数值）的变化，是物理天文学中的一个比较复杂的问题，我们不作这样深入的讨论[3].

不考虑在 215 节的动力学方程 (1) 中所未出现的常数 C，则海水体积不变就由该节连续性方程(2)而得到保证，于是不难看出 $\bar{\xi}$ 中诸项应包括下述三种不同类型.

首先是长周期潮汐，其

$$\bar{\xi}=H'\left(\cos^2\theta-\frac{1}{3}\right)\cdot\cos(\sigma t+\varepsilon). \tag{13}$$

这一类中最重要的潮汐是"太阴两周潮"和"太阳半年潮"．若 σ 以每一平均太阳时中的角度来计算，则对于前者，$\sigma=1^\circ.098$，而对于后者，$\sigma=0^\circ.082$.

其次是全日潮，其

$$\bar{\xi}=H''\sin\theta\cos\theta\cdot\cos(\sigma t+\phi+\varepsilon), \tag{14}$$

式中 σ 与地球自转角速度 ω 相差很少．这一类中包括"太阴全日潮"（$\sigma=13^\circ.943$）、"太阳全日潮"（$\sigma=14^\circ.959$）和"太阴太阳全日潮"（$\sigma=\omega=15^\circ.041$）.

最后是半日潮，其

---

1) *Traité sur le Flux et Reflux de la Mer*, c. xi (1740).这一著作和202节脚注中 Maclaurin 的著作以及 Euler 关于这一题目的一份著作都在 Newton 的 *Principia* (Le Seur and Jacquier 版)中作了转载.

2) Thomson and Tait, Art. 810. 本书184 节(3)式就是这一结论的一个实例.

3) 可以参看 Laplace, *Mécanique Céleste*, Livre 13me, Art. 2. Darwin 作了更为完善的展开，并转载于其 *Papers*, i, 它已是近代所有精确的潮汐工作的基础．这一展开仅是拟谐和的，某些变化缓慢的量被处理为常数了，但随时可调整其值．一个严格的谐和展开已在晚近由 Doodson 得出，见 *Proc. Roy. Soc.* A,c 305(1921).

$$\bar{\xi} = H'''\sin^2\theta\cdot\cos(\sigma t + 2\phi + \varepsilon), \qquad (15)^{1)}$$

式中σ和 2ω 相差很少．这一类中包括了"太阴半日潮"($\sigma = 28°.984$)、"太阳半日潮"($\sigma = 30°$)和"太阴太阳半日潮"($\sigma = 2\omega = 30°.082$)．

关于较重要的分潮的完整叙述以及不同情况下诸系数 H', H'', H''' 的数值，必须参看已提到过的 Darwin 的研究．在潮汐观测的谐和分析(这是上述研究的特殊对象)中，动力理论中被用到的唯一结论是这样的一个一般原则，即任何地方的潮高必等于一个时间的简谐函数的级数，这些函数的周期则应与扰力势的展开式中诸项的相同，因而是已知的．所以，对于任一特定的港口，各分潮的振幅和相位可由在一个足够长的期间内的潮汐观测而定出[2]．这样，我们就得到一个实用上完整的表达式，它可用于该港口潮汐的系统预报．

f. 在谐和分析中具有特殊兴趣的一个问题是确定长周期潮汐．我们曾谈到过，在耗散力的影响下，这类潮汐必然会或多或少地趋向于接近平衡理论中的结果．如海洋整个覆盖了地球，至少可以怀疑耗散力能否大到足以在这方面产生比较明显的影响，并因而由 206 和 204 节所述动力学原因，可以预料振幅要小于平衡理论所给出之值．反之，在实际的海洋中，摩擦作用的影响要大得多，上述考虑就不再适用[3]．这时，我们可以假定，如果地球是绝对刚性的，那么，长周期潮汐就会和平衡理论所给出的结果相同．但事实上，太阴两周潮的振幅(这一振幅是唯一可由观测而确信无疑地作出推断的)要比由平衡理论得出的约小三分之一．这一差别来自于月球所施加的潮汐变形力使地球的固体部分产生了弹性变形．

---

1) 很明显，在两极附近的一个可按平面来处理的小面积上，(14)式和(15)式分别使

$$\bar{\xi}\propto r\cos(\sigma t + \phi + \varepsilon)$$

和

$$\bar{\xi}\propto r^2\cos(\sigma t + 2\phi + \varepsilon),$$

其中r和ϕ为平面极坐标．这种形式的表达式已预先在 211和212 节中应用了．

2) 值得一提的是，与 187 节有关，放置在较浅的海水中的测潮仪对某些二阶潮汐能敏感地产生反应，因而，在谐和分析的总方案中，这类潮汐必须受到重视．

3) 见 244 节脚注中所引 Rayleigh 的文章．